大熊猫微生物组

黄 炎 邹立扣 主编

科学出版社
北 京

内 容 简 介

大熊猫是我国特有的珍稀物种，是生物多样性保护的"旗舰物种"和"伞护物种"。大熊猫体内外存在大量微生物，大熊猫微生物组与其进化、营养、健康和生理等关系紧密。目前尚缺少对大熊猫微生物组研究成果的系统归纳总结。本书内容涵盖大熊猫肠道微生物组、生殖道微生物组、体表微生物组和口腔微生物组及微生物组研究方法等相关内容。

本书可供大熊猫及野生动物保护、微生物学、动物学、兽医学和资源利用等领域的高等院校和科研院所教师、科研人员及研究生参考。

审图号：GS 京（2024）1015 号

图书在版编目（CIP）数据

大熊猫微生物组 / 黄炎，邹立扣主编. — 北京：科学出版社，2024.6. — ISBN 978-7-03-078983-9

Ⅰ.Q959.838

中国国家版本馆 CIP 数据核字第 2024Q5E840 号

责任编辑：李秀伟　白　雪 / 责任校对：郝甜甜
责任印制：肖　兴 / 封面设计：无极书装

科 学 出 版 社 出版
北京东黄城根北街 16 号
邮政编码：100717
http://www.sciencep.com

北京建宏印刷有限公司印刷
科学出版社发行　各地新华书店经销

*

2024 年 6 月第 一 版　　开本：787×1092 1/16
2024 年 6 月第一次印刷　印张：26 3/4
字数：634 000
定价：368.00 元
（如有印装质量问题，我社负责调换）

《大熊猫微生物组》编著委员会

顾　问：路永斌　段兆刚　巴连柱　陈光清　张和民
　　　　刘苇萍

主　编：黄　炎　邹立扣

副主编：赵　珂　李才武　李　果　杨盛智　杨　鑫
　　　　潘　欣　谢　跃

编　者：邓雯文　晋　蕾　李　偏　马晓平　李雨庆
　　　　杨春琳　凌珊珊　屈元元　杨　林　李　蓓
　　　　李德生　魏荣平　张贵权　熊跃武　何永果
　　　　朱成林　吴代福　吴虹林　王承东　韩新锋
　　　　戚　林　黄　杨　王　鑫　谭玉兰　曾　敏
　　　　曹雪笛　巫嘉伟　曲靖雯　谢婷霞　付静霞
　　　　田明月　曾　文　何胜山　刘　松　龙　梅
　　　　敬美玲　林永旺　郑　婷　严江川　云利兵
　　　　赵思越　王　静　李增威　刘晓强　王小婉

自　　序

　　大熊猫（*Ailuropoda melanoleuca*）是我国特有的珍稀物种，属于国家一级保护野生动物，是生物多样性保护的"旗舰物种"和"伞护物种"，在生态文明建设、科普教育和文化交流等领域发挥着重要作用。全国第四次大熊猫调查结果显示，全国野生大熊猫种群数量为1864只，主要分布于四川、陕西和甘肃三省，截至2023年底，全球大熊猫圈养数量已达到728只，大熊猫种群数量稳定增长，但属易危，栖息地破碎化、疾病等是重要原因。

　　微生物组（microbiome）是某一特定环境或生态系统中全部微生物及其所携带的遗传物质的总和。微生物组在维持人、动物和植物健康过程中扮演着重要的角色，被视作人和动物的另一个"器官"。目前其研究内容越来越广泛，随着DNA测序技术，宏基因组学、蛋白质组学和代谢组学等多组学技术，以及培养组学技术的快速发展，人们在动物、植物和环境等各个领域的微生物组学研究越加深入。

　　研究显示，大熊猫体内外存在着大量的微生物，大熊猫微生物组与其进化、营养、健康和生理等关系紧密。大熊猫属食肉目动物，具有典型的食肉动物的消化系统结构，但却出现了由杂食性高度特化为植食性（主食竹子）的演化。微生物在大熊猫消化竹子的过程中发挥重要的作用，关于大熊猫对竹子的利用及其代谢物功能、微生物群落特征，以及微生物与大熊猫的互作关系、微生物对宿主的免疫和营养作用等有一系列科学问题需要探讨。近年来，微生物组研究的新技术不断出现，大熊猫微生物组领域研究也取得了重要进展。在此背景下，为了更好地研究大熊猫微生物组，有必要对大熊猫微生物组相关研究进展和成果进行归纳总结，亟须一本关于大熊猫微生物组的专著，为大熊猫微生物的科学研究提供数据、经验和思路，对解答大熊猫对竹子的利用之谜、提升大熊猫的健康水平，以及开展大熊猫源资源微生物研发等有重要的科学意义。

　　本书由四川农业大学、中国大熊猫保护研究中心、四川大学和成都理工大学等单位的科研人员编写完成，是对大熊猫微生物组历史研究工作和现有相关课题研究成果的系统总结，共12章，对大熊猫肠道微生物、生殖道微生物、体表微生物和口腔微生物的组成、驱动因素和功能及研究方法等进行了详细阐述。第一章至第三章主要涉及大熊猫的演化、生活习性及营养；第四章至第六章为大熊猫肠道微生物群落结构、影响因素和功能；第七章为大熊猫肠道微生物与疾病；第八章为大熊猫肠道寄生虫；第九章为大熊猫生殖道微生物；第十章为大熊猫口腔微生物；第十一章为大熊猫体表微生物；第十二章为大熊猫微生物组研究方法。本书是我国首部有关大熊猫微生物组研究的专门著作，可为大熊猫的饲养、疾病防控和科学研究等提供可靠的基础资料，为更好地保护大熊猫提供科学依据。

　　本书从构思到完成历时三年多时间，书中内容很多是课题组的研究成果及长期积累的实验数据，图文并茂。现将大熊猫微生物组的研究成果集结出版，奉献给广大读者，旨在为大熊猫科学研究、大熊猫保护工作及微生物资源研发等提供依据和指导，并与同行交流。囿于编者水平，不足和疏漏之处在所难免，敬请广大读者指正，特驰惠意。

  本书是大家共同努力的成果，在此向付出辛勤劳动的各位老师和同学表示感谢！感谢中国大熊猫保护研究中心李伟、李传有提供大熊猫等照片素材！本书的出版得到了中国大熊猫保护研究中心和香港海洋公园保育基金等项目的资助，一并表示衷心感谢！

黄　炎　邹立扣

2023 年 6 月 18 日，于成都

目 录

第一章 大熊猫分布与演化 1
第一节 大熊猫的分布 1
一、野生大熊猫分布现状 1
二、圈养大熊猫数量及分布 4
第二节 大熊猫的演化与历史分布 7
一、大熊猫的演化 7
二、大熊猫的历史分布 8
参考文献 10

第二章 大熊猫生活习性与营养 11
第一节 大熊猫的生活习性 11
一、社会通讯 11
二、昼夜活动节律 12
三、生境选择 13
四、食性 14
五、繁殖 15
第二节 大熊猫食物与营养 16
一、大熊猫主食竹 16
二、其他食物 27
三、营养 27
参考文献 37
附件1 大熊猫的生长发育 39

第三章 大熊猫生理结构与微生物组 43
第一节 大熊猫呼吸、消化及生殖系统 43
一、大熊猫形态 43
二、大熊猫呼吸道器官解剖形态及位置 43
三、大熊猫上消化道器官解剖形态及位置 43
四、大熊猫胸腔内器官 44
五、大熊猫腹腔内器官 44
六、大熊猫粪便 45
第二节 大熊猫微生物组 48
一、肠道微生物与宿主的关系 49
二、影响肠道微生物的因素 50

三、高通量测序技术在肠道微生物研究中的应用 ········· 51
　　四、大熊猫肠道微生物及功能 ········· 51
参考文献 ········· 56

第四章　大熊猫肠道微生物群落结构 ········· 60
第一节　大熊猫肠道细菌种群结构 ········· 60
　　一、基于可培养技术研究大熊猫肠道细菌群落结构 ········· 61
　　二、基于免培养技术研究大熊猫肠道细菌群落结构 ········· 65
第二节　大熊猫肠道放线菌种群结构 ········· 88
　　一、基于可培养技术研究大熊猫肠道放线菌群落结构 ········· 89
　　二、基于免培养技术研究大熊猫肠道放线菌群落结构 ········· 90
第三节　大熊猫肠道真菌种群结构 ········· 100
　　一、基于可培养技术研究大熊猫肠道真菌群落结构 ········· 100
　　二、基于免培养技术研究大熊猫肠道真菌群落结构 ········· 102
第四节　大熊猫肠道病毒 ········· 108
　　一、大熊猫肠道病毒的流行 ········· 108
　　二、肠道病毒的培养及生物学特性 ········· 111
　　三、基于宏基因组测序研究大熊猫肠道病毒 ········· 112
参考文献 ········· 115

第五章　大熊猫肠道微生物群落的影响因素 ········· 123
第一节　年龄对大熊猫肠道微生物的影响 ········· 123
　　一、成年大熊猫肠道菌群 ········· 123
　　二、老年大熊猫肠道菌群 ········· 124
　　三、亚成年、成年和老年大熊猫肠道菌群组成对比 ········· 126
第二节　性别对大熊猫肠道微生物的影响 ········· 129
第三节　地域对大熊猫肠道微生物的影响 ········· 132
　　一、圈养大熊猫肠道细菌菌群 ········· 132
　　二、不同地域亚成年大熊猫肠道菌群 ········· 132
　　三、不同地域成年大熊猫肠道菌群 ········· 134
　　四、地域对肠道微生物的影响分析 ········· 134
第四节　圈养、培训与放归对大熊猫肠道微生物的影响 ········· 137
　　一、圈养、培训与放归及野生大熊猫的肠道细菌菌群 ········· 138
　　二、圈养、培训与放归大熊猫的肠道真菌菌群 ········· 139
　　三、圈养、培训与放归对大熊猫肠道菌群的影响分析 ········· 141
第五节　食性转换对大熊猫肠道菌群的影响 ········· 144
　　一、食性转换中大熊猫肠道细菌菌群的变化 ········· 145
　　二、食性转换中大熊猫肠道真菌菌群的变化 ········· 149
　　三、食性转换对大熊猫肠道菌群的影响分析 ········· 152
第六节　竹子营养和微生物对圈养大熊猫肠道微生物的影响 ········· 154

一、食用不同竹种的大熊猫肠道细菌菌群……154
　　二、食用不同竹种的大熊猫肠道真菌菌群……157
　　三、竹营养对大熊猫肠道微生物的影响……159
　　四、不同竹种的细菌菌群……161
　　五、不同竹种细菌对大熊猫肠道细菌菌群的影响……163
　　六、不同竹种的真菌菌群……164
　　七、不同竹种真菌对大熊猫肠道真菌菌群的影响……166
　　八、竹营养与微生物对大熊猫肠道菌群的影响分析……167
　第七节　野生大熊猫主食竹的营养与微生物组……169
　　一、大熊猫主食竹的营养……170
　　二、大熊猫主食竹的细菌菌群……172
　　三、大熊猫主食竹的真菌菌群……175
　　四、基于培养组学的大熊猫主食竹的细菌菌群……178
　　五、基于野外调查与分析的大熊猫食用竹的真菌类群……191
　参考文献……195

第六章　大熊猫肠道微生物功能……203
　第一节　基于可培养技术的微生物功能解析……203
　　一、对木质纤维素的降解功能……203
　　二、益生功能……204
　第二节　基于宏基因组学的微生物功能解析……208
　　一、基于宏基因组测序的基因功能分析……208
　　二、基于宏基因组组装基因组（MAG）的功能注释分析……210
　第三节　基于宏转录组学的微生物功能解析……216
　　一、COG、GO 功能注释……216
　　二、KEGG 功能注释……217
　　三、CAZy 功能注释……219
　第四节　基于宏蛋白质组学的微生物解析功能……221
　第五节　基于代谢组学的微生物功能解析……224
　　一、基于非靶向代谢组学的功能解析……225
　　二、基于靶向代谢组学的功能解析……227
　　三、基于核磁共振代谢组学的功能解析……227
　参考文献……236

第七章　大熊猫肠道微生物与疾病……240
　第一节　大熊猫肠道致病菌及其生物学特性……240
　　一、大肠杆菌……240
　　二、肺炎克雷伯菌……240
　　三、空肠弯曲菌……241
　　四、亚利桑那沙门氏菌……241

五、铜绿假单胞菌 241
　　六、小肠结肠炎耶尔森氏菌 242
　　七、溶血性链球菌 242
　　八、不动杆菌 242
　　九、毛霉菌 243
　　十、白色念珠菌 243
　　十一、其他肠道致病菌及其生物学特性 243
　第二节　大熊猫肠道细菌耐药性 244
　　一、细菌的耐药机制 245
　　二、大熊猫肠道细菌的耐药表型与基因型 246
　　三、大熊猫细菌耐药性的控制策略 256
　第三节　大熊猫肠道细菌毒力与耐药基因 257
　　一、基于宏基因组的毒力基因注释 257
　　二、基于宏转录组和宏基因组的耐药基因注释 258
　　三、基于全基因组的耐药基因和毒力基因的注释 262
　第四节　大肠杆菌烈性噬菌体分离与生物学特性研究 274
　　一、噬菌体分离纯化 274
　　二、噬菌体的透射电镜观察 274
　　三、噬菌体裂解谱测定 275
　　四、噬菌体最佳感染复数测定 275
　　五、噬菌体一步生长曲线测定 277
　　六、噬菌体温度和pH敏感性测定 277
　　七、噬菌体氯仿敏感性 279
　　八、大肠杆菌噬菌体分析 279
　参考文献 280

第八章　大熊猫肠道寄生虫 286
　第一节　寄生虫分离鉴定及生物学特性 286
　　一、大熊猫肠道寄生虫种类 286
　　二、西氏贝蛔虫 286
　第二节　西氏贝蛔虫基因组与转录组 292
　　一、西氏贝蛔虫基因组 292
　　二、西氏贝蛔虫发育转录组 296
　　三、西氏贝蛔虫分泌组 300
　第三节　基于宏基因组学和宏转录组学的大熊猫肠道寄生虫 304
　第四节　寄生虫的防控 308
　　一、治疗性驱虫 308
　　二、预防性驱虫 308
　　三、大熊猫粪便的无害化处理 308

　　　　四、重视和不断改善大熊猫的福利 308
　　　　五、大熊猫寄生虫药物防治 309
　　参考文献 310
第九章　大熊猫生殖道微生物群落结构与功能 313
　　第一节　基于可培养技术的细菌菌群 313
　　第二节　基于 16S rRNA 高通量测序的细菌种群结构 314
　　第三节　基于 ITS 高通量测序的真菌种群结构 318
　　第四节　基于宏基因组的种群结构 321
　　参考文献 329
第十章　大熊猫口腔微生物 331
　　第一节　大熊猫口腔微生物群落结构 331
　　　　一、大熊猫口腔细菌 333
　　　　二、大熊猫口腔真菌 334
　　　　三、大熊猫口腔病毒 334
　　第二节　大熊猫口腔微生物群落结构的影响因素 335
　　　　一、年龄因素 335
　　　　二、性别因素 336
　　　　三、饮食因素 336
　　　　四、环境因素 336
　　　　五、疾病因素 336
　　第三节　大熊猫口腔微生物与健康 337
　　　　一、大熊猫口腔微生物的致病作用 337
　　　　二、大熊猫口腔微生物的益生功能 339
　　参考文献 339
第十一章　大熊猫体表微生物 342
　　第一节　大熊猫体表真菌研究现状 342
　　　　一、大熊猫体表真菌研究概况 342
　　　　二、真菌实验室鉴定方法 342
　　第二节　基于培养的大熊猫被毛可培养真菌 346
　　　　一、大熊猫体表真菌分离鉴定 346
　　　　二、大熊猫体表真菌形态学特征 347
　　第三节　基于高通量测序的大熊猫体表微生物菌群多样性研究 371
　　　　一、大熊猫体表细菌种群结构 371
　　　　二、大熊猫体表真菌种群结构 375
　　参考文献 378
第十二章　大熊猫微生物组学研究方法 382
　　第一节　肠道微生物的分离培养及鉴定 382
　　　　一、细菌 382

二、放线菌 ··· 383
　　三、真菌 ··· 385
第二节　多组学方法分析肠道微生物 ·· 391
　　一、粪便预处理 ··· 392
　　二、基于扩增子研究微生物多样性 ·· 392
　　三、基于宏基因组学研究微生物多样性 ·· 393
　　四、宏转录组 ·· 396
　　五、宏蛋白质组 ··· 397
　　六、全基因组 ·· 399
第三节　微生物学特性研究方法 ··· 401
　　一、木质纤维素降解 ··· 401
　　二、益生特性 ·· 402
　　三、致病性 ··· 405
　　四、耐药性 ··· 406
参考文献 ·· 411

第一章 大熊猫分布与演化

第一节 大熊猫的分布

一、野生大熊猫分布现状

大熊猫保护工作及其体系的不断完善和提高,以及政府巨额资金的投入,使得大熊猫保护工作取得了显著成就。2015 年,全国第四次大熊猫调查结果公布,全国野生大熊猫种群数量达到 1864 只,野生大熊猫栖息地面积为 258 万 hm^2,潜在栖息地为 91 万 hm^2,分布在四川、陕西和甘肃三个省的 17 个市(州)、49 个县(市、区)、196 个乡镇。有大熊猫分布和栖息地分布的保护区数量增加到 67 处,其中,四川省 1387 只,占全国野生大熊猫总数的 74.4%;陕西省 345 只,占 18.5%;甘肃省 132 只,占 7.1%。全国野生大熊猫平均种群密度为 0.072 只/km^2,种群密度最高的省份是陕西省,为 0.096 只/km^2(国家林业和草原局,2021)。

全国野生大熊猫分布在岷山、邛崃山、秦岭、凉山、大相岭和小相岭六大山系。大熊猫分布的六大山系中,岷山分布数量最多,有 797 只,占总数的 42.8%,种群密度为 0.082 只/km^2;邛崃山有 528 只,占总数的 28.3%,种群密度为 0.077 只/km^2;秦岭有 347 只,占总数的 18.6%,种群密度为 0.093 只/km^2;凉山有 124 只,占总数的 6.7%,种群密度为 0.041 只/km^2;大相岭有 38 只,占总数的 2.0%,种群密度为 0.031 只/km^2;小相岭有 30 只,占总数的 1.6%,种群密度为 0.025 只/km^2。大熊猫栖息地被隔离成 33 个斑块,大熊猫种群也相应地被划分为相对独立的 33 个局域种群,其中岷山 12 个、秦岭 6 个、邛崃山 5 个、凉山 5 个、大相岭 3 个、小相岭 2 个。在 33 个局域野生种群中,个体数量大于 100 只的种群有 6 个,主要分布在秦岭中部、岷山中部和邛崃山中北部,数量小于 30 只的种群有 22 个,以岷山西北部较多(唐小平等,2015;国家林业和草原局,2021)。

(一)按行政区域的野生大熊猫数量和分布统计

全国第四次大熊猫调查数据显示,四川省野生大熊猫数量有 1387 只。与第三次大熊猫调查相比,野生大熊猫数量增长 15.01%。四川省野生大熊猫分布于岷山、邛崃山、大相岭、小相岭、凉山和秦岭六大山系,行政区划上涉及 11 个市(州)、37 个县(市、区)、138 个乡镇,地理位置介于北纬 28°12′~33°34′、东经 101°55′~105°27′,其范围东起青川县姚渡镇,西至九龙县斜卡乡,南抵雷波县汶水镇,北至九寨沟县大录乡。各山系大熊猫种群密度按从高到低排列,依次为岷山、邛崃山、凉山、大相岭、小相岭和秦岭(四川部分)。其中,野生大熊猫数量在岷山山系有 666 只,占四川省野生大熊猫总数的 48.02%;其次是邛崃山系,有野生大熊猫 528 只,占全省野生大熊猫总数的 38.07%;

凉山山系有野生大熊猫 124 只，占全省野生大熊猫总数的 8.94%；大相岭山系有野生大熊猫 38 只，占全省野生大熊猫总数的 2.74%；小相岭山系有野生大熊猫 30 只，占全省野生大熊猫总数的 2.16%；秦岭山系（四川部分）是野生大熊猫数量最少的山系，仅发现有 1 只。按行政区统计，四川省野生大熊猫数量最多的市（州）是绵阳市，有野生大熊猫 418 只；其后依次是阿坝藏族羌族自治州和雅安市，分别有野生大熊猫 348 只和 340 只；然后为德阳市和甘孜藏族自治州，均有野生大熊猫 5 只；野生大熊猫数量最少的市（州）是宜宾市，有野生大熊猫 3 只。野生大熊猫数量最多的县（市、区）是平武县，有野生大熊猫 335 只；其后依次是宝兴县和汶川县，分别有野生大熊猫 181 只和 165 只；野生大熊猫数量最少的县（市、区）是泸定县、什邡市和小金县，均只有 1 只野生大熊猫。野生大熊猫种群密度最高的县（市、区）是平武县，为 0.1162 只/km^2；其后是汶川县和松潘县，分别为 0.1112 只/km^2 和 0.1107 只/km^2；而后是冕宁县和什邡市，分别为 0.0087 只/km^2 和 0.0054 只/km^2；大熊猫种群密度最低的县（市、区）是泸定县，密度为 0.0046 只/km^2（四川省林业厅，2015；国家林业和草原局，2021）。

全国第四次大熊猫调查数据显示，陕西省野生大熊猫数量为 345 只。种群数量与第三次大熊猫调查相比明显增加，增幅达 26.4%。陕西省野生大熊猫集中分布在秦岭中段南坡，在北坡及西段有少量分布。分布范围东起宁陕县太山庙乡，西至宁强县青木川镇，南起宁强县青木川镇，北至周至县厚畛子镇，在汉中、安康、宝鸡、西安 4 个市的 8 个县、23 个乡镇内。其中，太白县 109 只、佛坪县 82 只、洋县 67 只、周至县 54 只，此外，宁陕县、留坝县、宁强县、城固县也有野生大熊猫种群分布。秦岭大熊猫种群总体状况稳定，种群密度为全国最大，秦岭大熊猫目前被隔离为 5 个局域种群。截至 2012 年 5 月，陕西省大熊猫栖息地面积由 10 年前的 34.7 万 hm^2 增加到 36 万 hm^2，其中 70% 多的栖息地质量良好。与第三次大熊猫调查相比，第四次大熊猫调查在太白县王家楞（今王家塄）、太白河及周至县太平河地区发现有新的大熊猫分布区（周灵国，2017；陕西省林业局，2015；国家林业和草原局，2021）。

全国第四次大熊猫调查数据显示，甘肃省共有野生大熊猫 132 只，与第三次大熊猫调查相比增长了 12.8%，分布在迭部、舟曲、武都、文县 4 个县（区）的 21 个乡镇。甘肃省野生大熊猫栖息地面积为 188 764hm^2，潜在栖息地面积为 255 294hm^2，野生大熊猫分成白水江、甘南、尖山和西秦岭 4 个局域种群，白水江种群数量最多，达到 110 只（甘肃省人民政府新闻办公室，2015；史志嵩，2017；国家林业和草原局，2021）。

（二）按山系的野生大熊猫数量和分布统计

得益于国家重大生态保护工程"天然林资源保护工程"的开展，大熊猫栖息地及其周边森林得到了休养生息，大部分区域的生态植被及竹林等得到了很好的自然恢复，使得大熊猫栖息地范围明显扩大、质量明显提高。目前，野生大熊猫在六大山系的分布情况如下（四川省林业厅，2015；国家林业和草原局，2021）。

1. 岷山山系

野生大熊猫在岷山山系的种群数量为 797 只，分布范围包括平武、松潘、北川、青川、茂县、九寨沟、都江堰、安州区、彭州、绵竹、什邡等 11 县（市）的 55 个乡镇，地理位置介于北纬 31°06′～33°34′、东经 103°32′～105°04′。主要分为大录、黑河、九寨—白马、摩天岭、虎牙、九顶山等 6 个局域种群，高海拔、人为活动、河流等是影响岷山山系局域种群间连通性的主要因素，其中最大的局域种群为虎牙局域种群，由 343 只野生大熊猫组成；最小的局域种群是黑河局域种群，仅有 1 只野生大熊猫。

2. 邛崃山系

野生大熊猫在邛崃山系的种群数量为 528 只，分布范围包括宝兴、汶川、天全、芦山、崇州、大邑、荥经、理县、都江堰、康定、小金、泸定等 12 个县（市）的 39 个乡镇，地理位置介于北纬 29°29′～31°24′、东经 102°11′～103°30′。主要分为小金、卧龙—草坡、西岭雪山—夹金山、白沙河及三合共 5 个局域种群。邛崃山系相邻局域种群大熊猫栖息地之间连通性较高，主要是由于公路、河流分割形成不同的局域种群，其中最大局域种群为西岭雪山—夹金山局域种群，由 224 只野生大熊猫组成；最小的局域种群是小金局域种群，仅有 1 只野生大熊猫。

3. 大相岭山系

野生大熊猫在大相岭山系的种群数量为 38 只，分布范围包括荥经、洪雅、峨眉山、金口河、沙湾等 5 个县（市、区）的 10 个乡镇，地理位置介于北纬 29°23′～29°45′、东经 102°29′～103°29′。大相岭山系野生大熊猫分为新庙、泡草湾、二峨山 3 个局域种群，其中最大的局域种群是泡草湾局域种群，由 32 只野生大熊猫组成；最小的局域种群是二峨山局域种群，仅有 2 只野生大熊猫。

4. 小相岭山系

野生大熊猫在小相岭山系的种群数量为 30 只，分布范围包括石棉、冕宁、九龙等 3 个县的 6 个乡镇，地理位置介于北纬 28°50′～29°09′、东经 101°55′～102°27′。小相岭山系野生大熊猫分为公益海和石灰窑 2 个局域种群，其中较大的局域种群为公益海局域种群，由 21 只野生大熊猫组成；较小的局域种群为石灰窑局域种群，由 9 只野生大熊猫组成。

5. 凉山山系

野生大熊猫在凉山山系的种群数量为 124 只，分布范围包括峨边、美姑、雷波、马边、甘洛、越西、屏山、沐川等 8 个县的 28 个乡镇，地理位置介于北纬 28°12′～29°7′、东经 102°39′～104°2′。凉山山系野生大熊猫分为勒乌、大风顶、拉咪、锦屏山、五指山 5 个局域种群，其中最大的局域种群是勒乌局域种群，由 92 只野生大熊猫组成；最小的局域种群是拉咪局域种群和五指山局域种群，均由 3 只野生大熊猫组成。

6. 秦岭山系

秦岭野生大熊猫种群数量为 347 只，分布范围东起宁陕县太山庙乡，西至宁强县青木川镇，南起宁强县青木川镇，北至周至县厚畛子镇，在汉中、安康、宝鸡、西安 4 个市的 8 个县、23 个乡镇内,地理位置介于北纬 33°21′~33°51′、东经 107°12′~108°32′。秦岭大熊猫目前被隔离为 5 个局域种群,秦岭山系四川部分是野生大熊猫数量最少的山系,仅有 1 只大熊猫。

尽管大熊猫保护工作成绩显著,但这并不意味着保护工作就此高枕无忧。第四次野生大熊猫调查结果显示,大熊猫栖息地的保护与当地的社会经济发展仍然存在着十分突出的矛盾,使得保护大熊猫工作仍然面临着严峻的挑战。栖息地破碎化、小种群的生存风险和种群间缺乏交流等问题仍亟待解决。威胁大熊猫生存的主要因素之一就是栖息地破碎化,而人类活动使得大熊猫栖息地破碎化加剧,严重威胁着大熊猫在自然环境中的生存、发展及壮大。此外,大熊猫野生种群受人为干扰及自然隔离等因素的影响被分割形成了 33 个局域种群,在这些局域种群中仍有 223 只大熊猫(涉及 24 个局域小种群)面临着较高的生存威胁。另外,圈养大熊猫因管理体制及地域分布的影响,其种群间的基因交流情况十分缺乏,有待改善。

因此,如何进一步加强圈养个体间的基因交流,保持孤立小种群遗传信息的多样性,维持其生存能力,是亟待解决的首要问题。为了扩大大熊猫野生孤立小种群数量及其遗传多样性,中国大熊猫保护研究中心于 2003 年启动了圈养大熊猫放归自然试验,开始了探索大熊猫放归前的野化培训研究工作,截至目前,野化培训大熊猫被放归于栗子坪国家级自然保护区、龙溪虹口国家级自然保护区等,并成功在野外生活,从而达到了补充相邻孤立小种群的目的。2019 年中国大熊猫保护研究中心主持的"大熊猫野化放归关键技术研究"获梁希林业科学技术奖一等奖,项目成果促进了圈养大熊猫野化培训与放归工作的科学化和规范化进程,奠定了大熊猫迁地保护的科学基础,也为其他珍稀野生动物的保护提供了重要借鉴和参考。

二、圈养大熊猫数量及分布

据统计,截至 2022 年 10 月 30 日,存活圈养大熊猫个体共 708 只,分布于全球 102 个单位(表 1-1)。

表 1-1 圈养大熊猫分布情况统计(截至 2022 年 10 月 30 日的存活个体)

序号	国家或地区	地点	单位	数量
1	奥地利	维也纳	奥地利维也纳美泉宫动物园	2
2	比利时	布鲁塞尔	天堂动物园	5
3	丹麦	哥本哈根	丹麦哥本哈根动物园	2
4	法国	圣艾尼昂	法国博瓦勒动物园	3
5	荷兰	雷纳	荷兰欧维汉动物园	3
6	西班牙	马德里	西班牙马德里动物园	3
7	德国	柏林	德国柏林动物园	4
8	英国	爱丁堡	英国爱丁堡动物园	2
9	芬兰	赫尔辛基	芬兰艾赫泰里动物园	2
10	卡塔尔	多哈	卡塔尔大熊猫馆	2
11	美国	华盛顿	美国华盛顿国家动物园	3

续表

序号	国家或地区	地点	单位	数量
12	美国	亚特兰大	美国亚特兰大动物园	4
13	美国	孟菲斯	美国孟菲斯动物园	2
14	俄罗斯	莫斯科	俄罗斯莫斯科动物园	2
15	澳大利亚	阿德莱德	澳大利亚阿德莱德动物园	2
16	韩国	首尔	韩国三星爱宝乐园	3
17	泰国	清迈	泰国清迈动物园	1
18	印度尼西亚	西爪哇	印度尼西亚塔曼野生动物园	2
19	马来西亚	吉隆坡	马来西亚国家动物园	4
20	新加坡	新加坡市	新加坡动物园	3
21	日本	神户	日本神户王子动物园	1
22	日本	东京	日本东京上野动物园	5
23	日本	和歌山	日本和歌山白滨野生动物园	6
24	中国	香港	香港海洋公园	3
25	中国	澳门	澳门石排湾郊野公园	4
26	中国	台北	台北市动物园	4
27	中国	四川	中国大熊猫保护研究中心（4个基地）	218
28	中国	成都	成都大熊猫繁育研究基地（2个基地）	150
29	中国	陕西	秦岭大熊猫繁育研究中心	37
30	中国	重庆	重庆动物园	21
31	中国	北京	北京动物园	20
32	中国	安徽	淮山大熊猫生态公园	2
33	中国	安徽	宿州野生动物园	2
34	中国	内蒙古	大青山野生动物园	2
35	中国	内蒙古	鄂尔多斯龙胜野生动物园	2
36	中国	内蒙古	林胡古塞旅游区	4
37	中国	山东	济南动物园	2
38	中国	山东	青岛动物园	2
39	中国	山东	泰安市天颐湖旅游度假景区	2
40	中国	山东	西霞口野生动物园	2
41	中国	山东	济南野生动物园	2
42	中国	山东	兖州动物园	1
43	中国	山东	刘公岛公园	2
44	中国	山东	临沂动植物园	1
45	中国	山东	坤河旅游开发有限公司	4
46	中国	江苏	紫清湖野生动物世界	8
47	中国	江苏	南京红山森林动物园	3
48	中国	江苏	太湖湿地公园	2
49	中国	江苏	溧阳天目湖南山竹海	2
50	中国	江苏	南通森林野生动物园	2
51	中国	江苏	扬州动物园	2

续表

序号	国家或地区	地点	单位	数量
52	中国	江苏	盐城大丰动物园	2
53	中国	江苏	淹城野生动物世界	2
54	中国	江苏	扬州世博园	6
55	中国	浙江	宁波雅戈尔野生动物园	2
56	中国	浙江	温州动物园	2
57	中国	浙江	杭州动物园	2
58	中国	浙江	杭州野生动物世界	2
59	中国	浙江	安吉竹子博览园	4
60	中国	浙江	温岭长屿硐天风景区	2
61	中国	浙江	下渚湖国家湿地公园	1
62	中国	福建	泉州海丝野生动物世界	2
63	中国	福建	海峡（福州）大熊猫研究交流中心	1
64	中国	福建	厦门灵玲动物王国	2
65	中国	上海	上海动物园	2
66	中国	上海	上海野生动物园	5
67	中国	江西	南昌动物园	1
68	中国	广东	番禺香江野生动物园	14
69	中国	广东	东莞市寮步镇香市动物园	2
70	中国	广东	深圳野生动物园	2
71	中国	广东	广州动物园	2
72	中国	贵州	贵阳黔灵公园动物园	2
73	中国	贵州	贵州森林野生动物园	2
74	中国	辽宁	沈阳森林动物园	4
75	中国	辽宁	大连森林动物园	3
76	中国	辽宁	鞍山市二一九动物园	2
77	中国	四川	宝兴县大熊猫文化宣传教育中心	2
78	中国	四川	四川眉山青神县竹艺城	1
79	中国	四川	成都动物园	3
80	中国	四川	九寨沟大熊猫园	4
81	中国	河南	海之龙动物园	2
82	中国	河南	栾川竹海野生动物园	2
83	中国	昆明	云南野生动物园	2
84	中国	黑龙江	亚布力森林公园	2
85	中国	青海	西宁动物园	4
86	中国	天津	天津动物园	2
87	中国	天津	天津福德动物园	2
88	中国	天津	天津亿利动物园	2
89	中国	河北	唐山动物园	2
90	中国	河北	沧州人民公园	1
91	中国	河北	保定农业生态公园	4

续表

序号	国家或地区	地点	单位	数量
92	中国	河北	石家庄动物园	4
93	中国	黑龙江	东北虎林园	2
94	中国	海南	海南热带野生动物园	2
95	中国	广西	南宁动物园	2
96	中国	广西	柳州动物园	2
97	中国	湖南	长沙生态动物园	2
98	中国	湖南	凤凰中华大熊猫苑公司	8
99	中国	湖北	神农架国家级自然保护区	2
100	中国	陕西	西安秦岭野生动物园	2
101	中国	陕西	洋县华阳景区	2
102	中国	陕西	佛坪熊猫谷	2

第二节 大熊猫的演化与历史分布

一、大熊猫的演化

大熊猫是古老的珍稀动物，早在《尚书》《尔雅》《山海经》中便提到貌似大熊猫的动物，在这些著作中把大熊猫描述为"貔""貘""食铁兽""貔貅""黑白熊"等。从古食肉祖先演化为如今专以竹子为食的物种，其演化过程一直是个谜，经过100多年的探讨和争论，虽大致形成了一个大熊猫系统演化的框架，但需要确切的答案仍需要科研工作者的不断努力。根据相关报道和研究（黄万波，1993；李承彪，1997；胡锦矗和乔治·夏勒，1985；潘文石等，1988；魏辅文等，1999，2011），我们梳理总结了大熊猫的起源及演化（图1-1），具体如下。

大熊猫的始发期起点为距今800万～900万年的晚中新世（late Miocene）至上新世（Pliocene），祖先为始熊猫（Ailuaractos lufengensis），由它演化的一个旁支为分布于欧洲的拟熊类，它们在中新世末灭绝，而另一支演化为大熊猫类。据大熊猫的化石研究，大熊猫最早见于240万年前的早更新世（early Pleistocene），此时为小种大熊猫（Ailuropoda microta），它们经历了食性变化的过程，完全转变为一类草食性的食肉目动物。

从中更新世开始，由于西南方的云贵高原、北方的秦岭山地升高，阻碍了干冷的西北季风的东南走向，生态环境有了显著的变化，大熊猫食物资源丰富，营养充足，体型逐渐增加，小种大熊猫开始衰败，巴氏大熊猫亚种（Ailuropoda melanoleuca baconi）开始发展，它们的体型比小种大熊猫大1/3左右，比现生大熊猫大1/8左右，其食物需求量随之增加，分布区域也不断扩展，70万年前左右（中更新世，middle Pleistocene），大熊猫巴氏亚种数量和分布达到空前繁盛的阶段。

然而，到了晚更新世（late Pleistocene），即距今1.1万～12.6万年，全球气候异常变化，特别是末次冰盛期（Last Glacial Maximum，LGM）的低温，引起生物成分的重新组合、演化，此阶段很多竹种无法忍受极寒死亡，除了在中国西南地区亚高山的几种

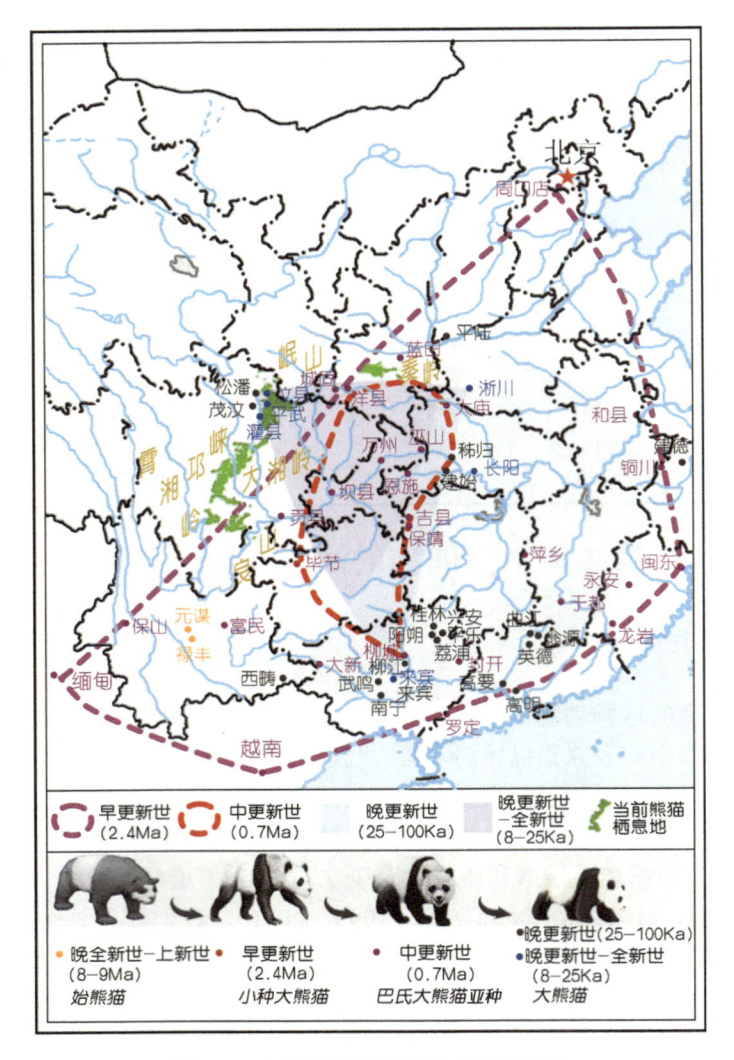

图 1-1　大熊猫的演化及分布范围变化

Ma 代表百万年前；Ka 代表千年前

竹子可以在白雪覆盖的地方良好地生长，在此阶段，竹子和大熊猫可能同期发生着演化，由于食物的短缺，大熊猫体型发展受到限制而变小，演化为大熊猫现生种（*Ailuropoda melanoleuca*）。

二、大熊猫的历史分布

大熊猫祖先始熊猫（*Ailuaractos lufengensis*）的化石最早发现于云南禄丰，在云南元谋也有发现。小种大熊猫（*Ailuropoda microta*）化石在重庆巫山、广西柳城、湖北建始、湖南保靖、贵州毕节、陕西洋县等地发现（图 1-1）。大熊猫巴氏亚种在中更新世的分布很广，南至越南和缅甸，北至北京的周口店。但更新世晚期开始衰败，进入全新世早期，即 7000~8000 年前，化石仅在中国西部及中、南部的河南淅川、浙江金华及广西来宾等地发现。随着人类社会的不断发展，许多珍稀动物的栖息地不断遭到侵占，大熊猫逐步退缩到青藏高原东缘和秦岭山区的腹地。如今，野生大熊猫主要分布于我国岷山、邛崃山、大相岭、小相岭、凉山和秦岭六大山系，生活范围的海拔主要在 1200～3500m，大熊猫主食竹海拔分布也基本在 1200m 以上（表 1-2）（李承彪，1997；胡锦矗

表 1-2　各大山系大熊猫主食竹及海拔范围

竹种	山系及海拔（m）					
	秦岭	岷山	邛崃山	凉山	大相岭	小相岭
八月竹 *Chimonobambusa szechuanensis*	—	1200～3000	—	1200～3000	1200～3000	1200～3000
巴山木竹 *Bashania fargesii*	1000～2200	—	—	—	—	—
糙花箭竹 *Fargesia scabrida*	—	1500～3400	—	—	—	—
刺竹子 *Chimonobambusa pachystachys*	—	950～2600	950～2600	950～2600	—	—
大叶筇竹 *Qiongzhuea macrophylla*	—	—	1200～2200	1200～2200	—	—
短锥玉山竹 *Yushania brevipaniculata*	—	1300～3400	1300～3400	—	1300～3400	1300～3400
拐棍竹 *Fargesia robusta*	—	1400～3100	1400～3100	—	—	—
华西箭竹 *Fargesia nitida*	1700～3600	1700～3600	1700～3600	—	—	—
空柄玉山竹 *Yushania cava*	—	—	—	—	1200～2600	1200～2600
冷箭竹 *Bashania fangiana*	—	1300～3800	1300～3800	1300～3800	1300～3800	1300～3800
龙头箭竹 *Fargesia dracocephala*	—	1600～2000	—	—	—	—
马边玉山竹 *Yushania mabianensis*	—	—	—	1400～2800	—	—
秦岭箭竹 *Fargesia qinlingensis*	1050～3050	—	—	—	—	—
青川箭竹 *Fargesia rufa*	—	1100～3200	—	—	—	—
筇竹 *Qiongzhuea tumidinoda*	—	—	—	1200～3200	1200～3200	1200～3200
缺苞箭竹 *Fargesia denudata*	—	1800～3400	—	—	—	—
少花箭竹 *Fargesia pauciflora*	—	—	—	2200～2700	—	—
石棉玉山竹 *Yushania lineolata*	—	—	—	—	1200～2500	1200～2500
团竹 *Fargesia obliqua*	—	2510～3700	—	—	—	—
油竹子 *Fargesia angustissima*	—	1200～2000	1200～2000	—	—	—
鄂西玉山竹 *Yushania confusa*	—	—	2000～2800	2000～2800	—	—

注："—"表示未发现

和乔治·夏勒，1985；潘文石等，1988；易同培等，2008）。到 2022 年 10 月，全国圈养大熊猫的种群数量达到 708 只，其中大熊猫幼兽占比上升，其种群结构分布更为合理。

参 考 文 献

甘肃省人民政府新闻办公室. 2015. 甘肃省第四次大熊猫调查结果新闻发布会. http://www.gnzrmzf.gov.cn/info/1086/23129.htm[2023-11-8].
国家林业和草原局. 2021. 全国第四次大熊猫调查报告. 北京: 科学出版社.
胡锦矗, 乔治·夏勒. 1985. 卧龙的大熊猫. 成都: 四川科学技术出版社.
黄万波. 1993. 大熊猫颅骨、下颌骨及牙齿特征在进化上的意义. 古脊椎动物学报, 31(3): 191-207.
李承彪. 1997. 大熊猫主食竹研究. 贵阳: 贵州科技出版社.
潘文石, 高郑生, 吕植, 等. 1988. 秦岭大熊猫的自然庇护所. 北京: 北京大学出版社.
陕西省林业局. 2015. 陕西省第四次大熊猫调查上. http://lyj.shaanxi.gov.cn/zwxx/mtbd/201506/t20150605_2041820.html[2023-11-8].
史志鹗. 2017. 甘肃省第四次大熊猫调查报告. 兰州: 甘肃科学技术出版社.
四川省林业厅. 2015. 四川的大熊猫: 四川省第四次大熊猫调查报告. 成都: 四川科学技术出版社.
唐小平, 贾建生, 王志臣, 等. 2015. 全国第四次大熊猫调查方案设计及主要结果分析. 林业资源管理, 1: 11-16.
魏辅文, 冯祚建, 王祖望. 1999. 相岭山系大熊猫和小熊猫对生境的选择. 动物学报, 45: 57-63.
魏辅文, 张泽钧, 胡锦矗. 2011. 野生大熊猫生态学研究进展与前瞻. 兽类学报, 31: 412-421.
易同培, 蒋华礼. 2010. 大熊猫主食竹种及其生物多样性. 四川林业科技, 31: 1-20.
易同培, 史军义, 马丽莎, 等. 2008. 中国竹类图志. 北京: 科学出版社.
周灵国. 2016. 秦岭大熊猫: 陕西省第四次大熊猫调查报告. 西安: 陕西科学技术出版社.

第二章 大熊猫生活习性与营养

第一节 大熊猫的生活习性

一、社会通讯

大熊猫是一种独居动物，除了发情季节及带仔时期，在野外几乎很难看到大熊猫聚集在一起。通常它们都在自己的巢域活动，虽然种群内不同个体间的巢域会有所重叠，但它们直接碰面的机会很少，然而这并不意味着一个种群内的大熊猫之间没有交流，大熊猫依靠各种视觉的、听觉的和嗅觉的信息进行社会通讯（胡锦矗和乔治·夏勒，1985；黄炎等，2001；潘文石等，1988）。

视觉信息是指用于识别同类的醒目的毛色、在野外发生直接接触时的身体姿势、在生活环境中留下的痕迹（如取食或抓咬树干留下的痕迹）及排泄的痕迹和标记的痕迹等，大熊猫通过这些来传递信息。

听觉信息是指个体间进行交流的声音。大熊猫具有复杂的声音交流系统，不同的叫声强度和长度结构也不一样。大熊猫通过不同的叫声向同类传递复杂的内在动机状态和情绪变化。胡锦矗和乔治·夏勒（1985）总结认为大熊猫发出的能够区别的叫声共有11种，分别为吱吱声、唧唧声、呻吟、狗吠、嗥叫、嗷嗷叫、牛叫、咂嘴声、呼气、鼓鼻、咆哮。这些叫声按照它们所传达的信号可分为几组：嗥叫和咆哮是进攻性的叫声，表示进攻性威胁；呼气、鼓鼻、咂嘴声表示一种恐惧心理；吱吱声是熊猫幼仔发出的响亮的声音；牛叫和嗷嗷叫表示苦恼的情绪，没有进攻的意图。呻吟、狗吠、唧唧声的作用视具体情况而定，可在交配季节由独居的熊猫发出（胡锦矗和乔治·夏勒，1985）。朱靖和孟智斌（1987）收集到发情期大熊猫的13种叫声，分别为吠叫、强吠、嗷叫、嗥叫、单嗥、吼叫、尖叫、嘶叫、低嗷、嗾叫、哼叫、咩叫12种单叫和1种喘气声，按行为意义可将叫声归为三类：一是受到威胁和临危防范，包括强吠、嗷叫、吼叫、尖叫、嘶叫、低嗷、嗾叫和吠叫；二是表示领域性和寻偶等，包括咩叫、嗥叫、单嗥和低嗷；三是与繁殖、发情和抚幼等有关，包括低嗷、嗾叫、哼叫和咩叫。

嗅觉信息是大熊猫在环境中遗留的粪便、尿和标记物，它们利用其中的化学物质进行个体之间的信息交流。在非发情季节，大熊猫主要依靠嗅觉信息来保持与社群中其他成员的联系。雌、雄大熊猫外阴部都有一大片含腺区即肛周腺，上面能渗出一种黑色的分泌物。野外大熊猫通过将肛周腺分泌物和尿液涂抹在树干等物体上进行标记，而被标记的树就称为嗅味树，经常被大熊猫使用的嗅味树被称为"嗅味站"，嗅味站一般集中在大熊猫常往来的山脊上。圈养条件下也常能观察到大熊猫的标记行为，圈舍中的树、墙壁、地上都可能成为它标记的地方。大熊猫一般采用4种典型姿势进行标记，即蹲式、趴式、侧抬腿式和倒立式：蹲式是将标记物遗留在地表或呈水平面的物体上；趴式、侧抬腿式和倒立式是将标记物遗留在垂直物面上。雄性大熊猫全年都进行标记，而雌性大熊猫基本上只在发情季节进行标记。在繁殖季节，大熊猫会把肛周腺分泌物和尿液等物质摩擦到树干、岩石或地面上，雄性大熊猫和雌性大熊猫利用这些化学物质进行交流，嗅味标记对于大熊猫的发情、繁殖和生存具有重要意义，大熊猫种间交流很大程度上依赖于化学信号，大熊猫可以通过尿液中的化学信号来辨别繁殖状态（吴代福等，2023）。在卧龙，大熊猫常选择冷杉作为嗅味树；而在秦岭，大熊猫使用的嗅味树是华山松、铁橡树、山杨、锐齿槲栎（胡锦矗和乔治·夏勒，1985；黄炎等，2001；潘文石，2001）。

二、昼夜活动节律

野生大熊猫每天有 49%～60%的时间处于活动状态，其中每天用于采食的时间平均在 12h 以上。卧龙大熊猫一般每天的平均活动率为 59%，不活动率为 41%，其中有 55%的时间用于进食，其昼夜活动周期具有明显的两个活动高峰，分别在每天 5:00 和 17:00，大约相距 12h，为一条双峰曲线。秦岭大熊猫每天的平均活动率为 49%，其中用于进食的时间为 36%，用于走路和觅食的时间为 13%，其昼夜活动周期中每日的活动高峰期在下午的 13:00～17:00，是一条单峰曲线。卧龙大熊猫和秦岭大熊猫活动节律的不同可能是由两地大熊猫主食竹生物学特征、分布状况等的不同引起的（胡锦矗和乔治·夏勒，1985；潘文石，2001）。张晋东等（2011）采用内置记录活动水平传感器的全球定位系统（GPS）项圈研究了卧龙国家级自然保护区 3 只野生大熊猫春季取食竹笋期间的昼夜活动节律和强度，3 只大熊猫的平均活动率为 68.05%，受孕雌性大熊猫的活动率和活动强度均比其他两只大熊猫高。大熊猫有 3 次活动高峰，分别出现在 6:00～7:00、18:00～1:00 和 23:00～3:00，一个明显的活动低谷出现在 9:00～12:00。大熊猫白天的活动率和活动强度比夜间高。大熊猫的活动强度与太阳辐射之间存在显著负相关（$r=-0.822$，$P<0.001$），而与空气温度之间不存在显著的相关性。

在圈养条件下，饲养管理方式对大熊猫的昼夜活动节律影响较大。中国大熊猫保护研究中心圈养个体日活动率约为 38.5%，每日 9:00～12:00、15:00～17:00、17:00～23:00 为活动高峰。成都大熊猫繁育研究基地圈养大熊猫日活动率约为 46.3%，日活动存在 3 个高峰，即 4:00～07:00 的最高峰，9:00～11:00 和 22:00～23:00 的次高峰；两个活动低谷，即 12:00～14:00 的最低谷和 2:00～5:00 的次低谷（何廷美等，2004；胡锦矗和乔治·夏勒，1985）。有研究对成都大熊猫繁育研究基地的 8 只发情期大熊猫进行了行为时间变化和活动节律的研究，结果发现，休息行为是发情期最主要的行为方式（雄性约 46%，雌性约 53%），其次是摄食和运动行为，而探究、求适和发情行为则较少，发情行为主要出现在 0:00～3:00、9:00～11:00 和 15:00～17:00 等 3 个时段。发情期雌雄个体在休息、求适、运动和发情行为上的差异有高度统计学意义（$P<0.01$），在探究行为上的差异有统计学意义（$P<0.05$），且发情、探究行为与运动行为呈极显著正相关（$P<0.01$）（陈超等，2015）。

中国大熊猫保护研究中心韦华等（2019）对圈养大熊猫幼体在野化培训期的行为节

律进行了研究，发现野化培训的圈养大熊猫雪雪的日行为节律有3个觅食高峰（8:00、18:00 和 22:00）和 2 个休息高峰（3:00~6:00 和 11:00~14:00），时间占比分别是：休息 56.03%±10.58%、觅食 19.43%±18.49%、活动 19.30%±7.81%、嬉戏 5.24%±4.61%；华妍有 3 个觅食高峰（10:00、15:00 和 20:00）和 3 个休息高峰（1:00~06:00、11:00~13:00 和 16:00~19:00），时间占比分别是：休息 55.37%±10.38%、觅食 28.09%±17.79%、活动 14.61%±8.52%、嬉戏 1.93%±1.79%。

三、生境选择

野生大熊猫生存于长江上游各支沟源头、青藏高原东源向四川盆地过渡的 6 块狭长地带，包括岷山、邛崃山、凉山、大相岭、小相岭和秦岭等六大山系。总体上讲，大熊猫喜欢的生境特点为：海拔 1600~3100m 山体中上部的原生针阔混交林、针叶林和次生林，坡度平缓，分布有主食竹且密度适中，人为干扰小。但各地区大熊猫对于生境中乔木郁闭度、灌木盖度、竹子高度和盖度的选择有所不同，这可能与不同地方大熊猫主食竹的生物学特征不同有关。

卧龙国家级自然保护区（邛崃山系）内大熊猫在生境选择过程中，生境利用率较高的海拔区间为 1500~3000m，平均利用率达到了 55.93%，大熊猫生境利用在坡度上相对均匀，而生境选择的主要坡度区间为 20°~50°，占空间利用面积的 85.56%，生境利用率最高的坡向区间为 270°~315°，占比达到了 31.88%，生境利用率最高的竹林类型为冷箭竹林，利用率达到了 51.63%，而生境选择的主要竹林类型为拐棍竹和冷箭竹，二者占空间利用面积的 95.20%（白文科等，2017）。在宝兴（邛崃山系），大熊猫选择在竹子生长良好、位于山体中上部的原生针阔混交林、针叶林和自然更新较好的次生林中活动；喜欢森林郁闭度在 50%~74%、灌木盖度小于 49% 的生境；喜欢竹子盖度为 25%~74%、竹子高度 1~3m 的生境（江华明，2009）。

佛坪国家级自然保护区（秦岭山系）内大熊猫冬季主要在海拔 1600~1800m 的阔叶林中活动，夏季通常在海拔 2400~2600m 的针叶林中活动，坡度为 20°~30°，喜在竹径较粗、盖度较大、竹龄 1~2 年的秦岭箭竹林中觅食（张泽钧等，2007；Liu，2001）。

王朗国家级自然保护区（岷山山系）内大熊猫的主食竹为缺苞箭竹，其喜欢的生境为海拔 2500~3000m 的山体脊部、上部和中部的均匀坡及凸坡，坡向西南，坡度在 6°~30°；森林群落结构上，多选择次生林、针阔混交林及微生境为竹林的生境，乔木平均高度在 20~29m，灌木盖度在 0~24%；多选择平均高度在 2~5m、竹丛盖度大于 50% 的主食竹进行采食（康东伟等，2011）。

冶勒自然保护区（小相岭山系）内大熊猫喜在灌木盖度为 0~24%、竹子盖度大于 50% 的原始针叶林中活动，喜欢在竹秆直径大于 10mm、高度大于 1.6m 的峨热竹林中觅食，而对坡度、乔木郁闭度不存在选择性（冉江洪等，2003；魏辅文等，1999）。

马边大风顶国家级自然保护区（凉山山系）内大熊猫喜好在坡度较为平缓并分布有大叶筇竹和白背玉山竹的地方觅食（张泽钧等，2007；周材权等，1997），喜欢采食直径大于 10mm 的大叶筇竹竹茎；在郁闭度方面，则喜欢选择在上层乔木郁闭度为 50%～80%的大叶筇竹林中活动。

四、食性

大熊猫对食物种类的选择空间十分狭窄，野生大熊猫的 99%食物摄入均由竹类组成；圈养大熊猫食物组成中虽然加入了窝头等精料，但各种竹类依然是其主要食物。野生大熊猫栖息地内竹子种类繁多且生物量丰富，大熊猫对主食竹的种类、竹龄、部位和外形指标等都有一定的选择性，总的来说，大熊猫倾向于选择适口性好、营养质量高、能量收益最大的竹种和部位（胡锦矗，1995；魏辅文等，2011）。

高山深谷的竹类及其生物量，随着植被在各山系的水平和垂直变化的不同，差异也较大，各山系大熊猫对于竹类的选择也不同。在秦岭山系，大熊猫喜食秦岭箭竹（*Fargesia qinlingensis*）和巴山木竹（*Bashania fargesii*）等；岷山山系大熊猫喜食缺苞箭竹（*Fargesia denudata*）、巴山木竹（*Bashania fargesii*）和坝竹（*Drepanostachyum microphyllum*）等；邛崃山系大熊猫喜食冷箭竹（*Bashania fangiana*）、拐棍竹（*Fargesia robusta*）和峨眉玉山竹（*Yushania chungii*），兼食华西箭竹（*Fargesia nitida*）、油竹子（*Fargesia angustissima*）等；大、小相岭山系大熊猫喜食峨眉玉山竹（*Yushania chungii*）、石棉玉山竹（*Yushania lineolata*）、空柄玉山竹（*Yushania cava*）、冷箭竹（*Bashania fangiana*）和峨热竹（*Bashania spanostachya*）等；凉山山系大熊猫喜食白背玉山竹（*Yushania glauca*）、马边玉山竹（*Yushania mabianensis*）、八月竹（*Chimonobambusa szechuanensis*）、筇竹（*Qiongzhuea tumidinoda*）和大叶筇竹（*Qiongzhuea macrophylla*），兼食少花箭竹（*Fargesia pauciflora*）、冷箭竹（*Bashania fangiana*）、箬竹（*Indocalamus tessellatus*）、三月竹（*Qiongzhuea opienensis*）等（胡锦矗，1995；易同培和蒋学礼，2010）。

对野外大熊猫食性的研究发现，随着季节的变化及不同竹种、同种竹子不同竹龄、部位间营养物质含量的变化，大熊猫的食谱相应地发生着改变。总体上看，冬季（11月至次年 3 月），大熊猫主要采食低山竹叶，兼食少量竹茎；如果低山竹类被破坏，则选择当年未发枝的高山地区老笋为主食，也采食部分枯萎的竹叶；在春季（4～6月），竹子处于发笋期，则以竹笋为主食，同时采食部分竹茎；在秋季（9～10 月），则以新发出的枝叶为主食，如果有秋笋，则以笋为主食，兼食少量竹茎（何礼等，2000；胡锦矗和王昌琼，1993；唐平等，1997；赵秀娟等，2012；周材权等，1997）。

圈养大熊猫饲养单位由于大多处于低山平坝区，一般与高山相距甚远，各种低山平坝竹就成为圈养大熊猫的主要食物。相对于野外大熊猫，圈养大熊猫可食竹类的种类就要少很多，且新鲜程度也要受一定限制。圈养大熊猫主食竹主要有蓉城竹（*Phyllostachys bissetii*）、苦竹（*Pleioblastus amarus*）、凤尾竹（栽培型）（*Bambusa multiplex* cv. Fernleaf）、慈竹（*Neosinocalamus affinis*）、冷箭竹（*Bashania fangiana*）、拐棍竹（*Fargesia robusta*）、刺竹子（*Chimonobambusa pachystachys*）、巴山木竹（*Bashania fargesii*）、淡竹（*Phyllostachys glauca*）和箬竹（*Indocalamus tessellatus*）等，以及白夹竹（*Phyllostachys nidularia*）、三月竹（*Qiongzhuea opienensis*）、方竹（*Chimonobambusa quadrangularis*）等竹笋（李红和周洪群，1996；刘选珍等，2005；屈元元等，2013；周洪群和李红，1998）。

五、繁殖

受客观条件限制，目前对野外大熊猫繁殖方面的研究数据还比较少，对大熊猫发情、交配、妊娠和育幼方面的研究数据多来源于圈养大熊猫。

（一）发情与交配

大熊猫一般1年发情一次，野外大熊猫的发情期多集中在3~5月，圈养大熊猫的发情期通常在每年的2~6月，但就目前的数据（中国大熊猫保护研究中心监测数据）来看，圈养条件下大熊猫发情提早和延后的情况越来越多。

胡锦矗和潘文石在卧龙和秦岭的野外研究表明（胡锦矗和乔治·夏勒，1985；潘文石等，1988），大熊猫的交配制度为多雄多雌交配。有研究表明，大熊猫在野外交配存在一雌对一雄及一雌对多雄的情况。野生大熊猫的发情交配期可分为三个阶段：前期、中期和后期。在发情前期，雄性和雌性通过嗅味标记和声音等信息聚集在一起。这个时期一般是雄性追逐雌性，其尾随在雌性后面并对雌性发出友好的咩叫。但雌体通常会通过上树或逃走来竭力摆脱这种追逐，并且会对雄性发出嗥叫、尖叫等具威胁性的、不友好的叫声。为了接近并控制雌性，雄性个体可能和雌性个体进行身体接触，并试图与之进行交配。随着雌性发情高潮的来临，雌性慢慢倾向于接近雄性。在交配过程中，两性都会发出咩叫。在雌雄进行交配前，雄性之间通过打斗等方式确定了它们的交配等级，同时，雌性对于雄性也具有选择性，但目前还不清楚大熊猫交配等级的确定机制和雌性大熊猫对雄性的选择机制。最后，在交配完成后，雄体离开雌体，这标志着一次发情交配期的结束，随后它们还可以分别加入其他大熊猫的发情交配期中。

对圈养大熊猫的发情行为研究较多，雌性大熊猫的发情期与年龄、体况、环境等因素密切相关，大熊猫为单季发情动物，通常每年春季发情，发情期为14~26天。一般年轻雌性的发情持续时间长，年老雌性的发情表现持续时间短，年轻大熊猫的发情时间为14~18天，中年大熊猫的发情时间为12~16天，老年大熊猫的发情时间为9~13天（陈琳和李果，2006）。

雌性大熊猫（雌兽）典型的发情期有发情前期、发情高峰期和发情后期等规律性的变化。发情前期：发情开始到发情高峰期之前的时期，主要表现为食欲逐渐减退，活动量增加，蹭阴、戏水和叫声明显增加，叫声有吼叫和咩叫等，伴有尿频等行为，并开始对雄兽感兴趣。外阴发生明显变化，颜色逐渐变为红色或粉红色，并逐渐肿胀、开口外翻。尿液中雌激素水平逐渐升高；发情高峰期：一般为1~3天，不同的个体此期持续的时间差异很大，主要表现为无食欲，异常兴奋，活动量达最大，不停来回走动，但走动速度比较缓慢，咩叫频率迅速增加到高峰，发出少量的鸟叫，蹭阴行为明显减少，部分大熊猫有自慰行为，外阴肿胀明显开口外翻，呈肉红色或粉红色，主动接近雄兽，出现后退、呆立、抬尾露阴这些接受交配的行为，尿液中雌激素水平达到峰值并快速回落至基础值；发情后期：高峰期后至发情行为消失的一段时期，活动量和食欲逐渐恢复到平时的状态，咩叫、呆立、抬尾等发情行为消失，外阴颜色和肿胀都恢复到平时的状态（黄炎和邹立扣，2022）。

（二）妊娠与育幼

大熊猫妊娠期的长短个体差异很大，即使同一个体不同年度的怀孕期也有所不同。研究人员对秦岭5只大熊猫11次生产的观察数据显示，野外大熊猫的妊娠期为129～157天（潘文石，2001）。中国大熊猫保护研究中心统计数据显示，圈养大熊猫的怀孕期最长为324天，最短的仅76天。大熊猫妊娠期的差异性主要与大熊猫受精卵延迟着床有关，雌体在配种后，即使受孕却并不立即表现出妊娠现象。而且因胎儿极小，从母体外观看不出任何变化。怀孕大熊猫在妊娠期的食欲有一个恢复（配种后10天左右食欲恢复正常）、增加（比正常量增加1/2左右）、减少（产前1个月左右开始）到食欲基本废绝的过程，但假妊娠也可能出现类似的食欲变化过程。在妊娠后期，怀孕母兽活动减少，表现为行动迟缓、嗜睡（黄炎等，2001）。

大熊猫为单亲育幼，野外大熊猫胎间隔平均为2.17年，一般幼崽在1.5岁时离开母兽开始独立生活。在野外，母兽一般选择在石洞或树洞中生产，幼仔出生5日内母兽不出洞，幼仔6～14日龄时首次出洞排便，在这段时间内母兽不进行采食；幼仔15日龄后，母兽开始外出采食竹子；幼仔在94～125日龄，母兽带仔营洞穴生活；幼仔5～6月龄生活在卧穴中，母兽在其周围50～100m的范围内活动；5～6月龄后，幼仔开始爬树并在母兽觅食时停留在树上。圈养大熊猫母兽育幼行为与野生大熊猫母兽基本相似，在幼仔1～5日龄内基本不离巢，以俯坐或仰坐姿势将幼仔抱于颌下或怀中，既不主动采食也不排便，日哺乳6～14次；幼仔6～15日龄时，母兽开始离巢取食、饮水和排便；此后母兽离巢时间逐渐增加（胡锦矗和乔治·夏勒，1985；潘文石等，1988）（附件1）。

第二节　大熊猫食物与营养

一、大熊猫主食竹

竹子是大熊猫的主要食物，是大熊猫赖以生存的物质基础。大熊猫主食竹是在大熊猫分布范围内，其采食的各种竹类资源，主要为高山、亚高山和中低山区各种森林林冠下生长的竹类植物。根据易同培等（2008）和李承彪（1997）的研究，可供大熊猫食用的竹类隶属9属，包括巴山木竹属（*Bashania*）、箭竹属（*Fargesia*）、方竹属（*Chimonobambusa*）、筇竹属（*Qiongzhuea*）、刚竹属（*Phyllostachys*）、镰序竹属（*Drepanostachyum*）、箬竹属（*Indocalamus*）、玉山竹属（*Yushania*）和慈竹属（*Neosinocalamus*），部分种类见表2-1。

大熊猫主食竹主要的竹属描述及分种检索表描述如下。

表 2-1　大熊猫主食竹种类及分布

科	亚科	属	竹种	所属山系
禾本科 Gramineae	竹亚科 Bambusoideae	巴山木竹属 Bashania	巴山木竹 B. fargesii	岷山、邛崃山、秦岭
			峨热竹 B. spanostachya	小相岭
			冷箭竹 B. faberi	岷山、邛崃山、大相岭、小相岭
		方竹属 Chimonobambusa	八月竹 Ch. szechuanensis	邛崃山、大相岭、凉山
			刺黑竹 Ch. neopurpurea	邛崃山、岷山
			刺竹子 Ch. pachystachys	邛崃山
		刚竹属 Phyllostachys	白夹竹 Ph. nidularia	岷山、邛崃山、大相岭
			金竹 Ph. sulphurea	岷山、邛崃山、大相岭、秦岭
			毛金竹 Ph. nigra var. henonis	岷山、邛崃山
			桂竹 Ph. bambusoides	岷山
			紫竹 Ph. nigra	岷山
			石绿竹 Ph. arcana	岷山
			黄古竹 Ph. angusta	岷山
		箭竹属 Fargesia	糙花箭竹 F. scabrida	岷山
			丰实箭竹 F. ferax	岷山、邛崃山、小相岭、凉山
			拐棍竹 F. robusta	岷山、邛崃山
			华西箭竹 F. nitida	岷山、邛崃山、大相岭、秦岭
			九龙箭竹 F. jiulongensis	邛崃山、小相岭
			青川箭竹 F. rufa	岷山
			缺苞箭竹 F. denudata	岷山
			秦岭箭竹 F. qinlingensis	秦岭
			龙头箭竹 F. dracocephala	秦岭、岷山
			扫把竹 F. fractiflexa	小相岭
			少花箭竹 F. pauciflora	凉山
			团竹 F. obliqua	岷山、邛崃山
			油竹子 F. angustissima	岷山、邛崃山
			紫耳箭竹 F. decurvata	岷山
		镰序竹属 Drepanostachyum	钓竹 D. breviligulatum（现修订为 Ampelocalamus breviligulatus）	岷山
		筇竹属 Qiongzhuea	大叶筇竹 Q. macrophylla	凉山

续表

科	亚科	属	竹种	所属山系
禾本科 Gramineae	竹亚科 Bambusoideae	筇竹属 Qiongzhuea	筇竹 Q. tumidinoda	邛崃山、凉山
			三月竹 Q. opienensis	邛崃山、大相岭、凉山
			实竹子 Q. rigidula	凉山
		玉山竹属 Yushania	白背玉山竹 Y. glauca	大相岭、凉山
			斑壳玉山竹 Y. maculata	小相岭、凉山
			大风顶玉山竹 Y. dafengdingensis	凉山
			短锥玉山竹 Y. brevipaniculata	岷山、邛崃山、大相岭、凉山
			马边玉山竹 Y. mabianensis	凉山
			石棉玉山竹 Y. lineolata	邛崃山、大相岭、小相岭、凉山
			熊竹 Y. ailuropodina	凉山
		箬竹属 Indocalamus	阔叶箬竹 I. latifolius	秦岭
		慈竹属 Neosinocalamus	慈竹 N. affinis	岷山、邛崃山、大相岭、小相岭

（一）巴山木竹属（*Bashania*）

本属中大熊猫主食竹有巴山木竹（*B. fargesii*）、峨热竹（*B. spanostachya*）和冷箭竹（*B. faberi*）（图 2-1）3 种。巴山木竹分布于岷山、邛崃山、秦岭的中山地区，海拔 1500～

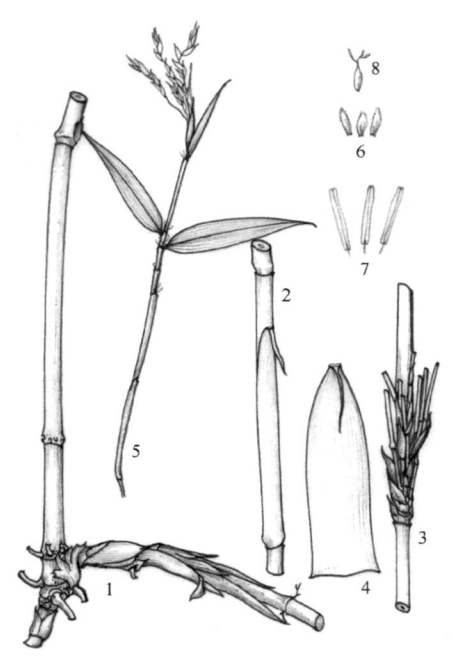

图 2-1　巴山木竹属冷箭竹（*Bashania faberi*）线条图（杨林绘）
1. 地下茎；2. 秆的节间及秆箨；3. 秆的分枝；4. 秆箨；5. 花枝；6. 鳞被；7. 雄蕊；8. 雌蕊

3200m，峨热竹和冷箭竹分布于亚高山针叶林下（附Ⅰ）。

地下茎复轴型；秆分枝之一侧于节间下部常略扁平，秆芽1枚，初生出1～3枝；箨鞘迟落；箨耳无；圆锥花序在具叶小枝上顶生，雄蕊3，柱头2或3；颖果卵圆形。

附Ⅰ 巴山木竹属 Bashania Keng f. et Yi
分种检索表

1. 秆分枝初为3枝；叶片长于10cm；箨鞘背面具棕色或深棕色刺毛·· 巴山木竹 ***B. fargesii*** (E. G. Camuc) Keng f. et Yi
1. 秆每节分枝数枚；叶片短于10cm；箨鞘背面无毛或具灰黄色刺毛
   2. 地下茎每节上具根或瘤状突起2～5枚；箨片外翻；总状花序含3～5小穗·· 冷箭竹 ***B. faberi*** (Rendle) Yi
   2. 地下茎每节上具根或瘤状突起4～6枚；箨片直立或秆上部者开展；总状花序含2～3小穗·· 峨热竹 ***B. spanostachya*** Yi

（二）方竹属（*Chimonobambusa*）

本属中大熊猫主食竹有八月竹（*Ch. szechuanensis*）、刺黑竹（*Ch. neopurpurea*）和刺竹子（*Ch. pachystachys*）（图2-2）3种（附Ⅱ）。

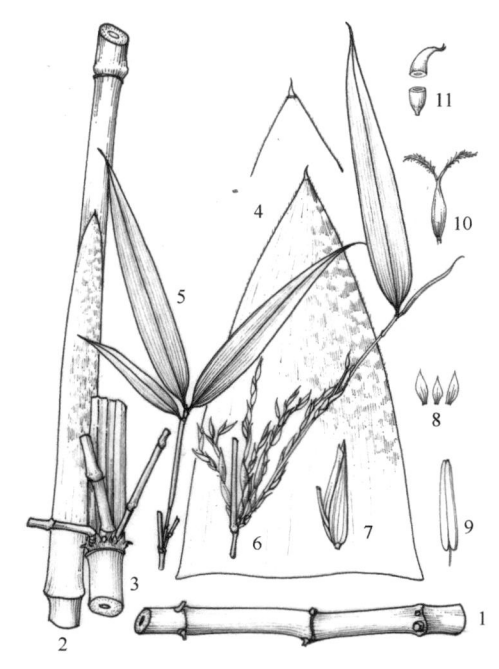

图2-2 方竹属刺竹子（*Chimonobambusa pachystachys*）线条图（杨林绘）
1. 地下茎；2. 秆的节间及秆箨；3. 秆的一枝，示分枝；4. 秆箨；5. 具叶小枝；6. 花枝；7. 小花及小穗轴节间；8. 鳞被；9. 雄蕊；10. 雌蕊；11. 果实

地下茎复轴型；秆节间基部节间常略呈四方形，中部以下各节常具刺状气生根；秆芽3枚，秆每节3分枝，枝环显著隆起具扣盘状关节；箨鞘背面有圆斑或无，箨耳缺失，箨片极小；小枝具1～3(5)叶；花枝具向上逐渐增大的苞片，雄蕊3，花柱1分裂为2枚羽毛状柱头；果坚果状。笋期秋季。

附Ⅱ 方竹属 *Chimonobambusa* Makino
分种检索表

1. 箨鞘宿存，薄纸质至纸质，长于其节间；秆节间为圆筒形；箨鞘背面具紫褐色至灰白色斑块，无毛或疏被小刺毛，向基部有时被毛较密 ························· **刺黑竹 *Ch. neopurpurea*** Yi
1. 箨鞘脱落，纸质至厚纸质，短于其节间。
    2. 幼秆、老秆节间无毛；箨鞘背面光滑无毛 ················· **八月竹 *Ch. szechuanensis*** (Rendle) Keng f.
    2. 秆仅在幼时被黄褐色小刺毛，以后渐变为无毛；箨环初期被黄褐色绒毛，以后毛脱落，亦渐变为无毛；叶两面均为深绿色 ················· **刺竹子 *Ch. pachystachys*** Hsueh et Yi

（三）刚竹属（*Phyllostachys*）

本属中大熊猫主食竹有白夹竹（*Ph. nidularia*）（图2-3）、金竹（*Ph. sulphurea*）、毛金竹（*Ph. nigra* var. *henonis*）、桂竹（*Ph. bambusoides*）、紫竹（*Ph. nigra*）、石绿竹（*Ph. arcana*）、黄古竹（*Ph. angusta*）7种（附Ⅲ）。

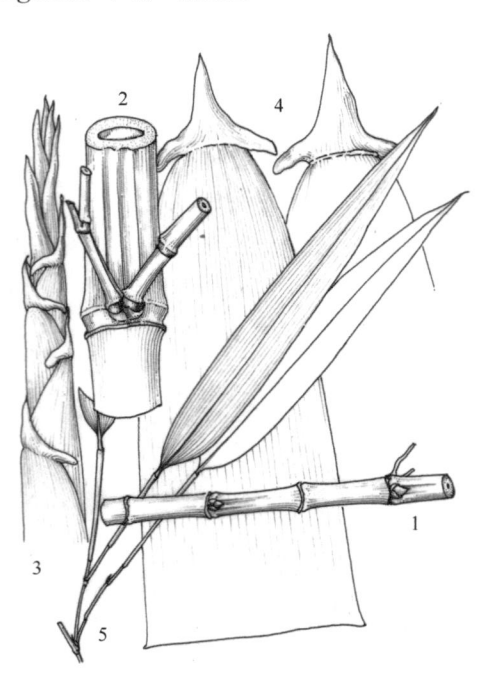

图2-3 刚竹属白夹竹（*Phyllostachys nidularia*）线条图（杨林绘）
1. 地下茎；2. 秆的分枝；3. 笋；4. 秆箨；5. 叶枝

地下茎为单轴散生；秆芽2枚，一粗一细；秆箨早落，箨鞘纸质或革质；末级小枝具(1)2～4(7)叶，通常为2或3叶；花枝甚短，呈穗状至头状。笋期3～6月，相对集中在5月。

附Ⅲ 刚竹属 *Phyllostachys* Sieb. et Zucc.
分种检索表

1. 秆中部以下的箨鞘背面无斑点，箨片直立，平整；末级小枝常具1或稀具2叶；箨耳三角形，由箨片基部自其两侧向外延伸而成 ················· **白夹竹 *Ph. nidularia*** Munro

1. 秆中部以下的箨鞘背面具有明显的斑点，箨片通常外翻。
    2. 秆箨无箨耳及鞘口繸毛，箨鞘背面无刺毛。
        3. 秆的节间表面在放大镜下可见到白色晶体状细颗粒或小凹穴，尤以节间的上部表面为密，秆节间金黄色···金竹 **Ph. *sulphurea*** (Carr.) A. et C. Riv.
        3. 秆的节间表面无上述晶体状细颗粒或小凹穴，或仅在秆节的下方处可有之。
            4. 箨鞘背面的中上部在脉间具微小刺毛，抚摸之有糙涩感；幼秆节间有晕斑，尤以节间的上部为然···石绿竹 **Ph. *arcana*** McClure
            4. 箨鞘背面无微小刺毛或偶可在顶端的脉间有之，有时还可疏生刺毛；幼秆的节间无晕斑···黄古竹 **Ph. *angusta*** McClure
    2. 秆箨有箨耳，耳缘生有繸毛，如果箨耳不发达，则具有鞘口繸毛。
        5. 箨耳微小，节间具明显褐色斑点···桂竹 **Ph. *bambusoides*** Sieb. et Zucc.
        5. 箨耳显著，通常呈镰形。
            6. 秆节间初为淡绿色，一年后变为紫黑色···紫竹 **Ph. *nigra*** (Lodd. ex Lindl.) Munro
            6. 秆节间始终绿色···毛金竹 **Ph. *nigra*** (Lodd. ex Lindl.) Munro var. ***henonis*** (Mitford) Stapf ex Rendle

（四）箭竹属（*Fargesia*）

本属中大熊猫主食竹有扫把竹（*F. fractiflexa*）、缺苞箭竹（*F. denudata*）、团竹（*F. obliqua*）、糙花箭竹（*F. scabrida*）、青川箭竹（*F. rufa*）(图2-4)、秦岭箭竹（*F. qinlingensis*）、华西箭竹（*F. nitida*）、丰实箭竹（*F. ferax*）、油竹子（*F. angustissima*）、九龙箭竹（*F. jiulongensis*）、少花箭竹（*F. pauciflora*）、龙头箭竹（*F. dracocephala*）、紫耳箭竹（*F. decurvata*）、拐棍竹（*F. robusta*）（附Ⅳ）。

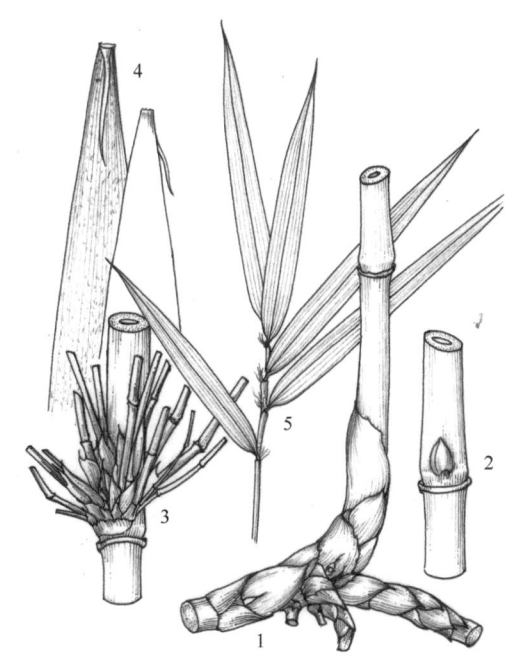

图 2-4　箭竹属青川箭竹（*Fargesia rufa*）线条图（杨林绘）
1. 地下茎及秆基；2. 秆芽；3. 秆的分枝；4. 秆箨；5. 叶枝

地下茎合轴型；秆柄粗短，前端直径大于后端，秆丛生或近散生，秆芽1枚，长卵形，贴生，或具多芽并组成半圆形，不贴秆，秆每节多分枝，无主枝或少有较粗壮主枝；箨鞘迟落或宿存，稀早落；小枝具叶数枚；圆锥或总状花序生于具叶小枝顶端，花果期多在夏季；颖果；笋期夏秋季。

附Ⅳ 箭竹属 *Fargesia* Franch. emend. Yi
分种检索表

1. 秆芽半圆形、卵形或锥形，肥厚，是由明显的数芽乃至多芽组合而成的复合芽，不贴秆或稀可贴秆而生；秆环隆起至显著隆起，通常高于箨环；秆箨早落，箨耳不存在 ········ **扫把竹** *F. fractiflexa* Yi
1. 秆芽长卵形，瘦扁，是由不明显的数芽组成的复合芽，紧密贴秆而生；秆环平坦，稀可隆起或微隆起，通常低于箨环；秆箨迟落或宿存，稀早落，箨耳存在或否。
   2. 箨鞘长圆形或长圆状椭圆形，先端圆形或近圆形，稀可作"山"字形，先端宽度与鞘基底等宽或近等宽，鞘背面无毛或被极稀疏的小刺毛，无箨耳；秆的节间中空。
      3. 箨片直立。
         4. 箨鞘背面疏生灰色或灰黄色小刺毛；箨舌圆弧形；叶鞘鞘口两肩繸毛发达；叶片下面疏生白色短柔毛（基部尤密）·· **糙花箭竹** *F. scabrida* Yi
         4. 箨鞘背面无毛；箨舌略呈"山"字形或偏斜；叶鞘鞘口两肩无繸毛；叶片无毛 **团竹** *F. obliqua* Yi
      3. 箨片外翻叶片长；箨鞘背面无白粉 ······································ **缺苞箭竹** *F. denudate* Yi
   2. 箨鞘长三角形或长圆状三角形，先端为三角形或宽带形，先端宽度远较鞘基底为窄，鞘背面密被刺毛，或稀可无毛；箨耳无或存在；秆的节间中空、几实心或实心均可有之。
      5. 箨鞘远长于或略长于节间长度。
         6. 箨鞘革质，先端呈短三角形，狭长部分在箨鞘长度1/5以上。
            7. 箨鞘红褐色；叶片下面基部被灰白色微毛 ··························· **青川箭竹** *F. rufa* Yi
            7. 箨鞘紫色或紫褐色；叶片两面无毛。
               8. 箨鞘背面被棕色刺毛 ······································· **秦岭箭竹** *F. qinlingensis* Yi
               8. 箨鞘背面无毛或起初疏被灰白色小硬毛 ······· **华西箭竹** *F. nitida* (Mitford) Keng f. ex Yi
         6. 箨鞘下半部革质，上半部纸质，先端带形或三角状带形，狭窄部分在箨鞘长度1/3～1/2及以上。
            9. 箨鞘背面密被黑紫色斑点和斑块 ··································· **丰实箭竹** *F. ferax* (Keng) Yi
            9. 箨鞘背面无斑点。
               10. 秆节间纵细线棱极明显 ······································ **油竹子** *F. angustissima* Yi
               10. 秆节间平滑无纵细线棱纹 ·································· **九龙箭竹** *F. jiulongensis* Yi
      5. 箨鞘长度较节间为短或近相等。
         11. 箨片外翻 ·· **少花箭竹** *F. pauciflora* (Keng) Yi
         11. 箨片直立或至少在秆之中下部者直立。
            12. 叶耳存在。
               13. 箨片基部不下延，窄于或远窄于箨鞘顶端之宽度；叶耳长椭圆形，先端具毛 ·· **龙头箭竹** *F. dracocephala* Yi
               13. 箨片基部下延，与箨鞘顶端同宽；叶耳近圆形，边缘具繸毛 ·· **紫耳箭竹** *F. decurvata* Lu
            12. 叶耳缺失，叶鞘两肩具径直繸毛 ······························ **拐棍竹** *F. robusta* Yi

（五）镰序竹属（*Drepanostachyum*）

本属代表种为钓竹（*D. breviligulatum*）（图2-5）。

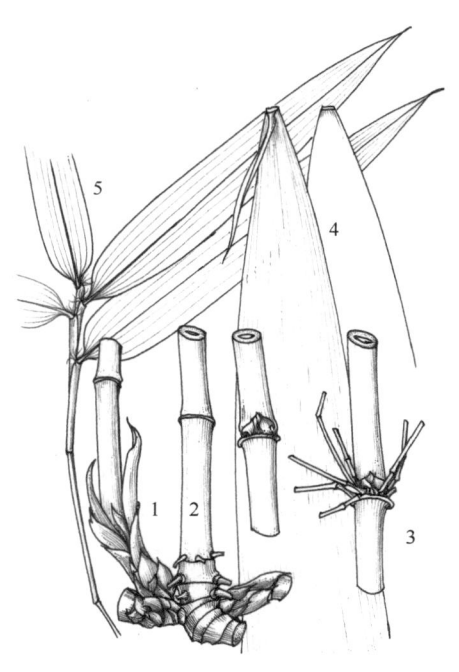

图 2-5　镰序竹属钓竹（*Drepanostachyum breviligulatum*）线条图（杨林绘）
1. 地下茎及秆基；2. 秆的一节，示秆芽；3. 秆的一节，示分枝；4. 秆箨；5. 叶枝

地下茎合轴型；秆高 3~6m，秆芽 3 枚，笔架形；笋绿色而先端带紫色；箨鞘迟落，短于节间长度，长三角形，背面常被稀疏灰色或灰黄色贴生瘤基小刺毛；箨耳及鞘口繸毛缺失，箨舌截平形，箨片外翻，紫绿色，三角形、线形或线状披针形，长 0.8~9cm，宽 2.5~7mm，无毛，边缘紫色，有小锯齿；小枝具叶 4~6，叶鞘初时被灰色柔毛，边缘上部初时具纤毛；叶耳微小，紫色，具 4~6 枚紫褐色较直的放射状繸毛；笋期 8 月。

（六）筇竹属（*Qiongzhuea*）

本属中大熊猫主食竹有大叶筇竹（*Q. macrophylla*）、筇竹（*Q. tumidinoda*）（图 2-6）、实竹子（*Q. rigidula*）、三月竹（*Q. opienensis*）（附 V）。

地下茎复轴混生型。秆直立；秆环不隆起乃至极度隆起而呈一圆脊。秆每节 3 芽；各节常分 3 枝。箨鞘早落，箨耳缺；箨片长在 0.5~1.7cm。圆锥状花序。果实呈坚果状，果皮厚，革质。

附 V　筇竹属 *Qiongzhuea* Hsueh et Yi
分种检索表

1. 秆环在整个秆上均极度隆起，粗度达节间之倍。
    2. 笋淡绿紫色，无毛；箨鞘背面无毛，鞘口两肩无繸毛；叶片宽大，长圆状披针形，长 11~21cm，宽 1.6~3.9cm，次脉 5~8 对 ·· **大叶筇竹 *Q. macrophylla* Hsueh et Yi**
    2. 笋紫红色或紫色带绿色，具棕色刺毛；箨鞘背面具棕色瘤基刺毛，鞘口两肩具少数直立棕色繸毛；叶片较小，狭披针形，长 5~14cm，宽 0.6~1.2cm，次脉 2~4 对 ··· **筇竹 *Q. tumidinoda* Hsueh et Yi**
1. 秆环在分枝以下各节上不隆起或微隆起。

3. 位于小枝下部的 1 枚叶鞘近等长或稍长于最上部的 1 枚叶鞘，如为后者则小枝最上面的 1 叶片系由下部叶鞘所着生者；叶片下面被微毛，次脉 4～5 对，小横脉不甚清晰；笋期 4～5 月 ············ 三月竹 *Q. opienensis* Hsueh et Yi

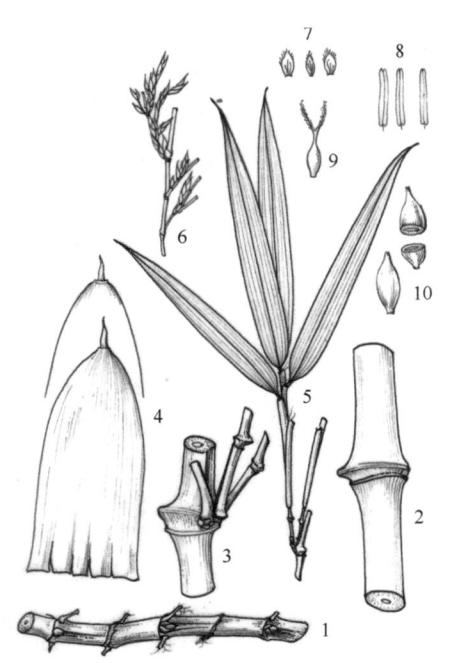

3. 位于小枝下部的 1 枚叶鞘较上部的 1 枚为短，因而小枝最上面的 1 叶片则为上部叶鞘所着生者；叶片下面无毛，次脉(3)4 对，小横脉清晰；笋期 9 月 ············ 实竹子 *Q. rigidula* Hsueh et Yi

图 2-6　筇竹属筇竹（*Qiongzhuea tumidinoda*）线条图（杨林绘）
1. 地下茎；2. 秆的节；3. 秆的分枝；4. 秆箨；5. 具叶小枝；6. 花枝；7. 鳞被；8. 雄蕊；9. 雌蕊；10. 果实

（七）玉山竹属（*Yushania*）

本属中大熊猫主食竹有短锥玉山竹（*Y. brevipaniculata*）、白背玉山竹（*Y. glauca*）、石棉玉山竹（*Y. lineolata*）、斑壳玉山竹（*Y. maculata*）、熊竹（*Y. ailuropodina*）、马边玉山竹（*Y. mabianensis*）（图 2-7）、大风顶玉山竹（*Y. dafengdingensis*）（附Ⅵ）。

地下茎合轴型；秆柄细长，长者可达 20～50cm，前后两端及其中部粗细均近一致，直径在 1cm 以内；节间长 5～12mm，实心或少数种可中空。秆散生。秆每节具 1 芽，贴秆而生。秆每节分 1 枝或数枝。箨鞘宿存或迟落，革质或软骨质。总状或圆锥花序。

附Ⅵ　玉山竹属 *Yushania* Keng f.
分种检索表

1. 枝条在秆之每节上为多数，其直径远小于主秆；顶生圆锥花序或总状花序。
    2. 箨耳明显存在。
        3. 幼秆节间有紫色小斑点，平滑，无纵细线棱纹；箨鞘背面基部疏生棕色刺毛，顶端两侧对称；叶耳通常存在，线形；小穗柄腋间具瘤状腺体；内稃先端微凹；鳞被歪斜、半卵形或卵形 ············ 短锥玉山竹 *Y. brevipaniculata* (Hand.-Mazz.) Yi
        3. 幼秆节间无紫色斑点；箨鞘背面无毛。

4. 箨片直立，基部两侧延伸，宽达 15mm；叶耳长圆形或镰形；叶舌歪斜；叶柄背面初始有灰白色短柔毛，被白粉；叶片背面灰白色，长达 13.5cm，宽达 17mm ········· **白背玉山竹 Y. glauca** Yi
4. 箨片外翻，基部不向两侧延伸，宽达 4mm；叶耳缺失；叶舌截平形或圆弧形；叶柄无毛，无白粉；叶片背面淡绿色，长达 9.5cm，宽达 11mm；小穗柄腋间无瘤状腺体；内稃先端 2 齿裂；鳞被披针形 ··· **石棉玉山竹 Y. lineolate** Yi
  2. 箨耳缺失。
    5. 秆之节间纵细线棱纹显著 ··· **斑壳玉山竹 Y. maculate** Yi
    5. 秆之节间平滑，无纵细线棱纹 ····································· **熊竹 Y. ailuropodine** Yi
1. 枝条在秆之每节上仅 1 枚，其直径与主秆等粗，或在秆之下部节上者为 1 枚，其直径与主秆等粗或近等粗，秆中部以上者可多至 2~4(7) 枚，其直径较主秆更为细小。
  6. 秆的第 6~7 节开始分枝，每节上仅具 1 枚枝条，粗与主秆相若，或在秆上部节上者较细小 ······
     ··· **大风顶玉山竹 Y. dafengdingensis** Yi
  6. 枝条在秆下部节上为 1 枚，直立，粗达 5mm，在秆上部者每节可达 3(4) 枚 ·······················
     ··· **马边玉山竹 Y. mabianensis** Yi

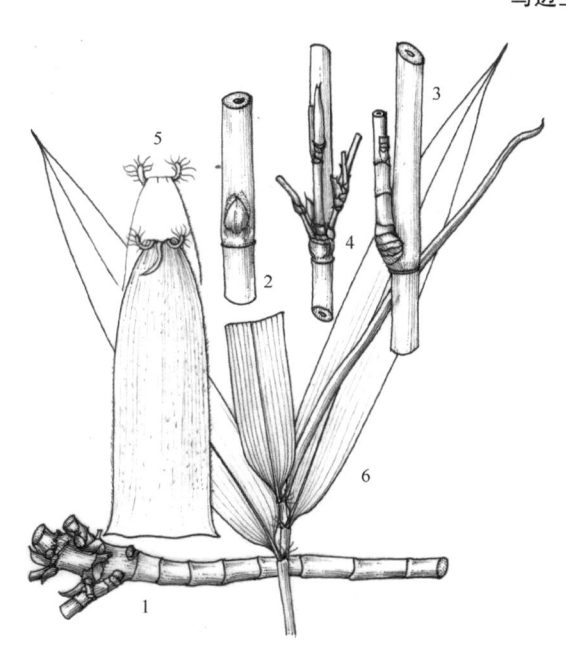

图 2-7　玉山竹属马边玉山竹（*Yushania mabianensis*）线条图（杨林绘）
1. 地下茎；2. 秆芽；3. 秆下部节上的分枝；4. 秆上部节下的分枝；5. 秆箨；6. 叶枝

（八）箬竹属（*Indocalamus*）

本属代表种为阔叶箬竹（*I. latifolius*）（图 2-8）。

地下茎复轴型；秆高可达 2m，每节分 1 枝；箨鞘背部常具棕色疣基小刺毛或白色细柔毛，以后毛易脱落，边缘具棕色纤毛；箨耳无或稀可不明显，疏生粗糙短繸毛。叶鞘无毛；叶耳无；叶片长 10~45cm，宽 2~9cm。笋期 4~5 月。

（九）慈竹属（*Neosinocalamus*）

本属代表种为慈竹（*Neosinocalamus affinis*）（图 2-9）。

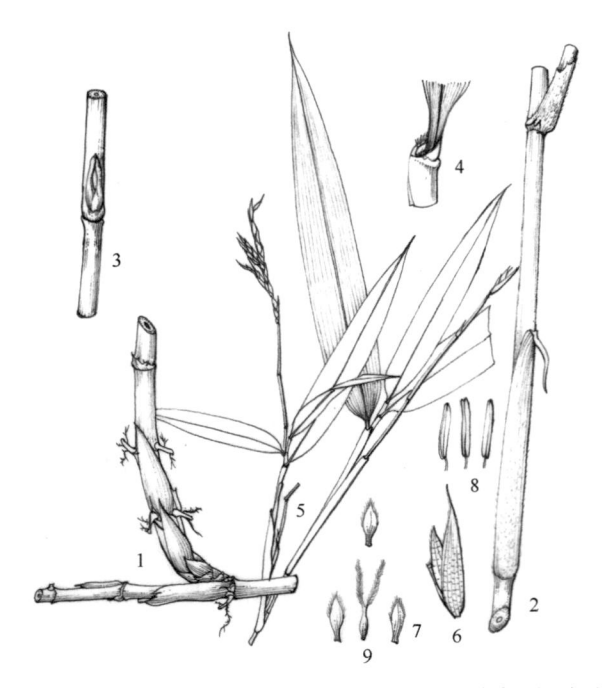

图 2-8 箬竹属阔叶箬竹（*Indocalamus latifolius*）线条图（杨林绘）
1. 地下茎；2. 秆箨及分枝；3. 秆芽；4. 叶鞘顶端及叶片基部；5. 花枝；6. 小花；7. 鳞被；8. 雄蕊；9. 雌蕊

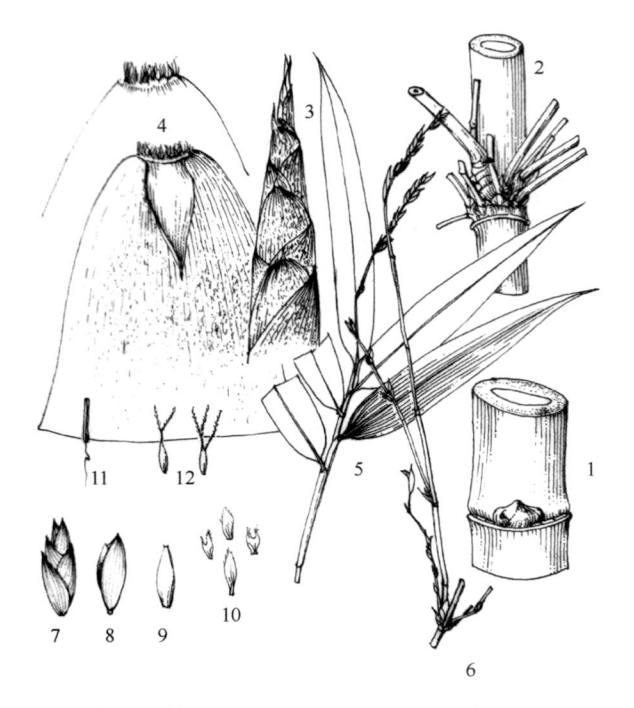

图 2-9 慈竹属慈竹（*Neosinocalamus affinis*）线条图（杨林绘）
1. 秆的一段，示秆芽及秆壁厚度；2. 秆的一段，示分枝；3. 笋；4. 秆箨；5. 具叶小枝；6. 花枝；7. 小穗；8. 小花；9. 内稃；10. 鳞被；11. 雄蕊；12. 雌蕊

地下茎合轴型；秆丛生，梢端细长下垂如钓丝状，节间圆筒形，秆壁较薄；秆环平。秆芽扁桃形，贴秆。枝条在秆每节上多数枚，无明显粗壮主枝。秆箨迟落；箨耳缺失；箨片外翻。小枝具叶数枚至 10 余枚；叶片宽大，质薄。花枝无叶，细长下垂。假花序簇生；小穗含 4~6 朵小花，无小穗柄；雄蕊 6，黄色；雌蕊被长柔毛，子房有柄，花柱 1，柱头 2~3，羽毛状。果实囊果状，纺锤形。

二、其他食物

大熊猫以竹类为主食，野生大熊猫几乎只吃竹子，除了竹鞭，竹叶、竹茎、竹笋和竹枝都是大熊猫的食物。除了主食竹，大熊猫也会吃一些其他植物，据报道有：木贼（*Equisetum hyemale*）、藁本（*Conioselinum anthriscoides*）、白亮独活（*Heracleum candicans*）、紫菀（*Aster tataricus*）、风毛菊（*Saussurea japonica*）、羌活（*Notopterygium incisum*）、中华猕猴桃（*Actinidia chinensis*）、川莓（*Rubus setchuenensis*）、四川木姜子（*Litsea moupinensis* var. *szechuanica*）等，以及树生多孔菌等。研究发现大熊猫吃过的植物多达 20 余种，也有报道发现大熊猫食用小型啮齿动物，甚至食用羊肉的情况（胡锦矗和乔治·夏勒，1985）。

圈养大熊猫由于主食竹种类较少，需要通过精饲料和果蔬来补充维生素和矿物元素等微量营养素。精饲料主要由黄豆、玉米、大米、植物油、鸡蛋、食盐、钙磷添加剂等组成。果蔬主要供给苹果和胡萝卜。另外，根据大熊猫体况还可补充复合维生素、矿物元素和其他添加剂等。在圈养大熊猫的日粮中添加适量的添加剂有助于提高大熊猫对营养物质的消化率。有研究发现，在日粮中添加营养性复合酶或纤维素复合酶，均能显著提高大熊猫对日粮中粗脂肪和粗蛋白等各营养物质的消化率，添加纤维素复合酶对于日粮纤维素、半纤维素、中性洗涤纤维（NDF）和酸性洗涤纤维（ADF）消化率的提高效果极显著（邹兴淮等，2001）。

三、营养

大熊猫的营养是指大熊猫摄取、消化、吸收和利用食物中营养物质的全过程，摄入足够和均衡的营养物质是动物生存和发展的根本条件，因此了解大熊猫的营养需要对保护和研究大熊猫这个物种极为重要。现代营养学从 18 世纪开始至今，已经在深度和广度上都有了较大的发展。在此基础上，近年来对大熊猫的营养也展开了不少研究，且有了一定程度的探索和研究成果。

（一）大熊猫摄食量

大熊猫摄食量是指大熊猫在 24h 内摄取食物的总量。研究显示，大熊猫对竹子不同部位的食用具有选择性，卧龙大熊猫 5~6 月到低海拔的拐棍竹林中吃笋，其吃冷箭竹也有选择性：11 月至次年 3 月主要食叶和嫩茎，4~6 月主食老茎，7~10 月几乎全部吃叶。同时发现，野生大熊猫若每天只吃竹笋，摄食量可达 40kg 左右，只吃竹茎可达 17~20kg，只吃竹叶可达 10~14kg（胡锦矗和乔治·夏勒，1985）。根据对相岭山系大熊猫粪便排出量、干物质消化率和茎叶含水量推算，大熊猫春季、夏秋季和冬季日摄食量分别为 14.58kg、13.93kg 和 13.14kg（何礼等，2000）。

圈养大熊猫在 1 岁左右开始采食竹子，到 1.5 岁左右就以采食竹子为主，1~1.5 岁每天投喂 1~6kg 竹子、1~2kg 竹笋；1.5~2 岁每天提供 25~30kg 竹子、1.5~3kg 竹笋；成年大熊猫每天提供不少于 35kg 的新鲜竹子和不少于 3kg 的竹笋；老年大熊猫每天提供不少于 35kg 的新鲜竹子（以竹叶为主）和不少于 3kg 的竹笋。此外，在饲喂中还应根据不同季节和大熊猫采食习惯提供竹秆和竹叶（黄炎和邹立扣，2022）。四川农业大学邹立扣课题组 2018 年对圈养大熊猫食用竹情况进行了监测，发现大熊猫（含亚成年、成年）对竹子的摄食量为每天 4.5~17.95kg。

大熊猫可以从主食竹中获得营养和能量，几种大熊猫主食竹的成分组成见表 2-2。

表 2-2　几种大熊猫主食竹的成分组成（%）

种类	干物质	粗蛋白	灰分	NDF	ADF	纤维素	半纤维素	木质素
B. fargesii 叶（嫩）	100.0	9.6	3.52	63.7	33.7	20.2	30.0	10.0
B. fargesii 秆（嫩）	100.0	1.6	—	81.3	45.9	30.8	36.3	14.7
F. robusta 叶（干）	100.0	5.0	3.0	80.7	56.7	42.2	24.0	14.5
Ph. nigra 叶（晚春）	100.0	14.4	6.0	56.8	35.4	28.6	21.4	6.7
Ph. nigra 叶（早春）	100.0	14.1	5.8	56.3	31.9	26.1	24.5	5.8
Ph. nigra 笋	100.0	15.8	0.4	53.3	28.3	26.7	25.0	1.5

资料来源：Wildt et al.，2006；Long et al.，2004；Tabet et al.，2004；"—"表示未测定

（二）基于液相色谱-质谱联用（LC-MS）技术的主食竹代谢物质分析

吴海兰等（2020）采用 LC-MS 技术，对 3 种大熊猫主食竹进行了非靶向代谢组学研究。结果表明，竹子的不同部位之间存在较大的代谢物差异，其筛选出 21 种差异代谢物。通过 MetaboAnalyst 进行通路分析，发现有 5 条通路影响较显著，分别为柠檬酸循环，淀粉和蔗糖代谢，乙醛酸和二羧酸代谢，缬氨酸、亮氨酸和异亮氨酸降解，花生四烯酸代谢，结合显著差异物质的生理作用，可进一步探讨大熊猫在不同生长阶段选取竹子的不同部位，来满足自身的生理需求、生长发育的原因，可为大熊猫主食竹的选择提供理论依据。

1. 竹子各部位的色谱图

在正、负离子模式下对样品进行分离和数据采集，各样品总离子流图见图 2-10。由图可以看出，色谱峰基线平稳，峰分离效果良好，仪器分析均信号强且稳定性良好。

2. 竹子各部位的代谢物主成分分析

竹类样品不同部位的分组如图 2-11 所示，竹叶、竹茎和竹笋中共检测到 1112 种代

谢物，竹叶组共有 497 种代谢物，竹笋组有 251 种代谢物，竹茎组有 364 种代谢物，三个器官共有 38 种相同物质。

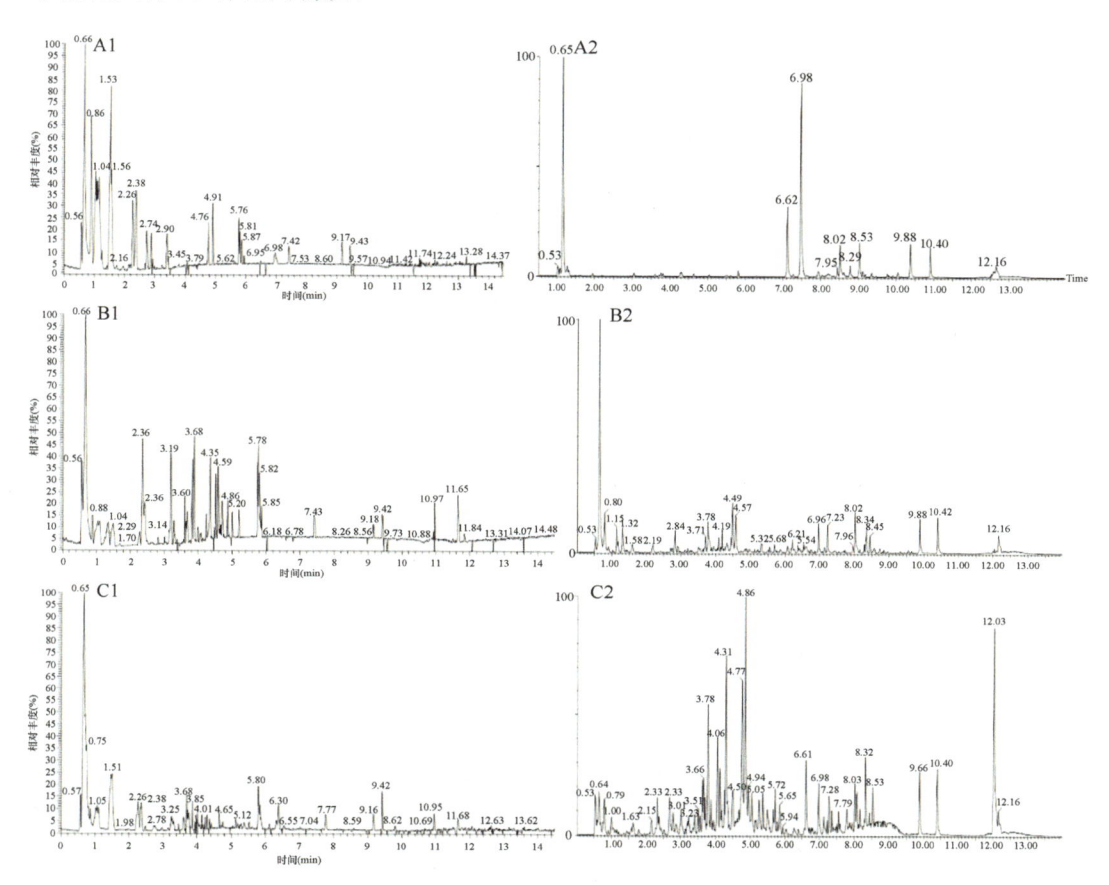

图 2-10　竹笋组（A）、竹茎组（B）、竹叶组（C）在正离子模式（1）和负离子模式（2）下的基峰强度（BPI）色谱图

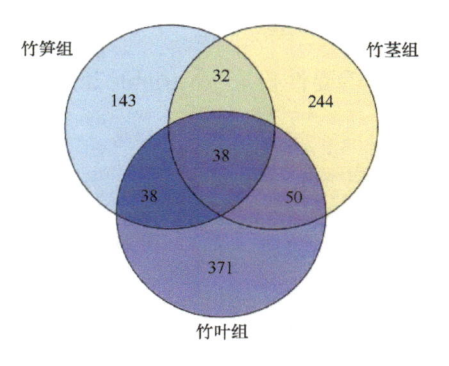

图 2-11　各组代谢物（Venn 图）

将数据进行面积归一化处理，然后进行主成分分析（PCA），用 UV 算法对数据进行拟合，拟合后得模型解释率 R^2X=0.865，模型预测能力 Q^2=0.823，两个参数值均＞0.5，

且数值相差不大,说明拟合性较好,得 PCA 图(图 2-12)。如图所示,所有样品都处在 95%的置信区间内,且竹叶、竹笋和竹茎 3 组样品各聚在一起,区分明显。

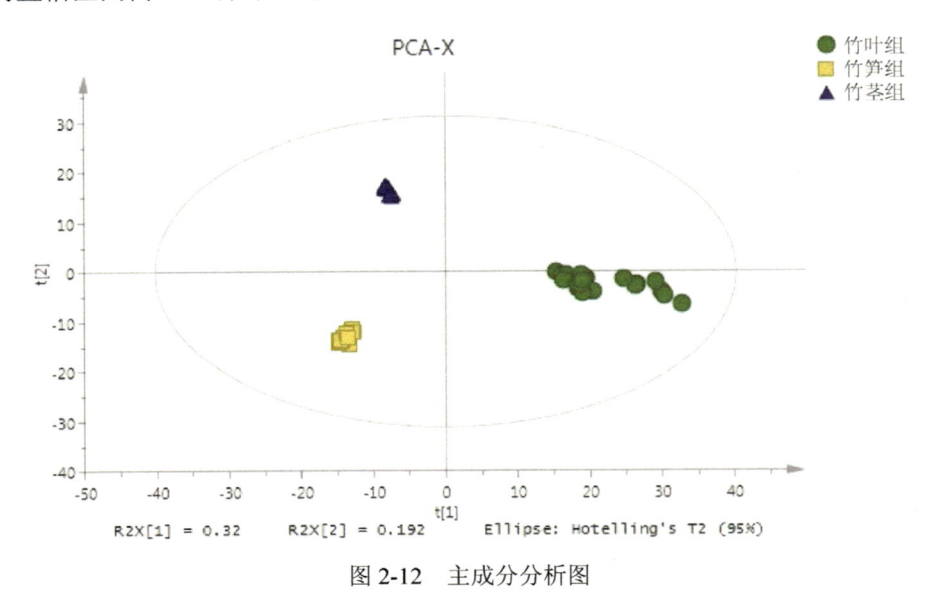

图 2-12　主成分分析图

3. 竹子各组间的 OPLS-DA 分析

为筛选出组间的差异代谢物,将竹叶组、竹茎组和竹笋组数据处理后,得到正交偏最小二乘判别分析(OPLS-DA)得分图(图 2-13 至图 2-15)。如图所示,竹叶组、竹茎组和竹笋组的代谢物明显分离,表明各组之间存在显著差异,全部样品组都位于置信区间内,同时参数 R^2Y 和 Q^2 都大于 0.9(表 2-3),说明模型的稳定性较好,数据可靠。经过 OPLS-DA 置换检验发现 Q^2 点从左到右均低于最右边原始蓝色的 Q^2 点,且 $Q^2<0$,R^2 和 Q^2 的回归线与横坐标交叉或小于 0,说明评估模型没有发生过拟合。以上结果表明,OPLS-DA 模型能有效区分各组样品,可用于后续的差异成分分析。

4. 竹子不同部位的差异代谢物筛选

根据 OPLS-DA 生成的变量重要性投影(variable importance in the projection,VIP)

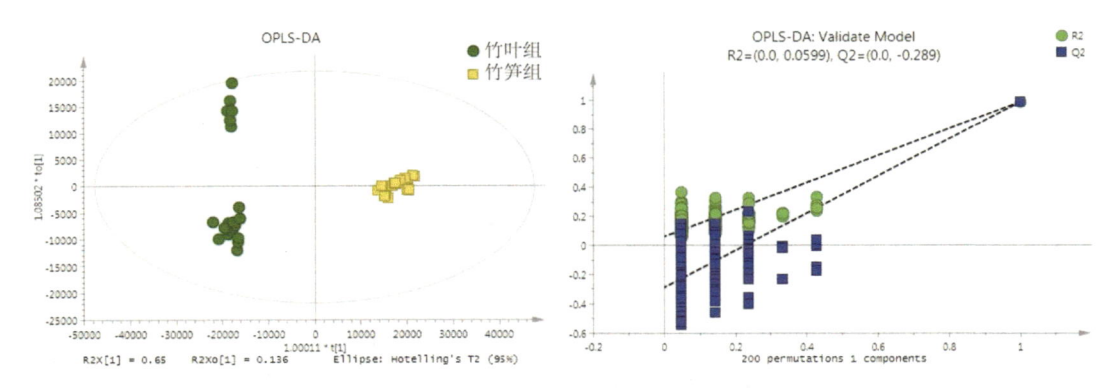

图 2-13　竹叶组与竹笋组的 OPLS-DA 模型得分图和置换检验图

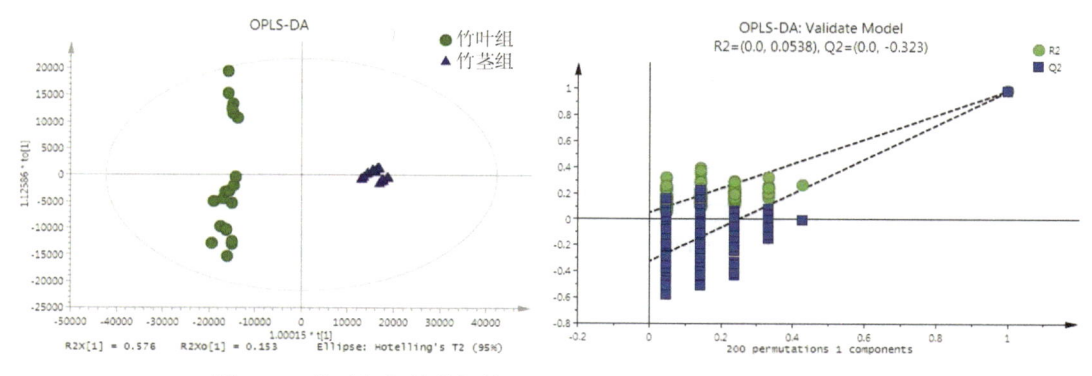

图 2-14　竹叶组与竹茎组的 OPLS-DA 模型得分图和置换检验图

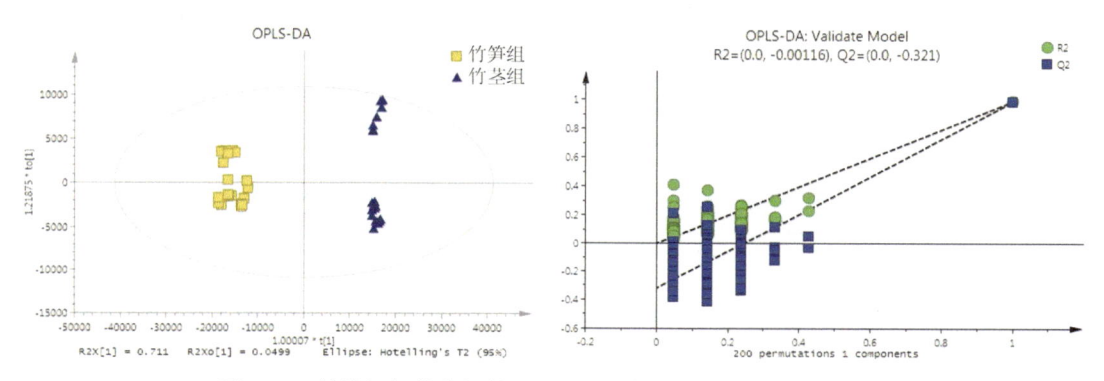

图 2-15　竹笋组与竹茎组的 OPLS-DA 模型得分图和置换检验图

表 2-3　OPLS-DA 模型的 R^2Y 与 Q^2 值

比较组	A	R^2Y	Q^2
竹叶组与竹笋组	2	0.989	0.988
竹叶组与竹茎组	2	0.988	0.985
竹笋组与竹茎组	2	0.991	0.988

注：A 表示主成分数目；R^2Y 表示模型解释率；Q^2 表示模型预测能力。

值可用来筛选组间差异代谢物（VIP＞1，$P<0.05$），本研究对竹叶、竹茎和竹笋分别进行组间比较，在竹叶-竹笋组、竹茎-竹叶组、竹茎-竹笋组中分别筛选到 80 个、85 个及 40 个差异代谢物。VIP 值越大，分类贡献越大，越能表明差异代谢物对样品组间的分类影响强度，在此基础上，继续以"VIP＞3，$P<0.05$"为指标筛选差异代谢物，共筛选到 21 种显著差异代谢物，主要包括脂肪酸和共轭物 5 种、十八烷酸类 4 种、二十烷酸类 3 种、黄酮类 3 种、有机酸 2 种、糖类及其他 4 种物质等（表 2-4 至表 2-6）。再利用 SPSS 22.0 进行差异倍数（fold change，FC）变化分析，由 $\log_2(FC)$ 值可知，竹叶-竹笋组中除 9,12,13-TriHOME、柠檬酸、9(10)-EpODE、甲基丙二酸、异当药黄素 2″-醋酸酯、D-麦芽糖和龙胆苦苷，其余代谢物含量均是竹笋组样品高于竹叶组。竹茎-竹叶组中除生物蝶呤、N-(3-氧代己酰基)-高丝氨酸内酯[N-(3-oxo-hexanoyl)-homoserine lactone]和 5-hydroperoxy-7-[3,5-epidioxy-2-(2-octenyl)-cyclopentyl]-6-heptenoic acid 和龙胆苦苷，其

余代谢物含量均是竹叶组样品高于竹茎组。竹茎-竹笋组中除生物蝶呤和龙胆苦苷，其余代谢物含量均是竹笋组样品高于竹茎组。

表2-4 竹叶-竹笋组差异代谢物

代谢物	质荷比 m/z	保留时间（min）	VIP	P值	log$_2$(fc-L/R)
N-(3-氧代己酰基)-高丝氨酸内酯 [N-(3-oxo-hexanoyl)-homoserine lactone]	427.21	3.41	6.34	3.68E-15	−17.31
9,12,13-TriHOME	329.23	6.98	4.16	2.92E-08	12.18
柠檬酸（citric acid）	191.02	0.80	5.53	5.53E-08	2.34
异当药黄素 2″-醋酸酯（isoswertisin 2″-acetate）	533.13	4.14	7.38	1.79E-11	6.88
9(10)-EpODE	293.21	8.32	5.53	3.08E-07	6.41
9S,12S,13S-trihydroxy-10E,15Z-octadecadienoic acid	327.22	6.62	8.88	1.40E-09	−2.03
奎宁酸	173.04	0.67	15.25	1.84E-15	−9.71
methyl 8-[2-(2-formyl-vinyl)-3-hydroxy-5-oxo-cyclopentyl]-octanoate	328.21	2.72	3.15	4.48E-13	−10.73
9S,11R,15S-trihydroxy-2,3-dinor-13E-prostaenoic acid-cyclo[8S,12R]	311.22	5.21	4.06	5.33E-13	−10.15
甲基丙二酸（methylmalonic acid）	235.05	0.79	3.21	5.69E-08	18.22
D-麦芽糖（D-maltose）	341.11	0.62	4.59	3.34E-03	10.25
龙胆苦苷（gentiopicrin）	377.08	0.64	4.24	1.42E-02	3.78
9,10-DHOME	313.24	9.82	3.27	3.11E-11	−5.63

注：log$_2$(fc-L/R)为竹叶组与竹笋组均值之比的对数值

表2-5 竹茎-竹叶组差异代谢物

代谢物	质荷比 m/z	保留时间（min）	VIP	P值	log$_2$(fc-S/L)
13-OxoODE	293.21	8.57	3.14	1.33E-05	−18.00
D-麦芽糖（D-maltose）	341.11	0.62	5.66	3.33E-03	−10.67
9,12,13-TriHOME	329.23	6.98	5.25	2.91E-08	−16.03
9(10)-EpODE	293.21	8.32	6.94	3.56E-07	−5.32
柠檬酸（citric acid）	191.02	0.80	7.86	1.98E-07	−14.50
9S,12S,13S-trihydroxy-10E,15Z-octadecadienoic acid	327.22	6.62	6.05	4.29E-07	−3.69
生物蝶呤	258.06	0.83	6.09	1.04E-10	11.65
N-(3-氧代己酰基)-高丝氨酸内酯[N-(3-oxo-hexanoyl)-homoserine lactone]	427.21	3.41	8.81	1.33E-11	17.59
异当药黄素 2″-醋酸酯（isoswertisin 2″-acetate）	533.13	4.14	9.31	1.67E-11	−8.59
龙胆苦苷（gentiopicrin）	377.09	0.64	5.39	1.91E-02	0.92
5-hydroperoxy-7-[3,5-epidioxy-2-(2-octenyl)-cyclopentyl]-6-heptenoic acid	377.19	5.52	3.26	9.16E-17	17.88
白三烯 B4（leukotriene B4）	381.23	10.59	3.44	9.67E-11	−16.02
前列腺素 E2（prostaglandin E2）	397.22	10.40	3.03	1.02E-10	−21.62
甲基丙二酸（methylmalonic acid）	235.05	0.79	4.02	5.69E-08	−15.68
紫花杜鹃甲素 7-O-葡萄糖苷（matteucinol 7-O-glucoside）	521.17	3.26	3.09	4.66E-07	−4.06
芍药素（peonidin）	601.03	0.66	3.14	8.97E-06	−6.23

注：log$_2$(fc-S/L)为竹茎组与竹叶组均值之比的对数值

表 2-6 竹茎-竹笋组差异代谢物

代谢物	质荷比 m/z	保留时间（min）	VIP	P 值	log₂(fc-S/R)
生物蝶呤（biopterin）	258.06	0.83	5.48	2.93E-10	3.92
9S,12S,13S-trihydroxy-10E,15Z-octadecadienoic acid	327.22	6.62	12.04	1.28E-11	−5.73
龙胆苦苷（gentiopicrin）	377.09	0.64	8.82	1.11E-12	4.69
奎宁酸（quinic acid）	173.04	0.67	17.91	2.20E-15	−6.08
9S,11R,15S-trihydroxy-2,3-dinor-13E-prostaenoic acid-cyclo[8S,12R]	311.22	5.21	4.41	8.50E-12	−2.71
9,10-DHOME	313.24	9.82	3.85	3.68E-11	−4.91
methyl 8-[2-(2-formyl-vinyl)-3-hydroxy-5-oxo-cyclopentyl]-octanoate	328.21	2.72	3.69	6.08E-13	−5.72
柠檬酸（citric acid）	191.01	0.80	3.35	3.52E-13	−12.16
赤酮酸（erythronic acid）	273.08	0.69	3.20	8.14E-19	−14.63

注：log₂(fc-S/R)为竹茎组与竹笋组均值之比的对数值

5. 代谢产物的聚类热图分析

图 2-16 中不同颜色代表了代谢物丰度的高低。通过筛选出的差异代谢物将竹子各部位样品进行聚类分析，结果显示，差异代谢物在 3 组样品中的含量可明显区分，竹叶组的白三烯 B4、甲基丙二酸、柠檬酸、D-麦芽糖、13-OxoODE、9(10)-EpODE、9,12,13-TriHOME、异当药黄素 2″-醋酸酯等代谢物的含量相对较高。竹笋组的赤酮酸、9,10-DHOME、9S,12S,13S-trihydroxy-10E,15Z-octadecadienoic acid、9S,11R,15S-trihydroxy-

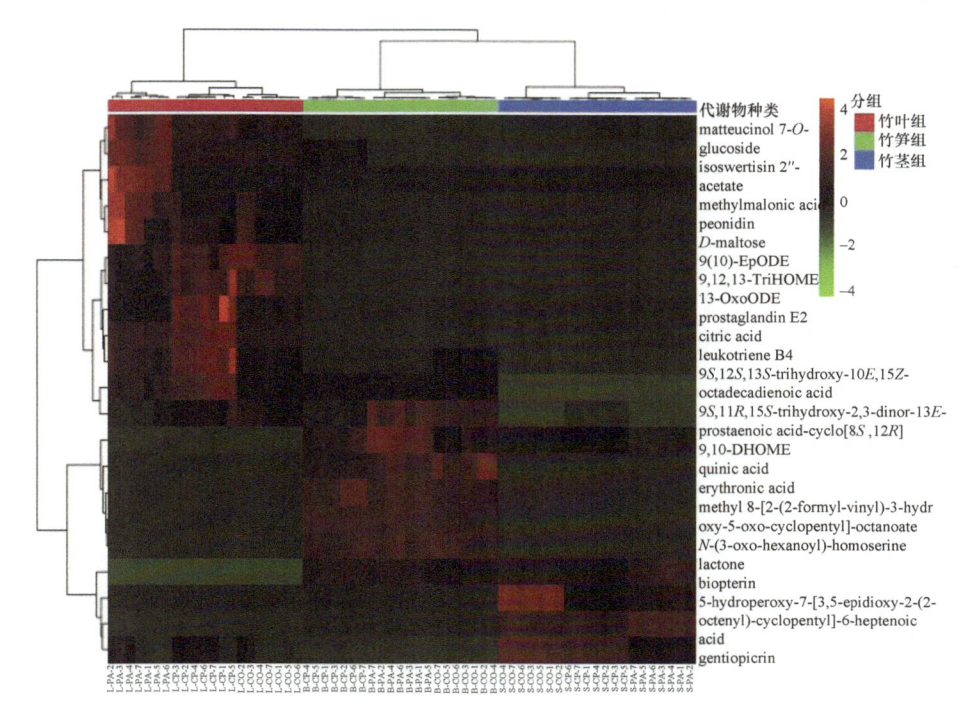

图 2-16 差异代谢物热图

2,3-dinor-13*E*-prostaenoic acid-cyclo[8*S*,12*R*]、methyl 8-[2-(2-formyl-vinyl)-3-hydroxy-5-oxo-cyclopentyl]-octanoate 和奎宁酸含量较高。竹茎组的 *N*-(3-oxo-hexanoyl)-homoserine lactone、5-hydroperoxy-7-[3,5-epidioxy-2-(2-octenyl)-cyclopentyl]-6-heptenoic acid、生物蝶呤和龙胆苦苷含量较高。

6. 代谢通路分析

为探究食竹对大熊猫机体代谢调节的作用机制，对筛选出的差异代谢物质经 MetaboAnalyst 进行通路富集分析。MetPA 平台主要基于人类代谢组数据库（HMDB）与京都基因和基因组数据库（KEGG）代谢通路，结合拓扑分析和通路富集分析的结果，筛选出与实验最相关的 6 条相关代谢通路，最终得到代谢通路影响因子图（图 2-17）。图中圆圈表示所有匹配的代谢通路，圆圈的颜色和大小分别依据代谢通路的 *P* 值和通路影响值（pathway impact）确定。基于通路影响值大于 0.02 为关键代谢途径进行筛选，结果发现有 5 条关键代谢途径。主要包括柠檬酸循环（citric acid）（又称三羧酸循环，TCA cycle），淀粉和蔗糖代谢（starch and sucrose metabolism），乙醛酸和二羧酸代谢（glyoxylate and dicarboxylate metabolism），缬氨酸、亮氨酸和异亮氨酸降解（valine, leucine and isoleucine degradation），花生四烯酸代谢（arachidonic acid metabolism）。

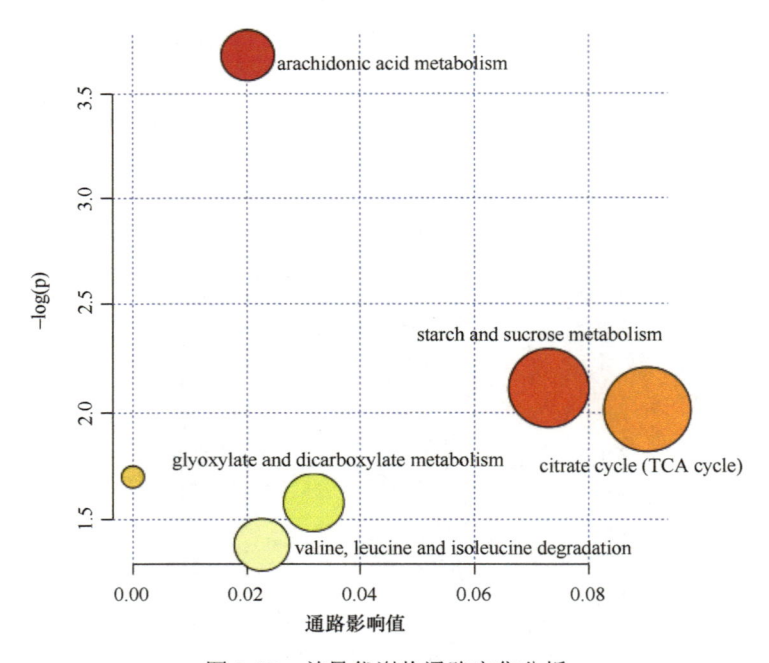

图 2-17 差异代谢物通路富集分析

利用非靶向代谢组对采集的大熊猫主食竹各部位进行分析，总共筛选出 21 个显著差异代谢物质，热图分析发现差异代谢物在 3 组样品中的含量可明显区分，竹叶组柠檬酸、*D*-麦芽糖、甲基丙二酸和黄酮类物质含量较高；竹笋组 3 种脂肪酸和共轭物，以及奎宁酸含量较高；竹茎组生物蝶呤和龙胆苦苷含量较高。

对差异物质进行代谢通路的富集分析，发现有 5 条通路较为显著，分别为柠檬酸循环，淀粉和蔗糖代谢，乙醛酸和二羧酸代谢，缬氨酸、亮氨酸和异亮氨酸降解、花生四烯酸代谢。柠檬酸循环、淀粉和蔗糖代谢与乙醛酸和二羧酸代谢都与能量代谢有关，且柠檬酸循环是机体将糖或其他物质氧化而获得能量的最有效方式，参与该循环的主要差异代谢物为柠檬酸和 D-麦芽糖，且这两种物质在竹叶中含量较高，而大熊猫一年中采食竹叶的时间最长，占比也较大。研究发现，柠檬酸能够促进胃蛋白酶的活动，从而改善对蛋白质和纤维的消化和吸收。除此外，柠檬酸能起到调味剂的作用，可直接刺激机体口腔味蕾细胞从而促进唾液分泌，增强食欲，进而提高大熊猫采食量，以促进体内钙的排泄、沉积和营养物质消化吸收。D-麦芽糖能促进机体对竹类中钙、镁、锌等矿物质的吸收，也能促进大熊猫肠胃蠕动，有利于其从竹叶中获取必需营养。

甲基丙二酸参与缬氨酸、亮氨酸和异亮氨酸降解，缬氨酸、亮氨酸和异亮氨酸属于支链氨基酸，是大熊猫须从食物中获取的必需氨基酸。支链氨基酸可增加蛋白质合成，促进相关激素的释放。野生大熊猫一般在 3~5 月交配，在此期间雄性大熊猫需要保持体能优势，雌性大熊猫需要能保证正常发情、正常受孕的激素水平。而竹叶中富含甲基丙二酸，因此发情期需要采食大量竹叶来促进血液中激素水平，从而提高其繁殖性能。

大熊猫在交配后受精卵着床延迟 1.5~4.0 个月（周世强等，2010），此时各大山系均已发笋，竹笋组织鲜嫩、水量及蛋白质含量高，而纤维素含量和木质化程度低，且适口性较好，是该时段大熊猫的优选蛋白质食物。野生大熊猫通常于 9~10 月产仔，此时当年生幼竹新叶易取食，而竹叶中都含较高的黄酮类化合物，有利于促进雌性大熊猫产仔后的乳汁分泌，幼仔也通过母乳提高自身免疫力、抗病毒和抗菌能力等。

应用非靶向代谢组学对苦竹、方竹和刺黑竹样品进行分析，结果表明竹子不同部位存在代谢差异，共筛选出 21 种显著差异代谢物，结合差异物质的生理作用，可进一步解释大熊猫在不同生长阶段取食竹子的不同部位，来满足自身的生理需求、生长发育的原因。竹子代谢物含量不仅在不同部位存在差异，在其不同生活史阶段和不同环境中也会受到影响，需要利用靶向代谢组学对竹子中的代谢物质进行进一步定性和定量研究。

（三）基于气相色谱-质谱联用（GC-MS）技术的苦竹中短链脂肪酸含量分析

吴海兰等（2021）采用 GC-MS 技术进一步测定苦竹、大熊猫粪便和血清样品中的短链脂肪酸（short-chain fatty acid，SCFA）含量。苦竹所有样品中检测到的主要 SCFA 包括乙酸、甲酸、正己酸和丙酸，其平均含量分别为 61.39μg/g、42.06μg/g、8.43μg/g 和 6.30μg/g（图 2-18A）。由表 2-7 可以看出，SCFA 在苦竹不同部位中的分布存在明显差异（图 2-18B）。

苦竹不同部位主要的 SCFA 含量存在差异。除竹笋中异丁酸、2-甲基丁酸、丁酸、异戊酸的含量较竹叶和竹茎高外，其余的 SCFA 都以竹叶中含量最高，竹茎中各 SCFA 含量都较低。竹笋中丁酸可转化为 β-羟丁酸而为机体供能。2-甲基丁酸、异戊酸和异丁酸合称为异位酸（isoacid），异位酸不仅能促进机体肠胃对食物中结构性碳水化合物的降解，还能促进纤维降解菌群的生长，从而有利于纤维物质的消化。除此，2-甲基丁酸可以提高食物的适口性，有研究表明，在雌性泌乳中期在其食物中添加异丁酸，可使产奶量和体重增加。这表明竹笋对于大熊猫而言不仅适口性好，营养价值高利于消化，且雌性在泌乳抚育幼仔期，采食竹笋有利于产奶及补充体能。

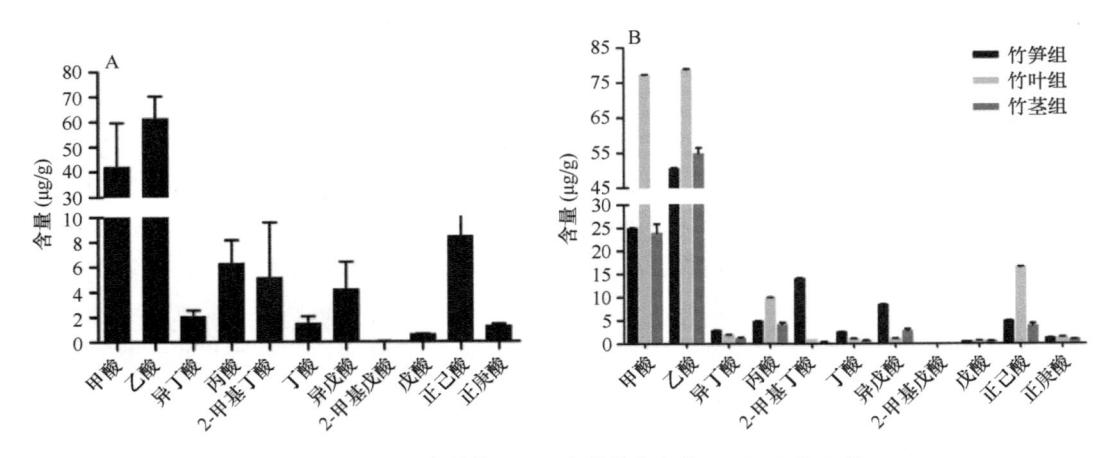

图 2-18 SCFA 在苦竹（A）和苦竹各部位（B）中的含量

表 2-7 苦竹不同部位 SCFA 的浓度（μg/g）

短链脂肪酸	竹笋组	竹叶组	竹茎组	竹笋组-竹叶组	竹笋组-竹茎组	竹叶组-竹茎组
甲酸	24.95±0.16	77.31±0.09	23.93±3.35	****	ns	****
乙酸	50.51±0.39	78.80±0.22	54.85±2.88	****	****	****
异丁酸	2.93±0.02	1.96±0.02	1.24±0.25	ns	*	ns
丙酸	4.85±0.08	9.96±0.03	4.10±0.81	****	ns	****
2-甲基丁酸	14.07±0.18	0.99±0.01	0.30±0.28	****	****	ns
丁酸	2.58±0.03	1.13±0.03	0.67±0.16	ns	*	ns
异戊酸	8.51±0.03	1.16±0.04	2.88±0.53	****	****	ns
2-甲基戊酸	0.03±0.01	0.06±0.01	0.05±0.02	ns	ns	ns
戊酸	0.55±0.01	0.66±0.04	0.57±0.07	ns	ns	ns
正己酸	4.94±0.06	16.47±0.17	3.89±0.87	****	ns	****
正庚酸	1.27±0.09	1.45±0.08	1.02±0.04	ns	ns	ns

注：各组间比较中，**** 表示 $P<0.0001$，* 表示 $P<0.05$，ns 表示 $P>0.05$

竹叶中乙酸、甲酸、正己酸和丙酸含量较高。乙酸到达门静脉循环，随血液进入全身循环作为周边组织的能源。丙酸作为糖异生前体物质，其产生的葡萄糖能满足动物30%~50%的能量需求，乙酸和丙酸等被肠黏膜上皮细胞吸收后均能作为机体重要的能量来源。食物中添加丁酸盐可以促进动物断奶后的生长及提高肠道消化酶活性。成年大熊猫因其肠道发育的完整性及肠道微生物群落的丰富性，故竹茎成为其常食部分；而断奶后的幼体和衰老个体，则不分时间段，均以竹叶为主食，竹叶中富含的乙酸、丙酸不仅有利于这些肠道发育不足或衰退的个体对竹子中纤维素的消化并保证肠道的完整性，还能减少相关疾病的发生。

（四）大熊猫的消化特性

大熊猫的消化器官和消化酶仍保留着肉食性动物的特点，即消化道短、无盲肠，从而食物通过消化道的时间短，较难消化竹子中的粗纤维素，同时它对蛋白质和碳水化合物等营养成分的吸收率也较低（张志和等，1995；邹兴淮等，1998）。

费立松等（2005）在大熊猫的胃内发现了大量纤毛虫的存在。大熊猫消化道内含有很多淀粉酶，但缺乏乳糖酶，在大熊猫粪便中可培养富集到纤维素分解菌。大熊猫在其长期的演化过程中，食性出现变化，主要是为了适应生活环境、动物食性和营养的改变。这些改变首先影响消化吸收的相关器官，最终影响动物的整个个体。大熊猫在其整个消化道内膜上都分布有丰富的黏液腺，这些腺体的分泌物能保护消化道的黏膜面不受损伤，有利于较粗糙的竹茎、竹叶和竹笋等食物的通过，起润滑剂的作用；同时还可以使松散的竹子残渣黏成一团，有利于排便（刘选珍等，2005）（图2-19）。

图 2-19　带黏液的大熊猫粪便

（五）大熊猫的消化代谢规律

大熊猫具有肉食动物的消化系统，消化系统较简单，但以竹类为主食，因而对竹子的干物质消化率较低。王雄清和汤纯香（1992）的研究显示，冷箭竹在大熊猫消化道的滞留时间为 6.3～10.9h，平均为 8.6h±2.8h。大熊猫对大观音竹、白夹竹、慈竹、小观音竹、苦竹等 5 种低山平坝竹的干物质消化率依次为 30.5%、25.4%、16.5%、11.2% 和 10.8%。回归分析结果显示，竹子干物质消化率与竹秆占全株的比例呈显著负相关（胡元玉等，1994），说明大熊猫对竹子不同部位的消化率有所不同。成年大熊猫对淡竹的干物质、粗蛋白、粗脂肪和粗纤维的消化率分别为 21.9%、63.17%、51.96% 和 13.59%（何东阳，2010）。李小娟等（2012）采用全收粪法对圈养大熊猫对雷竹笋的表观消化率进行了研究，结果发现，粗蛋白为 89.44%、粗脂肪为 76.22%、中性洗涤纤维为 21.88%、酸性洗涤纤维为 11.78%、半纤维素为 30.79%、Ca 元素为 4.47%、P 元素为 66.98%。

参 考 文 献

白文科, 张晋东, 杨霞, 等. 2017. 基于 GIS 的卧龙自然保护区大熊猫生境选择与利用. 生态环境学报, 26(1): 73-80.

陈超, 杨志松, 潘载扬, 等. 2015. 圈养大熊猫发情期间行为变化和活动节律研究. 四川动物, 34(2): 161-168.

陈琳, 李果. 2006. 卧龙圈养雌性大熊猫发情行为观察. 西华师范大学学报(自然科学版), (1): 79-81+85.
费立松, 杨光友, 张志和, 等. 2005. 大熊猫胃内纤毛虫检测初报. 动物学报, 51(3): 526-529.
国家林业和草原局. 2021. 全国第四次大熊猫调查报告. 北京: 科学出版社.
何东阳. 2010. 大熊猫取食竹选择、消化率及营养和能量对策的研究. 北京林业大学博士学位论文.
何礼, 魏辅文, 王祖望, 等. 2000. 相岭山系大熊猫的营养和能量对策. 生态学报, 20: 177-183.
何廷美, 张贵权, 何永果, 等. 2004. 卧龙圈养大熊猫的周期行为节律. 西华师范大学学报, 25: 35-39.
胡锦矗. 1995. 大熊猫的摄食行为. 生物学通报, 30: 14-18.
胡锦矗, 乔治·夏勒. 1985. 卧龙的大熊猫. 成都: 四川科学技术出版社.
胡锦矗, 王昌琼. 1993. 凉山山系大熊猫的食性研究. 四川师范学院学报, 11: 290-295.
胡元玉, 周洪群, 李红, 等. 1994. 五种低山平坝竹饲喂大熊猫的消化试验. 动物营养学报, 6(1): 6-9.
黄炎, 张贵权, 张和民. 2001. 大熊猫(*Ailuropoda melanoleuca*)的繁殖研究. 四川师范学院学报, 22: 203-208.
黄炎, 邹立扣. 2022. 圈养大熊猫健康管理手册. 成都: 四川科学技术出版社.
江华明. 2009. 宝兴县大熊猫对生境的选择. 四川职业技术学院学报, 19: 121-123.
康东伟, 文康, 谭留夷, 等. 2011. 王朗自然保护区大熊猫生境选择. 生态学报, 31: 401-409.
李承彪. 1997. 大熊猫主食竹研究. 贵阳: 贵州科技出版社.
李红, 周洪群. 1996. 低山平坝大熊猫的五种主食竹四种微量元素含量. 西南农业学报, 10: 90-93.
李小娟, 丁明, 周昌平, 等. 2012. 圈养大熊猫对雷竹笋营养成分的表观消化率. 竹子研究汇刊, 31(3): 28-33.
刘选珍, 李明喜, 余建秋, 等. 2005. 圈养大熊猫排泄的粘液成分分析. 应用与环境生物学报, 11(5): 584-587.
潘文石. 2001. 大熊猫继续生存的机会. 北京: 北京大学出版社.
潘文石, 高郑生, 吕植, 等. 1988. 秦岭大熊猫的自然庇护所. 北京: 北京大学出版社.
屈元元, 袁施彬, 王海瑞, 等. 2013. 圈养大熊猫主食竹及其营养成分比较研究. 四川农业大学学报, 31: 408-413.
冉江洪, 刘少英, 王鸿加, 等. 2003. 放牧对冶勒自然保护区大熊猫生境的影响. 兽类学报, 23: 288-294.
四川省林业厅. 2015. 四川的大熊猫: 四川省第四次大熊猫调查报告. 成都: 四川科学技术出版社.
唐平, 周昂, 李操, 等. 1997. 冶勒自然保护区大熊猫摄食行为及营养初探. 四川师范学院学报, 18: 1-4.
王雄清, 汤纯香. 1992. 冷箭竹在大熊猫消化道滞留时间的观察//卧龙自然保护区, 四川师范学院. 卧龙自然保护区动植物资源及保护. 成都: 四川科学技术出版社.
韦华, 吴代福, 何胜山, 等. 2019. 圈养大熊猫幼体在野化培训期的行为节律与季节性变化. 四川动物, 38(3): 293-299.
魏辅文, 冯祚建, 王祖望. 1999. 相岭山系大熊猫和小熊猫对生境的选择. 动物学报, 45: 57-63.
魏辅文, 张泽钧, 胡锦矗. 2011. 野生大熊猫生态学研究进展与前瞻. 兽类学报, 31: 412-421.
吴代福, 林邵雯澜, 何胜山, 等. 2023. 野外引种大熊猫(*Ailuropoda melanoleuca*)发情期移动模式研究. 四川农业大学学报, 41(3): 495-508.
吴海兰, 李才武, 李果, 等. 2021. 大熊猫主食竹、粪便及血清中的短链脂肪酸的测定及分析. 野生动物学报, 42(1): 29-36.
吴海兰, 潘欣, 余中亮, 等. 2020. 基于非靶向代谢组学的大熊猫主食竹代谢产物分析. 野生动物学报, 41(4): 851-860.
易同培, 蒋学礼. 2010. 大熊猫主食竹种及其生物多样性. 四川林业科技, 31: 1-20.
易同培, 史军义, 马丽莎, 等. 2008. 中国竹类图志. 北京: 科学出版社.
张晋东, Vanessa HULL, 黄金燕, 等. 2011. 大熊猫取食竹笋期间的昼夜活动节律和强度. 生态学报, 31(10): 2655-2661.
张泽钧, 魏辅文, 胡锦矗. 2007. 大熊猫生境选择及与小熊猫在生境上的分割. 西华师范大学学报, 28:

111-116.

张志和, 何光昕, 王行亮, 等. 1995. 大熊猫肠道正常菌群的研究. 兽类学报, 15(3): 170-175.

赵秀娟, 张泽钧, 胡锦矗. 2012. 唐家河与蜂桶寨自然保护区大熊猫生境选择初步比较. 西华师范大学学报, 33: 234-238.

周材权, 胡锦矗, 袁重桂, 等. 1997. 马边大风顶自然保护区大熊猫的食性与采食行为. 西华师范大学学报, 18: 273-277.

周洪群, 李红. 1998. 成都地区五种低山平坝竹营养成分分析. 西南农业学报, 11: 107-110.

周世强, 张和民, 李德生. 2010. 大熊猫觅食行为的栖息地管理策略. 四川动物, 29(3): 340-345.

朱靖, 孟智斌. 1987. 大熊猫(*Ailuropoda melanoleuca*)发情期叫声及其行为意义. 动物学报, 33(3): 285-292.

邹兴淮, 曾鲁军, 孙中武, 等. 1998. 大熊猫疾病死亡因素分析及其保护对策. 东北林业大学学报, 26(1): 53-56.

邹兴淮, 张贵权, 洪美玲, 等. 2001. 外源酶对大熊猫日粮营养物质消化率影响的研究. 四川大学学报(自然科学版), 2: 259-262.

Liu X. 2001. Mapping and modelling the habitat of giant pandas in Foping Nature Reserve, China. Doctoral thesis. Wageningen University.

Long Y, Lu Z, Wang D, et al. 2004. Nutritional strategy of giant pandas in the Qinling Mountains of China// Lindburg D, Baragona K. Giant Pandas: Biology and Conservation. California: University of California Press.

Tabet R B, Oftedal O T, Allen M E. 2004. Seasonal differences in the composition of bamboo fed to giant pandas (*Ailuropoda melanoleuca*) at the National Zoo. Proceedings of the Fifth Comparative Nutrition Society Symposium. Hickory Corners: 176-183.

Wildt D E, Zhang A, Zhang H, et al. 2006. Giant Pandas: Biology, Veterinary Medicine and Management. Cambridge: Cambridge University Press.

附件1　大熊猫的生长发育[①]

| 1天 | 5天 |

[①] 本附件图片由中国大熊猫保护研究中心提供

40 | 大熊猫微生物组

10 天

19 天

20 天（母兽带仔）

30 天

46 天（母兽带仔）

49 天

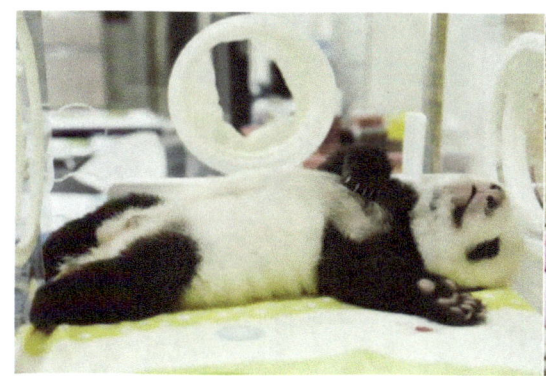

第二章　大熊猫生活习性与营养 | 41

60 天

90 天

106 天

114 天

180 天

360 天

42 | 大熊猫微生物组

1.5 岁

2 岁

2.5 岁

3 岁

第三章 大熊猫生理结构与微生物组

第一节 大熊猫呼吸、消化及生殖系统

一、大熊猫形态

大熊猫肥头胖耳，头型像猫，腰粗似熊。圆头短尾，前肢略长于后肢，前后掌均为五趾，趾端有爪。体毛黑白两色，雌雄身体毛色无明显差别。圈养大熊猫成体体重一般为 70~110kg，体长 1100~1250mm，尾长 160~190mm，多数情况雄性个体比雌性个体稍大。

头部耳朵和眼圈毛黑色，鼻吻部毛白色，其中杂生少许较长的黑色和白色毛，其余部位毛白色。

躯干背部、体侧和腹部毛白色；喉部暗棕褐色至胸部逐渐转为黑色；肩部和前肢毛黑色，后肢上 1/4 毛为棕黑色，下 3/4 内侧面浅黑色，外侧面黑色。前肢掌内侧有一垫状伪拇指。足底有趾垫和跖垫，垫区外长有浓密的褐色粗毛；尾部毛白色。

二、大熊猫呼吸道器官解剖形态及位置

有关大熊猫呼吸、消化及生殖系统等有比较系统的描述，本书参考《大熊猫解剖：系统解剖和器官组织学》（北京动物园等，1986）。

大熊猫外鼻位于头部的前端，唇的上方。鼻端部以软骨形成支架，鼻背后部以骨作为支架。外鼻前端扁平，表面光滑无毛，黑褐色，称为鼻镜。鼻孔与外界相通，后接鼻腔、鼻后孔。

咽是一个肌性漏斗形管道，上宽下窄，背腹扁平，是呼吸与消化道的交叉"路口"。咽腔向腹前方的通路可分为前、中、后三部，前部与鼻腔相通称为鼻咽部，中部与口腔相通称为口咽部，后部与喉腔相通称为喉咽部。

喉是呼吸道的部分，前方通喉咽部，向后延接气管，背侧为食管起始部。

气管是从喉至肺门之间的管状通道，自喉以下分为颈、胸两段，颈段走在颈部腹侧正中线上；胸段经胸前口入胸腔，在纵隔内后行，到胸腔内心底上方，分为左、右支气管入肺。

三、大熊猫上消化道器官解剖形态及位置

大熊猫上消化道由口腔开始，口腔是消化道的起始部。腔内有舌和牙齿，向后与口咽部相连。牙齿分别排列在上、下颌的齿弓上，可分为切齿、犬齿、前臼齿和后臼齿。

食管是连接咽和胃之间的管道，可分为颈、胸、腹三段。颈段食管位于气管与颈椎之间，胸段食管位于胸腔前口到隔膜，腹段食管最短，穿过隔膜与胃的贲门口连接。

四、大熊猫胸腔内器官

（一）心脏

大熊猫的心脏在胸腔的纵隔内，其纵轴由右前方斜向左后方，前缘发出大血管，分别连接于肺动脉、肺静脉、主动脉和后腔大静脉。

（二）肺

肺是大熊猫进行气体交换的主要器官，位于胸腔内纵隔两侧，分为左肺和右肺。左肺腹侧缘有一深切迹将左肺不完整地分成近乎相等的前、后两叶；右肺由深达肺门的叶间裂分为四叶，各叶互相分开，分别称前叶、中叶、后叶和副叶。

五、大熊猫腹腔内器官

（一）胃

大熊猫的胃属单室有腺胃，"U"形，由贲门、胃底部、胃大弯、胃小弯、幽门部和幽门组成。贲门位于胃的最前端，位置固定。胃底部前端由贲门向后方呈梨状膨大；胃大弯即"U"形底部段的外缘，有大网膜附着；胃小弯即是"U"形的内缘，有小网膜附着。胃小弯近中点处，胃底部和幽门部在此处折转，形成较明显的角切迹；幽门部近似长管状，位于胃底部的右腹侧；幽门部末端为幽门。幽门后接十二指肠。

（二）肠

大熊猫的肠分为小肠和大肠。

小肠：分为十二指肠、空肠和回肠。十二指肠略呈"S"形弯曲，其纵轴基本与脊柱平行，末端与空肠相连。空肠是小肠中最长的一段肠管，前接十二指肠，后接回肠，主要位于腹腔右侧部。回肠是空肠向后延续部分，一般回肠肠管比空肠肠管略粗。

大肠：分为结肠和直肠。大熊猫没有盲肠，结肠与回肠直接相连。回肠向后延续为结肠，在回肠没有积便的情况下回肠转为结肠处肠管有明显增粗。直肠与结肠间没有明显的界线，是结肠向骨盆腔内的延续部分。

（三）肛门

肛门是消化道末端与体外的通道口，是由直肠黏膜向外翻由中心放射状褶皱形成的皮肤，皮肤上着生少许稀疏肛毛，皮肤内有大量肛门腺。

（四）肝

肝是大熊猫体内最大的腺体，位于腹腔消化器官的最前方，占有左、右季肋骨，前凸与隔的弧面相贴合，称为隔面。后面与胃、十二指肠和空肠相邻，称为脏面。脏面有胆囊附着。大熊猫的肝分叶明显。

（五）胆囊

大熊猫的胆囊位于肝右叶和方叶脏面胆囊窝内，通过结缔组织与肝相连。

（六）胰腺

大熊猫的胰腺在个体间差异较大，多近"L"形，两部分间没有明显的界线，腺体组织几乎连成一体，可分为右叶和左叶。

（七）脾

大熊猫的脾是呈两端钝圆的扁带状器官，由胃脾韧带与胃大弯相连。脾可分为脾头、脾体和脾尾三部分。

（八）肾

大熊猫的肾是分叶肾（复肾），肾的结构单位是肾叶，肾叶的形态、大小各不相同。大熊猫幼仔肾与成体肾之间也存在形态上的差异。大熊猫的肾位于脊柱两侧，腰椎横突的下方，两肾基本与脊柱平行。

（九）输尿管

大熊猫的输尿管起自肾门的背侧，其腹面有肾动脉入肾和肾静脉出肾。大熊猫输尿管长度差异很大，主要与大熊猫个体的体长有关，一般右侧长于左侧。

（十）膀胱和尿道

大熊猫的膀胱位于盆腔的底面，分为膀胱顶、膀胱体和膀胱颈三部分。

雄性大熊猫的尿道，由膀胱后口向后，向后转入阴茎；雌性大熊猫的尿道则直入前庭，开口于前庭。

（十一）生殖器官

1. 雌性

雌性大熊猫的生殖器官包括卵巢、输卵管、子宫、阴道及尿生殖前庭等。

2. 雄性

雄性大熊猫的生殖器官包括睾丸、附睾、输精管、精索、阴囊、尿生殖道和阴茎等。

六、大熊猫粪便[①]

大熊猫是食性高度特化的物种，需依赖竹子才能够生存，但取食时对竹子却有很强

---

① 圈养大熊猫粪便图片（图3-1至图3-8）由中国大熊猫保护研究中心提供

的选择性，并且会挑食竹子的不同部位，大熊猫食用竹子后会产生大量的粪便，据统计，成年大熊猫平均每天产生 11~15kg 的粪便，大熊猫粪便的性质（形状、颜色、大小、重量等）与食物、年龄、季节等有关。

亚成年大熊猫（1.5~5.5 岁）的食性存在转换期，从以吃奶粉为主逐渐转变到以吃竹为主，辅助精饲料、胡萝卜、苹果等，粪便主要为纺锤形，类型包括竹叶便、竹叶茎便、竹饲料便及竹茎便等，大小为宽 44~64mm、长 86~133mm（图 3-1 至图 3-3）。

图 3-1　亚成年大熊猫粪便（竹叶便、竹笋便、竹叶+竹茎便）

图 3-2　亚成年大熊猫粪便（竹叶便、竹叶+竹茎便、竹笋便）

图 3-3　亚成年大熊猫粪便（竹茎+竹叶便、竹茎+竹叶便、竹茎+胡萝卜便、竹茎便）

成年大熊猫（5.5～20岁）以吃竹为主，辅助精饲料、胡萝卜、苹果等，粪便类型包括竹叶便、竹叶茎便、竹饲料便及竹茎便等，大小为宽44～67mm、长86～219mm（图3-4、图3-5）。

图3-4　成年大熊猫粪便（胡萝卜+精料+竹笋便、竹茎+竹叶便、竹笋+竹茎便、竹叶+竹茎便）

图3-5　成年大熊猫粪便（竹茎便、竹叶便、竹茎+竹叶便）

老年大熊猫（>20岁）以吃叶、笋为主，辅助精饲料、胡萝卜、苹果等，粪便类型包括竹叶便、竹叶茎便、竹笋便等，大小为宽20～60mm、长85～180mm（图3-6至图3-8）。

图3-6　老年大熊猫粪便（竹叶+竹茎便、竹叶便）

图 3-7　老年大熊猫粪便（竹笋便、竹笋便）

图 3-8　老年大熊猫粪便（竹叶+竹茎便、竹茎+胡萝卜便）

野生大熊猫以吃竹为主，粪便类型包括竹茎便、竹叶便、竹叶茎便等，粪便主要为纺锤形（图 3-9）。

图 3-9　野生大熊猫粪便
本图由大熊猫国家公园石棉县管护总站提供

第二节　大熊猫微生物组

微生物组就是某一特定环境中全部微生物的总和。目前，关于大熊猫微生物组的研究包括对大熊猫肠道微生物组、生殖道微生物组、体表微生物组及口腔微生物组等的研究，其中有关肠道微生物组的研究居多，本节以大熊猫肠道微生物组为例阐述大熊猫与微生物的关系。

肠道微生物组是消化道内存在的所有微生物的总和，包括遗传物质等，肠道微生态系统是哺乳动物体内最复杂和最特殊的生态系统，同时也是对哺乳动物影响最大的生态系统（Arumugam et al.，2011）。研究表明，哺乳动物肠道微生物种类有 500~1000 种，其数量可达 100 万亿个,是宿主细胞总量的 10～100 倍（Turnbaugh et al., 2007）。越来越多的证据表明,肠道菌群在宿主的消化功能、营养获取、免疫和代谢中起着重要作用（Zhernakova et al., 2016）,特别是在植食性动物中,肠道菌群在其纤维饲料消化和发酵中起着重要作用（Williams et al., 2013）。肠道菌群的稳定是维持宿主健康的基础,肠道菌群的失调一般都伴随着宿主产生疾病（Holmes et al., 2011）。

目前,人类微生物组学研究蓬勃发展,使越来越多的学者意识到了肠道微生态系统的重要性,进而开展了大量的研究工作。研究发现,在门水平,人和动物胃肠道 90% 的菌群主要为厚壁菌门（Firmicutes）、拟杆菌门（Bacteroidetes）、变形菌门（Proteobacteria）及放线菌门（Actinobacteria）。人类肠道有益细菌的主要代表为噬纤维菌属-黄杆菌属-拟杆菌属（*Cytophaga-Flavobacterium-Bacteroides*，CFB）和厚壁菌门,具体主要为厚壁菌门中的梭菌属簇 XIVa（*Clostridium* cluster XIVa）及梭菌簇 IV（*Clostridium* cluster IV）,以及拟杆菌门中的代表拟杆菌属（*Bacteroides*）、普氏菌属（*Prevotella*）和卟啉单胞菌属（*Porphyromonas*）（Bibbo et al., 2014；Cani, 2014）。此外,在人类肠道菌群中还发现病毒,尤其是噬菌体,还有真核细胞如真菌、变形虫等。随着人类肠道菌群研究的逐步深入,研究者也关注到了动物肠道微生物,掀起了动物肠道微生物研究的热潮。

一、肠道微生物与宿主的关系

肠道微生物与宿主表现为三种关系：共生（symbiosis）、偏利共生（commensalism）、致病（pathogenic）（Hooper and Gordon, 2001）。肠道微生物区系的建立是一个长期且复杂的与宿主共同演化的结果,在健康状态下,肠道微生物菌群在宿主体内呈动态平衡,对宿主是有益的。当正常微生物群落受到宿主、外环境及生活方式的影响,其菌群结构、活性变得异常或发生位置转移时,就容易破坏平衡,表现出菌群失调,从而宿主致病。宿主的代谢、自身免疫等会使肠道菌群出现生态失调,即肠道微生态失衡（Moeller et al., 2014）。

肠道中的微生物在人和动物的健康中起了许多关键的功能及作用,与宿主形成复杂的交互网络,通过宿主与微生物的相互作用影响宿主。肠道微生物可从宿主不能消化的碳水化合物中摄取能量以满足自身的生长繁殖所需,同时可通过代谢作用,产生营养物质供宿主吸收,如氨基酸、维生素、短链脂肪酸、乙酸盐、丁酸盐和丙酸盐等,此外,还可参与宿主消化系统的调控,介导信号传递。普拉梭菌（*Faecalibacterium prausnitzii*）和罗氏菌（*Roseburia*）是主导肠道健康的厌氧菌,其主要可生产丁酸盐（Miquel et al., 2013）,而丁酸盐可以增强细胞屏障功能,起到抗炎甚至抗癌的作用（Mathewson et al., 2016）。黏蛋白在为肠上皮细胞提供屏障的同时也可作为肠道细菌生长底物,与降解黏蛋白相关的细菌嗜黏蛋白阿克曼菌（*Akkermansia muciniphila*）是调节免疫应答机制的健康菌群中的重要成员（Derrien et al., 2011）,其他的肠道菌群,尤其是拟杆菌（*Bacteroides* spp.）表现出对宿主代谢的多糖的利用能力（Flint et al., 2012）。更重要的是,肠道土著菌群能够形成天然屏障,通过拮抗作用抵抗外籍菌的入侵,保护宿主健康。肠道微生物可产生抗菌物质,能够抑制条件性病原菌的感染,从而减少有害毒素的产生,达到保护宿主的目的。肠道微生物还具有促进上皮细胞分化、调节宿主脂肪存储及代谢的作用。研究证明，利用来自肥胖患者的一种肠道细菌阴沟肠杆菌 B29（*Enterobacter cloacae* B29）感染无菌小鼠后，可引起小鼠肥胖和产生胰岛素抵抗，通过干预治疗，发现随着该菌的减少，患者体重下降，"三高"（高血脂、高血糖、高血压）病症恢复正常（Fei and Zhao，2013）。此外，肠道菌群分泌物质还被发现可参与宿主的代谢途径，如其分泌的蛋白质可参与胆汁代谢过程。通过不断进化，肠道菌群可产生修饰原始胆汁酸如牛磺酸和鹅去氧胆酸的酶，刺激产生胆汁酸，如胆酸、石胆酸和脱氧胆酸等（Wang et al.，2011）。肠道菌群还可分泌胆碱代谢物，参与脂质代谢，同时，肠道菌群与心血管疾病的发生有关（Koeth et al.，2013；Tremaroli and Backhed，2012）。还有研究发现，肠道菌群可以产生神经传递物质，如血清素、多巴胺及去甲肾上腺素等，影响情绪、感知和运动等（Cryan and Dinan，2012；Dinan et al.，2013）。加利福尼亚大学科研人员系统分析了人类微生物组计划数据库，发现人体内定植的细菌可以产生大量的药用分子，可为新药的开发提供丰富的资源（Donia et al.，2014）。

肠道菌群在宿主的平衡免疫系统中发挥着重要的作用，然而肠道菌群的数量、种类和比例发生变异时，会出现菌群失调，引发宿主疾病，随着高通量测序技术在肠道菌群中的应用，人们发现越来越多的疾病与肠道菌群失调或肠道菌群多样性降低有关。近年来，更多的学者开始研究肠道疾病与异常肠道菌群的关系。研究发现，克罗恩病和溃疡性结肠炎与肠道微生物触发遗传性易感宿主的错误的黏膜免疫应答有关（Joossens et al.，2011；Kostic et al.，2014）。通常情况下，相较于健康人群，炎症性肠道疾病患者体内肠道菌群发生明显变化，拟杆菌门和厚壁菌门的丰度减少，而变形菌门和梭杆菌门（Fusobacteria）增加，产丁酸盐的普拉梭菌减少，而具有黏附侵入性的大肠杆菌（*Escherichia coli*）增加（Cao et al.，2014；Willing et al.，2010）。此外，肠道细菌还被发现与肠易激综合征（irritable bowel syndrome，IBS）、结肠直肠癌、糖尿病、肥胖和精神疾病等有关。在减肥饮食的调控下，产气柯林斯菌（*Collinsella aerofaciens*）、罗氏菌、双歧杆菌（*Bifidobacterium* spp.）等的丰度下降（Russell et al.，2011；Walker et al.，2011）。

二、影响肠道微生物的因素

人或动物肠道微生物被认为是一个复杂的有机体，其中包括拟杆菌（最具代表性）、普氏菌（最为丰富）及瘤胃球菌（普遍存在）（Arumugam et al.，2011），这些菌群的流行主要与饮食、生活方式、遗传和环境有关，其中，饮食被认为是最重要的影响因素之一。长期坚持高蛋白高脂肪饮食习惯，拟杆菌和瘤胃球菌增加，而富含碳水化合物的饮食会使普氏菌增加（Wu et al.，2011）。将来自非洲与意大利儿童的肠道微生物菌群进行比较，意大利儿童在减少膳食纤维的摄入时，其体内肠杆菌科细菌增加，拟杆菌减少，而拟杆菌是非洲儿童肠道内的优势菌群（Adler et al.，2013）。以非人灵长类为模型研究人类肠道微生物与生活方式及饮食的关系时发现，当野生非人灵长类被圈养时，随着膳食纤维摄取的减少，肠道土著微生物如梭菌、安德克氏菌（*Adlercreutzia*）、颤螺菌（*Oscillospira*）减少或消失，而普氏菌属和拟杆菌属定植（Clayton et al.，2016）。时常饮用酪乳或酸奶的人群其肠道菌群多样性更为丰富，饮用红酒和咖啡也可增加肠道菌群多样性，而饮用全脂奶和高热量饮食使微生物组多样性降低（Falony et al., 2016）。此外，影响肠道菌群变化的因素还包括性别、年龄、地理位置、宿主自身疾病、药物、吸烟及饮酒等。研究发现，药物治疗（胃灼热药物、抗生素和他汀类药物）和年龄对肠道微生物的影响比顺产、母乳喂养、体重指数对肠道微生物的影响更大（Falony et al., 2016）。

三、高通量测序技术在肠道微生物研究中的应用

一直以来，受限于传统的纯培养技术，人们仅能有限地获取肠道微生物菌群结构及其功能等信息。随着分子生物学及计算机技术的快速发展，微生物学研究的新兴技术——高通量测序（high-throughput sequencing）技术应运而生，使得一直受限于纯培养技术的众多研究取得了突破性进展，应用高通量测序技术，不仅可以了解肠道微生物菌群结构，还能进一步分析其代谢功能，挖掘潜在的有益微生物和基因资源。Handelsman 等于1998年提出了"metagenome"即宏基因组概念，其指代在自然环境下，特定生境内全部微生物遗传信息的总和，既包含可培养微生物，也包含不可培养微生物，根据一个样品中的遗传物质的种类和相对数量可以反映该微生物群落的结构和数量。Sunagawa 等（2015）利用宏基因组测序调查海洋微生物的群落结构组成和功能，为解析微生物在生物地球化学过程中的驱动作用提供了依据。

自完成人类基因组计划后，科学家开始呼吁发展功能基因组学研究，而传统的测序技术不能达到深度测序和重复测序的要求，为了实现这一目的，在第一代测序技术基础上，逐渐形成了以高通量测序为特点的第二代测序技术，该技术手段可一次性对大数据量的 DNA 序列进行测序，一般读长较短，具备准确度高、成本低、快速及大批量测序的特点。进行二代测序的平台主要有 Roche454 测序（焦磷酸测序）、Illumina 公司的 Solexa Genome Analyzer 测序、NovaSeq 测序、HiSeq 测序等及 ABI 公司的 SOLiD 测序（连接酶测序），而目前，运用较多的测序平台主要是 Illumina 测序平台。运用高通量测序技术在人类遗传疾病、肠道微生物及环境微生物等方面的研究取得了颇多进展，此外，该技术还被应用于医学研究，包括皮肤、口腔、呼吸道及胃肠道等。高通量测序技术的不断更新发展，使得我们对人、环境和动物的微生物生态结构及功能有了更深、更全面的了解。

四、大熊猫肠道微生物及功能

大熊猫属食肉目动物，具有典型的食肉动物的消化系统结构，如消化道短、单胃、无盲肠等，为了适应恶劣的野外生存环境，其生理特性表现出由杂食性高度特化为植食性（主食竹子）。为了适应含高木质纤维素的竹子的食用，大熊猫形成了与其食性相匹配的生理消化特点——黏液腺布满其整个消化道内膜，黏液腺分泌的黏液能够促进粪团成形，并能有效地降低粗纤维对肠壁的机械损伤。大熊猫对竹子的消化利用率低，其胃肠道短，食物进胃肠道时间短，对大熊猫全基因组测序发现，其体内缺乏编码降解纤维素酶的基因（Li et al., 2010），故其只能利用体内的微生物降解和消化木质纤维素。

大熊猫在大约 240 万年前从食肉动物转变为食草动物（Jin et al., 2007），虽然现代大熊猫仍具有以肉为食的能力，但在人工饲养条件下的大熊猫和在野外环境下观察到的野生大熊猫，竹子在它们的饮食中占有 99%的比例（胡锦矗和乔治·夏勒，1985）。因此，研究食物特别是竹子对大熊猫肠道菌群的影响对大熊猫的保护有着重要意义。竹子是一种高纤维食物，其中纤维素、半纤维素和木质素在竹子中占比为 70.0%～80.0%，而蛋白质、可溶性糖和脂肪仅占 20.0%～30.0%（胡锦矗和乔治·夏勒，1985）。

大熊猫为了适应竹子这种食物在其形态、生态、行为和基因方面发生了一系列适应性进化（Wei et al., 2015a），大熊猫体内缺乏编码降解纤维素酶的基因，其消化系统仍然保持着典型肉食性动物消化系统的特征（Xue et al., 2015；Zhao et al., 2013）。肠道菌群可以分解利用宿主难以消化的食物中的多糖和膳食纤维成分，将其降解为短链脂肪酸为宿主供能（Scott et al., 2013），这也可能是大熊猫体重迅速变化的一个重要原因之一（图 3-10）。因此，大多数研究者认为大熊猫肠道菌群参与了竹子中木质纤维素的降解（Zhu et al., 2011）。研究大熊猫肠道菌群中的纤维素、半纤维素和木质素降解菌，有助于发掘纤维降解细菌，为环境中一些高纤维物质的处理提供基础（李静等，2016）。

早期采用传统分离鉴定法发现大熊猫肠道细菌主要为大肠杆菌（*Esherichia*）、乳杆菌（*Lactobacillus*）和链球菌（*Streptococcus*）等。受传统培养技术条件限制，以及由于大熊猫肠道内的厌氧菌难以培养等原因，无法完全得到完整大熊猫肠道菌群的组成结构（Garbisu et al., 2017）。同时，大部分的研究都关注大熊猫肠道细菌，有关大熊猫肠道真菌的研究很少。随着分子生物学和生物信息学等技术的发展，高通量测序技术被广泛运用到大熊猫肠道菌群研究中。研究发现，大熊猫的肠道菌群中变形菌门（Proteobacteria）和厚壁菌门（Firmicutes）是主要的细菌门，子囊菌门（Ascomycota）和担子菌门（Basidiomycota）是主要的真菌门。埃希氏菌属（*Esherichia*）、梭菌属（*Clostridium*）和链球菌属（*Streptococcus*）等是大熊猫肠道内主要的细菌属，散囊菌纲（Eurotiomycetes）、粪壳菌纲（Sordariomycetes）、酵母纲（Saccharomycetes）、银耳纲（Tremellomycetes）

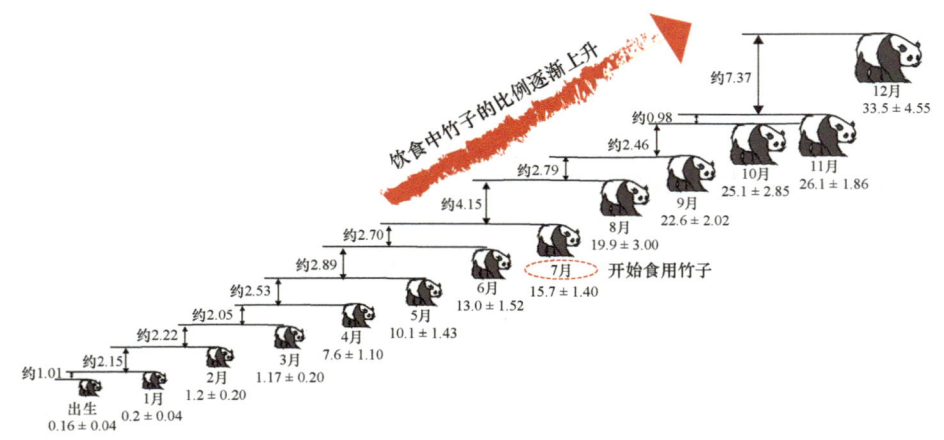

A

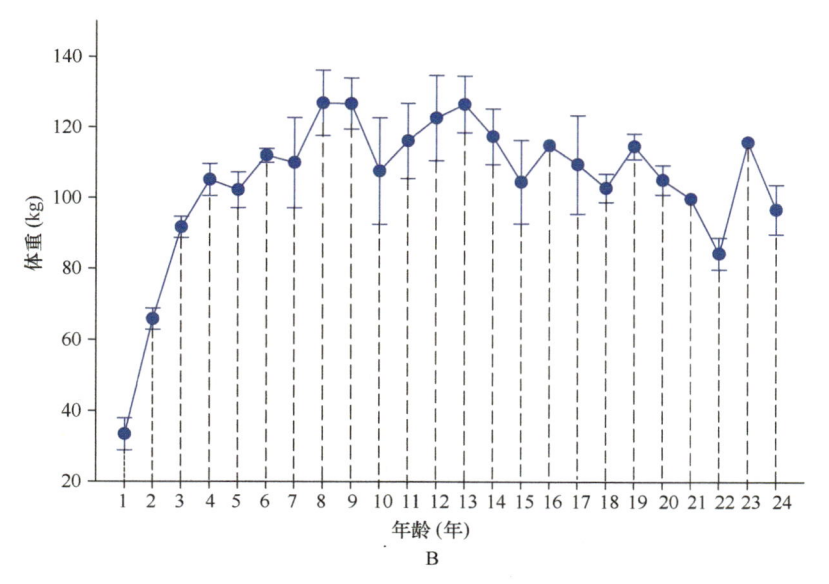

图 3-10 大熊猫的体重变化
A. 大熊猫体重月变化（0～12 月）(kg)；B. 大熊猫体重年变化（1～24 年）

和座囊菌纲（Dothideomycetes）等为主要的真菌纲（何永果等，2017；Yang et al.，2018；Zhang et al.，2018）（图 3-11）。高通量测序技术不仅能对一个样本整体的肠道菌群结构进行测定，还可以了解肠道菌群多样性，同时可进一步分析其代谢功能，挖掘微生物和环境因子间的相关性（许波等，2013）。

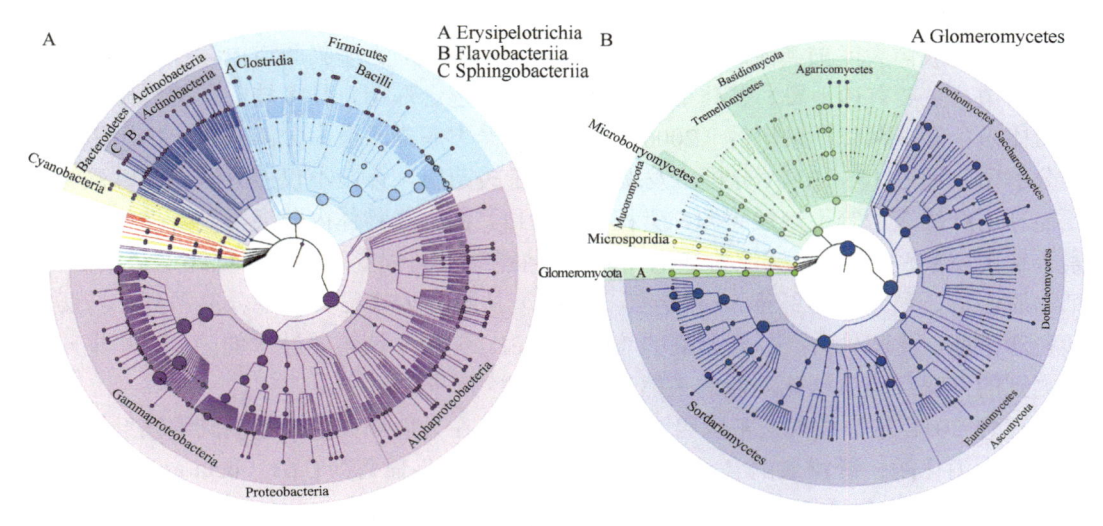

图 3-11 大熊猫肠道微生物分类图
A. 细菌；B. 真菌

研究显示，性别、年龄、饮食和季节等会影响肠道菌群的组成（Zhernakova et al.，2016）。何永果等（2017）对 3 只健康成年雌性大熊猫和 3 只健康成年雄性大熊猫肠道微生物菌群的对比发现，性别对大熊猫肠道细菌和真菌菌群的组成没有显著影响（$P>$

0.05）。与早期亚成年大熊猫和老年大熊猫肠道细菌菌群研究结果的对比发现，大熊猫肠道细菌运算分类单元（operational taxonomic unit，OTU）数量呈现成年大熊猫＞老年大熊猫＞亚成年大熊猫，且梭菌、明串珠菌（*Leuconostoc*）和链球菌等的相对丰度也随年龄变化而变化（王晓艳，2013；王燚等，2011）。Wu 等（2017）通过对比不同季节大熊猫肠道微生物的组成，发现大熊猫肠道微生物的组成随季节变化而变化（$P<0.05$）。晋蕾等（2019）通过对比断奶前后幼年大熊猫肠道菌群组成，发现断奶后肠道细菌大肠杆菌、志贺菌（*Shigella*）、链球菌、梭菌、肠球菌（*Enterococcus*）和乳杆菌的相对丰度显著下降，肠道真菌 *Microidium* 的相对丰度也显著下降（$P<0.05$）。近年来，随着高通量技术在大熊猫肠道菌群研究中的广泛应用，有关环境因子影响大熊猫肠道菌群的研究取得了一定的进展。通过对野化培训与放归大熊猫、野生大熊猫肠道菌群的研究发现，环境变化、生活方式是影响大熊猫肠道菌群组成的重要因素（Jin et al., 2021）。也有研究对比了大熊猫从牛奶到竹子食性转化期间肠道菌群的变化，根据饮食的不同将菌群分为母乳组、人工乳组、竹子组和笋子组，结果显示母乳组或人工乳组、竹子组和笋子组大熊猫肠道菌群组成有显著差异（$P<0.05$）（Zhang et al., 2018）。Guo 等（2018a）通过对比两只以奶为主食的幼年大熊猫和其完全以竹子为食的父母的肠道菌群，发现幼年大熊猫肠道菌群多样性远低于其父母亲（$P<0.05$），同时聚类分析结果显示两只幼年大熊猫肠道菌群组成与其父母差异显著。但由于大熊猫数量和生活方式等条件的限制，大部分研究选取熊猫个体数少，且没有严格控制单一变量（Wei et al., 2015a），各种因素对肠道菌群的影响需要深入研究。

由于大熊猫特有的饮食特性，有关大熊猫肠道菌群功能的研究基本都集中在大熊猫肠道微生物对木质纤维素的降解及主要营养物质的降解和利用方面。刘艳红等（2015）在对 8 只亚成体大熊猫粪便进行真菌的分离培养时发现，大熊猫肠道内存在可降解纤维素的真菌，主要有白地霉、多枝毛霉、丝孢菌和白色念珠菌，且多枝毛霉的纤维素降解能力比白色念珠菌强。荣华等（2006）从健康圈养大熊猫肠道中分离获得一株厌氧纤维素分解菌，通过 16S rRNA 分析，发现该菌属于梭菌属，该菌不仅能分解可溶性碳源，还能利用纤维素粉等不溶性碳源。樊程等（2012）在大熊猫体内分离得到一株好氧纤维素分解菌，最终鉴定其为解淀粉芽孢杆菌，该菌能够不同程度地降解四重纤维素底物（滤纸、脱脂棉、秸秆、竹纤维）。蒋芳等（2006）从野外大熊猫粪便中分离得到一株肠杆菌科沙雷菌，此菌株为产纤维素酶的兼性厌氧菌。但由于纯培养技术的限制，早期研究检测到的具有纤维素消化功能的大熊猫肠道微生物有限。

直到 2011 年，通过宏基因组测序，研究人员在大熊猫粪便中检测到编码纤维素和半纤维素消化酶：纤维素酶（cellulase，EC3.2.1.4）、β-葡萄糖苷酶（beta-glucosidase，EC3.2.1.21）和木聚糖 1,4-β-木糖苷酶（xylan 1,4-beta-xylosidase，xynB，EC3.2.1.37）的基因，才打开了大熊猫肠道菌群功能研究的新纪元（Zhu et al., 2011）。此外，Zhang 等（2018）研究发现大熊猫依靠半纤维素生存，且发现了大量降解纤维素和淀粉的酶。但目前关于大熊猫肠道微生物能否降解竹子中的纤维素和半纤维素仍存在争议，没有统一定论（Guo et al., 2018b；Jin et al., 2021）。同时，虽然大部分研究采用了宏基因组测序技术，但没有对数据进行深入挖掘，目前的功能分析都未到达单个微生物的水平，无法确定有降解功能的具体菌种。采用宏基因组分箱（binning）技术拼接大熊猫肠道菌群的细菌基因组，即宏基因组组装基因组（metagenome-assembled-genome，MAG），并结合食性转化期间发生特异性变化菌种的数据，对肠道细菌的基因进行分析，可研究具体细菌的具体功能，本研究利用扫描电子显微镜（scanning electron microscope，SEM）发现竹子被大熊猫肠道菌降解的可能（图 3-12），同时，依据本研究多组学数据总结提出肠道微生物与木质纤维素降解相关的酶及途径（图 3-13）。以上研究为挖掘大熊猫肠道内潜在的纤维素、半纤维素和木质素降解功能菌提供了数据基础。

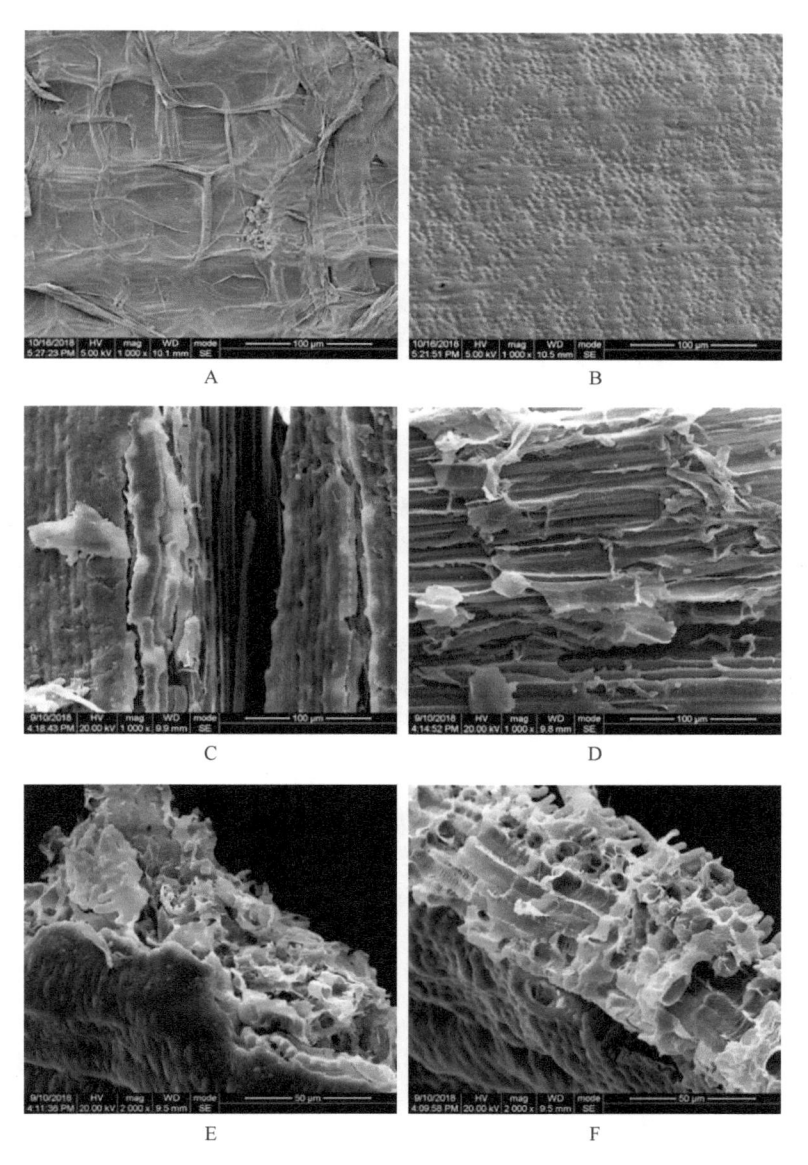

图 3-12　竹子（A、B. 1000×）及大熊猫粪便（C～F. 2000×）的扫描电子显微镜图

人及动物肠道内存在着大量的微生物群落，它们构成一个庞大且复杂的生态系统，

与宿主的进化、健康、疾病消化等方面息息相关。肠道微生物菌群与宿主形成动态平衡，对机体是有益的，而一旦其平衡被打破，对机体是有害的。大熊猫是我国珍稀物种，肠道内定居着大量微生物，与其消化、生理和健康等有着密切的关系，了解大熊猫肠道微生物结构和功能，有利于更好地、科学地保护大熊猫。

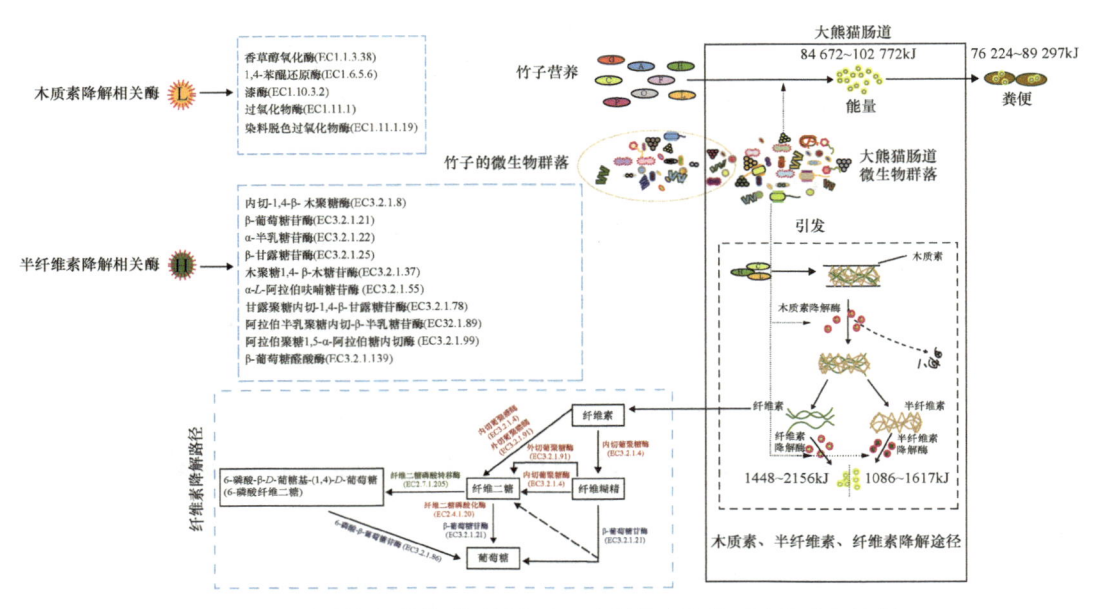

图 3-13 大熊猫肠道菌群对纤维素、半纤维素和木质素的降解途径

参 考 文 献

北京动物园, 等. 1986. 大熊猫解剖: 系统解剖和器官组织学. 北京: 科学出版社.

樊程, 李双江, 李成磊, 等. 2012. 大熊猫肠道纤维素分解菌的分离鉴定及产酶性质. 微生物学报, 52(9): 1113-1121.

何永果, 晋蕾, 李果, 等. 2017. 基于高通量测序技术研究成年大熊猫肠道菌群. 应用与环境生物学报, 23(5): 771-777.

胡锦矗, 乔治·夏勒. 1985. 卧龙的大熊猫. 成都: 四川科学技术出版社.

黄万波. 1993. 大熊猫颅骨、下颌骨及牙齿特征在进化上的意义. 古脊椎动物学报, 31(3): 191-207.

蒋芳, 赵婷, 刘成君, 等. 2006. 兼性厌氧纤维素菌的分离与系统发育分析. 微生物学通报, 33(3): 109-113.

晋蕾, 周应敏, 李才武, 等. 2019. 野化培训与放归、野生大熊猫肠道菌群的组成和变化. 应用与环境生物学报, 25(2): 0344-0350.

李承彪. 1997. 大熊猫主食竹研究. 贵阳: 贵州科技出版社.

李静, 张瀚能, 赵翀, 等. 2016. 高效纤维素降解菌分离筛选、复合菌系构建及秸秆降解效果分析. 应用与环境生物学报, (4): 689-696.

刘艳红, 钟志军, 艾生权, 等. 2015. 亚成体大熊猫肠道纤维素降解真菌的分离与鉴定. 中国兽医科学, (1): 43-49.

潘文石, 高郑生, 吕植, 等. 1988. 秦岭大熊猫的自然庇护所. 北京: 北京大学出版社.

荣华, 邱成书, 胡国全, 等. 2006. 一株大熊猫肠道厌氧纤维素菌的分离鉴定、系统发育分析及生物学特性的研究. 应用与环境生物学报, 12(2): 239-242.

王晓艳. 2013. 成年与老年大熊猫肠道菌群 16S rDNA-RFLP 技术分析. 四川农业大学硕士学位论文.

王燚, 何延美, 钟志军, 等. 2011. 不同季节亚成体大熊猫肠道菌群 ERIC-PCR 指纹图谱分析. 中国兽医科学, 41(8): 78-783.

魏辅文, 冯祚建, 王祖望. 1999. 相岭山系大熊猫和小熊猫对生境的选择. 动物学报, 45: 57-63.

魏辅文, 张泽钧, 胡锦矗. 2011. 野生大熊猫生态学研究进展与前瞻. 兽类学报, 31: 412-421.

许波, 杨云娟, 李俊俊, 等. 2013. 宏基因组学在人和动物胃肠道微生物研究中的应用进展. 生物工程学报, 29(12): 1721-1735.

易同培, 蒋学礼. 2010. 大熊猫主食竹种及其生物多样性. 四川林业科技, 31: 1-20.

易同培, 史军义, 马丽莎, 等. 2008. 中国竹类图志. 北京: 科学出版社.

Adler C J, Dobney K, Weyrich L S, et al. 2013. Sequencing ancient calcified dental plaque shows changes in oral microbiota with dietary shifts of the Neolithic and Industrial revolutions. Nat Genet, 45(4): 450-455.

Arumugam M, Raes J, Pelletier E, et al. 2011. Enterotypes of the human gut microbiome. Nature, 473(7346): 174-180.

Bibbo S, Lopetuso L R, Ianiro G, et al. 2014. Role of microbiota and innate immunity in recurrent *Clostridium difficile* infection. J Immunol Res, 2014: 462740.

Cani P D. 2014. Metabolism in 2013: The gut microbiota manages host metabolism. Nat Rev Endocrinol, 10(2): 74-76.

Cao Y, Shen J, Ran Z H. 2014. Association between *Faecalibacterium prausnitzii* reduction and inflammatory Bowel Disease: A meta-analysis and systematic review of the literature. Gastroenterol Res Pract, 2014: 872725.

Clayton J B, Vangay P, Huang H, et al. 2016. Captivity humanizes the primate microbiome. Proc Natl Acad Sci U S A, 113(37): 10376-10381.

Cryan J F, Dinan T G. 2012. Mind-altering microorganisms: the impact of the gut microbiota on brain and behaviour. Nat Rev Neurosci, 13(10): 701-712.

Derrien M, Van Baarlen P, Hooiveld G, et al. 2011. Modulation of mucosal immune response, tolerance, and proliferation in mice colonized by the mucin-degrader *Akkermansia muciniphila*. Front Microbiol, 2: 166.

Dinan T G, Stanton C, Cryan J F. 2013. Psychobiotics: a novel class of psychotropic. Biol Psychiatry, 74(10): 720-726.

Donia M S, Cimermancic P, Schulze C J, et al. 2014. A systematic analysis of biosynthetic gene clusters in the human microbiome reveals a common family of antibiotics. Cell, 158(6): 1402-1414.

Falony G, Joossens M, Vieira-Silva S, et al. 2016. Population-level analysis of gut microbiome variation. Science, 352(6285): 560-564.

Fei N, Zhao L. 2013. An opportunistic pathogen isolated from the gut of an obese human causes obesity in germfree mice. ISME Journal, 7(4): 880-884.

Flint H J, Scott K P, Duncan S H, et al. 2012. Microbial degradation of complex carbohydrates in the gut. Gut Microbes, 3(4): 289-306.

Garbisu C, Garaiyurrebaso O, Lanzen A, et al. 2017. Mobile genetic elements and antibiotic resistance in mine soil amended with organic wastes. Sci Total Environ, 621: 725-733.

Guo M, Chen J, Li Q, et al. 2018a. Dynamics of gut microbiome in giant panda cubs reveal transitional microbes and pathways in early life. Front Microbiol, 9: 3138.

Guo W, Mishra S, Zhao J. 2018b. Metagenomic study suggests that the gut microbiota of the giant panda (*Ailuropoda melanoleuca*) may not be specialized for fiber fermentation. Front Microbiol, 9: 229.

Handelsman J, Rondon M R, Brady S F, et al. 1998. Molecular biological access to the chemistry of unknown soil microbes: a new frontier for natural products. Chem Biol, 5(10): R245-249.

Hirayama K. 1989. The faecal flora of the giant panda (*Ailuropoda melanoleuca*). Journal of Applied Bacteriology, 67: 411-415.

Holmes E, Li J V, Athanasiou T, et al. 2011. Understanding the role of gut microbiome–host metabolic signal disruption in health and disease. Trends Microbiol, 19(7): 349-359.

Hooper L V, Gordon J I. 2001. Commensal host-bacterial relationships in the gut. Science, 292(5519): 1115-1118.

Jin C, Ciochon R L, Dong W, et al. 2007. The first skull of the earliest giant panda. Proceedings of the National Academy of Sciences, 104(26): 10932-10937.

Jin L, Huang Y, Yang S Z, et al. 2021. Diet, habitat environment and lifestyle conversion affect the gut microbiomes of giant pandas. Sci Total Environ, 770: 145316

Joossens M, Huys G, Cnockaert M, et al. 2011. Dysbiosis of the faecal microbiota in patients with Crohn's disease and their unaffected relatives. Gut, 60(5): 631-637.

Koeth R A, Wang Z, Levison B S, et al. 2013. Intestinal microbiota metabolism of *L*-carnitine, a nutrient in red meat, promotes atherosclerosis. Nat Med, 19(5): 576-585.

Kostic A D, Xavier R J, Gevers D. 2014. The microbiome in inflammatory bowel disease: current status and the future ahead. Gastroenterology, 146(6): 1489-1499.

Li R, Fan W, Tian G, et al. 2010. The sequence and de novo assembly of the giant panda genome. Nature, 463(7279): 311-317.

Mathewson N D, Jenq R, Mathew A V, et al. 2016. Gut microbiome-derived metabolites modulate intestinal epithelial cell damage and mitigate graft-versus-host disease. Nat Immunol, 17(5): 505-513.

Miquel S, Martin R, Rossi O, et al. 2013. *Faecalibacterium prausnitzii* and human intestinal health. Current Opinion in Microbiology, 16(3): 255-261.

Moeller A H, Li Y, Mpoudi Ngole E, et al. 2014. Rapid changes in the gut microbiome during human evolution. Proc Natl Acad Sci U S A, 111(46): 16431-16435.

Russell W R, Gratz S W, Duncan S H, et al. 2011. High-protein, reduced-carbohydrate weight-loss diets promote metabolite profiles likely to be detrimental to colonic health. Am J Clin Nutr, 93(5): 1062-1072.

Schaller G B, HU J, Pan W, et al. 1985. The Giant Panda of Wolong. Chicago: University of Chicago Press.

Scott K P, Gratz S W, Sheridan P O, et al. 2013. The influence of diet on the gut microbiota. Pharmacological Research, 69(1): 52-60.

Sunagawa S, Coelho L P, Chaffron S, et al. 2015. Ocean plankton. Structure and function of the global ocean microbiome. Science, 348(6237): 1261359.

Tremaroli V, Backhed F. 2012. Functional interactions between the gut microbiota and host metabolism. Nature, 489(7415): 242-249.

Turnbaugh P J, Ley R E, Hamady M, et al. 2007. The human microbiome project. Nature, 449(7164): 804-810.

Walker A W, Ince J, Duncan S H, et al. 2011. Dominant and diet-responsive groups of bacteria within the human colonic microbiota. ISME Journal, 5(2): 220-230.

Wang Z, Klipfell E, Bennett B J, et al. 2011. Gut flora metabolism of phosphatidylcholine promotes cardiovascular disease. Nature, 472(7341): 57-63.

Wei F, Hu Y, Yan L, et al. 2015a. Giant pandas are not an evolutionary cul-de-sac: evidence from multidisciplinary research. Molecular Biology & Evolution, 32(1): 4-12.

Wei F, Wang X, Wu Q. 2015b. The giant panda gut microbiome. Trends in Microbiology, 23(8): 450-452.

Wildt D E, Zhang A, Zhang H, et al. 2006. Giant Pandas: Biology, Veterinary Medicine and Management. Cambridge: Cambridge University Press.

Williams C L, Willard S, Kouba A, et al. 2013. Dietary shifts affect the gastrointestinal microflora of the giant panda (*Ailuropoda melanoleuca*). Journal of Animal Physiology & Animal Nutrition, 97(3): 577-585.

Willing B P, Dicksved J, Halfvarson J, et al. 2010. A pyrosequencing study in twins shows that gastrointestinal microbial profiles vary with inflammatory bowel disease phenotypes. Gastroenterology, 139(6): 1844-1854.

Wu G D, Chen J, Hoffmann C, et al. 2011. Linking long-term dietary patterns with gut microbial enterotypes. Science, 334(6052): 105-108.

Wu Q, Wang X, Ding Y, et al. 2017. Seasonal variation in nutrient utilization shapes gut microbiome structure and function in wild giant pandas. Proceedings Biological Sciences, 284(1862): 20170955.

Xue Z, Zhang W, Wang L, et al. 2015. The bamboo-eating giant panda harbors a carnivore-like gut microbiota, with excessive seasonal variations. mBio, 6(3): 00022-00015.

Yang S, Gao X, Meng J, et al. 2018. Metagenomic analysis of bacteria, fungi, bacteriophages, and helminths in the gut of giant pandas. Front Microbiol, 9: 1717.

Zhang W, Liu W, Hou R, et al. 2018. Age-associated microbiome shows the giant panda lives on hemicelluloses, not on cellulose. ISME Journal, 12(5): 1319-1328.

Zhao S, Zheng P, Dong S, et al. 2013. Whole-genome sequencing of giant pandas provides insights into demographic history and local adaptation. Nature Genetics, 45(1): 67-71.

Zhernakova A, Kurilshikov A, Bonder M J, et al. 2016. Population-based metagenomics analysis reveals markers for gut microbiome composition and diversity. Science, 352(6285): 565.

Zhu L, Wu Q, Dai J, et al. 2011. Evidence of cellulose metabolism by the giant panda gut microbiome. Proceedings of the National Academy of Sciences of the United States of America, 108(43): 17714-17719.

第四章 大熊猫肠道微生物群落结构

肠道微生物是对消化道内存在的所有微生物的统称，主要包括细菌、放线菌、真菌和病毒等，肠道微生物通常被称为肠道菌群。肠道微生态系统是哺乳动物体内最复杂和最特殊的生态系统，也是体内对哺乳动物影响最大的生态系统（Arumugam et al.，2011）。有研究表明，哺乳动物肠道微生物种类有500~1000种，其数量可达100万亿个，是宿主细胞总量的10~100倍。肠道菌群在宿主的消化功能、营养获取、免疫和代谢中起着重要作用，特别是在植食性动物中，肠道菌群在其纤维饲料消化和发酵中起着重要作用（Williams et al.，2013）。肠道菌群的稳定是维持宿主健康的基础，与宿主的生理状态、营养吸收、维生素合成、固醇代谢及免疫系统等息息相关，肠道菌群的失调一般都伴随着宿主产生疾病（Fan and Pedersen，2021），研究证实克罗恩病和溃疡性结肠炎等炎症性肠道疾病，是由肠道微生物触发遗传性易感宿主时错误的黏膜免疫应答引起的（Joossens et al.，2011；Kostic et al.，2014；Sadabad et al.，2014）。

大熊猫可以消化竹子中的纤维素和半纤维素，但大熊猫本身并不具有编码纤维素及半纤维素降解的基因，可见，肠道菌群在纤维素降解方面发挥着重要作用。大熊猫机体的健康与肠道微生物群落结构息息相关，肠道微生物对大熊猫的摄食、营养吸收和消化、抵御感染及疾病自体免疫等均有较大的影响。关于大熊猫肠道微生态系统的研究工作起步相对较晚，其研究内容和深入程度都比较有限。从目前国内外的相关报道来看，依据研究方法的不同，对大熊猫肠道微生物群落结构的研究主要有三种：基于可培养的微生物菌群结构研究、基于16S rRNA 内转录间隔区（ITS）高通量测序的微生物菌群结构研究，以及基于宏基因组学的微生物菌群结构研究。虽然采用的研究方法和手段有所不同，获得的结果也存在差异，但所获取的肠道菌群信息具有互补性，极大地丰富了我们对大熊猫肠道微生物菌群的了解和认识，为大熊猫的健康维护与保护提供了科学参考。

第一节 大熊猫肠道细菌种群结构

根据微生物是否可以培养生长，肠道菌群分为可培养菌群和不可培养菌群。在肠道微生物中细菌占有很大的比重，对于可培养菌群，可通过分离培养获取纯培养，然后结合形态学、生理生化反应等对细菌进行鉴定；对于不可培养菌群，可利用现代分子生物学技术进行鉴定。

培养是传统菌群测定最常用的方法之一，具有成本低廉、容易掌握等优点，可根据细菌对营养条件、氧气和 pH 等的不同需求而选择不同的培养基。该技术从混合的多种细菌中分离出纯化的细菌，研究其生物学特性，所使用的培养基包括基础培养基、加富培养基、鉴别培养基和选择性培养基等。鉴别培养基利用细菌分解蛋白质和糖等物质的能力及其代谢产物的不同，加入特定的底物和指示剂，通过观察细菌分解底物后与指示剂反应的不同来鉴别细菌；选择性培养基则是加入抑制剂，通过抑制或阻止除目的菌以外的其他菌的生长，只允许特定的微生物生长或创造有利于该菌生长的环境，使其成为优势菌。通过可培养技术获取微生物是研究微生物功能、开展微生物资源利用的前提。

一、基于可培养技术研究大熊猫肠道细菌群落结构

肠道菌群在长期的进化过程中，通过个体的适应和自然选择，菌群中不同种类之间、菌群与宿主和环境之间，始终处于动态平衡的状态中，形成一个互相依存、相互制约的系统，在正常情况下，大熊猫肠道菌群结构相对稳定。通过可培养技术分离出大熊猫肠道内细菌，研究细菌的生物学特性及作用，可为研究和开发利用熊猫源的微生态制剂奠定基础。此外，大熊猫肠道中也存在一些条件致病菌，研究这些致病菌的生物学特性、耐药性及毒力等，可为大熊猫肠道细菌疾病的防治提供参考。

（一）常见大熊猫肠道可培养细菌研究

关于大熊猫肠道菌群的培养研究可以追溯到 20 世纪 80 年代（邬捷等，1988），通过传统的分离鉴定方法，从患出血性肠炎的大熊猫肠内容物、肝脏及血便中分离出 68 株革兰氏阴性菌，并测定这些菌的致病力及耐药性，为患病大熊猫的治疗提供了科学依据。在研究初期，传统的分离鉴定方法在大熊猫肠道菌群中起到了非常重要的作用，为后期运用其他方法进一步研究肠道菌群的结构和功能奠定了坚实的基础。Hirayama 等（1989）分离鉴定了日本东京动物园大熊猫的肠道细菌，发现成年大熊猫肠道的优势菌为链球菌，而专性厌氧菌相对较少，研究发现随着大熊猫饮食结构的改变，肠道的主要菌群也会发生改变。这些研究使得人们初步了解了大熊猫肠道可培养细菌的种类，如链球菌（*Streptococcus*）和乳杆菌（*Lactobacillus*）等。

2000 年，熊焰等对四川卧龙中国大熊猫保护研究中心 6 只不同年龄的健康大熊猫的粪样进行研究，分离出 16 种细菌，经统计发现，优势菌群主要为肠球菌（40.2%）、肠杆菌（36.7%）和乳杆菌（17.8%），分别为：粪肠球菌（*Enterococcus faecalis*）、金黄色葡萄球菌（*Staphylococcus aureus*）、表皮葡萄球菌（*S. epidermidis*）、藤黄微球菌（*Micrococcus luteus*）、大肠杆菌（*Escherichia coli*）、柠檬酸杆菌（*Citrobacter* sp.）、克雷伯菌（*Klebsiella* sp.）、产气肠杆菌（*Enterobacter aerogenes*）、变形杆菌（*Proteus* sp.）、乳酸乳杆菌（*Lactobacillus lactis*）、嗜粪乳杆菌（*L. coprophilus*）、嗜酸乳杆菌（*L. acidopilus*）、双歧杆菌（*Bifidobacterium* sp.）、莫拉氏菌（*Moraxella* sp.）、多粘芽孢杆菌（*Bacillus polymyxa*）和蜡样芽孢杆菌（*B. cereus*）。同时，季节变化影响了大熊猫肠道内细菌的数量，较寒冷的冬秋季节期间（1~3 月和 10~12 月）大熊猫肠道内的细菌数量高于较温暖的季节（4~9 月）。此外，季节变化与亚成年大熊猫感染条件性病原菌而发生细菌性疾病有直接关系。研究还发现，亚成年大熊猫肠道内细菌的数量在 1~3 月和 9~11 月间逐步升高，其肠球菌和肠杆菌的数量达到全年的高峰，这一现象同亚成年大熊猫感染细菌性疾病有一定的联系。熊焰等（1999）的研究表明，亚成年大熊猫在每年的 9~11 月最易感染细菌发病，其主要致病菌为大肠杆菌和克雷伯菌。

谭志等（2004）对四川卧龙中国大熊猫保护研究中心的 1 只放归亚成年大熊猫和 3 只圈养亚成年大熊猫肠道细菌进行了研究，根据已报道的肠道常见菌，选择 15 种选择性培养基进行培养，对选择性培养基中出现的菌落进行细菌鉴定后共发现 17 种细菌，包括肠杆菌（Enterobacter）、肠球菌（Enterococcus）、葡萄球菌（Staphylococcus）、芽孢杆菌（Bacillus）、沙门氏菌（Salmonella）、链球菌（Streptococcus）、耶尔森氏菌（Yersinia）、拟杆菌（Bacteroides）、优杆菌（Eubacterium）、乳杆菌（Lactobacillus）、梭菌（Clostridium）、消化球菌（Peptococcus）、双歧杆菌（Bifidobacterium）、韦荣氏球菌（Veillonella）和弯曲菌（Campylobacter）等，检出率较高的主要为大肠杆菌（100%）、粪肠球菌（97.2%）、乳杆菌（88.9%）和产气杆菌（72%）。小肠结肠耶尔森氏菌、葡萄球菌、芽孢杆菌、普通变形杆菌、肠炎沙门氏菌、酵母菌、双歧杆菌、空肠弯曲菌、韦荣氏球菌和脆弱拟杆菌的检出率相对较低，而优杆菌、消化球菌和梭菌等没有检出。大熊猫以精饲料为主食时，肠道内检出了数量较多的肠杆菌和乳酸菌，它们可通过分解蛋白质，促进肠道黏膜对乳蛋白等高蛋白性食物的消化吸收和利用。在大熊猫以高纤维性的竹子为主食后，肠道微生态发生波动，肠道细菌种类和分布发生改变，肠球菌的检出数量增多，可促进肠球菌在厌氧环境下对纤维性食物的分解和利用（彭广能等，1999）。除饮食条件外，地理环境及卫生条件等也会影响动物肠道中正常菌群的种类和数量（熊焰等，2000），圈养大熊猫放归至野外后，食物结构发生巨大变化，同时其生活环境也会发生全面的改变，环境中的各种细菌通过大熊猫进食这一过程进入大熊猫肠道，各种内外因素的变化可能导致大熊猫肠道生理功能的失调，造成某些条件性病原菌的入侵，就会导致机体发生各种疾病。

2009 年，马清义等对陕西省珍稀野生动物园抢救饲养研究中心的 6 只大熊猫肠道内的正常菌群进行研究，通过传统技术培养，共鉴定出细菌 12 种，包括埃希氏菌（Escherichia）、鼠李糖乳杆菌（Lactobacillus rhamnosus）、棒状杆菌（Corynebacterium）、短乳杆菌（Lactobacillus brevis）、面包乳杆菌（Lactobacillus panis）和双歧杆菌（Bifidobacterium）等。

2015 年，周杰珑等对高海拔地区的圈养大熊猫肠道细菌进行分离，从 3 只成年雌性大熊猫粪样中，共分离出 12 株细菌，优势菌为大肠杆菌（Escherichia coli）和芽孢杆菌（Bacillus），除此之外，还包括琼氏不动杆菌（Acinetobacter junii）、葡萄球菌（Staphylococcus）、寡养单胞菌（Stenotrophomonas）和索氏志贺菌（Shigella sonnei）。

2020 年，李才武和邹立扣对国内 176 只圈养大熊猫肠道细菌进行分离，分离出多种不同属细菌（图 4-1），在属水平，主要为：不动杆菌（Acinetobacter）、气单胞菌属（Aeromonas）、柠檬酸杆菌属（Citrobacter）、丛毛单胞菌（Comamonas）、克罗诺杆菌（Cronobacter）、肠杆菌（Enterobacter）、肠球菌（Enterococcus）、埃希氏菌（Escherichia）、哈夫尼菌属（Hafnia）、克雷伯菌（Klebsiella）、克吕沃尔氏菌（Kluyvera）、勒克氏菌属（Leclercia）、摩根菌属（Morganella）、片球菌属（Pediococcus）、邻单胞菌属（Plesiomonas）、变形杆菌（Proteus）、普罗威登斯菌属（Providencia）、拉乌尔菌属（Raoultella）、沙雷氏菌（Serratia）及链球菌（Streptococcus）。

大量研究表明，大熊猫肠道菌群可能具有多变性，而一些与季节变化相关的因素比如食物（Jin et al., 2020）和气候条件（王鑫等，2020；詹明晔等，2019）等，可影响大熊猫肠道菌群。这是一项长期、系统的工程，需要不断深入研究，动态检测大熊猫肠道菌群的种类、分布和变化。

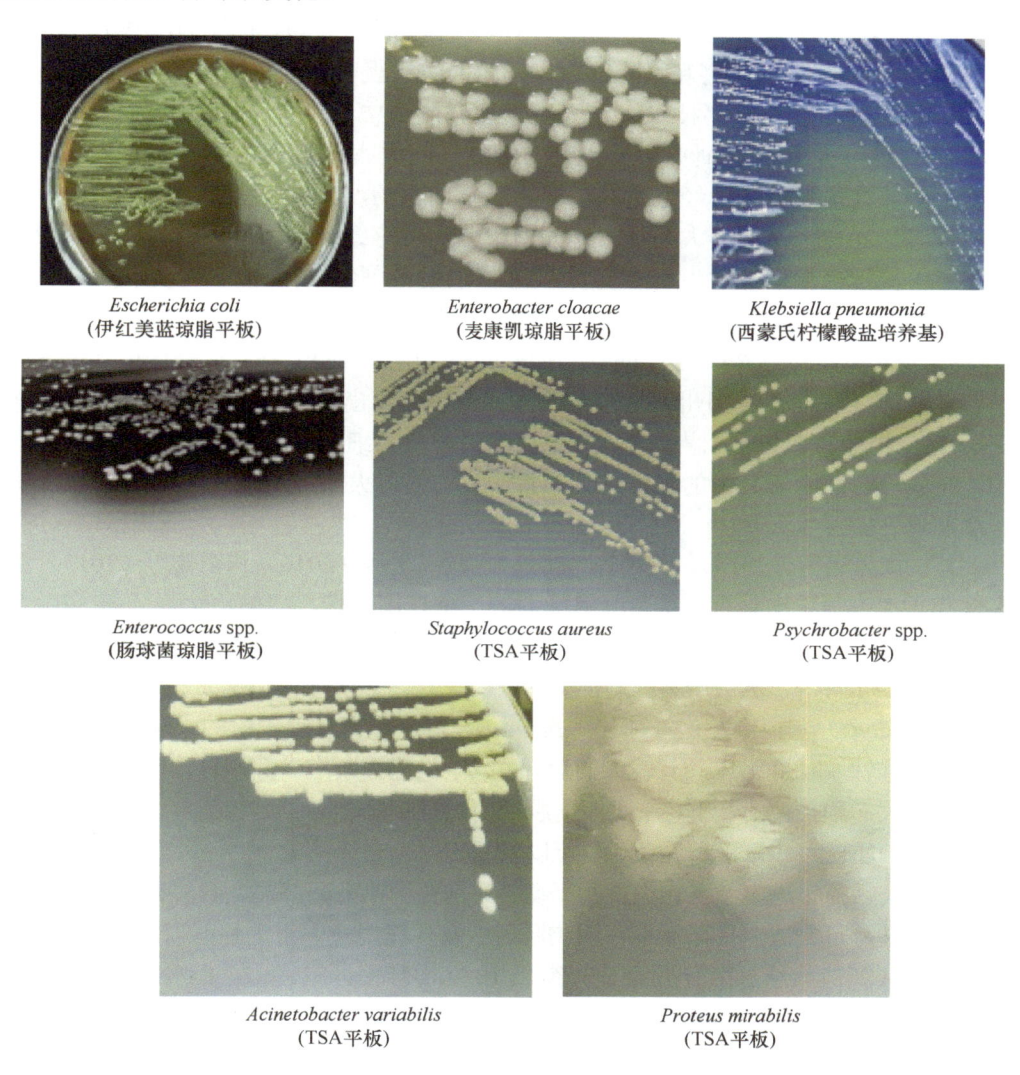

图 4-1　可培养细菌菌落形态

Escherichia coli：大肠杆菌；*Enterobacter cloacae*：阴沟肠杆菌；*Klebsiella pneumoniae*：肺炎克雷伯菌；*Enterococcus* spp.：肠球菌；*Staphylococcus aureus*：金黄色葡萄球菌；*Psychrobacter* spp.：嗜冷杆菌；*Acinetobacter variabilis*：变异不动杆菌；*Proteus mirabilis*：奇异变形杆菌。TSA：胰蛋白酶琼脂

（二）大熊猫肠道源纤维素降解菌研究

大熊猫有着草食性哺乳动物进食的特点，却拥有典型的肉食性哺乳动物的消化系统。2010 年，大熊猫的基因组序列公布，分析发现，基因组中有编码肉食性动物消化系统相关酶的基因，但没有编码纤维酶的相关基因（Li et al., 2010）。因此，大多数研究者认为大熊猫肠道微生物对纤维素的消化起了重要作用（Zhu et al., 2011）。

张志和和张安居（1995）采用传统分离鉴定法测得大熊猫肠道细菌内主要是埃希氏菌（*Escherichia*）、乳杆菌（*Lactobacillus*）和链球菌（*Streptococcus*）。荣华等（2006）从成都动物园健康大熊猫肠道内分离出一株典型厌氧的革兰氏阳性纤维素分解菌 PD，该菌呈杆状，在 25～40℃均可生长，最适温度为 38℃，生长 pH 范围 5.0～9.0，最适 pH 为 7.2。16S rRNA 扩增测序和系统发育树构建的结果表明该菌株 PD 属于梭菌属。Zhu 等（2011）通过高通量测序技术，在野生大熊猫肠道中发现了高比例的梭菌。蒋芳等（2006）从中国大熊猫保护研究中心提供的野外放归大熊猫的粪便中，分离得到一株产纤维素酶的兼性厌氧菌株，经鉴定，该菌为肠杆菌科的沙雷氏菌（*Serratia*）。

樊程等（2012）从健康大熊猫新鲜粪便中分离具有纤维素酶活性的菌株 P2，P2 为好氧的革兰氏阳性菌，最适生长温度为 37℃（温度范围为 20～50℃），最适 pH 为 7.0（pH 范围 6.0～9.0），培养 24h 即到达其产酶高峰，16S rRNA 基因序列分析显示，菌株 P2 与解淀粉芽孢杆菌（*Bacillus amyloliquefaciens*）菌株 NBRC15535 相似性为 99.66%。

曹涵文等（2015）从福州动物园大熊猫粪便中分离出 1 株假单胞菌（*Pseudomonas adaceae*）菌株 NC020209，假单胞菌产生漆酶降解植物细胞壁，从而瓦解纤维素的晶体结构，释放封闭在木质素中的半纤维素和纤维素，使得大熊猫肠道内后续的纤维素降解得以顺利进行。

此外，周潇潇等（2013）、赵珊等（2015）、武红敏等（2016）和李偑等（2019）也都从大熊猫肠道中筛选出具有纤维素降解能力的芽孢杆菌菌株，如枯草芽孢杆菌（*Bacillus subtilis*）、萎缩芽孢杆菌（*B. atrophaeus*）、贝莱斯芽孢杆菌（*B. velezensis*）、甲基营养型芽孢杆菌（*B. methylotrophicus*）、蜡样芽孢杆菌（*B. cereus*）、解淀粉芽孢杆菌（*B. amyloliquefaciens*）和短小芽孢杆菌（*B. pumilus*）等。不同年龄阶段的大熊猫肠道内的芽孢杆菌的多样性及种群组成具有较大的差异，成年大熊猫肠道中芽孢杆菌类群最丰富，而相较于成年大熊猫，亚成年和老年大熊猫肠道内的芽孢杆菌种类则较为单一。大熊猫肠道中的芽孢杆菌不仅可以降解纤维素，还可以减弱病原菌带来的危害、促进宿主吸收和利用食物、调节大熊猫肠道内微生物类群的平衡，芽孢杆菌具有耐高温、耐酸碱、易产生休眠体芽孢等特性，可制成益生菌制剂在动物肠道中发挥作用（郭小华和赵志丹，2010）。

赵思越（2021）从大熊猫肠道分离得到 10 株链球菌，S1、S2、S4、S5、S7 被鉴定为巴黎链球菌（*Streptococcus lutetiensis*），S3、S6、S8、S9、S10 被鉴定为非解乳糖链球菌（*S. alactolyticus*）。研究发现，这些菌株的最适生长温度为 35～40℃，最适生长 pH 为 6～8。这 10 株链球菌都具有内切葡聚糖酶（EC3.2.1.4）、β-葡萄糖苷酶（EC3.2.1.21）及 α-半乳糖苷酶（EC3.2.1.22）活力，其中以巴黎链球菌 S7 的酶活最高。对巴黎链球菌 S7 进行二代全基因组测序，共获得 30 个长度>500bp 的 Scaffold 基因组草图。巴黎链球菌 S7 基因组全长 1 804 261bp，其中 N50 的长度为 139 219bp，GC 含量为 37.45%，该菌拥有 1876 个开放阅读框，编码纤维素降解相关酶的基因，如 *bglC*（β-葡萄糖苷酶，EC3.2.1.21）等。

（三）大熊猫微生态制剂

研究人员通过对大熊猫肠道细菌的生物学特性进行研究，不仅发现了细菌在大熊猫肠道中的生存状态和致病机理，还发现了其益生作用。王强等（1998）首次从大熊猫粪便中分离鉴定出乳杆菌，并制成乳杆菌微生态制剂，还对部分实验动物进行了急性毒性实验，结果发现无毒性反应，在此基础之上，临床应用到几例不同年龄和性别的患病大熊猫身上，填补了大熊猫专用微生态制剂的空白。此后，不同学者开始对大熊猫源芽孢杆菌（周潇潇等，2013）、双歧杆菌（杨慧萍等，2015）和乳酸菌（杨旭等，2019）进行研究并将其作为微生物制剂投入运用。

赵思越（2021）分离了来源于大熊猫肠道的巴黎链球菌 S7，该菌可以在 40°C 的高温下生长，具有良好的耐酸和耐胆盐特性。并且急慢性毒性动物实验表明该菌株安全可靠。接种巴黎链球菌 S7 未对小鼠的体重、摄食量、脏器及血液理化指标等系数造成影响（$P>0.05$），饲喂巴黎链球菌 S7 上调了小鼠结肠 muc2 基因的表达（$P<0.01$），促进了肠道黏液分泌（$P<0.05$）。同时，赵思越（2021）建立了硫酸葡聚糖钠盐（DSS）诱导肠炎的动物模型，研究巴黎链球菌 S7 对肠道性炎症的阻抑效果，结合动物模型的疾病活动指数（disease activity index，DAI），结肠长度测量数据，脾脏重量系数，髓过氧化物酶（myeloperoxidase，MPO），相关炎症因子白细胞介素-6（IL-6）、IL-1β 和肿瘤坏死因子-α（TNF-α）基因 mRNA 表达情况，以及组织学损伤评分等指标，发现 DSS 组和链球菌接种的预防处理组（接菌）小鼠的所有检测指标同对照组相比，差异极显著（$P<0.001$），表明动物模型构建良好。处理组与 DSS 组相比，大部分指标呈现显著差异（$P<0.05$），可见巴黎链球菌 S7 在一定程度上减轻了肠道炎症，该巴黎链球菌 S7 安全可靠且具有益生潜力（赵思越，2021）。

二、基于免培养技术研究大熊猫肠道细菌群落结构

早期对大熊猫肠道微生物的研究以微生物可培养法和分子鉴定法为主，但这些方法都存在工作量大、耗时长、不能全面反映肠道微生物特征等缺陷（楼骏等，2014）。在研究肠道菌群时，传统培养技术仍是不可或缺的手段，将现代分子生物学技术手段与形态学鉴定等常规方法相结合，可更加准确、全面地揭示大熊猫肠道菌群结构特征。现代分子生物学技术不断改革与创新，其特点是速度快、灵敏度高，故备受研究者的青睐。随着计算机和生物信息学等技术的快速发展，针对动物、环境等微生物学研究的新兴技术——高通量测序技术应运而生，使得一直受限于纯培养技术的众多研究得到了突破性进展，尤其是涉及人和动物胃肠道微生物组学的研究。

1985 年，研究人员首次利用 5S rRNA 和 16S rRNA 高通量测序技术研究环境中微生物菌群结构和多样性，该方法规避了传统的微生物纯培养技术的局限性，可获得更多的环境微生物的菌群结构及其分布特征。随着高通量测序技术的广泛应用，遗传疾病和肠道微生物领域的研究取得了颇多进展。对英国、美国、巴布亚新几内亚、秘鲁和坦桑尼亚人类肠道菌群数据的研究发现，人类肠道核心种群共有 14 个属，其中包括 *Alistipes*、梭菌属（*Clostridium*）ClusterIV、*Parabacteroides* 及放线菌（*Actinomyces*）等（Falony et al., 2016）。此外，在猪、羊、水貂和小鼠等动物肠道微生物的研究中，16S rRNA 高通量测序技术也得到了广泛运用（范忠原等，2016；曲巍等，2017；王柏辉等，2018；

余莉等，2019；Niu et al.，2015）。

（一）基于 16S rRNA 高通量测序的大熊猫肠道细菌群落结构

Xue 等（2015）利用 16S rRNA 高通量测序技术研究了 5 只幼年、14 只亚成年和 24 只成年大熊猫肠道微生物细菌菌群的组成，发现在门分类水平，厚壁菌门（Firmicutes，59.0%）和变形菌门（Proteobacteria，40.4%）是大熊猫肠道中最主要的细菌门。此外，在大熊猫肠道中还发现了拟杆菌门（Bacteroidetes）、放线菌门（Actinobacteria）、梭杆菌门（Fusobacteria）、浮霉菌门（Planctomycetes）、酸杆菌门（Acidobacteria）和蓝藻门（Cyanobacteria）等；在属分类水平，所有大熊猫粪便样品中均检测到埃希氏菌属/志贺菌属（Escherichia/Shigella），且埃希氏菌属/志贺菌是大熊猫肠道菌群中相对丰度最高（29.3%）的细菌属，研究还发现相较于幼年大熊猫，亚成年大熊猫和成年大熊猫肠道细菌菌群组成更为相似。

2018 年，Zhang 等追踪采集了 14 只新生圈养大熊猫从出生到亚成年成长过程中的粪便样品，利用 16S rRNA 高通量测序技术研究大熊猫成长过程中肠道细菌菌群的变化规律。在门分类水平，厚壁菌门和变形菌门是幼年和亚成年大熊猫肠道内主要的细菌门；在科分类水平，肠杆菌科（Enterobacteriaceae）、链球菌科（Streptococcaceae）、乳杆菌科（Lactobacillaceae）、梭菌科（Clostridiaceae）、弯曲菌科（Campylobacteraceae）和韦荣氏球菌科（Veillonellaceae）是新生大熊猫成长到亚成年过程中核心的细菌科。此外，研究发现在大熊猫成长过程中，其肠道核心细菌科种类及相对丰度持续波动，年龄低于 2 月时，大熊猫肠道中的核心细菌科为：肠杆菌科、链球菌科、乳杆菌科和弯曲菌科；在 3～12 月时，肠杆菌科和链球菌科的相对丰度下降，而乳杆菌科和梭菌科的相对丰度上升；年龄大于 12 月时，大熊猫肠道中梭菌科和链球菌科的相对丰度达到最高，而肠杆菌科和乳杆菌科的相对丰度最低。

同年，Guo 等（2018）追踪采集 2 只大熊猫从出生到 1 岁成长过程中的粪便样品（共 22 个），通过 16S rRNA 高通量测序技术，发现大熊猫肠道细菌菌群的丰富度随年龄增长显著上升。在门分类水平，出生后大熊猫肠道内厚壁菌门的相对丰度显著上升，随之变形菌门的相对丰度也显著上升。在属分类水平，埃希氏菌属（Escherichia）、克雷伯菌属（Klebsiella）、志贺菌属（Shigella）、柠檬酸杆菌属（Citrobacter）、假单胞菌属（Pseudomonas）、链球菌属（Streptococcus）、梭菌属（Clostridium）、乳球菌属（Lactococcus）、肠球菌属（Enterococcus）和葡萄球菌属（Staphylococcus）在新生大熊猫肠道中相对丰度较高。

针对幼年大熊猫肠道菌群的研究较少，且大部分研究采样时间较随机。四川农业大学邹立扣课题组于 2019 年追踪采集 3 只幼年大熊猫断奶前后的粪便样品（共 24 个），利用 16S rRNA 高通量测序技术检测幼年大熊猫肠道细菌菌群组成，以及断奶前后其肠道菌群的变化。本试验共获得 1 447 964 条细菌的有效序列，按 97% 的相似度聚类后得到 508 个 OTU，其中 327 个 OTU 为断奶前和断奶后大熊猫共有。经物种注释后共获得 13 门 57 属。厚壁菌门（Firmicutes）和变形菌门（Proteobacteria）是幼年大熊猫肠道内相对丰度最高的细菌门，在属分类水平，假单胞菌属（Pseudomonas，30.5%）、埃希氏菌属/志贺菌属（*Escherichia/Shigella*，20.3%）、链球菌属（*Streptococcus*，16.4%）、梭菌属（*Clostridium*，7.8%）和肠球菌属（*Enterococcus*，6.8%）是幼年大熊猫肠道内的核心细菌属（晋蕾等，2019a）（图4-2）。

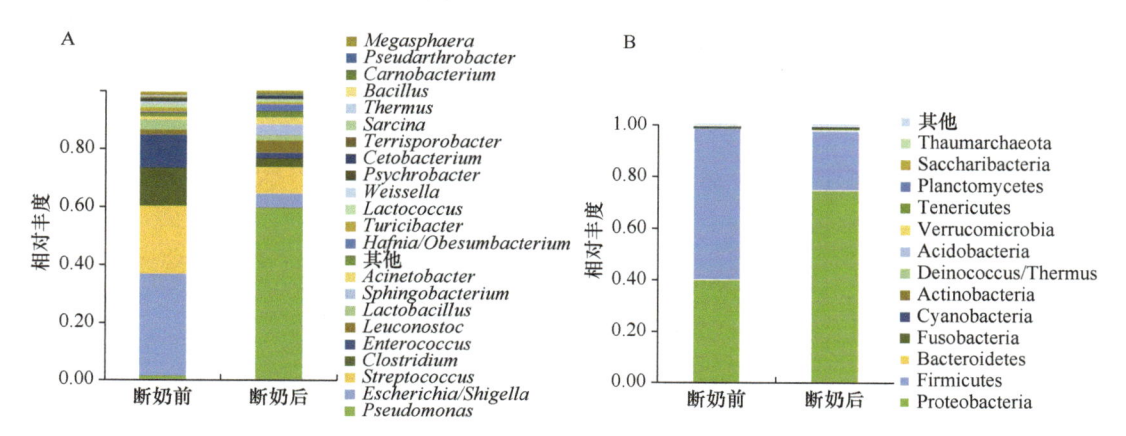

图 4-2 断奶前后幼年大熊猫肠道细菌菌群的组成
A. 属分类水平；B. 门分类水平（各组前 15）

通过 Chao1 指数对断奶前后两组大熊猫肠道细菌的丰富度进行分析，发现断奶前后肠道细菌的丰度没有显著性变化（$P>0.05$），但断奶前丰度高于断奶后（表 4-1）。大熊猫肠道细菌菌群的具体组成在其断奶前后也发生了一定变化（图 4-3）。在门分类水平，厚壁菌门（Firmicutes）是大熊猫断奶前相对丰度最高（58.7%）的门，并显著高于断奶后大熊猫的相对丰度（23.2%）（$P<0.05$）（图 4-4）。而变形菌门（Proteobacteria）在断奶前后则呈相反的变化趋势（断奶前 40.1%、断奶后 74.8%）（图 4-4）。在属分类水平（取各组前 15），埃希氏菌属/志贺菌属（*Escherichia/Shigella*，35.7%）、链球菌属（*Streptococcus*，23.5%）、梭菌属（*Clostridium*，12.9%）、肠球菌属（*Enterococcus*，11.5%）和乳杆菌属（*Lactobacillus*，3.5%）是断奶前主要的属，且其相对丰度显著高于断奶后（4.9%、9.2%、2.8%、2.0%和1.6%）线性判别分析（linear discriminant analysis，LDA）值大于 4（图 4-4）。假单胞菌属（*Pseudomonas*，59.8%）、链球菌属（*Streptococcus*，9.2%）、埃希氏菌属/志贺菌属（*Escherichia/Shigella*，4.9%）、明串珠菌属（*Leuconostoc*，4.3%）和鞘氨醇杆菌属（*Sphingobacterium*）（4.0%）是断奶后主要的属，其中假单胞菌属、明串珠菌属和鞘氨醇杆菌属的相对丰度显著高于断奶前（1.3%、1.7%和0.06%）（LDA 值＞4）（图 4-4）。此外不动杆菌属（*Acinetobacter*，2.5%）和哈夫尼菌-肥杆菌（*Hafnia-Obesumbacterium*）（2.5%）在断奶后也有较高的相对丰度，并显著高于断奶前（1.0%和0.4%）（LDA 值＞4）（图 4-4）。

Tun 等（2014）对 2 只成年和 2 只老年大熊猫肠群组成进行研究，发现变形菌门（Proteobacteria）和厚壁菌门（Firmicutes）是核心细菌门，而放线菌门（Actinobacteria）仅在成年大熊猫粪便中检测到。在科分类水平，肠杆菌科（Enterobacteriaceae）是成年和老年大熊猫肠道中相对丰度最高的细菌科，其次为链球菌科（Streptococcaceae）和梭菌科（Clostridiaceae）。王立志和徐谊英（2016）利用 16S rRNA 高通量测序技术研究

表 4-1　断奶前后幼年大熊猫肠道细菌的 Chao1 指数

Chao1 指数	断奶前	断奶后	P 值
	228.8±41.2	202.5±26.5	>0.05

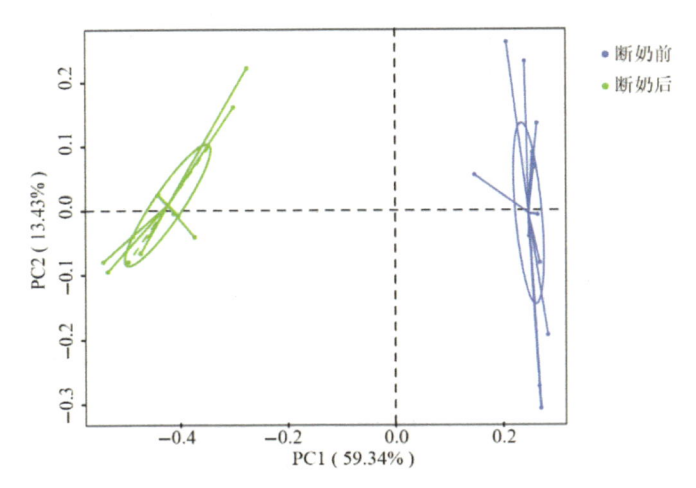

图 4-3　断奶前后幼年大熊猫肠道细菌菌群的主坐标分析（PCoA）图

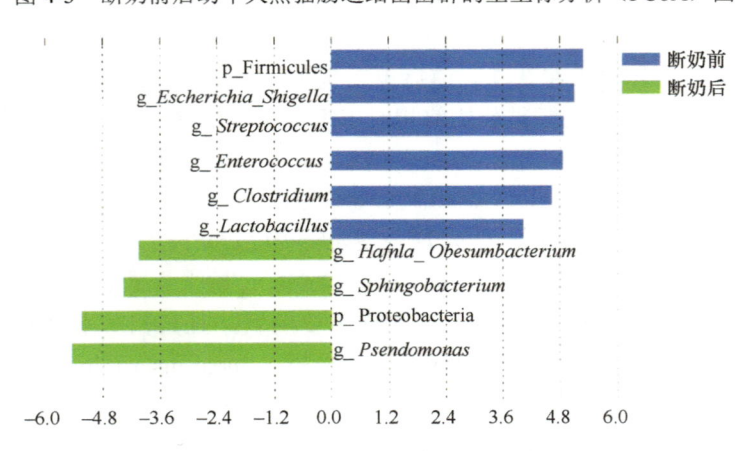

图 4-4　断奶前后幼年大熊猫肠道细菌菌群的 LEfSe 图

5 只圈养于中国大熊猫保护研究中心雅安碧峰峡基地的成年雌性大熊猫肠道菌群组成，发现在门分类水平，5 只大熊猫肠道均以变形菌门（74.5%）和厚壁菌门（15.7%）为核心细菌门；在属分类水平，埃希氏菌属/志贺菌属（Escherichia/Shigella，49.8%）和梭菌属（Clostridium，4.7%）为核心细菌属。何永果等（2017）利用 16S rRNA 高通量测序技术对圈养于中国大熊猫保护研究中心雅安碧峰峡基地的 6 只健康大熊猫肠道细菌的组成情况进行了测定，共获得 61 810 条细菌有效序列和 3805 个 OTU，将 OTU 按 97%相似度聚类后，得到 20 门 34 纲 56 目 112 科 217 属。在门分类水平，成年大熊猫肠道内主要为变形菌门（56.2%）和厚壁菌门（42.7%）（表 4-2）。在属分类水平，成年大熊猫肠道细菌为埃希氏菌属（Escherichia，53.3%）、链球菌属（Streptococcus，22.9%）、明串珠菌属（*Leuconostoc*，3.0%）和梭菌属（*Clostridium*，1.1%）（图 4-5）。

表 4-2　门分类水平大熊猫肠道内细菌的组成

门	相对丰度（%）
变形菌门 Proteobacteria	56.2
厚壁菌门 Firmicutes	42.7
拟杆菌门 Bacteroidetes	0.74

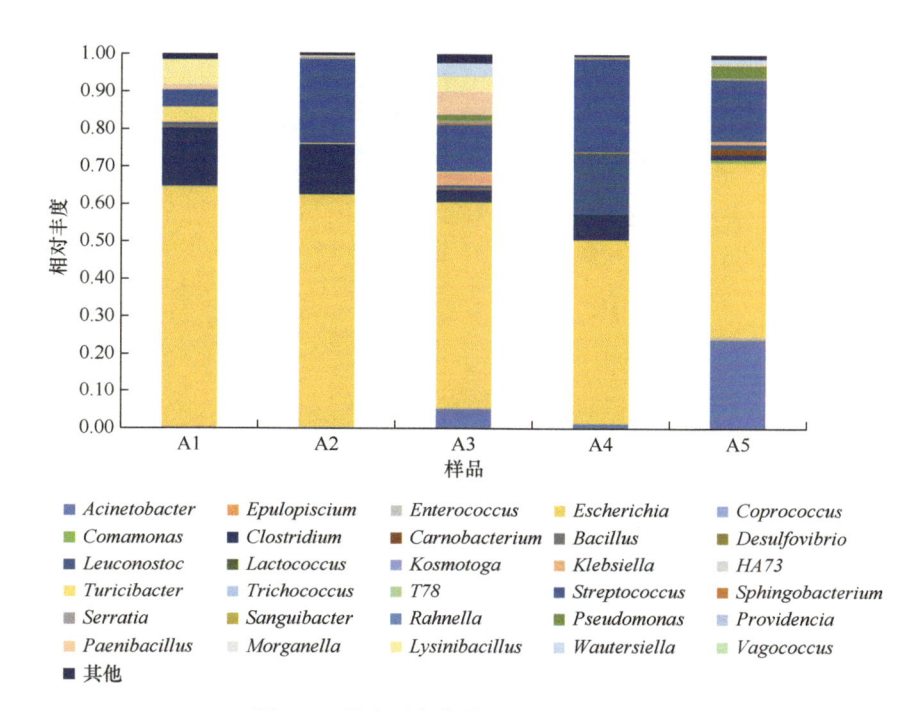

图 4-5　属水平大熊猫肠道内细菌的组成
A1～A5 指不同大熊猫个体

上述仅对部分地区圈养大熊猫进行了研究，无法反映整体圈养大熊猫肠道菌群组成，为了解国内圈养大熊猫肠道菌群组成，王鑫等（2021）对全国不同地区的 74 只圈养大熊猫进行了粪便样品的采集，利用 16S rRNA 高通量测序技术研究其肠道菌群的组成情况，经测序，共获得 3 528 980 条有效序列，每个样品平均产生 47 688 条，按 97%的相似度聚类后共得到 293 个 OTU 用于下一步分析，经物种注释后共获得 7 门 19 纲 36 目 71 科 132 属。在门分类水平，变形菌门（Proteobacteria，61.95%）和厚壁菌门（Firmicutes，29.08%）是组成大熊猫肠道细菌的主要门，在属分类水平，相对丰度前五的属为埃希氏菌属（*Escherichia*，24.92%）、假单胞菌属（*Pseudomonas*，21.60%）、链球菌属（*Streptococcus*，9.33%）、梭菌属（*Clostridium*，9.58%）和鞘氨醇杆菌属（*Sphingobacterium*）（6.74%）（图 4-6）。

不同地区的各组亚成年大熊猫肠道细菌菌群的丰富度（Chao1 指数）和多样性（Shannon 指数）无显著差异（$P>0.05$），南京（AGE1.NJ）地区大熊猫肠道细菌菌群的

Chao1 指数和 Shannon 指数值最低，广州（AGE1.GZ）和保定（AGE1.BD）地区分别具有最高的 Chao1 指数和 Shannon 指数（表 4-3）。

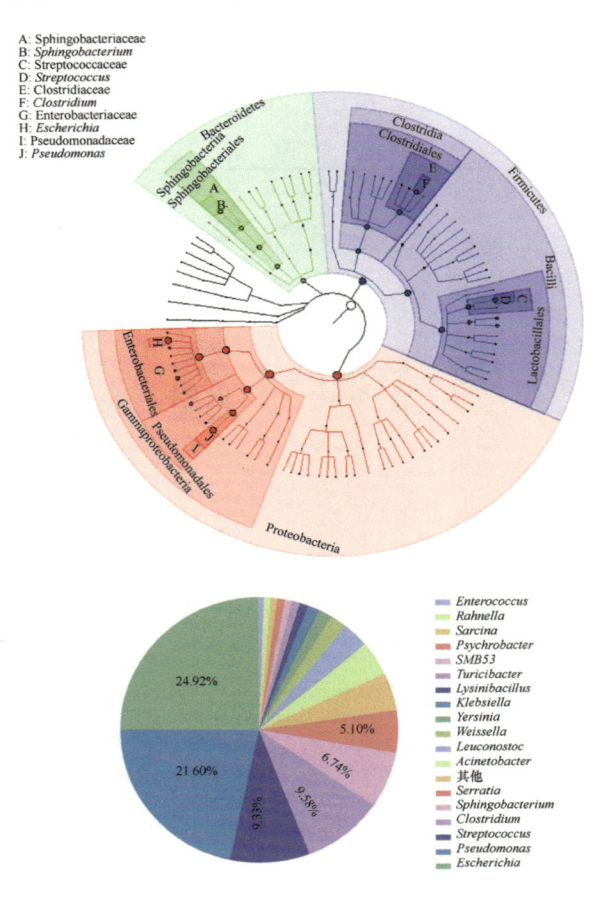

图 4-6　全国大熊猫肠道细菌菌群在门和属分类水平的组成

对成年大熊猫肠道菌群的丰富度和多样性分析发现，成年大熊猫肠道细菌菌群丰富度无显著差异（$P>0.05$），但上海（AGE2.SH）和核桃坪基地（AGE2.HTP）大熊猫肠道细菌菌群多样性存在显著差异（$P<0.05$）。上海大熊猫肠道细菌菌群的 Chao1 指数和 Shannon 指数最高，而核桃坪基地大熊猫肠道细菌菌群的 Chao1 指数和 Shannon 指数则最低（表 4-4）。

表 4-3　不同地区亚成年大熊猫肠道细菌 Chao1 指数和 Shannon 指数

α 指数	AGE1.BD	AGE1.GZ	AGE1.SY	AGE1.NJ	P 值
Chao1 指数	92.3±28.6	99.6±68.4	83.3±30.1	73.0±14.2	>0.05
Shannon 指数	1.6±0.1	1.5±0.4	1.6±0.7	1.2±0.1	>0.05

进一步分析不同地区亚成年大熊猫肠道菌群差异，发现保定和广州两组亚成年大熊猫肠道细菌结构差异显著（$P<0.05$）。在门分类水平，各组之间丰度没有显著差异（$P>0.05$），

以变形菌门（Proteobacteria，77.9%）和厚壁菌门（Firmicutes，18.3%）为主（图 4-7）。在属分类水平，假单胞菌属（*Pseudomonas*）是保定和沈阳（SY）亚成年大熊猫肠道细菌的主要属，链球菌属（*Streptococcus*，15.6%）为广州亚成年大熊猫肠道最主要的细菌属，而埃希氏菌属（*Escherichia*，32.9%）、假单胞菌属（*Pseudomonas*，23.5%）和梭菌属（*Clostridium*，33.1%）是南京亚成年大熊猫肠道主要的细菌属。

表 4-4　不同地区成年大熊猫肠道细菌 Chao1 指数和 Shannon 指数

α 指数	AGE2.HTP	AGE2.DL	AGE2.GZ	AGE2.SH	P 值
Chao1 指数	80.5±64.2	94.0±20.5	92.5±44.0	126.9±29.7	＞0.05
Shannon 指数	1.3±0.4*	1.4±0.2	1.5±0.5	2.0±0.4*	＜0.05

注：*表示 $P<0.05$

　　核桃坪基地、大连、广州和上海 4 组间显著差异物种如图 4-8 所示。在门分类水平，广州相对丰度最高的门为变形菌门（Proteobacteria）（86.68%），并且广州显著高于大连（48.16%）、核桃坪（37.84%）和上海（38.42%）（LDA 值＞4）（图 4-8A）。核桃坪相对丰度最高的门为厚壁菌门（Firmicutes）（61.40%），上海相对丰度最高的门为拟杆菌门（Bacteroidetes）（59.81%）（LDA 值＞4）。LEfSe 分析聚类图（图 4-8B）显示了各组间所有分类水平上，在丰度上有显著差异的物种。在属分类水平上，核桃坪主要属为埃希

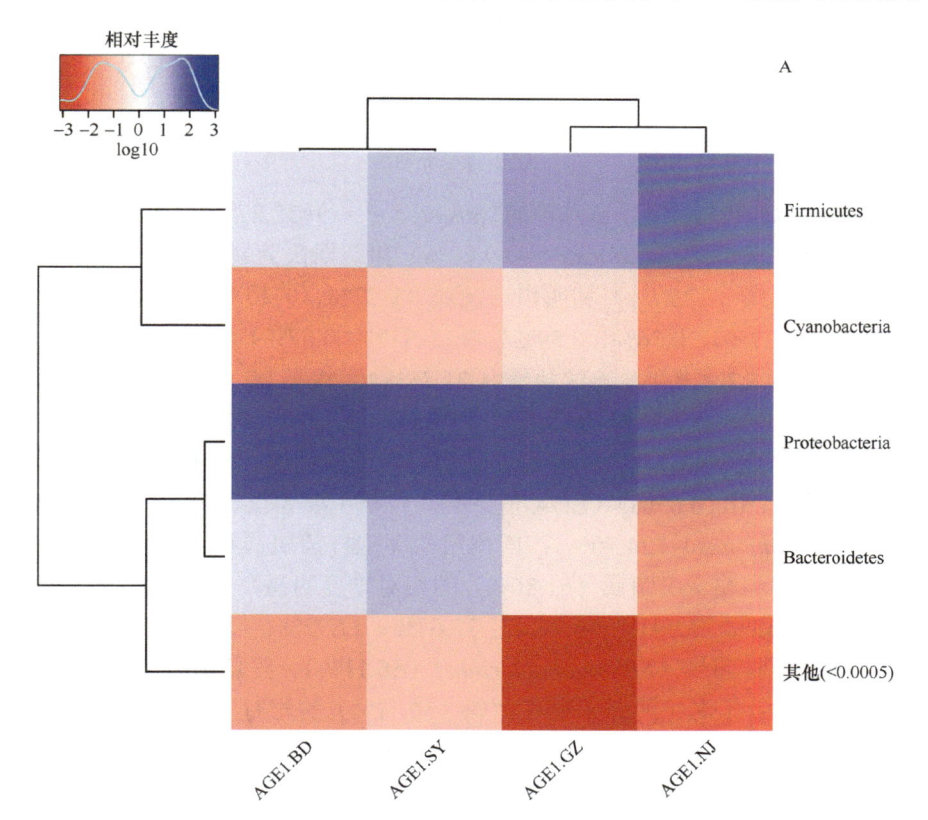

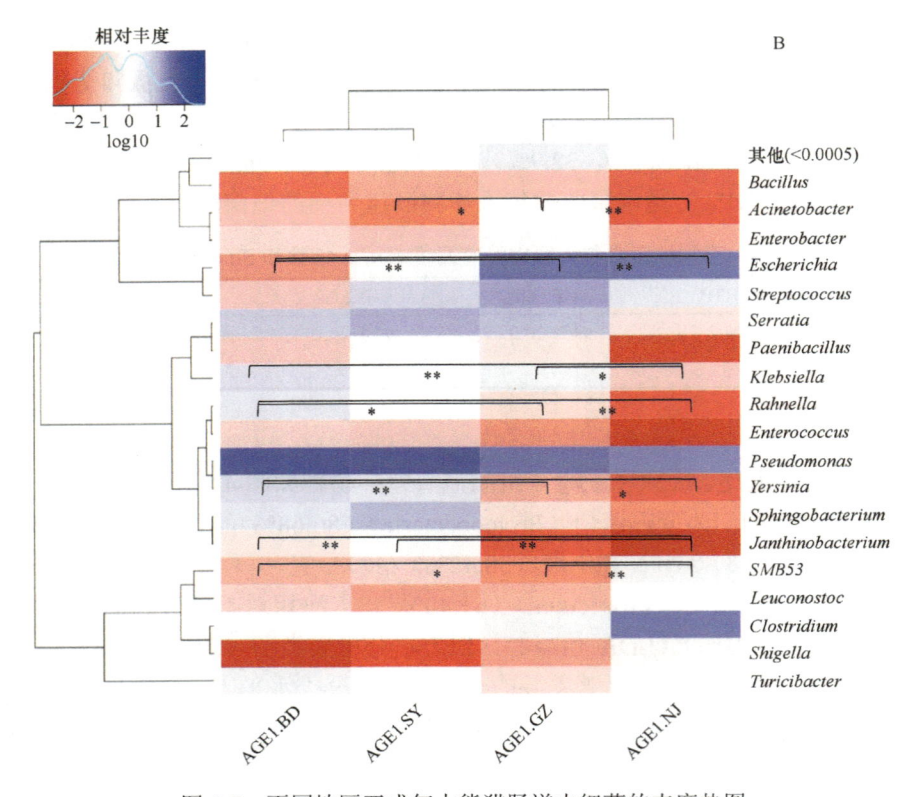

图 4-7 不同地区亚成年大熊猫肠道内细菌的丰度热图
A. 门分类水平；B. 属分类水平。**表示 $P<0.01$；*表示 $P<0.05$。AGE1.BD：保定；AGE1.SY：沈阳；AGE1.NJ：南京；AGE1.GZ：广州

氏菌属（*Escherichia*）(32.67%)、链球菌属（*Streptococcus*）(32.27%)、梭菌属（*Clostridium*）(11.49%)、明串珠菌属（*Leuconostoc*）(9.22%)和魏斯氏菌属（*Weissella*）(5.25%)；核桃坪组的链球菌属（32.27%）和明串珠菌属（9.22%）的相对丰度明显高于大连、广州和上海 3 组（21.75%、0.36%、0.59%与 0、0.31%、0.07%）（LDA 值＞4）。大连主要属为埃希氏菌属（27.92%）、链球菌属（21.75%）、梭菌属（19.44%）、不动杆菌属（*Acinetobacter*）(10.43%) 和嗜冷杆菌属（*Psychrobacter*）(7.74%)；大连组的梭菌属（19.44%）和嗜冷杆菌属（7.74%）的相对丰度明显高于核桃坪、广州和上海 3 组（11.49%、2.27%、0.44%与 0、0、0.07%）（LDA 值＞4）。广州主要为埃希氏菌属（51.86%）和假单胞菌属（*Pseudomonas*）(24.70%)；广州组的芽孢杆菌属（*Bacillus*）(2.44%)、假单胞菌属（24.70%）和埃希氏菌属（51.86%）的相对丰度明显高于核桃坪、大连和上海 3 组（0、0、0 与 0.53%、1.49%、15.77%与 32.67%、27.92%、1.73%）（LDA 值＞4）。上海主要属为鞘氨醇杆菌属（*Sphingobacterium*）(56.11%)、假单胞菌属（15.77%）和不动杆菌属（5.14%）；上海组的鞘氨醇杆菌属（56.11%）的相对丰度明显高于核桃坪、大连和广州 3 组（0.03%、0.13%、2.32%）（LDA 值＞4）。

大熊猫肠道细菌菌群的丰富度和多样性会在年龄和地理因素单独或协同作用下发生变化，因而，大熊猫肠道菌群的丰富度和多样性没有统一标准。在门分类水平，即使

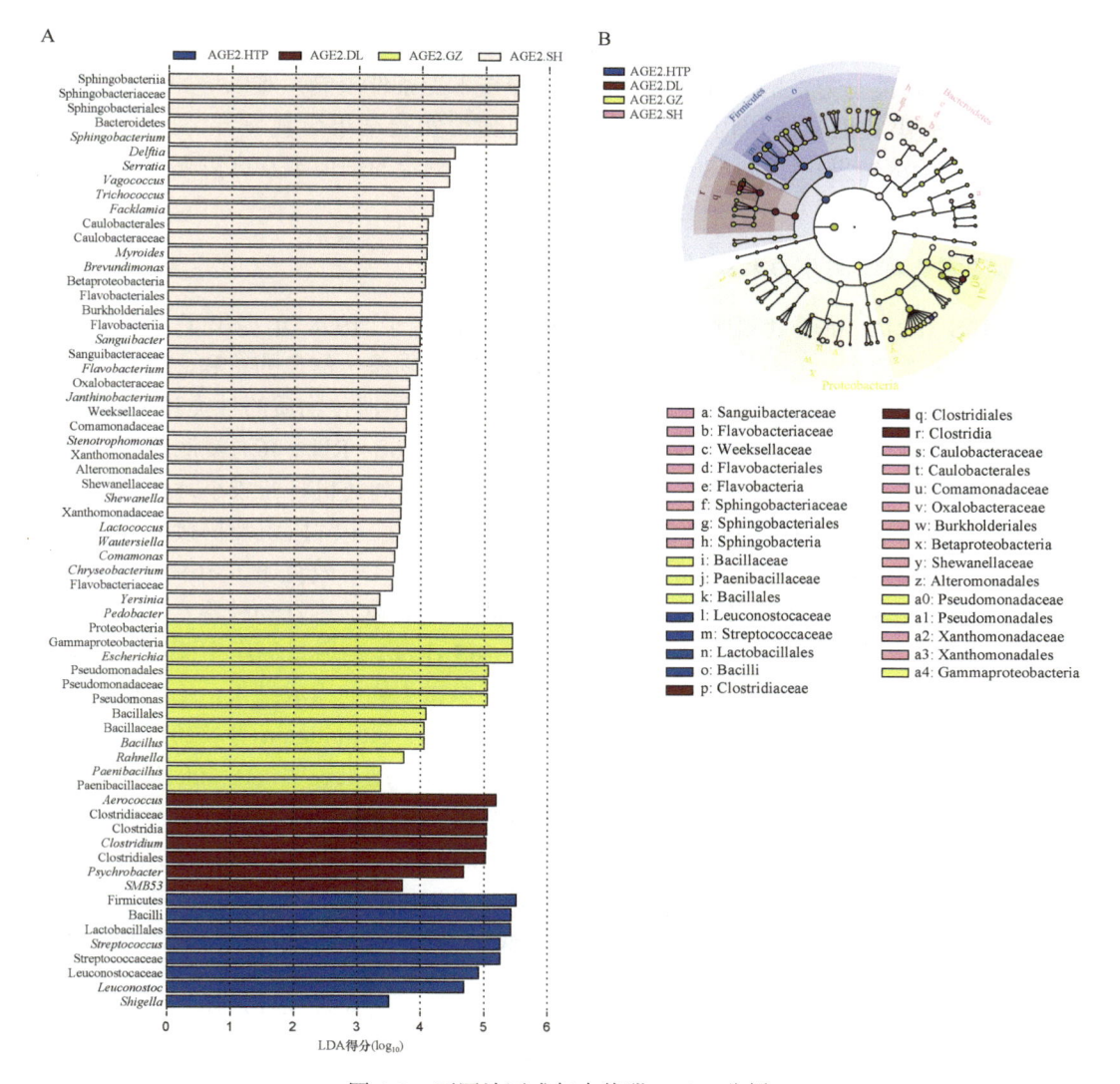

图 4-8　不同地区成年大熊猫 LEfSe 分析

A. LDA 图；B. LEfSe 分析聚类图。AGE2.HTP：核桃坪；AGE2.DL：大连；AGE2.GZ：广州；AGE2.SH：上海

相对丰度因年龄和地域等原因发生波动，但不同年龄和不同地理环境下大熊猫肠道细菌菌群还是主要以变形菌门（Proteobacteria）和厚壁菌门（Firmicutes）为主，但在属分类水平，不同年龄或不同地区大熊猫呈现出核心细菌属的种类发生变化。由此可见，大熊猫核心门为变形菌门（Proteobacteria）和厚壁菌门（Firmicutes），但核心属的组成易受年龄、地理等因素影响而没有统一的标准。

王晓艳（2013）通过 16S rRNA-限制性片段长度多态性（RFLP）研究发现，成年大熊猫肠道内以变形菌门（Proteobacteria）和厚壁菌门（Firmicutes）为主，成年大熊猫肠道内优势菌群为链球菌属（*Streptococcus*，32.14%）、埃希氏菌属（*Escherichia*，30.71%）。王立志和徐谊英（2016）及何永果等（2017）研究发现，大熊猫肠道内细菌主要为变形菌门（Proteobacteria）和厚壁菌门（Firmicutes）及埃希氏菌属（*Escherichia*）、链球菌属（*Streptococcus*）和梭菌属（*Clostridium*）。他们的实验结果与传统培养法测定结果有一定差异，这可能与方法的选择有关，传统培养技术受条件限制，难以培养厌氧细菌，因而无法检测出大熊猫肠道内的梭菌属，从而使得实验结果出现差异，此外与 16S rDNA-RFLP 检测结果相比，16S rRNA 高通量测序中测定的细菌丰富度更高，应该与高通量测序技术的高通量和大规模有关（陈蕾等，2016）。

（二）基于宏基因组测序的大熊猫肠道细菌群落结构

继 16S rRNA 高通量测序技术后，Handelsman 等于 1998 年提出了"宏基因组（metagenome）"概念。宏基因组指特定生境内全部微生物遗传信息的总和，既包含可培养微生物，也包含不可培养微生物，即根据一个环境样品中遗传物质的种类和相对数量，反映该环境中微生物群落结构和数量（蔡重阳，2009）。16S r RNA 高通量测序是对序列可变区进行扩增，而宏基因组测序则将微生物的 DNA 序列随机打断成小片段，在片段两端连接上通用引物后进行 PCR 扩增和测序，最后将这些小片段组装拼接成较长的序列（王景，2018；Smit et al.，2007）。宏基因组的测序方式有效克服了 16S rRNA 高通量测序中高可变区在低分类水平上相似的问题，能更加准确地进行物种鉴定，可以注释到种分类水平（Olm and Brown，2017）。此外，16S rRNA 高通量测序主要用于研究样本中的微生物组成，宏基因组测序不仅可以得到样本微生物的组成结果，还可以对微生物群落的基因和功能进行深入分析（Parks et al.，2015）。Arumugam 等（2011）利用宏基因组测序技术调查海洋微生物的群落结构组成和功能，结果表明，在 400 万非冗余序列中，大部分为病毒、原核生物和微型真核生物序列。2016 年，Zhernakova 等利用宏基因组测序技术研究 1135 位参与者肠道微生物的群落结构，发现 97.6%的序列来自细菌，2.2%的序列来自古菌，0.2%的序列来自病毒，低于 0.01%的序列来自真核生物，同时与 16S rRNA 的测序结果相比，宏基因组测序能预测更多的微生物种，但注释得到更少的科和属。

2011 年，Zhu 等将宏基因组测序技术运用到大熊猫肠道菌群的功能研究中，发现厚壁菌门（Firmicutes，83.8%）和变形菌门（Proteobacteria，15.8%）是大熊猫肠道菌群中的核心细菌门，并在大熊猫肠道微生物梭菌组 I（*Clostridium* group I）中检测到编码纤维素和半纤维素消化酶：纤维素酶（cellulase，EC3.2.1.4）、β-葡萄糖苷酶（beta-glucosidase，EC3.2.1.21）和木聚糖 1,4-β-木糖苷酶（xylan 1,4-beta-xylosidase，EC3.2.1.37）的基因，自此打开了大熊猫肠道菌群功能研究的新纪元。

2017 年，Wu 等利用宏基因组测序技术对比了吃竹叶、竹笋和转换期大熊猫肠道微生物菌群的组成和功能，发现厚壁菌门（Firmicutes）和变形菌门（Proteobacteria）是大熊猫肠道微生物最主要的两大细菌门，梭菌属（*Clostridium*）、埃希氏菌属/志贺菌属（*Escherichia/Shigella*）、*Turicibacter* 和链球菌属（*Streptococcus*）是核心属。同时，发现以竹笋为主食阶段的大熊猫，其肠道菌群的丰富度和多样性都高于以竹叶为主食阶段的大熊猫。纤维素和半纤维素降解酶：β-葡萄糖苷酶（EC3.2.1.21）、木聚糖 1,4-β-木糖苷酶（EC3.2.1.37）和纤维素酶（EC3.2.1.4）在所有大熊猫粪便样品中均检测到，其中 β-葡萄糖苷酶和木聚糖 1,4-β-木糖苷酶在以竹叶为主食阶段的大熊猫中的含量高于以竹笋为主食阶段的大熊猫。

Zhang 等（2018）追踪采集了 14 只新生圈养大熊猫由牛奶为主食到以竹子和竹笋为主食的整个食性转换过程的粪便样品，利用宏基因组测序技术探索肠道微生物的功能基因，共得到了 299GB 的数据量，注释到 1406 个 Metagenome Linking Group（MLG），其中 811 个 MLG 来自变形菌门（Proteobacteria），304 个 MLG 来自厚壁菌门（Firmicutes），研究发现随着大熊猫年龄的增加，其肠道中的基因数量也不断增加，以竹笋为主食的大熊猫，其肠道中的基因数量大于以竹叶和竹秆为主食的大熊猫，其中 467 个编码多糖降解酶的基因在食用竹子和竹笋阶段显著增高，但仅有 2 个编码纤维素的基因在食用竹子和竹笋阶段显著增高且含量较低，大熊猫可能依赖竹子中的半纤维素而生活，而不是纤维素。

但上述研究中大熊猫的数量较少，大部分样品为成年和亚成年大熊猫，且样品大都来源于同一地区，无法反映整体圈养大熊猫肠道菌群组成情况。四川农业大学邹立扣课题组从中国大熊猫保护研究中心雅安碧峰峡基地、神树坪基地和青城山基地，采集 60 只亚成年、成年和老年大熊猫的粪便样品，进行宏基因组测序，共注释了 1497 个细菌属（包括 153 个未分类属）。在门分类水平，变形菌门（Proteobacteria）、厚壁菌门（Firmicutes）、拟杆菌门（Bacteroidetes）和放线菌门（Actinobacteria）是核心细菌门（图 4-9）；在属分类水平，埃希氏菌属（*Escherichia*，30.4%）、链球菌属（*Streptococcus*，23.4%）和梭菌属（*Clostridium*，8.0%）是核心细菌属。

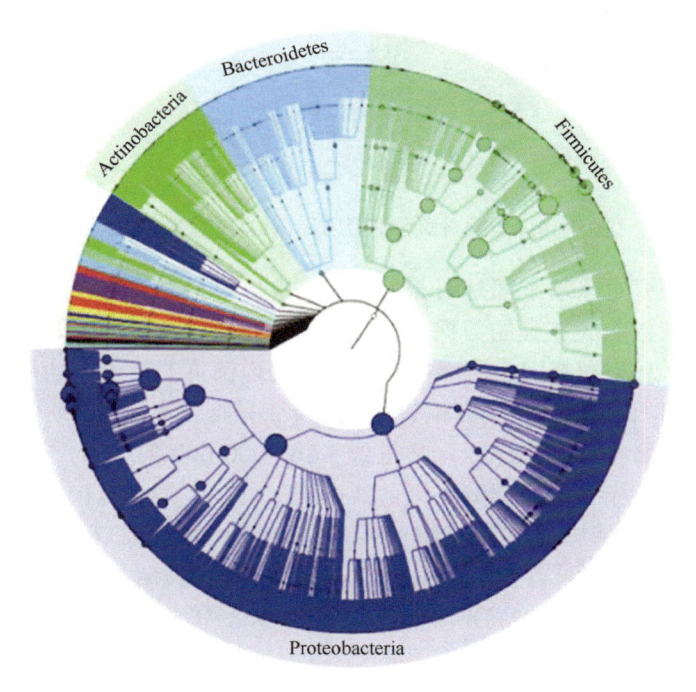

图 4-9 大熊猫肠道细菌菌群分类树

进一步分析地域对大熊猫肠道菌群的影响，发现共有 59 个 OTU 为碧峰峡基地大熊猫（BFX）、神树坪基地大熊猫（SSP）和青城山基地大熊猫（QCS）共有（图 4-10）。

其中变形菌门（Proteobacteria）在 BFX 肠道菌群中的相对丰度显著高于 SSP 和 QCS（$P<0.05$）；厚壁菌门（Firmicutes）在 SSP 肠道菌群中的相对丰度显著高于 BFX 和 QCS（$P<0.05$）（图 4-11）。对碧峰峡基地内的雌性大熊猫（BFXF）和雄性大熊猫（BFXM）肠道菌群进行对比发现，BFXF 肠道中链球菌科（Streptococcaceae）的相对丰度显著高于 BFXM（$P<0.05$）（图 4-12）。对比神树坪基地雌性大熊猫（SSPF）和雄性大熊猫（SSPM）肠道菌群，发现 SSPF 肠道中气球菌科（Aerococcaceae）的相对丰度显著高于 SSPM（$P<0.05$）（图 4-13）。通过碳水化合物活性酶（CAZy）数据库注释，共获得 16 种碳水化合物酯酶（CE），其中包括与半纤维素降解相关的 CE1 和 CE4；20 个编码多糖裂解酶（PL）家族的基因；76 个编码碳水化合物结合模块（CBM）家族的基因，其中包括与纤维素和半纤维素降解相关的 CBM50、CBM32、CBM5 基因和与淀粉降解相关的 CBM48 基因；12 个编码辅助活性（AA）家族的基因，如与木质素降解相关的 AA6、AA3（图 4-14）。

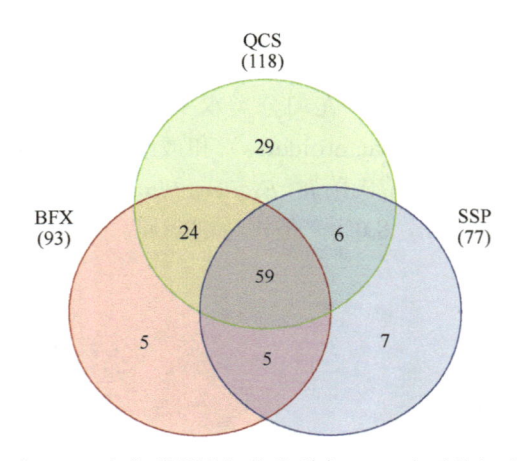

图 4-10 大熊猫肠道细菌菌群在 OTU 水平的组成

此外，上述研究对象基本都是圈养大熊猫，少量研究涉及野外大熊猫，但数量都较少，且缺乏培训和放归大熊猫的数据。Yang 等（2018）采集了 13 只生活方式不同的大熊猫的粪便样品，利用宏基因组测序技术研究其肠道菌群的组成及功能，其中包含 4 只圈养大熊猫、6 只培训和放归（半野生）大熊猫及 3 只野生大熊猫。研究共获得 124.6GB 的高质量序列，质量控制和过滤后，共得到 3 162 000 000 条序列，其中 2 317 000 000 条序列属于细菌基因组，通过物种注释，共得到 13 门 23 纲 47 目 88 科 228 属 680 种。在门分类水平，所有大熊猫都以变形菌门（Proteobacteria，75.41%）和厚壁菌门（Firmicutes，23.94%）为主，其次为拟杆菌门（Bacteroidetes，0.52%）、放线菌门（Actinobacteria，0.09%）和蓝藻门（Cyanobacteria，0.02%）（图 4-15，表 4-5）。其中拟杆菌门（Bacteroidetes）和放线菌门（Actinobacteria）在野生大熊猫肠道中的相对丰度显著高于圈养及培训和放归大熊猫（$P<0.05$）（图 4-16）。而变形菌门（Proteobacteria）和厚壁菌门（Firmicutes）在不同生活方式大熊猫肠道菌群中无显著差异（$P>0.05$）（图 4-16 和图 4-17）。

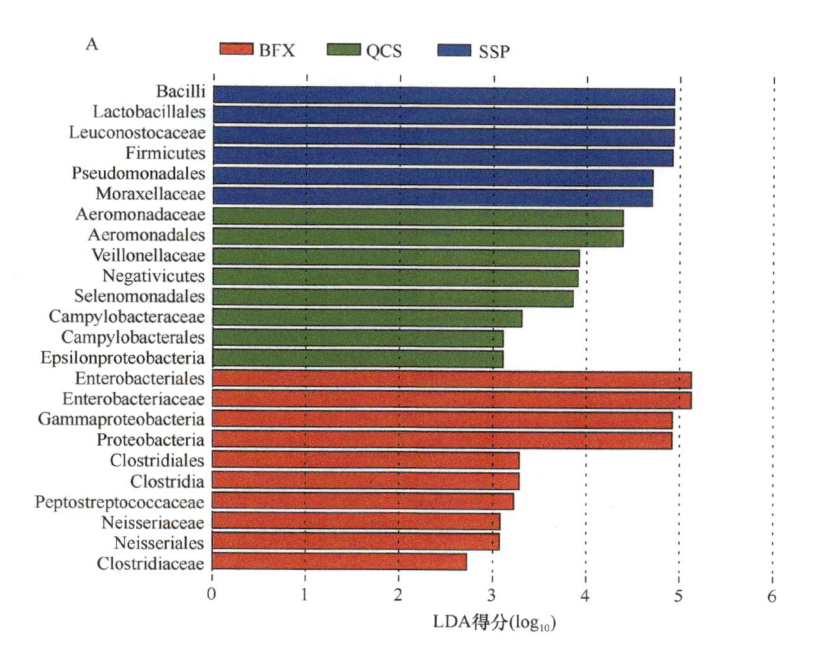

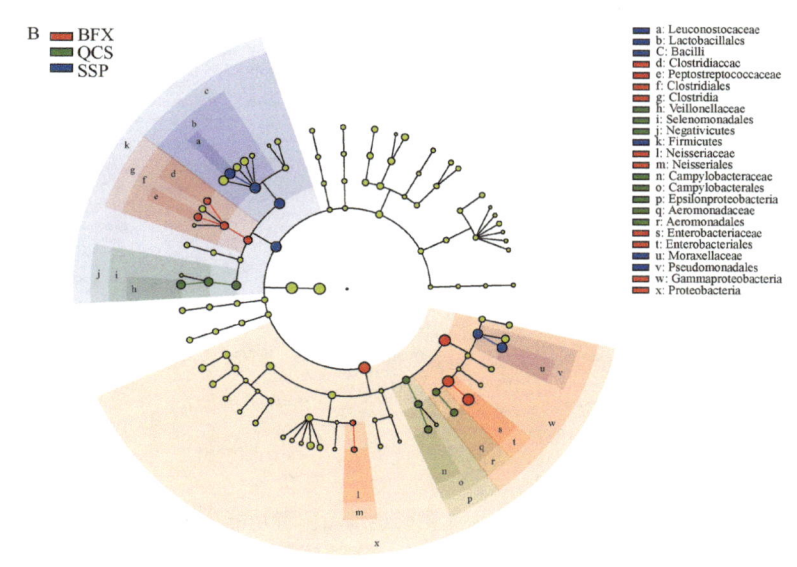

图 4-11 不同地域大熊猫肠道细菌 LDA 图（A）和 LEfSe 分析聚类图（B）

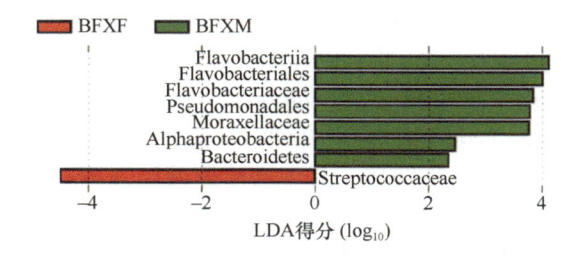

图 4-12 碧峰峡基地雌雄大熊猫肠道细菌菌群 LEfSe 分析

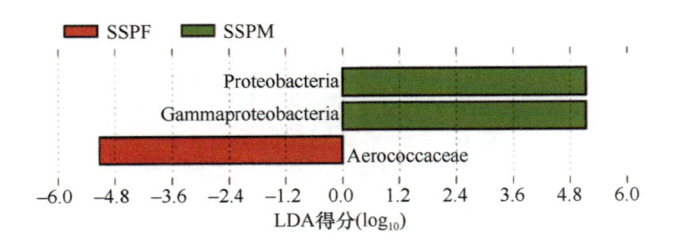

图 4-13 神树坪基地雌雄大熊猫肠道细菌菌群 LEfSe 分析

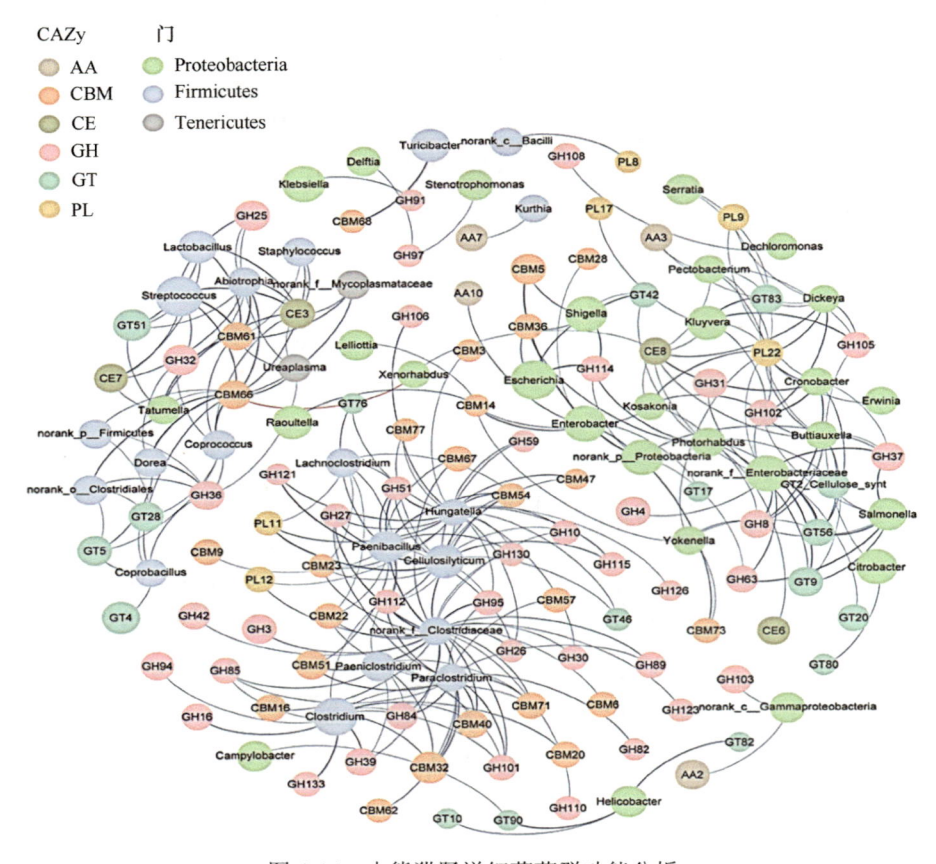

图 4-14 大熊猫肠道细菌菌群功能分析

AA：辅助活性；GH：糖苷水解酶；GT：糖基转移酶；PL：多糖裂解酶；CE：碳水化合物酯酶；CBM：碳水化合物结合模块

在属分类水平，埃希氏菌属（*Escherichia*，41.1%）、链球菌属（*Streptococcus*，15.6%）、假单胞菌属（*Pseudomonas*，10.7%）、耶尔森氏菌属（*Yersinia*，8.9%）、乳球菌属（*Lactococcus*，4.8%）、不动杆菌属（*Acinetobacter*，3.5%）、明串珠菌属（*Leuconostoc*，2.1%）、寡养单胞菌（*Stenotrophomonas*，2.0%）、哈夫尼菌属（*Hafnia*，1.7%）和志贺菌属（*Shigella*，1.6%）是核心细菌属。其中假单胞菌属（*Pseudomonas*）、紫色杆菌属（*Janthinobacterium*）和鞘氨醇杆菌属（*Sphingobacterium*）在野生大熊猫肠道菌群中的相对丰度显著高于圈养和野生大熊猫；拉乌尔菌属（*Raoultella*）在圈养大熊猫肠道菌群

中的相对丰度显著高于半野生和野生大熊猫（图 4-18）。在种分类水平，相对丰度前 10 的细菌种为：大肠杆菌（*Escherichia coli*，40.8%）、小肠结肠炎耶尔森氏菌（*Yersinia*

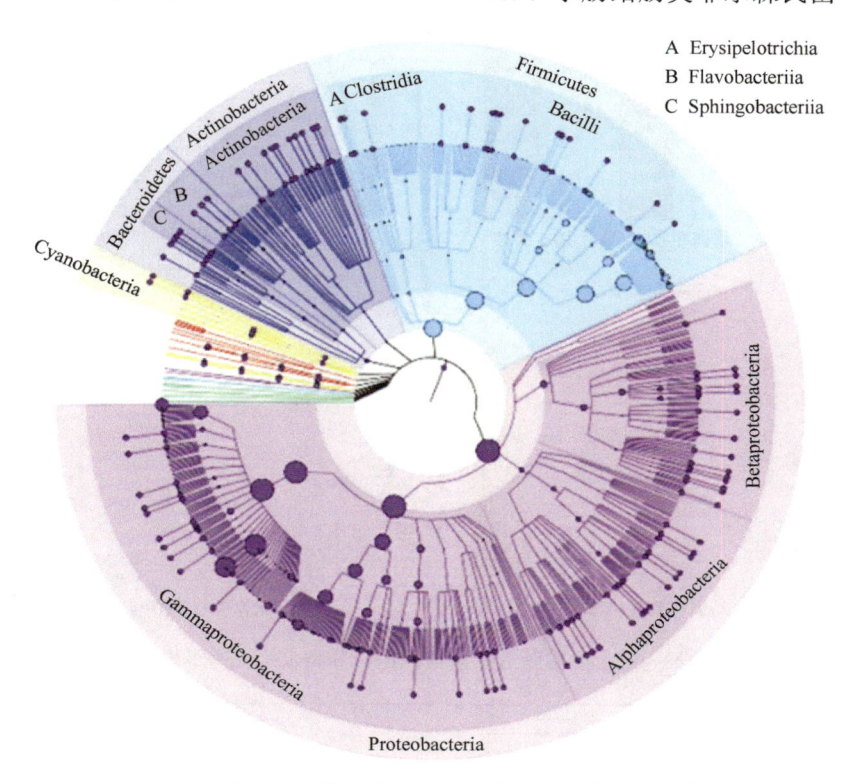

图 4-15　圈养、培训和放归、野生大熊猫肠道细菌分类树

表 4-5　门或纲分类水平上圈养、培训和放归、野生大熊猫肠道细菌的相对丰度

门	相对丰度（%）
变形菌门 Proteobacteria	75.41
厚壁菌门 Firmicutes	23.94
拟杆菌门 Bacteroidetes	0.52
放线菌门 Actinobacteria	0.09
蓝藻门 Cyanobacteria	0.02
软壁菌门 Tenericutes	0.01
Bacteria_noname	1.10E-05
Candidatus_Saccharibacteria	6.78E-06
酸杆菌门 Acidobacteria	5.07E-06
螺旋体门 Spirochaetes	3.23E-06
异常球菌-栖热菌门 Deinococcus-Thermus	3.06E-06
疣微菌门 Verrucomicrobia	2.72E-06
梭杆菌门 Fusobacteria	1.88E-06
芽单胞菌门 Gemmatimonadetes	1.02E-06

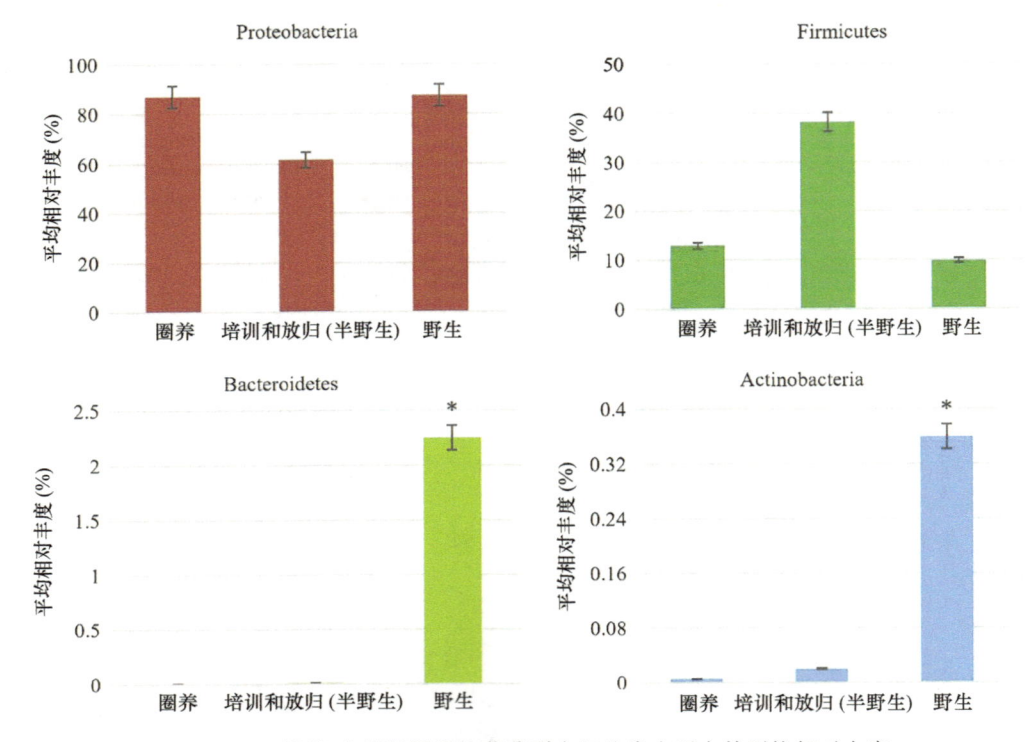

图 4-16 不同组大熊猫肠道细菌菌群在门分类水平上的平均相对丰度

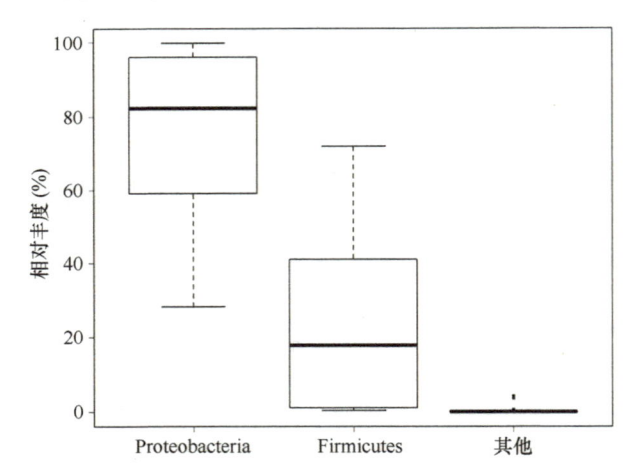

图 4-17 门分类水平上大熊猫肠道细菌的相对丰度

enterocolitica，8.3%）、荧光假单胞菌（*Pseudomonas fluorescens*，4.9%）、乳酸乳球菌（*Lactococcus lactis*，4.2%）、嗜热链球菌（*Streptococcus thermophilus*，3.5%）、婴儿链球菌（*S. infantarius*，2.9%）、解没食子酸链球菌（*S. gallolyticus*，2.8%）、巴黎链球菌（*S. lutetiensis*，1.8%）、嗜麦芽寡养单胞菌（*Stenotrophomonas maltophilia*，1.7%）和蜂窝哈夫尼菌（*Hafnia alvei*，1.7%）（表 4-6）。

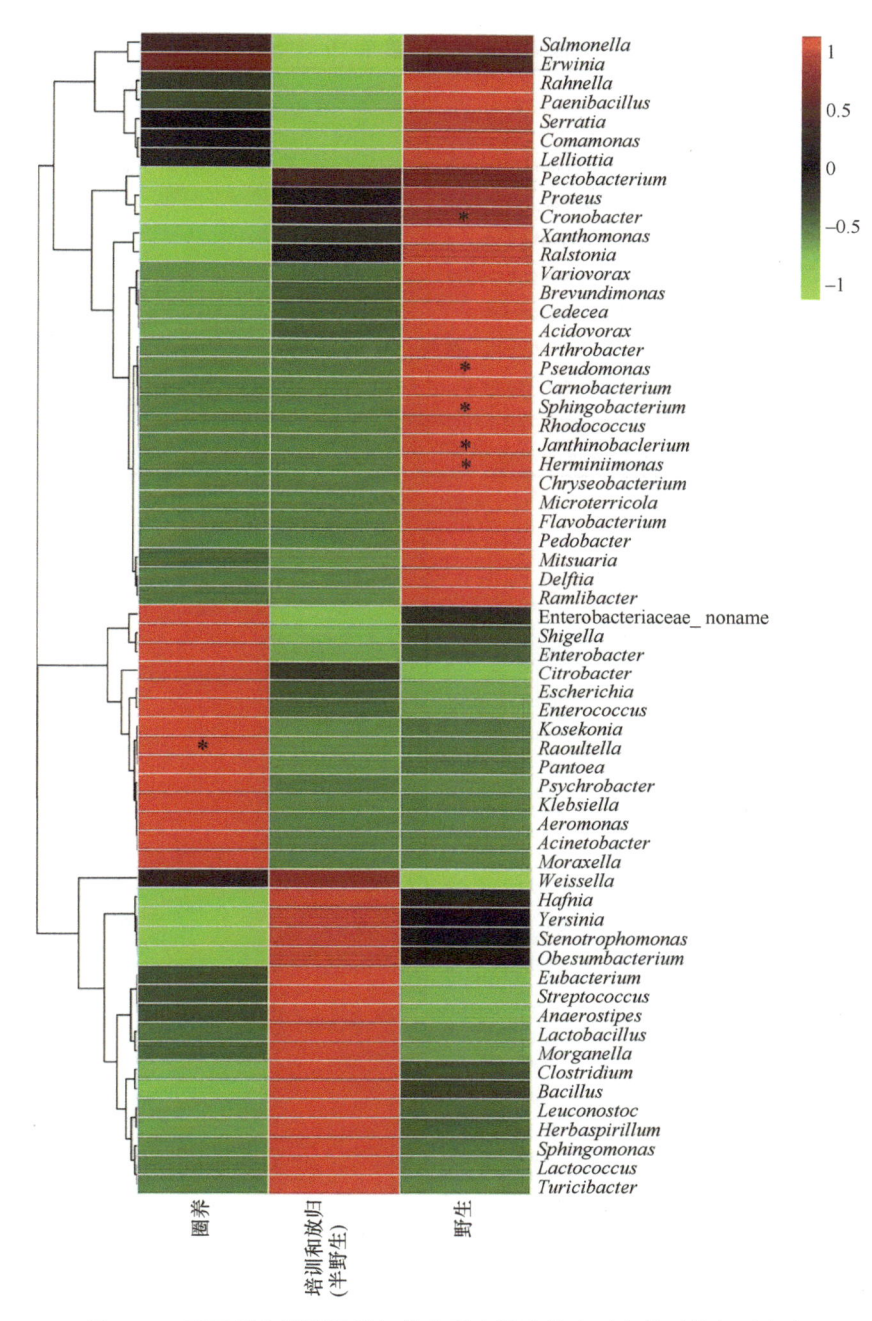

图 4-18　不同组大熊猫肠道细菌菌群在属分类水平上的平均相对丰度

为进一步了解大熊猫肠道细菌菌群的功能，本研究基于 KEGG 数据库注释了 2 151 157 个基因，共获得 13 076 个 KEGG Orthology（KO），进一步分析了大熊猫肠道菌群的KEGG 通路。KEGG 主要包括代谢（Metabolism）、遗传信息处理（Genetic Information Processing）和环境信息处理（Environmental Information Processing）3 条途径，分别占 52.3%、20.1%和 18.3%（图 4-19）。选择圈养大熊猫、培训和放归大熊猫及野生大熊猫

表 4-6　大熊猫肠道相对丰度前 10 的细菌种

种	相对丰度（%）
大肠杆菌 *Escherichia coli*	40.8
小肠结肠炎耶尔森氏菌 *Yersinia enterocolitica*	8.3
荧光假单胞菌 *Pseudomonas fluorescens*	4.9
乳酸乳球菌 *Lactococcus lactis*	4.2
嗜热链球菌 *Streptococcus thermophilus*	3.5
婴儿链球菌 *Streptococcus infantarius*	2.9
解没食子酸链球菌 *Streptococcus gallolyticus*	2.8
巴黎链球菌 *Streptococcus lutetiensis*	1.8
嗜麦芽寡养单胞菌 *Stenotrophomonas maltophilia*	1.7
蜂窝哈夫尼菌 *Hafnia alvei*	1.7

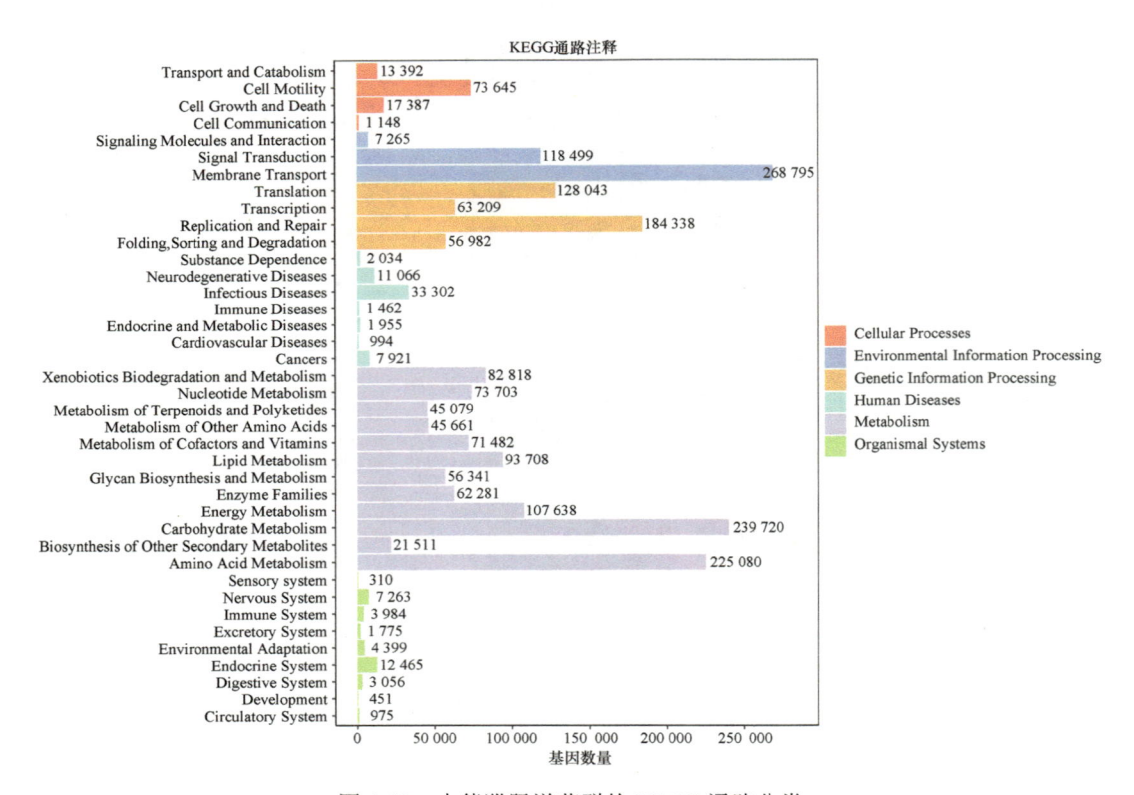

图 4-19　大熊猫肠道菌群的 KEGG 通路分类

肠道菌群中大于 1% 的 KEGG 通路进行对比，发现圈养大熊猫、培训和放归大熊猫及野生大熊猫之间 KEGG 通路的数量无显著差异（图 4-20）。此外，大熊猫肠道菌群中碳水化合物代谢相关基因较丰富，因而基于碳水化合物活性酶（CAZy）数据库注释了 285 080 个基因，获得了大熊猫肠道菌群中碳水化合物代谢的酶家族。进而对圈养大熊猫、培训和放归大熊猫及野生大熊猫的 6 种碳水化合物活性酶，包括糖苷水解酶（GH）、糖基转移酶（GT）、多糖裂解酶（PL）、碳水化合物酯酶（CE）、辅助活性（AA）和碳水化合物结合模块（CBM）进行了对比。其中 GH 和 GT 是在所有大熊猫肠道中所占比例最高，分别占 45.1% 和 29.9%（图 4-21）。同时发现，大熊猫间 GH、GT、CE、AA 和 CBM 的含量差异不显著（$P>0.05$），而野生大熊猫肠道中 PL 家族的含量显著高于其他大熊猫（$P<0.05$）（图 4-21）。

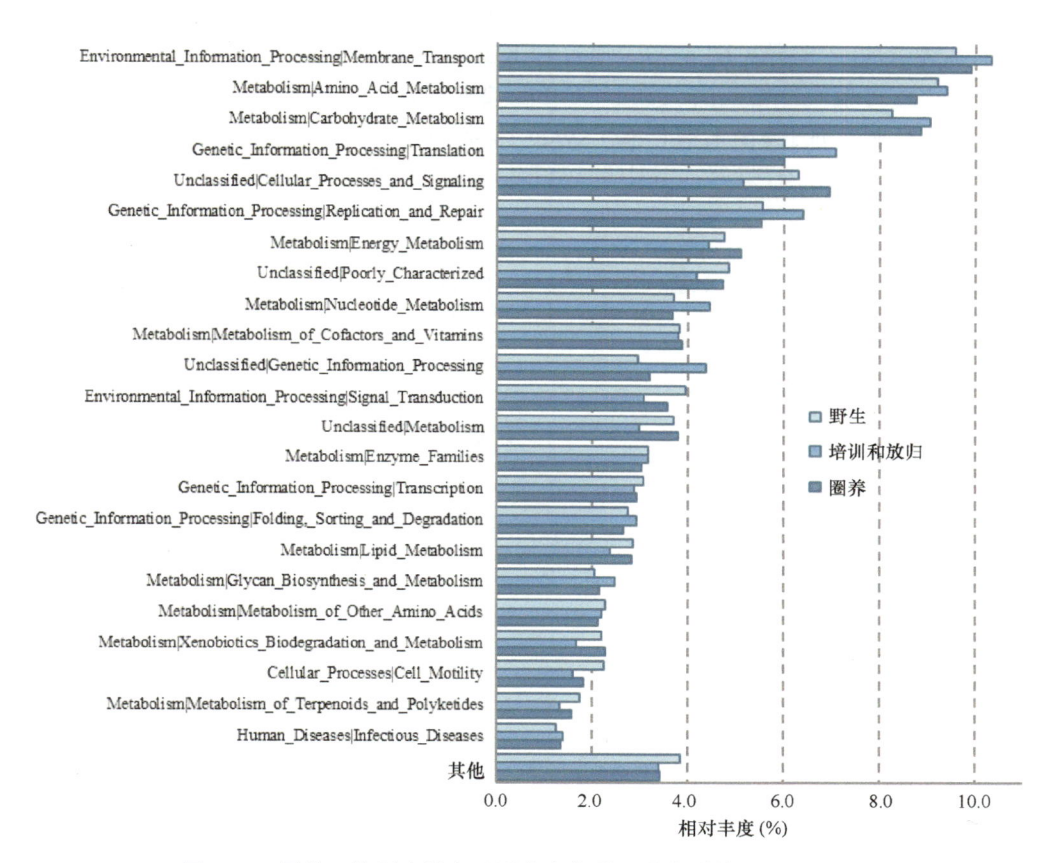

图 4-20　圈养、培训和放归及野生大熊猫肠道菌群的 KEGG 通路分类

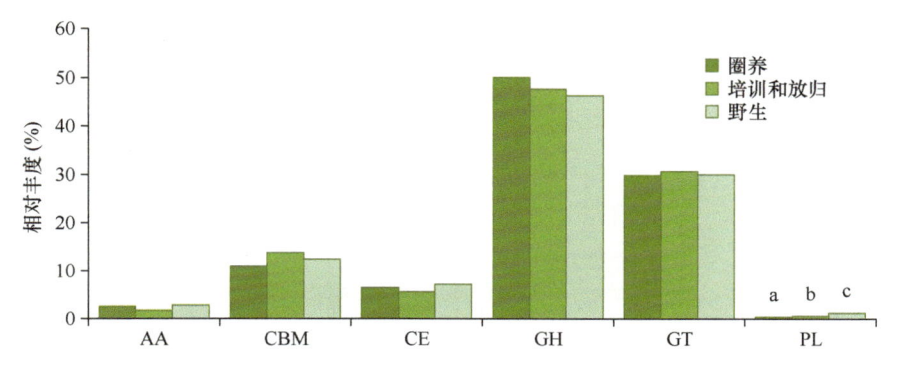

图 4-21　圈养、培训和放归及野生大熊猫肠道微生物碳水化合物代谢酶含量
不同小写字母表示差异显著（$P<0.05$）

GH 在碳水化合物代谢过程中起着重要作用，本研究选择圈养、培训和放归及野生大熊猫肠道中最丰富的 30 个糖苷水解酶进行对比。值得注意的是，圈养大熊猫、培训和放归大熊猫及野生大熊猫的糖苷水解酶的数量有显著差异（$P<0.05$），其中 GH13、GH1、GH77、GH25 和 GH24 等在圈养与培训和放归大熊猫肠道中的含量显著高于野生大熊猫（$P<0.05$）（图 4-22），野生大熊猫中 GH3、GH43、GH17、GH28、GH19、GH92、GH50 和 GH94 的含量显著高于圈养和培训和放归大熊猫（$P<0.05$）（图 4-22），其他 GH 家族的组成差异见图 4-23。通过和 KEGG 数据库比对，获得 1739 个具有同源序列的基因，可编码纤维素酶（cellulase，EC3.2.1.4）、β-葡萄糖苷酶（beta-glucosidase，EC3.2.1.21）和木聚糖 1,4-β-木糖苷酶（xylan 1,4-beta-xylosidase，EC3.2.1.37），这些基因属于 223 个不同的细菌属。其中编码纤维素酶（EC3.2.1.4）的基因主要来源于

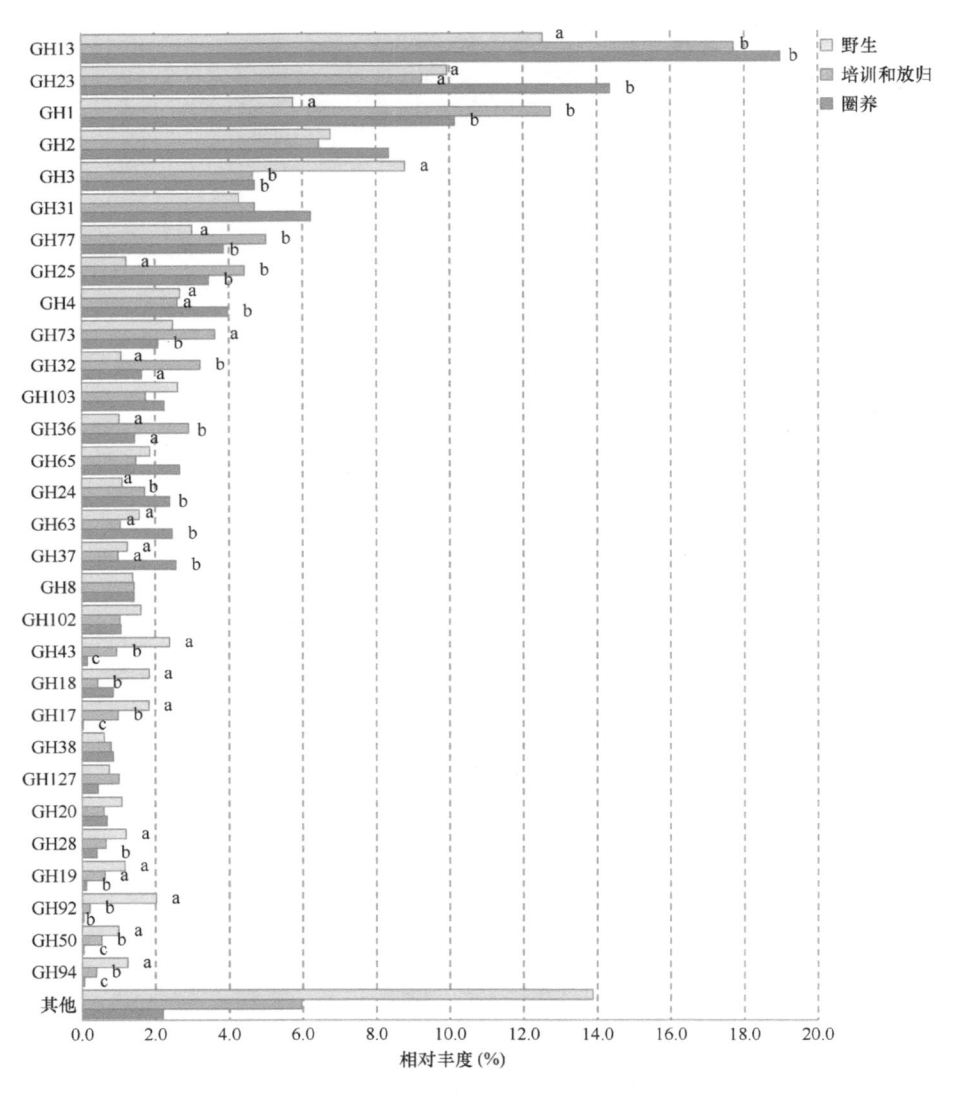

图 4-22 圈养、培训和放归及野生大熊猫前 30 的 GH 家族的组成差异

大熊猫肠道中的芽孢杆菌属（*Bacillus*），其次为热厌氧杆菌属（*Thermoanaerobacter*）、假单胞菌属（*Pseudomonas*）、沙雷氏菌属（*Serratia*）、类芽孢杆菌属（*Paenibacillus*）、黄杆菌属（*Xanthomonas*）和甲基杆菌属（*Methylobacterium*）。编码 β-葡萄糖苷酶（EC3.2.1.21）的基因主要来源于大熊猫肠道中的假单胞菌属、双歧杆菌属（*Bifidobacterium*）、黄杆菌属、类芽孢杆菌属和沙雷氏菌属。编码木聚糖 1,4-β-木糖苷酶（EC3.2.1.37）的基因主要来源于大熊猫肠道中的链霉菌属（*Streptomyces*）和纤维单胞菌属（*Cellulomonas*）。

综上所述，与 16S rRNA 高通量测序技术相比，宏基因组测序技术能检测到种分类水平大熊猫肠道菌群的组成，同时，在大熊猫肠道微生物功能挖掘上更有优势。针对大熊猫

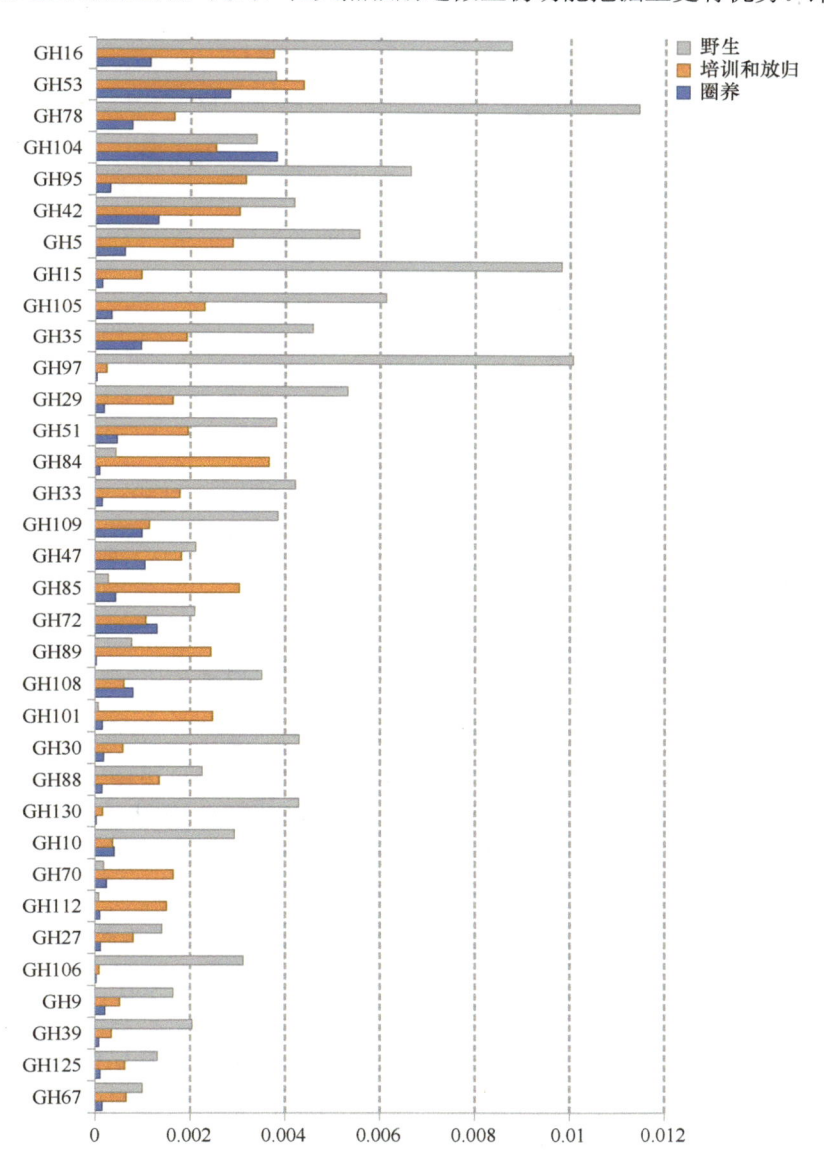

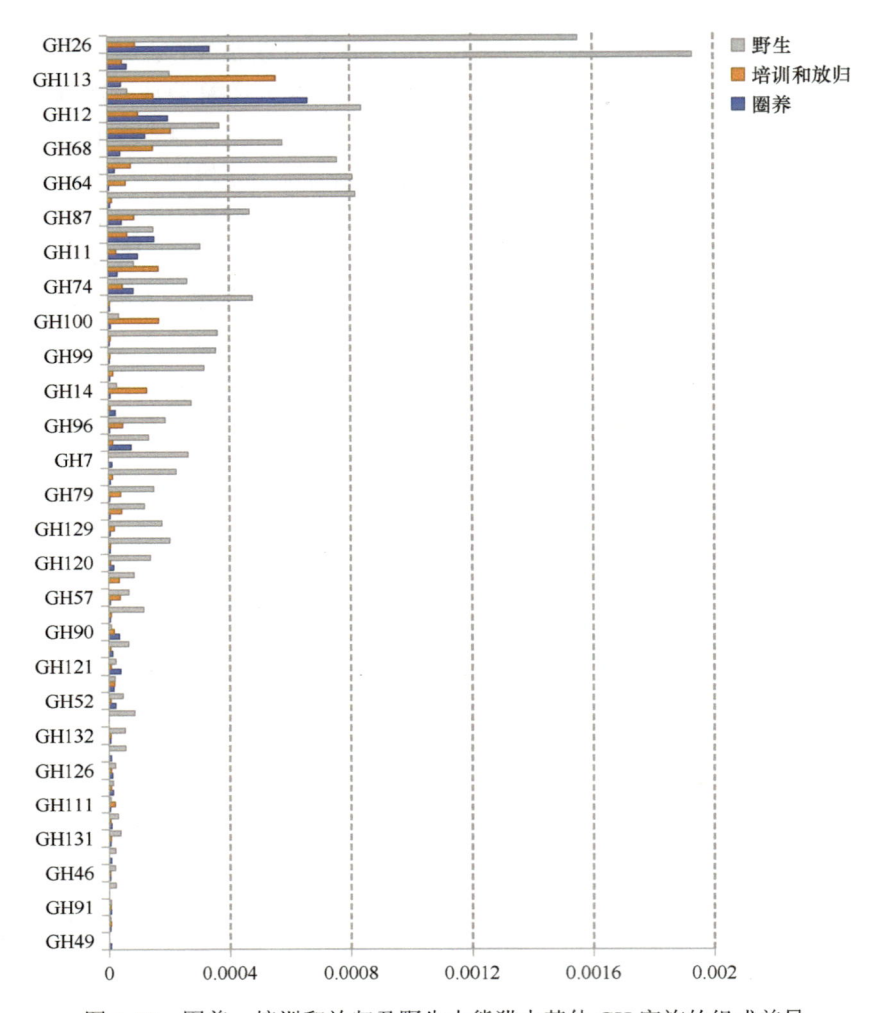

图 4-23　圈养、培训和放归及野生大熊猫中其他 GH 家族的组成差异

肠道菌群的组成，与 16S rRNA 高通量测序技术结果一致，在门分类水平上主要以变形菌门（Proteobacteria）和厚壁菌门（Firmicutes）为主，且核心细菌门的种类不受地理、年龄等因素影响。但是在属和种分类水平，不同地区或不同年龄大熊猫其肠道菌群组成存在显著差异。同时，通过宏基因组测序技术发现大熊猫肠道细菌菌群有编码纤维素、半纤维素和木质素降解酶的基因，且部分基因的含量也随生活方式、饮食等因素的变化而变化，表明大熊猫肠道菌群的具体组成和功能受环境、生活方式和饮食等因素的影响。

（三）基于宏转录组测序的大熊猫细菌群落结构

宏转录组兴起于宏基因组之后，相对于宏基因组，宏转录组是以样品中的全部微生物 RNA 信息为分析对象，从整体水平上研究某一特定环境、特定时间点活性微生物种类，通过测定基因转录来描述基因的活性并分析它们的代谢路径和功能表达等（牛化欣等，2019）。目前，宏转录组技术已应用于食品、土壤等微生物群落和功能研究，但尚无利用宏转录组针对大熊猫肠道微生物的研究。

邓雯文等（2020）利用宏转录组学技术，对大熊猫肠道内微生物菌群、耐药基因和寄生虫组成情况进行研究，分析微生物菌群功能表达及菌群与耐药基因的相关性，为了解大熊猫肠道菌群功能、大熊猫疾病的合理用药及寄生虫病的防治提供了依据。基于宏转录组学测序技术，邓雯文等（2020）对6只成年大熊猫（3只雌性和3只雄性）肠道微生物，共有189 524个unigene经物种注释获得结果，共3界41门82纲161目300科573属。其中在门水平由32个细菌、8个真菌和1个病毒组成，属水平由436个细菌、78个真菌和51个病毒组成。在门分类水平，相对丰度前10的物种如图4-24所示，其相对丰度在雄性组（M1～M3）和雌性组（F1～F3）没有显著性差异（$P>0.05$）。

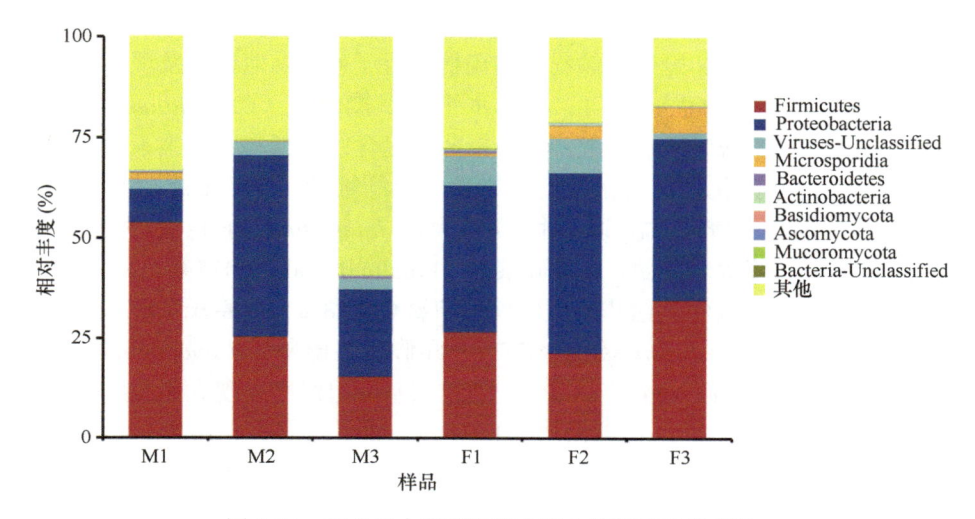

图4-24 门水平大熊猫肠道内微生物相对丰度情况

在门水平，各样品中物种主要由细菌组成（41.12%～83.31%），厚壁菌门（Firmicutes）（15.67%～53.96%）和变形菌门（Proteobacteria）（8.30%～45.30%）是成年大熊猫肠道中细菌菌群的两大主要门，其次为拟杆菌门（Bacteroidetes）（0.10%～0.83%）和放线菌门（Actinobacteria）（0.07%～0.35%）。圈养大熊猫肠道内相对丰度较高的真菌为担子菌门（Basidiomycota）（0.003%～0.07%）、子囊菌门（Ascomycota）（0.01%～0.05%）和毛霉门（Mucoromycota）（0.001%～0.04%）。

在属分类水平，总相对丰度大于1%的物种见表4-7，相对丰度在雄性组（M1～M3）和雌性组（F1～F3）没有显著差异（$P>0.05$），物种由6个细菌属组成。梭菌属

表4-7 属水平大熊猫肠道微生物相对丰度情况（%）

属	M1	M2	M3	F1	F2	F3	平均相对丰度
Clostridium	19.04	4.90	2.25	5.06	1.70	4.75	6.28
Streptococcus	0.62	3.52	0.97	1.44	11.13	6.48	4.03
Intestinibacter	2.60	0.16	1.29	0.15	0.19	0.00	0.73
Escherichia	0.15	0.66	0.63	0.43	1.06	1.16	0.68
Enterococcus	0.16	0.33	0.36	0.32	0.48	1.43	0.51
Turicibacter	0.13	0.63	0.09	0.06	0.16	0.13	0.20

（*Clostridium*）和链球菌属（*Streptococcus*）在样品 M2、F1、F2 和 F3 中所占比例较高，而梭菌属（*Clostridium*）和 *Intestinibacter* 在样品 M1 和 M3 中所占比例较高。结果显示，细菌梭菌属（*Clostridium*）和链球菌属（*Streptococcus*）为大熊猫肠道内的优势菌属，平均相对丰度较高。

以上结果显示，大熊猫肠道内微生物种类多样，包括细菌、真菌和病毒，且以细菌为主，研究发现雌性和雄性大熊猫肠道微生物没有显著差异（$P>0.05$），可见性别差异对大熊猫肠道微生物无显著影响。在门水平，以厚壁菌门（Firmicutes）和变形菌门（Proteobacteria）细菌为主。部分学者通过不同研究方法也得出了相似的结果，如 Fang 等（2012）通过 RFLP 分析了大熊猫肠道内优势菌门，Yang 等（2018）通过宏基因组测序方法对圈养、野化培训和野生大熊猫肠道菌群进行了研究，他们均发现变形菌门和厚壁菌门为大熊猫肠道内的优势菌门。在属水平，以梭菌属（*Clostridium*）、链球菌属（*Streptococcus*）、*Intestinibacter* 为主，其中梭菌属包含纤维素和半纤维素消化酶的编码基因，有助于大熊猫消化利用竹子中的纤维素与半纤维素（Zhu et al.，2011）。目前对 *Intestinibacter* 属的相关研究还较少，对人体肠道内 *Intestinibacter* 相关功能分析显示，它能抵抗氧化应激、降解岩藻糖、还原硫酸盐（Forslund et al.，2015）。已有学者通过高通量测序技术检测到亚成年大熊猫肠道内以梭菌属（39.68%）、埃希氏菌属（*Escherichia*，20.94%）、明串珠菌属（*Leuconostoc*，8.75%）和假单胞菌属（*Pseudomonas*，5.08%）为主（晋蕾等，2019b），而 Yang 等（2018）通过宏基因组测序发现大熊猫肠道内优势菌属包括埃希氏菌属（41.1%）、链球菌属（15.6%）、假单胞菌属（10.7%）、耶尔森氏菌（*Yersinia*，8.9%）、乳球菌属（*Lactococcus*，4.8%）。这与本实验结果有一定差异，这可能与检测方法有关。通过宏基因组测序可获得样品采集时活性和死亡微生物信息，而宏转录组测序以样品中全部活性微生物为研究对象，能更真实、全面地反映特定时期样品中高表达活性的微生物。

第二节 大熊猫肠道放线菌种群结构

放线菌（Actinobacteria）以菌落的放射状外观而得名，它是一种革兰氏阳性原核微生物，广泛分布于土壤、海洋、动植物体及其他极端自然生态环境中（Chen et al.，2019）。Frey 等（2006）、Bik 等（2006）采用分子生态学技术对黑猩猩和大熊猫的肠道及人胃内部放线菌类群进行分析，结果表明其均存在多种放线菌；Ley 等（2008）采用 16S rRNA 基因克隆文库对 60 多种哺乳动物肠道中的微生物进行分析，结果显示其放线菌比例平均达到 4.7%，表明肠道放线菌广泛存在于各种哺乳动物肠道中。

随着对肠道放线菌研究的深入，人们发现肠道内放线菌类群不仅丰富，且可以产生抗生素、酶抑制剂、免疫调节剂等代谢产物，这些代谢物质具有促进机体的营养吸收和抵御病害等多种生物学功能，在动物体内发挥着至关重要的作用，是筛选和开发活性物质的重要来源。Hungate（1946）从食木白蚁肠道中分离到一种有纤维素酶活的放线菌丙酸小单孢菌（*Micromonospora propionici*），利用扫描电镜在土食性低等白蚁后肠发现大量的丝状细菌附着在角质突起上，推测这些丝状细菌与白蚁消化纤维素、木质素等物质有关。Pasti 等（1990）从白蚁肠道分离得到的 11 株链霉菌，利用 ^{14}C 木质素与 ^{14}C 纤维素标记的白桦韧皮部证实了这些链霉菌具有较强的降解木质素的能力，表明了白蚁肠道共生放线菌对宿主消化能力的重要影响。陈惠源和蔡俊鹏（2005）从罗非鱼肠道中筛选到了 2 株蛋白酶高产菌，对强化罗非鱼肠道中有益菌群具有重要作用。Kaltenpoth 等（2009）对红火甲虫肠道放线菌进行研究，发现在雌性昆虫的血淋巴和卵巢中检测到了放线菌球团红蟠菌（*Coriobacterium glomerans*），雌性昆虫在产卵时将放线菌分泌至虫卵表面，并在虫卵孵化时进入稚虫肠道，如果消除放线菌则幼虫生长缓慢且死亡率上升，表明这种放线菌与宿主的营养供应有关。

目前，对大熊猫肠道微生物的研究主要集中在细菌，包括厚壁菌门（Firmicutes）和变形菌门（Proteobacteria）等，对放线菌的研究相对较少。Zhu 等（2011）对大熊猫的肠道微生物宏基因组进行了研究，结果显示肠道放线菌占 7.1%，其中 5.9% 为未培养菌群，揭示大熊猫肠道内蕴藏着丰富的放线菌资源。

一、基于可培养技术研究大熊猫肠道放线菌群落结构

目前大多数对动物肠道微生物菌群的研究，主要还是利用免培养（李静等，2017；Wei et al.，2007；Xue et al.，2015；Zhu et al.，2011）来认识肠道微生物的组成，并通过组学技术了解它们的功能（Yang et al.，2019），虽然这些工作克服了纯培养技术的局限，极大地丰富了我们对动物肠道微生物多样性的认识，但由于没有获得这些微生物的纯培养物，很大程度上限制了人们对它们的全面认识和进一步的应用。基于分离培养的可培养方法依然是我们获得菌株资源的重要途径，有关大熊猫肠道放线菌的分离鉴定的报道还比较少。

姜怡等（2009）采用 4 种培养基从大熊猫粪便样品中分离获得链霉菌属（*Streptomyces*）和红球菌属（*Rhodococcus*）2 个属的放线菌；曹艳茹（2012）从大熊猫粪便样品中分离获得节杆菌属（*Arthrobacter*）、土壤球菌属（*Agrococcus*）、纤维微菌属（*Cellulosimicrobium*）、纤维单胞菌属（*Cellulomonas*）、两面神菌属（*Janibacter*）、小单孢菌属（*Micromonospora*）、分枝杆菌属（*Mycobacterium*）、厄氏菌属（*Oerskovia*）、*Patulibacter*、红球菌属（*Rhodococcus*）、链霉菌属（*Streptomyces*）、疣孢菌属（*Verrucosispora*）12 个属的放线菌，其中纤维微菌属和纤维单胞菌属菌株多数具有纤维素酶活。曹艳茹（2012）从大熊猫及其他动物肠道中分离出多种放线菌，发现肠道放线菌的抗肿瘤活性、抗菌活性、酶活性较高，并由分离的放线菌得到了结构新颖、活性多样的化合物。

四川农业大学赵珂项目组采用 9 种培养基结合 4 种不同的预处理方法对大熊猫肠道放线菌进行分离，各菌株在 ISP$_4$ 培养基上的生长形态观察、扫描电镜显微形态观察及 16S rRNA 测序结果表明，从不同年龄大熊猫肠道中共分离获得 466 株放线菌，分属于微球菌目（Micrococcales）、棒状杆菌目（Corynebacteriales）、链霉菌目（Streptomycetales）、链孢囊菌目（Streptosporangiales）和假诺卡氏菌目（Pseudonocardiales）5 个目，微杆菌

科（Microbacteriaceae）、间孢囊菌科（Intrasporangiaceae）、微球菌科（Micrococcaceae）、皮杆菌科（Dermabacteraceae）、短杆菌科（Brevibacteriaceae）、原小单孢菌科（Promicromonosporaceae）、棒状杆菌科（Corynebacteriaceae）、皮生球菌科（Dermacoccaceae）、链霉菌科（Streptomycetaceae）、拟诺卡氏菌科（Nocardiopsaceae）、假诺卡氏菌科（Pseudonocardiaceae）和诺卡氏菌科（Nocardiaceae）12个菌科，以及阿格雷氏菌属（*Agreia*）、土壤球菌属（*Agrococcus*）、拟无枝菌酸菌属（*Amycolatopsis*）、砷球菌属（*Arsenicicoccus*）、节杆菌属（*Arthrobacter*）、短状杆菌属（*Brachybacterium*）、短杆菌属（*Brevibacterium*）、纤维单胞菌属（*Cellulomonas*）、纤维微菌属（*Cellulosimicrobium*）、棒状杆菌属（*Corynebacterium*）、短小杆菌属（*Curtobacterium*）、皮生球菌属（*Dermacoccus*）、谷氨酸杆菌属（*Glutamicibacter*）、草药菌属（*Herbiconiux*）、北里孢菌属（*Kitasatospora*）、考克氏菌属（*Kocuria*）、微杆菌属（*Microbacterium*）、微球菌属（*Micrococcus*）、局真菌细菌属（*Mycetocola*）、拟诺卡氏菌属（*Nocardiopsis*）、植物杆菌属（*Plantibacter*）、假节杆菌属（*Pseudoarthrobacter*）、假棍状杆菌属（*Pseudoclavibacter*）、假诺卡氏菌属（*Pseudonocardia*）、红球菌属（*Rhodococcus*）、舒曼氏菌属（*Schumannella*）、链霉菌属（*Streptomyces*）、地杆菌属（*Terrabacter*）和 *Terracoccus*等29个属的放线菌（图4-25）。虽然目前有关于大熊猫肠道放线菌可培养的报道还比较有限，但从已有报道中我们发现大熊猫肠道中放线菌的种类还是相当丰富的，为我们了解大熊猫肠道中放线菌的多样性及进一步研究放线菌在肠道中所扮演的角色提供了菌种来源。

随着宿主的生长发育及外部环境因素的影响，肠道微生物菌群也会发生动态变化。大量研究表明，宿主年龄是影响肠道菌群组成的重要因素之一（Contreras et al.，2012）。赵珂（2020）项目组分离自不同年龄大熊猫肠道中的放线菌种类存在明显差异（图4-26）。从亚成体（Y）、成年（C）及老年（L）不同年龄大熊猫肠道中分别获得了9个、23个及13个放线菌属，为进一步分析分离自不同年龄大熊猫肠道放线菌种属的组成差异，以各样品中放线菌属的数量为依据构建 Venn 图（图 4-27），不同年龄大熊猫样品共有的菌属为 5 个，分别为节杆菌属（*Arthrobacter*）、考克氏菌属（*Kocuria*）、微杆菌属（*Microbacterium*）、红球菌属（*Rhodococcus*）和链霉菌属（*Streptomyces*），其中成年大熊猫中放线菌特异性属的数量最多，为 11 个，而亚成体和老年大熊猫的特异性属分别仅有 1 个和 2 个，揭示了随着年龄的增长，大熊猫肠道可培养放线菌的多样性呈现出亚成年大熊猫肠道中较少，成年大熊猫肠道中放线菌的多样性逐渐增加，到了老年其肠道中放线菌的多样性又减少的演替规律。

二、基于免培养技术研究大熊猫肠道放线菌群落结构

微生物培养离不开传统技术，然而目前动物肠道中有高达60%～80%的微生物不能被培养和鉴定（Suau et al.，1999），因此，传统平板培养方法需结合现代生物技术方法才能更加客观而全面地反映微生物群落结构。近年来，DNA 测序技术从双脱氧链终止法（Sanger 测序）及基于该技术开发的第一代测序仪发展到今天的二代测序（高通量测

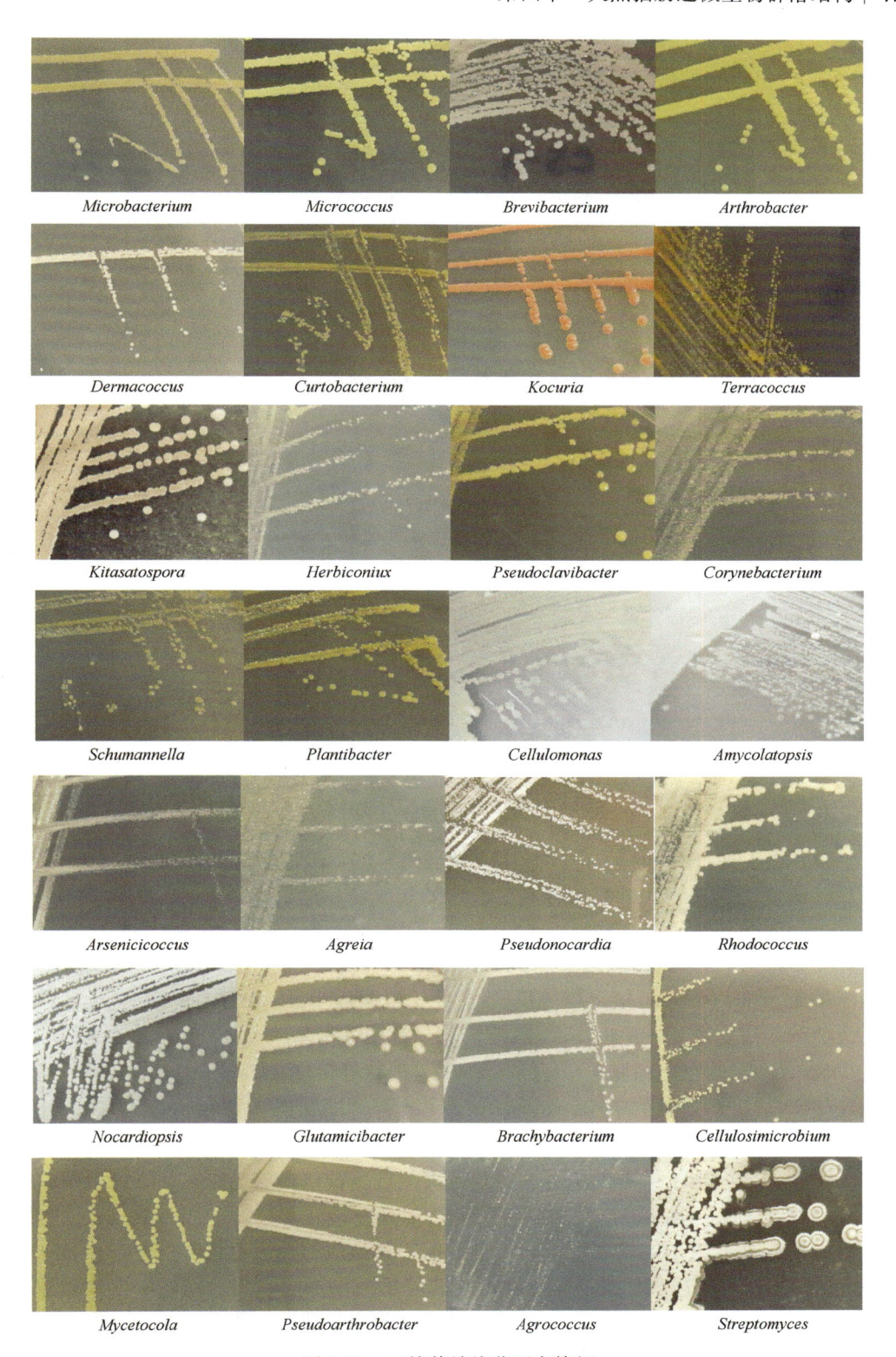

图 4-25 可培养放线菌形态特征

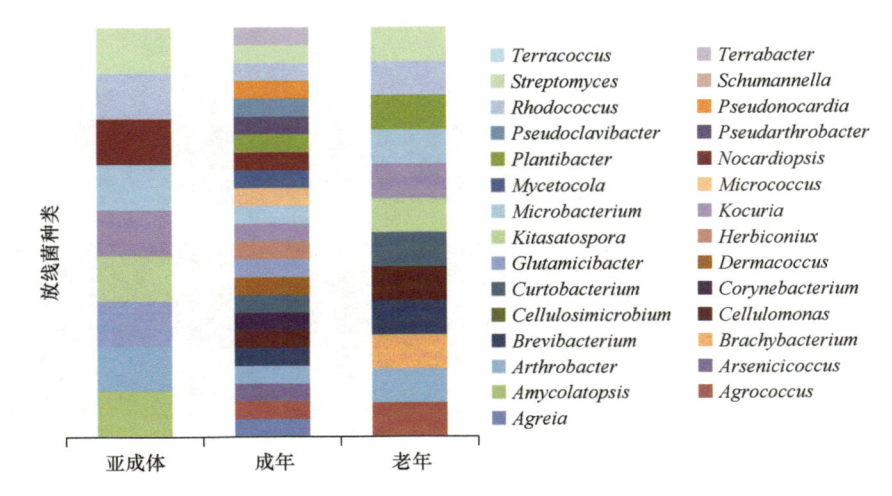

图 4-26　不同样品放线菌菌属的分离结果

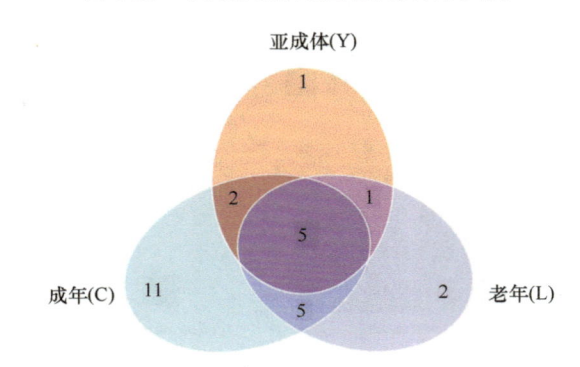

图 4-27　不同年龄圈养大熊猫肠道放线菌属的 Venn 图

序）平台，极大地推动了分子生物学研究领域的发展。高通量测序克服了一代测序技术成本高、速度慢等缺点，并显著提高了数据的获取量和准确度。

（一）基于 16S rRNA 高通量测序的大熊猫肠道放线菌群落结构

李静等（2017）采用聚合酶链反应-变性梯度凝胶电泳（PCR-DGGE）技术对大熊猫肠道放线菌进行分析，检出 10 个放线菌属，包括链霉菌属（*Streptomyces*）、红球菌属（*Rhodococcus*）、北里孢菌属（*Kitasatospora*）、棒状杆菌属（*Corynebacterium*）、迪茨氏菌属（*Dietzia*）、布登堡菌属（*Beutenbergia*）、大理石雕菌属（*Marmoricola*）、微杆菌属（*Microbacterium*）、链嗜酸菌属（*Streptacidiphilus*）、芽生球菌属（*Blastococcus*）。

为了较为全面地了解不同年龄大熊猫肠道放线菌群落结构特征，本研究采用放线菌的特异引物，通过高通量测序对不同年龄大熊猫粪便样品及其食物样品中放线菌多样性和群落结构进行分析，结果表明不同年龄大熊猫肠道放线菌多样性存在差异，OTU 数、Shannon 指数随着大熊猫年龄的增加呈现出先降低后增加的趋势，在老年大熊猫样品中为最高（表 4-8）。王岚（2019）对不同年龄段圈养大熊猫肠道微生物的研究结果显示，大熊猫肠道菌群 OTU 数依次为：老年＞亚成年＞幼年＞成年，Shannon 指数：老年＞

成年＞幼年＞亚成年，表明老年大熊猫肠道微生物多样性最高，这与项目组前期研究结果一致。

表 4-8 不同年龄大熊猫肠道放线菌的 α 多样性指数

年龄阶段	OTU	Shannon 指数	Chao1 指数	覆盖度（%）
亚成年（Y）	201±56	5.87±1.00ab	277±74ab	94.57±0.02
成年（年龄较低）(C.1)	198±40	5.73±0.81ab	275±54ab	94.69±0.01
成年（年龄居中）(C.2)	172±35	5.20±1.00b	234±45b	95.62±0.01
成年（年龄较高）(C.3)	203±40	5.84±0.73ab	309±79a	94.42±0.01
老年（L）	210±47	6.17±0.75a	286±63ab	94.64±0.01

注：同列不同字母者表示组间差异极显著（$P<0.01$）。

研究表明，在哺乳动物肠道微生物的结构组成稳定之前，其菌群多样性随着年龄的增加而增加（Bäckhed et al.，2015；Jami et al.，2013）。郑思思等（2018）对不同年龄斑头雁泄殖腔微生物对比分析发现，成鸟泄殖腔微生物 α 多样性与雏鸟相比差异显著（$P<0.05$），成鸟特有 OTU 数明显高于雏鸟。Barbosa 等（2016）对企鹅胃肠道菌群进行研究，同样发现成年企鹅肠道微生物相比幼年企鹅具有更高的多样性。导致这种变化的原因可能是随着年龄的增长，动物肠道菌群从不断定殖到逐渐稳定（Zhao et al.，2015）。亚成年时期的大熊猫食性正处于转换阶段，由高蛋白饮食转向高纤维饮食，此阶段肠道菌群可能会兼备高蛋白饮食和高纤维饮食时期的特点，而成年及老年大熊猫食竹子与窝头（W）、果蔬（G）等食物，其肠道菌群完成定殖，表现出更高的多样性。此外，研究认为免疫系统在动物胃肠道菌群的形成中起着关键作用（Ley et al.，2008），成年及老年大熊猫相较亚成年大熊猫具有更趋完善的免疫系统，因而可以更多地包容肠道微生物，使其与宿主建立更多的互利共生关系。

四川农业大学赵珂项目组对不同年龄段大熊猫粪便样品及其食物样品中微生物的群落结构的非度量多维尺度（NMDS）分析表明（图 4-28），不同年龄段大熊猫粪便样品（Y、C.1、C.2、C.3、L）相互重叠在一起，说明不同年龄段大熊猫肠道中的放线菌群落结构较为相似；不同年龄段大熊猫肠道与其食物中的放线菌群落结构能很好区分，表明大熊猫肠道中的放线菌群落结构与食物中的存在差异；大熊猫主食竹的竹秆（B）与竹叶（Z）样品中的放线菌群落结构重叠度很高，说明竹秆与竹叶中的放线菌群落结构极为相似，但与竹笋（S）区别明显，揭示主食中的放线菌群落结构存在较大差异。有研究发现，棉铃虫幼虫肠道微生物组成与其食物叶片细菌群落相似，植物叶片中含有丰富的菌群，可能对植食性昆虫肠道菌群的形成产生影响（Jackson and Denney，2011；Priya et al.，2012）。艾倩倩（2018）研究表明，在从人工饲料转食萝卜苗后，小菜蛾肠道细菌种类增多，且肠道和萝卜苗存在相同的细菌。吴晓露等（2019）研究发现，取食不同植物，小菜蛾幼虫肠道菌群多样性差异显著，取食同一植物，第一代和第三代小菜蛾幼虫肠道菌群多样性没有显著性改变，表明肠道菌群能够针对食物的改变而快速做出调整，但在长期饲喂同种食物的情况下，宿主肠道菌群趋于稳定。在该研究中，大熊猫在长期饲喂相同食物的情况下，其肠道菌群已形成稳定的微生物体系，大熊猫肠道放线菌群落结构相对稳定且受外界因素影响较小。研究发现，水果、蔬菜、杂粮的摄入有利于肠道双歧杆菌的生长和繁殖（杨洋和杨晓燕，2016），表明了在大熊猫辅食中添加果蔬的重要性和合理性。双歧杆菌是动物肠道菌群的重要组成成分，是一种重要的肠道有益微生物。双歧杆菌作为一种生理性有益菌，对人体健康具有生物屏障、营养、抗肿瘤、免疫增强、改善胃肠道功能、抗衰老等多种重要的生理功能（徐营等，2001）。

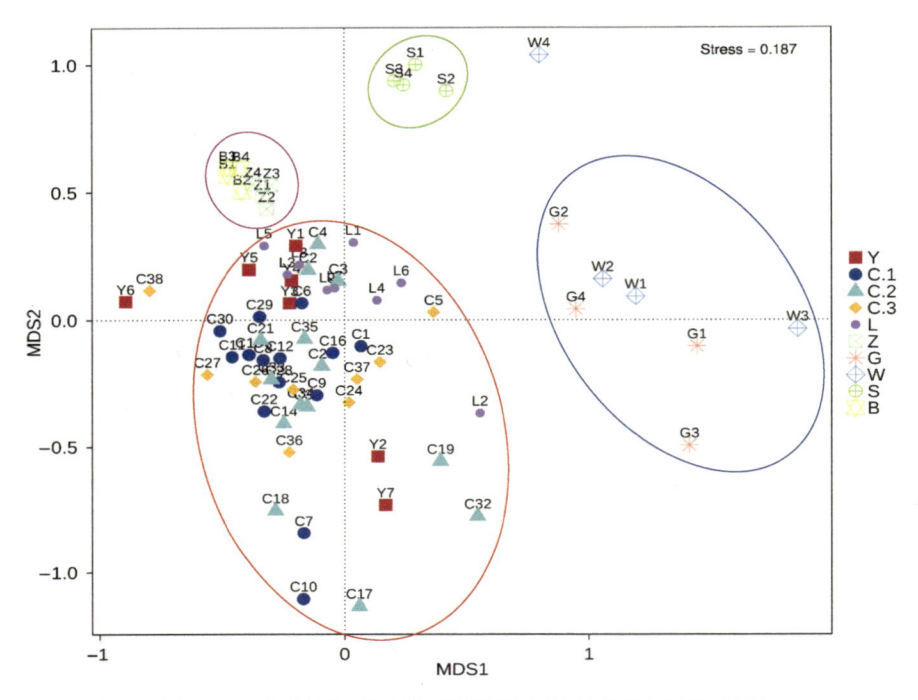

图 4-28　大熊猫肠道放线菌群落的非度量多维尺度分析图

放线菌群落结构组成表明大熊猫肠道中含有丰度较高的微球菌目（Micrococcales）、放线菌目（Actinomycetales）、棒状杆菌目（Corynebacteriales）和丙酸杆菌目（Propionibacteriales），但是不同年龄大熊猫肠道中各菌目的相对丰度存在较大差异。其中，微球菌目表现为随着大熊猫年龄的增加其相对丰度依次增加（图 4-29）。裴鹏雪（2017）对不同龄期草履蚧肠道微生物群落进行分析，结果表明微球菌目在成虫期的相对丰度比二龄若虫期增加。刘小改（2017）对稻纵卷叶螟肠道细菌群落组成的分析显示，在稻纵卷叶螟不同发育阶段，其肠道细菌组成存在较大差异。随着年龄的增长，微球菌目相对丰度由 2.34% 降至 1.47%，但在该研究中样品年龄集中在幼年，只能说明在年龄范围波动较小的情况下其相对丰度的变化，而不能代表样品整个发育时期的变化（刘小改，2017）。

王立志和徐谊英（2016）对圈养大熊猫粪便中微生物多样性进行研究，发现随着年龄的增长，放线菌目（Actinomycetales）相对丰度逐渐降低，这与本研究中放线菌目的相对丰度表现出先增加后减少，但总体上在老年大熊猫肠道中最少的变化趋势一致。骆米娟（2016）对南亚实蝇成虫肠道微生物的研究结果显示，放线菌目菌群仅在羽化未取食雄性成虫肠道检出（1.73%），在此发育状态前后均未检出，这可能与宿主发育状态有关。同样，在大熊猫肠道中相对丰度表现出先增加后减少趋势的还有双歧杆菌目（Bifidobacteriales），研究表明双歧杆菌具有保护肠道屏障功能的作用，双歧杆菌的增加可以降低非选择性肠道通透性，从而防止抗原、毒素等从肠道进入宿主循环系统（Griffiths et al.，2004），对维持肠道微生物的群落稳定和宿主健康有着重要影响。王瑞（2018）对不同月龄婴幼儿肠道菌群的分析结果显示，随着月龄的增加，双歧杆菌目菌群的相对丰度从 56.32%增加到 58.62%，之后又降低至 25.09%，呈现出先增加后减少的趋势，这与赵珂项目组的研究结果一致。在属水平，放线菌属（*Actinomyces*）和双歧杆菌属（*Bifidobacterium*）的相对丰度随着年龄的增长也呈现出先增加后降低的变化趋势（图 4-30）。简平等（2015）对不同年龄段川金丝猴肠道菌群结构进行差异分析，结果表明肠道中双歧杆菌属的数量随着年龄增长呈现出先增加后降低的变化趋势，且各年龄段差异显著。贺锐等（2014）对 3 月龄、6 月龄和 10 月龄阶段婴儿肠道微生物的研究发现，双歧杆菌属相对丰度随婴儿月龄的增加有升高趋势。而杨莉等（2019）对 0～6 月、6～12 月和 12～36 月婴儿肠道菌群的研究表明，随着月龄的增加，双歧杆菌属的丰度逐渐降低。结合以上研究可以发现，总体上看，随着年龄的增长，肠道中双歧杆菌属的相对丰度呈现出先增加后降低的变化趋势。亚成年大熊猫肠道菌群正处于发展过程，其优势菌群也在演变；到了成年时期，肠道菌群平衡状态趋于稳定，各类菌属协同在肠道中发挥作用；老年时期胃肠道生理机能下降，胃肠黏膜渗透性增加，肠道菌群结构受到影响，肠道菌群数量减少。通过圈养大熊猫肠道与食物中放线菌种类的比较发现，圈养大熊猫肠道与其食物中共有菌属为 94 个，圈养大熊猫肠道特异放线菌属为 24 个，食物中特异放线菌属为 9 个（图 4-31）。在大熊猫肠道中的相对丰度都较高的放线菌，如贫养杆菌属（*Modestobacter*）、诺卡氏菌属（*Nocardia*），多来自土壤或环境中，在圈养大熊猫肠道中可能属于过路菌，来源于其栖息环境当中。值得注意的是，虽然有些放线菌菌群在大熊猫肠道及其食物中均有分布，但在肠道中的相对丰度远高于食物，如放线菌属和双歧杆菌属（图 4-30），表明虽然大熊猫肠道中的放线菌菌群可能会受到食物的影响，但在大熊猫肠道中分布的放线菌是可以定殖于肠道内并长期稳定存在的。

LEfSe 分析结果进一步揭示了放线菌目（Actinomycetales）和双歧杆菌科（Bifidobacteriacea）在成年大熊猫肠道中为优势菌（图 4-32）。棒状杆菌广泛存在于自然界中，主要分离自人类、动物及土壤、水等环境。有研究表明，棒状杆菌是具有一定致病性的群体，部分菌种属于条件致病菌（苏瑞蕊和苏建荣，2013）。焦连国（2019）研究表明，在沙门氏菌感染的仔猪回肠黏膜菌群中，一种未培养的棒状杆菌科细菌丰度增加。张浩（2018）对波尔山羊肠道菌群的研究结果表明，腹泻样品中马里斯棒状杆菌（*Corynebacterium maris*）的相对丰度明显升高。在本研究中 unidentified_Corynebacteriaceae 相对丰度则是随年龄的变化先减少后增加，且在老年大熊猫肠道中差异显著，这是否会引起老年大熊猫肠道疾病，我们还需进一步研究。同时肠道菌群是一个微生态系统，只考虑单一种属数量的变化是不够的，还需要考虑菌种间的相互作用、相互竞争关系。

图 4-29 大熊猫肠道放线菌目水平平均相对丰度

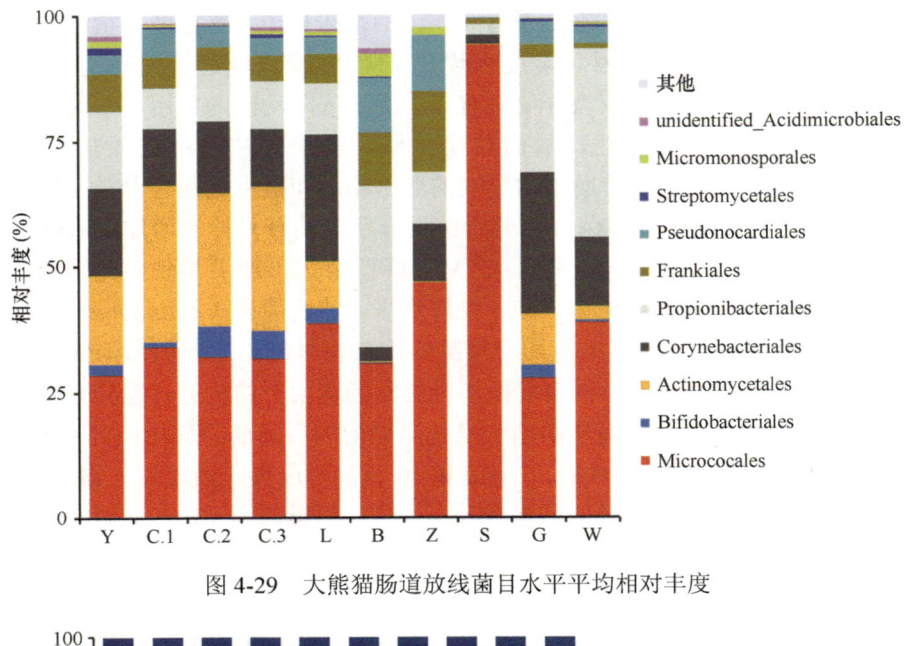

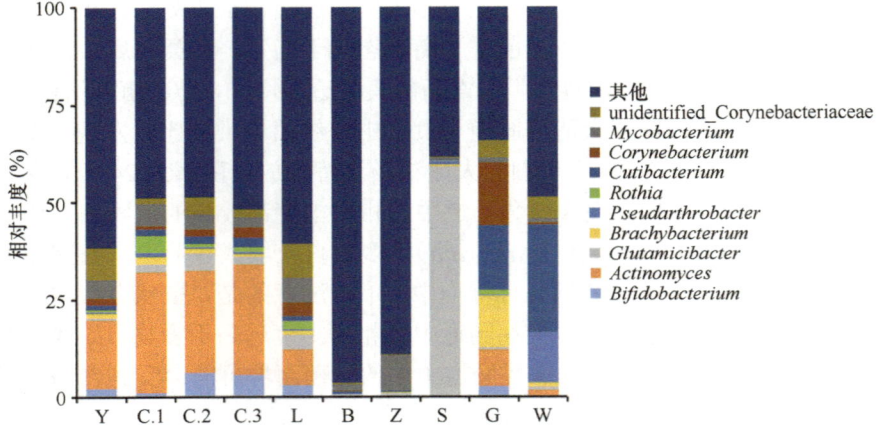

图 4-30 大熊猫肠道放线菌属水平平均相对丰度

Tax4Fun 功能预测是通过基于最小 16S rRNA 序列相似度的最近邻域法实现的，其具体做法为：提取 KEGG 数据库原核生物全基因组 16S rRNA 基因序列，利用 BLASTN 算法将其比对到 SILVA SSU Ref NR 数据库（BLAST bitscore＞1500）建立相关矩阵，将通过 UProC 和 PAUDA 两种方法注释的 KEGG 数据库原核生物全基因组功能信息对应到 SILVA 数据库中，实现 SILVA 数据库功能注释。测序样品以 SILVA 数据库序列为参考序列聚类出 OTU，进而获取功能注释信息。

不同年龄段大熊猫肠道放线菌在 KEGG 第一水平上，代谢（Metabolism）功能的基因丰度最高，其次分别涉及遗传信息处理（Genetic_Information_Processing）、环境信息处理（Environmental_Information_Processing）、细胞工程（Cellular_Processes）、人类疾

第四章　大熊猫肠道微生物群落结构 | 97

图 4-31　圈养大熊猫肠道及食物中放线菌种类

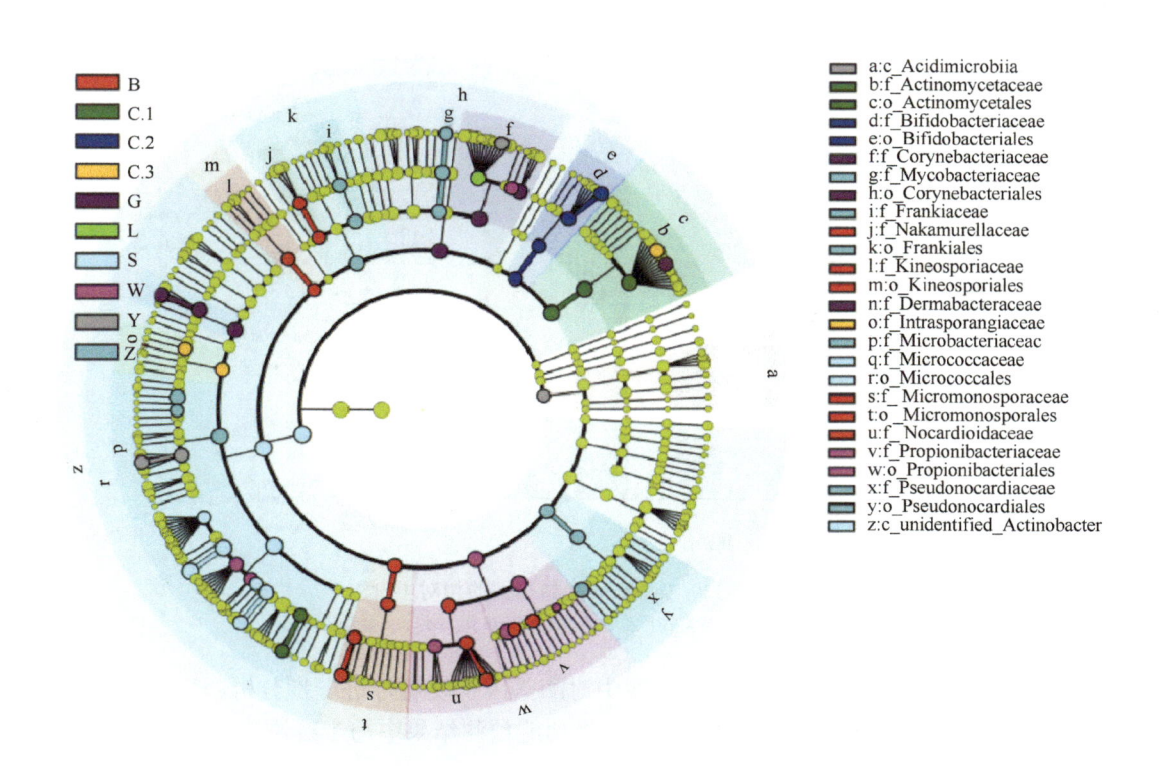

图 4-32　大熊猫肠道及其食物中放线菌 LEfSe 分析

病（Human_Diseases）、生物系统（Organismal_Systems）等共六大功能（图 4-33A）；在 KEGG 第二水平上的代谢功能中，碳水化合物代谢（Carbohydrate_metabolism）功能的

基因丰度最高，其次是氨基酸代谢（Amino_acid_metabolism）功能、膜运输（Membrane_transport）等（图4-33B）。Tax4Fun基因预测热图（图4-34）结果表明，圈养大熊猫粪便样品与食物样品中的放线菌在效能上存在明显差异。

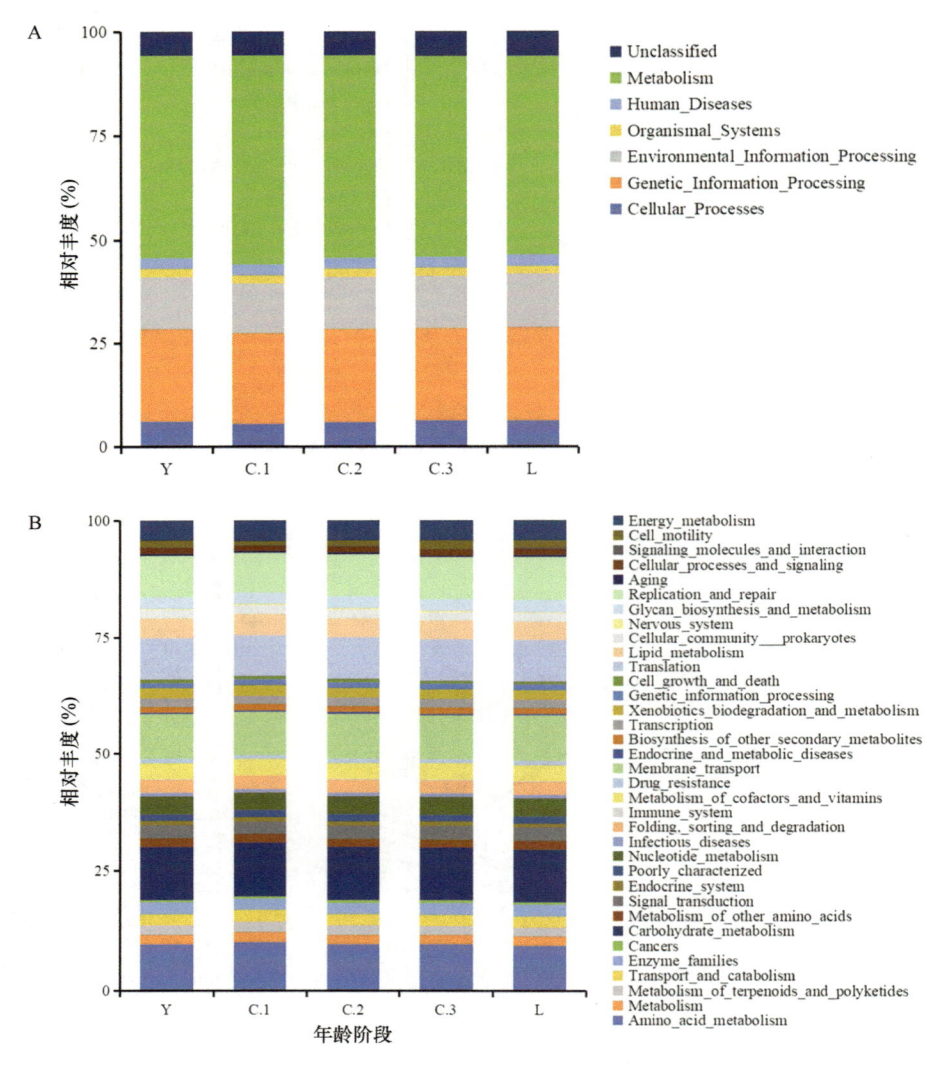

图 4-33　Tax4Fun 注释基因的相对丰度
A. KEGG 第一水平主要功能；B. KEGG 第二水平主要功能

本研究在 KEGG PATHWAY 数据库中对酶基因丰度进行进一步分析，深入发掘大熊猫肠道放线菌对碳水化合物的降解功能。将功能预测结果中与半纤维素、纤维素代谢相关的酶或途径的相对含量进行比较发现（图4-35），在大熊猫肠道放线菌中，有4种纤维素降解相关酶的编码基因，包括编码内切葡聚糖酶（endoglucanase，K01179）、β-葡萄糖苷酶（beta-glucosidase，K05349、K05350）、α-葡萄糖苷酶（alpha-glucosidase，K01187）的基因，这些酶能够帮助大熊猫消化竹子中的纤维素物质。其中，β-葡萄糖苷酶（K05349）

在不同年龄段大熊猫肠道中的丰度显著高于其他基因。另外还发现了 5 种半纤维素降解相关酶的编码基因，包括编码内切-1,4-β-木聚糖酶（endo-1,4-beta-xylanase，K01181）、葡糖醛酸阿拉伯木聚糖内切-1,4-β-木聚糖酶（glucuronoarabinoxylan endo-1,4-beta-xylanase，K15924）、进化 β-半乳糖苷酶亚基 α（evolved beta-galactosidase subunit alpha，

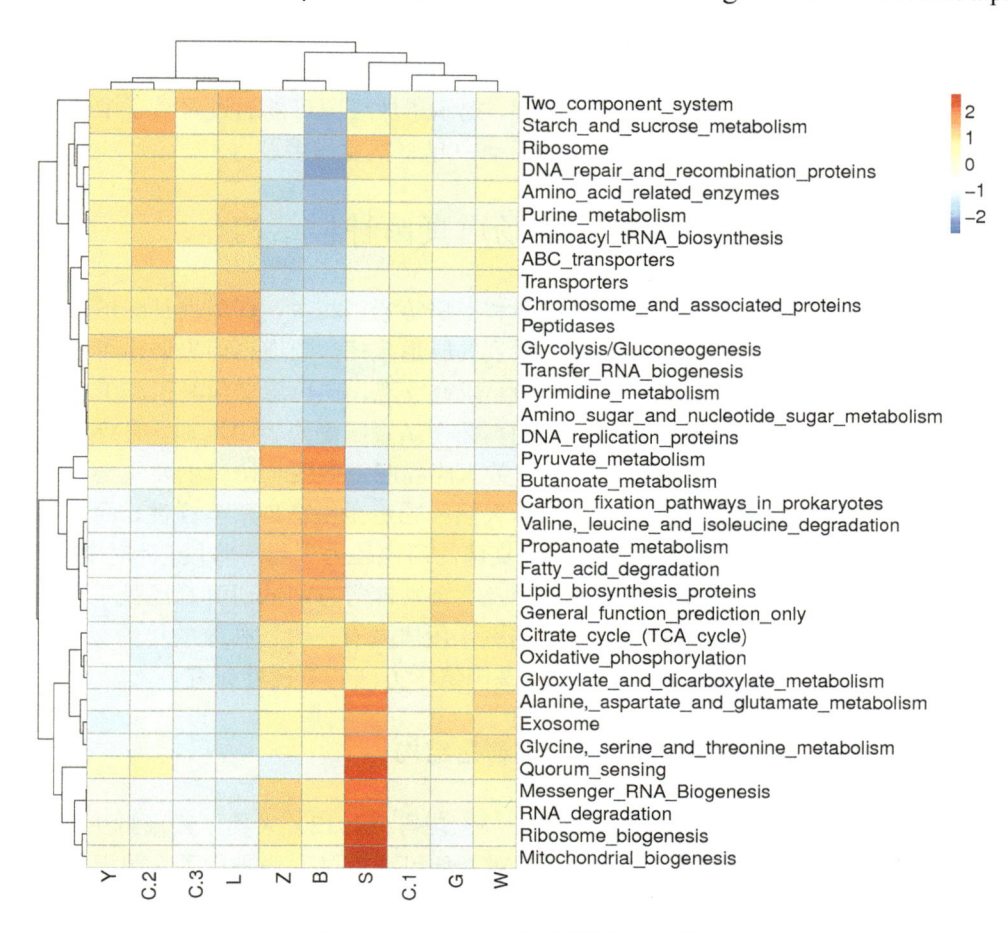

图 4-34　Tax4Fun 基因预测热图分析

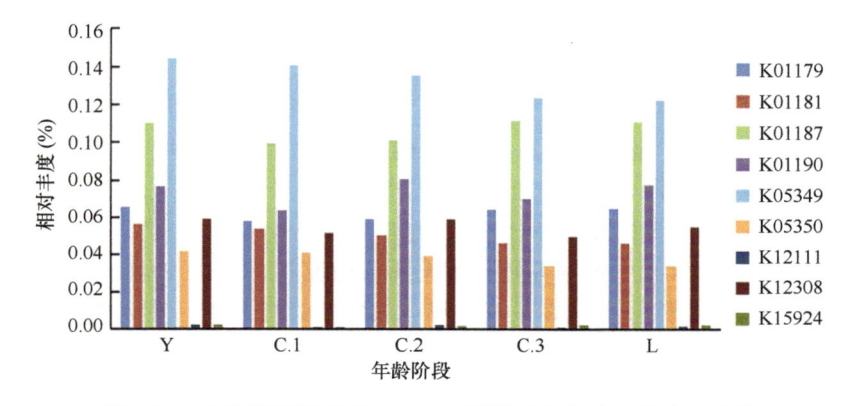

图 4-35　大熊猫肠道基于 Tax4Fun 预测的部分放线菌功能组成

K12111）和 β-半乳糖苷酶（beta-galactosidase，K01190、K12308）的基因。其中 β-半乳糖苷酶（K01190）在不同年龄段大熊猫肠道中的丰度高于其他半纤维素降解酶基因，所占比例为 0.06%～0.08%。Tax4Fun 功能预测结果表明，不同年龄大熊猫肠道中纤维素代谢途径相对活跃，半纤维素次之。有研究表明，大熊猫代谢纤维素的能力显著高于肉食动物而显著低于杂食动物和草食动物，并且发现大熊猫肠道菌群中注释得到的纤维素酶基因较少，半纤维素酶基因较多，这可能是由于不同年龄段大熊猫均以竹子为主要食物，并且相较于纤维素而言半纤维素更容易降解，揭示了放线菌可能通过对竹子中纤维素和半纤维素的代谢作用而在大熊猫生命代谢活动中起着重要作用。

第三节 大熊猫肠道真菌种群结构

大熊猫肠道微生物与宿主的营养、代谢和疾病等紧密相关，真菌也是肠道微生物的重要组成部分，肠道菌群失调可能引起一系列的肠道疾病，肠道真菌失调也可能引起相关的疾病。Kazmierczak-Siedlecka 等（2020）研究发现，白色念珠菌是引起炎症并导致口腔癌发展的主要肠道微生物，有些特定的真菌在结直肠癌患者中增加，且疾病所处阶段与真菌肠道菌群特征密切相关。然而，有关大熊猫肠道微生物研究主要集中在细菌和真菌的分类鉴定，以及通过基因组分析揭示大熊猫肠道微生物群落多样性，而在这两者中又是主要以细菌研究为主，对大熊猫肠道真菌的研究还处于起步阶段，针对不同性别、年龄、生活区域等的大熊猫肠道真菌的差异及真菌功能等方面的研究都还处于表面，没有较多的深入研究。目前针对肠道真菌的研究手段主要有三种：传统的培养分离鉴定、内转录间隔区（ITS）高通量测序及基于宏基因组学方法的多样性研究。

一、基于可培养技术研究大熊猫肠道真菌群落结构

在对大熊猫粪便的可培养真菌研究中，周杰珑等（2012）采集了云南野生动物园 3 只亚成年雌性健康大熊猫的昼间新鲜粪便，对粪便可培养微生物进行了真菌学鉴定与分析。从粪样中分离得到了霉菌和酵母菌 2 类真菌，霉菌分离鉴定有青霉属、木霉属、曲霉属和链格孢属；酵母菌分离得到红酵母属和德克酵母属；酵母菌检出率为 83%，优势菌为红酵母属，且在个体和时间段中均不存在显著差异。曲霉属和链格孢属显微形态见图 4-36。

李蓓等（2014）在对卧龙国家级自然保护区中国大熊猫保护研究中心碧峰峡基地 64 只大熊猫分别采取粪样，采用稀释涂布平板法获得纯化菌种后转接至马铃薯葡萄糖琼脂（PDA）培养基，最终获得 19 株真菌，结合形态特征与分子鉴定结果，19 株真菌鉴定为 8 个属，包括节菱孢属、竹黄属和座囊菌属等，具体见表 4-9。

艾生权（2014）采用 PDA 培养基、沙氏葡萄糖琼脂（SDA）、高氏一号培养基 3 种培养基对雅安碧峰峡大熊猫基地 8 只亚成年大熊猫新鲜粪便进行真菌分离、纯化，再经形态学和分子生物学方法进行鉴定，研究表明，经培养获得的真菌主要由 4 种霉菌，分别是白地霉（*Galactomyces geotrichum*）、里氏半乳糖酵母（*Galactomyces reessii*）、多枝

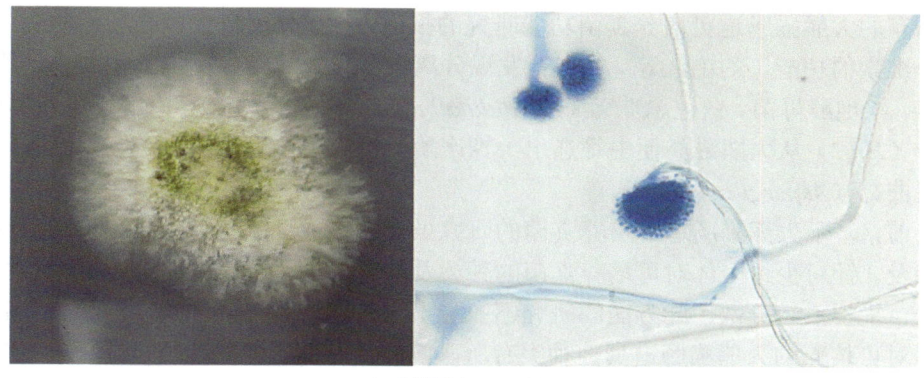

A. 曲霉属 (*Aspergillus*)

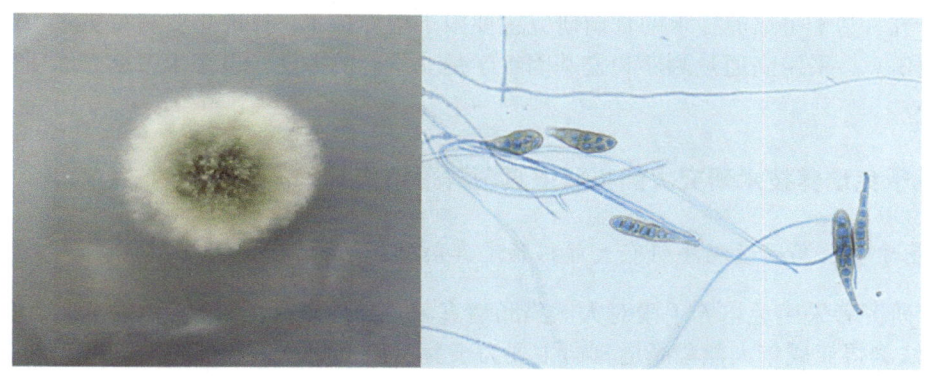

B. 链格孢属 (*Alternaria*)

图 4-36 真菌的生长和显微形态

表 4-9 从大熊猫粪便中分离的真菌种类

菌属中名	拉丁名	菌株数量（个）
节菱孢属	*Arthrinium* spp.	7
竹黄属	*Shiraia* spp.	4
座囊菌属	*Dothidea* spp.	3
单格孢属	*Monodictys* spp.	1
耙齿菌属	*Irpex* spp.	1
裂褶菌属	*Schizophyllum* spp.	1
子囊菌	Ascomycete	1
枝孢属	*Cladosporium* spp.	1

毛霉（*Mucor ramosissimus*）、卷枝毛霉（*Mucor circinelloides*），以及丝孢酵母菌（*Trichosporon* sp.）、假丝酵母菌（*Candida* sp.）两种酵母菌组成，但各样品中真菌所占比例不等；另外有研究者从野外放归及圈养的亚成年大熊猫粪便中也都分离获得了酵母菌（鲍楠，2006；鲍楠等，2005；谭志，2004），表明亚成年大熊猫肠道内存在一定比例的可培养真菌。

已有的大熊猫肠道可培养真菌功能研究的报道表明，分离自大熊猫肠道的真菌具有降解纤维素的功能。刘艳红等（2015）发现分离自 8 只亚成年大熊猫粪便的白地霉、多枝毛霉、丝孢酵母菌、白色念珠菌（*Candida albicans*）等真菌均具有降解纤维素的能力。马海玲（2012）从大熊猫粪便中筛选出一株产酶活性较高的真菌菌株 W-3，经鉴定该菌株为黑曲霉（*Aspergillus niger*）。

目前，基于大熊猫肠道可培养真菌的研究虽然在不同性别、年龄段等不同条件个体均有涉及，针对少量个体对可培养真菌的种类及功能都做了一定的研究，但由于样品数量较少，采样点较分散，此方面的研究不多且不深入。针对不同性别、年龄、生活区域等是否对可培养的大熊猫肠道真菌种类有所影响并没有明确的结论，同时对于大熊猫肠道可培养真菌的功能研究绝大部分只在于是否对降解纤维素有作用，其他方面并未进行深入研究。基于可培养技术的真菌研究主要限于培养技术，目前想要获得更多大熊猫肠道真菌信息，采用高通量测序和宏基因组学是非常好的办法，也是未来这方面研究的发展趋势。

二、基于免培养技术研究大熊猫肠道真菌群落结构

（一）基于 ITS 高通量测序研究大熊猫肠道真菌群落结构

有研究者采用免培养手段对大熊猫肠道真菌多样性进行了研究。艾生权（2014）用 RFLP 法测得亚成年大熊猫肠道真菌主要为子囊菌门（Ascomycota）（52.36%）和担子菌门（Basidiomycota）（10.20%）两个门，假丝酵母属（*Candida*）、德巴利酵母属（*Debaryomyces*）、格孢腔菌属（*Pleospora*）、多腔菌属（*Myriangium*）、*Cystofilobasidium*、丝孢酵母属（*Trichosporon*）、白冬孢酵母属（*Leucosporidium*）、白冬孢酵母属（*Leucosporidiella*）8 个属。周应敏等（2020）发现亚成年大熊猫肠道真菌结构和丰富度在不同季节存在较大差异，秋季和冬季亚成年大熊猫真菌的多样性和丰富度高，其中较优势的真菌有 Unclassified_f_Montagnulaceae、未分类的子囊菌门（Unclassified_p_Ascomycota）和粉粒座孢属（*Trimmatostroma*）等，不同季节优势真菌的组成存在一定差异

詹明晔等（2019）在对四川、上海两地的成体大熊猫肠道真菌差异研究上发现，上海大熊猫肠道中的优势真菌主要有山野壳菌科的未知菌、竹黄菌，而四川大熊猫肠道中的优势真菌主要有格孢菌目未知菌，子囊菌门的未知菌及梭链孢菌。何永果等（2017）利用 ITS 高通量测序技术对中国大熊猫保护研究中心雅安碧峰峡基地 6 只健康大熊猫肠道细菌和真菌的组成情况进行了测定，在门水平，成年大熊猫肠道内真菌主要为子囊菌门（Ascomycota）（52.4%）和担子菌门（Basidiomycota）（10.2%）；在属水平，成年大熊猫肠道真菌为腐质霉属（*Humicola*）（19.0%）。Tun 等（2014）利用高通量测序技术对 4 只大熊猫肠道真菌多样性进行调查，结果显示，大熊猫肠道中以子囊菌门及担子菌门为优势真菌门。

李果等（2019）发现在老年大熊猫肠道中，真菌属水平主要由腐质霉属、德巴利酵母属、镰刀菌属、曲霉属组成，与亚成年、成年大熊猫相比，老年大熊猫肠道真菌子囊

菌门丰度提高、担子菌门丰度下降，德巴利酵母属丰度增加。

晋蕾等（2019a）对幼年大熊猫肠道真菌的研究发现，断奶前大熊猫肠道以子囊菌门和担子菌门为主要真菌门，断奶后则以担子菌门和接合菌门（Zygomycota）为主要真菌门。在真菌属分类水平，断奶后 *Microidium* 的相对丰度显著下降，但 *Cystofilobasidium*、*Guehomyces* 和隐球菌属（*Cryptococcus*）的相对丰度显著上升。

目前已有的报道中大熊猫研究数量较少，地域较集中，以圈养大熊猫为主，为了进一步了解大熊猫肠道真菌群落结构特征，邹立扣项目组于 2017 年对圈养、培训、放归和野外不同生存环境下的大熊猫肠道真菌菌群进行了研究。通过 ITS 高通量测序，在 74 个粪便样品中最终获得了 652 个属水平的真菌物种，不包含未注释到属的序列。大熊猫肠道真菌优势菌门为子囊菌门（Ascomycota）和担子菌门（Basidiomycota）（图 4-37），优势真菌属（平均相对丰度＞1%）为假丝酵母属（*Candida*）、隐球菌属、*Cystofilobasidium*、*Mrakiella*、竹黄属（*Shiraia*）、*Calycina*、光黑壳属（*Preussia*）、丝孢酵母属（*Trichosporon*）、茎点霉属（*Phoma*）及 *Purpureocillium*（表 4-10）。同时，此研究对大熊猫肠道潜在纤维素降解真菌做了一定研究，共发现 16 个种，它们约占大熊猫肠道真菌总量的 5.4%，主要为丝孢酵母属（*Trichosporon*），其次是青霉属（*Penicillium*）及曲霉属（*Aspergillus*），剩余的种类相对含量非常低。与传统培养方法相比，ITS 高通量测序发现了部分潜在可降解纤维素的真菌种类。在对圈养、野化培训、放归及野生大熊猫肠道真菌的种类及含

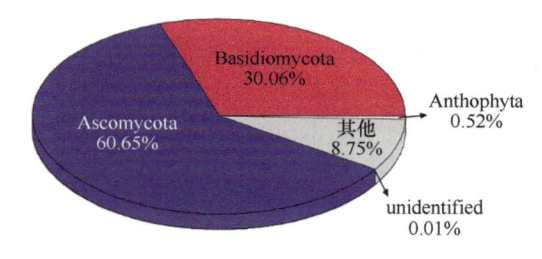

图 4-37　大熊猫肠道真菌优势菌门

表 4-10　大熊猫肠道真菌属水平优势菌

优势真菌	相对丰度（%）
Candida	19.34
Cryptococcus（线黑粉菌科 Filobasidiaceae）	12.82
Cystofilobasidium	3.84
Mrakiella	3.67
Shiraia	3.20
Calycina	3.19
Cryptococcus（分类位置未定）	1.93
Preussia	1.87
Trichosporon	1.86
Phoma	1.71
Purpureocillium	1.07

量的分布情况进行研究后发现，放归大熊猫肠道真菌多样性最为丰富，其次为野生、圈养、野化培训大熊猫。大熊猫肠道优势菌门子囊菌门、担子菌门及接合菌门在不同生活状态的大熊猫肠道中呈动态变化，产生这一结果可能与大熊猫所食竹子种类表面微生物种类有关。另外，本研究统计分析了大熊猫肠道真菌核心种群共 11 个属，真菌核心种群在圈养大熊猫肠道中含量最高，其次为野化培训大熊猫，然后是野生大熊猫，最后是放归大熊猫。且在大熊猫肠道真菌核心菌群中，经野化培训至放归后，隐球菌属、假丝酵母属、青霉属及短柄霉属（*Aureobasidium*）在放归大熊猫肠道中的含量总体呈减少趋势，而 *Guehomyces* 及 *Calycina* 在肠道中的含量增加，而这些菌群的变化，均是由圈养大熊猫肠道真菌核心菌群的含量向野生大熊猫的趋近。由此可见，随着食物及生活环境的改变，大熊猫肠道真菌核心菌群也发生了极为明显的变化。

ITS 高通量测序弥补了传统培养分离鉴定方法由于技术限制很多真菌无法培养的缺憾，能够高效、快速进行大熊猫肠道真菌的研究。而随着测序技术的发展，宏基因组学能更深入地对真菌进行基因和功能层面的研究，对于大熊猫肠道真菌研究而言不失为一个更好的办法。

（二）基于宏基因组测序的大熊猫肠道真菌群落结构

Min 等（2014）采集两只成年大熊猫及两只老年大熊猫粪便样品进行肠道微生物组成及其功能研究，结果发现，在真菌门水平，担子菌门（Basidiomycota）、子囊菌门（Ascomycota）和毛霉门（Mucoromycota）在大熊猫肠道中占主导地位，且在年龄上差异不明显。在子囊菌门中，老年大熊猫最丰富的是酵母菌纲（Saccharomycetes），而成年大熊猫中的最丰富的为粪壳菌纲（Sordariomycetes）。担子菌门的主要成员在两组大熊猫中无明显差异，在整体的物种丰富度和多样性上，年龄最大的熊猫最少。老年大熊猫中子囊菌群里最丰富的是酵母菌，而成年大熊猫中孢子菌最为丰富。在种水平上，两只老年大熊猫分别鉴定到 95 种和 89 种真菌，成年大熊猫鉴定到 122 种和 179 种真菌，可以看出成年大熊猫的真菌物种比老年大熊猫更丰富。在所有鉴定到的真菌物种中，只有 29 种为四只熊猫的核心真菌群落，且大部分属于子囊菌门。两只老年大熊猫的肠道核心真菌群落在种水平上，热带假丝酵母（*Candida tropicalis*）有非常高的丰度，表明它们可能在老年熊猫正常消化生理中担任非常重要的角色。两只成年大熊猫的最丰富的核心菌群是 *Pseudozyma*，与老年大熊猫并不相同。

Yang 等（2018）利用宏基因组测序技术对 4 只圈养、6 只半野生（培训、放归）及 3 只野生大熊猫粪便样品进行分析，共注释了 198 个真菌种，丰度前 50 的物种分别来自 7 个门 17 个纲 44 个目 87 个科 130 个属及 3 个未分类纲 3 个未分类目 4 个未分类科（图 4-38）。

在门水平，以子囊菌门（Ascomycota）为主，之后依次为担子菌门（Basidiomycota）、球囊菌门（Glomeromycota）和其他（图 4-39）。与 ITS 高通量测序结果相比，宏基因组的结果基本相同，均是以子囊菌门和担子菌门为主，但在相对较少的菌门中的占比排名有所差异，这可能是样品不同造成的差异。

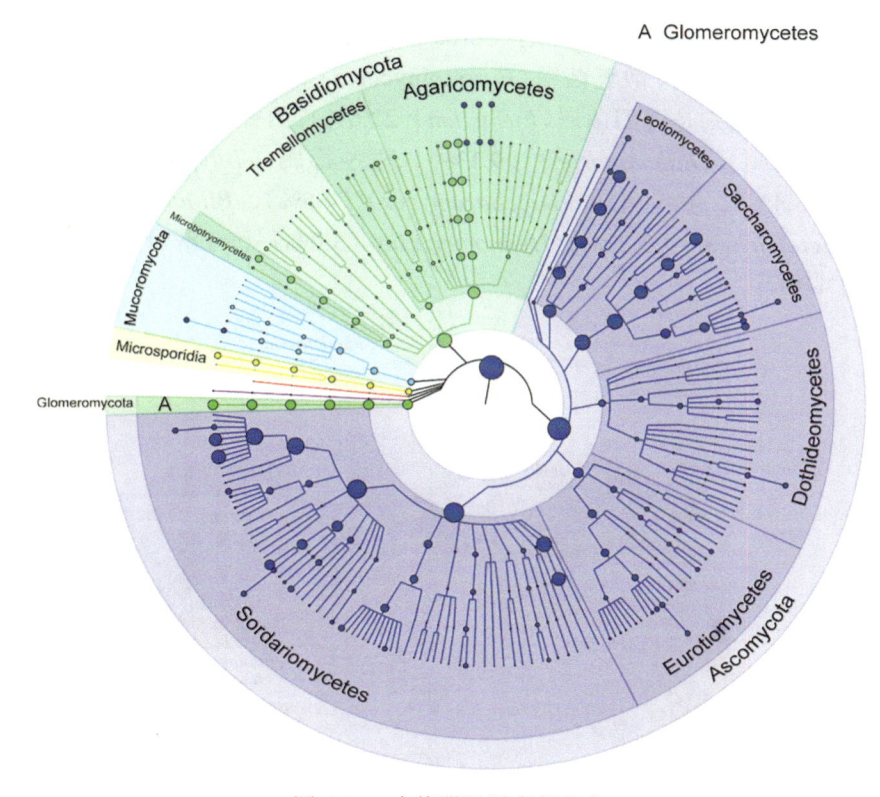

图 4-38　大熊猫肠道真菌丰度

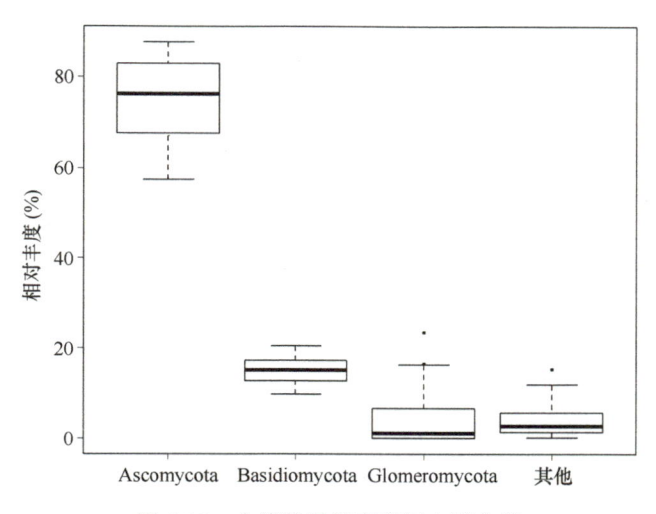

图 4-39　大熊猫肠道真菌门水平分类

担子菌门（Basidiomycota）有 3 个纲，依次是伞菌纲（Agaricomycetes）、微球黑粉菌纲（Microbotryomycetes）和银耳纲（Tremellomycetes）。在球囊菌门（Glomeromycota）中，以球囊菌纲（Glomeromycetes）为主。另外 2.3% 和 2.0% 未注释的分别属于毛霉门（Mucoromycota）和微孢子门（Microsporidia）。在子囊菌门（Ascomycota）中，共观察

到 5 个最丰富的类群，分别是粪壳菌纲（Sordariomycetes）、酵母菌纲（Saccharomycetes）、锤舌菌纲（Leotiomycetes）、散囊菌纲（Eurotiomycetes）和座囊菌纲（Dothideomycetes）。在属水平，前 10 位分别是镰刀菌属（*Fusarium*）（22.6%）、酒香酵母菌属（*Brettanomyces*）（9.6%）、树粉孢属（*Oidiodendron*）（9.1%）、弯颈霉属（*Tolypocladium*）（5.5%）、*Rhizophagus*（5.4%）、酵母菌属（*Saccharomyces*）（4.6%）、*Piloderma*（3.4%）、刺盘孢菌属（*Colletotrichum*）（3.2%）、*Hydnomerulius*（3.0%）和红酵母属（*Rhodotorula*）（2.5%）（图 4-40）。

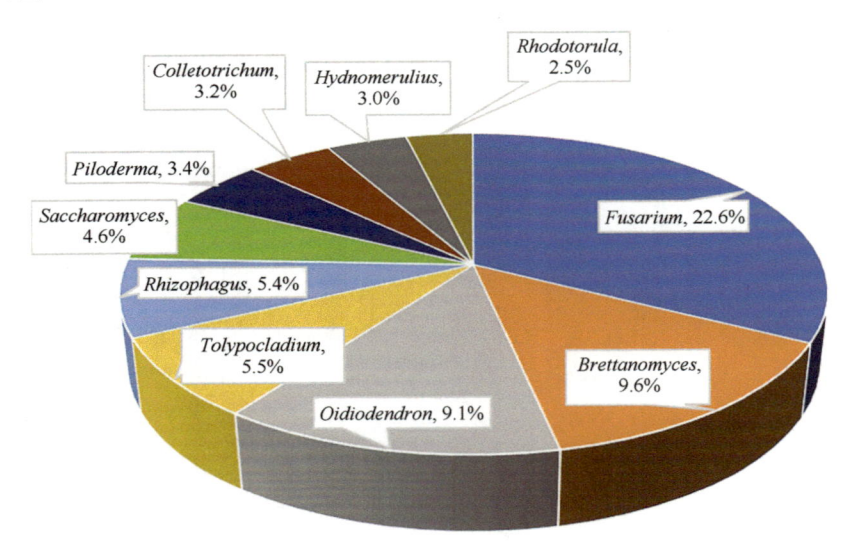

图 4-40　大熊猫肠道真菌属水平分类

此外，在种水平上，前 10 分别为尖孢镰刀菌（*Fusarium oxysporum*）（17.5%）、层生镰刀菌（*Fusarium proliferatum*）（11.2%）、*Brettanomycescust ersianus*（11.0%）、*Oidiodendron maius*（9.3%）、*Rhizophagus irregularis*（6.6%）、*Tolypocladium ophioglossoides*（6.0%）、*Piloderma croceum*（3.5%）、*Hydnomerulius pinastri*（3.4%）、*Rhodotorula toruloides*（3.3%）和巴氏酵母（*Saccharomyces pastorianus*）（3.2%）（图 4-41）。

在门水平，三组熊猫肠道真菌并没有显著差异，分析了三组中平均丰度超过 0.01% 的 57 个真菌属，有 18 个属在圈养大熊猫肠道中丰度较高，18 个属在野生大熊猫肠道中丰度较高，其中球托霉菌属（*Gongronella*）和线虫草属（*Ophiocordyceps*）显著较高，其他属则在半野生大熊猫肠道中丰度较高。在所有真菌中有 36 个真菌属的基因具有编码纤维素酶、β-葡萄糖苷酶、纤维素 1,4-β-纤维二糖水解酶的同源序列，编码纤维素酶的基因来源于 24 种真菌，在这 24 种真菌中，7 个属于曲霉属（*Aspergillus*），3 个属于平脐蠕孢属（*Bipolaris*），2 个属于轮枝菌属（*Verticillium*），2 个属于 *Neurospora*。其中，有 50 种真菌具有编码 β-葡萄糖苷酶的基因，这 50 种真菌属于 20 个属，最丰富的真菌为平脐蠕孢属、*Neurospora*、曲霉属和镰刀菌属（*Fusarium*）。14 种真菌具有编码纤维素 1,4-β-纤维二糖水解酶的基因，这 14 种真菌属于 12 个属，包括平脐蠕孢属和 *Neurospora* 等。

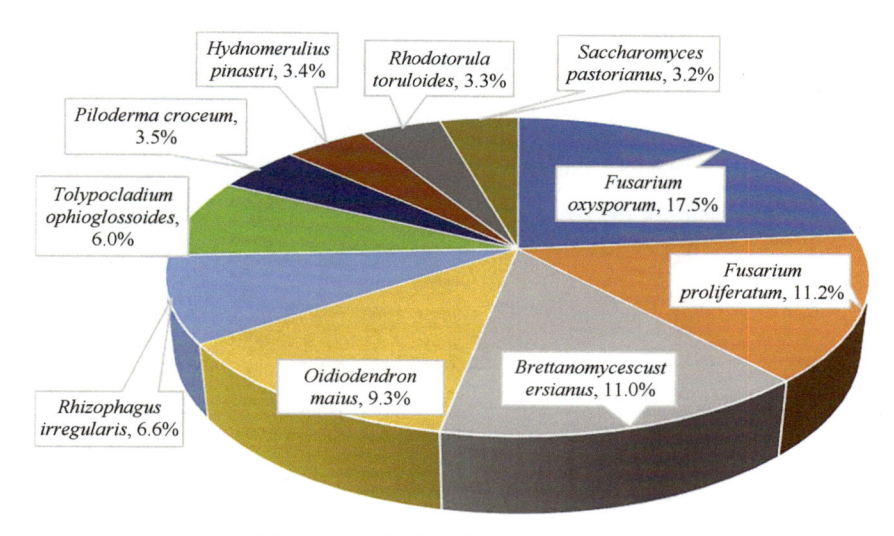

图 4-41 大熊猫肠道真菌种水平分类

邹立扣项目组于 2019 年对 60 个圈养大熊猫粪便进行宏基因组分析，样品来源于中国大熊猫保护研究中心不同圈养基地，包含不同年龄段、不同性别。结果共检测出真菌 763 种，分别来自 9 个门 37 个纲 88 个目 203 个科 377 个属。在门水平，以担子菌门（Basidiomycota）、子囊菌门（Ascomycota）、微孢子门（Microsporidia）为主，其次是毛霉门（Mucoromycota）和捕虫霉门（Zoopagomycota）（图 4-42）。而在属水平，前 10 分别为微球黑粉菌属（*Microbotryum*）、侧耳属（*Pleurotus*）、曲霉属（*Aspergillus*）、珊瑚菌属（*Clavaria*）、酵母菌属（*Saccharomyces*）、栅锈菌属（*Melampsora*）、外囊菌属（*Taphrina*）、*Rhizophagus* 及木霉属（*Trichoderma*）（图 4-43）。

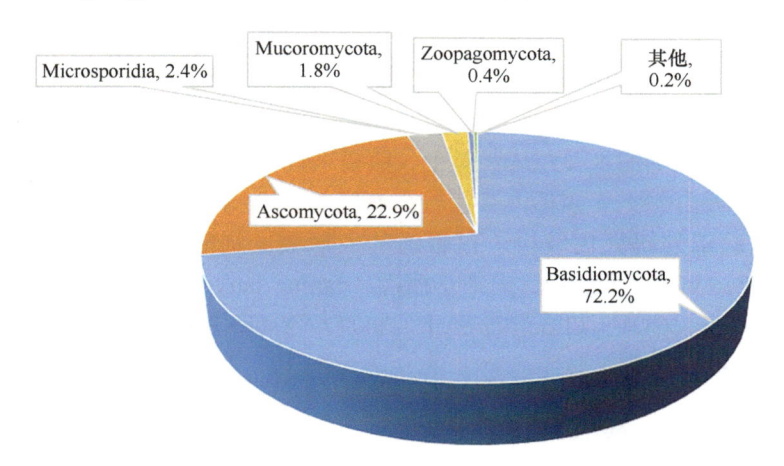

图 4-42 大熊猫肠道真菌比例（门水平）

此次研究样品量更大，获得了更多的菌种，同时在属水平上的前 10 属与此前已有研究报道有所差异，可能是因为采样的量、熊猫个体不同年龄阶段、不同生活环境，以及样品前处理等不同造成的。

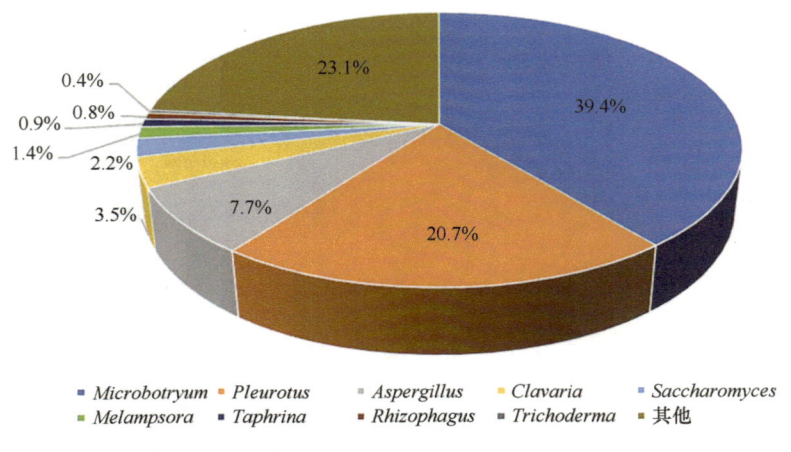

图 4-43　大熊猫肠道真菌比例（属水平）

邓雯文等（2020）通过宏转录组技术研究发现，真菌门中担子菌门（Basidiomycota）、子囊菌门（Ascomycota）和毛霉门（Mucoromycota）在大熊猫肠道内的相对丰度较高。这些菌门也在大熊猫肠道真菌相关的研究中被发现为优势菌门（晋蕾等，2019b）。与细菌相比，真菌在肠道内所占比例小，但肠道真菌可能影响肠道细菌菌群结构，改变肠道内关键代谢物的产生和消耗，甚至影响宿主免疫发育和疾病产生（Forbes et al.，2018；Paterson et al.，2017；Sam et al.，2017）。炎症性肠病患者和健康对照中的优势菌门均为担子菌门和子囊菌门，但炎症性肠病患者肠道内担子菌门、子囊菌门比例明显升高，表明真菌群落结构的改变可能由炎症引起或参与了炎症发生过程（Sokol et al.，2017）。由于技术的不断进步，对于大熊猫肠道真菌的研究已经从传统的培养分离鉴定方法向宏基因组学发展，相信在之后对于大熊猫肠道真菌的研究会取得更大的成果。

第四节　大熊猫肠道病毒

病毒是肠道微生物的重要组成，对于大熊猫来说也一样。已有学者通过血清学调查发现大部分圈养和野生大熊猫体内存在较高滴度的病毒抗体（Qin et al.，2010）。目前关于大熊猫肠道病毒的研究仍较少，已报道的大熊猫肠道病毒主要包括：犬瘟热病毒（canine distemper virus，CDV）、犬细小病毒（canine parvovirus，CPV）和犬冠状病毒（canine coronavirus，CCV）（Loeffler et al.，2007）等，研究的内容也大致局限在病毒检测方面。

一、大熊猫肠道病毒的流行

犬瘟热病毒（CDV）、轮状病毒（rotavirus，RV）和犬细小病毒（CPV）为大熊猫肠道内普遍存在的病毒。目前认为，CDV 是对大熊猫来说威胁最严重的病原之一（镰田宽等，2008）。

犬瘟热病毒（CDV）可引发疾病犬瘟热，该病毒属于副粘病毒科麻疹病毒属，其可以感染雪貂、貂、臭鼬、浣熊、熊和大熊猫等（Appel and Summers，1995；Deem et al.，2000；Evermann et al.，2001；Haas et al.，1996；van de Bildt et al.，2002）。CDV 也可引起大熊猫发病甚至死亡。早在 1983 年，张振兴等就通过血清学方法对我国大熊猫犬瘟热的流行情况进行了调查，结果发现重庆地区仅一只大熊猫血清中检测到了效价为 1∶32 的抗体。随着分子生物学技术的运用，CDV 也频繁在大熊猫肠道中检出（Guo et al.，2013；Jin et al.，2017）。张焕容等（2017）则通过反转录 PCR（reverse transcription-PCR，RT-PCR）方法对成都大熊猫繁育研究基地的 37 份眼观正常的大熊猫粪便样品进行检测，却未检测出 CDV，这说明尽管犬瘟热尚未在大熊猫群体中大范围流行，但不能否认的是该病毒已经存在于大熊猫群体中，而且随时可能威胁大熊猫的肠道健康。1997 年，重庆动物园的三只大熊猫感染了 CDV，后期通过测序也证实了受感染大熊猫 CDV 的血凝素基因（Li et al.，1999）。此外，2010 年卧龙中国大熊猫保护研究中心的血清学研究数据显示：67 只未接种疫苗的大熊猫中，有 4 只检测出 CDV 抗体（Qin et al.，2010）。随着分子生物学技术的运用，CDV 频繁在大熊猫肠道中检出（Guo et al.，2013；Jin et al.，2017）。以上这些报道表明需要警惕犬瘟热病毒（CDV）对大熊猫的威胁。

除了犬瘟热病毒外，轮状病毒（RV）也是大熊猫肠道中存在的病毒。杨锐等（2018）首次报道了在幼龄大熊猫粪便中分离到 RV，被确定为 A 组，并将其命名为大熊猫轮状病毒（giant panda rotavirus，GPRV）CH-1 株，该毒株主要感染断奶后的大熊猫，引起其急性传染性、顽固性腹泻甚至死亡。据调查，断奶后的大熊猫幼兽对该病毒高度易感，资料显示：在 2000～2003 年繁殖的 17 只大熊猫幼兽中，在幼兽阶段（5～11 月龄）患传染性、顽固性腹泻病的大熊猫有 11 只，发病率达 64.7%，死亡 1 只；据统计发病季节主要集中在春夏两季；该病毒传播力强且易扩散（王成东等，2008）。颜其贵等（2010）通过对 GPRV 的 *VP7* 基因进行系统进化树分析发现，GPRV 蛋白基因与人 A 组轮状病毒 *VP7* 基因的进化距离最近，表明该类病毒对人类的健康安全也存在着一定的潜在威胁。

犬细小病毒（CPV）可引起以急性、出血性肠炎或非化脓性心肌炎为主要特征的传染病。该病毒常见于小熊猫体内，在大熊猫肠道中出现较少（岳进华，2016）。然而，郭玲等（2013）却从熊猫基地采集的 52 份正常大熊猫粪便样品中发现 8 份样品细小病毒显阳性，阳性率仅为 15.4%，至于大熊猫是通过自然感染细小病毒还是由弱毒苗感染细小病毒的机制还不清楚。相对来说，大熊猫肠道 CPV 的流行病学研究较为薄弱，这可能和其流行程度有关。

赵思越等（2020）运用宏基因组学方法全面探究了大熊猫肠道噬菌体的多样性，注释到 548 种噬菌体，主要来自 11 个科。大多数噬菌体主要来自长尾噬菌体科、肌尾噬菌体科和短尾噬菌体科，所占比例分别为 41.7%、27.6% 和 19.5%（图 4-44）。图 4-45 为各个样品中科水平的相对丰度；对应的 38 个属主要为 λ 样噬菌体属（8%）、T4 样噬菌体属（7%）、P1 样噬菌体属（5%）（图 4-46）。图 4-47 为各个样品中的属水平相对丰度。此外，该研究发现大熊猫肠道噬菌体种群丰富多样，且因生境不同而显著变化。这也是国内目前为数不多的有关大熊猫肠道噬菌体的调查研究。

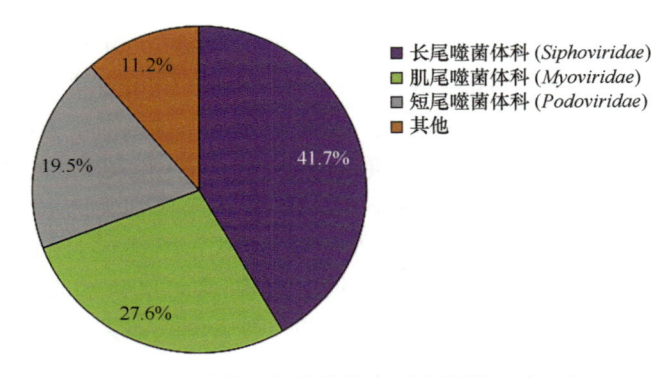

图 4-44　总体肠道噬菌体主要分类科相对丰度

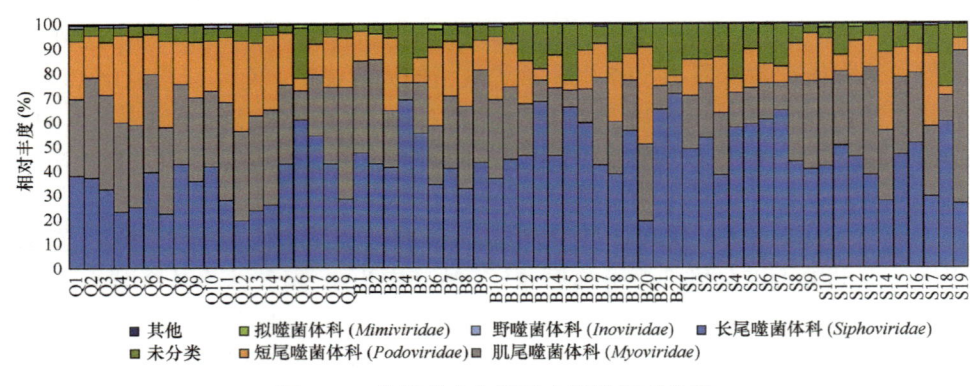

图 4-45　各样品中主要科水平的相对丰度

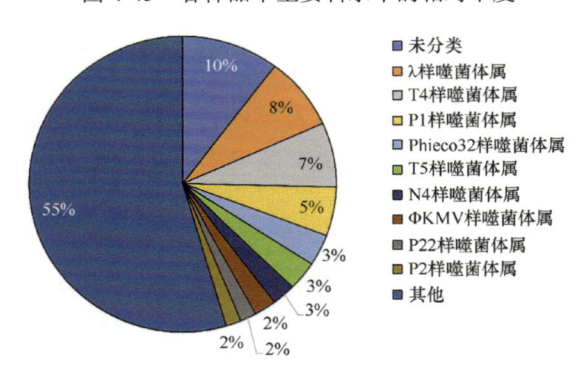

图 4-46　总体肠道噬菌体主要分类科相对丰度

由于大熊猫幼崽和成年大熊猫有不同的饮食习惯，Guo 等（2020）以幼年大熊猫幼崽和成年大熊猫的粪便为研究对象，探讨饮食改变对肠道噬菌体群落结构的影响。在成年大熊猫肠道中柠檬酸杆菌噬菌体、克罗诺杆菌噬菌体、果胶杆菌噬菌体和欧文氏噬菌体等含量较多，幼崽中乳球菌噬菌体、链球菌噬菌体、乳酸杆菌噬菌体和亮菌噬菌体含量较多。随着年龄的增长，大多数噬菌体物种丰富度和多样性都增加。成年大熊猫果胶杆菌噬菌体数量增加，乳酸杆菌噬菌体、亮菌噬菌体、芽孢杆菌噬菌体和链球菌噬菌体数量减少。

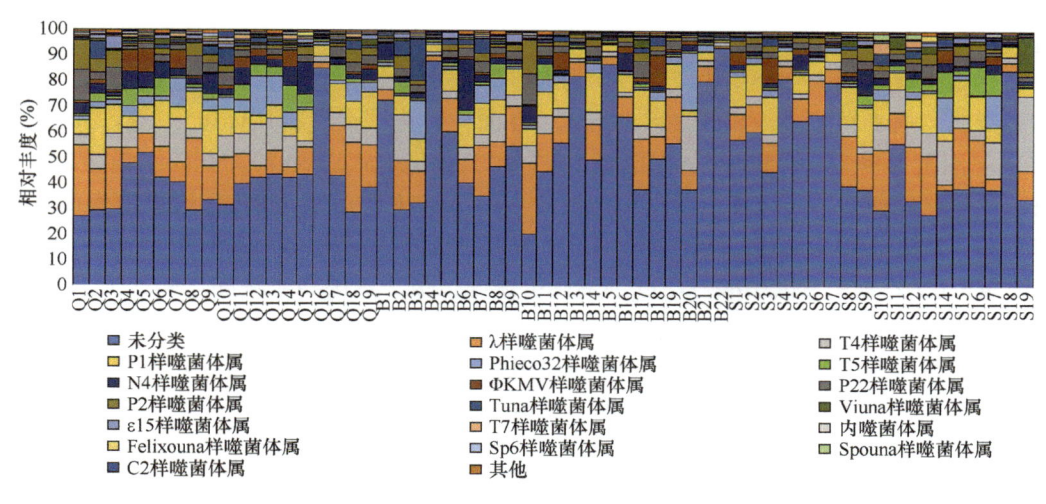

图 4-47　各样品中主要属水平的相对丰度

二、肠道病毒的培养及生物学特性

病毒的分离培养是了解病毒生物学特性的重要前提，研究病毒的生物学特性有助于我们了解病毒的致病机理，为防控病毒对大熊猫的危害提供理论依据。

目前主要通过 SLAM 蛋白的 Vero 单层细胞来培养复壮犬瘟热病毒（CDV）（Feng et al., 2016），分子生物学技术 RT-PCR 目前已成为检测 CDV 的常用方法，但即使完全相同的方法在不同实验室检测的灵敏度也会有一定的差异，CDV 基因组编码以下基因：基质蛋白*基因*（*M*）、融合蛋白*基因*（*F*）、血凝素蛋白*基因*（*H*）、核衣壳蛋白*基因*（*N*）和磷酸化蛋白基因（*P*）（张焕容等，2017）。*H* 基因蛋白负责病毒附着到宿主细胞上（von Messling et al., 2001），是对所有麻疹病毒属成员所描述的最可变的蛋白质（Nikolin et al., 2012）。目前，*H* 基因已被用于研究不同菌株之间的遗传关系（Demeter et al., 2007）。Guo 等（2013）对分离的 8 株大熊猫源犬瘟热病毒（CDV）的血凝素 *H* 基因进行了序列测定和系统发育分析，进而研究该毒株的遗传特性，结果发现，部分血凝素 *H* 基因序列在地理谱系上聚类紧密，与国外野生型 CDV 株明显不同，所有 CDV 株均为 Asia-1 基因型，高度相似（94.4%～99.8%），且大熊猫的犬瘟热病毒 HA 蛋白为 549Y，与宿主种类无关。然而该研究未对毒株溯源，从而无法了解该病毒的传播途径。研究表明，感染 CDV 会对大熊猫肠道微生物群落结构产生影响（Jin et al., 2017），通过病例对照发现被病毒感染的大熊猫肠道内梭菌属的丰度普遍较高。

大熊猫轮状病毒（RV）属于呼肠孤病毒科轮状病毒属，电镜下可见似车轮状的病毒颗粒，直径约 70nm（王成东等，2008）。Guo 等（2013）的研究发现该类病毒有 11 种蛋白质成分，包括 6 个结构蛋白与 5 个非结构蛋白。该病毒 *N*-糖基化作用位点、蛋白激酶 C 磷酸化位点、酪蛋白激酶Ⅱ磷酸化作用位点和 *N*-豆蔻酰化位点分别与抗原性和免疫原性（Sun et al., 2013）、介导胞外分泌（Petrov et al., 2015）、病毒凋亡和病毒周期的调节（Hwang et al., 2017）和蛋白质定位于内质网或线粒体外膜（Paramanik and Thakur, 2012）这些生物学功能有关。目前常用 MA-104 细胞进行轮状病毒的分离培养

（杨锐等，2018）。

感染大熊猫的犬细小病毒（CPV）为犬细小病毒 2 型（CPV-2），属于细小病毒科细小病毒属。病毒粒子小，直径 20~22nm，20 面体对称，无囊膜（Vasu et al.，2019）。CPV 基因组为单股、负链 DNA，全长 5323nt（Reed et al.，1988）。基因组包括 2 个开放阅读框（ORF），3′端 ORF 编码结构蛋白 VP1 和 VP2，5′端 ORF 编码调节蛋白 NS1 和 NS2。VP2 基因全长 1755nt，编码 CPV 的主要抗原决定簇（Langeveld et al.，1993）。据了解 CPV-2 易发生抗原漂移，近年来在抗原性、宿主范围和血凝性上都发生了变化，此外 CPV-2 有 a、b、c 3 个亚型，但致病性无明显差异（贺英等，2009）。CPV 能在多种不同类型的细胞内增殖，通常用犬肾细胞 MDCK 和猫肾细胞 F81 等传代细胞分离培养病毒，在 MDCK 上常形成核内包涵体，在宿主细胞内定殖。

三、基于宏基因组测序研究大熊猫肠道病毒

宏基因组学（metagenomics）是当下热门的测序技术。Yang 等（2018）介绍宏基因组学方法正广泛运用于肠道微生物的群落结构及功能的研究当中。与此同时，病毒宏基因组学（viral metagenomics）诞生。何彪和涂长春（2012）介绍病毒宏基因组学就是宏基因组学在病毒领域的应用，即从环境或生物组织中浓缩病毒粒子的遗传物质并进行生物学信息分析的技术（何彪和涂长春，2012）。该技术克服了大环境中病毒浓度低、易受干扰的问题，Walker（2010）拓展了病毒宏基因组学的应用范围和现实作用，为探索未知病毒提供广阔的前景和应用空间。

目前，病毒宏基因组学已广泛运用于人（Yinda et al.，2019）、猪（Dumarest et al.，2015；Liu et al.，2015）、蝙蝠（Yinda et al.，2018，2019）、家禽（Fawaz et al.，2016）和昆虫（Leigh et al.，2018）等肠道病毒组的研究当中。然而，该技术在大熊猫肠道病毒组的研究中比较少见。Zhang 等于 2017 年首次运用病毒宏基因组学方法研究了 1 只死于未知疾病的野生大熊猫、1 只健康的野生大熊猫和 46 只健康圈养大熊猫的粪便病毒，该研究发现大熊猫肠道中存在大量昆虫和植物病毒，大部分为真核生物病毒，如小 RNA 病毒科（*Picornaviridae*）、基因病毒科（*Genomoviridae*）、圆环病毒科（*Circoviridae*）、指环病毒科（*Anelloviridae*）及微双 RNA 病毒科（*Picobirnaviridae*）。郭靓骅（2017）运用病毒宏基因组学方法对大熊猫和小熊猫肠道病毒的研究发现，圈养大熊猫的肠道中主要为短尾噬菌体科（*Podoviridae*）和藻类 DNA 病毒科（*Phycodnaviridae*），而野生大熊猫的肠道中主要为小 RNA 病毒科，但该研究仅将病毒注释到科水平，而未能注释到更小的分类单元。

众所周知，噬菌体在维持宿主肠道微环境中起着重要作用，但目前关于大熊猫肠道噬菌体及其多样性方面的研究较少。噬菌体可以作为维持大熊猫肠道菌群生态平衡及保证胃肠道健康的一个切入点，为了解大熊猫肠道噬菌体的多样性情况，赵思越等（2020）运用宏基因组学技术探究了大熊猫肠道噬菌体的群落结构，该研究共注释到 548 种噬菌体，大多数噬菌体主要来自长尾噬菌体科（*Siphoviridae*）、肌尾噬菌体科（*Myoviridae*）和短尾噬菌体科（*Podoviridae*），其中 λ 样噬菌体属和 T4 样噬菌体属为主要噬菌体属。此外，该研究还发现，不同大熊猫繁育基地之间，噬菌体群落结构存在显著差异（科水

平：$R=0.168$，$P<0.01$；属水平：$R=0.128$，$P<0.01$；种水平：$R=0.291$，$P<0.01$）（表4-11），此外通过LEfSe分析发现各基地之间具有显著差异的具体分类单元（图4-48），另外在α多样性指数方面神树坪基地（SSP基地）大熊猫肠道噬菌体群落的Chao1指数与其他两个基地之间存在着显著差异（图4-49）。由于噬菌体为DNA病毒，相较于RNA病毒来说比较容易抽提，有关大熊猫RNA病毒的宏基因组学的研究还需要进一步深入。

表4-11 相似性分析（ANOSIM分析）

分组	备注	科水平 R值	科水平 P值	属水平 R值	属水平 P值	种水平 R值	种水平 P值
基地	BFX基地：QCS基地：SSP基地	0.168	0.001**	0.128	0.001**	0.291	0.001**
年龄	QCS亚成年雌性：QCS老年雌性	<0	—	<0	—	<0	—
	QCS成年雄性：QCS老年雄性	0.164	0.092	0.103	0.14	0.160	0.055
	SSP亚成年雄性：SSP成年雄性	0.102	0.118	0.067	0.320	0.031	0.383
性别	QCS雄性：QCS雌性	<0	—	<0	—	0.011	0.413
	BFX雄性：BFX雌性	0.170	0.058	0.048	0.288	0.033	0.317
	SSP雄性：SSP雌性	0.051	0.254	0.085	0.158	0.074	0.145
	QCS老年雄性：QCS老年雌性	<0	—	<0	—	<0	—
	BFX成年雄性：BFX成年雌性	<0	—	<0	—	<0	—
	SSP亚成年雄性：SSP亚成年雌性	<0	—	<0	—	<0	—

注：当$R>0$时表示组间差异大于组内差异，则分组有意义；**表示差异极显著

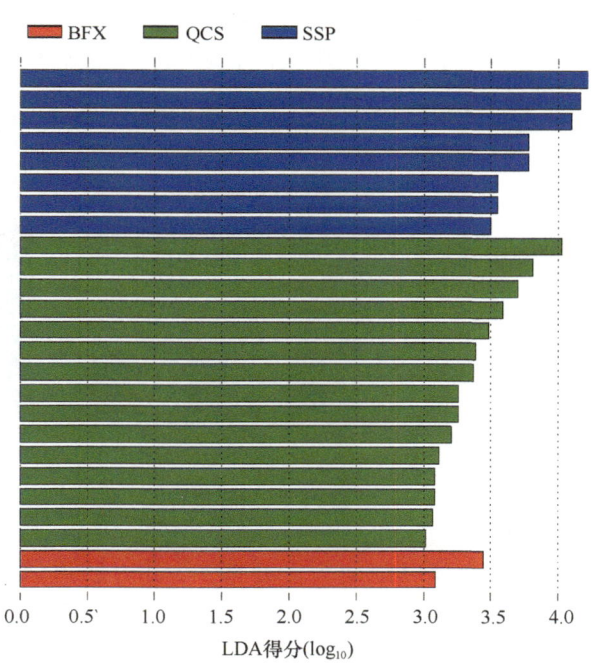

图4-48 三个基地之间大熊猫噬菌体差异显著的分类单元

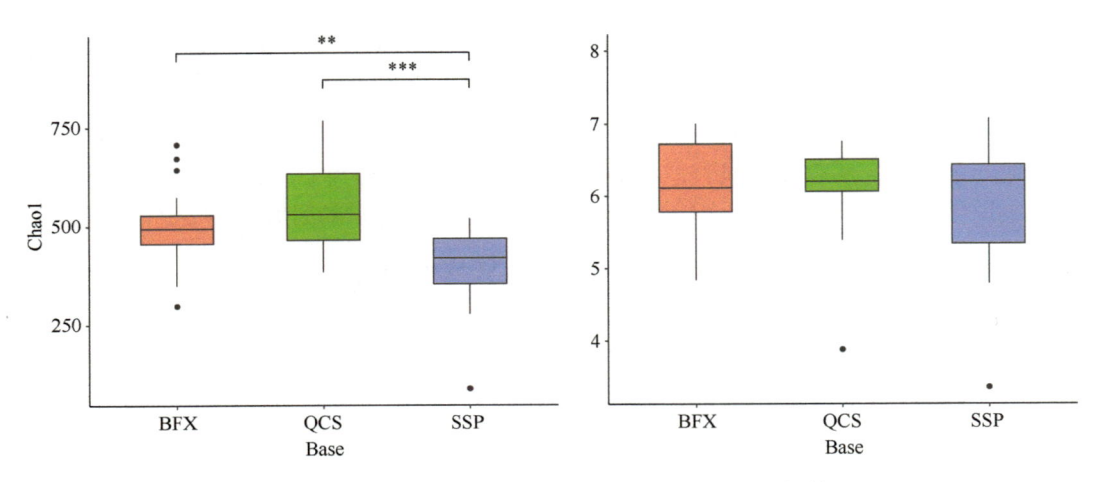

图 4-49　各基地噬菌体群落的 Chao1 和 Shannon 指数

表示 $P<0.01$，*表示 $P<0.001$，•代表极端值

邓雯文等（2020）通过宏转录组学研究发现，在大熊猫肠道内发现的噬菌体包括肌尾噬菌体科（*Myoviridae*）、短尾噬菌体科（*Podoviridae*）、长尾噬菌体科（*Siphoviridae*）和光滑噬菌体科（*Leviviridae*）（图 4-50）。由于病毒相对丰度较小（属水平）且获得注释较少，因此，在科水平筛选所有样品共有且总相对丰度大于 0.01% 的病毒进行分析。如图 4-50 所示，共有 5 个病毒科，其相对丰度在雄性组（M1～M3）和雌性组（F1～F3）没有显著性差异（$P>0.05$），肌尾噬菌体科（*Myoviridae*）在各样品中相对丰度最高（0.64%～5.30%），其次为短尾噬菌体科（*Podoviridae*）（0.06%～1.10%）和长尾噬菌体科（*Siphoviridae*）（0.01%～0.23%）。光滑噬菌体科（*Leviviridae*）和反转录病毒科（*Retroviridae*）在各样品种相对丰度较低，其总相对丰度分别为 0.04% 和 0.02%。

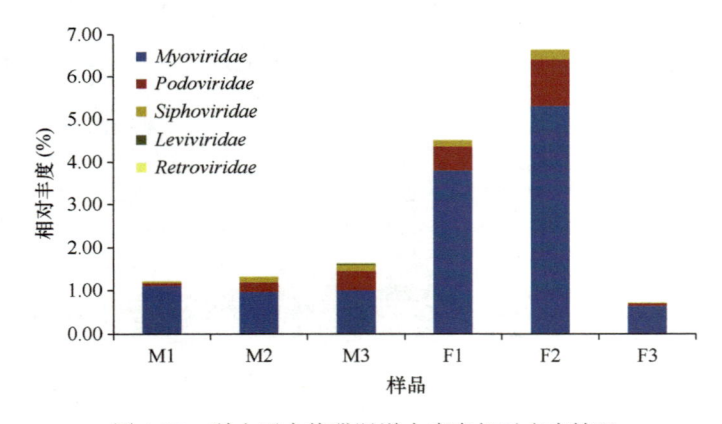

图 4-50　科水平大熊猫肠道内病毒相对丰度情况

这些噬菌体以细菌为主要宿主，并对肠道菌群结构起着调节作用（Brown-Jaque et al., 2016），噬菌体可用于细菌感染防治（王悦和陈倩，2019），可为大熊猫疾病的诊断和治疗提供新思路。

参 考 文 献

艾倩倩. 2018. 小菜蛾肠道细菌的来源及传播途径. 福建农林大学硕士学位论文.
艾生权. 2014. 亚成体大熊猫肠道真菌多样性的初步研究. 四川农业大学硕士学位论文.
鲍楠. 2006. 野外放归大熊猫肠道菌群变化的研究. 四川大学硕士学位论文.
鲍楠, 刘成君, 谭志, 等. 2005. 野外放归大熊猫肠道菌群变化的研究. 畜牧与兽医, (8): 13-16.
蔡重阳. 2009. 普氏原羚肠道微生物多样性的研究. 中南大学硕士学位论文.
曹涵文, 吴珑韬, 甘乾福, 等. 2015. 熊猫粪便中纤维素降解菌的筛选与鉴定. 家畜生态学报, 36(6): 19-25.
曹理想. 2010. 动物共生放线菌研究展望. 微生物学通报, 37(12): 1811-1815.
曹荣, 张井, 孟辉辉, 等. 2016. 高通量测序与传统纯培养方法在牡蛎微生物群落分析中的应用对比. 食品科学, 37(24): 137-141.
曹艳茹. 2012. 动物粪便放线菌多样性及生物活性研究. 西北农林科技大学博士学位论文.
陈惠源, 蔡俊鹏. 2005. 罗非鱼肠道蛋白酶高产菌株及其适应力研究. 水生态学杂志, 25(4): 86-87.
陈蕾, 周小理, 周一鸣, 等. 2016. 高通量测序技术在肠道菌群研究中的应用. 食品工业, (3): 269-273.
陈玉村, 翁妮娜, 邹兴淮, 等. 1998. 人工饲养大熊猫竹粉配合料与常规料粗纤维素消化率的比较研究. 东北林业大学学报, 26(4): 36-38.
邓雯文, 李才武, 晋蕾, 等. 2020. 大熊猫粪便中微生物与寄生虫的宏转录组学分析. 畜牧兽医学报, 51(11): 2812-2824.
樊程, 李双江, 李成磊, 等. 2012. 大熊猫肠道纤维素分解菌的分离鉴定及产酶性质. 微生物学报, 52(9): 1113-1121.
范忠原, 刘晗璐, 王峰, 等. 2016. 基于高通量测序技术研究水貂远端肠道细菌群落组成. 微生物学通报, 43(1):123-130.
郭靓骅. 2017. 大熊猫及小熊猫肠道病毒群落初步研究. 上海交通大学硕士学位论文.
郭玲, 杨绍林, 张志和, 等. 2013. 犬细小病毒 PCR 诊断方法的建立及对大熊猫粪便的检测. 中国兽医学报, 33(8): 1201-1205.
郭小华, 赵志丹. 2010. 饲用益生芽孢杆菌的应用及其作用机理的研究进展. 中国畜牧兽医, 37(2): 27-31.
何彪, 涂长春. 2012. 病毒宏基因组学的研究现状及应用. 畜牧兽医学报, 43(12): 1865-1870.
何永果, 晋蕾, 李果, 等. 2017. 基于高通量测序技术研究成年大熊猫肠道菌群. 应用与环境生物学报, 23(5): 771-777.
贺锐, 张翀, 赵翠生, 等. 2014. 不同月龄婴儿肠道微生态改变的临床研究. 国际检验医学杂志, 35(24): 153-155.
贺英, 张曼夫, 曹旺斌. 2009. 犬细小病毒宿主范围和入侵途径研究进展. 畜牧与兽医, 41(1): 104-107.
胡罕, 张旭, 裴俊峰, 等. 2018. 野外大熊猫肠道寄生虫形态及感染情况调查. 经济动物学报, 22(2): 106-111+124.
黄红梅, 赵晓峰, 陆永跃, 等. 2018. 昆虫共生放线菌多样性、功能及其活性次生代谢产物研究进展. 环境昆虫学报, 40(6):1266-1275.
缣田宽, 大场茂夫, 木蝎秀夫, 等. 2008. 圈养大熊猫麻疹病毒易感性流行病学调查. 中国兽医学报, 28(10): 1167-1170.
简平, 王强, 王剑, 等. 2015. 不同年龄段川金丝猴肠道菌群结构差异分析. 动物营养学报, 27(4): 1302-1309.
姜怡, 曹艳茹, 蔡祥凤, 等. 2009. 三种动物粪便及一种虫体可培养放线菌的多样性及其生物活性. 微生物学报, 49(9): 1152-1157.
蒋芳, 赵婷, 刘成君, 等. 2006. 兼性厌氧纤维素菌的分离与系统发育分析. 微生物学通报, 33(3):

109-113.

焦连国. 2019. 猪源沙门菌分离鉴定及鼠李糖乳杆菌预防断奶仔猪腹泻效果研究. 中国农业大学博士学位论文.

晋蕾, 邓晴, 李才武, 等. 2019a. 幼年大熊猫断奶前后肠道微生物与血清生化及代谢物的变化. 应用与环境生物学报, 25(6): 1477-1485.

晋蕾, 李才武, 吴代福, 等. 2019b. 野化培训与放归、野生大熊猫肠道菌群的组成和变化. 应用与环境生物学报, 25(2): 0344-0350.

李蓓, 郭莉娟, 龙梅, 等. 2014. 圈养大熊猫肠道微生物分离、鉴定及细菌耐药性研究. 四川动物, 33(2): 161-166.

李才武, 邹立扣. 2020. 圈养大熊猫肠道细菌耐药性研究. 成都: 四川科学技术出版社.

李果, 王鑫, 李才武, 等. 2019. 圈养老年大熊猫肠道内菌群结构研究. 黑龙江畜牧兽医, 16: 160-164+185-186.

李静, 张金羽, 张琪, 等. 2017. 大熊猫肠道放线菌的种群组成及多样性分析. 微生物学通报, 44(5): 1138-1148.

李太元, 刘伟铭, 金鑫, 等. 2005. 健康犬肠道乳酸杆菌某些生物学特性的研究. 吉林农业大学学报, 27(6): 667-670.

李俐, 赵珂, 黄炎, 等. 2019. 不同年龄大熊猫肠道可培养芽孢杆菌的多样性及部分功能特性分析. 微生物学通报, 46(10): 2719-2729.

刘小改. 2017. 稻纵卷叶螟肠道细菌群落组成与多样性分析. 西南大学硕士学位论文.

刘艳红, 钟志军, 艾生权, 等. 2015. 亚成体大熊猫肠道纤维素降解真菌的分离与鉴定. 中国兽医科学, 45(1):43-49.

楼骏, 柳勇, 李延. 2014. 高通量测序技术在土壤微生物多样性研究中的研究进展. 中国农学通报, 30(15): 256-260.

骆米娟. 2016. 南亚实蝇成虫肠道微生物分子多样性分析及引诱效果. 福建农林大学硕士学位论文.

马海玲. 2012. 基于动物粪便的纤维素分解菌筛选及分解纤维素能力研究. 中国地质大学(北京)硕士学位论文.

马海霞, 张丽丽, 孙晓萌, 等. 2015. 基于宏组学方法认识微生物群落及其功能. 微生物学通报, 42(5): 902-912.

马清义, 任建设, 史怀平. 2009. 人工饲养大熊猫消化道正常菌群分离与鉴定研究. 北京农业, 410(21): 56-57.

聂远洋, 邓岳, 刘戎梅, 等. 2016. 不同年龄麦洼牦牛肠道菌群的分离鉴定及其群落结构的变化. 中国测试, 42(21): 53-59.

牛化欣, 常杰, 胡宗福, 等. 2019. 基于组学技术研究反刍动物瘤胃微生物及其代谢功能的进展. 畜牧兽医学报, 50(6): 1113-1122.

裴鹏雪. 2017. 草履虫肠道微生物群落多样性及其对宿主营养代谢的影响. 山西大学硕士学位论文.

彭广能, 熊焰, 李德生, 等. 1999. 亚成体大熊猫肠道正常菌群变化的初步研究. 四川畜牧兽医, 26(5): 3-5.

秦楠, 栗东芳, 杨瑞馥. 2011. 高通量测序技术及其在微生物学研究中的应用. 微生物学报, 51(4): 445-457.

曲巍, 张智, 马建章, 等. 2017. 高通量测序研究益生菌对小鼠肠道菌群的影响. 食品科学, 38(1): 214-219.

荣华, 邱成书, 胡国全, 等. 2006. 一株大熊猫肠道厌氧纤维素菌的分离鉴定、系统发育分析及生物学特性的研究. 应用与环境生物学报, 12(2): 239-242.

苏瑞蕊, 苏建荣. 2013. 棒状杆菌细胞壁中的主要成分的合成过程. 国际检验医学杂志, 34(7): 853-855.

谭志. 2004. 野外放归大熊猫和圈养大熊猫肠道正常菌群的研究. 四川大学硕士学位论文.

谭志, 鲍楠, 赖翼, 等. 2004. 野外放归大熊猫和圈养大熊猫肠道正常菌群的研究. 四川大学学报(自然科学版), 41(6): 1276-1279.

王柏辉, 杨蕾, 罗玉龙, 等. 2018. 饲养方式对苏尼特羊肠道菌群与脂肪酸代谢的影响. 食品科学, 39(17): 1-7.

王成东, 颜其贵, 张志和, 等. 2008. 大熊猫幼兽腹泻粪便分离出的轮状病毒鉴定. 兽类学报, 28(1): 87-91.

王景. 2018. 16S rRNA 基因二代测序中的测序深度与测序错误对微生物群落多样性分析的影响. 上海交通大学博士学位论文.

王岚. 2019. 不同年龄段圈养大熊猫肠道微生物群落多样性的研究. 西华师范大学硕士学位论文.

王立志, 徐谊英. 2016. 圈养大熊猫粪便中微生物多样性的研究. 四川动物, 35(1): 17-23.

王强, 何光昕, 余星明, 等. 1998. 微生态制剂在大熊猫疾病治疗中的临床应用研究. 中国微生态学杂志, 3(6):31-32+35.

王瑞. 2018. 陕西不同月龄婴幼儿肠道菌群多样性及优势菌种群研究. 西北农林科技大学硕士学位论文.

王晓艳. 2013. 成年与老年大熊猫肠道菌群 16S rDNA-RFLP 技术分析. 四川农业大学硕士学位论文.

王鑫, 李才武, 晋蕾, 等. 2020. 不同地区圈养大熊猫肠道细菌菌群多样性及组成. 应用与环境生物学报, 27(5): 1218-1225.

王勇, 邹秉杰, 刘云龙, 等. 2014. 不同粪便 DNA 提取试剂盒及样本储存时间对粪便人基因组 DNA 提取率的影响. 临床误诊误治, 27(4): 77-80.

王悦, 陈倩. 2019. 肠道噬菌体组与人体健康. 微生物与感染, 14(5): 317-322.

邬捷, 姜永康, 曹国文, 等. 1988. 两例大熊猫肠道致病菌的分离与鉴定. 中国兽医科技, (11): 38-41.

吴晓露, 夏晓峰, 陈俊晖, 等. 2019. 取食不同食物对小菜蛾幼虫肠道细菌多样性的影响. 昆虫学报, 62(10): 1172-1185.

武红敏, 郭威, 郭晓军, 等. 2016. 华北地区圈养大熊猫粪便中产纤维素酶芽孢杆菌菌株的分离与鉴定. 河北大学学报(自然科学版), 36(6): 623-634.

熊焰, 李德生, 王印, 等. 2000. 卧龙自然保护区大熊猫粪样菌群的分离鉴定与分布研究. 畜牧兽医学报, 31(2): 165-170.

熊焰, 王印, 彭广能, 等. 1999. 亚成体大熊猫细菌性败血病病因及病性研究. 中国兽医科技, 28(1): 3-5.

徐营, 李霞, 杨利国. 2001. 双歧杆菌的生物学特性及对人体的生理功能. 微生物学通报, 28(6): 94-96.

颜其贵, 雷燕, 张志和, 等. 2010. 大熊猫轮状病毒 CH-1 株外衣壳蛋白(VP7)基因的克隆和生物信息学分析. 畜牧兽医学报, 41(6): 705-710.

杨慧萍, 马清义, 高睿. 2015. 大熊猫源双歧杆菌分离株的培养特性及药敏试验. 动物医学进展, 36(6): 171-173.

杨莉, 葛武鹏, 梁秀珍, 等. 2019. 高通量测序技术研究不同喂养和分娩方式对不同月龄婴幼儿肠道菌群的影响. 食品科学, 40(17): 208-215.

杨锐, 王成东, 颜其贵. 2018. 大熊猫轮状病毒 CH-1 株研究进展. 中国人兽共患病学报, 34(11): 1040-1043.

杨旭, 张硕, 王芳, 等. 2019. 大熊猫粪便乳酸菌的分离鉴定. 生物资源, 41(4): 335-341.

杨洋, 杨晓燕. 2016. 饮食习惯与双歧杆菌生理功能的研究现状. 粮食流通技术, 1(1): 77-81.

余莉, 李红, 王思平, 2019. 基于高通量测序技术研究老年人肠道菌群结构变化. 胃肠病学, 24(9): 517-523.

岳进华. 2016. 大熊猫犬瘟热和小熊猫犬细小病毒病病原调查及犬细小病毒免疫血清与疫苗的研制. 西北农林科技大学硕士学位论文.

詹明晔, 付小花, 张姝, 等. 2019. 不同地区成体大熊猫肠道微生物结构差异性及其与纤维素消化能力的相关性. 应用与环境生物学报, 25(3): 736-742.

张国华, 王伟, 涂建, 等. 2019. 基于宏转录组学技术解析传统酸面团中微生物代谢机理. 中国粮油学报, 34(11): 10-16.

张浩. 2018. 年龄和腹泻因素对波尔山羊肠道菌群的影响及肠道益生菌的筛选. 山东农业大学硕士学位论文.

张焕容, 徐桂丽, 刘颂蕊, 等. 2017. 大熊猫粪便样品中犬瘟热病毒的检测. 西南民族大学学报(自然科学版), 43(3): 237-241.

张振兴, 高素兰, 徐福南, 等. 1983. 一起中国熊猫瘟热病的实验报告. 畜牧与兽医, (4): 3-9.

张志和, 张安居. 1995. 大熊猫肠道正常菌群的研究. 兽类学报, 15(3): 170-175.

赵珊, 吕雯婷, 刘杰, 等. 2015. 1 株大熊猫肠道纤维素降解菌的分离鉴定及其酶学性质. 微生物学杂志, 35(1): 73-78.

赵思越. 2021. 大熊猫肠道菌群结构及巴黎链球菌 S7 的生物学特征与益生功能研究. 四川农业大学博士学位论文.

赵思越, 李才武, 杨盛智, 等. 2020. 大熊猫肠道噬菌体的多样性. 应用与环境生物学报, 26(3): 489-498.

郑思思, 王稳, 王爱真, 等. 2018. 斑头雁成鸟与雏鸟泄殖腔微生物的对比分析. 动物学杂志, 53(4): 148-158.

周杰珑, 李非平, 刘丽, 等. 2015. 高海拔地区圈养大熊猫粪便可培养细菌分析: 以云南野生动物园春季为例. 四川动物, 34(6): 852-858.

周杰珑, 刘丽, 王家晶, 等. 2012. 春季动物园大熊猫粪便可培养真菌鉴定与分析. 西南林业大学学报, 32(1): 74-78.

周潇潇, 何廷美, 彭广能, 等. 2013. 大熊猫肠道芽孢杆菌的分离鉴定及其抗逆性研究. 中国兽医科学, 43(11): 1115-1121.

周应敏, 张姝, 王磊, 等. 2020. 亚成体大熊猫肠道微生物结构的季节差异及其与肠道纤维素酶活性的相关性. 应用与环境生物学报, 26(3): 499-505.

周紫峣, 钟志军, 周潇潇, 等. 2016. 大熊猫肠道菌群的研究进展. 微生物学通报, 43(6): 1366-1371.

Appel M J, Summers B A. 1995. Pathogenicity of morbilliviruses for terrestrial carnivores. Vet Microbiol, 44(2-4): 187-191.

Arumugam M, Raes J, Pelletier E, et al. 2011. Enterotypes of the human gut microbiome. Nature, 473(7346): 174-180.

Bäckhed F, Roswall J, Peng Y Q, et al. 2015. Dynamics and stabilization of the human gut microbiome during the first year of life. Cell Host & Microbe, 17(5): 690-703.

Barbosa A, Balagué V, Francisco V, et al. 2016. Age-related differences in the gastrointestinal microbiota of Chinstrap penguins (*Pygoscelis antarctica*). PLoS One, 11(4): e0153215.

Bik E M, Eckburg P B, Gill R S, et al. 2006. Molecular analysis of the bacterial microbiota in the human stomach. Proceedings of the National Academy of Sciences of the United States of America, 103(3): 732-737.

Brown-Jaque M, Muniesa M, Navarro F. 2016. Bacteriophages in clinical samples can interfere with microbiological diagnostic tools. Sci Rep, 6: 33000.

Chen L, Liu M, Zhu J, et al. 2019. Diversity and sex-specific differences in the intestinal microbiota of cheetah (*Acinonyx jubatus*). Acta Microbiologica Sinica, 59(9): 1723-1736.

Contreras M, Magris G, Hidalgo G, et al. 2012. Human gut microbiome viewed across age and geography. Nature, 486(7402): 222-227.

Deem S L, Spelman L H, Yates R A, et al. 2000. Canine distemper in terrestrial carnivores: a review. J Zoo Wildl Med, 31(4): 441-451.

Demeter Z, Lakatos B, Palade E A, et al. 2007. Genetic diversity of Hungarian canine distemper virus strains. Vet Microbiol, 122(3-4): 258-269.

Dumarest M, Muth E, Cheval J, et al. 2015. Viral diversity in swine intestinal mucus used for the manufacture of heparin as analyzed by high-throughput sequencing. Biologicals, 43(1): 31-36.

Evermann J F, Leathers C W, Gorham J R, et al. 2001. Pathogenesis of two strains of lion (*Panthera leo*) morbillivirus in ferrets (*Mustela putorius furo*). Vet Pathol, 38(3): 311-316.

Fall S, Hamelin J, Ndiaye F, et al. 2007. Differences between bacterial communities in the gut of a soil-feeding termite (*Cubitermes niokoloensis*) and its mounds. Applied & Environmental Microbiology 73(16), 5199-5208.

Falony G, Joossens M, Vieira-Silva S, et al. 2016. Population-level analysis of gut microbiome variation. Science, 352(6285): 560-564.

Fan Y, Pedersen O. 2021. Gut microbiota in human metabolic health and disease. Nat Rev Microbiol, 19(1): 55-71.

Fang W, Fang Z, Zhou P, et al. 2012. Evidence for lignin oxidation by the giant panda fecal microbiome. PLoS One, 7(11): e50312.

Fawaz M, Vijayakumar P, Mishra A, et al. 2016. Duck gut viral metagenome analysis captures snapshot of viral diversity. Gut Pathog, 8: 30.

Feng N, Yu Y, Wang T, et al. 2016. Fatal canine distemper virus infection of giant pandas in China. Sci Rep, 6: 27518.

Forbes J D, Bernstein C N, Tremlett H, et al. 2018. A Fungal world: could the gut mycobiome be involved in neurological disease? Front Microbiol, 9: 3249.

Forslund K, Hildebrand F, Nielsen T, et al. 2015. Disentangling type 2 diabetes and metformin treatment signatures in the human gut microbiota. Nature, 528(7581): 262-266.

Frey J C, Rothman J M, Pell A N, et al. 2006. Fecal bacterial diversity in a wild gorilla. Applied & Environmental Microbiology, 72(5): 3788-3792.

Fuller R, 程伶 R. 1992. 益生素的作用及在生产中的应用. 中国畜牧兽医, (5): 38-39.

Griffiths E A, Duffy L C, Schanbacher F L, et al. 2004. *In vivo* effects of bifidobacteria and lactoferrin on gut endotoxin concentration and mucosal immunity in Balb/c mice. Digestive Diseases & Sciences, 49(4): 579-589.

Guo L, Yang S L, Wang C D, et al. 2013. Phylogenetic analysis of the haemagglutinin gene of canine distemper virus strains detected from giant panda and raccoon dogs in China. Virol J, 10: 109.

Guo M, Chen J, Li Q, et al. 2018. Dynamics of gut microbiome in giant panda cubs reveal transitional microbes and pathways in early life. Front Microbiol, 9: 3138.

Guo M, Liu G, Chen J, et al. 2020. Dynamics of bacteriophages in gut of giant pandas reveal a potential regulation of dietary intake on bacteriophage composition. Science of the Total Environment, 734(139424).

Haas L, Hofer H, East M, et al. 1996. Canine distemper virus infection in Serengeti spotted hyenas. Vet Microbiol, 49(1-2): 147-152.

Handelsman J, Rondon M R, Brady S F, et al. 1998. Molecular biological access to the chemistry of unknown soil microbes: a new frontier for natural products. Chem Biol, 5(10): R245-249.

Hirayama K, Kawamura S, Mitsuoka T, et al. 1989. The faecal flora of the giant panda (*Ailuropoda melanoleuca*). J Appl Bacteriol, 67(4): 411-415.

Hungate R E. 1946. Studies on cellulose fermentation: II. an anaerobic cellulose-decomposing actinomycete, *Micromonospora propionici*, N. Sp. Journal of Bacteriology, 51(1): 51-56.

Hwang D W, So K S, Kim S C, et al. 2017. Autophagy induced by CX-4945, a casein kinase 2 inhibitor, enhances apoptosis in pancreatic cancer cell lines. Pancreas, 46(4): 575-581.

Jackson C R, Denney W C. 2011. Annual and seasonal variation in the phyllosphere bacterial community associated with leaves of the southern Magnolia (*Magnolia grandiflora*). Microbial Ecology, 61(1): 113-122.

Jami E, Israel A, Kotser A, et al. 2013. Exploring the bovine rumen bacterial community from birth to adulthood. ISME J, 7(6): 1069-1079.

Jin L, Wu D, Li C, et al. 2020. Bamboo nutrients and microbiome affect gut microbiome of giant panda. Symbiosis, 80(3): 293-304.

Jin Y, Zhang X, Ma Y, et al. 2017. Canine distemper viral infection threatens the giant panda population in China. Oncotarget, 8(69): 113910-113919.

Joossens M, Huys G, Cnockaert M, et al. 2011. Dysbiosis of the faecal microbiota in patients with Crohn's disease and their unaffected relatives. Gut, 60(5): 631-637.

Kaltenpoth M, Winter S A, Kleinhammer A. 2009. Localization and transmission route of *Coriobacterium glomerans*, the endosymbiont of pyrrhocorid bugs. FEMS Microbiology Ecology, 69(3): 373-383.

Kazmierczak-Siedlecka K, Dvorak A, Folwarski M, et al. 2020. Fungal gut microbiota dysbiosis and its role in colorectal, oral, and pancreatic carcinogenesis. Cancers, 12(5):1326.

Kostic A D, Xavier R J, Gevers D. 2014. The microbiome in inflammatory bowel disease: current status and the future ahead. Gastroenterology, 146(6): 1489-1499.

Lambais M R, Crowley D E, Cury J C, et al. 2006. Bacterial diversity in tree canopies of the atlantic forest. Science, 312(5782): 1917.

Langeveld J P M, Casal J I, Vela C, et al. 1993. B-cell epitopes of canine parvovirus: distribution on the primary structure and exposure on the viral surface. Journal of Virology, 67(2): 765-772.

Leigh B A, Bordenstein S R, Brooks A W, et al. 2018. Finer-scale phylosymbiosis: insights from insect viromes. mSystems, 3(6): e00131-18.

Ley R E, Hamady M, Lozupone C, et al. 2008. Evolution of mammals and their gut Microbes. Science, 320(5883): 1647-1651.

Li J, Xia X, He H, et al. 1999. Gene sequence analysis diagnosis of giant pandas infected by canine distemper virus. Chinese Journal of Veterinary Science, 19(5): 448-450.

Li R, Fan W, Tian G, et al. 2010. The sequence and de novo assembly of the giant panda genome. Nature, 463(7279): 311-317.

Liu S, Zhao L, Zhai Z, et al. 2015. Porcine epidemic diarrhea virus infection induced the unbalance of gut microbiota in piglets. Curr Microbiol, 71(6): 643-649.

Loeffler I K, Howard J, Montali R J, et al. 2007. Serosurvey of ex situ giant pandas (*Ailuropoda melanoleuca*) and red pandas (*Ailurus fulgens*) in China with implications for species conservation. J Zoo Wildl Med, 38(4): 559-566.

Luan C, Xie L, Yang X, et al. 2015. Dysbiosis of fungal microbiota in the intestinal mucosa of patients with colorectal adenomas. Sci Rep, 5: 7980.

Min T H, France M N, San Y C, et al. 2014. Microbial diversity and evidence of novel homoacetogens in the gut of both geriatric and adult giant pandas (*Ailuropoda melanoleuca*). PLoS One, 9(1): e79902.

Nikolin V M, Wibbelt G, Michler F U, et al. 2012. Susceptibility of carnivore hosts to strains of canine distemper virus from distinct genetic lineages. Vet Microbiol, 156(12): 45-53.

Niu Q, Li P, Hao S, et al. 2015. Dynamic distribution of the gut microbiota and the relationship with apparent crude fiber digestibility and growth stages in pigs. Scientific Reports, 5(9938): 9938.

Olm M R, Brown C T, Brooks B, et al. 2017. dRep: a tool for fast and accurate genomic comparisons that enables improved genome recovery from metagenomes through de-replication. ISME J, 11(12): 2864-2868.

Oyeleke S B, Okusanmi T A. 2008. Isolation and characterization of cellulose hydrolysing microorganism from the rumen of ruminants. African Journal of Biotechnology, 7(10): 1503-1504.

Paramanik V, Thakur M K. 2012. Estrogen receptor beta and its domains interact with casein kinase 2, phosphokinase C, and N-myristoylation sites of mitochondrial and nuclear proteins in mouse brain. The Journal of Biological Chemistry, 287(26): 22305-22316.

Parks D H, Imelfort M, Skennerton C T, et al. 2015. CheckM: assessing the quality of microbial genomes recovered from isolates, single cells, and metagenomes. Genome Research, 25(7): 1043-1055.

Pasti M B, Pometto A L, Nuti M P, et al. 1990. Lignin-solubilizing ability of actinomycetes isolated from termite (Termitidae) gut. Applied & Environmental Microbiology, 56(7): 2213-2218.

Paterson M J, Oh S, Underhill D M. 2017. Host-microbe interactions: commensal fungi in the gut. Curr Opin Microbiol, 40: 131-137.

Petrov A M, Zakyrjanova G F, Yakovleva A A, et al. 2015. Inhibition of protein kinase C affects on mode of synaptic vesicle exocytosis due to cholesterol depletion. Biochem Biophys Res Commun, 456(1): 145-150.

Priya N G, Ojha A, Kajla M K, et al. 2012. Host plant induced variation in gut bacteria of *Helicoverpa armigera*. PLoS One, 7(1): e30768.

Qin Q, Li D, Zhang H, et al. 2010. Serosurvey of selected viruses in captive giant pandas (*Ailuropoda melanoleuca*) in China. Vet Microbiol, 142(3-4): 199-204.

Reed A P, Jones E V, Miller T J. 1988. Nucleotide sequence and genome organization of canine parvovirus. J Virol, 62(1): 266-272.

Sadabad M S, Regeling A, Goffau M C D, et al. 2014. The ATG16L1-T300A allele impairs clearance of pathosymbionts in the inflamed ileal mucosa of Crohn's disease patients. Gut, 64(10): 1546.

Sam Q H, Chang M W, Chai L Y. 2017. The fungal mycobiome and its interaction with gut bacteria in the host. Int J Mol Sci, 18(2): 330.

Smit S, Widmann J, Knight R. 2007. Evolutionary rates vary among rRNA structural elements. Nucleic Acids Res, 35(10): 3339-3354.

Sokol H, Leducq V, Aschard H, et al. 2017. Fungal microbiota dysbiosis in IBD. Gut, 66(6): 1039-1048.

Suau A, Bonnet R, Sutren M, et al. 1999 Direct analysis of genes encoding 16S rRNA from complex communities reveals many novel molecular species within the human gut. Appl Environ Microbiol, 65(11): 4799-4807.

Sun X, Jayaraman A, Maniprasad P, et al. 2013. *N*-linked glycosylation of the hemagglutinin protein influences virulence and antigenicity of the 1918 pandemic and seasonal H1N1 influenza A viruses. J Virol, 87(15): 8756-8766.

Tun H M, Mauroo N F, Chan S Y, et al. 2014. Microbial Diversity and Evidence of Novel Homoacetogens in the Gut of Both Geriatric and Adult Giant Pandas (Ailuropoda melanoleuca). PLoS One, 9(1): e79902.

van de Bildt M W, Kuiken T, Visee A M, et al. 2002. Distemper outbreak and its effect on African wild dog conservation. Emerg Infect Dis, 8(2): 211-213.

Vasu J, Srinivas M V, Antony P X, et al. 2019. Comparative immune responses of pups following modified live virus vaccinations against canine parvovirus. Vet World, 12(9): 1422-1427.

von Messling V, Zimmer G, Herrler G, et al. 2001. The hemagglutinin of canine distemper virus determines tropism and cytopathogenicity. J Virol, 75(14): 6418-6427.

Walker A. 2010. Gut metagenomics goes viral. Nat Rev Microbiol, 8(12): 841.

Wei G F, Lu H F, Zhou Z H, et al. 2007. The Microbial community in the feces of the giant panda (*Ailuropoda melanoleuca*) as determined by PCR-TGGE profiling and clone library analysis. Microbial Ecology, 54(1): 194-202.

Williams C L, Dill-McFarland K A, Vandewege M W, et al. 2016. Dietary shifts may trigger dysbiosis and mucous stools in giant pandas (*Ailuropoda melanoleuca*). Front Microbiol, 7: 661.

Williams C L, Willard S, Kouba A, et al. 2013. Dietary shifts affect the gastrointestinal microflora of the giant panda (*Ailuropoda melanoleuca*). J Anim Physiol Anim Nutr, 97(3): 577-585.

Wu Q, Wang X, Ding Y, et al. 2017. Seasonal variation in nutrient utilization shapes gut microbiome structure and function in wild giant pandas. Proc Biol Sci, 284(1862): 20170955.

Xin Y J, Zhang W. 2008. Marine sponge *Hymeniacidon perlevis* possesses high diversity of culturable actinobacteria. Journal of Biotechnology, 136, 618-619.

Xue Z S, Zhang W P, Wang L H, et al. 2015. The bamboo-eating giant panda harbors a carnivore-like gut microbiota, with excessive seasonal variations. mBio, 6(3): e00022-00015.

Yang S, Gao X, Meng J, et al. 2018. Metagenomic analysis of bacteria, fungi, bacteriophages, and helminths in the gut of giant pandas. Front Microbiol, 9: 01717.

Yang Y, Yin Y Q, Chen X Y, et al. 2019. Evaluating different extraction solvents for GC-MS based metabolomic analysis of the fecal metabolome of adult and baby giant pandas. Scientific Reports, 9: 12017.

Yinda C K, Ghogomu S M, Conceicao-Neto N, et al. 2018. Cameroonian fruit bats harbor divergent viruses, including rotavirus H, bastroviruses, and picobirnaviruses using an alternative genetic code. Virus Evol, 4(1): vey008.

Yinda C K, Vanhulle E, Conceicao-Neto N, et al. 2019. Gut virome analysis of cameroonians reveals high diversity of enteric viruses, including potential interspecies transmitted viruses. mSphere, 4(1): e00585-18.

Zhang W, Liu W, Hou R, et al. 2018. Age-associated microbiome shows the giant panda lives on hemicelluloses, not on cellulose. ISME J, 12(5): 1319-1328.

Zhang W, Yang S, Shan T, et al. 2017. Virome comparisons in wild-diseased and healthy captive giant pandas. Microbiome, 5(1): 90.

Zhang X, Xu C, Wang H, et al. 2007. Pretreatment of bamboo residues with *Coriolus versicolor* for enzymatic hydrolysis. Journal of Bioscience and Bioengineering 104(2), 149-151.

Zhao W J, Wang Y P, Liu S Y, et al. 2015. The dynamic distribution of porcine microbiota across different ages and gastrointestinal tract segments. PLoS One, 10(2): e0117441.

Zhernakova A, Kurilshikov A, Bonder M J, et al. 2016. Population-based metagenomics analysis reveals markers for gut microbiome composition and diversity. Science, 352(6285): 565-569.

Zhu L F, Wu Q, Dai J Y, et al. 2011. Evidence of cellulose metabolism by the giant panda gut microbiome. Proc Natl Acad Sci U S A, 108(43): 17714-17719.

第五章　大熊猫肠道微生物群落的影响因素

第一节　年龄对大熊猫肠道微生物的影响

目前，有关肠道菌群的研究很多，且大量研究指出饮食、饲养方式、季节、温度及海拔等均能对肠道菌群产生影响，研究发现雪豹（*Panthera uncia*）、猪和小鼠等的年龄、性别及健康状况等均能影响其肠道菌群的结构组成（尹业师和王欣，2012；杨伟平等，2017）。

尽管在大熊猫（*Ailuropoda melanoleuca*）肠道微生物方面也有大量报道，但大部分研究主要以成年大熊猫为研究对象，王晓艳（2013）通过 16S rDNA-RFLP 研究发现，成年大熊猫肠道内以变形菌门（Proteobacteria）及厚壁菌门（Firmicutes）为主，成年大熊猫肠道内优势菌群为链球菌属（*Streptococcus*，32.14%）和埃希氏菌属（*Escherichia*，30.71%）。王立志和徐谊英（2016）利用高通量测序技术，检测到成年大熊猫肠道内细菌以变形菌门（74.45%）、厚壁菌门（15.66%）为主，在属分类水平以埃希氏菌属（49.84%）、梭菌属（*Clostridium*，4.65%）为主。

一、成年大熊猫肠道菌群

众所周知，年龄一直是动物体肠道微生物的主导因素（Li et al.，2020）。何永果等（2017）研究了成年大熊猫的肠道微生物组成，选取 6 只成年健康大熊猫、1 只成年亚健康大熊猫（A1~A7），基于高通量测序技术，测定其肠道内细菌及真菌组成，研究性别和健康状况对成年大熊猫肠道微生物的影响，分析不同年龄段大熊猫肠道菌群的差异。结果表明，在门分类水平，成年大熊猫肠道内细菌主要为变形菌门和厚壁菌门，真菌主要为子囊菌门（Ascomycota）和担子菌门（Basidiomycota）。在属分类水平，成年大熊猫肠道中主要的细菌为埃希氏菌属、链球菌属、梭菌属及明串珠菌属（*Leuconostoc*），主要的真菌为腐质霉属（*Humicola*）（图 5-1、图 5-2）。雌性和雄性大熊猫肠道菌群没有显著性差异（$P>0.05$），健康大熊猫肠道中埃希氏菌属、梭菌属（53.33%、1.10%）的含量比亚健康大熊猫（2.48%、0.00%）高，链球菌属（22.88%）的含量比亚健康大熊猫（48.15%）低，健康大熊猫肠道真菌的多样性高于亚健康大熊猫。

通过与王燚等（2011）对亚成年大熊猫和王晓艳等（2015）对成年及老年大熊猫肠道细菌菌群的研究进行比较分析发现，大熊猫肠道内菌群多样性表现为：成年＞老年＞亚成年，同时，大熊猫肠道内梭菌属的含量随年龄增加（亚成年→成年→老年）呈先上升后下降的趋势，除以上变化外，由亚成年到成年时，大熊猫肠道内明串珠菌属和链球菌属的含量升高，志贺菌属（*Shigella*）的含量降低，到老年时，大熊猫肠道内明串珠菌属所占比例开始降低，魏斯氏菌属（*Weissella*）所占比例则升高，成为继埃希氏菌属、链球菌属和假单胞菌属（*Pseudomonas*）后所占比例最高的优势属，表明年龄对大熊猫肠道内细菌菌群的多样性有一定影响。

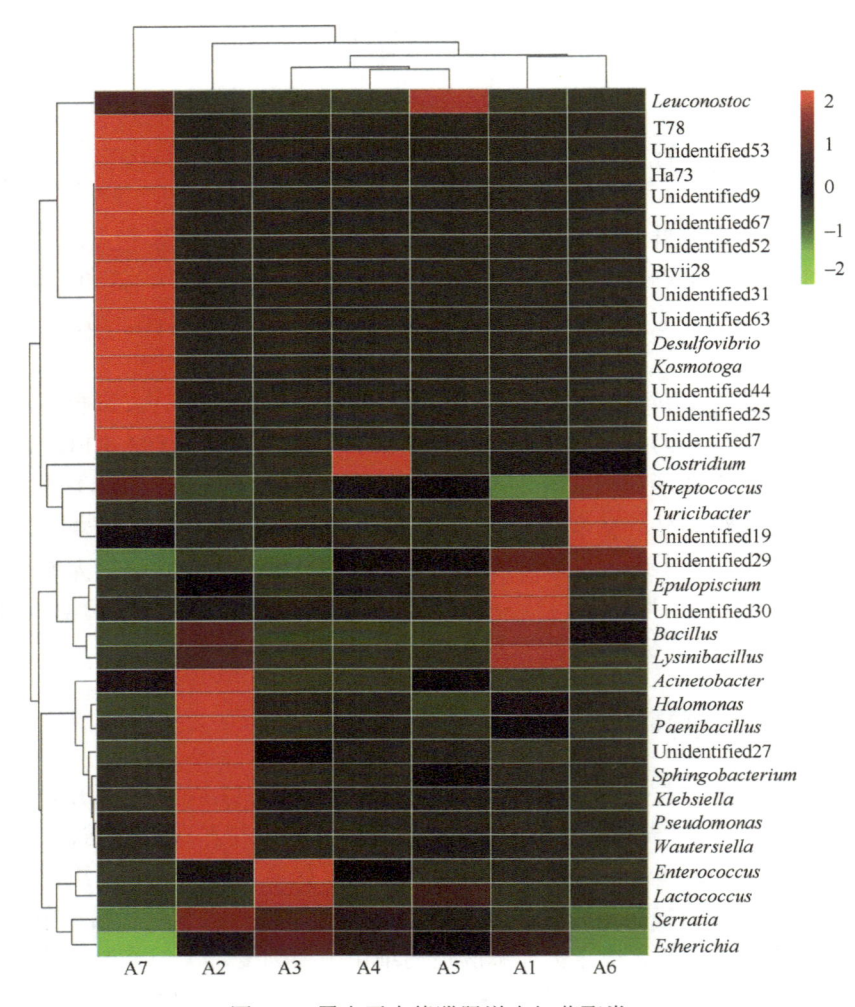

图 5-1　属水平大熊猫肠道内细菌聚类

二、老年大熊猫肠道菌群

李果等（2019）运用高通量测序技术对 4 只圈养老年大熊猫的新鲜粪便进行了研究，也对比分析了不同年龄大熊猫肠道内的菌群结构。结果表明，在门分类水平，圈养老年大熊猫粪便细菌主要由变形菌门（63.98%）和厚壁菌门（35.29%）组成，在属分类水平，细菌主要由埃希氏菌属（45.26%）、链球菌属（15.80%）、不动杆菌属（*Acinetobacter*）（15.34%）、梭菌属（9.79%）和明串珠菌属（5.93%）等 5 个属组成（图 5-3）。

按 97% 的相似度聚类后共获得 2481 个真菌 OTU，注释后得到 9 门 32 纲 91 目 175 科 287 属。在门分类水平，平均相对丰度大于 1% 的有 2 种，它们分别为子囊菌门（46.82%）和担子菌门（2.18%），不包含未注释门。在属分类水平，取相对丰度前 20 作图，其中

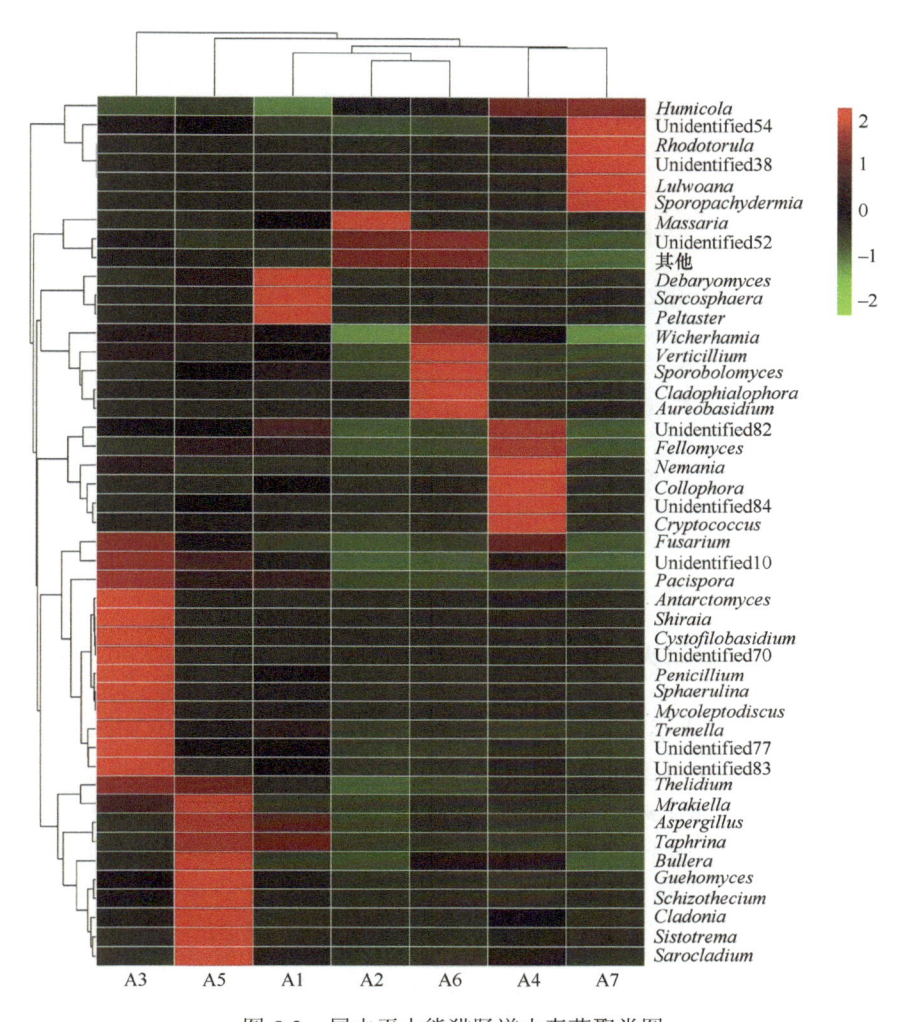

图 5-2 属水平大熊猫肠道内真菌聚类图

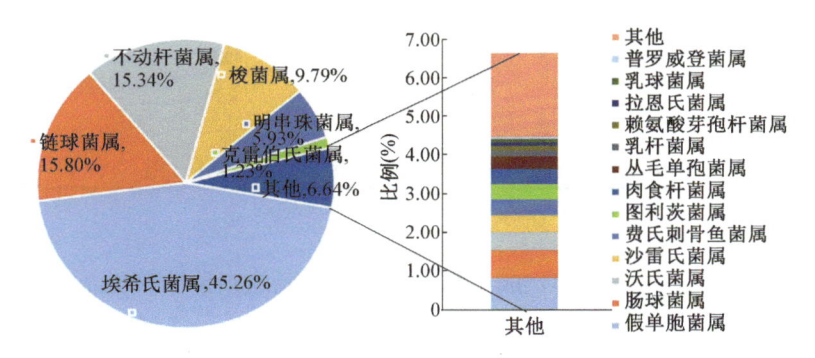

图 5-3 属分类水平老年大熊猫肠道细菌菌群的组成

平均相对丰度大于 1%的有 4 种，它们分别为腐质霉属（19.35%）、德巴利酵母属（*Debaryomyces*）(15.82%)、镰刀菌属（*Fusarium*）(2.91%)和曲霉属（*Aspergillus*）(1.51%)，不包含未注释属（图 5-4）。

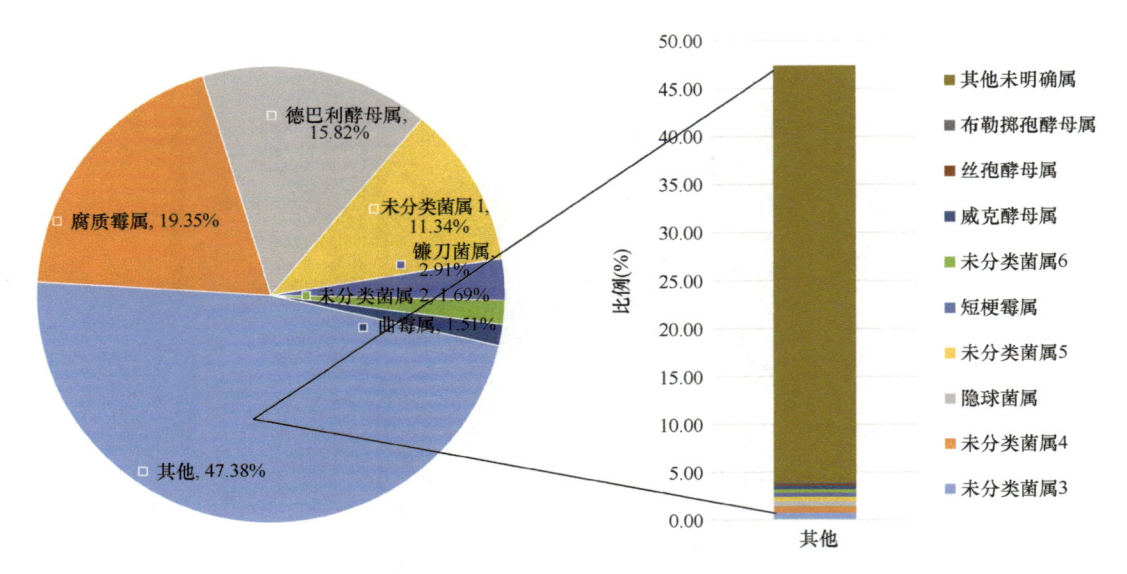

图 5-4 属分类水平老年大熊猫肠道真菌菌群的组成

三、亚成年、成年和老年大熊猫肠道菌群组成对比

在门分类水平，亚成年、成年和老年大熊猫肠道细菌结构相似（何永果等，2017；刘燕等，2018），均以变形菌门为主，厚壁菌门次之。不同的是，比较亚成年、成年和老年大熊猫肠道内变形菌门和厚壁菌门的相对丰度，亚成年和成年大熊猫更为接近，老年大熊猫肠道内的变形菌门（63.98%）高于亚成年（55.50%）和成年（56.15%）大熊猫，老年大熊猫肠道内的厚壁菌门（35.29%）低于亚成年（42.50%）和成年（42.74%）大熊猫（表 5-1）。

表 5-1 门分类水平亚成年、成年和老年大熊猫细菌组成（%）

门	亚成年	成年	老年
变形菌门	55.50	56.15	63.98
厚壁菌门	42.50	42.74	35.29
拟杆菌门	—	0.74	0.53
蓝藻门	1.68	—	0.18
放线菌门	—	—	0.01

注："—"表示未检出。

在属分类水平，对比亚成年、成年和老年大熊猫肠道细菌的种类及丰度，结果发现它们的优势细菌均为埃希氏菌属，分别为 50.10%、53.33%、45.26%（图 5-5）。三个年龄段大熊猫肠道内均含有相对丰度较高的梭菌属和链球菌属，相比而言，成年大熊猫肠道内的梭菌属（1.10%）相对丰度较低，并明显低于亚成年大熊猫（13.80%）和老年大熊猫（9.79%），与之相反的是，成年大熊猫肠道内的链球菌属（22.88%）明显高于亚成年大熊猫（11.7%）和老年大熊猫（15.80%）。成年大熊猫和老年大熊猫肠道内均含有明串珠菌属，相对丰度分别为 2.97%和 5.93%；老年大熊猫肠道内有相对丰度较高的不动杆菌属（15.34%），这是在亚成年大熊猫和成年大熊猫肠道内未发现的属；同时，亚成年大熊猫肠道内含有成年大熊猫和老年大熊猫肠道内未发现的乳杆菌属（*Lactobacillus*，4.90%）。

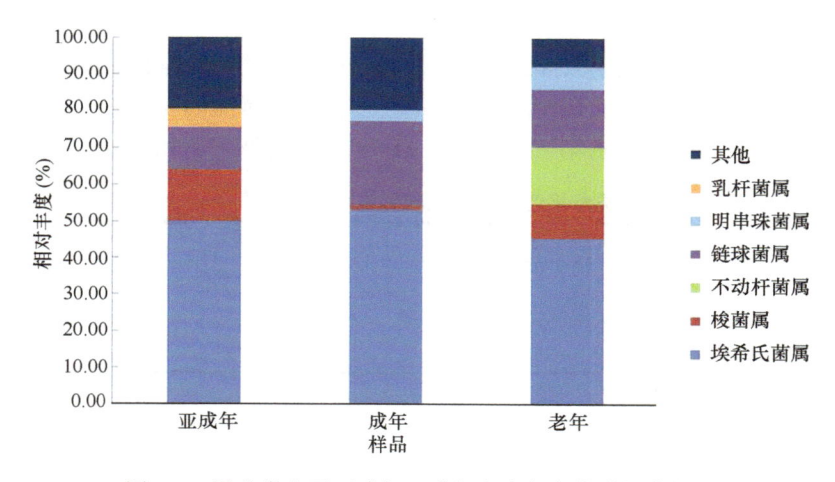

图 5-5　属分类水平亚成年、成年和老年大熊猫细菌组成

随着生物技术的不断进步，研究动物肠道微生物的方法也从传统的分离鉴定发展到目前常使用的分子生物学技术，使得分类学鉴定准确进行到属类水平上成为可能；李果等（2019）通过高通量测序技术测得圈养老年大熊猫肠道内细菌主要为变形菌门（63.98%）和厚壁菌门（35.29%）的埃希氏菌属（45.26%）、链球菌属（15.80%）、不动杆菌属（15.34%）、梭菌属（9.79%）和明串珠菌属（5.93%）。这与前期的研究结果基本一致（Wei et al.，2015；Yang et al.，2018），变形菌门丰度高于厚壁菌门。不同的是，Zhu 等（2011）的研究结果则显示大熊猫肠道内以厚壁菌门为主，而变形菌门丰度则相对较低。但是，Zhu 等（2011）的样品分别采自圈养大熊猫和野生大熊猫，如果单看圈养大熊猫，其粪便中的优势菌则为变形菌门。Delsuc 等（2014）发现大多食草偶蹄目（Artiodactyla）动物肠道内优势菌群是厚壁菌门和拟杆菌门，食肉目（Carnivora）动物肠道中占主导地位的菌群是厚壁菌门。

以上研究中，大熊猫肠道内相对丰度最高的细菌属是埃希氏菌属（45.26%），这与其他研究大熊猫肠道菌群的结果基本一致。与亚成年和成年大熊猫相比，老年大熊猫肠道发现丰富的不动杆菌属（15.34%），不动杆菌属广泛存在于自然界中，它是条件致病菌，通常情况下无致病性，但是某些条件改变后，也可以产生致病性，使得免疫力低下的机体受到感染，这也提示了大熊猫管理者及饲养者应当重视管理，加强圈舍清洁的同时也应当增强大熊猫的抵抗力，尽可能地减小潜在的大熊猫肠道疾病风险。有研究者在亚成年大熊猫肠道内发现了丰富的乳杆菌属（4.90%）（刘燕等，2018），这可能与不同年龄段大熊猫的食物习性相关（何永果等，2017；刘燕等，2018），乳杆菌属在抑制肠道内病原菌生长和维持肠内稳态方面发挥着重要作用。有研究表明，补充益生菌（如双歧杆菌和乳酸杆菌等）可抑制致病菌在肠道黏膜的附着，维持微生物菌群的稳定，改善肠黏膜的屏障作用，从而抑制代谢疾病的发生。因此，可进一步开展实验去验证乳杆菌属在大熊猫肠道内的具体作用，从而可以适当给老年大熊猫补充乳杆菌属等有益菌以调节老年大熊猫肠道菌群，进而保证其肠道功能为正常状态。

在门分类水平，亚成年、成年和老年大熊猫肠道真菌结构相似（艾生权等，2014；何永果等，2017），均以子囊菌门为主，担子菌门次之。对比三个年龄段大熊猫肠道内子囊菌门的相对丰度，亚成年大熊猫（46.24%）与老年大熊猫（46.82%）更为接近，而成年大熊猫（58.69%）略高于其他两个年龄段的大熊猫。而担子菌门的相对丰度随着年龄的增长（亚成年→成年→老年）而减少（15.79%→8.96%→2.18%）（表5-2）。

表5-2 门分类水平亚成年、成年和老年大熊猫真菌组成（%）

门	亚成年	成年	老年
子囊菌门	46.24	58.69	46.82
担子菌门	15.79	8.96	2.18
接合菌门	—	—	0.16

注："—"表示未检出

在属分类水平，亚成年、成年和老年大熊猫肠道内均含有德巴利酵母属，且相对丰度较高，此外，德巴利酵母属、假丝酵母属（Candida）、格孢腔菌属（Pleospora）、多腔菌属（Myriangium）、Cystofilobasidium、丝孢酵母属（Trichosporon）和白冬孢酵母属（Leucosporidium）等属组成亚成年大熊猫肠道主要真菌，但是各个样品中所占比例不等。成年和老年大熊猫肠道内均含有德巴利酵母属、腐质霉属、镰刀菌属、曲霉属、隐球菌属（Cryptococcus）（图5-6）。不同年龄段大熊猫肠道真菌在属分类水平上差异较大，相同年龄段不同大熊猫肠道真菌在属分类水平上也有一定的差异，但亚成年、成年和老年大熊猫肠道内都含有德巴利酵母属，成年和老年大熊猫肠道内均含有腐质霉属，且有较大的相对丰度。

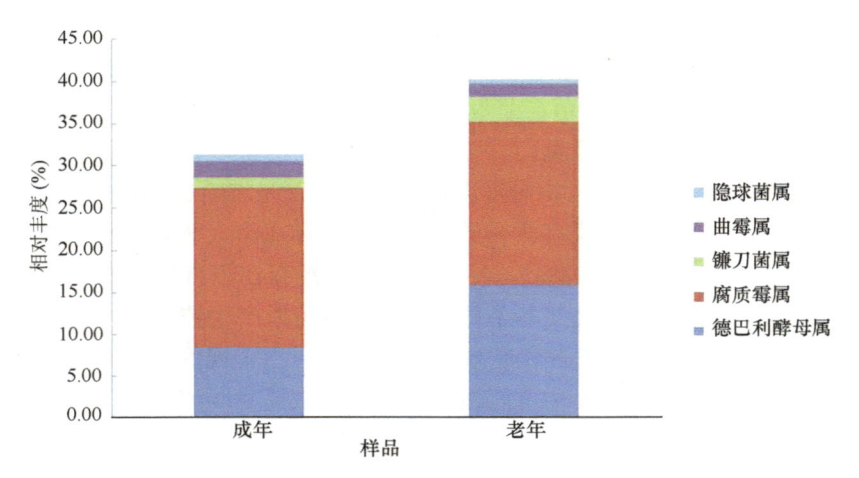

图5-6 属分类水平成年和老年大熊猫真菌组成

艾生权等（2014）采用形态学和rDNA-ITS序列分析方法，发现亚成年大熊猫肠道内真菌主要为子囊菌门（52.36%）和担子菌门（10.20%）两个门，在属分类水平上主要由假丝酵母属、德巴利酵母属、格孢腔菌属、多腔菌属、*Cystofilobasidium*、丝孢酵母属、白冬孢酵母属等属组成。李果等（2019）运用高通量测序技术发现，老年大熊猫肠道内主要真菌为子囊菌门和担子菌门，以及腐质霉属。然而，何永果等（2017）运用同样的测序技术发现成年大熊猫肠道真菌菌群主要为子囊菌门和担子菌门，以及腐质霉属。李果等（2019）研究发现老年大熊猫肠道内有丰富的腐质霉属（19.35%）、德巴利酵母属（15.82%）、镰刀菌属（2.91%）、曲霉属（1.51%）和隐球菌属（0.54%）；德巴利酵母属可能导致大熊猫慢性腹泻，而镰刀菌属是动植物中最重要的病原菌。虽然采样时这两只大熊猫表型健康，但是应当加强监测这两只大熊猫的健康状况，探究这些致病菌对大熊猫的影响。动物疾病、纤维素降解等与其肠道内真菌也密切相关（王海娟和潘渠，2014），然而，与细菌相比，目前对真菌的研究仍然是不够的。

大量研究表明，年龄对大熊猫肠道内细菌含量有一定的影响。不同年龄段的大熊猫肠道内优势菌群结构既有相似之处，又有一定的差异。总体来说，大熊猫肠道内的链球菌属和明串珠菌属的含量随年龄（亚成年→成年→老年）呈现出先增多再减少的趋势，梭菌属则随年龄增加呈先减少再增多的趋势。亚成年大熊猫肠道内含有少量的乳杆菌属，但在成年和老年大熊猫肠道内并未发现。通过与艾生权等（2014）对亚成年大熊猫和何永果等（2017）对成年大熊猫肠道真菌菌群的比较，尽管在属分类水平，亚成年大熊猫肠道内真菌所占比例不明确，但是三个年龄段大熊猫均含有德巴利酵母属，除此之外，成年和老年大熊猫还含有腐质霉属。除年龄因素外，竹子上会附有很多物质（包括大量微生物），它们可能会随着大熊猫的进食从而进入大熊猫肠道，不断补充大熊猫肠道内微生物。

以上研究揭示大熊猫肠道微生物受到了年龄这一因素的影响，另外，饮食、环境、药物使用和疾病等也可能会对大熊猫肠道菌群产生影响。

第二节 性别对大熊猫肠道微生物的影响

早已有关于雄性和雌性动物之间肠道微生物群落差异的报道（Yurkovetskiy et al.，2013）。早期研究发现，拟杆菌门（Bacteroidetes）的普雷沃氏菌属（*Prevotella*）在不同性别的人群中存在差异，并且该属细菌在男性体内的含量高于女性，这种不同性别的微生物群落结构差异在青春期后尤为明显（Mueller et al.，2006）。Haro 等（2016）则发现男性体内的拟杆菌属（*Bacteroides*）数量低于女性。可见，性别能够影响肠道微生物群落结构。

随着测序技术的发展，高通量测序被逐渐运用于研究大熊猫的肠道微生物群落结构，环境因子或相关变量常协同大熊猫肠道微生物群落结构来进行分析，而这些环境因子或变量往往能影响大熊猫肠道微生物的群落结构，除性别外，目前常见的影响因素主要包括年龄（Siddiqui et al.，2011）、季节（Xue et al.，2015）、饮食的营养成分、抗生素的使用（Penders et al.，2006）等。

四川农业大学邹立扣课题组的研究发现，在雄性大熊猫的肠道中，主要以厚壁菌门（77.8%）居多，其次为梭杆菌门（Fusobacteria，13.1%）、变形菌门（8.6%）、蓝藻门（Cyanobacteria，0.38%）和拟杆菌门（0.12%）（Zhao et al.，2019）。链球菌属（13.1%）是大熊猫肠道中最常见的细菌属，其隶属厚壁菌门，其次是鲸杆菌属（*Cetobacterium*，

13.1%)、埃希氏菌属（7.4%）、魏斯氏菌属（6.4%）、梭菌属（5.9%）、*Turicibacter*（1.9%）、假单胞菌属（0.35%）和乳球菌属（*Lactococcus*，0.33%）等。值得注意的是，在此高通量测序中，*Clostridiisalibacter* 是雄性大熊猫所特有的。在雌性大熊猫中，变形菌门（68.1%）在门分类水平上占主要优势，其次是厚壁菌门（26.4%）、拟杆菌门（1.2%）及放线菌门（Actinobacteria，0.11%）。同时，在雌性大熊猫肠道中，埃希氏菌属（58.7%）是最常见的菌属，其次是链球菌属（16.2%）、不动杆菌属（5.9%）、梭菌属（2.5%）、肠球菌属（*Enterococcus*，2.1%）、魏斯氏菌属（2.1%）和假单胞菌属（0.89%）（图 5-7）。

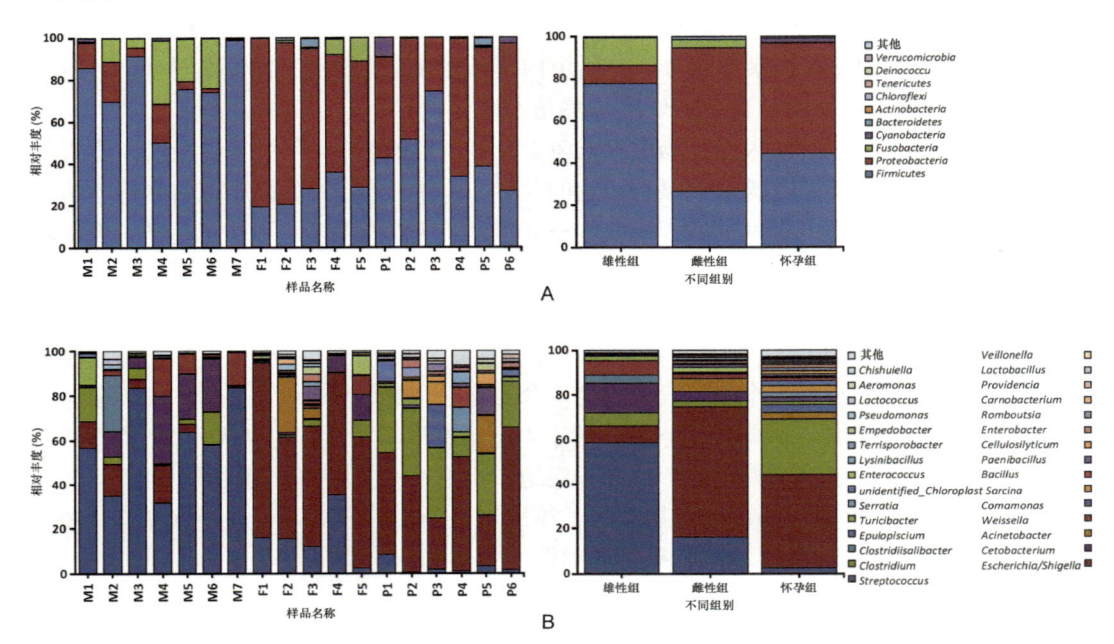

图 5-7　雄性组（M）、雌性组（F）和怀孕组（P）中门分类水平（A）和属分类水平（B）菌类物种组成
选取了排列前 10 的物种制作条形图

PCoA 分析显示，雄性、雌性和怀孕三组分组差异明显（图 5-8），其后续的 LEfSe

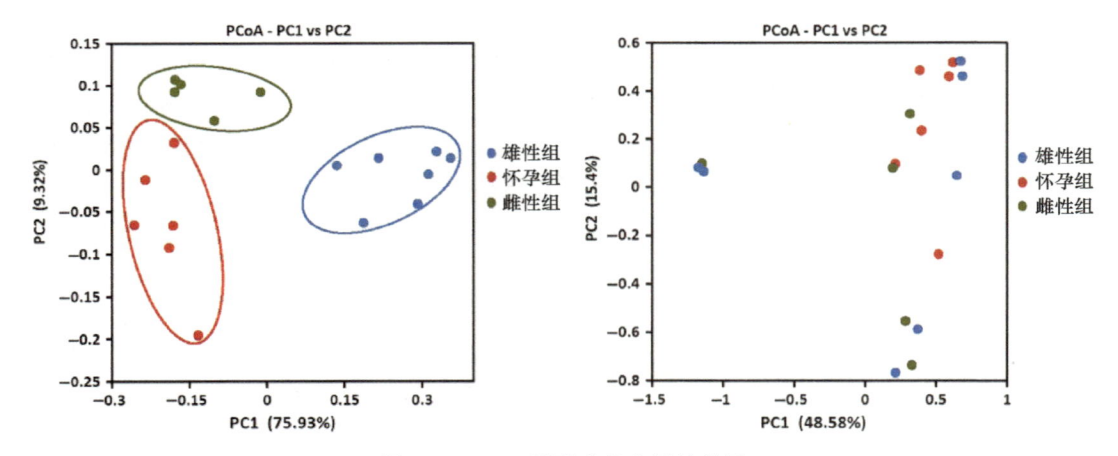

图 5-8　PCoA 展现分组之间的差异

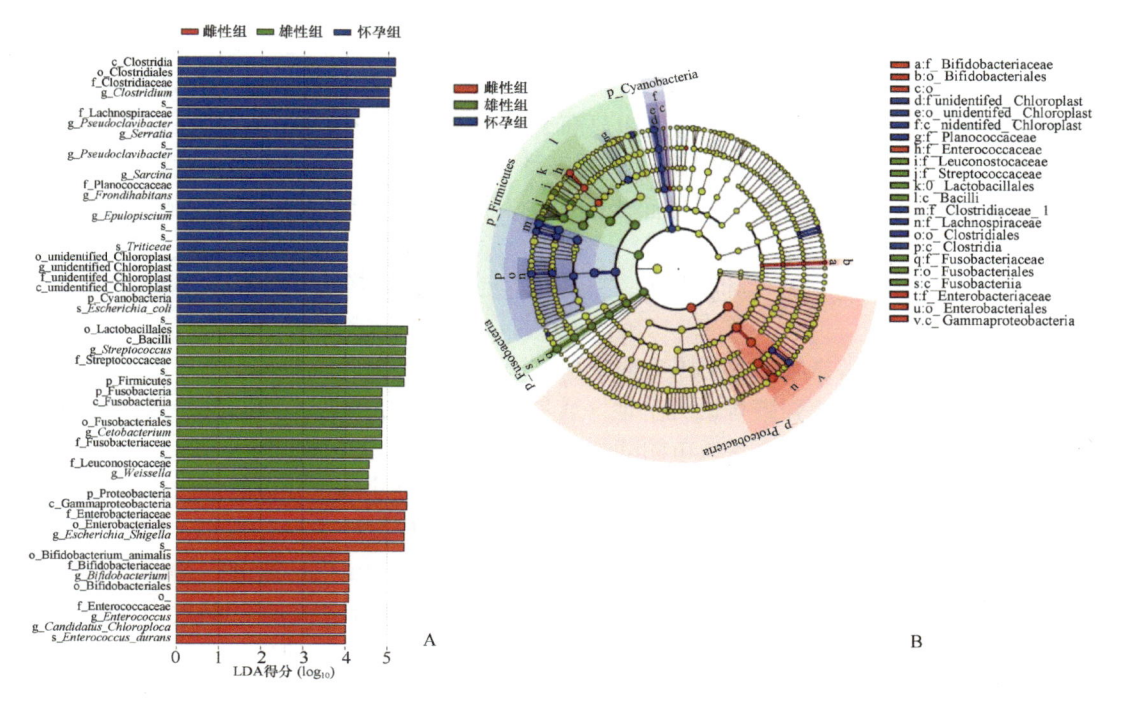

图 5-9　LEfSe 分析结果

LDA 评分直方图显示各组间有统计学差异的生物标志物，物种的影响程度用直方图中条形的长度来表示（A）。在分支进化图中，由内向外辐射的圆表明了分类。每个小圆在不同的分类中代表着物种，圆的直径与相对丰度呈正比，对无显著性的物种用黄色标记物标记，并用不同的类群标记物，红点和绿点代表各自组中的核心菌群（B）

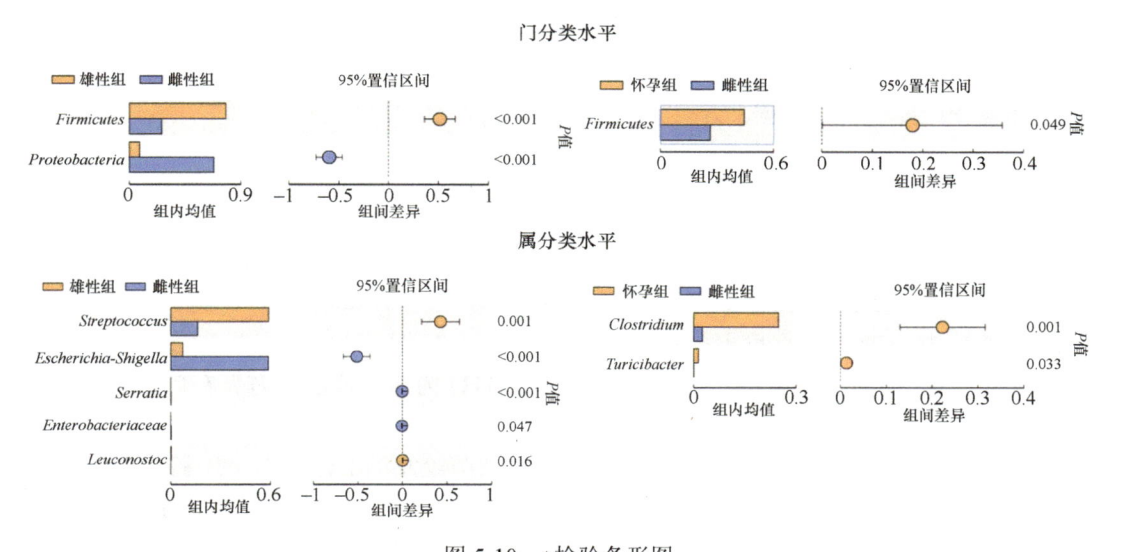

图 5-10　t 检验条形图

雄性组、雌性组和怀孕组在门、属分类水平上差异显著的物种，以及相对丰度和 P 值

分析显示，在雄性组、雌性组和怀孕组之间存在差异显著的特定分类单元。在门分类水平，相比于雌性大熊猫，雄性大熊猫肠道中厚壁菌门差异显著（$P<0.05$）。而在雌性大熊猫的肠道中，变形菌门的丰度则显著高于雄性大熊猫（$P<0.05$）（图 5-9）。根据 t 检

验（图 5-10），在门分类水平，雄性大熊猫肠道中厚壁菌门的丰度显著高于雌性大熊猫（$P<0.05$）。雌性大熊猫的变形菌门丰度显著高于雄性大熊猫（$P<0.05$）。在属分类水平，雄性大熊猫肠道中，链球菌属的丰度明显高于雌性大熊猫（$P<0.05$）。而在雌性大熊猫肠道中，埃希氏菌属（$P<0.001$）、沙雷氏菌属（Serratia，$P<0.05$）的丰度则明显高于雄性大熊猫。由此可见，性别对大熊猫的肠道微生物群落结构也产生了影响。

第三节 地域对大熊猫肠道微生物的影响

国内大部分大熊猫居住在中国大熊猫保护研究中心（含卧龙基地、都江堰基地和碧峰峡基地）和成都大熊猫繁育研究基地（含熊猫谷），除了海外少量的几十只大熊猫，还有部分大熊猫分布在国内各城市的动物园中（张泽钧等，2006）。

大量研究表明，大熊猫肠道菌群的失衡会引发一系列疾病，并可能导致大熊猫死亡（孙飞龙等，2002；Gevers et al.，2014）。在对人相关的研究中发现，性别、年龄、生活方式、地区等因素都会对其肠道菌群结构组成产生影响（Mueller et al.，2006；郭壮，2013）。叶莉等（2015）在对中国不同地区恒河猴（Macaca mulatta）的研究中发现，北京、河南两地的恒河猴肠道微生物种类不如广西、福建地区的恒河猴丰富。在小鼠上的研究也发现，饲养环境对其肠道菌群结构有较大影响，而性别差异的影响相对较小（尹业师和王欣，2012）。

在大熊猫的研究中发现，不同年龄的大熊猫肠道菌群结构存在差异（何永果等，2017；刘燕等，2018；李果等，2019），但是涉及不同地区对圈养大熊猫肠道菌群结构的研究相对较少。由于科学研究、繁殖等因素，大熊猫每年会定期转移圈舍，而大熊猫对居住地的依赖性较强，因此，研究不同地区圈养大熊猫肠道菌群的差异，可为大熊猫适应环境变迁提供理论依据。

一、圈养大熊猫肠道细菌菌群

邹立扣课题组采集全国大熊猫粪便样品（王鑫，2021；王鑫等，2021），经过 16S rRNA 测序，共获得 3 528 980 条有效序列，每个样品平均产生 47 688 条（范围从 29 312 条到 58 282 条）。按 97% 的相似度聚类后共得到 293 个 OTU 用于下一步分析，经物种注释后共获得 7 门 19 纲 36 目 71 科 132 属，其中 5 个 OTU 为所有样品共有。在门分类水平，变形菌门（61.95%）和厚壁菌门（29.08%）是组成大熊猫肠道细菌的主要门，不包含未注释的门。在属分类水平，取相对丰度前 20 的细菌绘制图谱，其中平均相对丰度大于 0.5% 的细菌共有 19 种，前五的属为埃希氏菌属（24.92%）、假单胞菌属（21.60%）、链球菌属（9.33%）、梭菌属（9.58%）和鞘氨醇杆菌属（Sphingobacterium，6.74%）（不包含未注释的属）。

二、不同地域亚成年大熊猫肠道菌群

在以上研究的基础上，依据统计分析要求，选择数量达到分析要求（$n \geq 3$）的地

区进行差异分析（表 5-3）。不同地区的各组亚成年大熊猫丰富度和多样性差异均不显著（$P>0.05$），南京（AGE1.NJ）具有最低的 Chao1 指数和 Shannon 指数，广州（AGE1.GZ）和保定（AGE1.BD）分别具有最高的 Chao1 指数和 Shannon 指数。

表 5-3　饲喂大熊猫的竹子种类信息

组名	年龄	圈养地	竹子种类
保定 AGE1.BD	亚成年（$n=4$）	保定市爱保野生动物世界	苦竹 Pleioblastus amarus
广州 AGE1.GZ	亚成年（$n=5$）	长隆野生动物世界	撑篙竹 Bambusa pervariabilis 和短枝黄金竹 Schizostachyum brachycladum
南京 AGE1.NJ	亚成年（$n=3$）	南京红山森林动物园	毛竹 Phyllostachys heterocycla 和巴山木竹 Bashania fargesii（叶）
沈阳 AGE1.SY	亚成年（$n=4$）	沈阳森林动物园	苦竹 Pleioblastus amarus、箬竹 Indocalamus tessellatus（叶）、方竹 Chimonobambusa quadrangularis（秆）、冬竹 Fargesia hsuehiana（笋）
大连 AGE2.DL	成年（$n=3$）	大连森林动物园	苦竹 Pleioblastus amarus
广州 AGE2.GZ	成年（$n=6$）	长隆野生动物世界	撑篙竹 Bambusa pervariabilis 和短枝黄金竹 Schizostachyum brachycladum
上海 AGE2.SH	成年（$n=4$）	上海野生动物园	孝顺竹 Bambusa multiplex、淡竹 Phyllostachys glauca
核桃坪 AGE2.HTP	成年（$n=9$）	中国大熊猫保护研究中心核桃坪基地	苦竹 Pleioblastus amarus、簕竹 Bambusa blumeana

本研究对样品进行了聚类分析，绘制了 PCoA 聚类图（图 5-11），保定和广州两组大熊猫肠道细菌结构差异显著（$P<0.05$）。在门分类水平，各组之间没有差异（$P>0.05$），以变形菌门（77.86%）和厚壁菌门（18.29%）为主。在属分类水平，假单胞菌属（57.10%～70.71%）是 AGE1.BD 和 AGE1.SY 组肠道细菌的主要属（平均相对丰度均大于 5.0%）；

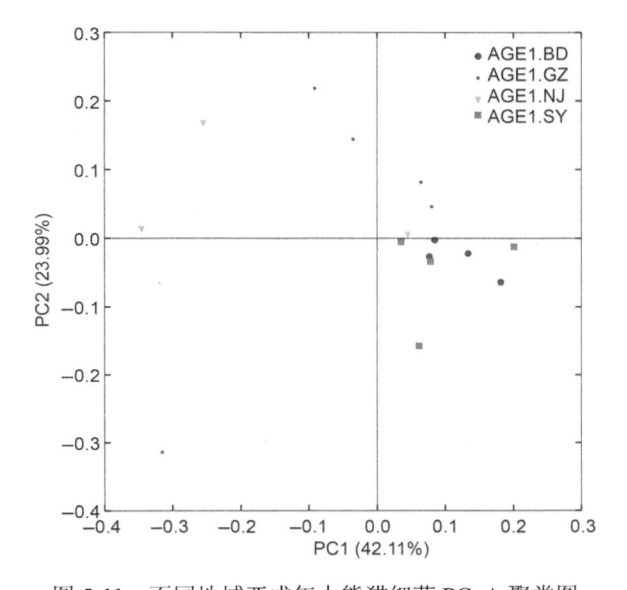

图 5-11　不同地域亚成年大熊猫细菌 PCoA 聚类图

AGE1.GZ 肠道细菌主要为链球菌属（15.55%）；AGE1.NJ 肠道细菌主要属是埃希氏菌属（32.85%）、假单胞菌属（23.52%）和梭菌属（33.09%）。各组间的差异属（不含未注释属）主要为不动杆菌属、埃希氏菌属、克雷伯菌属（*Klebsiella*）、拉恩氏菌属（*Rahnella*）、耶尔森氏菌属（*Yersinia*）、紫色杆菌属（*Janthinobacterium*）和 SMB53。

三、不同地域成年大熊猫肠道菌群

邹立扣课题组研究发现，成年组大熊猫肠道菌群丰富度（Chao1 指数）不存在显著差异（$P>0.05$），而多样性（Shannon 指数）存在显著差异（$P<0.05$）（王鑫，2021；王鑫等，2021）。两两比较后发现，上海（AGE2.SH）和核桃坪基地（AGE2.HTP）Shannon 指数差异显著（$P<0.05$），上海具有最高的 Chao1 指数和 Shannon 指数，而核桃坪基地具有最低的 Chao1 指数和 Shannon 指数。PCoA 聚类表明，四地成年大熊猫的肠道菌群结构无显著性差异（$P>0.05$）（图 5-12）。

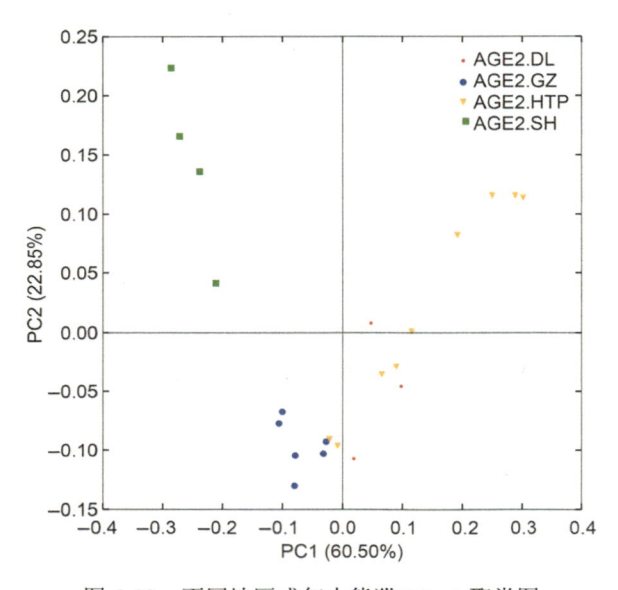

图 5-12 不同地区成年大熊猫 PCoA 聚类图

四、地域对肠道微生物的影响分析

国内大多数动物园里的大熊猫数量偏少，使得研究不同地区大熊猫肠道细菌时采样受到了一定的限制。同批次采样并采用同种测序方法和前处理方法研究亚成年及成年圈养大熊猫肠道菌群，发现肠道菌群多样性和菌群结构发生了改变（王岚，2019）。何永果等（2017）研究表明，性别对大熊猫肠道菌群没有影响而年龄对大熊猫肠道菌群有影响。研究结果存在差异，可能与测序技术方法、样品采样时间段及样品的前处理有关（王燚，2011；王晓艳，2013；王晓艳等，2015）。

邹立扣课题组研究发现，不同地域大熊猫的肠道细菌主要门为变形菌门和厚壁菌门，主要属为埃希氏菌属、假单胞菌属、链球菌属、梭菌属和鞘氨醇杆菌属（王鑫，2021；

王鑫等，2021）。简单地说，在以往有关大熊猫肠道细菌的报道中，埃希氏菌属、假单胞菌属、链球菌属和梭菌属都是已被发现的核心菌群（鲍楠等，2005；Tun et al.，2014；何永果等，2017），且后三种菌的功能主要与大熊猫吃竹子有关。埃希氏菌属是大熊猫肠道中常见的条件致病菌，能维持大熊猫肠道内的微生态平衡。幼年大熊猫断奶后，肠道内的假单胞菌属的相对丰度会显著升高（晋蕾等，2019a），研究发现假单胞菌属参与纤维素的降解（Guo et al.，2018a；Yang et al.，2018）。链球菌属不仅能产生编码纤维素或半纤维素降解的基因（Oyeleke and Okusanmi，2008），还与大熊猫肠道黏液有紧密关系（Williams et al.，2016）。梭菌属能产生编码纤维素或半纤维素降解的基因（Zhu et al.，2011），有助于大熊猫利用竹子这类高纤维的食物。鞘氨醇杆菌属属于拟杆菌门，在自然界中普遍存在（Lambiase et al.，2009），具有降解纤维素和木聚糖的能力（Cheng et al.，2019），近几年逐渐发现该菌会感染人类引发疾病（Pernas-Pardavila et al.，2019），邹立扣课题组采样时大熊猫表观健康，该菌是否在大熊猫肠道中帮助降解竹子或引起大熊猫疾病则需要进一步研究。明串珠菌属、不动杆菌属和芽孢杆菌属在不同地区的成年大熊猫肠道中占有一定的比例，它们均有助于大熊猫利用高纤维的竹子，参与纤维素的降解（Zhu et al.，2011；Guo et al.，2018a；Yang et al.，2018；詹明晔等，2019），此外，明串珠菌属还与链球菌属相似，都与大熊猫肠道黏液密切相关（Williams et al.，2016）。克雷伯菌属是大熊猫肠道中的正常菌群，同时也是重要的条件致病菌，其相对丰度随年龄的增长而降低（Guo et al.，2018a）。耶尔森氏菌属也是能够引起大熊猫肠道疾病的病原菌之一。有报道表明，亚成年大熊猫会因感染耶尔森氏菌属而发生急性肠炎（叶志勇等，1998）。克雷伯菌属和耶尔森氏菌属在沈阳的亚成年大熊猫肠道中显著高于其他亚成年大熊猫（$P<0.05$），因此，饲养员应当加强圈舍管理，预防大熊猫肠道疾病。

为推动大熊猫文化建设、科普教育和宣传等，中国大熊猫保护研究中心的大熊猫在国内不同动物园生活，这些交流大熊猫需要适应当地的生存环境，研究表明，肠道菌群的组成多样性在宿主适应环境的过程中起着重要作用（Amato et al.，2013；Barelli et al.，2015；Chevalier et al.，2015；Li et al.，2016）。不同地域成年大熊猫菌群β多样性无显著差异（$P>0.05$），但α多样性（核桃坪和上海）存在显著差异（$P<0.05$）。与其他地区相比，核桃坪大熊猫肠道菌群的α多样性最低。当大熊猫从中国大熊猫保护研究中心转移到不同城市，地理环境等因素发生了巨大变化，核心菌群得以保留，但是丰度有所改变，也获得了特有的菌群，导致了肠道菌群多样性增加。上海和核桃坪的成年大熊猫肠道菌群的α多样性存在显著差异（$P<0.05$），而分别与其他地区成年大熊猫肠道菌群α多样性无显著差异（$P>0.05$）。与詹明晔等（2019）报道一致，上海和四川两地成年大熊猫肠道优势菌和特异性菌有较大差异，上海成年大熊猫肠道菌群结构较四川成年大熊猫更加丰富。核桃坪基地位于四川省汶川县卧龙镇核桃坪，平均海拔为1820m，该区域属于高海拔地区（1500～3500m），而上海等其他地区均为低海拔地区，推测在圈养条件下，地理环境对大熊猫肠道菌群的影响较小，而核桃坪和上海成年大熊猫肠道细菌菌群之间的差异可能是由两地大熊猫食用竹子的差异导致的。不同地区的大熊猫都包含一定丰度的核心菌群及不同丰度的特有菌群，该结果与先前关于恒河猴的研究结果相似

(Zhao et al., 2018a)。与利用高纤维竹子有关的菌（如假单胞菌属、链球菌属、梭菌属、明串珠菌属、不动杆菌属和芽孢杆菌属）在不同地区的亚成年大熊猫中占据了很大的优势，核桃坪（56.25%）＞大连（53.10%）＞广州（32.77%）＞上海（22.01%），它们可以帮助大熊猫消化竹子中的纤维素。核桃坪、大连和广州的优势菌是埃希氏菌属，而该菌在上海的相对丰度较低，上海的优势菌为鞘氨醇杆菌属，在之前的文献中，暂未报道该菌与大熊猫的关系，推测该菌是大熊猫肠道中的过路菌，也可能参与了纤维素的降解从而帮助大熊猫利用纤维素。

不同地区亚成年大熊猫菌群 α 多样性无显著差异（$P＞0.05$），但 β 多样性（保定和广州）存在显著差异（$P＜0.05$）。南京的亚成年大熊猫肠道菌群 α 多样性低于核桃坪的成年大熊猫，王岚等（2019）发现大熊猫肠道内菌群 α 多样性为老年＞成年＞幼年＞亚成年，由此推测可能是受年龄的影响。保定和沈阳大熊猫肠道中的假单胞菌属以过半的比例占据了绝对优势，在广州和南京仅占了 31.36% 和 23.52%，但是与降解纤维素相关的另外两种菌（链球菌属和梭菌属）在广州和南京中分别占据了 17.74% 和 36.52%。不同地区大熊猫肠道微生物群落结构有很大的变化，但是能参与大熊猫降解利用竹子的菌种从整体达到了一个相对较高的丰度水平，这可能与大熊猫处于不同地理环境及饲喂竹子种类不同有关。

圈养条件下的大熊猫只能被动接受圈养单位所提供的竹类，由于气候季节、水热条件等因素，国内不同地区的竹子种类不一样，因此，不同圈养单位投喂给大熊猫的竹子也有所差异。Jin 等（2020）发现饲喂大熊猫的竹子种类影响大熊猫肠道内微生物组成，即竹子本身细菌多样性越高，那么大熊猫肠道内的细菌多样性也就越高。保定和沈阳的亚成年大熊猫及核桃坪和大连的成年大熊猫主要食用苦竹（*Pleioblastus amarus*），由以上结果可以看出，保定和沈阳的亚成年大熊猫肠道细菌菌群多样性最为接近，而核桃坪和大连的成年大熊猫肠道细菌菌群多样性也很相似。此外，保定和沈阳的亚成年大熊猫肠道细菌菌群的组成相似，大连和核桃坪的成年大熊猫肠道细菌菌群的组成也相似。PCoA 聚类图显示，保定的亚成年大熊猫肠道细菌菌群与广州的亚成年大熊猫不相似（$P＜0.05$），这种差异可能是由喂食的竹子种类的差异所导致。不同地区的成年大熊猫肠道细菌菌群的丰富度和结构均无显著差异。

通过高通量测序技术探讨了不同地域圈养大熊猫肠道细菌的组成，发现在门分类水平，都是以变形菌门和厚壁菌门为主，但占比有所不同。在属分类水平，各地的核心菌群相同但比例不同，特异性细菌的种类和丰度差异较大。对不同地区的亚成年和成年大熊猫肠道细菌的研究发现，在圈养条件下，地理环境可影响圈养大熊猫肠道细菌菌群，而饲喂大熊猫竹子种类的不同也可能是导致不同地区大熊猫肠道微生物的多样性和丰度差异的重要原因。研究不同地区大熊猫肠道菌群可为圈养大熊猫适应新环境提供指导，同时丰富国内圈养大熊猫肠道细菌的数据库，为大熊猫疾病的预防与治疗提供支撑。为更好地了解肠道菌群组成与大熊猫适应不同地理环境之间的联系，需要更进一步的研究以帮助大熊猫适应不同的环境。

第四节　圈养、培训与放归对大熊猫肠道微生物的影响

野生大熊猫集中分布在凉山、小相岭、大相岭、邛崃山、岷山及秦岭山系，2015年全国第四次大熊猫调查结果公布全国大熊猫数量最多可达到1864只，比第三次调查结果增加了268只。随着圈养大熊猫发情、配种受孕、育幼成活等关键技术问题的成功解决，截至2023年底，全球大熊猫圈养数量达到728只。通过放归圈养种群扩大野生孤立小种群数量，以维持其遗传多样性，可达到拯救濒危野生动物的目的。因此，为了扩大大熊猫野生孤立小种群数量及其遗传多样性，中国大熊猫保护研究中心于2003年启动圈养大熊猫放归自然试验后，开始了探索大熊猫放归前的野化培训研究工作，野化培训大熊猫被放归于栗子坪国家级自然保护区并成功在野外生活，从而达到了补充孤立小种群的目的。

圈养大熊猫圈舍的环境及空间均受限制，单调狭小，一般为一个5.8m×13m的室外运动场和一个5.8m×2.3m的室内兽舍。室内圈舍由铁栏杆构成，并分隔成2室，地面铺设水泥。室内圈舍外面连接露天活动场，以杂草覆盖地面，并设置一些简单的设施如滑梯供动物攀爬及水池供其饮水。相邻活动场之间由水泥墙相隔离。相邻的动物可通过运动场水泥墙下部的铁网窗和栅栏门进行视觉、听觉和嗅觉交流，饲养区周围有森林，人工种植竹林，环境良好，且具有安静、冬暖夏凉及通风良好等特点。圈养大熊猫的主食包括竹子和高热量高蛋白的精饲料，新鲜竹子全天足量供应，投放时一般以整株喂食。其中，精饲料主要有窝头、奶粉等，以及鱼肝油、蜂蜜等各种矿物质和多种维生素添加剂等。此外，还会补充一些苹果、胡萝卜等。

大熊猫野化培训场位于四川省卧龙国家级自然保护区，位于汶川县西南部的高山峡谷地带，山高谷深，垂直高差大，由西北向东南急剧递减（周世强等，2009），是我国最早建立的保护区之一，面积约20万hm²，以"熊猫之乡"扬名中外。区内生物多样性极为丰富，珍稀濒危代表动植物主要有大熊猫、贡山羚牛（*Budorcas taxicolor*）、红豆杉（*Taxus chinensis*）、珙桐（*Davidia involucrata*）等。卧龙国家级自然保护区属青藏高原气候，冬季寒冷干燥，夏季凉爽多雨，平均气温9.8℃，相对湿度80%以上，其主要植被类型为常绿阔叶林、常绿落叶阔叶混交林、落叶阔叶林、温性针叶林、温性针阔混交林、寒温性针叶林、耐寒灌丛、高山草甸和高山流石滩植被等（黄金燕等，2007）。

相较于传统的圈舍类型，大熊猫野化培训场地环境较为丰富，且空间较大，其面积为27 000m²，海拔2070~2140m，平均坡度为20°~30°，年最高气温15℃，年均空气相对湿度约95%。培训场用钢板和铁丝网筑起一道高2.5m的围栏，一条小溪纵贯全场，四季不涸（谢浩等，2012）。拐棍竹（*Fargesia robusta*）为培训场内主要竹种，占95%以上，另外还生长有较少的短锥玉山竹（*Yushania brevipaniculata*）。该区为温带落叶阔叶林，生物多样性丰富，且植物群落生态特征与卧龙大熊猫栖息地内相似（周世强等，2004，2005）。野化培训大熊猫在以竹子为主食的基础上，逐渐减少投喂窝头的量和次数。

大熊猫首个自然放归地在四川省栗子坪国家级自然保护区，该区已完成了大熊猫"张想""泸欣""淘淘""华姣""八喜""映雪"等的放归工作，积累了丰富的经验。

该保护区以保护大熊猫等野生动植物为目的，总面积约47 885hm^2，位于石棉县境内的贡嘎山东南面，属小相岭山系。地势从西南向东北倾斜，以中高山为主，有少量低山和河谷，跌宕起伏，高差大。该区属亚热带季风为基带的山地气候，年平均气温约13℃。区内植被类型丰富，垂直分布有常绿阔叶林、人工针叶林、常绿与落叶阔叶混交林、针阔混交林、亚高山针叶林、亚高山灌丛、草甸及高山流石滩植被类型（李艳红等，2007）。

大熊猫放归项目的重点在于提高大熊猫在野外的存活率，纵观国内外，放归成功的案例很多，但仍有部分个体甚至全部个体死亡的案例存在，因而采取一定技术手段并完善大熊猫放归标准是提高其野外存活率的关键。肠道微生物在维持宿主正常的生理和生化功能中起着重要作用，当肠道菌群的平衡被打破，即可能引起各种各样的疾病（胡旭等，2015；王立志和徐谊英，2016），大量研究指出，肠道微生物在大熊猫中也充当重要角色，除对其营养、代谢和生长发育等有着重要影响外，肠道疾病致死是导致大熊猫濒危的重要因素之一（杨伟平等，2017）。因而，研究大熊猫肠道菌群对提高放归野外大熊猫的存活率有着重要意义，目前涉及放归大熊猫的研究报道较多，但针对其肠道菌群的研究较少，且其中大部分研究使用的方法都是传统的分离鉴定和16S rDNA-RFLP法，这些方法均存在局限性，不能完全反映大熊猫肠道中微生物的情况（楼骏等，2014；王立志和徐谊英，2016）。此外，这些研究大部分都选择圈养大熊猫作为对照组进行肠道微生物组成的对比，研究表明大型兽类的圈养个体直接放归野外的成功率极低（Zhou et al.，2012），因而，为提高放归大熊猫的存活率，使其能融入野生大熊猫种群，现阶段放归的大熊猫都是预先经过野化培训的，而非直接放归（张泽钧等，2006）。研究培训、放归和野生大熊猫的肠道微生物菌群组成及变化，是提高放归大熊猫存活率的重要途径。

一、圈养、培训与放归及野生大熊猫的肠道细菌菌群

四川农业大学邹立扣课题组利用高通量测序技术对培训、放归及野生大熊猫的肠道微生物组成和变化进行研究（晋蕾等，2019b）。通过16S rRNA高通量测序技术检测，按97%的相似度聚类后得到9873个OTU，经物种注释后共获得18门30纲48目100科191属。利用Chao1指数和Shannon指数研究培训1阶段（A1）、培训2阶段（预放归，A2）、放归（A3）和野生（A4）大熊猫肠道细菌菌群丰富度和多样性的变化（图5-13），其中野生大熊猫的Chao1指数（330.16）最高，而Shannon指数最低（1.96），培训和预放归大熊猫分别具有最高的Shannon指数（2.63）和最低的Chao1指数（249.13）。此外，不同阶段大熊猫肠道细菌的丰富度和多样性不存在显著性差异（$P>0.05$，t检验）。总体来看，大熊猫肠道细菌菌群在整个放归过程中Chao1指数呈先下降，从培训2阶段到野生阶段呈持续上升，而Shannon指数自培训到野外呈持续下降趋势。

利用非度量多维尺度（NMDS）对各组大熊猫肠道菌群进行聚类分析，可见培训2阶段和放归大熊猫聚集在一起，而培训1阶段和野生大熊猫都独立聚集，表明培训2阶段和放归大熊猫肠道细菌菌群的组成较相似，放归和野生大熊猫与其余各组大熊猫肠道

细菌菌群组成的相似度较低（图 5-14）。

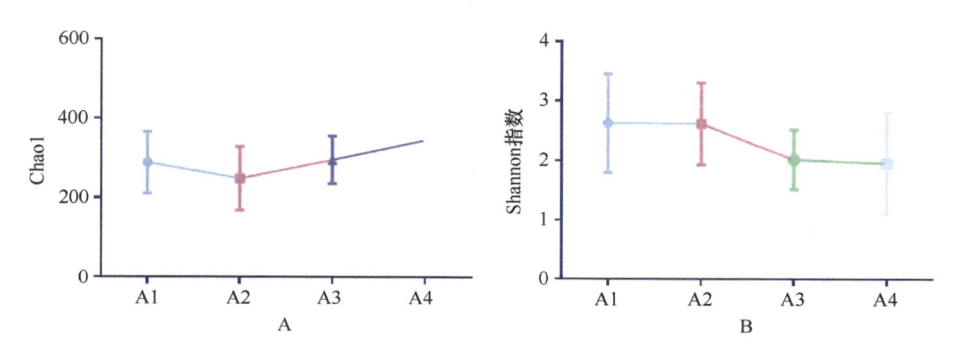

图 5-13 大熊猫肠道细菌菌群丰富度和多样性
A. 大熊猫肠道细菌菌群的丰富度；B. 大熊猫肠道细菌菌群的多样性

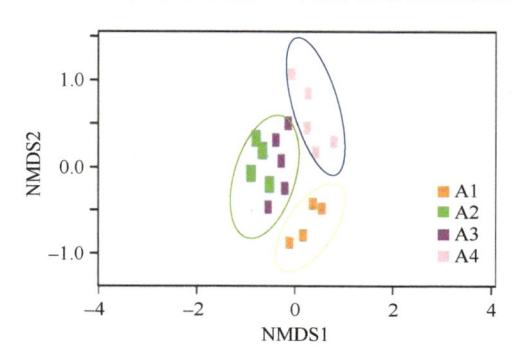

图 5-14 各组大熊猫肠道细菌菌群的 NMDS 图

门分类水平大熊猫肠道细菌菌群的具体组成情况如图 5-15 所示。在门分类水平厚壁菌门（61.33%）和变形菌门（35.09%）是培训、放归和野生大熊猫肠道主要的细菌门，放归和野生大熊猫肠道中厚壁菌门是相对丰度最高的细菌门，而培训大熊猫肠道中变形菌门是相对丰度最高的细菌门。最后结合各阶段大熊猫肠道前 20 的细菌属的具体变化情况进行分析，发现明串珠菌属的相对丰度在放归过程中呈持续上升趋势，而不动杆菌属则呈持续下降（不含未识别属）趋势（表 5-4）。此外，还发现梭菌属和芽孢杆菌属在放归大熊猫中的丰度显著高于培训和预放归大熊猫（$P<0.05$），而埃希氏菌属、链球菌属和乳球菌属在放归大熊猫中的丰度显著低于培训大熊猫（$P<0.05$）。

二、圈养、培训与放归大熊猫的肠道真菌菌群

通过 ITS 高通量测序技术检测（晋蕾等，2019b），按 97%的相似度聚类后得到 6897 个真菌 OTU，注释后得到 11 门 30 纲 48 目 100 科 383 属。利用 Chao1 指数和 Shannon 指数研究培训 1 阶段、培训 2 阶段、放归和野生大熊猫肠道真菌菌群丰富度和多样性的变化（图 5-16），其中野生大熊猫具有最高的 Chao1 指数和 Shannon 指数值（345.6 和 3.74），而处在培训阶段的大熊猫具有最低的 Chao1 指数和 Shannon 指数值（166.75 和

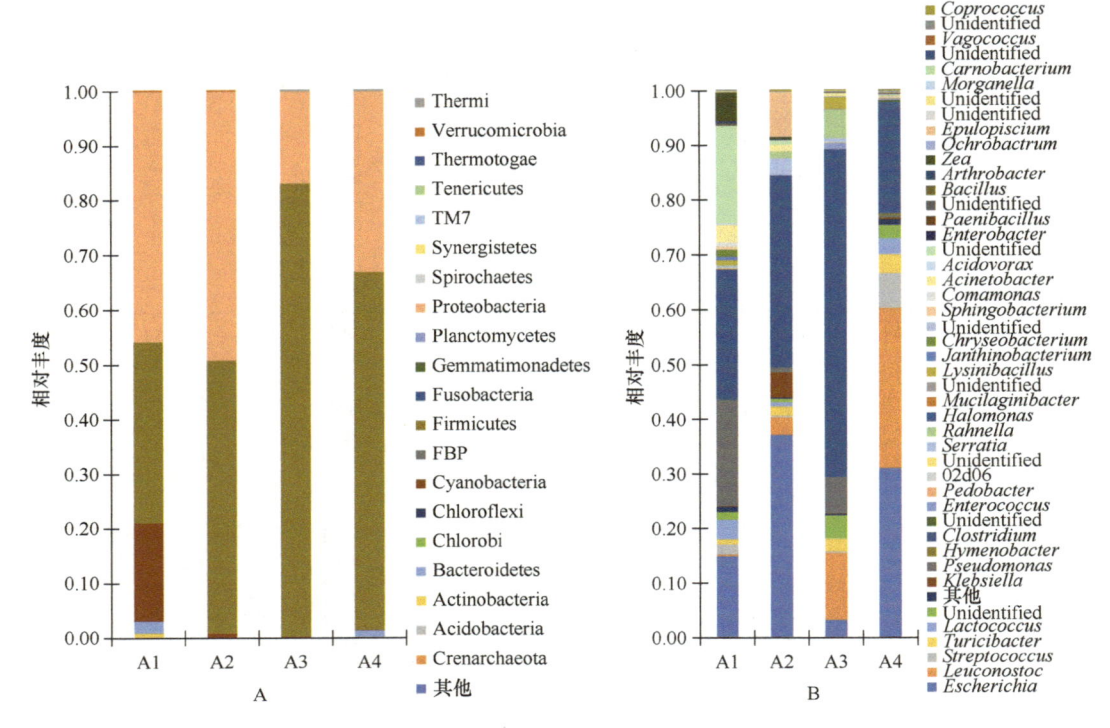

图 5-15　大熊猫肠道细菌菌群的组成
A. 门分类水平大熊猫肠道细菌菌群的组成；B. 属分类水平大熊猫肠道细菌菌群的组成

表 5-4　组间发生变化的大熊猫肠道细菌菌群相对丰度（%）

属	A1	A2	A3	A4
明串珠菌属 *Leuconostoc*	0.34	3.14	12.30	29.25
不动杆菌属 *Acinetobacter*	3.14	1.23	0.46	0.02
梭菌属 *Clostridium*	23.73	34.95	59.82	20.44
芽孢杆菌属 *Bacillus*	0.03	0.01	0.06	0.01
埃希氏菌属 *Escherichia*	14.94	37.24	3.24	31.10
链球菌属 *Streptococcus*	1.85	0.30	0.26	6.32
乳球菌属 *Lactococcus*	3.55	0.78	0.03	2.96

2.37）。同时野生大熊猫与培训阶段大熊猫在 Chao1 指数上具有显著性差异（$P<0.05$）。整体来看，从培训到野外，大熊猫肠道真菌菌群的 Chao1 指数呈持续上升趋势。

利用 NMDS 对不同阶段大熊猫肠道真菌菌群组成的相似性进行研究，发现培训和预放归大熊猫的样品均独自聚集，而放归大熊猫和野生大熊猫的样品聚集在一起无法分离，表明放归大熊猫和野生大熊猫肠道真菌菌群的组成较相似，而与培训和预放归大熊猫肠道真菌菌群组成相似度较低，门分类水平大熊猫肠道真菌菌群的具体组成情况如图 5-17 所示。

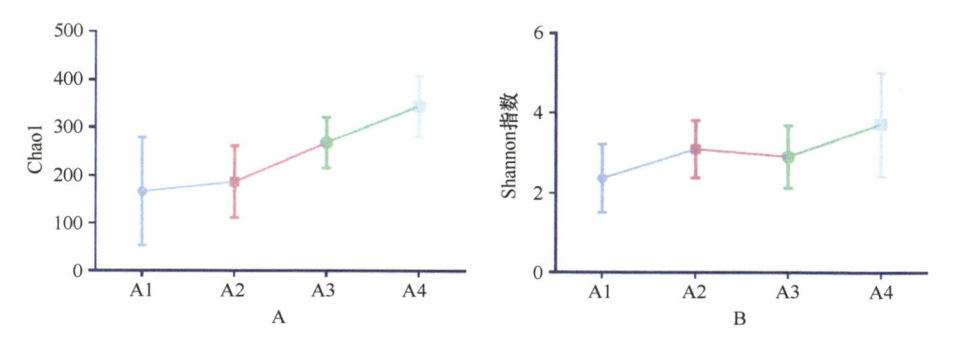

图 5-16　大熊猫肠道真菌菌群多样性和丰富度
A. 大熊猫肠道真菌菌群的丰富度；B. 大熊猫肠道真菌菌群的多样性

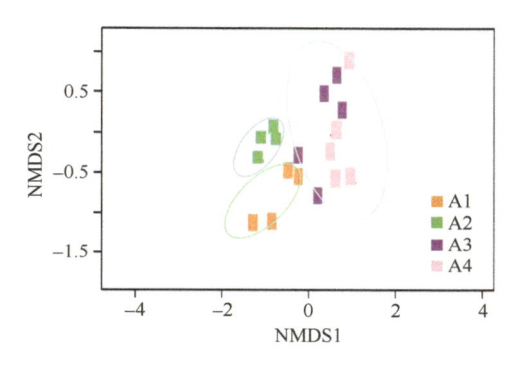

图 5-17　各组大熊猫肠道真菌菌群的 NMDS 图

在门分类水平，子囊菌门（81.56%）是培训、预放归、放归和野生大熊猫肠道中的核心菌门，其相对丰度在培训 1 阶段最高，培训 2 阶段略有下降后，又呈现小幅上升的趋势（图 5-18）。然后对各阶段大熊猫肠道前 20 的真菌属的具体变化情况进行分析，发现大熊猫肠道内葡萄穗霉属（*Stachybotrys*）、镰刀菌属、*Retroconis* 和德巴利酵母属的相对丰度从培训到野外阶段呈持续上升，而隐球菌属和 *Lulwoana* 则持续下降（表 5-5）。此外，放归大熊猫肠道 *Sphaerulina* 和曲霉属（*Aspergillus*）的相对丰度显著高于培训、预放归和野生大熊猫（表 5-5）。

三、圈养、培训与放归对大熊猫肠道菌群的影响分析

熊焰等（2000）和谭志等（2004）采用传统分离鉴定法对卧龙国家级自然保护区亚成年大熊猫的肠道细菌菌群进行研究，发现其优势菌群为肠杆菌、肠球菌和乳杆菌。王燚等（2011）通过 16S rDNA-RFLP 法，发现肠杆菌、志贺菌和柠檬酸杆菌为亚成年大熊猫肠道中的优势细菌菌群。晋蕾等（2019b）研究发现，大熊猫肠道细菌菌群主要为厚壁菌门（61.33%）和变形菌门（35.09%）下的梭菌属（39.68%）、埃希氏菌属（20.94%）、明串珠菌属（8.75%）、假单胞菌属（5.08%）和 *Epulopiscium*（4.69%），其中埃希氏菌属属于肠杆菌科（Enterobacteriaceae），明串珠菌属属于乳杆菌目（Lactobacillales），该实验研究结果比熊焰等（2000）和王燚等（2011）的结果更为详尽且有一定出入，其原

因可能是检测方法的差异性,传统培养技术受条件限制,难以培养厌氧细菌,因而无法检测出大熊猫肠道内的梭菌属,从而使得实验结果出现差异,而 16S rDNA-RFLP 法则是由于没有高通量测序技术的高通量和大规模,从而导致结果存在差异(何永果等,2017)。

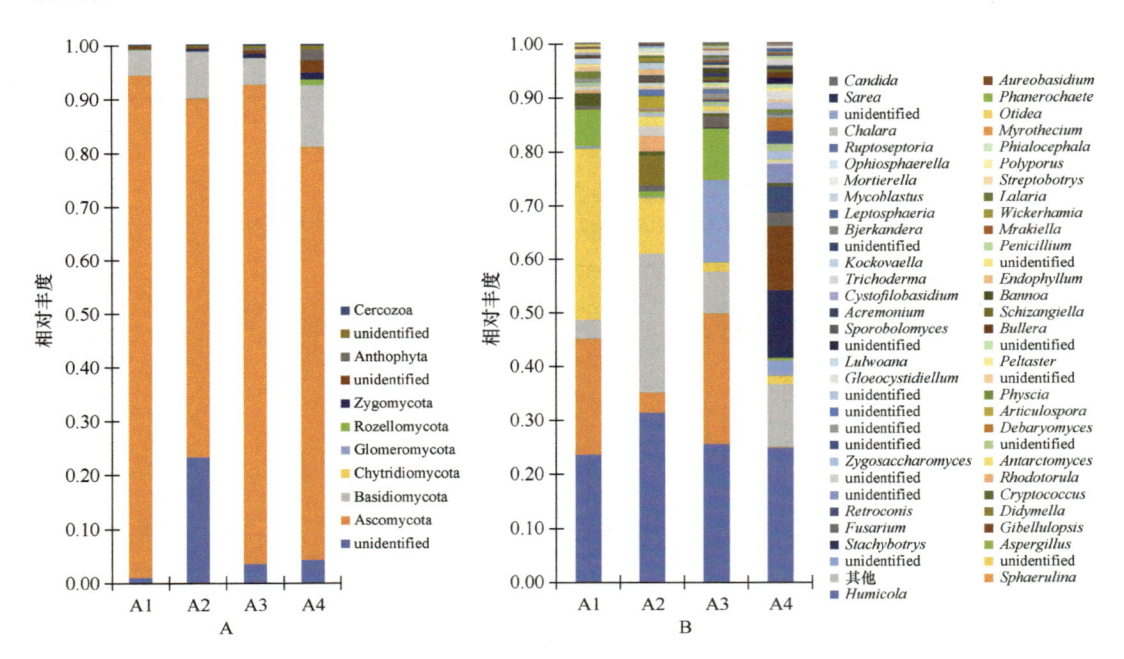

图 5-18 大熊猫肠道真菌菌群的组成

A. 门分类水平大熊猫肠道真菌菌群的组成;B. 属分类水平大熊猫肠道真菌菌群的组成

表 5-5 组间发生变化的大熊猫肠道真菌菌群相对丰度(%)

菌属	A1	A2	A3	A4
葡萄穗霉属 Stachybotrys	0.00	0.00	0.12	12.57
镰刀菌属 Fusarium	0.48	1.04	1.95	2.47
Retroconis	0.00	0.00	0.01	4.87
德巴利酵母属 Debaryomyces	0.01	0.15	0.16	2.34
隐球菌属 Cryptococcus	2.31	0.76	0.57	0.55
Lulwoana	1.08	0.41	0.00	0.00
Sphaerulina	21.55	3.70	24.32	0.10
曲霉属 Aspergillus	6.85	1.04	9.53	0.52

艾生权等(2014)用 RFLP 法研究亚成年大熊猫肠道真菌菌群组成并发现子囊菌门(52.36%)和担子菌门(10.20%)两个门,假丝酵母属、德巴利酵母属、格孢腔菌属、多腔菌属、*Cystofilobasidium*、丝孢酵母属、白冬孢酵母属、*Leucosporidiella* 为优势菌群。晋蕾等(2019a)的研究结果显示,亚成年大熊猫肠道真菌菌群主要为子囊菌门(81.56%),其下主要为腐质霉属(26.43%)、*Sphaerulina*(12.42%)、曲霉属(4.49%)、葡萄穗霉属(3.17%)和 *Gibellulopsis*(3.06%)。两组实验结果差异较大,可能是由于该

实验中采样的亚成年大熊猫是非圈养大熊猫，与艾生权等（2014）实验中的圈养大熊猫相比，其生存环境和食物等均有差异，而这些差异就现有报道来看，均能对肠道菌群产生影响（杨伟平等，2017），因为两组实验结果产生了较大的差异，其具体影响因素还有待后续实验进行进一步的研究确认。

晋蕾等（2019b）研究发现，培训 2 阶段过程会影响大熊猫肠道菌群，且对真菌菌群的影响大于对细菌的影响，首先大熊猫肠道细菌菌群的多样性和真菌菌群的丰富度分别呈持续下降和上升的趋势，而细菌菌群的丰富度和真菌菌群的多样性在排除预放归阶段的情况下呈持续上升的趋势，此结果说明在培训 2 阶段，大熊猫肠道菌群的多样性和丰富度会发生变化，导致这些变化的因素有很多，如食物、海拔和环境等，结合培训过程中的具体操作，推测培训 2 阶段中的抓捕和转运等工作使大熊猫产生的应激反应（毕温磊等，2014），是引起其肠道菌群丰富度和多样性发生变化主要因素之一。同时 NMDS 图结果显示，预放归阶段大熊猫肠道细菌菌群的组成和放归阶段相似，但真菌菌群却不相似。通过此情况可发现该阶段对大熊猫肠道真菌的影响大于细菌，其原因可能是在预放归过程中喂食竹子的种类不同，有研究报道食物中的微生物可能对肠道菌群产生影响（陈卫，2015），而竹子中以真菌菌群为主，所以导致培训 2 阶段和放归阶段的大熊猫肠道中真菌菌群的差异大于细菌菌群。建议在今后的放归过程中尽量缩短预放归阶段的时间，且采取一定措施减少人为干扰从而降低大熊猫产生应激反应的概率，保持其肠道菌群的稳定，提高野外存活率。

此外，值得注意的是，在真菌的多样性上，野生大熊猫与培训 1 阶段和培训 2 阶段大熊猫之间存在显著差异（$P<0.05$），但与放归大熊猫之间不存在显著差异（$P>0.05$），由此可推测由野化培训到放归的过程大熊猫肠道菌群结构组成逐渐趋近野生大熊猫。为了进一步证实该推测，本研究对前 20 属在培训 1 阶段—培训 2 阶段—放归—野生的变化进行了分析，发现在大熊猫肠道细菌菌群中，明串珠菌属的相对丰度随培训 1 阶段—培训 2 阶段—放归—野生的变化呈持续上升，且有研究报道明串珠菌属属于益生菌（成文玉等，2010）。不动杆菌属是条件致病菌，少有致病性但其毒性很强，有实例证明该菌引起过大熊猫死亡（陈永林等，2001），导致其含量持续下降的原因可能是培训和预放归阶段大熊猫抵抗力比放归和野生大熊猫弱，使大熊猫易感染该菌。在真菌菌群中，葡萄穗霉属能产生纤维素酶（杜宗军等，2001），相比放归大熊猫，野生大熊猫肠道内降解纤维素的细菌相对丰度较低，我们在以上研究中发现大熊猫肠道内两类主要的纤维素降解细菌——梭菌属和芽孢杆菌属在放归大熊猫肠道内含量远高于野生大熊猫（何永果等，2017），但野生大熊猫主食仍是竹子，为保持其自身生长发育，仍需要纤维素降解菌，因而葡萄穗霉属含量持续升高。镰刀菌属是动植物中最重要的病原菌（张卫娜等，2013），德巴利酵母属可能导致大熊猫慢性腹泻，造成这两类菌群含量升高的原因可能是相对圈养和培训等环境，野外和放归环境的卫生条件更差。隐球菌属是一类条件致病菌，广泛存在于鸽子粪便中，低免疫力群体感染此菌的概率更大（曹林和沈继录，2018），因而导致其相对丰度随不同阶段变化呈持续下降趋势的原因可能是野生大熊猫免疫力强于放归和培训阶段大熊猫。此结果也充分体现了自野化培训阶段到放归阶段大熊猫肠道菌群逐渐趋近野生大熊猫，然后通过与谭志（2004）的研究对比发现，经野化培训后的大熊猫较圈养大熊猫放归后其肠道菌群更能趋近于野生大熊猫，由此可表明野化培训与放归有利于大熊猫肠道菌群的重组使其更趋近野生大熊猫肠道菌群，对提高大熊猫野外存活率有着重要作用。

通过对放归大熊猫肠道中相对丰度高于其余各组的属进行分析，发现相比于野生大熊猫，卫生条件差的野外环境更易使放归大熊猫肠道内条件致病真菌含量升高。曲霉属能产生真菌毒素，此毒素危害巨大因而被广泛关注（黄晓静等，2017），本研究发现放归大熊猫中曲霉属的含量远高于其余各组，由此推测可能与放归和野外环境的卫生条件差有关（谭志，2004），且放归大熊猫免疫力低于野生大熊猫（刘艳红等，2015）。同时 *Sphaerulina* 在放归大熊猫中含量大且远高于野生大熊猫，其根本原因也极可能是环境卫生条件差，因为有相关报道证实 *Sphaerulina* 与植物病害有关（陈秀虹和伍建榕，2014；伍建榕等，2014），大熊猫食用了感染此菌的植物则可能使其在肠道内含量升高，而放归大熊猫的免疫力及在食物的选择能力上可能都比野生大熊猫更弱，因而该菌在放归大熊猫体内含量远高于野生大熊猫。埃希氏菌属、链球菌属和乳球菌属也是大部分文章中报道的大熊猫肠道中的优势菌群，但它们在大熊猫体内的具体功能目前还尚待明确，因而其相对丰度变化的原因还有待进一步研究。根据此结果建议在今后的培训过程中可以增加大熊猫在恶劣环境中的培训，以提高其对食物的选择能力，增加其免疫力和对条件致病菌的耐受力，进而减小放归大熊猫在野外因感染病毒等死亡的概率（刘艳红等，2015）。

本研究通过高通量测序技术对培训、预放归、放归和野生大熊猫的肠道菌群的组成和变化进行了研究，发现随着野化培训到放归，大熊猫肠道菌群逐渐趋近野生大熊猫，研究结果可为大熊猫种群的复壮提供基础数据，为提高放归大熊猫的存活率提供支撑。

第五节　食性转换对大熊猫肠道菌群的影响

研究发现，饮食是驱动肠道菌群组成和代谢的主要因素，饮食主要通过改变肠道环境、膳食宏量营养素的含量等来影响宿主肠道菌群的组成（Russell et al.，2011；Scott et al.，2013；Walker et al.，2011）。在意大利儿童和非洲儿童肠道菌群对比研究中发现，非洲儿童的饮食中膳食纤维比例高，使得其肠道中拟杆菌门比饮食中膳食纤维比例低的意大利儿童更为丰富，其中主要包含能产生编码纤维素和木聚糖水解酶基因的普雷沃氏菌属和 *Xylanibacter*（Carlotta et al.，2010）。相似的研究结果也出现在非人灵长类（non-human primate）动物的研究中，野外的非人灵长类被人工捕获圈养后，随着其饮食中膳食纤维比例的降低，其肠道中具有纤维素降解功能的微生物如梭菌、*Adlercreutzia* 和颤螺菌（*Oscillospira*）减少或消失（Clayton et al.，2016）。高脂高糖饮食的摄入可以增加地鼠肠道中厚壁菌门和柔膜菌纲（Mollicute）的数量，同时抑制了拟杆菌门的数量（Tomas et al.，2016）。同时，越来越多的研究表明外来菌剂和食物中的微生物也能影响宿主肠道菌群的组成（Siggers et al.，2008；Hannula et al.，2019）。

肠道疾病是圈养和野生大熊猫死亡的重要原因（Tun et al.，2014）。目前，国内外开展了大量主要针对大熊猫肠道菌群组成的研究（Xue et al.，2015），近年来，随着高通量测序技术在大熊猫肠道菌群研究中的广泛应用,在环境因子对大熊猫肠道菌群影响的研究上取得了一定的进展。何永果等(2017)对健康成年雌性和雄性大熊猫肠道微生物菌群的对比发现,性别对大熊猫肠道细菌和真菌菌群的组成没有显著影响($P>0.05$)。进一步与亚成年和老年大熊猫肠道细菌菌群的研究结果对比,发现大熊猫肠道细菌OTU数量呈现成年>老年>亚成年,梭菌属、明串珠菌属和链球菌属等相对丰度也随年龄的变化而变化(王燚等,2011;王晓艳,2013)。Wu等(2017)通过对比不同季节大熊猫肠道微生物的组成,发现大熊猫肠道微生物的组成随季节的变化而变化($P<0.05$)。晋蕾等(2019a)通过对比断奶前后幼年大熊猫肠道菌群组成,发现断奶后肠道乳杆菌属的相对丰度显著下降,且肠道真菌属 *Microidium* 的相对丰度也显著下降($P<0.05$)。

一、食性转换中大熊猫肠道细菌菌群的变化

大熊猫在幼崽时期表现出独特的食性转换,其饮食结构由牛奶饮食转变为竹子饮食(Schaller et al.,1985),少量研究也对比了牛奶到竹子食性转化期间大熊猫肠道菌群的变化,如Zhang等(2018)研究了幼年到亚成年大熊猫肠道菌群的变化,根据饮食分为母乳组、人工乳组、竹子组和笋子组,结果显示母乳组/人工乳组、竹子组和笋子组大熊猫肠道菌群组成有显著差异($P<0.05$)。通过对比两只以奶为主食的幼年大熊猫和其完全以竹子为食的父母的肠道菌群(Guo et al.,2018a),发现其肠道菌群多样性远低于其父母($P<0.05$)。同时,聚类分析结果显示两只幼年大熊猫肠道菌群组成与其父母亲差异显著。由于大熊猫数量和生活方式等条件的限制,大部分研究存在样本数量较少、没有控制单一变量,以及缺乏饮食如何影响大熊猫肠道微生物菌群的深入探索的问题。因此,利用高通量测序技术,追踪圈养幼年大熊猫从牛奶到竹子食性转换过程中,其肠道菌群的组成与改变,可科学、准确地反映食性转换和竹子对大熊猫肠道菌群组成的影响。

邹立扣课题组选取5只6个月大的健康圈养幼年大熊猫(3只雄性和2只雌性)为实验对象,采用16S rRNA和ITS高通量测序技术研究食性转换过程对大熊猫肠道细菌和真菌菌群组成的影响(Jin et al.,2020,2021;晋蕾,2020)。追踪采集这5只幼年大熊猫从完全以牛奶为食到完全以竹子为食期间的粪便样品。从实验开始前两个月起直到实验结束,这5只大熊猫没有摄入任何抗生素和食物补充剂,且有兽医每天监测其健康状况。将每天仅摄入奶的大熊猫的粪便划分为以牛奶为食组(only milk diet,OMD);每天仅摄入奶和竹子的大熊猫的粪便划分为以牛奶和竹子为食组(milk and bamboo diet,MBD);每天仅摄入竹子的大熊猫的粪便划分为以竹子为食组(only bamboo diet,OBD)。粪便样品的采集使用无菌一次性手套,在大熊猫排便后,将完整的新鲜粪便收集至无菌袋中,储藏于冰盒中或将粪便先于-80℃下冷藏,于当天立即送实验室进行处理。实验室内,在无菌条件下,将粪便外部(黏液部分)剥离,取中间部分粪便存放于-80℃冰箱,待后续检测使用。在5只大熊猫出生后2~19个月里,每月进行粪便样品采集,共采集到180份粪便样品,经过质量评估后共有168个粪便样品可进行16S rRNA测序。共获得13 650 999条有效细菌序列。按97%相似度进行OTU聚类后得到3027个OTU,其中501个OTU为三组共有OTU。在食性的转换过程中,OTU的数量逐渐下降,OMD、

MBD 和 OBD 的 OTU 数量分别为 2837 个、1638 个、656 个。

　　Chao1 指数和 Shannon 指数用于估计微生物丰富度和多样性。Chao1 指数的值越大说明样品中微生物的丰富度越高。本研究通过对比 OMD、MBD 和 OBD 三组 Chao1 指数的变化情况，分析加入竹子后大熊猫肠道菌群丰富度的变化情况，结果见图 5-19A。大熊猫肠道细菌菌群的丰富度随食性转换而发生显著变化（$P<0.05$）。OMD 的丰富度最高，而 OBD 的丰富度最低。值得注意的是，由牛奶为主食转换到竹子为食的过程中，大熊猫肠道细菌的丰富度呈显著下降（$P<0.05$），表明竹子引入后大熊猫肠道细菌丰富度下降。Shannon 指数的值越大说明样品中微生物的多样性越高。图 5-19B 显示，在食性转换过程中大熊猫肠道细菌菌群的多样性发生显著变化（$P<0.05$）。与丰富度结果相反，OBD 的多样性最高，而 OMD 的多样性最低。且细菌菌群的多样性在 OMD、MBD、OBD 间显著上升（$P<0.05$），表明竹子的引入有助于提高大熊猫肠道细菌的多样性。

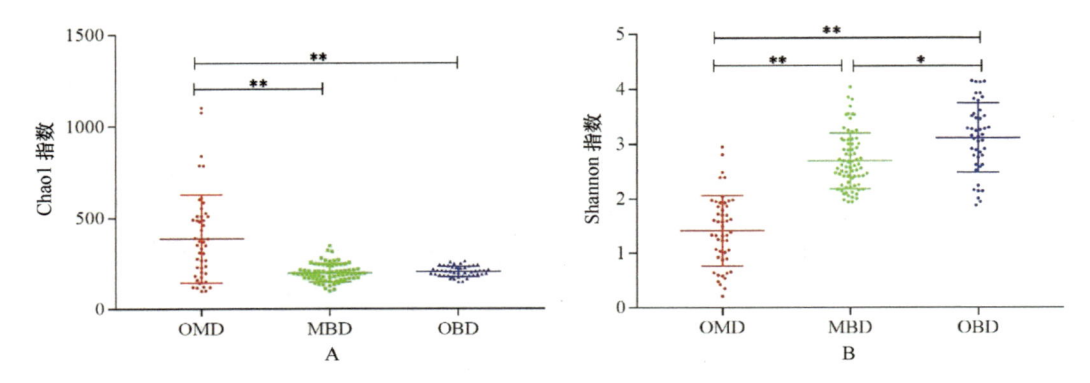

图 5-19　食性转换过程中大熊猫肠道细菌菌群的 Chao1 指数和 Shannon 指数
*表示 $P<0.05$；**表示 $P<0.01$

　　采用基于 Bray-Curtis 距离的主坐标分析（PCoA），对 OMD、MBD 和 OBD 组的细菌菌群结构进行分析，以了解竹子对大熊猫肠道细菌菌群组成的影响。由图 5-20 可得，OMD、MBD 和 OBD 各组的样品分别独自聚类在一起，表明不同饮食能影响大熊猫肠

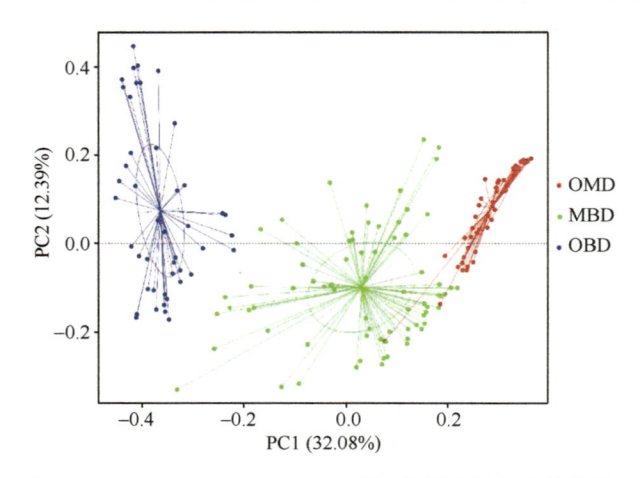

图 5-20　OMD、MBD、OBD 组细菌菌群的主坐标分析

道细菌菌群的组成。OMD、MBD 和 OBD 组在图中从右到左依次排列，且 OMD 和 MBD、OBD 和 MBD 在交接处距离较近，由此体现随着大熊猫饮食的转变，其肠道细菌菌群组成逐渐发生改变。

在门分类水平，共检测到 39 个细菌门，其中组 OMD、MBD 和 OBD 中分别检测到 39 个、33 个和 17 个，取三组中平均相对丰度前 10 的细菌门进行堆积柱形图的绘制（图 5-21）。三组中平均相对丰度前 10 的细菌门为：变形菌门、厚壁菌门、梭杆菌门、拟杆菌门、放线菌门、蓝藻门、酸杆菌门（Acidobacteria）、异常球菌-栖热菌门（Deinococcus-Thermus）、绿弯菌门（Chloroflexi）和疣微菌门（Verrucomicrobia）。在大熊猫食性转换过程中，变形菌门和厚壁菌门是 OMD、MBD 和 OBD 组中最主要的优势菌门，变形菌门和厚壁菌门的序列总和占总序列 90.0% 以上。虽然变形菌门和厚壁菌门为 OMD、MBD 和 OBD 组的主要门，但变形菌门是 OMD（85.5%）和 MBD（57.7%）中的相对丰度最高的门，而厚壁菌门是 OBD 中的相对丰度最高的门（58.3%）。变形菌门的相对丰度从 OMD 阶段（85.5%）到 OBD 阶段（35.1%）呈下降趋势，而厚壁菌门的相对丰度从 OMD 阶段（13.5%）到 OBD 阶段（58.3%）则呈上升趋势。

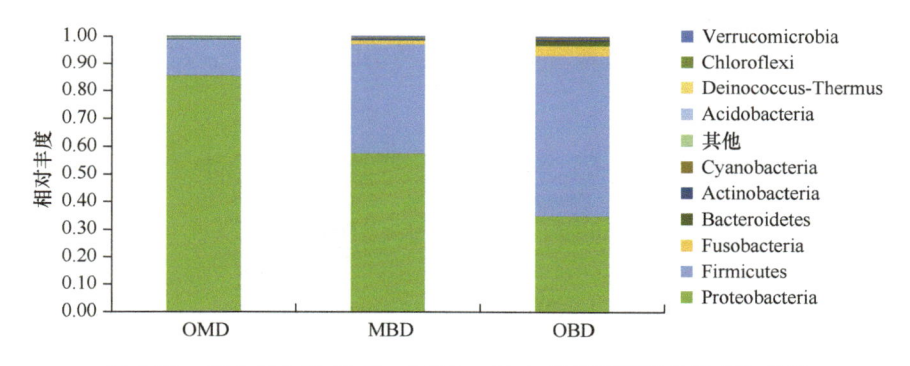

图 5-21　门分类水平 OMD、MBD、OBD 组细菌菌群的组成和差异

在属分类水平，共检测到 632 个细菌属，其中 OMD、MBD 和 OBD 组中分别检测到 595 个、499 个和 262 个，取三组中平均相对丰度前 10 的菌属绘制堆积柱形图，不包含未注释属（图 5-22）。如图所示，三组中平均相对丰度前 10 的菌属在各组中占总序列的 80% 以上。OMD 组中相对丰度前 5 的属种依次为埃希氏菌属-志贺菌属（80.1%）、链球菌属（7.9%）、乳杆菌属（1.9%）、乳球菌属（1.0%）和葡萄球菌属（Staphylococcus，0.9%）；MBD 组中相对丰度前 5 的属种依次为埃希氏菌属-志贺菌属（43.8%）、链球菌属（16.8%）、乳杆菌属（10.1%）、梭菌属（3.7%）和肠球菌属（3.0%）；OBD 组中相对丰度前 5 的属种依次为假单胞菌属（13.4%）、乳杆菌属（12.7%）、梭菌属（12.2%）、链球菌属（11.4%）和埃希氏菌属-志贺菌属（9.8%）。值得注意的是，埃希氏菌属-志贺菌属、嗜甲基菌属（Methylophilus）和 Limnobacter 的相对丰度从 OMD 阶段（80.1%、0.3% 和 0.3%）到 OBD 阶段（9.8%、0.0% 和 0.0%）呈下降趋势。而假单胞菌属、乳杆菌属、梭菌属、肠球菌属、乳球菌属、Turicibacter、不动杆菌属、鲸杆菌属、Hafnia-Obesumbacterium 和魏斯氏菌属的相对丰度从 OMD 阶段（0.2%、1.9%、0.1%、0.4%、

148 | 大熊猫微生物组

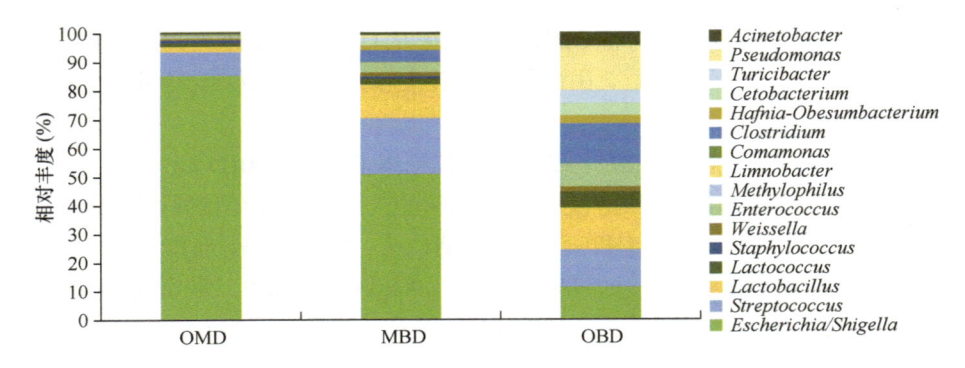

图 5-22　属分类水平 OMD、MBD、OBD 组细菌菌群的组成和差异

1.0%、0.0%、0.2%、0.0%、0.0%和 0.6%）到 OBD 阶段（13.4%、12.7%、12.2%、7.0%、4.8%、3.9%、3.9%、3.6%、2.4%和 1.5%）呈上升趋势。

为了研究食性转换过程中大熊猫肠道细菌菌群在不同分类水平上的组成差异，对 OMD、MBD 和 OBD 三组进行 LEfSe 分析（Kruskal-Wallis 检验，LDA 值＞4）。结果如图 5-23 所示，在 OMD、MBD 和 OBD 这三个分组中，共有 34 个细菌菌种存在显著差异。其中，OMD 组中有 5 个显著富集的物种；MBD 组中最少，有 2 个；OBD 组中最多，有 27 个。

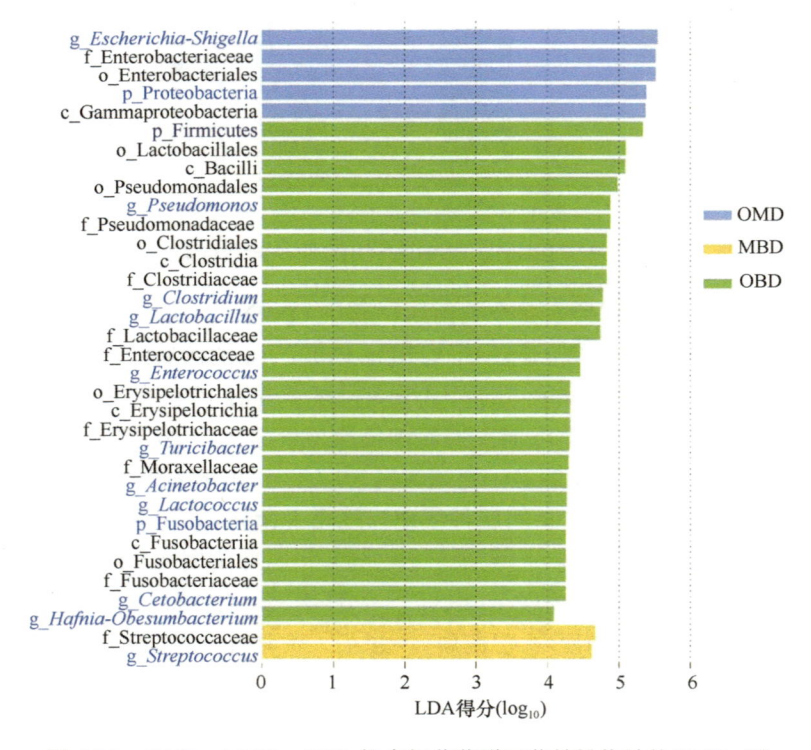

图 5-23　OMD、MBD、OBD 组中细菌菌群显著差异物种的 LEfSe 图
蓝色字体为差异显著的门和属

在门分类水平,变形菌门在 OMD 组中的相对丰度显著高 MBD 和 OBD 组(Kruskal-Wallis 检验,LDA 值>4)。厚壁菌门和梭杆菌门的相对丰度在 OBD 组中显著高于 OMD 和 MBD 组(Kruskal-Wallis 检验,LDA 值>4)。

在属分类水平,埃希氏菌属-志贺菌属的相对丰度在 OMD 组显著高于 MBD 和 OBD 组(Kruskal-Wallis 检验,LDA 值>4)。在 MBD 组中链球菌属的相对丰度显著高于其余组(Kruskal-Wallis 检验,LDA 值>4)。共有 9 个细菌属的相对丰度在 OBD 组中显著高于 OMD 和 MBD 组(Kruskal-Wallis 检验,LDA 值>4),包括假单胞菌属、梭菌属、乳杆菌属、肠球菌属、乳球菌属、*Turicibacter*、不动杆菌属、鲸杆菌属和 *Hafnia-Obesumbacterium*。

二、食性转换中大熊猫肠道真菌菌群的变化

本研究同时对 OMD、MBD、OBD 组中 108 个样品进行 ITS 高通量测序分析,共获得 7 172 982 条有效真菌序列。按 97%相似度进行 OTU 聚类后得到 15 547 个 OTU,其中 2217 个 OTU 为三组共有。在 OMD、MBD、OBD 的变化过程中,OTU 的数量呈先上升后下降的趋势,OMD、MBD 和 OBD 组的 OTU 数量分别为 6115 个、11 559 个、7760 个。

Chao1 指数和 Shannon 指数可用来估计食性转换期间大熊猫肠道真菌菌群的丰富度和多样性及其变化趋势。其中 Chao1 指数越大表明大熊猫肠道真菌菌群的丰富度越高。通过对比 OMD、MBD 和 OBD 三组真菌菌群的 Chao1 指数发现,虽然三组 Chao1 指数没有显著差异($P>0.05$),但仍呈现波动变化(图 5-24A)。MBD 组的 Chao1 指数最大,而 OBD 组的 Chao1 指数最小。Shannon 指数越大表明大熊猫肠道真菌菌群的多样性越高。图 5-24B 显示,OMD、MBD 和 OBD 组的 Shannon 指数没有显著差异($P>0.05$),但存在波动。其中 MBD 组 Shannon 指数最大,而 OMD 的 Shannon 指数最低。

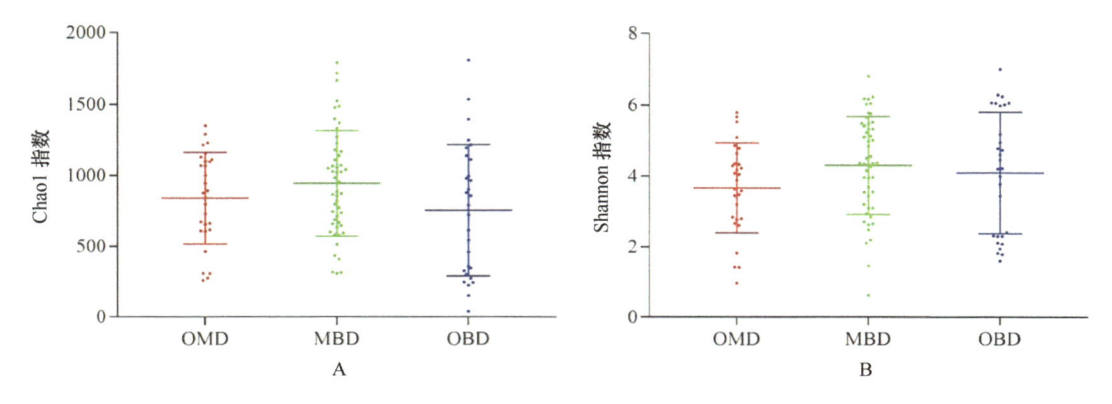

图 5-24 食性转换过程中大熊猫肠道真菌菌群的 Chao1 指数和 Shannon 指数

基于 Bray-Curtis 距离进行 PCoA,以研究 OMD、MBD 和 OBD 组的真菌菌群组成,进而分析竹子对大熊猫肠道真菌菌群组成的影响,结果如图 5-25 所示。OMD、MBD 和 OBD 各组的样品分别独自聚类在一起,表明不同饮食能影响大熊猫肠道真菌菌群的组

成。从上至下看，OMD 和 MBD 组分布在下方，而 OBD 组分布在上方。从左至右看，MBD 和 OBD 组分布在左侧，而 OMD 组分布在右侧。由此表明，MBD 组中有部分样品与 OMD 组肠道真菌菌群组成相似，还有一部分样品与 OBD 肠道真菌菌群组成相似。此结果体现了随着饮食的转变，大熊猫肠道真菌菌群组成逐渐发生改变的过程。

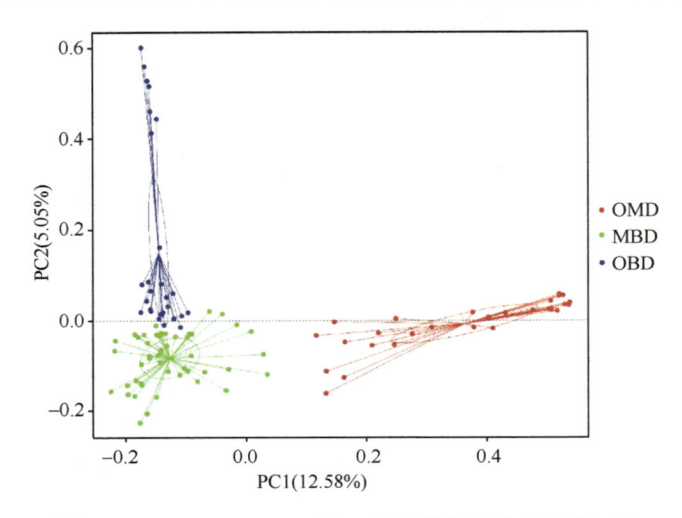

图 5-25　OMD、MBD、OBD 组真菌菌群的主坐标分析

在门分类水平，共检测到 6 个真菌门（不包含未注释门），分别子囊菌门、担子菌门、接合菌门（Zygomycota）、壶菌门（Chytridiomycota）、球囊菌门（Glomeromycota）和 Neocallimastigomycota（图 5-26）。在大熊猫食性转换过程中，子囊菌门是 OMD、MBD 和 OBD 组中最主要的优势菌门，其次为担子菌门。虽然子囊菌门和担子菌门为 OMD、MBD 和 OBD 组的主要门，但其相对丰度在三组中发生波动。子囊菌门的相对丰度在 OMD 组中最高，为 66.3%；在 OBD 组为 41.9%；在 MBD 组最低，为 26.2%。担子菌门的相对丰度从 OMD 阶段（7.6%）到 OBD 阶段（33.2%）呈上升趋势。

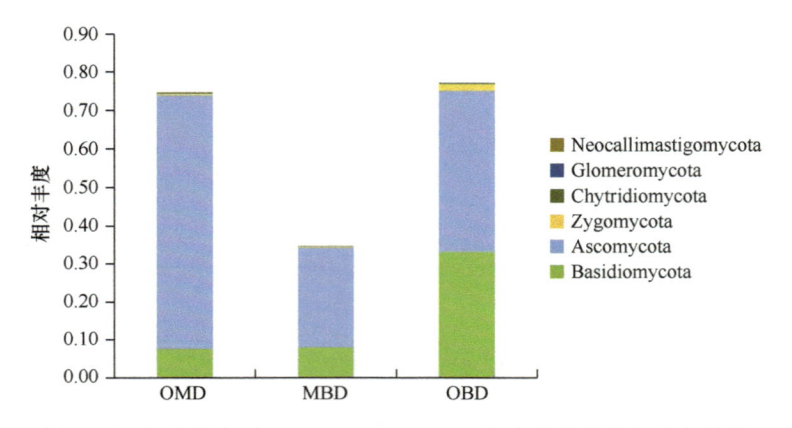

图 5-26　门分类水平 OMD、MBD、OBD 组真菌菌群的组成和差异

在属分类水平，共检测到 978 个真菌属，其中 OMD、MBD 和 OBD 组中分别检测

到 572 个、820 个和 730 个，取三组中平均相对丰度前 10 的真菌属绘制堆积柱形图，不包含未注释属（图 5-27）。OMD 组中相对丰度前 5 的属种依次为假丝酵母属（37.0%）、酵母菌属（*Saccharomyces*，6.2%）、*Microidium*（6.1%）、曲霉属（0.9%）和链格孢属（*Alternaria*，0.8%）；MBD 组中相对丰度前 5 的属种依次为假丝酵母属（3.0%）、*Microidium*（2.7%）、赤霉菌属（*Gibberella*，1.0%）、*Lysurus*（0.9%）和 *Paraconiothyrium*（0.7%）；OBD 组中相对丰度前 5 的属种依次为 *Cystofilobasidium*（9.0%）、*Guehomyces*（8.1%）、*Microidium*（5.2%）、赤霉菌属（2.8%）和隐球菌属（2.3%）。值得注意的是，假丝酵母属、酵母菌属、曲霉属、*Wallemia*、侧耳属（*Pleurotus*）、附毛菌属（*Trichaptum*）、*Monographella* 和鞘锈菌属（*Coleosporium*）的相对丰度从 OMD 阶段（37.0%、6.2%、0.9%、0.2%、0.2%、0.2%、0.2%和 0.2%）到 OBD 阶段（0.1%、0.0%、0.1%、0.02%、0.0%、0.01%、0.03%和 0.0%）呈下降趋势。而 *Cystofilobasidium*、*Guehomyces*、赤霉菌属、隐球菌属、*Antarctomyces*、*Pezizella*、棒束孢属（*Isaria*）、*Mrakiella*、枝孢属（*Cladosporium*）和 *Cyphellophora* 的相对丰度从 OMD 阶段（0.03%、0.0%、0.01%、0.1%、0.0%、0.0%、0.0%、0.0%、0.01%和 0.4%）到 OBD 阶段（9.0%、8.1%、2.8%、2.3%、1.7%、1.6%、1.5%、1.2%、1.1%和 2.4%）呈上升趋势。

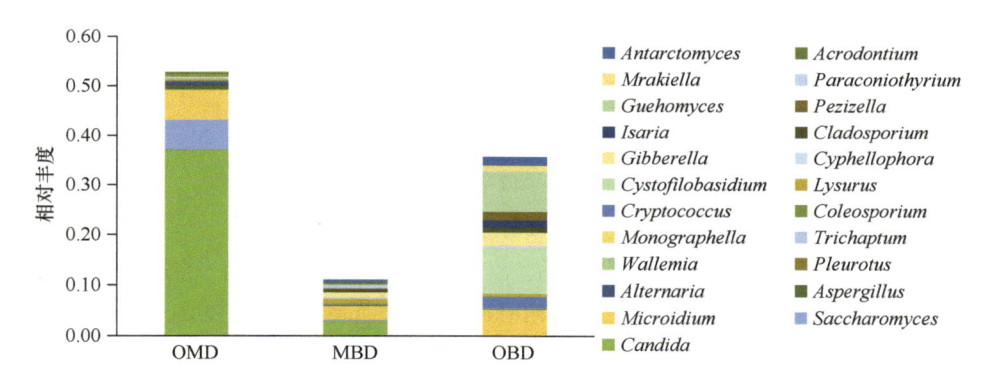

图 5-27 属分类水平 OMD、MBD、OBD 组真菌菌群的组成和差异

为了深入研究食性转换过程中大熊猫肠道真菌菌群在不同分类水平上的组成差异，对 OMD、MBD 和 OBD 三组进行 LEfSe 分析。结果如图 5-28 所示，在 OMD、MBD 和 OBD 这三个分组中，共有 40 个真菌菌种存在显著差异。其中，OMD 组中最少，有 10 个显著富集的物种；MBD 组中有 14 个；OBD 组中最多，有 16 个。

在门分类水平，子囊菌门在 OMD 组中的相对丰度显著高于 MBD 和 OBD 组（Kruskal-Wallis 检验，LDA 值＞4）。担子菌门的相对丰度在 OBD 组中显著高于 OMD 和 MBD 组（Kruskal-Wallis 检验，LDA 值＞4）。

在属分类水平，假丝酵母属和酵母菌属的相对丰度在 OMD 组显著高于 MBD 和 OBD 组（Kruskal-Wallis 检验，LDA 值＞4）。在 MBD 组中 *Microidium* 和 *Lysurus* 的相对丰度显著高于其余组（Kruskal-Wallis 检验，LDA 值＞4）。共有 5 个真菌属的相对丰度在 OBD 组中显著高于 OMD 和 MBD 组（Kruskal-Wallis 检验，LDA 值＞4），分别为 *Cystofilobasidium*、*Guehomyces*、赤霉菌属、鬼伞属（*Coprinus*）和隐球菌属。

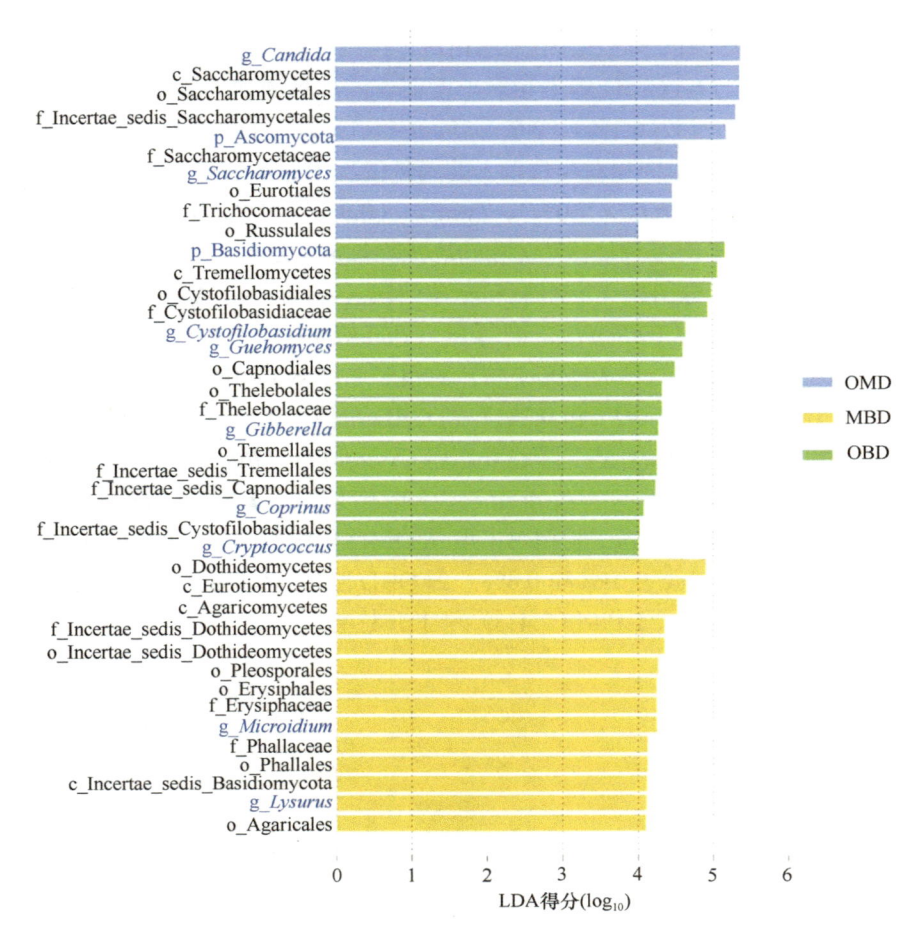

图 5-28　OMD、MBD、OBD 组中真菌菌群显著差异物种的 LEfSe 图

蓝色字体为差异显著的门和属

三、食性转换对大熊猫肠道菌群的影响分析

采用 Illumina HiSeq 高通量测序技术对大熊猫食性转换（OMD—MBD—OBD）过程中肠道菌群的组成和变化进行分析，结果显示大熊猫肠道细菌和真菌菌群的多样性、丰富度和物种组成均随食性的变化而变化，尤其是细菌菌群。食物转换能影响宿主肠道菌群的组成，已在人、金丝猴、蜜蜂和老鼠中得到证实（Koren et al.，2012；Miriam et al.，2013；Zhao et al.，2018b）。早期有关大熊猫的研究发现，低纤维饮食的大熊猫肠道细菌群落的丰富度比高纤维饮食的大熊猫高（Wu et al.，2017；Guo et al.，2018b）。纤维能降低大熊猫肠道细菌菌群丰富度的原因可能是由纤维结构的复杂性决定的，纤维素的结构较复杂因而可以利用纤维作为生长基质的细菌较少，故导致细菌菌群丰富度的降低（Lynd et al.，2002）。但是在人肠道菌群的研究中发现，高纤维的饮食可以增加人类肠道细菌菌群的多样性，而高脂肪饮食与低多样性的肠道细菌菌群有关（$P<0.05$）（Carlotta et al.，2010；Tap et al.，2016；Zhernakova et al.，2016）。Jin 等（2021）研究得到了相

似的结果，大熊猫肠道细菌菌群的多样性随饮食中竹子比例的升高而显著增加（$P<0.05$）。在自然系统中，细菌之间的竞争相互作用是普遍存在的，与葡萄糖和脂肪等不稳定的基质相比，木质纤维素是一种复杂的基质，可以促进细菌种群的积极相互作用和协同生长（Haruta et al.，2002；Deng et al.，2017）。事实上，木质纤维素是一种难降解的交联结构（Fang and Smith，2016）。因此，细菌可能需要形成联合体来协同实现木质纤维素降解，因而有助于细菌多样性的升高（Deng et al.，2017）。

在门分类水平，所有大熊猫粪便样品中，均以变形菌门和厚壁菌门为最主要的门，这与之前有关大熊猫肠道的研究一致（Yang et al.，2018）。变形菌门在低代谢率的草食动物肠道中占主导地位，有趣的是大熊猫也进行低消耗活动（Nie et al.，2015；Dill-McFarland et al.，2016）。厚壁菌门通常在哺乳动物的肠道中占据主导地位，且在纤维降解中发挥着关键作用（Nelson et al.，2013；Dill-McFarland et al.，2016）。研究发现，随着竹子的引入厚壁菌门的相对丰度大幅提升，且随着饮食中竹子比例的升高，厚壁菌门的相对丰度显著升高（Kruskal-Wallis 检验，LDA 值>4）。在人肠道菌群的研究中发现，人肠道中厚壁菌门的相对丰度与饮食中纤维含量呈显著正相关（$P<0.05$），相似的结果也出现在了狗肠道菌群的研究中（Costa et al.，2012）。因此，大熊猫肠道中的厚壁菌门有助于将竹子中的高纤维成分分解成更不稳定的营养成分为机体供能。

在属分类水平，竹饲料的引入使得链球菌属的相对丰度急剧上升，然后随着竹子饲料的持续输入，链球菌属的相对丰度出现小幅下降。链球菌属与大熊猫肠道黏液有关（Williams et al.，2016）。黏液有助于保护肠道免受高含量纤维的伤害，并帮助高纤维成分通过肠道，因而黏液是大熊猫从牛奶向竹子食性转换过程中至关重要的成分（Montagne et al.，2003）。由以牛奶为主要饮食到以竹子为主要饮食的转换过程（OMD 到 OBD）中，假单胞菌属、乳杆菌属、梭菌属、肠球菌属、乳球菌属、*Turicibacter*、不动杆菌属、鲸杆菌属、*Hafnia-Obesumbacterium* 和魏斯氏菌属的相对丰度呈梯度上升（Kruskal-Wallis 检验，LDA 值>4）。梭菌属和肠球菌属与粗纤维消化率呈正相关，而假单胞菌属、乳杆菌属和肠球菌属与半纤维素消化率呈正相关（Niu et al.，2015）。此外，假单胞菌属和不动杆菌属参与了木质素的降解过程（Jiménez et al.，2015）。由此推测假单胞菌属、乳杆菌属、梭菌属、肠球菌属、乳球菌属、*Turicibacter*、不动杆菌属、鲸杆菌属、*Hafnia-Obesumbacterium* 和魏斯氏菌属在大熊猫降解利用竹子中起着重要作用。

研究发现，大熊猫肠道细菌菌群的丰富度和多样性在食性转换过程中发生波动，但没有显著差异（$P>0.05$）。Zhang 等（2018）发现大熊猫肠道菌群中，细菌菌群比真菌菌群更为重要。由此表明竹子饮食对大熊猫肠道细菌菌群的影响大于真菌菌群，且在大熊猫对竹子的利用中肠道细菌菌群的参与度高于真菌菌群。此前已有研究表明，在门分类水平，子囊菌门和担子菌门在大熊猫肠道真菌菌群中占主导地位（Tun et al.，2014）。同时发现子囊菌门和担子菌门也是竹子中占主导地位的真菌门（Zhou et al.，2017）。这些观察结果导致了一种假设，即竹子可能是大熊猫肠道内真菌菌群的来源之一。这种假设在鹿鼠和昆虫中得到了一定证实（Zhou et al.，2017）。此外，在以牛奶为主要饮食到以竹子为主要饮食的转换过程（OMD 到 OBD）中，担子菌门的相对丰度显著增加（Kruskal-Wallis 检验，LDA 值>4），表明担子菌门可能在大熊猫对竹子的利用中发挥作用。

假丝酵母属是以牛奶为主食大熊猫肠道内的优势真菌属，且在以牛奶为主食到以竹子为主食的转换过程中，其相对丰度显著下降（Kruskal-Wallis 检验，LDA 值＞4）。肠道真菌群落中假丝酵母属的丰度与碳水化合物的摄入密切相关（Iannotti et al., 1973；Christian et al., 2013）。牛奶中碳水化合物的含量比竹子高，由此可知以牛奶为主食阶段中高丰度的假丝酵母属可能参与了新生大熊猫肠道内的牛奶代谢（Jiménez et al., 2015）。由以牛奶为主要饮食到以竹子为主要饮食的转换过程（OMD 到 OBD）中，*Cystofilobasidium*、*Guehomyces* 和赤霉菌属的相对丰度呈梯度上升（Kruskal-Wallis 检验，LDA 值＞4）。但有关真菌菌群的功能研究较少（Chen et al., 2017）。因而推测 *Cystofilobasidium*、*Guehomyces* 和赤霉菌属可能有助于大熊猫降解竹子中的木质纤维成分。

第六节　竹子营养和微生物对圈养大熊猫肠道微生物的影响

竹子主要成分为纤维素、半纤维素和木质素，竹子的种类和部位都能影响竹子营养成分的含量（Wang et al., 2017），在大熊猫饮食中竹子所占比例超过 90%，研究竹子如何影响大熊猫肠道菌群也是研究饮食影响大熊猫肠道菌群的关键环节。早期研究对比了金竹（*Phyllostachys sulphurea*）和箭竹（*Fargesia spathacea*）竹秆中的纤维素、半纤维素、木质素和粗蛋白的含量，箭竹中半纤维素和粗蛋白的含量比金竹高（Mainka et al., 1989）。竹叶中的纤维素、半纤维素和可溶性糖的浓度高于竹笋中的含量，而竹笋中蛋白质的含量远高于竹叶中的含量。Helander 等（2013）对海拔 900～2600m 范围内的 12 个竹种的硅含量进行了测定，发现不同竹种间硅含量差异较大，范围为 3.7～45.7g/kg，进一步对该海拔范围内 9 种竹子的内生菌进行检测,高海拔的竹子内生真菌的数量较少。Liu 等（2017）采用 16S rRNA 高通量测序技术对毛竹（*Phyllostachys edulis*）不同部位的内生真菌进行了检测，结果表明竹笋中的内生真菌组成和竹秆中内生真菌的组成存在显著差异。

目前有关竹子如何影响大熊猫肠道菌群的研究较少，大部分只停留在竹子营养成分对大熊猫肠道菌群的影响，且竹种单一，营养成分指标较少。同时，缺乏关于竹子微生物菌群（附着在竹子表面和内部的微生物）对大熊猫肠道菌群的影响的研究。由此可见，研究大熊猫不同主食竹的营养成分和微生物菌群对大熊猫肠道菌群的影响，对大熊猫健康保护和种群扩大有着重要意义。

一、食用不同竹种的大熊猫肠道细菌菌群

邹立扣课题组选择 20 只成年健康大熊猫为实验对象，在实验期间，这 20 只非亲缘大熊猫被单独圈养，且均没有接受抗生素或饮食补充（Jin et al., 2020；晋蕾，2020）。同时在为期两个月的实验期间，兽医每天对大熊猫的摄食情况和健康状况进行监测。同时选取 4 种竹子分别喂养 5 只成年大熊猫，包括苦竹、白夹竹（*Phyllostachys nidularia*）、拐棍竹和冷箭竹（*Bashania faberi*）。苦竹生长在海拔 700～900m（B1），白夹竹生长在

海拔 800～1600m（B2），拐棍竹生长在海拔 1600～2600m（B3），冷箭竹生长在海拔 2600～3500m（B4）。通过理化检测对 4 种竹子的 8 个主要营养指标进行测定。同时采用 16S rRNA 高通量测序技术和 ITS 高通量测序技术对大熊猫肠道及竹子微生物菌群的组成进行测定，以研究竹子如何影响大熊猫肠道微生物。全面了解食用不同竹种的大熊猫其肠道菌群的变化情况，以及竹子营养和微生物菌群对大熊猫肠道菌群的影响，为研究饮食如何影响大熊猫肠道菌群提供实验基础。

每个粪便样品在 16S rRNA 高通量测序过程中的最低测序深度为 40 000reads。原始序列经质量筛选后，共获得 1 349 155 条高质量序列。这些高质量序列按 97%的相似度进行聚类，共获得 1972 个 OTU。Chao1 指数和 Shannon 指数在以苦竹为主食的大熊猫粪便（F1）、以白夹竹为主食的大熊猫粪便（F2）、以拐棍竹为主食的大熊猫粪便（F3）和以冷箭竹为主食的大熊猫粪便（F4）间虽有波动，但无显著差异[$P>0.05$，方差分析（analysis of variance，ANOVA）]（图 5-29）。Chao1 指数和 Shannon 指数分别在 F4 和 F3 组最高，都在 F2 组最低。

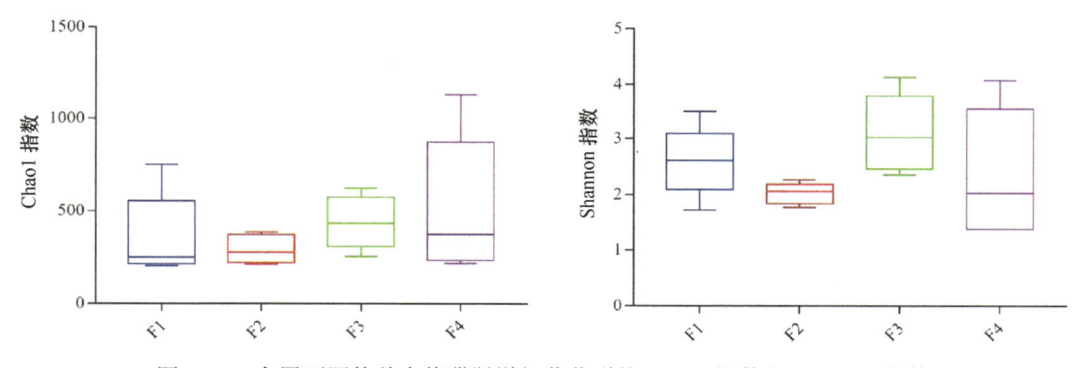

图 5-29　食用不同竹种大熊猫肠道细菌菌群的 Chao1 指数和 Shannon 指数

采用 PCoA 分析 F1、F2、F3 和 F4 的细菌菌群组成差异。结果如图 5-30 所示，食用相同竹种大熊猫的粪便样品独自聚集在一起。由此进一步对 F1、F2、F3 和 F4 在门分类水平和属分类水平的细菌菌群组成进行研究（各组相对丰度前 10 的菌种）。同时利用 LEfSe 分析 F1、F2、F3 和 F4 间显著差异的细菌门和细菌属。门分类水平的结果如图 5-31 所示，所有样品均以厚壁菌门（74.3%）和变形菌门（24.3%）为主，但其相对丰度在不同组间发生波动。变形菌门（72.3%）是 F1 组中最主要的细菌门，且变形菌门在 F1 组中的相对丰度显著高于 F2、F3 和 F4 组（分别为 2.1%、12.6%和 10.2%）（Kruskal-Wallis 检验，LDA 值>4）。厚壁菌门是 F2（97.3%）、F3（86.5%）和 F4（86.8%）最主要的细菌门，但 F2 组（97.3%）中厚壁菌门的相对丰度显著高于 F1、F3 和 F4 组（分别为 26.5%、86.5%和 86.8%）（Kruskal-Wallis 检验，LDA 值>4）。LEfSe 分析结果如图 5-32 所示。

属分类水平的结果如图 5-33 所示，埃希氏菌属（62.3%）、梭菌属（8.6%）和链球菌属（6.2%）是 F1 组中相对丰度前 3 的细菌属。埃希氏菌属和肠球菌属在 F1 组（分别为 62.3%和 2.1%）中的相对丰度显著高于其余各组（F2 组分别为 0.6%和 0.01%，F3 组分别为 3.9%和 0.04%，F4 组分别为 1.0%和 0.0%）（Kruskal-Wallis 检验，LDA 值>4）。

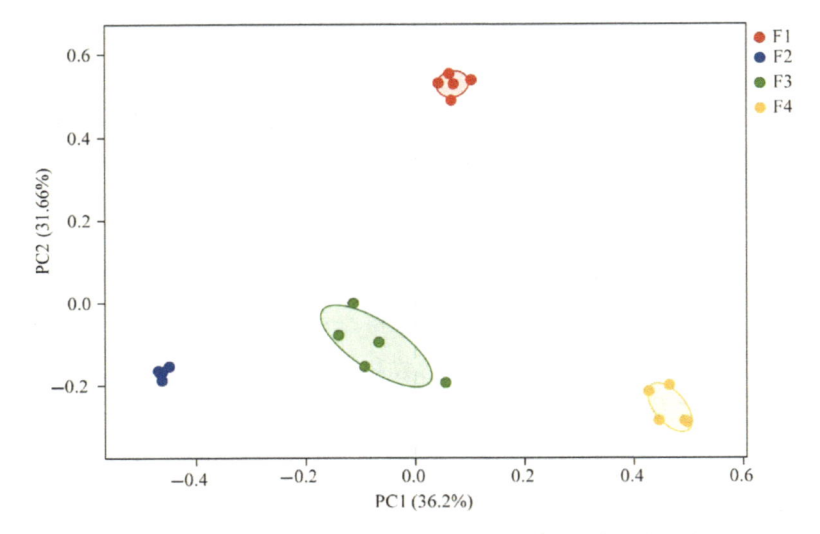

图 5-30　F1、F2、F3 和 F4 组细菌群落结构的主坐标分析

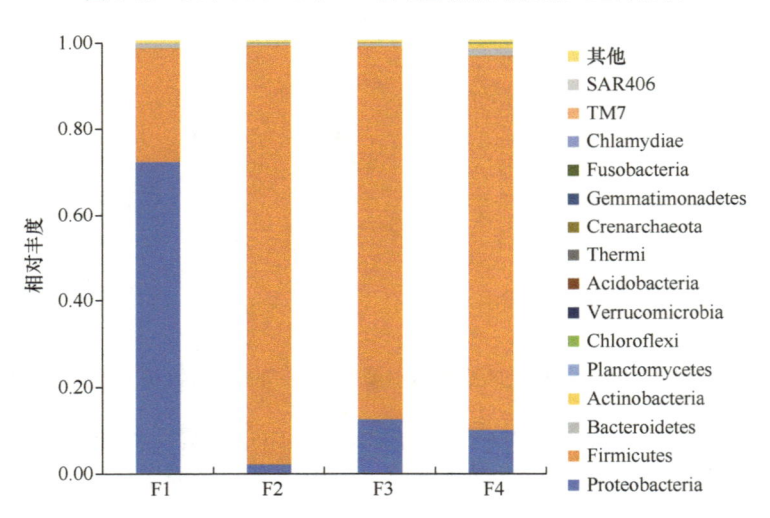

图 5-31　F1、F2、F3、F4 组细菌群落在门分类水平的组成（各组前 10）

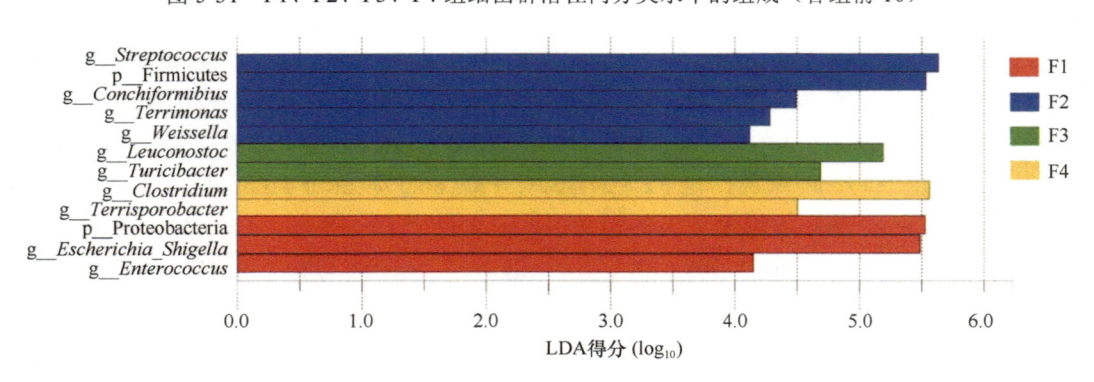

图 5-32　F1、F2、F3、F4 组细菌群落显著差异物种的 LEfSe 图

F2 组中链球菌属（89.2%）是最主要的细菌属，其次为明串珠菌属（4.1%）和埃希氏菌属（0.6%）。相比于 F1、F3 和 F4 组，链球菌属在 F2 组中显著富集（Kruskal-Wallis 检验，LDA 值＞4）。在 F3 组中，相对丰度前 3 的细菌属为：明串珠菌属（31.6%）、链球菌属（20.8%）和梭菌属（17.9%）。同时发现 F3 组中明串珠菌属和 *Turicibacter* 的相对丰度（31.6%和 8.6%）显著高于 F1 组（3.5%和 0.3%）、F2 组（4.1%和 0.03%）和 F4 组（0.01%和 3.9%）（Kruskal-Wallis 检验，LDA 值＞4）。梭菌属（71.7%）、假单胞菌属（5.3%）和 *Turicibacter*（3.9%）是 F4 组中相对丰度前 3 的细菌属，其中梭菌属的相对丰度显著高于其余各组（Kruskal-Wallis 检验，LDA 值＞4）。

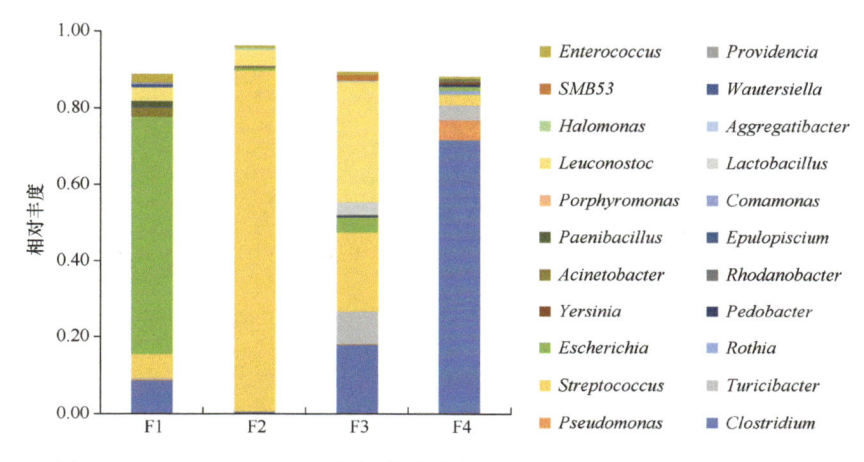

图 5-33　F1、F2、F3、F4 组细菌群落在属分类水平的组成（各组前 10）

二、食用不同竹种的大熊猫肠道真菌菌群

每个粪便样品在 ITS 高通量测序过程中的最低测序深度为 30 000reads（Jin et al., 2020；晋蕾，2020）。原始序列经质量筛选后，共获得 1 765 921 条高质量序列。这些高质量序列按 97%的相似度进行聚类，共获得 3925 个 OTU。Chao1 指数和 Shannon 指数在 F1、F2、F3 和 F4 间虽有波动，但无显著差异（$P>0.05$，ANOVA）（图 5-34）。Chao1 指数和 Shannon 指数均在 F3 组中最高，F2 组中最低。

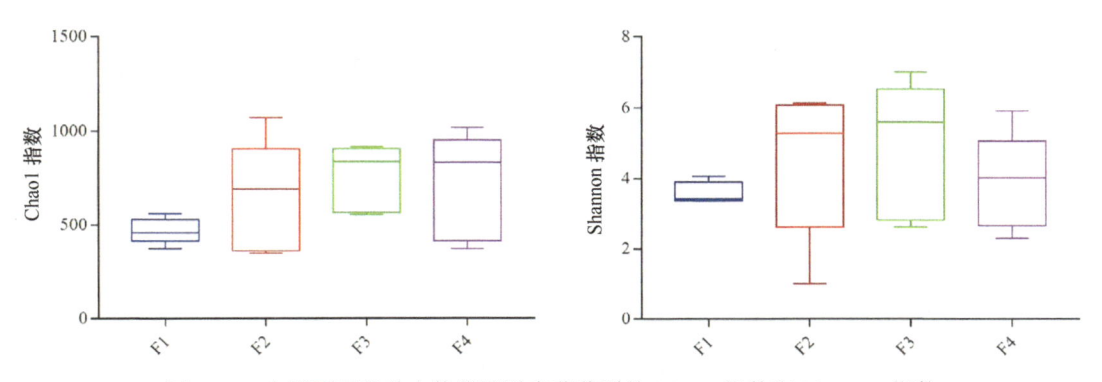

图 5-34　食用不同竹种大熊猫肠道真菌菌群的 Chao1 指数和 Shannon 指数

基于 Bray-Curtis 距离进行 PCoA，以研究 F1、F2、F3 和 F4 的真菌菌群组成差异，结果发现食用相同竹种的大熊猫其粪便样品独自聚集在一起（图 5-35）。进一步对 F1、F2、F3 和 F4 在门分类水平和属分类水平的真菌菌群组成及变化情况进行研究（各组相对丰度前 10 的菌种）。同时利用 LEfSe 分析 F1、F2、F3 和 F4 间显著差异的真菌门和真菌属。门分类水平的结果如图 5-36 所示，虽然所有样品均以子囊菌门（54.5%）和担子菌门（39.8%）为主要真菌门，但其相对丰度在不同组间发生波动。如图 5-37 所示，F4 组中子囊菌门（73.2%）的相对丰度和 F1 组中担子菌门（83.4%）的相对丰度显著高于其余各组（Kruskal-Wallis 检验，LDA 值＞4）。

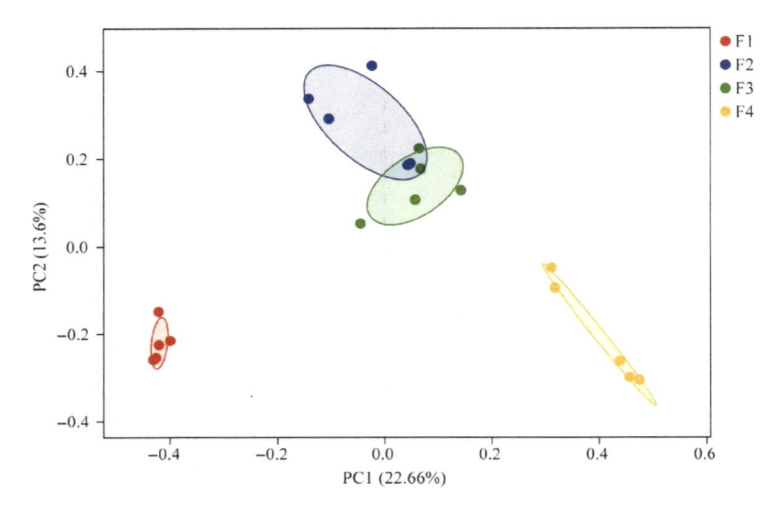

图 5-35　F1、F2、F3 和 F4 组真菌群落结构的主坐标分析

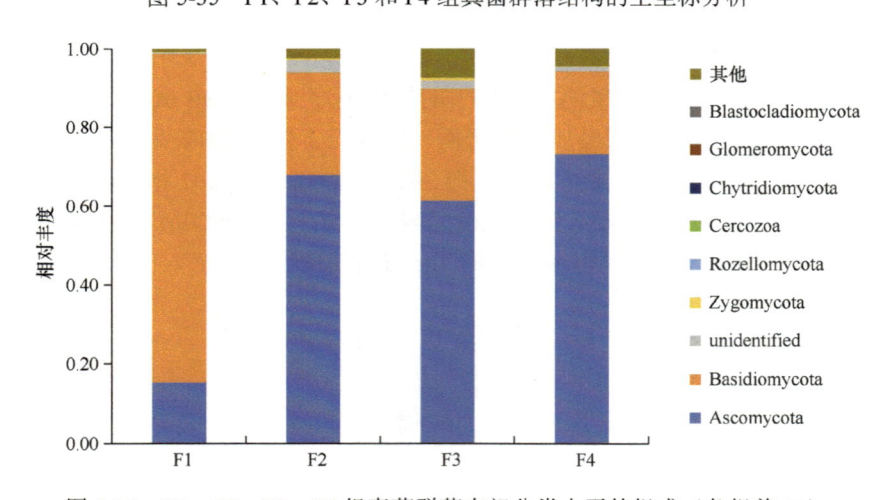

图 5-36　F1、F2、F3、F4 组真菌群落在门分类水平的组成（各组前 10）

图 5-38 显示属分类水平肠道真菌菌群的组成和分布。隐球菌属（51.0%）、*Cystofilobasidium*（9.6%）和假丝酵母属（3.4%）是 F1 组中相对丰度前 3 的真菌属，其中隐球菌属的相对丰度显著高于其余各组（Kruskal-Wallis 检验，LDA 值＞4）。F2 组中相对丰度前 3 的真菌属为：假丝酵母属（41.6%）、*Cystofilobasidium*（5.9%）和隐球菌属（5.0%）。此外

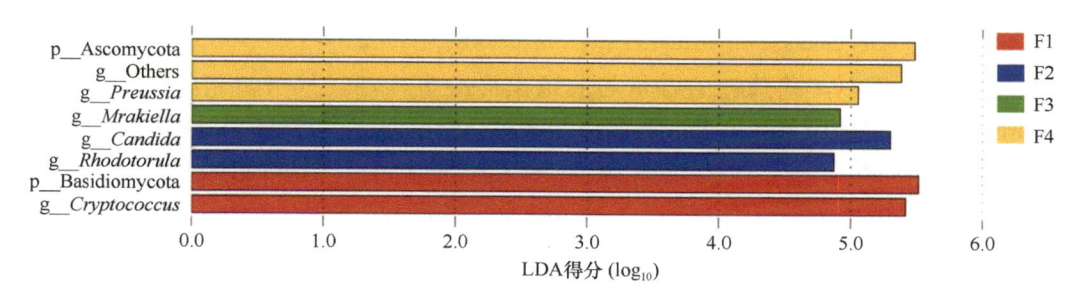

图 5-37　F1、F2、F3、F4 组真菌群落显著差异物种的 LEfSe 图

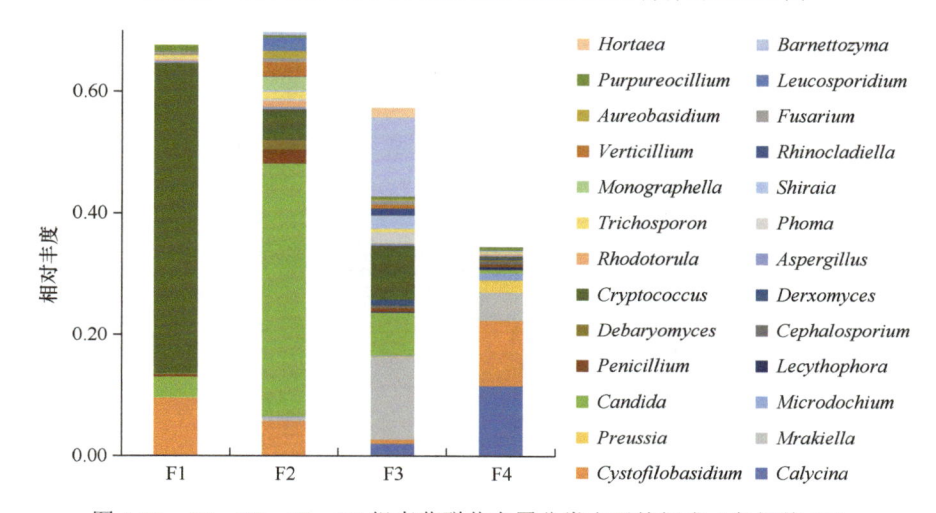

图 5-38　F1、F2、F3、F4 组真菌群落在属分类水平的组成（各组前 10）

F2 组中假丝酵母属（41.6%）和红酵母属（*Rhodotorula*，1.0%）的相对丰度均显著高于其余各组（Kruskal-Wallis 检验，LDA 值＞4）。在 F3 组中相对丰度前 3 的真菌属为：*Mrakiella*（13.5%）、*Barnettozyma*（13.0%）和隐球菌属（8.8%），其中 *Mrakiella* 的相对丰度显著高于其余各组（Kruskal-Wallis 检验，LDA 值＞4）。*Calycina*（11.7%）、*Cystofilobasidium*（10.9%）和 *Mrakiella*（4.6%）是 F4 组中相对丰度前 3 的真菌属。

三、竹营养对大熊猫肠道微生物的影响

所有竹子样品中都是以纤维素（44.4%～59.2%）、半纤维素（6.1%～25.1%）和木质素（9.2%～26.1%）为主要成分，葡萄糖（0.6%～1.9%）、蛋白质（1.2%～3.8%）、脂肪（0.1%～0.3%）、黄酮（0.03%～0.1%）、单宁（0.0002%～0.0006%）的含量较低。同时研究发现不同竹种的营养成分含量存在显著差异（$P<0.05$，Kruskal-Wallis 检验），结果如图 5-39 所示。B3 组中纤维素、黄酮、葡萄糖和半纤维素的含量，B2 组中木质素的含量，以及 B1、B4 组中蛋白质的含量均分别显著高于其他各组。但脂肪和单宁的含量在不同竹种间无显著差（$P>0.05$，Kruskal-Wallis 检验）。

通过 Spearman 相关性分析，对竹子营养成分与大熊猫肠道菌群的关系进行研究，结果发现竹子营养物质与大熊猫肠道菌群之间存在显著相关性（$P<0.05$，Spearman

（图 5-40）。

在细菌群落中，葡萄糖的含量与肠道菌群的多样性呈显著负相关（$P<0.05$，Spearman）。在细菌门分类水平，蛋白质的含量与厚壁菌门的相对丰度呈显著正相关，而与变形菌门的相对丰度呈显著负相关（$P<0.05$，Spearman）。在细菌属分类水平上（每组相对丰度前 10 的菌属），木质素的含量与链球菌属的相对丰度呈显著正相关（$P<0.05$，Spearman）。黄酮类化合物的含量与明串珠菌属和 *Pedobacter* 的相对丰度呈显著正相关（$P<0.05$，Spearman）。纤维素的含量与梭菌属的相对丰度呈显著正相关（$P<0.05$，Spearman）。脂肪的含量与 *Rhodanobacter* 的相对丰度呈显著负相关（$P<0.05$，Spearman）。半纤维素的含量与 *Epulopiscium*、类芽孢杆菌属（*Paenibacillus*）和 *SMB53* 的相对丰度呈显著负相关（$P<0.05$，Spearman）。

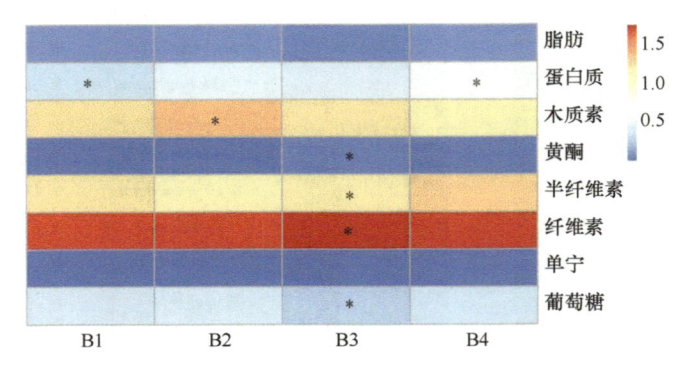

图 5-39　B1、B2、B3、B4 组的营养成分

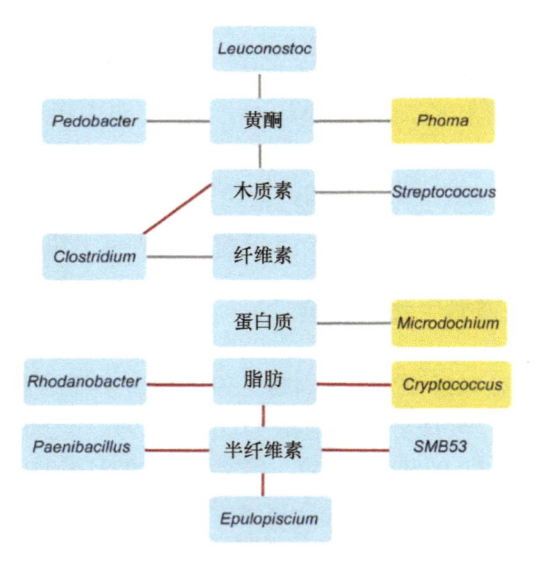

图 5-40　营养与大熊猫肠道细菌菌群的相关性网络图（$P<0.05$）
黑线表示显著正相关；红线表示显著负相关

在真菌群落中，竹子营养物质与大熊猫肠道菌群的多样性和丰富度之间无显著相关性（$P<0.05$，Spearman）。但在真菌门分类水平，发现脂肪和黄酮类化合物的含量与子

囊菌门的相对丰度呈显著正相关，但与担子菌门呈显著负相关（$P<0.05$，Spearman）。在真菌属分类水平（每组相对丰度前 10 的菌属），蛋白质的含量与 *Microdochium* 的相对丰度呈显著正相关（$P<0.05$，Spearman）。黄酮类化合物的含量与茎点霉属（*Phoma*）的相对丰度呈显著正相关。

四、不同竹种的细菌菌群

每个竹子样品在 16S rRNA 高通量测序过程中的最低测序深度为 30 000reads。原始序列经质量筛选后，共获得 1 023 750 条高质量序列。这些高质量序列按 97%的相似度进行聚类，共获得 5227 个 OTU。Chao1 指数和 Shannon 指数在 B1、B2、B3 和 B4 间存在显著差异（$P<0.05$，ANOVA）（图 5-41）。Chao1 指数在 B1 和 B4 组中的数值显著高于 B2 组（$P<0.05$，ANOVA），且 B1 组中 Shannon 指数的数值显著高于 B2 组（$P<0.05$，ANOVA）。

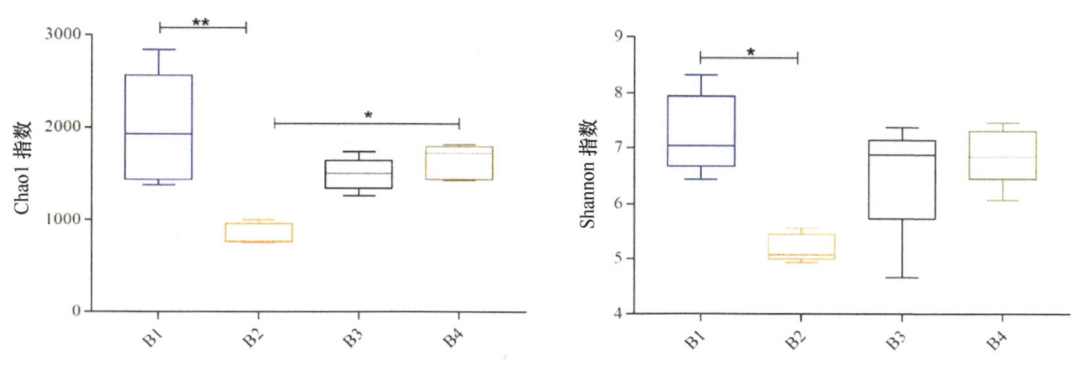

图 5-41　B1、B2、B3、B4 组细菌菌群的 Chao1 指数和 Shannon 指数

基于 PCoA 发现同一竹种的样品单独聚集在一起，表明不同竹种间细菌菌群的组成存在差异（图 5-42）。进一步分析 B1、B2、B3 和 B4 细菌菌群在门分类水平和属分类水

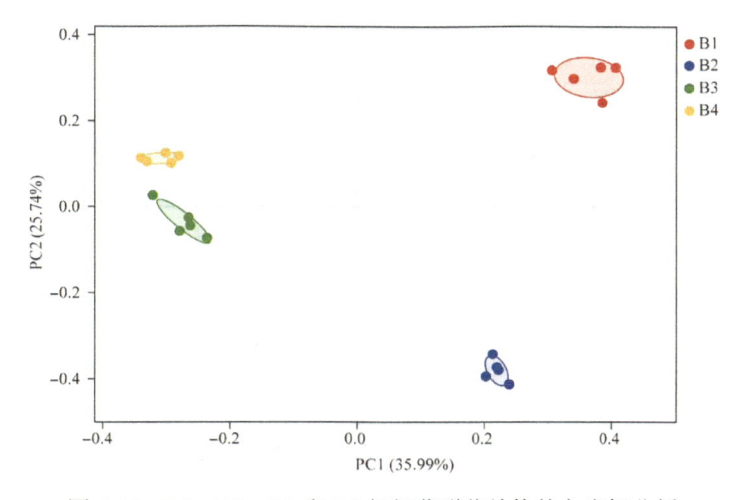

图 5-42　B1、B2、B3 和 B4 组细菌群落结构的主坐标分析

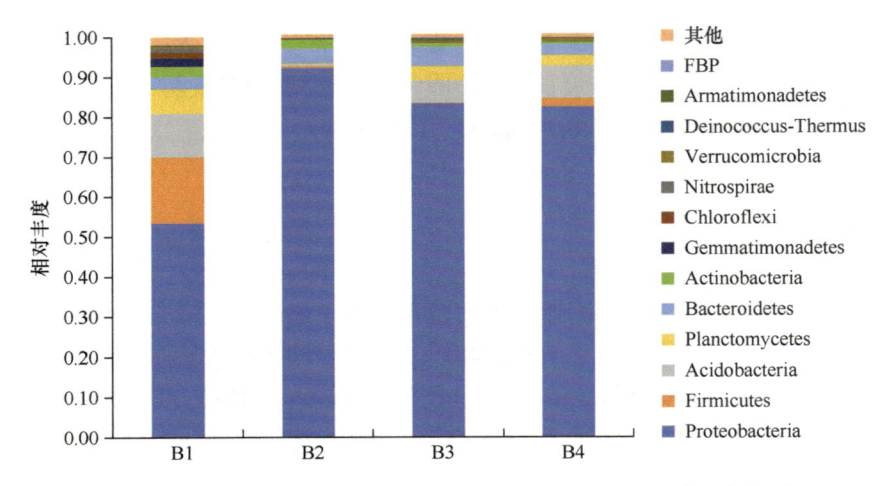

图 5-43　B1、B2、B3 和 B4 组细菌群落在门分类水平的组成（各组前 10）

平的具体组成及分布情况（各组相对丰度前 10 的菌种），并采用 LEfSe 分析对四组间显著差异的细菌门和细菌属进行分析。门分类水平细菌菌群的组成如图 5-43 所示，B1、B2、B3 和 B4 组均以变形菌门为最主要的细菌门，但变形菌门的相对丰度在四间发生波动。变形菌门在 B2 组中的相对丰度最高为 92.3%，并且显著高于 B1（53.5%）、B3（83.4%）和 B4（82.5%）组（Kruskal-Wallis 检验，LDA 值＞4）（图 5-44）。此外厚壁菌门（16.6%）、酸杆菌门（10.8%）和浮霉菌门（Planctomycetes，6.2%）在 B1 组中也具有较高的相对丰度。

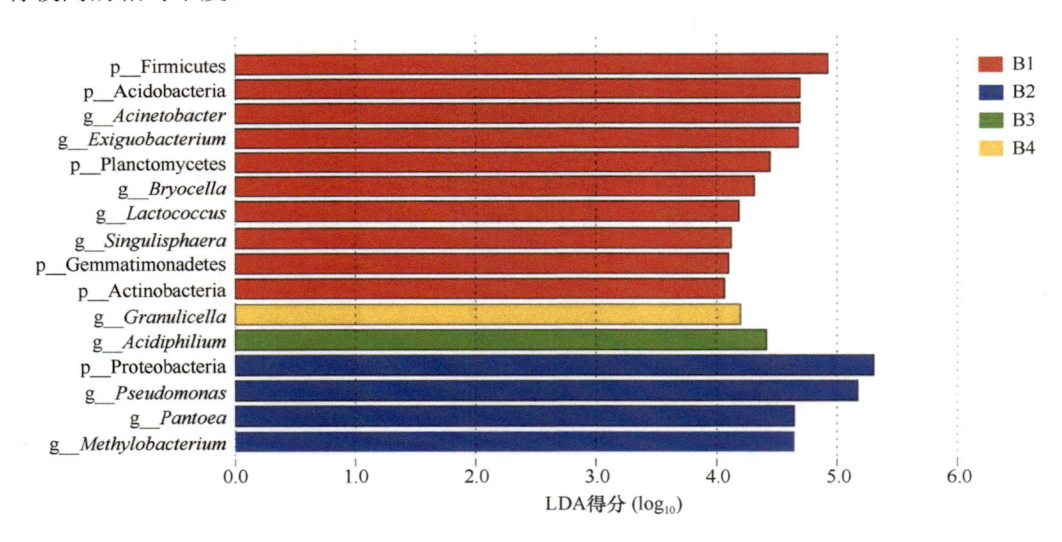

图 5-44　B1、B2、B3 和 B4 细菌群落显著差异物种的 LEfSe 图

图 5-45 展示 B1、B2、B3 和 B4 组细菌菌群在属分类水平的组成结果。可见不动杆菌属（11.3%）、微小杆菌属（Exiguobacterium，9.6%）和 Dyella（4.3%）是 B1 组中相对丰度前 3 的细菌属。且除不动杆菌属、微小杆菌属和 Dyella 外，Bryocella（4.2%）、乳球菌属（3.2%）和 Singulisphaera（3.0%）在 B1 组中的相对丰度也显著高于其余各组

（Kruskal-Wallis 检验，LDA 值＞4）。假单胞菌属（33.3%）、甲基杆菌属（*Methylobacterium*，9.4%）和不动杆菌属（8.9%）是 B2 组中相对丰度前 3 的细菌属。其中假单胞菌属和甲基杆菌属在 B2 组中的相对丰度显著高于其余各组（Kruskal-Wallis 检验，LDA 值＞4）（图 5-44）。B3 组中假单胞菌属（20.0%）、嗜酸菌属（*Acidiphilium*，5.8%）和甲基杆菌属（3.7%）是相对丰度前 3 的细菌属，其中，嗜酸菌属的相对丰度显著高于其余各组（Kruskal-Wallis 检验，LDA 值＞4）。假单胞菌属（18.4%）、嗜酸菌属（4.4%）和 *Granulicella*（3.2%）是 B4 组中相对丰度前 3 的细菌属，其中 *Granulicella* 的相对丰度显著高于其余各组（Kruskal-Wallis 检验，LDA 值＞4）。

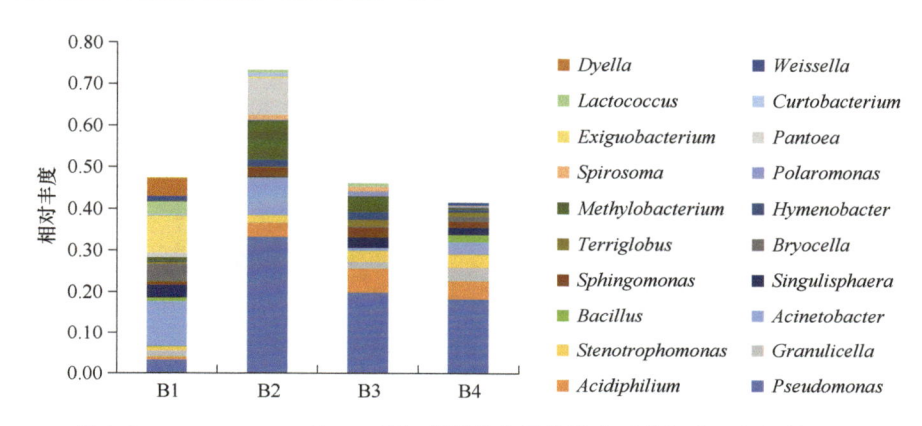

图 5-45　B1、B2、B3 和 B4 组细菌群落在属分类水平的组成（各组前 10）

五、不同竹种细菌对大熊猫肠道细菌菌群的影响

为研究竹子细菌菌群对大熊猫肠道细菌菌群的影响，从竹子和大熊猫肠道共有菌属和菌属间相关性两个方面进行研究。B1 和 F1 组中共发现 72 个共有细菌属，B2 和 F2 组中共发现 56 共有细菌属，B3 和 F3 组中共发现 63 个共有细菌属，B4 和 F4 组中共发现 70 个共有细菌属。且在这四个配对组中有 36 个共有细菌属相同，如假单胞菌属（竹子中平均相对丰度为 18.7%、大熊猫肠道中平均相对丰度为 1.5%）、不动杆菌属（竹子中平均相对丰度为 6.0%、大熊猫肠道中平均相对丰度为 0.8%）、甲基杆菌属（竹子中平均相对丰度为 3.6%、大熊猫肠道中平均相对丰度为 0.02%）、泛菌属（*Pantoea*）（竹子中平均相对丰度为 2.5%、大熊猫肠道中平均相对丰度为 0.03%）、寡养单胞菌属（*Stenotrophomonas*）（竹子中平均相对丰度为 2.2%、大熊猫肠道中平均相对丰度为 0.04%）和链球菌属（竹子中平均相对丰度为 0.01%、大熊猫肠道中平均相对丰度为 29.7%）。其中竹子中不动杆菌属的相对丰度与大熊猫肠道中不动杆菌属的相对丰度呈显著正相关（$P<0.05$，Spearman）。竹子中的假单胞菌属与大熊猫肠道中的假单胞菌属呈显著负相关（$P<0.05$，Spearman）。此外，大熊猫肠道细菌菌群的 Shannon 指数与竹子中细菌菌群的 Shannon 指数呈显著正相关（$P<0.05$，Spearman）。进一步对竹子和大熊猫肠道前 10 的菌属进行相关性分析，共发现 21 个显著相关性（图 5-46）。

六、不同竹种的真菌菌群

每个竹子样品在 ITS 高通量测序过程中的最低测序深度为 25 000reads。原始序列经质量筛选后，共获得 848 925 条高质量序列。这些高质量序列按 97% 的相似度进行聚类，共获得 2102 个 OTU。Chao1 指数和 Shannon 指数在 B1、B2、B3 和 B4 间没有显著差异（$P<0.05$，ANOVA）（图 5-47）。但 PCoA 图显示同一竹子种类的样品单独聚集在一起（图 5-48）。

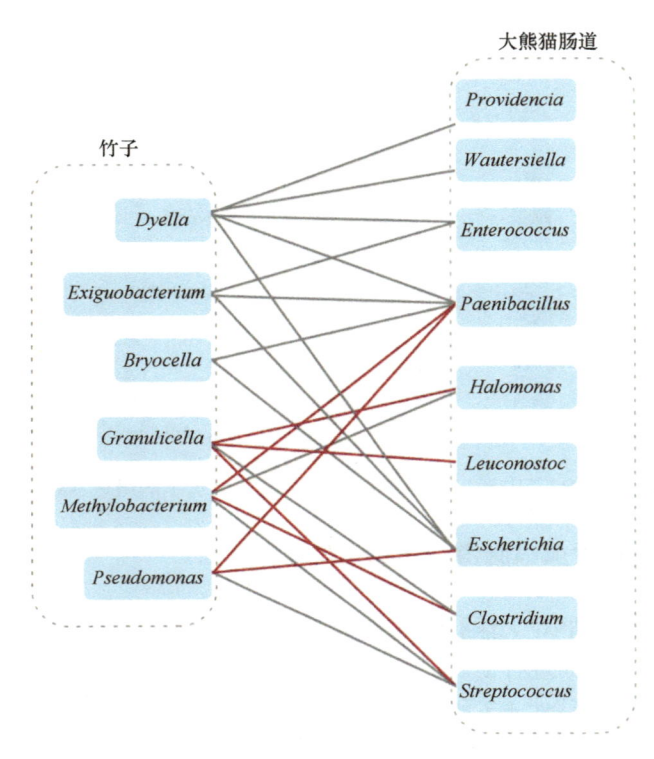

图 5-46　竹子细菌菌群和大熊猫肠道细菌菌群的相关性网络
（竹子和大熊猫肠道前 10 的细菌属）（$P<0.05$）
黑线表示显著正相关；红线表示显著负相关

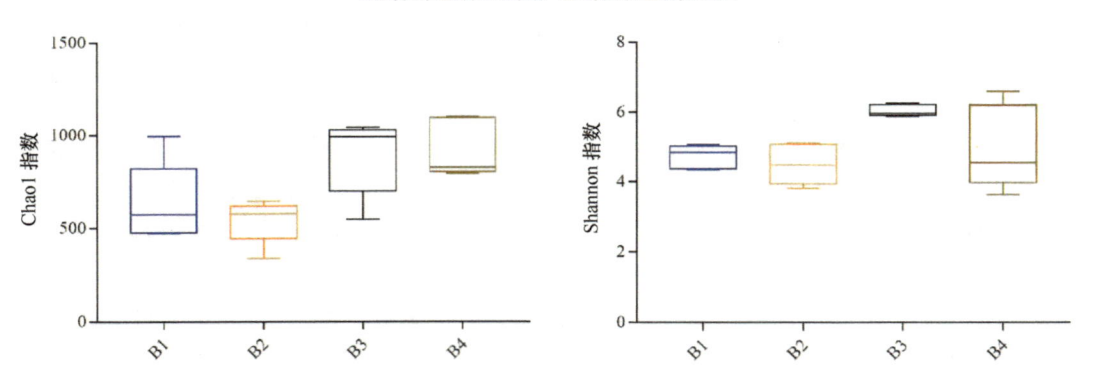

图 5-47　B1、B2、B3、B4 组真菌菌群的 Chao1 指数和 Shannon 指数

门分类水平的具体组成如图 5-49 所示，可见子囊菌门（72.8%）为 B1、B2、B3 和 B4 组最主要的真菌门，其次为担子菌门（11.9%）。虽然 B1、B2、B3 和 B4 组的核心真菌门相同，但其相对丰度在四组间存在显著差异（图 5-50）。担子菌门在 B4（24.9%）组中相对丰度显著高于其余三个组（Kruskal-Wallis 检验，LDA 值＞4）。

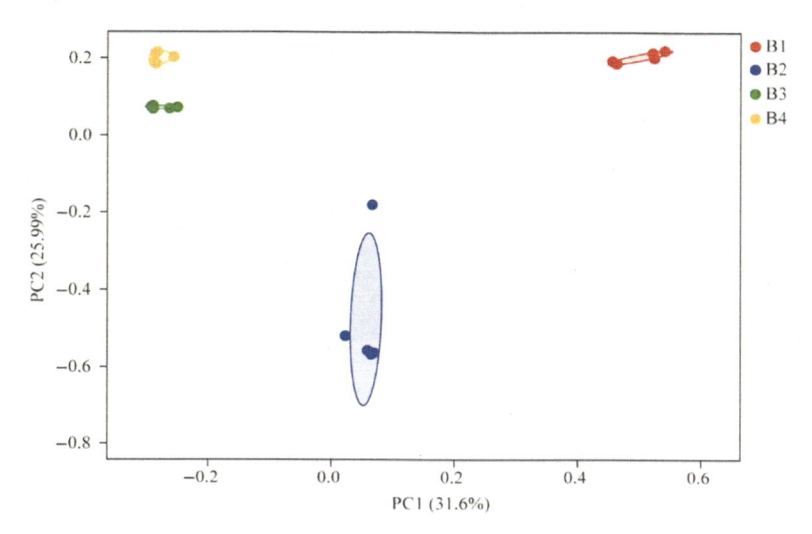

图 5-48　B1、B2、B3 和 B4 组真菌群落结构的主坐标分析

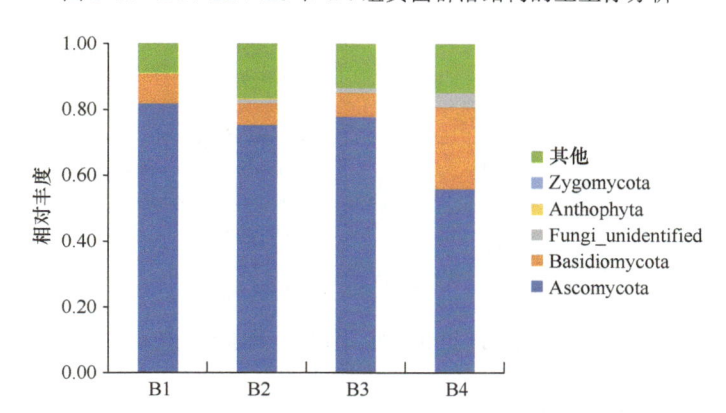

图 5-49　B1、B2、B3 和 B4 组真菌群落在门分类水平的组成（各组前 10）

属分类水平的具体组成如图 5-51 所示。B1 组中相对丰度前 3 的真菌属为：竹黄属（*Shiraia*）（12.0%）、*Ceramothyrium*（11.7%）和隐球菌属（8.6%），其中竹黄属和 *Ceramothyrium* 的相对丰度显著高于其余各组（Kruskal-Wallis 检验，LDA 值＞4）（图 5-50）。枝氯霉属（*Ramichloridium*，22.6%）、隐球菌属（4.1%）和 *Zymoseptoria*（1.0%）是 B2 组中相对丰度前 3 的真菌属，其中枝氯霉属的相对丰度显著高于其余各组（Kruskal-Wallis 检验，LDA 值＞4）。B3 组中 *Rachicladosporium*（8.9%）、*Bacidia*（6.8%）和隐球菌属（6.2%）的相对丰度在前 3。同时发现 *Rachicladosporium*、*Bacidia*、*Rhinocladiella*、盘针孢属（*Libertella*）和 *Strelitziana* 在 B3 组中的相对丰度（8.9%、6.8%、5.4%、2.4%和 2.0%）显著高于其余各组（Kruskal-Wallis 检验，LDA 值＞4）。隐球菌属

（22.8%）、球腔菌属（*Mycosphaerella*）（2.6%）和盘针孢属（1.2%）是 B4 组中相对丰度前 3 的真菌属，其中隐球菌属和球腔菌属的相对丰度显著高于其余各组（Kruskal-Wallis 检验，LDA 值＞4）。

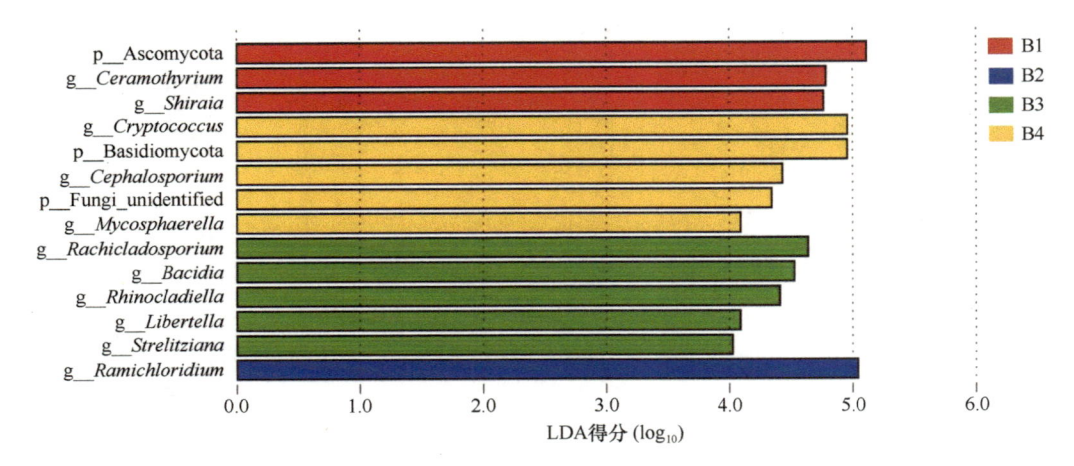

图 5-50　B1、B2、B3 和 B4 真菌群落显著差异物种的 LEfSe 图

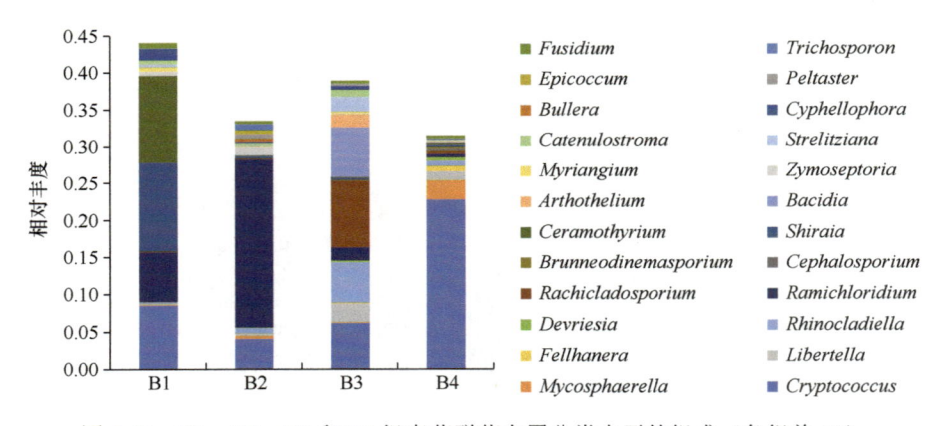

图 5-51　B1、B2、B3 和 B4 组真菌群落在属分类水平的组成（各组前 10）

七、不同竹种真菌对大熊猫肠道真菌菌群的影响

B1 和 F1 组中共发现 73 个共有真菌属，B2 和 F2 组中共发现 99 共有真菌属，B3 和 F3 组中共发现 113 个共有真菌属，B4 和 F4 组中共发现 116 个共有真菌属。且在这四个配对组中有 54 个共有细菌属相同，如隐球菌属（竹子中平均相对丰度为 16.3%、大熊猫肠道中平均相对丰度为 10.4%）、*Mrakiella*（竹子中平均相对丰度为 4.9%、大熊猫肠道中平均相对丰度为 0.01%）、枝氯霉属（竹子中平均相对丰度为 0.03%、大熊猫肠道中平均相对丰度为 7.9%）、竹黄属（竹子中平均相对丰度为 0.7%、大熊猫肠道中平均相对丰度为 3.2%）、*Ceramothyrium*（竹子中平均相对丰度为 0.01%、大熊猫肠道中平均相对丰度为 3.0%）和 *Rhinocladiella*（竹子中平均相对丰度为 0.3%、大熊猫肠道中平均相对丰度为 1.8%）。其中竹子中头孢霉属（*Cephalosporium*）的相对丰度与大熊猫肠道

中头孢霉属的相对丰度呈显著正相关（$P<0.05$，Spearman）。进一步对竹子和大熊猫肠道前 10 的菌属进行相关性分析，共发现 31 个显著相关性（图 5-52）。

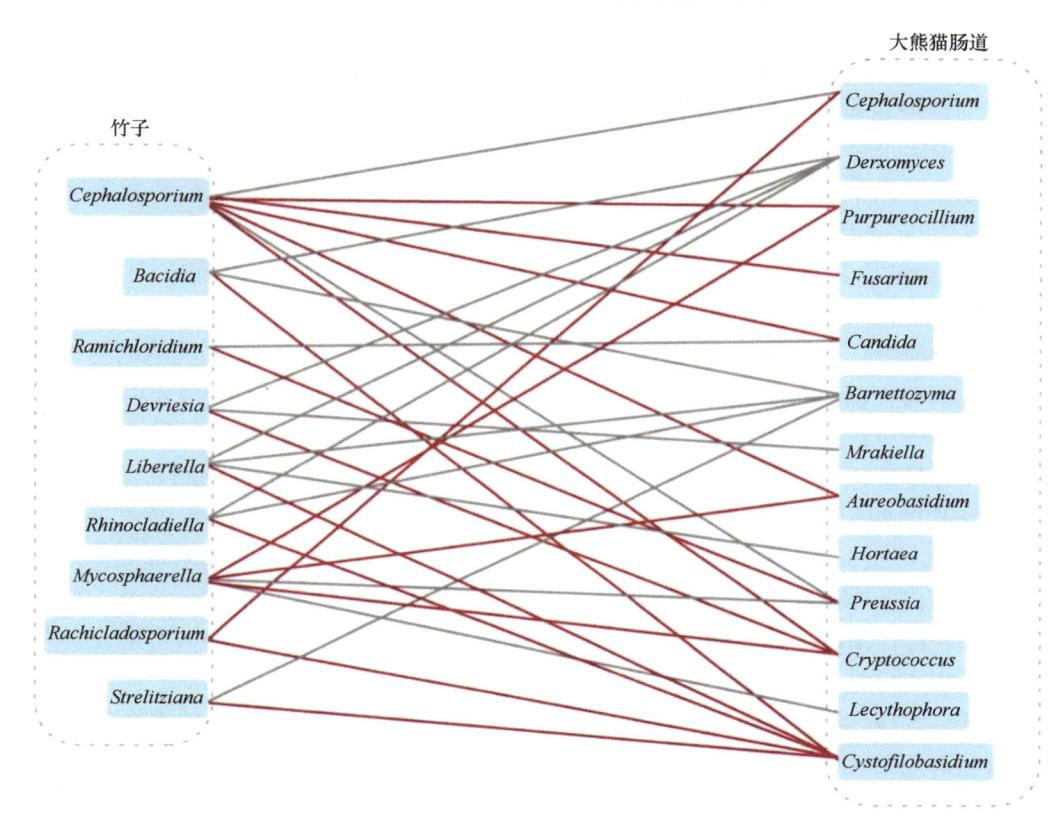

图 5-52　竹子细菌菌群和大熊猫肠道真菌菌群的相关性网络
（竹子和大熊猫肠道前 10 的真菌属）（$P<0.05$）
黑线表示显著正相关；红线表示显著负相关

八、竹营养与微生物对大熊猫肠道菌群的影响分析

四川农业大学邹立扣课题组通过以上研究，对食用不同竹子种类的四组大熊猫的肠道菌群组成进行高通量测序，发现竹子种类是影响大熊猫肠道菌群组成的重要因素。食物变化能影响大熊猫肠道微生物群落的多样性和组成（Zhang et al.，2018），这个结果也在人（Bäckhed et al.，2015）、猪（Frese et al.，2015）、老鼠（Hildebrandt et al.，2009）和虹鳟鱼（Michl et al.，2017）中得到了证实。竹子是大熊猫的主食，含有高纤维（纤维素、木质素和半纤维素）和低碳水化合物、脂肪、黄酮、单宁（Wang et al.，2017）。课题组研究中竹子种类对其纤维素、半纤维素、木质素、葡萄糖、黄酮和蛋白质的含量有显著影响。但脂肪和单宁含量在不同竹种间无显著差异，表明它们可能是竹中较稳定的营养成分。植物脂肪在生长中很重要，可以提供热量、维生素和必需脂肪酸（Akinoso et al.，2012）。Zhang 等（2018）通过宏基因组测序表明大熊猫是依靠竹中半纤维素而得到足够的能量。因此推测，竹子中的脂肪和半纤维素可能对大熊猫的生长发育起着至关

重要的作用。

　　早期研究证实，食物的营养物质可以影响人（Carlotta et al.，2010）和老鼠（Daniel et al.，2014）的肠道菌群组成。同时在大熊猫的研究中发现竹子不同部位中不同的营养成分可能是导致大熊猫肠道菌群组成季节性变化的重要因素（Wu et al.，2017）。以上实验发现葡萄糖显著降低了大熊猫肠道细菌群落的多样性。类似的结果在人类中也有报道，饮食中碳水化合物含量越高，微生物群落的多样性越低（Zhernakova et al.，2016）。这可能是由于微生物在碳水化合物的培养基中没有协同生长，但在木质纤维素培养基中很常见（Deng and Wang，2016）。此外，厚壁菌门和变形菌门是大熊猫肠道中的优势细菌门（Wei et al.，2015；Yang et al.，2018；Zhang et al.，2018），且厚壁菌门在降解木质纤维素方面起作用（Zhu et al.，2011；Yang et al.，2018）。

　　此外，研究还观察到竹子的营养物质和大熊猫肠道的细菌属有许多显著的相关性。纤维素含量与梭菌属相对丰度呈正相关（$P<0.05$，Spearman），这对梭菌属可以帮助大熊猫消化竹子中纤维素的结论起到了支撑作用（Zhu et al.，2011）。链球菌属在大熊猫肠道中占主导地位，且与竹子中木质素的含量呈正相关（$P<0.05$，Spearman）。我们知道，木质素结构的断裂是大熊猫可以利用竹子中纤维素和半纤维素的核心步骤（Fang and Smith，2016）。此外发现链球菌属和大熊猫黏液产生也有相关性（Williams et al.，2013）。大熊猫肠道内的黏液层可以保护它们肠道不受竹纤维素的伤害（Montagne et al.，2003）。综上所述，链球菌属可能有助于大熊猫消化竹子中的木质素，并可以被认为是大熊猫肠道菌群适应高纤维竹子饮食的一个例子。

　　本研究发现，在真菌菌群中竹子的营养物质与大熊猫肠道真菌菌群的丰富度和多样性没有显著相关性（$P>0.05$，Spearman）。由此推测大熊猫肠道细菌群落对大熊猫竹子利用的贡献可能大于真菌群落（Zhang et al.，2018）。和早期大熊猫肠道菌群的研究结果一致，子囊菌门是最主要的真菌门，其次为担子菌门（Tun et al.，2014；Zhang et al.，2018）。以上研究发现竹子中的黄酮和蛋白质含量与大熊猫肠道内子囊菌门的相对丰度呈正相关，但与担子菌门的相对丰度呈负相关（$P<0.05$，Spearman）。竹子中的黄酮类化合物也可能与大熊猫的生殖激素水平有关，进而竹子中的总黄酮可能在大熊猫的生殖成功中发挥着独特的作用（Liu et al.，2019）。由此推测大熊猫肠道菌群可能通过代谢物质或激素对大熊猫繁殖起作用。竹子中蛋白质的含量和大熊猫肠道中 *Microdochium* 的相对丰度呈正相关（$P<0.05$，Spearman）。由此推测 *Microdochium* 可能参与竹子中蛋白质的降解。

　　宿主接触频率越多的微生物种类，更有可能在宿主肠道中定殖和存活（Schmidt et al.，2019）。口服益生菌和粪便移植，均反映了食物中的微生物菌群能影响人体肠道微生物群落的组成（Kuss et al.，2011；Borody and Alexander，2012）。竹子的内生真菌随竹子种类的变化而变化（Helander et al.，2013）。本实验结果与该结果相似，即竹子种类能影响竹子微生物菌群的组成。同时发现竹子和大熊猫之间有许多共同的微生物，并且竹子微生物菌群和大熊猫肠道微生物菌群之间存在着显著的相关性，这表明大熊猫肠道微生物菌群的组成受竹子微生物的影响。相似的研究也在昆虫中进行，该研究发现昆虫的微生物菌群组成受栖息地竹子和土壤影响（Hannula et al.，2019）。

研究发现，食用细菌多样性较高的竹子的大熊猫，其肠道细菌的多样性也较高（$P<0.05$，Spearman）。饮食中的微生物是宿主肠道菌群的潜在来源（Bolnick et al.，2014）。食用细菌菌群多样性高的竹子可能有利于大熊猫肠道微生物群落多样性的改善，使其肠道菌群具有更好的适应力（Larsen and Claassen，2018）。变形菌门是竹子的主要细菌门。它也是竹根内生菌和竹下土壤的主要细菌门（Han et al.，2009）。巧合的是，变形菌门是圈养和野生大熊猫肠道中核心细菌门（Wei et al.，2015；Zhang et al.，2018）。假单胞菌属属于变形菌门，是大熊猫和竹子的共有门，且与大熊猫肠道中链球菌属的相对丰度呈正相关（$P<0.05$，Spearman）。假单胞菌属是竹子中的主要属，而链球菌属是大熊猫肠道中的主要属（Xue et al.，2015）。值得注意的是，假单胞菌属参与了木质素的代谢（Jiménez et al.，2015）。同时木质素与链球菌属相对丰度呈正相关（$P<0.05$，Spearman）。由此我们推测，参与木质素消化的基因可能是水平转移的，但需要进一步的研究来证实这一发现。此外假单胞菌属与大熊猫肠道中埃希氏菌属的相对丰度呈负相关（$P<0.05$，Spearman）。大肠杆菌（*Escherichia coli*）是一种常见的条件致病菌，可引起大熊猫肠道感染，因此这种负相关关系可能有利于大熊猫的健康（Mueller et al.，2015；Chen et al.，2018）。综上我们推测，竹子的微生物组可能是大熊猫构成稳定肠道微生物组的一个渠道。

与早期研究一致，子囊菌门和担子菌门是竹子和大熊猫肠道菌群中的核心门（Tun et al.，2014；Zhou et al.，2017）。这两个门同时也是人（Christian et al.，2013）、狗（Stefanie et al.，2011）、土壤（Dang et al.，2017）和地表大气（Bowers et al.，2013）中的核心门，环境中微生物菌群可能影响了大熊猫肠道微生物菌群。在属分类水平，本研究发现了一些真菌门是竹子和大熊猫肠道共有的，如假丝酵母属、枝氯霉属、德福里斯孢属（*Devriesia*）和 *Mrakiella*。有趣的是，有研究在大熊猫的阴道内也发现了假丝酵母属，并且该菌与高碳水化合物饮食呈正相关（Christian et al.，2013；Chen et al.，2017）。竹子中枝氯霉属的相对丰度与大熊猫肠道中假丝酵母属的相对丰度呈正相关（$P<0.05$，Spearman）。但是对枝氯霉属功能的了解较少（Arzanlou et al.，2007）。因此，根据相关性推测枝氯霉属可能与假丝酵母属协同利用碳水化合物。Branda 等（2010）从寒冷的环境中分离得到酵母菌株 *Mrakiella*，如表层和深层沉积物及融化的冰山水中。之前的研究发现，大熊猫觅食竹子的踪迹出现在气温低至 $-14℃$ 的高海拔地区（Schaller et al.，1985；Liu et al.，2015），由此进一步证明竹子上的微生物可能是大熊猫肠道菌群的来源之一。

第七节　野生大熊猫主食竹的营养与微生物组

肠道菌群在宿主免疫系统、化合物合成和食物消化中起主要作用，研究表明肠道菌群的失衡会导致机体处于亚健康状态甚至疾病（Evans et al.，2013）。大熊猫虽然属于食肉目（Carnivora），但却以竹子作为主食，这种独特的饮食结构受到了广泛的关注（Wei et al.，2012）。胃肠疾病是导致圈养和野生大熊猫死亡的重要原因，大熊猫的肠道菌群在竹子降解中起到重要作用（Tun et al.，2014），食物可以通过其营养和微生物影响人、小鼠、奶牛、猪和鱼等动物的肠道微生物菌群结构（Kuda et al.，2017；高凤，2017；

Bolnick et al.，2014；Frese et al.，2015；Zhernakova et al.，2016）。有关大熊猫的研究发现，食用竹子不同部位可以影响大熊猫的肠道菌群，原因可能与竹子不同部位其营养成分含量不同有关（Wu et al.，2017）。Jin 等（2020）通过投喂不同竹种给大熊猫，发现竹子可以通过其营养物质和微生物组影响大熊猫的肠道菌群组成。因而，研究大熊猫主食竹的营养指标和微生物对大熊猫健康保护及种群扩大有着重要意义。

四川农业大学邹立扣课题组以卧龙国家级自然保护区白夹竹、短锥玉山竹、拐棍竹和冷箭竹（2600～3500m）为研究对象，研究其主要的营养成分和微生物组（晋蕾等，2021），这有助于维持大熊猫肠道菌群的稳定，可为大熊猫肠道疾病的防治提供基础数据。卧龙国家级自然保护区位于四川省汶川县（北纬 30°45′～31°25′，东经 102°52′～103°24′），是第一批以保护大熊猫为主的国家级自然保护区（潘红丽等，2010；周世强等，2009）。卧龙大熊猫保护区包含多个不同种类的竹子，其中最主要的 4 种大熊猫主食竹为：分布于海拔 600～1500m 的白夹竹、1600～2500m 的短锥玉山竹和拐棍竹及 2600～3500m 的冷箭竹（胡锦矗和乔治·夏勒，1985）。目前关于卧龙地区大熊猫主食竹的研究主要集中在竹子种类的调查、微量元素的测定、形态学观察等（周世强和黄金燕，1998；周世强等，2009），而关于微生物组的研究较少。

一、大熊猫主食竹的营养

邹立扣课题组根据卧龙国家级自然保护区内大熊猫采食样线，在 600～1500m、1600～2500m 和 2600～3500m 三个海拔梯度下，将有大熊猫采食痕迹的竹区随机设置 5 个样方，样方大小为 10m×10m（晋蕾等，2021）。采用五点采样法对每个样方进行采样，每个样方的 5 个竹子样品合为 1 个混合样品，用于后续检测。在海拔 600～1500m 采集到 5 个白夹竹（*Phyllostachys nidularia*，PN）混合样品，海拔 1600～2500m 分别采集到 5 个拐棍竹（*Fargesia robusta*，FR）和 5 个短锥玉山竹（*Yushania brevipaniculata*，YB）混合样品，海拔 2600～3500m 采集到 5 个冷箭竹（*Bashania faberi*，BF）混合样品。采样过程中使用无菌一次性手套，采集新鲜的样品于无菌袋，并储存于冰盒，24h 内送回实验室。所有混合样品均匀分为两份，一份于–70℃下保存；另一份于烘箱烘干后，粉碎成粉末待用。

本研究对竹子的 7 个营养指标进行了测定（表 5-6）。纤维素在竹子中的含量最高，其次为半纤维素和木质素。纤维素、蛋白质和黄酮的含量在各组间存在显著性变化（$P<0.05$，Kruskal-Wallis 检验）。纤维素的含量在 FR 组中最高，同时显著高于 BF 组（$P<$

表 5-6　PN、YB、FR 和 BF 中营养物质组成（%）

理化指标	脂肪	蛋白质	木质素	黄酮	半纤维素	纤维素	还原糖
PN	0.15±0.07	1.15±0.21a	22.53±6.0	0.03±0.004a	11.74±2.00	49.23±6.92ab	1.35±0.21
YB	0.13±0.02	2.06±0.15b	21.76±1.46	0.05±0.005ac	19.87±7.46	46.18±2.50ab	0.93±0.11
FR	0.17±0.009	1.76±0.06ab	16.28±2.28	0.11±0.008b	15.12±2.25	56.82±2.2b	1.41±0.12
BF	0.18±0.03	1.75±0.03ab	15.29±3.31	0.06±0.008bc	23.03±2.74	46.37±1.54a	0.88±0.23

注：同列不同小写字母表示 $P<0.05$

0.05，Kruskal-Wallis 检验）。蛋白质的含量在 YB 组中最高，同时显著高于 PN 组（$P<0.05$，Kruskal-Wallis 检验）。FR 组中黄酮的含量最高，同时显著高于 YB 和 PN 组（$P<0.05$，Kruskal-Wallis 检验）。

本研究发现竹子中纤维素、半纤维素和木质素的含量高，而蛋白质、脂肪和还原糖的含量相对较低，这与早期研究结果一致（Hedges and Baumberg，1973）。其中纤维素和半纤维素可被纤维素和半纤维素降解酶降解为葡萄糖，进而为机体提供能量（Hoyer，1985）。Zhu 等（2011）通过宏基因组测序发现大熊猫肠道菌群含有编码纤维素酶、β-葡萄糖苷酶和木聚糖 1,4-β-木糖苷酶等纤维素和半纤维素降解酶的基因，能将纤维素和半纤维素降解为葡萄糖。值得注意的是，本研究发现纤维素的含量随着竹种的变化而发生显著变化（$P<0.05$，Kruskal-Wallis 检验），但半纤维素的含量在不同竹种间没有显著差异（$P>0.05$，Kruskal-Wallis 检验）。Jin 等（2020）对比苦竹、白夹竹、拐棍竹和冷箭竹的营养成分，发现拐棍竹中纤维素的含量显著高于其他几个竹种，但半纤维素的含量没有显著性变化（$P<0.05$，Kruskal-Wallis 检验）。Zhang 等（2018）通过对比幼年大熊猫（以人工奶或母乳为主食）和成年大熊猫（以竹子为主食）肠道菌群的功能，发现成年大熊猫肠道中编码半纤维降解酶基因的细菌相对丰度显著高于幼年大熊猫，推测大熊猫主要依赖降解竹中半纤维素的含量来满足其生长发育所需能量。

木质素和纤维素、半纤维素是一个共价交联体，木质素的降解是利用纤维素和半纤维素的首要步骤（Zhang et al.，2007）。卧龙地区四种大熊猫主食竹半纤维素含量虽没有显著差异，但仍存在波动（$P>0.05$，Kruskal-Wallis 检验）。冷箭竹中半纤维素的含量最高，而木质素含量最低，由此推测冷箭竹相比于卧龙地区其他几个竹种可能会提供更多的能量，且能量更易获取。怀孕前后母体的营养状态对幼仔的发育有着较大的影响，食物是母体营养的重要来源之一（Ramakrishnan et al.，2012）。胡锦矗和乔治·夏勒（1985）在野生大熊猫的运动路径中发现产仔后大熊猫会移动到高海拔地区采食冷箭竹的竹叶，该现象对本课题组的结论有支撑作用。

早期野外观察发现，大熊猫从交配后直至产仔期间，会移动到低海拔地区食用拐棍竹（胡锦矗和乔治·夏勒，1985）。研究发现 FR 组中黄酮的含量最高，并且显著高于 PN 和 YB 组（晋蕾等，2021）。Wang 等（2020）的研究结果表明竹子中的黄酮类化合物可能是大熊猫饮食选择或偏好的驱动因素之一。Liu 等（2019）通过分析北京、陕西和四川三个基地竹子饲料的黄酮总含量与大熊猫生殖激素含量的相关性，发现竹子中黄酮的含量越高，大熊猫生殖激素的含量越高，其平均出生率也越高。由此推测竹子中黄酮可能在大熊猫这种饮食特异性物种的繁殖过程中起着重要的生理作用，而大熊猫觅食不同竹种的行为可能与其繁殖有关。

此外，YB 组（短锥玉山竹）中蛋白质的含量显著高于 PN 组（白夹竹）（$P<0.05$，Kruskal-Wallis 检验）。蛋白质是生命的物质基础，几乎参与了生物体内所有的生命活动，如生长、发育、能量转换、信号转导等（蒋英芝等，2009）。故短锥玉山竹可能比白夹竹更能维持大熊猫正常的生长发育。

二、大熊猫主食竹的细菌菌群

邹立扣课题组对主食竹细菌进行高通量测序注释后,共获得 438 750 条有效的细菌序列(晋蕾,2020;晋蕾等,2021)。按照 97% 的相似度进行聚类后共得到 2963 个 OTU,通过物种注释后共获得 27 门 438 属。根据图 5-53 中 PCoA 的聚类结果,发现 PN、YB、FR 和 BF 组分别独自聚类在一起。因而对 PN、YB、FR 和 BF 组的细菌菌群组成及差异进行进一步的分析。

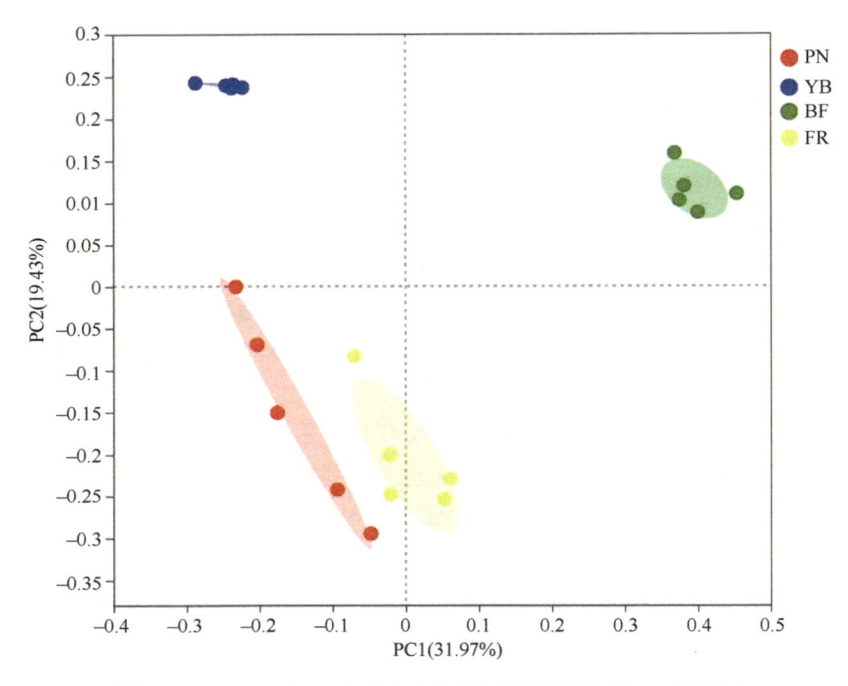

图 5-53　PN、YB、FR 和 BF 竹子细菌菌群的 PCoA 聚类图

通过 Chao1 指数和 Shannon 指数来评估不同种类大熊猫主食竹细菌菌群的丰富度和多样性(表 5-7)。不同竹种细菌菌群的丰富度存在显著差异,其中 FR 组细菌菌群的丰富度最高,同时显著高于 PN 组($P<0.05$,Kruskal-Wallis 检验)。而细菌菌群的多样性虽然在不同竹种间无显著性差异($P>0.05$,Kruskal-Wallis 检验),但其数值随着竹种的变化而变化。细菌菌群的多样性在 BF 组中最高,在 PN 组中最低。

表 5-7　PN、YB、FR 和 BF 竹子菌群的 Chao1 指数和 Shannon 指数

	α 指数	PN	YB	FR	BF
细菌	Chao1 指数	974.36±247.24a	1174.47±119.67ab	1499.11±172.82b	1201.64±.21.93ab
	Shannon 指数	5.41±0.97	6.04±0.30	6.53±1.06	6.77±0.28
真菌	Chao1 指数	562.49±126.54ab	700.28±79.71ab	889.80±205.30a	535.96±.102.10b
	Shannon 指数	5.26±0.53ab	4.21±0.23a	6.04±0.16b	3.63±0.82a

注:同行不同小写字母表示 $P<0.05$

Liu 等（2017）早期研究发现，毛竹竹秆、竹笋和竹茎内生细菌菌群的多样性和丰富度存在差异。Jin 等（2020）对比苦竹、白夹竹、拐棍竹和冷箭竹的细菌菌群发现其丰富度和多样性在不同竹种间存在显著差异。以上研究发现，拐棍竹细菌菌群的丰富度显著高于白夹竹，而不同竹种间细菌菌群多样性虽有波动，但未发现显著差异。土壤微生物对竹子和植物微生物菌群的多样性有影响（赵官成等，2011），不同地区土壤的微生物组成存在显著差异，且季节能显著影响土壤微生物的组成（张德明等，1998；章家恩等，2002；张雨凡，2013）。Jin 等（2020）研究中竹子样品的来源地不同，Liu 等（2017）的样品虽然来源于同一竹子，但是不同部位样品取自不同季节，而以上研究中的竹子样品均来自卧龙地区，且同时采集。可见竹种对竹子细菌菌群丰富度的影响较大。

在门分类水平，变形菌门（81.8%）、酸杆菌门（8.5%）、拟杆菌门（4.8%）和浮霉菌门（2.5%）是竹子细菌菌群的主要门（大于总序列的 97%）（图 5-54A）。值得注意的是，变形菌门虽然是 PN、YB、FR 和 BF 组的主要门，但变形菌门在 YB 组中的相对丰度（86.2%）显著高于其余各组（$P<0.05$，LDA 值<4）（图 5-54A、B）。酸杆菌门是 PN（6.8%）、FR（5.3%）和 BF（17.6%）各组的第二大门，但其在 BF 组中的相对丰度显著高于其余各组（$P<0.05$，LDA 值<4）。此外 YB 组中相对丰度第二的是拟杆菌门。

在属分类水平，取各组前 15 的属进行分析（图 5-54C）。PN 组中前 5 的属为：假单胞菌属（31.2%）、泛菌属（5.2%）、*Hafnia-Obesumbacterium*（3.8%）、薄层菌属（*Hymenobacter*）（3.4%）和嗜酸菌属（3.1%）。YB 组中前 5 的属为：假单胞菌属（33.9%）、不动杆菌属（5.9%）、寡养单胞菌属（2.8%）、*Pedobacter*（1.7%）和 *Granulicella*（1.6%）。FR 组中前 5 的属为：假单胞菌属（19.6%）、甲基杆菌属（7.6%）、嗜酸菌属（2.9%）、

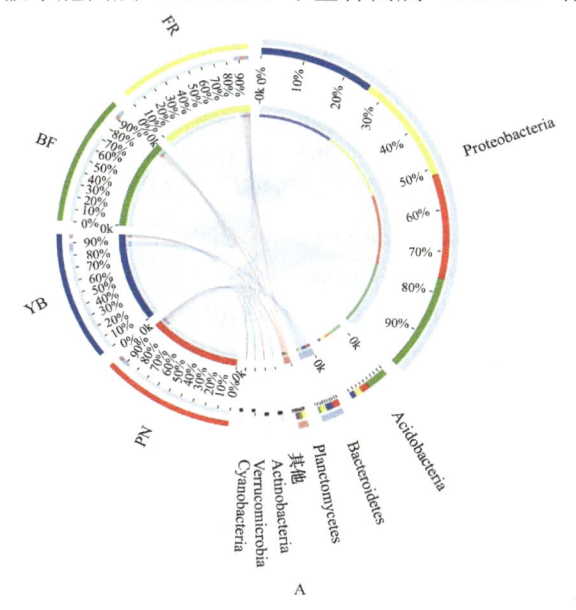

A

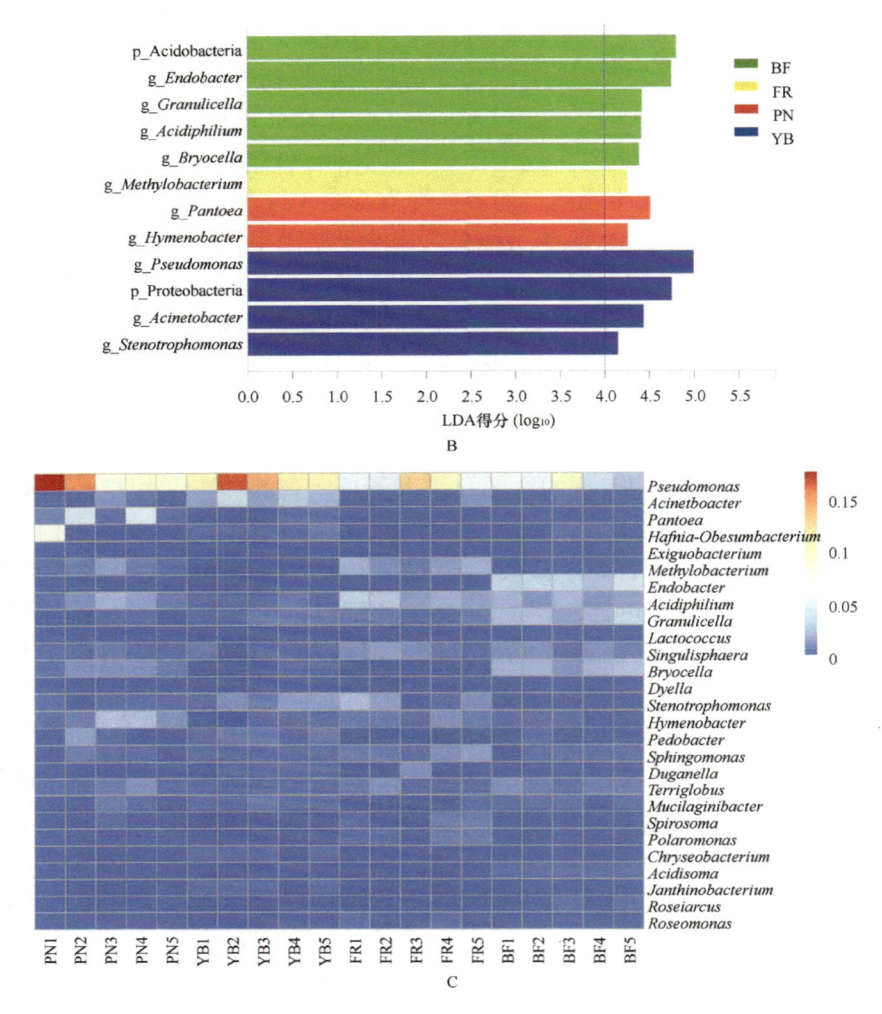

图 5-54 PN、YB、FR 和 BF 竹子细菌菌群的组成和差异

A. PN、YB、FR 和 BF 竹子细菌菌群在门分类水平的组成；B. PN、YB、FR 和 BF 竹子组间显著性差异细菌门和属（各组前 15 属）；C. PN、YB、FR 和 BF 竹子细菌菌群在属分类水平（各组前 15 属）的组成

寡养单胞菌属（2.7%）和 *Singulisphaera*（2.5%）。BF 组中前 5 的属为：假单胞菌属（13.4%）、*Endobacter*（8.0%）、*Granulicella*（5.7%）、*Bryocella*（4.9%）和嗜酸菌属（3.9%）。

进一步采用 LEfSe 分析 PN、YB、FR 和 BF 组间的显著性差异属（图 5-54B）。假单胞菌属是 PN、YB、FR 和 BF 组的主要属，但其在 YB 组中的相对丰度显著高于其余组（$P<0.05$，LDA 值<4）。此外不动杆菌属和寡养单胞菌属在 YB 组中的相对丰度显著高于其余组（$P<0.05$，LDA 值<4）。泛菌属和薄层菌属在 PN 组中的相对丰度显著高于其余组（$P<0.05$，LDA 值<4）。甲基杆菌属在 FR 组中的相对丰度显著高于其余组（$P<0.05$，LDA 值<4）。*Endobacter*、*Granulicella*、*Bryocella* 和嗜酸菌属在 BF 组中的相对丰度显著高于其余组（$P<0.05$，LDA 值<4）。

在门分类水平，本研究发现变形菌门是白夹竹、短锥玉山竹、拐棍竹和冷箭竹的主要的细菌门，占总序列 70.0% 以上，与早期相关研究结果一致（Chen et al., 2017；Liu et al., 2017)。但变形菌门在短锥玉山竹中的相对丰度显著高于白夹竹、拐棍竹和冷箭竹。变形菌门丰度与脂肪含量呈显著负相关,这已经在人肠道的研究中得到证实(Wu et al., 2011)。短锥玉山竹中脂肪的含量最低,可能导致其变形菌门的相对丰度高。早期研究中发现假单胞菌属是白夹竹、拐棍竹和冷箭竹的主要菌属(Jin et al., 2020),本研究中假单胞菌属是白夹竹、短锥玉山竹、拐棍竹和冷箭竹最主要的细菌属。食物中的微生物是宿主微生物菌群的来源之一(Guo et al., 2019; Schmidt et al., 2019),假单胞菌属是竹子和大熊猫肠道的共有菌属(Jin et al., 2020)。值得注意的是,土壤中酸杆菌门和变形菌门在总序列中占比超过70.0%(Lin and Chiu, 2016),假单胞菌属是各种农作物和果树等植物中常见的内生细菌,在勃氏甜龙竹活体竹汁中和毛竹林土壤中都分离到了假单胞菌属菌种(胡萌, 2008; 杨瑞娟等, 2016; 桂许维等, 2018)。土壤驱动昆虫等动物的肠道菌群组成,主要通过植物将微生物传递给动物,由此推测大熊猫肠道微生物有可能来源于竹子甚至是竹林下土壤(Hannula et al., 2019)。本研究中假单胞菌属的相对丰度呈短锥玉山竹＞白夹竹＞拐棍竹＞冷箭竹。Yao等(2019)发现大熊猫肠道主要分为假单胞菌科(Pseudomonadaceae)和梭菌科(Clostridiaceae)两种肠型,其中野生大熊猫主要以假单胞菌科为核心科。卧龙地区野生大熊猫主要以拐棍竹和冷箭竹为食(Schaller et al., 1985),由此本研究结果对早期研究结果,即假单胞菌属在竹子中的相对丰度与其大熊猫肠道的相对丰度呈显著负相关(Jin et al., 2020),起到一定支撑作用。Jiménez等(2015)在小麦秸秆降解研究中发现假单胞菌属均参与木质素的降解过程。竹子中的假单胞菌属有助于提升大熊猫肠道中假单胞菌属的相对丰度,进而促进竹子中木质素的降解。

三、大熊猫主食竹的真菌菌群

邹立扣课题组对大熊猫主食竹真菌进行高通量测序注释后,共获得363 825条有效的真菌序列,按照97%的相似度进行聚类后共得到1760个OTU,通过物种注释后共获得5门220属(晋蕾, 2020; 晋蕾等, 2021)。PCoA的聚类结果显示PN、YB、FR和BF组分别独自聚类在一起(图5-55)。因而对PN、YB、FR和BF组的真菌菌群组成和差异进行进一步的分析。

通过对比分析不同种类大熊猫主食竹真菌菌群的丰富度(Chao1指数)和多样性(Shannon指数)(表5-7),发现竹子真菌丰富度和多样性在PN、YB、FR和BF组间呈现波动。竹子真菌菌群的丰富度和多样性在FR组中最高,在BF组中最低。同时发现竹子真菌丰富度和多样性在不同竹种间有显著差异($P<0.05$, Kruskal-Wallis检验)。FR组的丰富度显著高于BF组,而FR组的多样性显著高于YB和BF组($P<0.05$, Kruskal-Wallis检验)。

在门分类水平,子囊菌门(59.3%)和担子菌门(31.0%)是竹子真菌菌群的主要门(大于总序列的90.0%)(图5-56A),但主要门的种类随着竹种的变化而变化。子囊菌门在PN组中的相对丰度显著高于其余各组($P<0.05$, LDA值<4)(图5-56B)。

在属分类水平,取各组前15的属进行分析(不含未注释属)(图5-56C)。PN组中前 5 的属为：隐球菌属（56.4%）、多腔菌属（8.3%）、枝氯霉属（7.6%）、*Catenulostroma*（6.1%）和盘针孢属（2.9%）。其中多腔菌属、枝氯霉属和 *Catenulostroma* 在 PN 组中的相对丰度显著高于其余组（$P<0.05$，LDA 值<4）。此外 PN 组中 *Devriesia* 和盘针孢属的相对丰度显著高于其余组（$P<0.05$，LDA 值<4）。YB 组中前 5 的属为：隐球菌属（57.4%）、

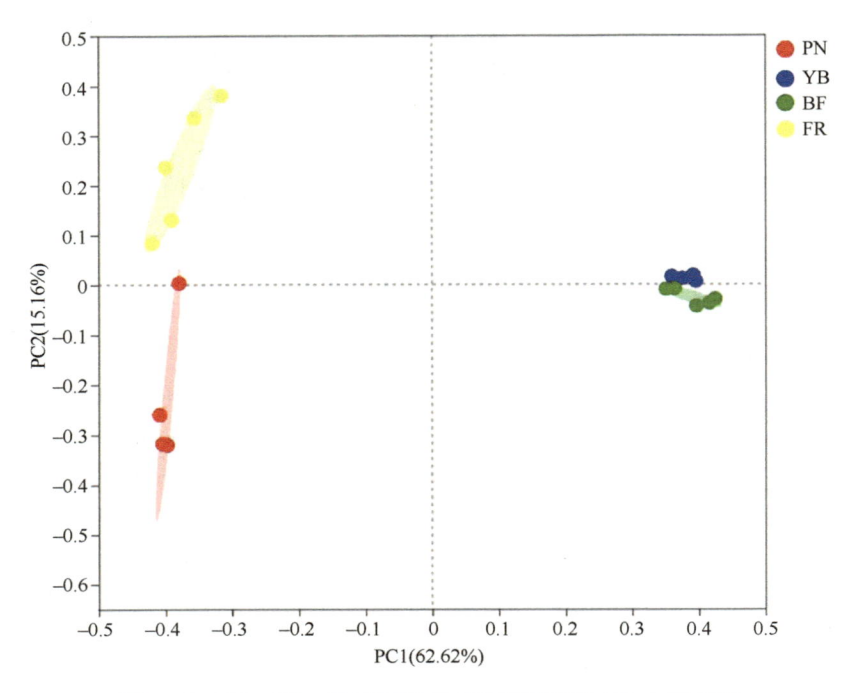

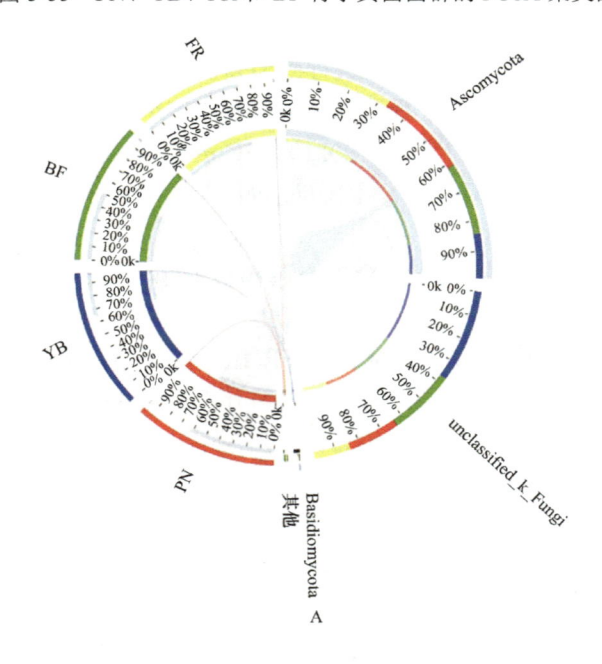

图 5-55　PN、YB、FR 和 BF 竹子真菌菌群的 PCoA 聚类图

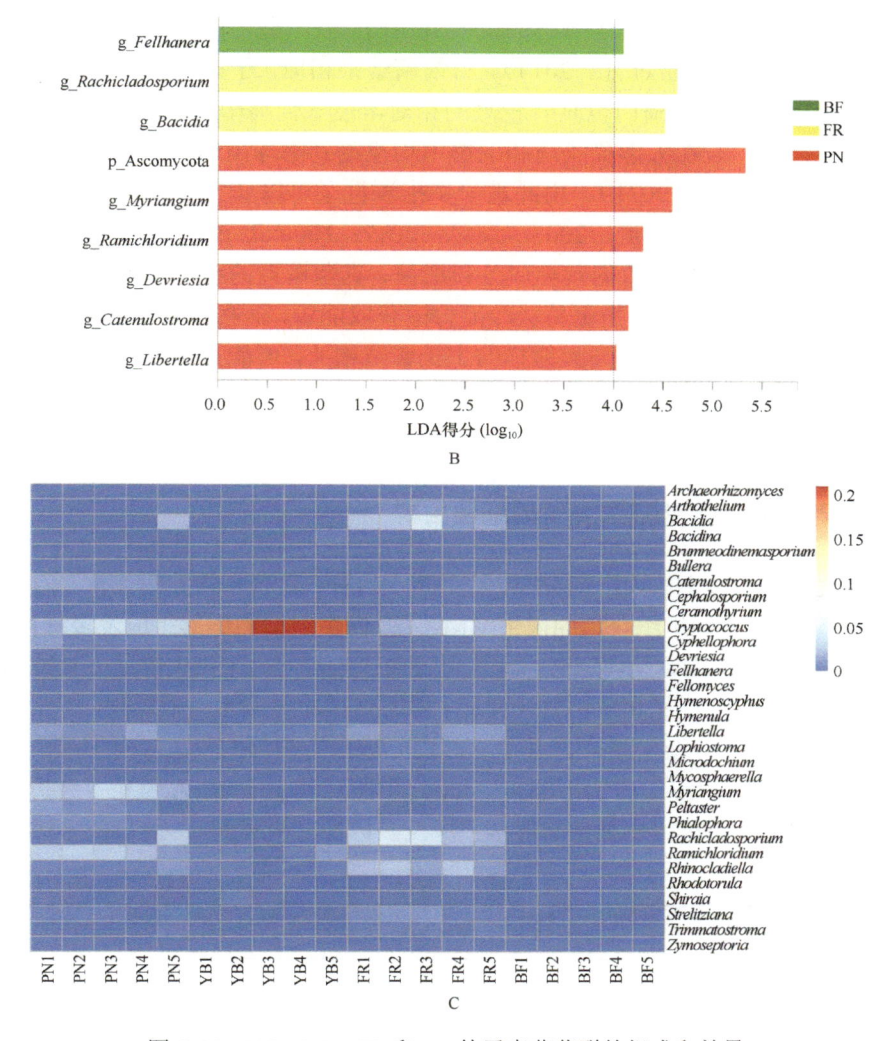

图 5-56　PN、YB、FR 和 BF 竹子真菌菌群的组成和差异
A. PN、YB、FR 和 BF 竹子真菌菌群在门分类水平的组成；B. PN、YB、FR 和 BF 竹子组间显著性差异真菌门和属（各组前 15 属）；C. PN、YB、FR 和 BF 竹子真菌菌群在属分类水平（各组前 15 属）的组成

枝氯霉属（1.1%）、盘针孢属（1.0%）、*Rhinocladiella*（0.6%）和 *Hymenoscyphus*（0.4%）。FR 组中前 5 的属为：*Rachicladosporium*（11.0%）、*Bacidia*（8.1%）、隐球菌属（4.9%）、*Rhinocladiella*（3.7%）和盘针孢属（1.1%）。其中 *Rachicladosporium* 和 *Bacidia* 在 FR 组中的相对丰度显著高于其余组（$P<0.05$，LDA 值<4）。BF 组中前 5 的属为：隐球菌属（42.6%）、*Fellhanera*（2.3%）、枝氯霉属（0.5%）、头孢霉属（0.3%）和 *Archaeorhizomyces*（0.2%）。其中，*Fellhanera* 在 BF 组中的相对丰度显著高于其余组（$P<0.05$，LDA 值<4）。

Helander 等（2013）测定了 9 个不同竹种内生真菌，发现竹种能影响竹子内生真菌的总量和组成。本研究发现拐棍竹内生真菌的多样性和丰富度显著高于冷箭竹，这与相关研究结果一致（Wu et al.，2017）。子囊菌门和担子菌门是水竹（*Phyllostachys heteroclada*）内生真菌的主要门，占总序列 90.0% 以上（Zhou et al.，2017）。子囊菌门和担子菌门是卧龙地区大熊猫主食竹的主要真菌门,且子囊菌门和担子菌门是大熊猫肠道内最主要的真菌门(Tun et al.,2014)。与细菌结果相似,子囊菌门是人工林地土壤里最主要的真菌门,且担子菌门也具有较高的相对丰度(何苑皞等,2013)。隐球菌属是竹子主要的真菌属,且在大熊猫肠道和土壤中均检测到隐球菌属(杨立宾等,2017;赵兴丽等,2019;晋蕾等,2021)。由此进一步推测竹子可以作为中间体将土壤中微生物传递给宿主(吴建峰和林先贵,2003;高凤,2017;Hannula et al.,2019)。

研究表明,大熊猫主食竹的营养成分和细菌、真菌菌群的组成随竹子种类的变化而变化。在卧龙保护区中,大熊猫更易从冷箭竹中获取能量,而拐棍竹中的黄酮含量较高。不同竹种中不同营养物质含量与大熊猫的生长繁殖相关,可能是驱动其季节性饮食的主要因素。假单胞菌属是卧龙保护区大熊猫主食竹中最主要的细菌属,隐球菌属是含量较高的真菌属。

四、基于培养组学的大熊猫主食竹的细菌菌群

竹子内生细菌在宿主体内广泛分布,在竹叶、竹秆、竹鞭和竹笋等部位中存在大量内生细菌,不同竹种和不同组织获得的内生细菌不同,内生细菌的群落组成及多样性也不同。四川农业大学邹立扣课题组从唐家河、秦岭、卧龙及大相岭等地采集大熊猫主食竹(表5-8),每种竹子各有3份竹叶样品和3份竹秆样品。将所有样品放入无菌采样袋,置于备好的冰盒中,带回实验室4℃下保存备用,并于48h内完成内生细菌的分离。内生细菌的分离通过组织研磨液涂布和组织印迹方法进行,经形态学鉴定和16S rRNA鉴定,分析不同培养基、不同竹种和不同组织内生细菌的群落组成及多样性(谢婷霞,2022)。

表5-8 竹子采样信息

采样地	经纬度	海拔(m)	属名	竹种
唐家河	北纬32°33′6.91″ 东经104°46′25.57″	1768	箭竹属 Fargesia	糙花箭竹 F. scabrida
唐家河	北纬32°36′20.02″ 东经104°51′52.81″	2186	箭竹属 Fargesia	缺苞箭竹 F. denudata
唐家河	北纬32°37′43.07″ 东经104°51′44.21″	1990	箭竹属 Fargesia	青川箭竹 F. rufa
卧龙	北纬30°50′25.33″ 东经103°7′26.16″	2180	箭竹属 Fargesia	拐棍竹 F. robusta
秦岭	北纬33°25′26.99″ 东经107°30′20.54″	2547	箭竹属 Fargesia	秦岭箭竹 F. qinlingensis
大相岭	北纬29°33′12.13″ 东经102°51′9.72″	2548	巴山木竹属 Bashania	冷箭竹 B. faberi
秦岭	北纬33°39′0.03″ 东经107°47′24.95″	1750	巴山木竹属 Bashania	巴山木竹 B. fargesii
大相岭	北纬29°40′15.88″ 东经102°36′54.09″	2141	筇竹属 Qiongzhuea	三月竹 Q. opienensis

将经过多次纯化后获得的单菌落,通过形态学观察进行初步鉴定,结果显示菌株在培养基上形态各异,菌落表面有光滑、凸起、褶皱等形状(图5-57);经革兰氏染色后

于显微镜油镜（100×）下观察，菌株有短链、长链或单个排列等多种形态（图 5-58）。

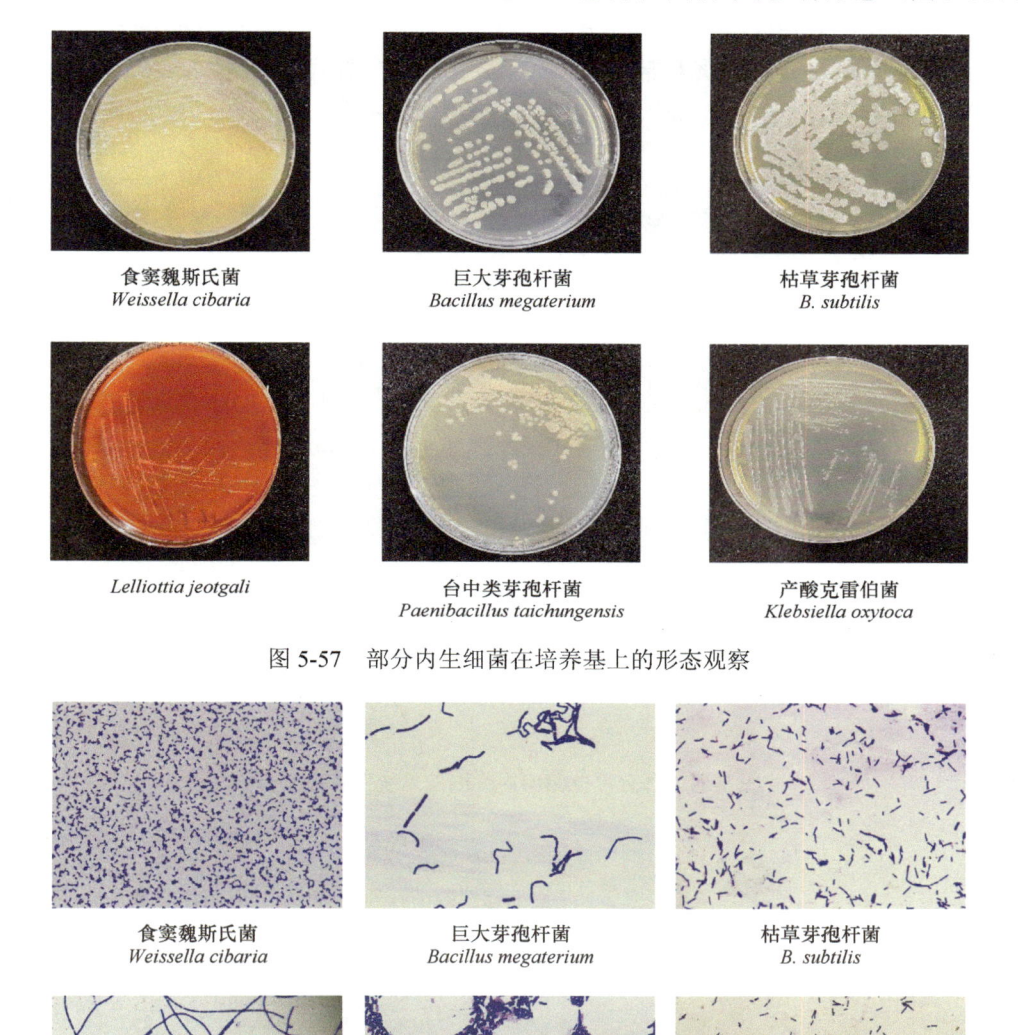

食窦魏斯氏菌
Weissella cibaria

巨大芽孢杆菌
Bacillus megaterium

枯草芽孢杆菌
B. subtilis

Lelliottia jeotgali

台中类芽孢杆菌
Paenibacillus taichungensis

产酸克雷伯菌
Klebsiella oxytoca

图 5-57 部分内生细菌在培养基上的形态观察

食窦魏斯氏菌
Weissella cibaria

巨大芽孢杆菌
Bacillus megaterium

枯草芽孢杆菌
B. subtilis

苏云金芽孢杆菌
B. thuringiensis

弯曲芽孢杆菌
B. flexus

蜡样芽孢杆菌
B. cereus

图 5-58 部分内生细菌显微镜检测

经 BLAST 比对后，选取部分菌株序列用 MEGA7.0 构建系统发育树。竹内生细菌资源丰富，如图 5-59 所示，菌株 BSG1、CHG3、N91、B28-3、QBY9 和 R1 分别与巨大芽孢杆菌（*B. megaterium*）、枯草芽孢杆菌（*B. subtilis*）、松鼠葡萄球菌（*Staphylococcus sciuri*）、台中类芽孢杆菌（*Paenibacillus taichungensis*）、解木聚糖类芽孢杆菌

（*Paenibacillus xylanilyticus*）和食窦魏斯氏菌（*Weissella cibaria*）聚为一支。菌株 FP5-1、YQCG2、FP7-5、CJBGX1 和 FP5-3 分别与戴氏西地西菌（*Cedecea davisae*）、成团泛菌（*Pantoea agglomerans*）、大肠杆菌（*Escherichia coli*）、产酸克雷伯菌（*Klebsiella oxytoca*）和美洲尤因菌（*Ewingella americana*）聚为一支（图 5-60）。

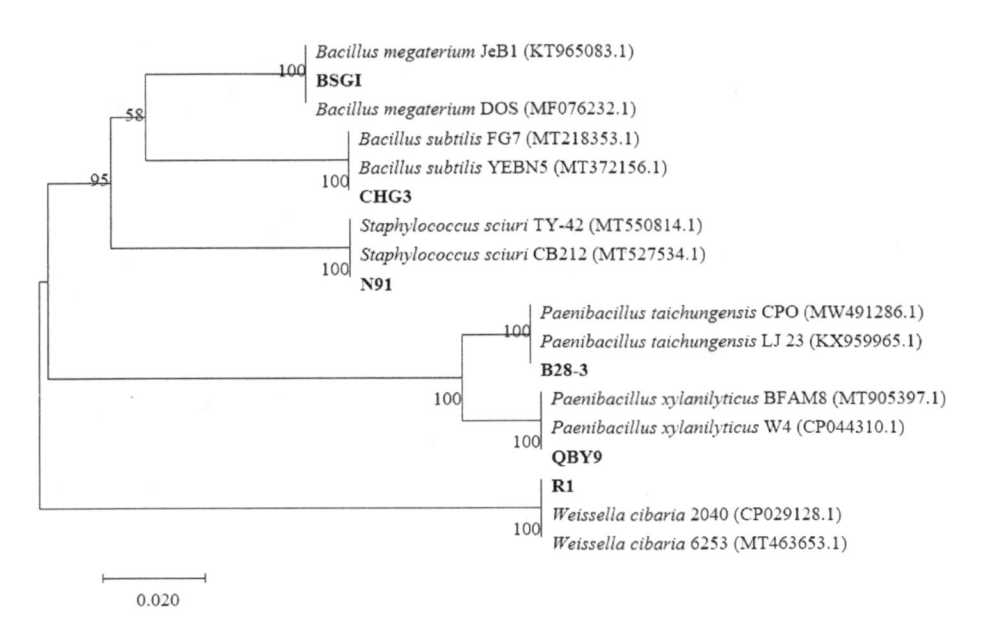

图 5-59 部分厚壁菌门内生细菌系统发育树分析

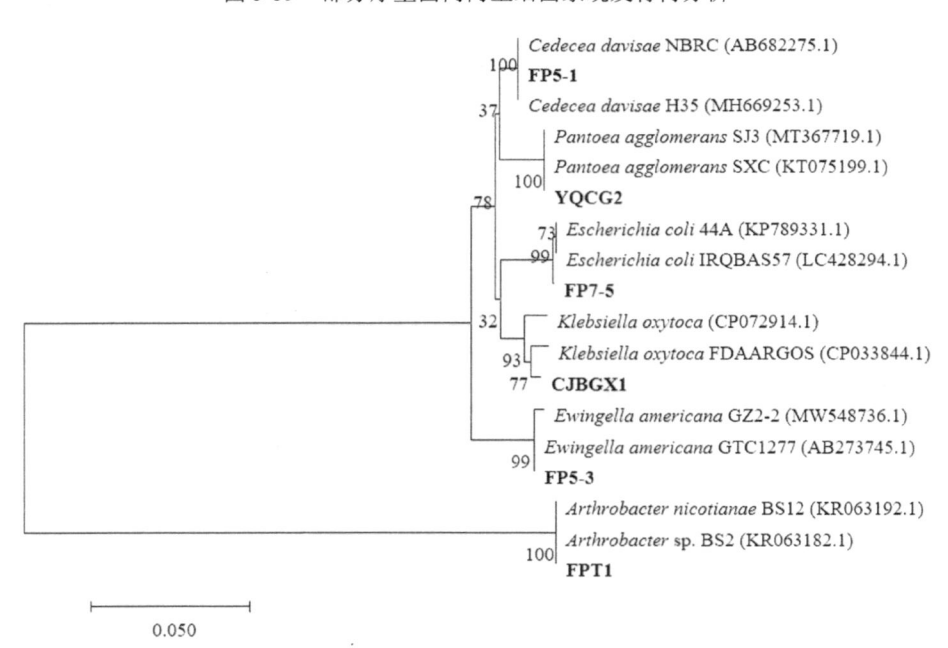

图 5-60 部分变形菌门内生细菌系统发育树分析

从 8 种大熊猫主食竹叶和秆 2 种不同组织部位中共分离了 304 株内生细菌，采用革兰氏染色后用显微镜观察菌株形态，初步分类鉴定后进行分子生物学鉴定。如表 5-9 所示，内生细菌与 NCBI 数据库中近缘株 16S rRNA 基因序列相似度为 97%～100%，分属于变形菌门、厚壁菌门和放线菌门 3 门 27 属 70 种。

属于变形菌门的内生细菌有 161 株，占分离总数的 52.96%，包括肠杆菌科、假单胞菌科、耶尔森氏菌科、哈夫尼菌科、鞘氨醇单胞菌科、莫拉氏菌科和黄色单胞菌科 7 科 19 属。其中，肠杆菌科下包括埃希氏菌属、西地西菌属（Cedecea）、肠杆菌属（Enterobacter）、勒克氏菌属（Leclercia）、克鲁维菌属（Kluyvera）、克雷伯菌属、志贺菌属、克罗诺杆菌属（Cronobacter）、欧文氏菌属（Erwinia）、泛菌属、沙雷氏菌属、亚特兰大杆菌属（Atlantibacter）、尤因菌属（Ewingella）、拉恩氏菌属。哈夫尼菌科、假单胞菌科、鞘氨醇单胞菌科、莫拉氏菌科、黄色单胞菌科下各 1 属，分别是哈夫尼菌属（Hafnia）、假单胞菌属、鞘氨醇单胞菌属（Sphingomonas）、不动杆菌属、寡养单胞菌属。假单胞菌属为变形菌门中的优势属，共分离到 24 株，占内生细菌分离总数的 7.89%，占变形菌门分离总数的 14.91%。

属于厚壁菌门的内生细菌有 131 株，占分离总数的 43.09%，包括芽孢杆菌科、类芽孢杆菌科、葡萄球菌科和乳杆菌科 4 科 6 属。其中，芽孢杆菌科下有芽孢杆菌属、赖氨酸芽孢杆菌属（Lysinibacillus）、微小杆菌属 3 属。类芽孢杆菌科、葡萄球菌科、乳杆

表 5-9 内生细菌分离情况统计

门（菌株数）	属（菌株数）	代表菌株	NCBI 库中相似度最高的菌种（登录号）	序列相似度(%)	分离数量 竹叶	分离数量 竹秆
变形菌门（161）	假单胞菌属 Pseudomonas（24）	B21-2	Pseudomonas oryzihabitans（MT089709.1）	99	7	5
		N36-2	Pseudomonas sp.（KF317740.1）	99	3	2
		B1-1.2	Pseudomonas salomonii（MH304251.1）	99	2	2
		B6-1	Pseudomonas sp.（JF460767.1）	99	2	1
	泛菌属 Pantoea（16）	DCHG-1	Pantoea sp.（MK602409.1）	99	2	1
		B62-1	Pantoea agglomerans（MH158730.1）	100	2	1
		FP6-4	Pantoea ananatis（CP028033.1）	99	2	1
		YQCG-2	Pantoea agglomerans（MT367719.1）	100	1	3
		CJBY-5	Pantoea agglomerans（MT879458.1）	99	2	1
	寡养单胞菌属 Stenotrophomonas（5）	N12-1	Stenotrophomonas rhizophila（MK371075.1）	99	4	
	不动杆菌属 Acinetobacter（11）	N20-1	Acinetobacter sp.（MK561309.1）	99	2	1
		B32-1	Acinetobacter calcoaceticus（MT101738.1）	100	2	2
		FP3-3	Acinetobacter johnsonii（MN197857.1）	99	1	1
		B54-1	Acinetobacter schindler（CP044483.1）	99	1	—
		B25-4	Acinetobacter lwoffii（CP019143.2）	100	—	1

续表

门（菌株数）	属（菌株数）	代表菌株	NCBI库中相似度最高的菌种（登录号）	序列相似度(%)	分离数量 竹叶	分离数量 竹秆
变形菌门（161）	鞘氨醇单胞菌属 Sphingomonas（3）	QBY5	Sphingomonas aquatilis（MT269590.1）	97	2	1
	哈夫尼菌属 Hafnia（4）	5G1	Hafnia alvei（KY940341.1）	99	4	—
	沙雷氏菌属 Serratia（9）	QBZ4	Serratia fonticola（MK737094.1）	98	2	2
		B27-4	Serratia sp.（MK757677.1）	98	2	3
	勒克氏菌属 Leclercia（6）	N2-3	Leclercia adecarboxylata（KX959963.1）	99	4	2
	尤因菌属 Ewingella（8）	FP5-7	Ewingella americana（KJ534469.1）	99	5	3
	埃希氏菌属 Escherichia（15）	FP7-5	Escherichia coli（CP053597.1）	99	6	2
		5Y3	Escherichia fergusonii（MW832269.1）	99	2	2
		YQBY7	Escherichia coli（MT535590.1）	98	2	1
	欧文氏菌属 Erwinia（9）	B62-2	Erwinia toletana（JX134630.1）	98	2	2
		B1-3	Erwinia persicina（KC139425.1）	100	3	2
	西地西菌属 Cedecea（7）	7Y2	Cedecea davisae（MH669253.1）	99	2	2
		FP2-2	Cedecea neteri（CP009451.1）	100	2	1
	志贺菌属 Shigella（6）	FP7-6	Shigella sonnei（MZ540766.1）	99	2	1
		CJBGZ3	Shigella flexneri（CP044158.1）	99	2	1
	克雷伯菌属 Klebsiella（8）	CJBGX1	Klebsiella oxytoca（CP033844.1）	99	2	1
		YQBY-5	Klebsiella michiganensis（MW303474.1）	99	3	2
	克罗诺杆菌属 Cronobacter（4）	CHG5	Cronobacter sakazakii（KJ803865.1）	100	3	1
	肠杆菌属 Enterobacter（8）	FP1-6	Enterobacter sp.（AB673457.1）	99	3	2
		FP7-2	Enterobacter asburiae（HQ242717.1）	99	2	1
	亚特兰大杆菌属 Atlantibacter（4）	CJBY2	Atlantibacter hermannii（MK883098.1）	99	1	1
		X2B1T1	Atlantibacter sp.（MH769471.1）	99	1	1
	克鲁维菌属 Kluyvera（3）	5G5	Kluyvera intermedia（LR134138.1）	99	2	1
	拉恩氏菌属 Rahnella（11）	B61-2	Rahnella victoriana（MH298373.1）	99	2	3
		B34-2	Rahnella sp.（KM088093.1）	100	2	1
		B13-2	Rahnella variigena（MK026826.1）	100	2	1
厚壁菌门（131）	芽孢杆菌属 Bacillus（82）	QBY4	Bacillus cereus（KP872944.1）	99	8	4
		B15-2	Bacillus cereus（JX544747.1）	100	—	2
		BSG1	Bacillus megaterium（EU979528.1）	99	5	3
		BSG3	Bacillus megaterium（MF076232.1）	99	3	2
		BSY1	Bacillus subtilis（AY929251.1）	99	9	6
		QBG5	Bacillus subtilis（MN538261.1）	99	3	1

续表

门（菌株数）	属（菌株数）	代表菌株	NCBI库中相似度最高的菌种（登录号）	序列相似度(%)	分离数量 竹叶	分离数量 竹秆
厚壁菌门（131）	芽孢杆菌属 Bacillus（82）	QBG8	Bacillus flexus（KU236365.1）	100	3	1
		BSG5	Bacillus licheniformis（GQ340513.1）	98	1	1
		B12-2	Bacillus pumilus（KF158227.1）	100	3	2
		B59-2	Bacillus thuringiensis（KX977387.1）	100	2	1
		QBY14	Bacillus tequilensis（JQ695931.1）	99	1	3
		BSY7	Bacillus aryabhattai（MK318222.1）	99	1	1
		N22-1	Bacillus amyloliquefaciens（JN700124.1）	99	2	1
		B68-3	Bacillus altitudinis（MN543872.1）	100	1	—
		N32-1	Bacillus aerophilus（KP236291.1）	100	1	1
		BXPG-6	Bacillus safensis（MF581441.1）	99	3	2
		CHY11	Bacillus velezensis（MN174660.1）	99	1	1
		B52-3	Bacillus circulans（MK100762.1）	99	2	1
	类芽孢杆菌属 Paenibacillus（16）	QBY9	Paenibacillus xylanilyticus（CP044310.1）	99	4	3
		QBY12	Paenibacillus cineris（MT373481.1）	99	3	—
		B28-3	Paenibacillus taichungensis（KX959965.1）	100	2	1
		BSG7	Paenibacillus lautus（CP032412.1）	98	2	1
	赖氨酸芽孢杆菌属 Lysinibacillus（6）	B26-3	Lysinibacillus sphaericus（KF022086.1）	98	1	—
		QBG4	Lysinibacillus halotolerans（NR134073.1）	99	2	1
		QBG7	Lysinibacillus sp.（JX312637.1）	99	1	1
	魏斯氏菌属 Weissella（4）	R1	Weissella cibaria（MT604631.1）	99	4	—
	微小杆菌属 Exiguobacterium（11）	B25-1	Exiguobacterium profundum（KP236222.1）	98	2	2
		B64-1	Exiguobacterium sp.（MG759546.1）	99	2	2
		QCY8	Exiguobacterium undae（MW467603.1）	99	2	1
	葡萄球菌属 Staphylococcus（12）	N66	Staphylococcus saprophyticus（KY218803.1）	100	2	3
		N91	Staphylococcus sciuri（MN314533.1）	99	2	2
		B50-2	Staphylococcus sp.（FJ002588.1）	99	1	1
		B64-2	Staphylococcus edaphicus（MK696526.1）	97	0	1
放线菌门（12）	短小杆菌属 Curtobacterium（4）	B44-3	Curtobacterium sp.（JX113236.1）	99	3	1
	节杆菌属 Arthrobacter（8）	FPT1	Arthrobacter sp.（KR906430.1）	99	3	5
总计		304			183	121

注："—"表示未分离出

菌科下各 1 属，分别为类芽孢杆菌属、葡萄球菌属、魏斯氏菌属。芽孢杆菌属为厚壁菌门中的优势属，共分离到 82 株，占内生细菌分离总数的 26.97%，占厚壁菌门总数的 62.60%。

属于放线菌门的内生细菌有 12 株，占分离总数的 3.95%，包括微杆菌科和微球菌科 2 科 2 属。微杆菌科和微球菌科下各 1 属，分别为短小杆菌属（*Curtobacterium*）和节杆菌属（*Arthrobacter*）。节杆菌属为放线菌门中的优势属，共分离到 8 株，占内生细菌分离总数的 2.63%，占放线菌门总数的 66.67%。

从菌株分离数量比例来看，芽孢杆菌属和假单胞菌属为大熊猫主食竹内生细菌的优势菌属，分别占分离总菌株数的 26.97%和 7.89%，枯草芽孢杆菌和巨大芽孢杆菌为优势种，分别占分离总菌株数的 6.25%和 4.28%。

304 株内生细菌从其分离的培养基来源来看（图 5-61），胰蛋白酶琼脂（TSA）培养基分离的内生细菌数量最多，为分离 100 株，占分离总数的 32.89%；其次是纤维素刚果红培养基（CCgR），分离数量为 66 株，占分离总数的 21.71%。MRS 琼脂培养基（MRS+）、10%TSA、竹叶汁培养基（10%TSA+Y）、竹秆汁培养基（10%TSA+G）、任氏培养基（R₂A）培养基分离的内生细菌数量分别为 39 株、37 株、26 株、17 株及 15 株，占总数的百分比分别为 12.83%、12.17%、8.55%、5.59%及 4.93%，高氏一号培养基（GS）分离到的内生细菌数量最少，为 10 株（3.29%）。

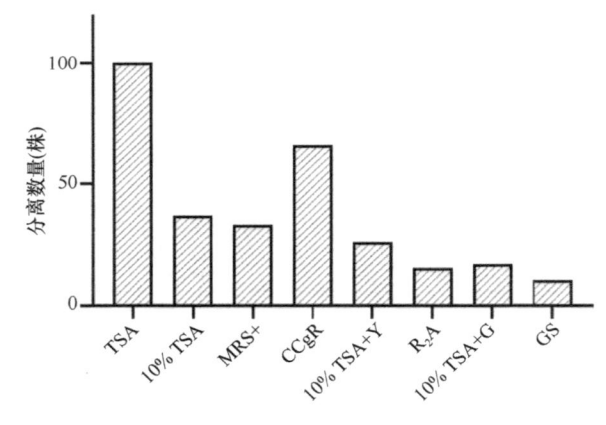

图 5-61　不同培养基内生细菌分离数量

不同培养基分离获得的内生细菌种属不同（图 5-62），各培养基分离获得的菌株占其总量比例前 5（属水平）的分别为：TSA 培养基主要获得芽孢杆菌属、假单胞菌属、埃希氏菌属、葡萄球菌属和拉恩氏菌属；10%TSA 培养基主要获得芽孢杆菌属、假单胞菌属、泛菌属、沙雷氏菌属和尤因菌属；MRS+培养基主要获得泛菌属、魏斯氏菌属、微小杆菌属、芽孢杆菌属和克雷伯菌属；CCgR 培养基主要获得芽孢杆菌属、类芽孢杆菌属、假单胞菌属、葡萄球菌属和埃希氏菌属；10%TSA+Y 培养基主要获得芽孢杆菌属、类芽孢杆菌属、鞘氨醇单胞菌属、哈夫尼菌属和泛菌属；10%TSA+G 培养基主要获得芽孢杆菌属、肠杆菌属、类芽孢杆菌属、葡萄球菌属和微小杆菌属；R₂A 培养基主要获得芽孢杆菌属、类芽孢杆菌属、假单胞菌属、沙雷氏菌属和泛菌属；GS 培养基主要获得

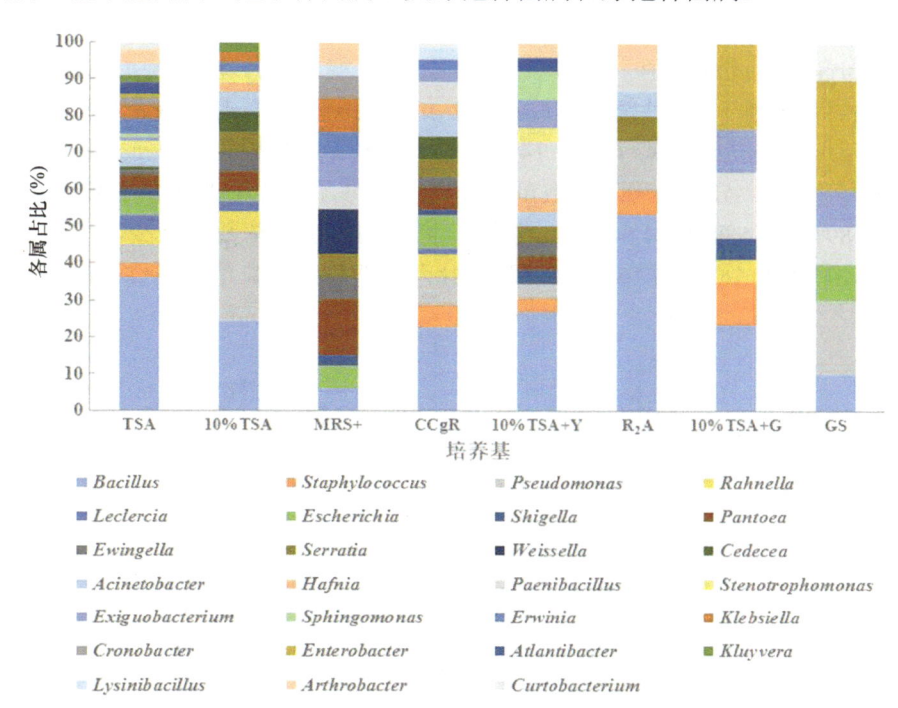

肠杆菌属、假单胞菌属、短小杆菌属、类芽孢杆菌属和芽孢杆菌属。

图 5-62 不同培养基内生细菌属水平的分离情况

从培养基分离内生细菌的多样性指数来看（表 5-10），CCgR 培养基的 Shannon-Wiener 多样性指数最大，为 2.63；R₂A 培养基的三种多样性指数均最小，分别为 1.51、0.68、0.61；TSA、CCgR、MRS+、10%TSA、10%TSA+Y 培养基的 Shannon-Wiener 多样性指数均大于 2.00。结果表明 8 种培养基分离内生细菌的多样性为 CCgR＞TSA＞MRS+＞10%TSA+Y＞10%TSA＞GS＞10%TSA+G＞R₂A。

表 5-10 不同培养基内生细菌群落的多样性指数（按属进行计算）

培养基	属数	种数	Shannon-Wiener 多样性指数（H'）	Simpson 优势度指数（D）	Pielou 均匀度指数（E）
TSA	24	51	2.58	0.85	0.66
CCgR	18	32	2.63	0.90	0.76
MRS+	14	18	2.55	0.91	0.88
10%TSA	15	20	2.32	0.86	0.77
10%TSA+Y	15	15	2.41	0.88	0.89
10%TSA+G	7	10	1.82	0.82	0.79
R₂A	6	12	1.51	0.68	0.61
GS	7	5	1.83	0.82	1.14

不同竹类分离到的内生细菌数量各不相同（图 5-63），其中巴山木竹（*Bashania*

fargesii）分离到的内生细菌数量最多，共 82 株，占分离总数的 26.97%，其竹叶分离到 46 株、竹秆分离到 36 株。缺苞箭竹（*Fargesia denudata*）（竹叶 40 株、竹秆 24 株）、青川箭竹（*Fargesia rufa*）（竹叶 32 株、竹秆 16 株）、糙花箭竹（*Fargesia scabrida*）（竹叶 26 株、竹秆 15 株）、秦岭箭竹（*Fargesia qinlingensis*）（竹叶 8 株、竹秆 16 株）、三月竹（*Qiongzhuea opienensis*）（竹叶 14 株、竹秆 6 株）和拐棍竹（*Fargesia robusta*）（竹叶 9 株、竹秆 5 株）分离内生细菌数量占分离总数的百分比分别为：21.05%、15.79%、13.49%、7.89%、6.58%和 4.61%。冷箭竹分离到的内生细菌数量最少，占分离总数的 3.62%。除秦岭箭竹外，各竹类均表现为竹叶内生细菌分离数量大于竹秆内生细菌分离数量。

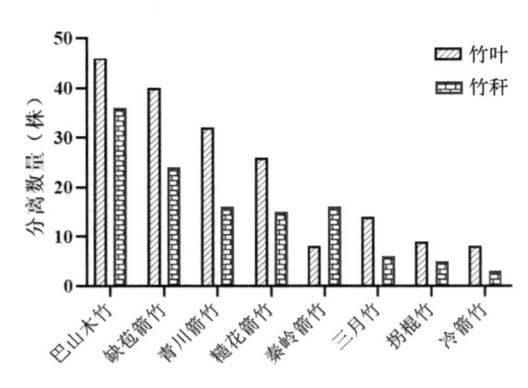

图 5-63　不同竹种分离内生细菌的数量

不同竹类内生细菌属水平上的分布如图 5-64 所示，糙花箭竹分离到 41 株内生细菌，包括 4 科 11 属（芽孢杆菌属、类芽孢杆菌属、葡萄球菌属、泛菌属和勒克氏菌属等）；巴山木竹分离到 82 株内生细菌，包括 6 科 14 属（芽孢杆菌属、假单胞菌属、埃希氏菌属、不动杆菌属和西地西菌属等）；缺苞箭竹分离到 64 株内生细菌，包括 6 科 15 属（芽孢杆菌属、类芽孢杆菌属、赖氨酸芽孢杆菌属、拉恩氏菌属和假单胞菌属等）；青川箭竹分离到 48 株内生细菌，包括 6 科 11 属（芽孢杆菌属、葡萄球菌属、假单胞菌属、微小杆菌属和欧文氏菌属等）；拐棍竹分离到 14 株内生细菌，包括 3 科 4 属（芽孢杆菌属、泛菌属、沙雷氏菌属和节杆菌属）；冷箭竹分离到 11 株内生细菌，包括 3 科 5 属（肠杆菌属、拉恩氏菌属、芽孢杆菌属、志贺菌属和不动杆菌属）；秦岭箭竹分离到 24 株内生细菌，包括 6 科 10 属（芽孢杆菌属、勒克氏菌属、不动杆菌属、短小杆菌属、肠杆菌属等）；三月竹分离到 20 株内生细菌，包括 4 科 7 属（芽孢杆菌属、克雷伯菌属、肠杆菌属、西地西菌属和短小杆菌属等）。

比较不同竹类内生细菌属的分布发现，芽孢杆菌属在 8 种竹子中均有分布，类芽孢杆菌属、假单胞菌属、泛菌属、不动杆菌属、哈夫尼菌属、沙雷氏菌属、勒克氏菌属、尤因菌属、欧文氏菌属、志贺菌属、肠杆菌属、拉恩氏菌属、微小杆菌属和节杆菌属至少在 3 种不同竹类均有分布。鞘氨醇单胞菌属仅在缺苞箭竹中分离获得，亚特兰大杆菌属仅在青川箭竹中分离获得，克鲁维菌属和魏斯氏菌属仅在巴山木竹中分离获得。

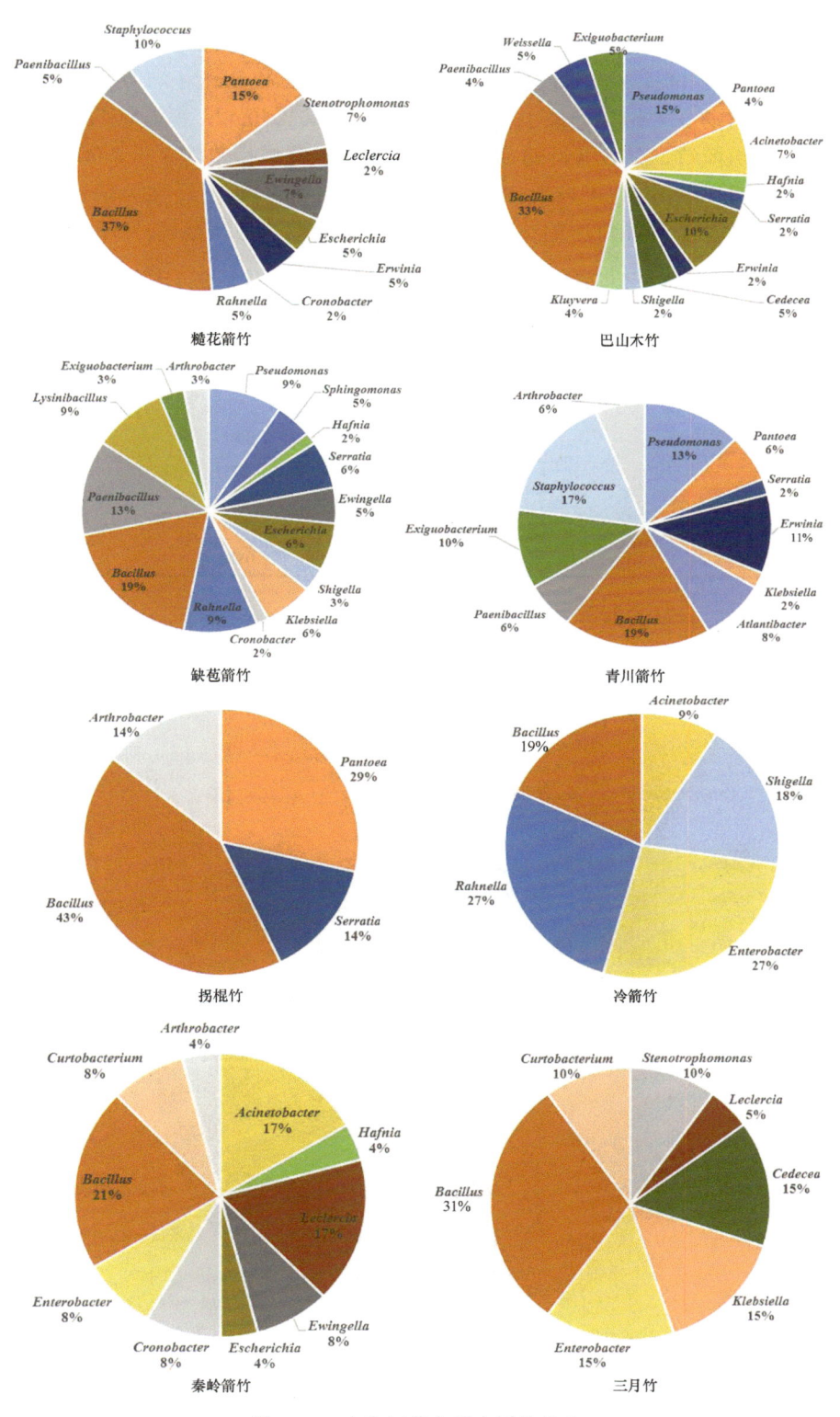

图 5-64 内生细菌在属水平的分布

从不同竹种分离内生细菌的多样性指数来看（表 5-11），缺苞箭竹的 Shannon-Wiener 多样性指数（H'=2.44）、Simpson 优势度指数（D=0.90）和 Pielou 均匀度指数（E=0.83）均最大；拐棍竹的三种指数均最小，分别为 1.01、0.61、0.42；糙花箭竹、巴山木竹、缺苞箭竹、青川箭竹、秦岭箭竹的 Shannon-Wiener 多样性指数均大于 2.00，Simpson 优势度指数均大于 0.80。结果表明 8 种竹子分离内生细菌的多样性为缺苞箭竹＞巴山木竹＞青川箭竹＞秦岭箭竹＞糙花箭竹＞三月竹＞冷箭竹＞拐棍竹。

表 5-11 不同竹种内生细菌群落的多样性指数（按属进行计算）

竹种	属数	种数	Shannon-Wiener 多样性指数（H'）	Simpson 优势度指数（D）	Pielou 均匀度指数（E）
糙花箭竹	11	26	2.03	0.81	0.62
巴山木竹	14	33	2.23	0.84	0.64
缺苞箭竹	15	19	2.44	0.90	0.83
青川箭竹	11	16	2.13	0.87	0.77
拐棍竹	4	11	1.01	0.61	0.42
冷箭竹	5	9	1.55	0.78	0.70
秦岭箭竹	10	17	2.06	0.86	0.73
三月竹	7	10	1.83	0.82	0.79

经分类统计，竹叶部位内生细菌共分离 183 株，包括 27 属 68 种；竹秆部位共分离 121 株，包括 25 属 64 种。除沙雷氏菌属和亚特兰大杆菌属外，其余各属均表现为竹叶分离数量＞竹秆分离数量。竹叶部位内生细菌在属水平的分布情况见图 5-65，主要包括

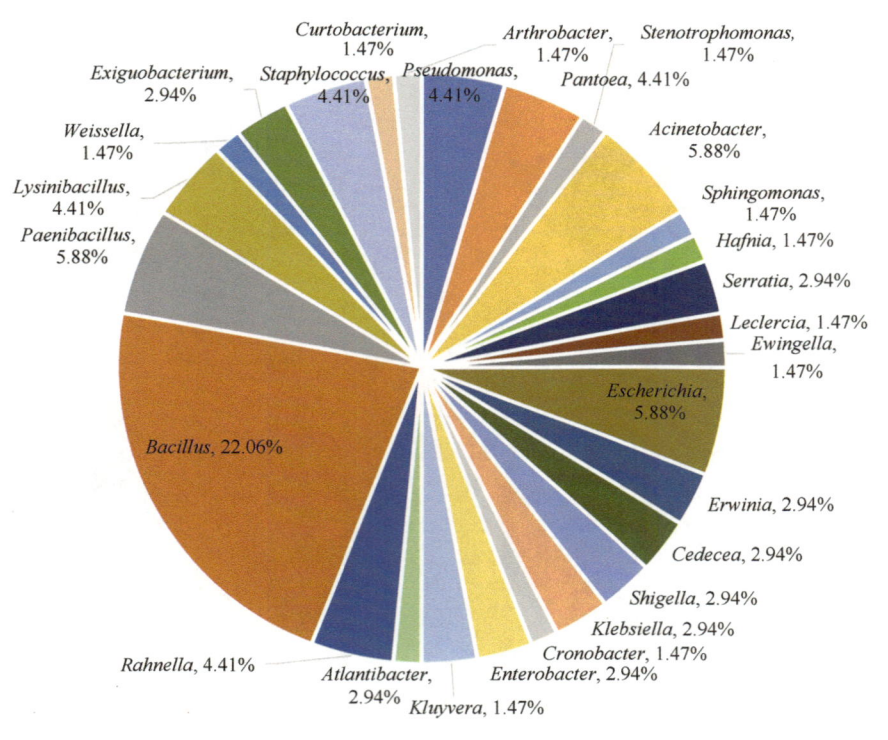

图 5-65 内生细菌在属水平的分布（竹叶）

芽孢杆菌属、类芽孢杆菌属、埃希氏菌属、不动杆菌属和假单胞菌属等。其中哈夫尼菌属和魏斯氏菌属仅在竹叶部位分离获得。竹秆部位内生细菌在属水平的分布情况如图 5-66 所示，主要包括芽孢杆菌属、埃希氏菌属、葡萄球菌属、不动杆菌属和类芽孢杆菌属等。

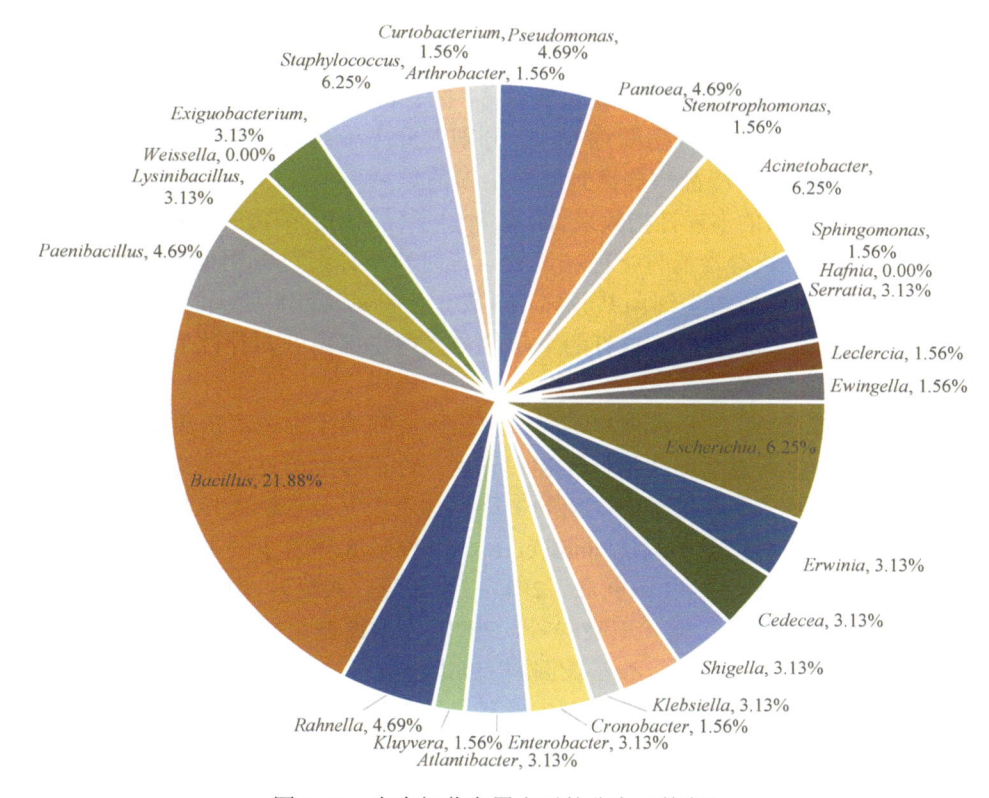

图 5-66 内生细菌在属水平的分布（竹秆）

从竹叶、竹秆两个部位分离内生细菌的多样性来看（表 5-12），竹叶部位 Shannon-Wiener 多样性指数、Simpson 优势度指数和 Pielou 均匀度指数高于竹秆，分别为 2.87、0.90、0.68，竹秆部位三种指数分别为 2.76、0.89、0.66。

表 5-12 不同组织内生细菌群落的多样性指数（按属进行计算）

组织	属数	种数	Shannon-Wiener 多样性指数（H'）	Simpson 优势度指数（D）	Pielou 均匀度指数（E）
竹叶	27	68	2.87	0.90	0.68
竹秆	25	64	2.76	0.89	0.66

综上所述，邹立扣课题组开展了微生物培养组学研究，主要使用 8 种培养基从 8 种大熊猫主食竹叶和秆 2 种不同组织部位中共分离 304 株内生细菌，分属于 3 门 27 属 70 种。其中变形菌门 161 株、厚壁菌门 131 株、放线菌门 12 株，分别占分离总数的 52.96%、43.09%和 3.95%。从分离的培养基来源来看，TSA 培养基效果最佳，共分离 100 株，占分离总数的 32.89%；其次是 CCgR 培养基，分离数量 66 株，占分离总数的 21.71%。

MRS+、10%TSA、10%TSA+Y、10%TSA+G、R₂A 培养基分离的内生细菌数量分别为 39 株、37 株、26 株、17 株及 15 株，占总数的百分比分别为 12.83%、12.17%、8.55%、5.59% 及 4.93%，GS 培养基分离到的内生细菌数量最少，仅 10 株。从培养基分离内生细菌的多样性指数来看，CCgR 培养基的 Shannon-Wiener 多样性指数最大，8 种培养基分离内生细菌的多样性为 CCgR＞TSA＞MRS+＞10%TSA+Y＞10%TSA＞GS＞10%TSA+G＞R₂A。从不同竹类分离的情况来看，巴山木竹分离到的内生细菌数量最多，共 82 株，占分离总数的 26.97%；缺苞箭竹 64 株、青川箭竹 48 株、糙花箭竹 41 株、秦岭箭竹 24 株、三月竹 20 株、拐棍竹 14 株，分别占分离总数的 21.05%、15.79%、13.49%、7.89%、6.58%、4.61%；冷箭竹分离到的内生细菌数量最少，占分离总数的 3.62%。从不同竹类分离内生细菌的多样性指数来看，8 种竹子分离内生细菌的多样性为缺苞箭竹＞巴山木竹＞青川箭竹＞秦岭箭竹＞糙花箭竹＞三月竹＞冷箭竹＞拐棍竹。从不同组织分离的情况来看，竹叶部位内生细菌共分离 183 株，包括 27 属 68 种；竹秆部位共分离 121 株，包括 25 属 64 种。从竹叶、竹秆两个部位分离内生细菌的多样性来看，竹叶部位多样性指数大于竹秆。

通过对不同培养基、不同竹种和不同组织部位之间内生细菌群落组成及多样性分析发现，内生细菌的分离情况存在相似性和差异性。竹子内生菌群落结构组成变化是反映外部环境变化的重要方面，竹子内生菌的多样性体现于其分布随着植物类型、组织部位和环境条件等因素的变化而不同（Umali et al.，1999）。8 种竹子的主要细菌门均为变形菌门，与早期研究结果一致（Liu et al.，2017；晋蕾等，2021），由于竹叶和竹秆长期暴露在空气中，易被病原菌入侵（王晓静等，2020），本课题组分离到的变形菌门内生细菌主要有假单胞菌属、泛菌属、沙雷氏菌属、尤因菌属、埃希氏菌属、克雷伯菌属和拉恩氏菌属等，占优势的变形菌门细菌对大熊猫肠道健康有潜在影响（田春洋等，2021）。

该研究内生细菌分离结果与其他研究的分离结果相近。胡桂萍等（2010）在对水稻茎部内生细菌进行分离发现，芽孢杆菌属、假单胞菌属和泛菌属为优势属。李银娇（2020）对 8 种食用菌内生细菌进行分离发现，假单胞菌属和西地西菌属在食用菌内生细菌中占比最大，寡养单胞菌属和短小杆菌属占比较少，还包括有勒克氏菌属、沙雷氏菌属、尤因菌属等。另外，假单胞菌属是竹子和大熊猫肠道的共有属（Zhu et al.，2011），也是植物常见的内生细菌。本课题组研究中芽孢杆菌属是可培养内生细菌的优势种群，这与前期研究结果一致（陈泽斌等，2011；赵静，2017）。生长环境、植物种类等不同会导致其内环境有差异，内环境的变化易引起植株体内营养和微生物群落的变化。

本研究采用 CCgR、TSA 和 MRS+培养基对于大熊猫主食竹内生细菌的分离效果较好，分离内生细菌的多样性高于其余 5 种培养基。而夏冬亮（2009）通过对毛竹内生细菌分离培养基的选择进行研究时发现 YG 培养基、R₂A 培养基和 0.1×LB 培养基是分离毛竹内生细菌的适宜培养基。另外，本研究采用 MRS+培养基分离获得 4 株产酸能力强的食窦魏斯氏菌，研究发现该菌常在泡菜（黄道梅等，2015）、酱油（李巧玉，2018）发酵过程中分离得到，可作为牧草青贮添加剂（关皓等，2018），具有开发口腔新型益生菌的潜力（Kang et al.，2010），该菌株在大熊猫粪便（王海娟，2016）、小熊猫（*Ailurus fulgens*）肠道内（李杨等，2017）也有报道。另外，蜡样芽孢杆菌、巨大芽孢杆菌、短小芽孢杆菌（*Bacillus pumilus*）等在竹子可培养内生细菌中具有较高的丰度，可能对竹子抗病和生长发育有积极作用。

不同竹种细菌菌群在属分类水平的分布不同，Jin 等（2020）对比苦竹、白夹竹、拐棍竹和冷箭竹的细菌菌群发现其丰富度和多样性在不同竹种间差异显著，而在白夹竹、短锥玉山竹、拐棍竹和冷箭竹间细菌菌群多样性未发现显著差异（晋蕾等，2021）。本研究中，不同竹类分离内生细菌的多样性为缺苞箭竹＞巴山木竹＞青川箭竹＞秦岭箭竹＞糙花箭竹＞三月竹＞冷箭竹＞拐棍竹，竹叶部位分离内生细菌的 Shannon-Wiener 多样性指数（H'=2.87）、Simpson 优势度指数（D=0.90）和 Pielou 均匀度指数（E=0.68）均高于竹秆部位。

开展大熊猫主食竹微生物组研究，培养获得大熊猫主食竹微生物，可有助于了解竹内生细菌种群结构和多样性，也可为研究大熊猫肠道微生物功能及大熊猫纤维素降解提供菌株资源。

五、基于野外调查与分析的大熊猫食用竹的真菌类群

竹类植物上生活着丰富的真菌种类，包括内生、腐生、附生等类群，现记录种类超过 1450 种，其中近一半的种类为病原真菌。不同竹种和不同组织部位，其上面的真菌群落构成和物种多样性存在差异。四川农业大学杨春琳研究组，通过文献研读与野外调查（先后采集 300 号以上标本），明确中国现记录有竹生真菌约 440 种，主要来源于子囊菌门和担子菌门，少数来源于球囊菌门和毛霉门（Mucoromycota）（图 5-67），其中大熊猫食用竹有 60 种左右，主要为刚竹属（*Phyllostachys*）和簕竹属（*Bambusa*）的一些竹种，大熊猫食用竹上记录真菌约 210 种，包括病原真菌 160 种左右（Kang et al.，2010）（图 5-68）。

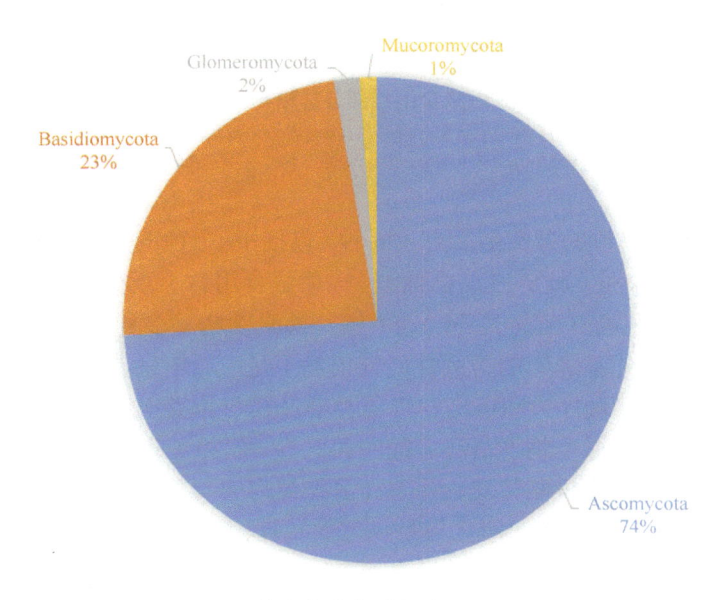

图 5-67　竹生真菌物种组成（门水平）

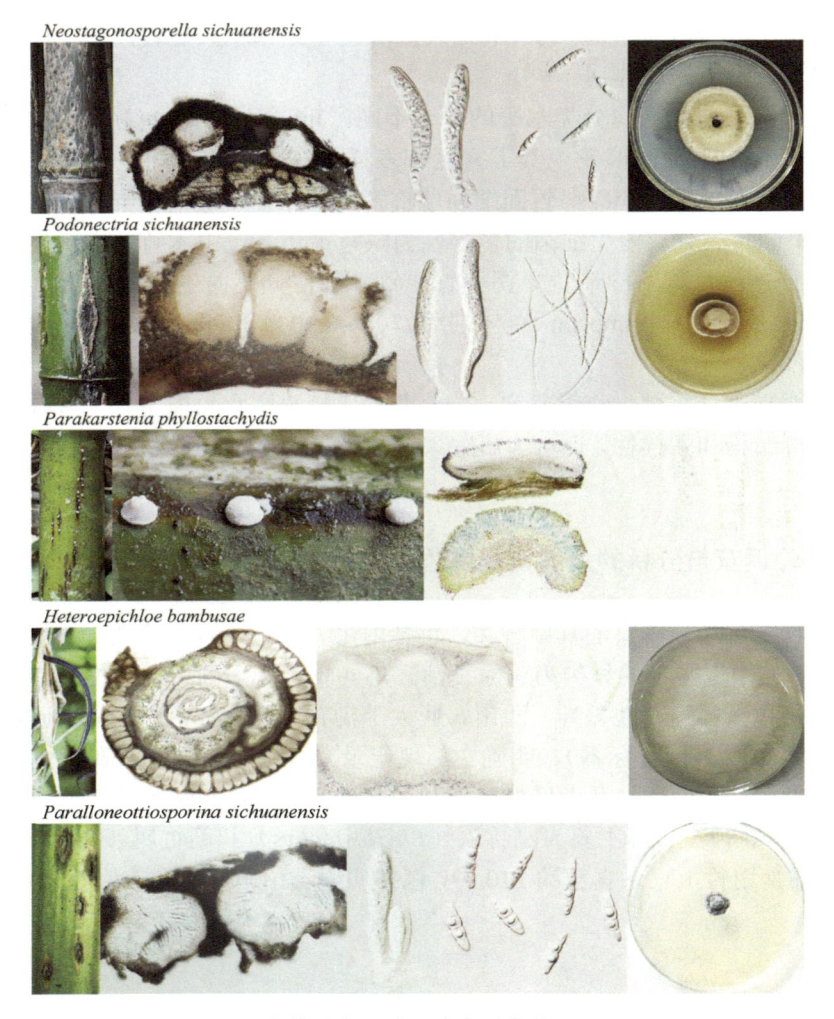

图 5-68 大熊猫食用竹部分病原真菌的形态特征

Neostagonosporella sichuanensis-四川新小滴胞腔菌；*Podonectria sichuanensis*-四川柄赤丛壳；*Parakarstenia phyllostachydis*-竹生拟卡氏革菌；*Heteroepichloe bambusae*-竹生异香柱菌；*Paralloneottiosporina sichuanensis*-拟泰国嗜竹腔菌

目前，大熊猫食用竹的种类至少有 125 种（包括 19 个种下分类群）（李杨等，2017），其中四川分布有 90 余种（表 5-13）。据估测，大熊猫食用竹上至少生活有 750 种真菌（李杨等，2017），现描述的真菌种类还远远不够，其真菌物种多样性被严重低估。大熊猫食用竹上的真菌与大熊猫之间的关联性研究仍然不足，近年来，邹立扣课题组系统探究了真菌多样性（高通量测序）和可培养真菌类群及其与竹类组织营养成分、大熊猫不同发育时期和大熊猫肠道微生物群落等之间的关联性，但相关研究仍需从研究表型现象向揭示自然演变规律或演化机制转变。竹生真菌种类构成与数量特征，是否在调节大熊猫肠道微生物菌群、促进其食物的消化与吸收方面发挥积极作用，其中的关键类群是什么；病原真菌在调控竹生真菌群落方面的潜在影响，是否对大熊猫取食和摄入后的肠道微生物群落存在作用；"竹生真菌—环境因子—肠道微生物—食物消化与吸收—生长发育与健康"多元互作系统的机制是什么；如何探明竹生真菌在大熊猫生长发育过程中的积极作用。以上类似的问题均值得我们关注和研究。

表 5-13 四川地域内分布的大熊猫食用竹名录

中文名	拉丁名	竹属	备注
钓竹	*Ampelocalamus breviligulatus*	悬竹属	种
羊竹子	*Ampelocalamus saxatilis*	悬竹属	种
饱竹子	*Arundinaria qingchengshanensis*	北美箭竹属	种
冷箭竹	*Bashania faberi*	巴山木竹属	种
巴山木竹	*Bashania fargesii*	巴山木竹属	种
峨热竹	*Bashania spanostachya*	巴山木竹属	种
孝顺竹	*Bambusa multiplex*	箣竹属	种
小琴丝竹	*Bambusa multiplex* cv. Alphonse-Karr	箣竹属	栽培型
凤尾竹	*Bambusa multiplex* cv. Fernleaf	箣竹属	栽培型
牛儿竹	*Bambusa prominens*	箣竹属	种
硬头黄竹	*Bambusa rigida*	箣竹属	种
佛肚竹	*Bambusa ventricosa*	箣竹属	种
大佛肚竹	*Bambusa vulgaris* cv. Wamin	箣竹属	栽培型
狭叶方竹	*Chimonobambusa angustifolia*	方竹属	种
都江堰方竹	*Chimonobambusa neopurpurea* cv. Dujiangyan Fangzhu	方竹属	栽培型
紫玉	*Chimonobambusa neopurpurea* cv. Ziyu	方竹属	栽培型
条纹刺黑竹	*Chimonobambusa neopurpurea* f. *lineata*	方竹属	变型
刺竹子	*Chimonobambusa pachystachys*	方竹属	种
刺黑竹	*Chimonobambusa purpurea*	方竹属	种
方竹	*Chimonobambusa quadrangularis*	方竹属	种
青城翠	*Chimonobambusa quadrangularis* cv. Qingchengcui	方竹属	栽培型
月月竹	*Chimonobambusa sichuanensis*	方竹属	种
八月竹	*Chimonobambusa szechuanensis*	方竹属	种
天全方竹	*Chimonobambusa tianquanensis*	方竹属	种
筇竹	*Chimonobambusa tumidissinoda*	方竹属	种
金佛山方竹	*Chimonobambusa utilis*	方竹属	种
蜘蛛竹	*Chimonobambusa zhizhuzhu*	方竹属	种
马来甜龙竹	*Dendrocalamus asper*	牡竹属	种
麻竹	*Dendrocalamus latiflorus*	牡竹属	种
吊丝竹	*Dendrocalamus minor*	牡竹属	种
扫把竹	*Drepanostachyum fractiflexum*	镰序竹属	种
膜箨镰序竹	*Drepanostachyum membranaceum*	镰序竹属	种
贴毛箭竹	*Fargesia adpressa*	箭竹属	种
短鞭箭竹	*Fargesia brevistipedis*	箭竹属	种
岩斑竹	*Fargesia canaliculata*	箭竹属	种
缺苞箭竹	*Fargesia denudata*	箭竹属	种
龙头箭竹	*Fargesia dracocephala*	箭竹属	种

续表

中文名	拉丁名	竹属	备注
清甜箭竹	*Fargesia dulcicula*	箭竹属	种
雅容箭竹	*Fargesia elegans*	箭竹属	种
露舌箭竹	*Fargesia exposita*	箭竹属	种
丰实箭竹	*Fargesia ferax*	箭竹属	种
墨竹	*Fargesia incrassata*	箭竹属	种
九龙箭竹	*Fargesia jiulongensis*	箭竹属	种
神农箭竹	*Fargesia murielae*	箭竹属	种
华西箭竹	*Fargesia nitida*	箭竹属	种
团竹	*Fargesia obliqua*	箭竹属	种
少花箭竹	*Fargesia pauciflora*	箭竹属	种
拐棍竹	*Fargesia robusta*	箭竹属	种
青川箭竹	*Fargesia rufa*	箭竹属	种
糙花箭竹	*Fargesia scabrida*	箭竹属	种
细枝箭竹	*Fargesia stenoclada*	箭竹属	种
昆明实心竹	*Fargesia yunnanensis*	箭竹属	种
巴山箬竹	*Indocalamus bashanensis*	箬竹属	种
毛粽叶	*Indocalamus chongzhouensis*	箬竹属	种
峨眉箬竹	*Indocalamus emeiensis*	箬竹属	种
阔叶箬竹	*Indocalamus latifolius*	箬竹属	种
箬叶竹	*Indocalamus longiauritus*	箬竹属	种
慈竹	*Neosinocalamus affinis*	慈竹属	种
人面竹	*Phyllostachys aurea*	刚竹属	种
黄槽竹	*Phyllostachys aureosulcata*	刚竹属	种
桂竹	*Phyllostachys bambusoides*	刚竹属	种
蓉城竹	*Phyllostachys bissetii*	刚竹属	种
毛竹	*Phyllostachys edulis*	刚竹属	种
水竹	*Phyllostachys heteroclada*	刚竹属	种
美竹	*Phyllostachys mannii*	刚竹属	种
白夹竹	*Phyllostachys nidularia*	刚竹属	种
黑秆篌竹	*Phyllostachys nidularia* cv. Heigan Houzhu	刚竹属	栽培型
花篌竹	*Phyllostachys nidularia* cv. Huahouzhu	刚竹属	栽培型
紫竹	*Phyllostachys nigra*	刚竹属	种
毛金竹	*Phyllostachys nigra* var. *henonis*	刚竹属	变种
早园竹	*Phyllostachys propinqua*	刚竹属	种
金竹	*Phyllostachys sulphurea*	刚竹属	种
硬头青竹	*Phyllostachys veitchiana*	刚竹属	种
雷竹	*Phyllostachys violascens*	刚竹属	种
苦竹	*Pleioblastus amarus*	苦竹属	种
斑苦竹	*Pleioblastus maculatus*	苦竹属	种
大叶筇竹	*Qiongzhuea macrophylla*	筇竹属	种

续表

中文名	拉丁名	竹属	备注
泥巴山筇竹	*Qiongzhuea multigemmia*	筇竹属	种
三月竹	*Qiongzhuea opienensis*	筇竹属	种
实竹子	*Qiongzhuea rigidula*	筇竹属	种
马边冷箭竹	*Sarocalamus abietinus*	冷箭竹属	种
唐竹	*Sinobambusa tootsik*	唐竹属	种
熊竹	*Yushania ailuropodina*	玉山竹属	种
短锥玉山竹	*Yushania brevipaniculata*	玉山竹属	种
空柄玉山竹	*Yushania cava*	玉山竹属	种
鄂西玉山竹	*Yushania confusa*	玉山竹属	种
大风顶玉山竹	*Yushania dafengdingensis*	玉山竹属	种
白背玉山竹	*Yushania glauca*	玉山竹属	种
雷波玉山竹	*Yushania leiboensis*	玉山竹属	种
石棉玉山竹	*Yushania lineolata*	玉山竹属	种
马边玉山竹	*Yushania mabianensis*	玉山竹属	种
斑壳玉山竹	*Yushania maculata*	玉山竹属	种
紫花玉山竹	*Yushania violascens*	玉山竹属	种

参 考 文 献

艾生权, 钟志军, 彭广能, 等. 2014. 亚成体大熊猫肠道真菌多样性. 微生物学报, 54(11): 1344-1352.
鲍楠, 刘成君, 张和民, 等. 2005. 大熊猫肠道微生态的研究进展. 畜牧与兽医, 4: 59-61.
毕温磊, 侯蓉, 费立松, 等. 2014. 迁入都江堰野放中心的大熊猫野化放归个体皮质醇水平变化初步研究. 四川动物, 33(1): 8-12.
曹林, 沈继录. 2018. 隐球菌检验方法的应用. 中国感染与化疗杂志, 18(1): 113-117.
陈卫. 2015. 肠道菌群: 膳食与健康研究的新视角. 食品科学技术学报, 33(6): 1-6.
陈秀虹, 伍建榕. 2014. 园林植物病害诊断与养护(上册). 北京: 中国建筑工业出版社.
陈永林, 张成林, 胥哲. 2001. 大熊猫不动杆菌病的病原鉴定. 中国兽药杂志, 4: 35-36.
陈泽斌, 夏振远, 雷丽萍, 等. 2011. 烟草可培养内生细菌的分离及多样性分析. 微生物学通报, 38(9): 1347-1354.
成文玉, 金红星, 胡炎华, 等. 2010. 明串珠菌筛选与分类的研究进展. 中国酿造, 3: 7-9.
杜宗军, 季明杰, 陈冠军, 等. 2001. 黑色葡萄状穗霉 S607 耐碱性纤维素酶发酵条件的研究. 工业微生物, 4: 22-25.
高凤. 2017. 奶牛肠道微生物群落结构与多样性研究. 河北工程大学硕士学位论文.
关皓, 闫艳红, 张新全, 等. 2018. 一种食窦魏斯氏菌及其应用, 筛选检定方法: 201810093014.0. 2018-01-29.
桂许维, 张扬, 宋庆妮, 等. 2018. 毛竹林钾矿物分解细菌的分离与鉴定. 森林与环境学报, 38(4): 117-123.
郭壮. 2013. 应用焦磷酸测序技术对不同人群肠道微生物群落结构的研究. 江南大学博士学位论文.
何永果, 张和民, 邹立扣, 等. 2017. 基于高通量测序技术研究成年大熊猫肠道菌群. 应用与环境生物学报, 23(5): 771-777.

何苑皞, 周国英, 王圣洁, 等. 2013. 杉木人工林土壤真菌遗传多样性. 生态学报, 34(10): 2725-2736.
胡桂萍, 尤民生, 刘波, 等. 2010. 水稻茎部内生细菌及根际细菌与水稻品种特性的相关性. 热带作物学报 31(6): 1026-1030.
胡锦矗, 乔治·夏勒. 1985. 卧龙的大熊猫. 成都: 四川科学技术出版社.
胡萌. 2008. 植物内生细菌研究进展. 山东农业大学学报(自然科学版), 1: 151-154.
胡旭, 王涛, 梁姗, 等. 2015. 肠道微生物与认知功能. 中国微生态学杂志, 27(11): 1359-1365.
黄道梅, 贾秋思, 胡露, 等. 2015. 四川传统泡菜中抗氧化活性食窦魏斯氏菌的筛选、鉴定及其特性分析. 食品工业科技, 36(17): 121-126.
黄金燕, 周世强, 谭迎春, 等. 2007. 野生动物保护与管理: 卧龙自然保护区大熊猫栖息地植物群落多样性研究: 丰富度, 物种多样性指数和均匀度. 林业科学, 3: 73-78.
黄晓静, 王少敏, 毛丹, 等. 2017. 曲霉属真菌毒素的毒性研究进展. 食品安全质量检测学报, 8(5): 1679-1687.
蒋英芝, 贺连华, 刘建军. 2009. 蛋白质功能研究方法及技术. 生物技术通报, 9: 42-47.
晋蕾. 2020. 食性转换中大熊猫肠道菌群演替规律及基于宏基因组 Binning 的细菌功能研究. 四川农业大学硕士学位论文.
晋蕾, 邓晴, 李才武, 等. 2019a. 幼年大熊猫断奶前后肠道微生物与血清生化及代谢物的变化. 应用与环境生物学报, 25(6): 1477-1485.
晋蕾, 何永果, 杨晓军, 等. 2021. 卧龙国家级自然保护区大熊猫主食竹的营养成分与微生物群落结构. 应用与环境生物学报, 27(5): 1210-1217.
晋蕾, 周应敏, 李才武, 等. 2019b. 野化培训与放归、野生大熊猫肠道菌群的组成和变化. 应用与环境生物学报 25(2): 344-350.
李果, 王鑫, 李才武, 等. 2019. 圈养老年大熊猫肠道内菌群结构研究. 黑龙江畜牧兽医, 16: 160-164.
李巧玉. 2018. 魏斯氏菌在酱油发酵过程的含量变化及特性研究. 江南大学硕士学位论文.
李艳红, 吴攀文, 胡杰. 2007. 四川栗子坪自然保护区的兽类区系与资源. 四川动物, 26(4): 841-845.
李杨, 邓家波, 牛李丽, 等. 2017. 采用聚合酶链式反应-变性梯度凝胶电泳技术分析小熊猫胃肠道菌群的多样性. 动物营养学报 29(9): 3167-3174.
李银娇. 2020. 云南食用菌内生细菌多样性分析及抗生素抗性的研究. 昆明理工大学硕士学位论文.
刘艳红, 钟志军, 艾生权, 等. 2015. 亚成体大熊猫肠道纤维素降解真菌的分离与鉴定. 中国兽医科学, 45(1): 43-49.
刘燕, 王曦, 刘学锋, 等. 2018. 北京动物园 3 只亚成体大熊猫粪便菌群比较分析. 野生动物学报, 39(1): 19-23.
楼骏, 柳勇, 李延. 2014. 高通量测序技术在土壤微生物多样性研究中的研究进展. 中国农学通报, 30(15): 256-260.
潘红丽, 李迈和, 田雨, 等. 2010. 卧龙自然保护区油竹子形态学特征及地上部生物量对海拔梯度的响应. 四川林业科技, 31(3): 34-40.
孙飞龙, 刘敬贤, 席丹, 等. 2002. 大熊猫肠道疾病致病菌. 经济动物学报, 6(2): 20-23.
谭志. 2004. 野外放归大熊猫和圈养大熊猫肠道正常菌群的研究. 四川大学硕士学位论文.
谭志, 鲍楠, 赖翼, 等. 2004. 野外放归大熊猫和圈养大熊猫肠道正常菌群的研究. 四川大学学报(自然科学版), 41(6): 1276-1279.
田春洋, 洪明生, 龙珏洁, 等. 2021. 大熊猫主食竹叶围细菌多样性的季节性变化. 四川林业科技, 42(5): 1-7.
王海娟. 2016. 大熊猫和泡菜样品来源魏斯氏菌的益生特性分析. 成都医学院硕士学位论文.
王海娟, 潘渠. 2014. 大熊猫肠道正常菌群降解纤维素的机制. 中国微生态学杂志 26(2): 225-228.
王岚. 2019. 不同年龄段圈养大熊猫肠道微生物群落多样性的研究. 西华师范大学硕士学位论文.
王立志, 徐谊英. 2016. 圈养大熊猫粪便中微生物多样性的研究. 四川动物, 35(1): 17-23.

王晓静, 李潞滨, 王涛. 2020. 竹类植物内生菌研究进展. 竹子学报, 39(4): 34-39.
王晓艳, 袁听, 廖虹, 等. 2015. 圈养老年大熊猫肠道菌群 16S rDNA 克隆文库的建立. 中国畜牧兽医, 42(6): 1402-1408.
王晓艳. 2013. 成年与老年大熊猫肠道菌群 16S rDNA-RFLP 技术分析. 四川农业大学硕士学位论文.
王鑫. 2021. 大熊猫肠道 *Escherichia coli* 和 *Klebsiella pneumoniae* 对抗生素耐药性及 *E. coli* 烈性噬菌体生物学特性研究. 四川农业大学硕士学位论文.
王鑫, 李才武, 晋蕾, 等. 2021. 不同地区圈养大熊猫肠道细菌菌群多样性及组成. 应用与环境生物学报, 27(5): 1218-1225.
王燚. 2011. 基于ERIC-PCR和16S rDNA-RFLP技术对亚成体大熊猫肠道菌群结构的研究. 四川农业大学硕士学位论文.
王燚, 何延美, 钟志军, 等. 2011. 不同季节亚成体大熊猫肠道菌群 ERIC-PCR 指纹图谱分析. 中国兽医科学, 41(8): 778-783.
吴建峰, 林先贵. 2003. 土壤微生物在促进植物生长方面的作用. 土壤, 1: 18-21.
伍建榕, 杜宇, 陈秀虹. 2014. 园林植物病害诊断与养护(下册). 北京: 中国建筑工业出版社.
夏冬亮. 2009. 毛竹根部内生细菌多样性研究. 河北大学硕士学位论文.
谢浩, 汤纯香, 李德生, 等. 2012. 野化培训大熊猫在过渡期的采食时间分配及影响因素. 生物学通报, 47(2): 56-59.
谢婷霞. 2022. 大熊猫主食竹内生细菌的分离及其对纤维素的降解研究. 四川农业大学硕士学位论文.
熊焰, 李德生, 王印, 等. 2000. 卧龙自然保护区大熊猫粪样菌群的分离鉴定与分布研究. 畜牧兽医学报, 31(2): 165-170. 杨立宾, 隋心, 朱道光, 等. 2017. 大兴安岭兴安落叶松林土壤真菌群落特征研究. 中南林业科技大学学报, 37(12): 76-84.
杨瑞娟, 王桥美, 季爱兵, 等. 2016. 勃氏甜龙竹活体竹汁成分及微生物的研究. 竹子研究汇刊, 35(3): 15-21.
杨伟平, 王建刚, 曹斌云. 2017. 猪肠道微生物群落组成变化及其影响因素. 中国畜牧杂志, 53(1): 12-16.
叶莉, 吴芳, 王昱佳, 等. 2015. 中国不同地区恒河猴肠道菌群的微生物组学特性分析. 中国畜牧兽医学会动物传染病学分会第十六次学术研讨会, 济南.
叶志勇, 吕文其, 刘新华, 等. 1998. 大熊猫小肠结肠炎耶尔森氏菌感染及治疗. 中国兽医杂志, 24(8): 11.
尹业师, 王欣. 2012. 影响实验小鼠肠道菌群的多因素比较研究. 实验动物科学, 29(4): 16-22.
詹明晔, 付小花, 张姝, 等. 2019. 不同地区成体大熊猫肠道微生物结构差异性及其与纤维素消化能力的相关性. 应用与环境生物学报, 25(3): 736-742.
张德明, 陈章和, 林丽明, 等. 1998. 白云山土壤微生物的季节变化及其对环境污染的反应. 生态科学, 17(1): 40-45.
张卫娜, 贾谏, 陆晓宇, 等. 2013. 镰刀菌属真菌毒素的研究进展. 广东农业科学, 40(15): 130-133.
张雨凡. 2013. 龙泉山土壤微生物功能群数量变化及其与土壤环境的关系. 四川师范大学硕士学位论文.
张泽钧, 张陕宁, 魏辅文, 等. 2006. 移地与圈养大熊猫野外放归的探讨. 兽类学报, 26(3): 292-299.
章家恩, 刘文高, 朱丽霞. 2002. 广东省不同地区土壤微生物数量状况初步研究. 生态科学, 21(3): 223-225.
赵官成, 梁健, 淡静雅, 等. 2011. 土壤微生物与植物关系研究进展. 西南林业大学学报, 31(1): 83-88.
赵静. 2017. 杜仲内生细菌的分离鉴定与活性菌株筛选. 河南大学硕士学位论文.
赵兴丽, 卯婷婷, 张金峰, 等. 2019. 不同品种茶树根际土壤真菌群落多样性及结构特征. 茶叶通讯, 46(3): 284-290.
周世强, 黄金燕. 1998. 卧龙自然保护区冷箭竹林的初步研究. 四川林业科技, 19(2): 1-6.

周世强, 黄金燕, 王鹏彦, 等. 2004. 大熊猫野化培训圈主食竹种生长发育特性及生物量结构调查. 竹子研究汇刊, 23(2): 21-25.

周世强, 黄金燕, 王鹏彦, 等. 2005. 大熊猫野化培训圈森林植物群落多样性研究. 四川林业科技, 26(1): 15-20.

周世强, 黄金燕, 张亚辉, 等. 2009. 卧龙自然保护区大熊猫栖息地植物群落多样性V: 不同竹林的物种多样性. 应用与环境生物学报, 25(2): 180-187.

Akinoso R, Aboaba S, Olajide W. 2012. Optimization of roasting temperature and time during oil extraction from orange (*Citrus sinensis*) seeds: a response surface methodology approach. Afr J Food Agric Nutr Dev, 11(6): 5300-5317.

Amato K R, Yeoman C J, Kent A, et al.. 2013. Habitat degradation impacts black howler monkey (*Alouatta pigra*) gastrointestinal microbiomes. ISME J, 7(7): 1344-1353.

Arzanlou M, Groenewald J Z, Gams W, et al. 2007. Phylogenetic and morphotaxonomic revision of *Ramichloridium* and allied genera. Stud Mycol, 58: 57-93.

Bäckhed F, Roswall J, Peng Y, et al. 2015. Dynamics and stabilization of the human gut microbiome during the first year of life. Cell Host Microbe, 17(5): 690-703.

Barelli C, Albanese D, Donati C, et al. 2015. Habitat fragmentation is associated to gut microbiota diversity of an endangered primate: implications for conservation. Sci Rep, 5: 14862.

Bolnick D I, Snowberg L K, Hirsch P E, et al. 2014. Individuals' diet diversity influences gut microbial diversity in two freshwater fish (threespine stickleback and Eurasian perch). Ecol Lett, 17(8): 979-987.

Borody T J, Alexander K. 2012. Fecal microbiota transplantation and emerging applications. Nat Rev Gastroenterol Hepatol, 9(2): 88-96.

Bowers R M, Clements N, Emerson J B, et al. 2013. Seasonal variability in bacterial and fungal diversity of the near-surface atmosphere. Environ Sci Technol, 47(21): 12097-12106.

Branda E, Turchetti B, Diolaiuti G, et al. 2010. Yeast and yeast-like diversity in the southernmost glacier of Europe (Calderone Glacier, Apennines, Italy). FEMS Microbiol Ecol, 72(3): 354-369.

Carlotta D F, Duccio C, Monica D P, et al. 2010. Impact of diet in shaping gut microbiota revealed by a comparative study in children from Europe and rural Africa. Proc Natl Acad Sci U S A, 107(33): 14691-14696.

Chen D, Li C, Feng L, et al. 2017. Analysis of the influence of living environment and age on vaginal fungal microbiome in giant pandas (*Ailuropoda melanoleuca*) by high throughput sequencing. Microb Pathog, 115: 280-286.

Chen S, Li Y, Fu Z, et al. 2018. Label-free and enzyme-free sensitive fluorescent method for detection of viable *Escherichia coli* O157:H7. Anal Biochem, 556: 145-151.

Cheng J F, Guo J X, Bian Y N, et al. 2019. *Sphingobacterium athyrii* sp. nov., a cellulose- and xylan-degrading bacterium isolated from a decaying fern (*Athyrium wallichianum* Ching). Int J Syst Evol Microbiol, 69(3): 752-760.

Chevalier C, Stojanović O, Colin D J, et al. 2015. Gut microbiota orchestrates energy homeostasis during cold. Cell, 163(6): 1360-1374.

Christian H, Serena D, Stephanie G, et al. 2013. Archaea and fungi of the human gut microbiome: correlations with diet and bacterial residents. PLoS One, 8(6): e66019.

Clayton J B, Vangay P, Huang H, et al. 2016. Captivity humanizes the primate microbiome. Proc Natl Acad Sci U S A, 113(37): 10376-10381.

Costa M C, Arroyo L G, Allen-Vercoe E, et al. 2012. Comparison of the fecal microbiota of healthy horses and horses with colitis by high throughput sequencing of the V3-V5 region of the 16S rRNA gene. PLoS One, 7(7): e41484.

Dang P, Yu X, Le H, et al. 2017. Effects of stand age and soil properties on soil bacterial and fungal community composition in Chinese pine plantations on the Loess Plateau. PLoS One, 12(10): e0186501.

Daniel H, Gholami A M, Berry D, et al. 2014. High-fat diet alters gut microbiota physiology in mice. ISME J, 8(2): 295-308.

Delsuc F, Metcalf J L, Parfrey L W, et al. 2014. Convergence of gut microbiomes in myrmecophagous mammals. Mol Ecol, 23(6): 1301-1317.

Deng W, Quan Y, Yang S, et al. 2017. Antibiotic resistance in *Salmonella* from retail foods of animal origin and its association with disinfectant and heavy metal resistance. Microb Drug Resist, 24(6): 782-791.

Deng Y J, Wang S Y. 2016. Synergistic growth in bacteria depends on substrate complexity. J Microbiol, 54(1): 23-30.

Dill-McFarland K A, Weimer P J, Pauli J N, et al. 2016. Diet specialization selects for an unusual and simplified gut microbiota in two- and three-toed sloths. Environ Microbiol, 18(5): 1391-1402.

Evans J M, Morris L S, Marchesi J R. 2013. The gut microbiome: the role of a virtual organ in the endocrinology of the host. J Endocrinol, 218(3): R37-R47.

Fang Z, Smith R L. 2016. Production of Biofuels and Chemicals from Lignin. Singapore: Springer.

Frese S A, Parker K, Calvert C C, et al. 2015. Diet shapes the gut microbiome of pigs during nursing and weaning. Microbiome, 3(1): 28.

Gevers D, Kugathasan S, Denson L A, et al. 2014. The treatment-naive microbiome in new-onset Crohn's disease. Cell Host Microbe, 15(3): 382-392.

Guo M, Chen J, Li Q, et al. 2018a. Dynamics of gut microbiome in giant panda cubs reveal transitional microbes and pathways in early life. Front Microbiol, 9: 3138.

Guo W, Mishra S, Wang C, et al. 2019. Comparative study of gut microbiota in wild and captive giant pandas (*Ailuropoda melanoleuca*). Genes (Basel), 10(10): 827.

Guo W, Mishra S, Zhao J. 2018b. Metagenomic study suggests that the gut microbiota of the giant panda (*Ailuropoda melanoleuca*) may not be specialized for fiber fermentation. Front Microbiol, 9: 229.

Han J, Xia D, Li L, et al. 2009. Diversity of culturable bacteria isolated from root domains of moso bamboo (*Phyllostachys edulis*). Microb Ecol, 58(2): 363-373.

Hannula S E, Zhu F, Heinen R. 2019. Foliar-feeding insects acquire microbiomes from the soil rather than the host plant. Nat Commun, 10(1): 1254.

Haro C, Rangel-Zúñiga O A, Alcalá-Díaz J F, et al. 2016. Intestinal microbiota is influenced by gender and body mass index. PLoS One, 11(5): e0154090.

Haruta S, Cui Z, Huang Z, et al. 2002. Construction of a stable microbial community with high cellulose-degradation ability. Appl Microbiol Biotechnol, 59(4-5): 529-534.

Hedges R W, Baumberg S. 1973. Resistance to arsenic compounds conferred by a plasmid transmissible between strains of *Escherichia coli*. J Bacteriol, 115(1): 459-460.

Helander M, Huitu O, Sieber T N, et al. 2013. Endophytic fungi and silica content of different bamboo species in giant panda diet. Symbiosis, 61(1): 13-22.

Hildebrandt M A, Hoffmann C, Sherrill-Mix S A, et al. 2009. High-fat diet determines the composition of the murine gut microbiome independently of obesity. Gastroenterology, 137(5): 1716-1724.

Hoyer S. 1985. The effect of age on glucose and energy metabolism in brain cortex of rats. Arch Gerontol Geriatr, 4(3): 193-203.

Iannotti E L, Kafkewitz D, Wolin M J, et al. 1973. Glucose fermentation products of *Ruminococcus albus* grown in continuous culture with *Vibrio succinogenes*: changes caused by interspecies transfer of H2. J Bacteriol, 114(3): 1231-1240.

Jiménez D J, Chaves-Moreno D, Elsas J D V. 2015. Unveiling the metabolic potential of two soil-derived microbial consortia selected on wheat straw. Sci Rep, 5: 13845.

Jin L, Huang Y, Yang S, et al. 2021. Diet, habitat environment and lifestyle conversion affect the gut microbiomes of giant pandas. Sci Total Environ, 770: 145316.

Jin L, Wu D, Li C, et al. 2020. Bamboo nutrients and microbiome affect gut microbiome of giant panda. Symbiosis, 80(3): 293-304.

Kang M, Kim B, Jin C, et al. 2010. Inhibitory effect of *Weissella cibaria* isolates on the production of volatile sulphur compounds. J Clin Periodontol, 33(3): 226-232.

Koren O, Goodrich J, Cullender T, et al. 2012. Host remodeling of the gut microbiome and metabolic changes during pregnancy. Cell, 150(3): 470-480.

Kuda T, Yokota Y, Shikano A, et al. 2017. Dietary and lifestyle disease indices and caecal microbiota in high fat diet, dietary fibre free diet, or DSS induced IBD models in ICR mice. J Funct Foods, 35: 605-614.

Kuss S K, Best G T, Etheredge C A, et al. 2011. Intestinal microbiota promote enteric virus replication and systemic pathogenesis. Science, 334(6053): 249-252.

Lambiase A, Rossano F, Del Pezzo M, et al. 2009. *Sphingobacterium* respiratory tract infection in patients with cystic fibrosis. BMC Res Notes, 2: 262.

Larsen O F A, Claassen E. 2018. The mechanistic link between health and gut microbiota diversity. Sci Rep, 8(1): 2183.

Li K, Dan Z, Gesang L, et al. 2016. Comparative analysis of gut microbiota of native Tibetan and Han populations living at different altitudes. PLoS One, 11(5): e0155863-e0155863.

Li Y, Ning L, Yin Y, et al. 2020. Age-related shifts in gut microbiota contribute to cognitive decline in aged rats. Aging (Albany NY), 12(9): 7801-7817.

Lin Y T, Chiu C Y. 2016. Elevation gradient of soil bacterial communities in bamboo plantations. Bot Stud, 57(1): 8.

Liu F, Yuan Z, Zhang X, et al. 2017. Characteristics and diversity of endophytic bacteria in moso bamboo (*Phyllostachys edulis*) based on 16S rDNA sequencing. Arch Microbiol, 199(9): 1259-1266.

Liu H, Zhang C, Liu Y, et al. 2019. Total flavonoid contents in bamboo diets and reproductive hormones in captive pandas: exploring the potential effects on the female giant panda (*Ailuropoda melanoleuca*). Conserv Physiol, 7(1): coy068.

Liu X, Wang T, Wang T, et al. 2015. How do two giant panda populations adapt to their habitats in the Qinling and Qionglai Mountains, China. Environ Sci Pollut Res Int, 22(2): 1175-1185.

Lynd L R, Weimer P J, van Zyl W H, et al. 2002. Microbial cellulose utilization: fundamentals and biotechnology. Microbiol Mol Biol Rev, 66(3): 506.

Mainka S A, Zhao G, Mao L. 1989. Utilization of a bamboo, sugar cane, and gruel diet by two juvenile giant pandas (*Ailuropoda melanoleuca*). J Zoo Wildl Med, 20(1): 39-44.

Michl S C, Ratten J M, Beyer M, et al. 2017. The malleable gut microbiome of juvenile rainbow trout (*Oncorhynchus mykiss*): diet-dependent shifts of bacterial community structures. PLoS One, 12(5): e0177735.

Miriam L, Jun W, Hardouin E A, et al. 2013. The role of biogeography in shaping diversity of the intestinal microbiota in house mice. Mol Ecol, 22(7): 1904-1916.

Montagne L, Pluske J R, Hampson D J. 2003. A review of interactions between dietary fibre and the intestinal mucosa, and their consequences on digestive health in young non-ruminant animals. Anim Feed Sci Tech, 108(1): 95-117.

Mueller N T, Bakacs E, Combellick J, et al. 2015. The infant microbiome development: mom matters. Trends Mol Med, 21(2): 109-117.

Mueller S, Saunier K, Hanisch C, et al. 2006. Differences in fecal microbiota in different European study populations in relation to age, gender, and country: a cross-sectional study. Appl Environ Microbiol, 72(2): 1027-1033.

Nelson T M, Rogers T L, Carlini A R, et al. 2013. Diet and phylogeny shape the gut microbiota of Antarctic seals: a comparison of wild and captive animals. Environ Microbiol, 15(4): 1132-1145.

Nie Y, Speakman J R, Wu Q, et al. 2015. Exceptionally low daily energy expenditure in the bamboo-eating giant panda. Science, 349(6244): 171-174.

Niu Q, Li P, Hao S, et al. 2015. Dynamic distribution of the gut microbiota and the relationship with apparent crude fiber digestibility and growth stages in pigs. Sci Rep, 5: 9938.

Oyeleke S B, Okusanmi T A. 2008. Isolation and characterization of cellulose hydrolysing microorganism from the rumen of ruminants. Afr J Biotechnol, 7(10): 1503-1504.

Penders J, Thijs C, Vink C, et al. 2006. Factors influencing the composition of the intestinal microbiota in early infancy. Pediatrics, 118(2): 511-521.

Pernas-Pardavila H, Vallejo-Alonso A M, Novo-Veleiro I, et al. 2019. *Sphingobacterium multivorum*: an atypical bacterium in an atypical place. Eur J Case Rep Intern Med, 6(9): 001214.

Ramakrishnan U, Grant F, Goldenberg T, et al. 2012. Effect of women's nutrition before and during early pregnancy on maternal and infant outcomes: a systematic review. Paediatr Perinat Epidemiol, 26 Suppl 1: 285-301.
Russell W R, Gratz S W, Duncan S H, et al. 2011. High-protein, reduced-carbohydrate weight-loss diets promote metabolite profiles likely to be detrimental to colonic health. Am J Clin Nutr, 93(5): 1062-1072.
Schaller G B, Hu J C, Pan W S, et al. 1985. The Giant Panda of Wolong. Chicago: University of Chicago Press.
Schmidt E, Mykytczuk N, Schulte-Hostedde A I. 2019. Effects of the captive and wild environment on diversity of the gut microbiome of deer mice (*Peromyscus maniculatus*). ISME J, 13(5): 1293-1305.
Scott K P, Gratz S W, Sheridan P O, et al. 2013. The influence of diet on the gut microbiota. Pharmacol Res, 69(1): 52-60.
Siddiqui H, Nederbragt A J, Lagesen K, et al. 2011. Assessing diversity of the female urine microbiota by high throughput sequencing of 16S rDNA amplicons. BMC Microbiol, 11: 244.
Siggers R H, Siggers J, Boye M, et al. 2008. Early administration of probiotics alters bacterial colonization and limits diet-induced gut dysfunction and severity of necrotizing enterocolitis in preterm pigs. J Nutr, 138(8): 1437-1444.
Stefanie H, Dowd S E, Garcia-Mazcorro J F, et al. 2011. Massive parallel 16S rRNA gene pyrosequencing reveals highly diverse fecal bacterial and fungal communities in healthy dogs and cats. FEMS Microbiol Ecol, 76(2): 301-310.
Tap J, Furet J P, Bensaada M, et al. 2016. Gut microbiota richness promotes its stability upon increased dietary fibre intake in healthy adults. Environ Microbiol, 17(12): 4954-4964.
Tomas J, Mulet C, Saffarian A. 2016. High-fat diet modifies the PPAR-γ pathway leading to disruption of microbial and physiological ecosystem in murine small intestine. Proc Natl Acad Sci U S A, 113(40): E5934-E5943.
Tun H M, Mauroo N F, Chan S Y, et al. 2014. Microbial diversity and evidence of novel homoacetogens in the gut of both geriatric and adult giant pandas (*Ailuropoda melanoleuca*). PLoS One, 9(1): e79902.
Umali T E, Quimio T H, Hyde K D. 1999. Endophytic fungi in leaves of *Bambusa tuldoides*. Fungal Sci, 14(1): 11-18.
Walker A W, Ince J, Duncan S H, et al. 2011. Dominant and diet-responsive groups of bacteria within the human colonic microbiota. ISME J, 5(2): 220-230.
Wang H, Zhong H, Hou R, et al. 2017. A diet diverse in bamboo parts is important for giant panda (*Ailuropoda melanoleuca*) metabolism and health. Sci Rep, 7(1): 3377.
Wang L, Yuan S, Nie Y, et al. 2020. Dietary flavonoids and the altitudinal preference of wild giant pandas in Foping National Nature Reserve, China. Glob Ecol Conserv, 22: e00981.
Wei F, Fang Z, Peng Z, et al. 2012. Evidence for lignin oxidation by the giant panda fecal microbiome. PLoS One, 7(11): e50312.
Wei F, Wang X, Wu Q. 2015. The giant panda gut microbiome. Trends in Microbiology, 23(8): 450-452.
Williams C L, Dill-McFarland K A, Vandewege M W, et al. 2016. Dietary shifts may trigger dysbiosis and mucous stools in giant pandas (*Ailuropoda melanoleuca*). Front Microbiol, 7: 661.
Williams C L, Willard S, Kouba A, et al. 2013. Dietary shifts affect the gastrointestinal microflora of the giant panda (*Ailuropoda melanoleuca*). J Anim Physiol Anim Nutr (Berl), 97(3): 577-585.
Wu G D, Chen J, Hoffmann C, et al. 2011. Linking long-term dietary patterns with gut microbial enterotypes. Science, 334(6052): 105-108.
Wu Q, Wang X, Ding Y, et al. 2017. Seasonal variation in nutrient utilization shapes gut microbiome structure and function in wild giant pandas. Proc Biol Sci, 284(1862): 20170955.
Xue Z, Zhang W, Wang L, et al. 2015. The bamboo-eating giant panda harbors a carnivore-like gut microbiota, with excessive seasonal variations. mBio, 6(3): e00022-00015.
Yang S, Gao X, Meng J, et al. 2018. Metagenomic analysis of bacteria, fungi, bacteriophages, and helminths in the gut of giant pandas. Front Microbiol, 9: 1717.
Yao R, Yang Z, Zhang Z, et al. 2019. Are the gut microbial systems of giant pandas unstable? Heliyon, 5(9):

e02480.

Yurkovetskiy L, Burrows M, Khan A A, et al. 2013. Gender bias in autoimmunity is influenced by microbiota. Immunity, 39(2): 400-412.

Zhang W, Liu W, Hou R, et al. 2018. Age-associated microbiome shows the giant panda lives on hemicelluloses, not on cellulose. ISME J, 12(5): 1319-1328.

Zhang X, Xu C, Wang H. 2007. Pretreatment of bamboo residues with *Coriolus versicolor* for enzymatic hydrolysis. J Biosci Bioeng, 104(2): 149-151.

Zhao J, Yao Y, Li D, et al. 2018a. Characterization of the gut microbiota in six geographical populations of chinese rhesus macaques (*Macaca mulatta*), implying an adaptation to high-altitude environment. Microb Ecol, 76(2): 565-577.

Zhao S, Li C, Li G, et al. 2019. Comparative analysis of gut microbiota among the male, female and pregnant giant pandas (*Ailuropoda Melanoleuca*). Open Life Sciences, 14: 288-298.

Zhao Y, Chen Y, Li Z, et al. 2018b. Environmental factors have a strong impact on the composition and diversity of the gut bacterial community of Chinese black honeybees. J Asia Pac Entomol, 21(1): 261-267.

Zhernakova A, Kurilshikov A, Bonder M J, et al. 2016. Population-based metagenomics analysis reveals markers for gut microbiome composition and diversity. Science, 352(6285): 565.

Zhou S, Huang J, Zhang Y, et al. 2012. Comparison of spatial positioning between radio telemetry (RT) and GPS in temperate mountain forests: a case study on tracking the reintroduction of captive giant pandas. Acta Theriologica Sinica, 32(3): 193-202.

Zhou Y K, Shen X Y, Hou C L. 2017. Diversity and antimicrobial activity of culturable fungi from fishscale bamboo (*Phyllostachys heteroclada*) in China. World J Microbiol Biotechnol, 33(6): 104.

Zhu L, Wu Q, Dai J, et al. 2011. Evidence of cellulose metabolism by the giant panda gut microbiome. Proc Natl Acad Sci U S A, 108(43): 17714-17719.

第六章 大熊猫肠道微生物功能

宿主肠道为肠道微生物提供优越的栖息和繁殖环境，而肠道微生物又赋予宿主新陈代谢特性。肠道微生物可以降解和发酵某些不能被宿主消化的碳水化合物，使宿主再次对其进行吸收和利用，扩大了宿主可利用原料的范围并提高了能量利用效率，弥补了宿主某些生物学缺陷，因此肠道微生物对宿主能量摄入、分布和消耗具有重要的影响（Willem et al.，2022）。大熊猫属于食肉动物，具有消化道短从而食物通过消化道时间短等典型的食肉动物消化道特点，但是却以富含木质纤维素的竹子为主要食物。这些竹子种类很多，主要是由纤维素、半纤维素和木质素等组成，还有一定含量的蛋白质、淀粉、蜡、脂肪和树脂等（Zhu et al.，2022；孙永林，2007）。研究表明，大熊猫肠道本身没有消化和发酵纤维素的功能，其基因组中缺乏纤维素降解所必需的基因，大熊猫对竹子的分解利用很有可能更多地依赖其肠道微生物。因此，研究大熊猫肠道微生物的功能，对了解大熊猫的消化吸收和生理代谢具有十分重要的意义。本章将从可培养组学、宏基因组学、宏转录组学、宏蛋白质组学和代谢组学等不同角度来解析大熊猫肠道微生物的功能。

第一节 基于可培养技术的微生物功能解析

一、对木质纤维素的降解功能

基于可培养技术对大熊猫肠道菌群功能的研究基本都集中在研究大熊猫肠道微生物对木质纤维素等的降解和利用方面。蒋芳（2006）采用刚果红羧甲基纤维素钠（CMC-Na）培养基从大熊猫粪便中筛选出了具有稳定、高酶活的肠杆菌科沙雷氏菌（*Serratia* sp.），该菌株的发酵液滤纸酶活（FPA）可高达 111.5IU/ml，这是一株产纤维素酶的兼性厌氧菌。同年，荣华等（2006）从健康圈养大熊猫肠道中分离获得一株厌氧纤维素分解菌，通过 16S rRNA 进行分析，发现该菌属于梭菌属，该菌不仅能分解可溶性碳源，还能利用纤维素粉等不溶性碳源。

樊程等（2012）首次在大熊猫体内分离得到一株好氧纤维素分解菌，最终鉴定其为解淀粉芽孢杆菌，该菌具有较强的纤维素降解能力，总酶活最高达到 0.2283IU/ml，能够不同程度地降解滤纸、脱脂棉、秸秆、竹纤维四种纤维素底物。谷武阳（2014）从 15 只大熊猫粪样中分离、筛选得到 5 株具有分解纤维素能力的芽孢杆菌，利用水杨苷法测得菌株 QY、HH、YH、YY、AA 的初始 β-葡萄糖苷酶酶活分别为 3.65IU/ml、2.43IU/ml、2.51IU/ml、1.36IU/ml、7.32IU/ml，同时对 β-葡萄糖苷酶基因克隆并构建工程菌，成功实现了 β-葡萄糖苷酶的高效表达。赵珊等（2015）也从大熊猫肠道中分离得到一株具有降解纤维素能力的蜡样芽孢杆菌（*Bacillus cereus*），该菌的最适生长温度为 37℃，最适 NaCl 浓度为 0.5%，最适 pH 为 7.0，其内切葡聚糖苷酶、外切葡聚糖苷酶、β-葡萄糖苷酶和总酶活的最大值分别为 0.139IU/ml、0.074IU/ml、0.126IU/ml、0.1085IU/ml，同时该菌对碱性环境有一定的耐受能力。Zhou 等（2015）从大熊猫体内分离出具有良好纤维素分解能力的枯草芽孢杆菌，并利用 RNA-seq 技术分析了枯草芽孢杆菌的差异表达基因，研究表明该菌株对不同纤维素和葡萄糖具有水解作用，并在转录水平上触发了一系列的适应性机制，该研究首次从转录水平尝试解释部分枯草芽孢杆菌的纤维素降解机制。

刘艳红等（2015）对 8 只亚成年大熊猫粪便进行真菌的分离培养时发现大熊猫肠道内存在可降解纤维素的真菌，主要有白地霉、多枝毛霉、丝孢菌和白色念珠菌，且多枝毛霉的纤维素降解能力比白色念珠菌强。张智等（2017）从大熊猫粪便中筛选出能够降解纤维素的库氏类芽孢杆菌（*Paenibacillus cookii*）菌株，该菌株的发酵液滤纸酶活（FPA）为 102.3IU/ml。张麓岩等（2019）基于宏基因组测序技术发现大熊猫粪便样品中含有大量可以降解纤维素的厌氧微生物种类，进一步采用刚果红染色法从大熊猫粪便样品中筛选出一株具有降解纤维素产氢能力的缓纤维梭菌（*Clostridium lentocellum*）。

李玥（2020）对分离自大熊猫粪便的放线菌进行了产纤维素酶活和产木质素酶活的分析，发现 56 株放线菌能在刚果红初筛培养基上产生明显的水解圈（图 6-1），各菌株产 β-葡萄糖苷酶和外切葡聚糖酶酶活较高，而内切葡聚糖酶酶活较低（表 6-1）；进一步对分离菌株进行木质素初筛实验，结果表明 39 株放线菌可以在以木质素磺酸钠为唯一碳源的平板上生长，即具有木质素降解酶活（图 6-2）；将 39 株放线菌分别接种于 RB 亮蓝和苯胺蓝复筛培养基上，结果发现有 5 株菌能在 RB 亮蓝培养基上产生透明水解圈，即具有漆酶产生，有 29 株菌在苯胺蓝培养基上产生透明水解圈，即具有锰过氧化物酶或过氧化物酶产生（图 6-3）。以上菌株产木质素酶的结果表明，4 株菌株检测到漆酶（Lac）活性，16 株菌株检测到锰过氧化物酶（MnP）活性，所有供试菌株均未检测到木质素过氧化物酶（LiP）活性（表 6-2）（Tien and Kirk，1983）。研究表明，放线菌是公认的具较强降解能力的微生物，在木质素降解中起重要作用（Ball et al.，1989；Benimeli et al.，2007；Kirby，2006）。

二、益生功能

益生菌是一类能够促进宿主肠道微生物菌群的生态平衡，对宿主健康和生理功能产生有益作用的活性微生物。虽然关于大熊猫肠道微生物益生功能已有报道，但由于大熊猫的特殊性，这方面的研究还很有限。

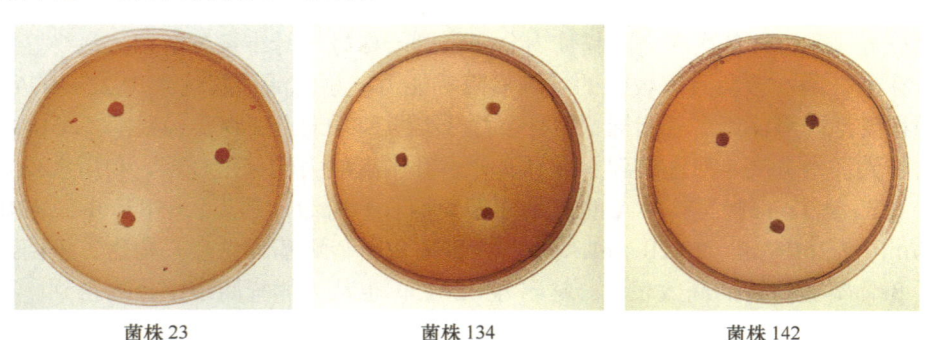

菌株 23　　　　　　菌株 134　　　　　　菌株 142

图 6-1　肠道放线菌在刚果红培养基上产生的水解圈

表 6-1 肠道放线菌纤维素酶活性的测定

菌株	内切葡聚糖酶酶活	β-葡萄糖苷酶酶活	外切葡聚糖酶酶活	测序结果
4	1.770	11.138	22.883	*Microbacterium oleivorans*
5	1.207	8.732	20.319	*Streptomyces sampsonii*
7	1.342	10.868	18.970	*Microbacterium arborescens*
10	1.275	9.114	18.498	*Streptomyces laculatispora*
11	2.017	9.845	18.858	*Curtobacterium citreum*
15	0.870	7.945	0.465	*Brevibacterium sediminis*
21	2.646	9.575	0.106	*Micrococcus lactis*
22	0.420	9.991	0.263	*Microbacterium arborescens*
23	0.960	5.764	0.960	*Streptomyces californicus*
24	1.073	9.283	0.780	*Streptomyces pratensis*
25	1.275	9.564	19.847	*Streptomyces sampsonii*
26	0.713	13.555	0.398	*Streptomyces pratensis*
27	2.152	12.251	1.140	*Streptomyces flocculus*
28	1.657	10.115	1.882	*Streptomyces cyaneofuscatus*
29	1.792	7.743	4.198	*Streptomyces cyaneofuscatus*
30	0.780	9.031	0.735	*Streptomyces sampsonii*
32	0.555	11.261	0.420	*Kocuria marina*
33	1.815	8.012	2.107	*Brevibacterium sediminis*
34	0.555	11.767	0.803	*Micrococcus aloeverae*
69	0.083	9.789	1.275	*Kitasatospora* sp.
70	0.263	8.338	0.308	*Streptomyces* sp.
71	0.263	13.060	0.353	*Streptomyces exfoliatus*
78	0.196	10.070	0.465	*Kitasatospora* sp.
84	0.375	8.990	0.331	*Rhodococcus degradans*
89	0.690	8.833	0.735	*Microbacterium* sp.
108	0.623	9.969	0.668	*Pseudoclavibacter helvolus*
112	0.331	9.609	1.882	*Rhodococcus fascians*
113	0.061	10.238	0.600	*Kocuria marina*
115	0.488	10.160	0.623	*Arthrobacter* sp.
116	0.668	9.822	0.938	*Streptomyces* sp.
117	0.443	6.270	0.803	*Microbacterium* sp.
126	1.117	7.529	1.725	*Kocuria* sp.
128	1.522	7.844	3.906	*Agrococcus* sp.
129	5.030	6.236	0.106	*Microbacterium esteraromaticum*
134	0.938	7.754	0.960	*Microbacterium* sp.
136	0.668	6.911	0.331	*Arthrobacter* sp.
138	3.006	9.496	1.590	*Streptomyces* sp.
141	1.635	9.418	1.792	*Microbacterium foliorum*

续表

菌株	内切葡聚糖酶酶活	β-葡萄糖苷酶酶活	外切葡聚糖酶酶活	测序结果
142	0.960	8.743	0.848	*Microbacterium foliorum*
143	2.048	8.293	1.657	*Glutamicibacter* sp.
144	1.725	9.890	3.119	*Pseudoclavibacter helvolus*
145	1.725	8.440	2.017	*Kocuria* sp.
146	2.242	8.574	1.522	*Cellulosimicrobium* sp.
148	1.320	7.057	1.590	*Kocuria* sp.
151	1.342	7.293	1.815	*Microbacterium foliorum*
154	1.904	8.563	2.242	*Rhodococcus* sp.
155	1.320	7.428	2.377	*Brevibacterium aurantiacum*
157	3.388	7.158	1.500	*Rhodococcus hoagii*
159	1.455	6.551	2.444	*Pseudarthrobacter oxydans*
160	4.108	9.541	1.455	*Micrococcus aloeverae*
162	1.365	8.170	2.129	*Microbacterium* sp.
169	1.342	8.518	1.432	*Rhodococcus fascians*
173	1.477	5.730	3.276	*Microbacterium foliorum*
177	1.095	10.216	1.522	*Brachybacterium paraconglomeratum*
178	2.961	9.260	1.455	*Rhodococcus fascians*
179	0.241	8.754	1.342	*Glutamicibacter* sp.

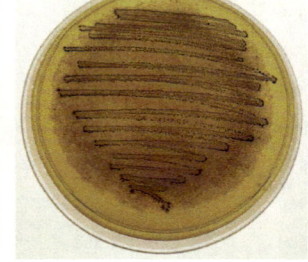

菌株69　　　　　　　菌株71　　　　　　　菌株116

图 6-2　肠道放线菌在木质素磺酸钠培养基上的生长情况

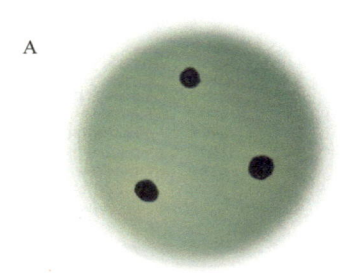

A

菌株138　　　　　　菌株157　　　　　　菌株179

菌株 70　　　　　　　　菌株 71　　　　　　　　菌株 117

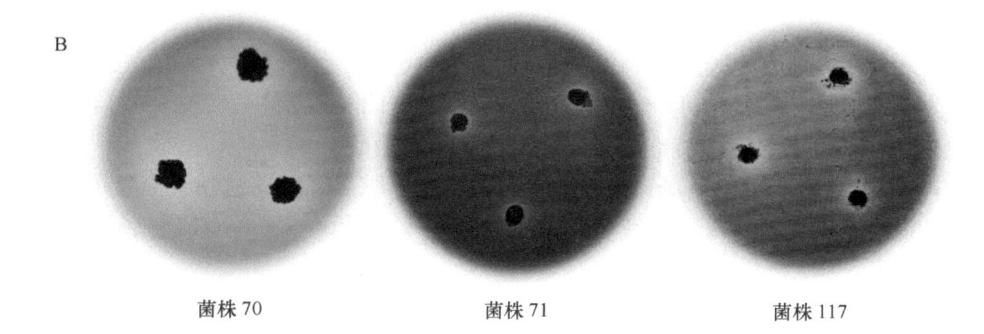

图 6-3　肠道放线菌在复筛培养基上产生的水解圈
A. RB 亮蓝；B. 苯胺蓝

表 6-2　肠道放线菌木质素酶活测定

菌株	漆酶酶活（U/L）	锰过氧化物酶酶活（U/L）	菌株	漆酶酶活（U/L）	锰过氧化物酶酶活（U/L）
5	0	0.454	112	0	0.907
25	0	3.175	113	0	0.907
26	0	0	115	0	1.361
29	0	0.454	116	0	0.907
69	0	0	117	0	1.815
70	0	0	136	0.056	0
71	0	0.454	138	0.889	0.454
78	0	0.454	143	0	3.175
84	0	2.722	159	0.556	0
89	0	1.815	160	0	0.454
108	0	1.815	179	0.111	0

大熊猫肠道益生菌的研究最早始于 1998 年，王强等（1998）从大熊猫粪便中分离得到乳杆菌，并基于不同哺乳动物模型（小鼠、家兔、家犬）通过急性和慢性毒性实验对菌株进行安全性评估，同时将其制成乳杆菌制剂在患病大熊猫身上进行了临床应用，该研究初步判断菌剂对治疗腹泻、肠炎、营养不良等疾病效果明显。虽然未作进一步的益生效果评估，但该研究仍填补了大熊猫益生菌临床应用的空白。

周潇潇等（2013）采用高温水浴法从 20 份健康成年大熊猫粪样中分离得到 7 株芽孢杆菌，通过对菌株抗逆性、体外抑菌性（大肠杆菌、沙门氏菌）及纤维素分解特性评估了菌株的益生潜力，最终筛选出 2 株芽孢杆菌作为大熊猫益生菌制剂的候选菌株。李进等（2016）从大熊猫肠道中分离得到了 21 株大熊猫肠道芽孢杆菌，通过研究发现得到的 21 株芽孢杆菌含有抗菌肽基因，且这些菌株的代谢产物对常见的肠道病原菌（如沙门氏菌、大肠杆菌等）具有明显抑制作用，无耐药现象。Liu 等（2017，2019）从大熊猫肠道中分离得到了一株潜在的益生菌植物乳杆菌（*Lactobacillus plantarum*），通过构建动物模型发现该菌可以帮助小鼠控制肠道感染，特别是对由肠产毒性大肠杆菌（ETEC）感染引起的急性肠道炎症有明显的减轻作用，表明植物乳杆菌可能是一种对肠道疾病具有保护作用的益生菌，值得进一步研究。

四川农业大学邹立扣课题组从大熊猫肠道分离获得了巴黎链球菌（*Streptococcus lutetiensis*）S7，对大熊猫肠道巴黎链球菌的生物学特性进行研究，并评估了巴黎链球菌 S7 的益生功能，授权发明专利"一株大熊猫源巴黎链球菌及其应用"（ZL202111473380.7），该发明提供的大熊猫源巴黎链球菌 S7 安全可靠，具有良好的耐酸、耐胆盐特性，饲喂巴黎链球菌 S7 上调了小鼠结肠 *muc2* 基因的表达，增强了宿主肠道黏膜免疫屏障，通过葡聚糖硫酸钠盐（DSS）诱导肠炎动物模型发现巴黎链球菌 S7 具有减轻肠道炎症的作用（邹立扣等，2022）。

第二节　基于宏基因组学的微生物功能解析

由于纯培养技术的限制，早期研究检测到的具有纤维素消化功能的大熊猫肠道微生物有限（Hirayama et al.，1989；Wei et al.，2015；樊程等，2012）。Zhu 等（2011）通过宏基因组测序技术，在大熊猫粪便中检测到编码纤维素和半纤维素消化酶：纤维素酶（cellulase，EC3.2.1.4）、β-葡萄糖苷酶（beta-glucosidase，EC3.2.1.21）和木聚糖 1,4-β-木糖苷酶（xylan 1,4-beta-xylosidase，EC3.2.1.37）的基因，这才打开了大熊猫肠道菌群功能研究的新纪元。此外，Zhang 等（2018）研究表明大熊猫依靠半纤维素生存，其发现了大量降解纤维素和淀粉的酶。但大部分研究对比的是纤维素摄入量高的大熊猫和纤维素摄入量低的大熊猫肠道菌群及其功能基因，进而得出大熊猫肠道微生物是否能降解纤维素和半纤维的结论，没有直接对比有纤维素摄入和无纤维素摄入的大熊猫肠道菌群。因此，目前关于大熊猫肠道微生物能否降解竹子中的纤维素和半纤维素仍没有统一定论（Guo et al.，2018）。同时，虽然大部分研究采用了宏基因组测序技术，但没有对数据进行深入挖掘，目前的功能分析都未到达单个微生物的水平，无法确定有降解功能的具体菌种。目前宏基因组分箱（binning）技术已经用于反刍动物肠道具体菌种的功能研究（Xie et al.，2021），采用宏基因组 binning 技术拼接大熊猫肠道菌群的细菌宏基因组组装基因组（metagenome-assembled-genome，MAG），并结合食性转化期间发生特异性变化菌种的数据，对肠道细菌的基因进行分析，以研究具体细菌的具体功能，可为挖掘大熊猫肠道内潜在的纤维素、半纤维素和木质素降解功能菌提供数据基础。

一、基于宏基因组测序的基因功能分析

四川农业大学邹立扣课题组通过宏基因组测序技术对 60 只大熊猫的粪便样品进行检测，获得高质量序列，与碳水化合物活性酶（CAZy）数据库（http://www.cazy.org/）比对发现这些肠道细菌菌群的基因可编码 16 种碳水化合物酯酶（carbohydrate esterase，CE），其中包括与半纤维素降解有关的酶 CE1 和 CE4，且含量较丰富（图 6-4A）；同时发现了 20 个基因可编码多糖裂解酶（polysaccharide lyase，PL）酶家族（图 6-4B），这些酶可协同糖苷水解酶（glycoside hydrolase，GH，EC3.2.1）分解 C-6 羧酸盐多糖（Vincent et al.，2010）；还发现了 76 个编码碳水化合物结合模块（carbohydrate-binding module，CBM）家族酶的基因，其中包括了与纤维素和半纤维素降解相关的 CBM50、CBM32、

CBM5 和与淀粉降解相关的 CBM48（图 6-4C）；另外还有 12 种辅助活性（auxiliary activity，AA）家族酶，包括与木质素降解相关的 AA6 和 AA3（图 6-4D）。通过相关性分析发现，有 198 个细菌属与 GH、CE 和 CBM 家族的碳水化合物活性酶有显著相关性（Spearman 相关系数<−0.6 或>0.6，$P<0.05$）。

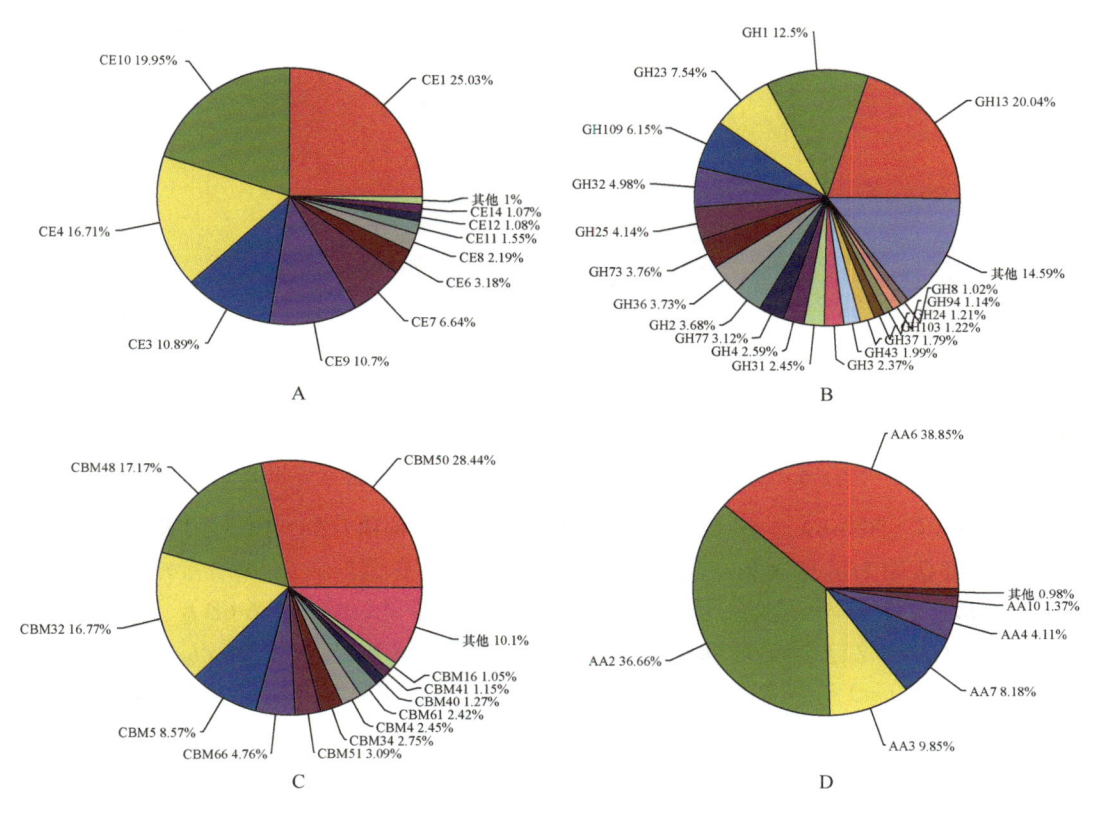

图 6-4 基于宏基因组的 CAZy 基因注释
A. CE；B. GH；C. CBM；D. AA

为了更好地了解多糖降解的过程，本研究基于 CAZy 数据库的 GH 家族对大熊猫肠道细菌菌群中发现的宏基因组中的独特基因进行了注释（图 6-5）。结果显示，大熊猫肠道细菌菌群编码的 GH 家族酶，包括具有 α 淀粉酶活性的 GH13，与纤维素降解有关的 GH1、GH3、GH5、GH8、GH9、GH51，以及与半纤维素降解有关的 GH1、GH2、GH3、GH4、GH5、GH8、GH9、GH10、GH11、GH26、GH31、GH36、GH37、GH42、GH43、GH51、GH52、GH54、GH57、GH62、GH110、GH113 和 GH127。值得注意的是，在大多数宏基因组样品中相对丰度高的基因主要编码 β-葡萄糖苷酶（EC3.2.1.21）、6-磷酸-β-葡萄糖苷酶（6-phospho-beta-glucosidase，EC3.2.1.86）、α-葡萄糖苷酶（alpha-glucosidase，EC3.2.1.20）、α-半乳糖苷酶（alpha-galactosidase，EC3.2.1.22）和 β-半乳糖苷酶（Beta-galactosidase，EC3.2.1.23）。

为了验证在纤维素、半纤维素和木质素消化过程中发挥关键作用的细菌，选择相对丰度前 19 的细菌属（占大熊猫肠道细菌菌群总相对丰度的 91.0%）及编码碳水化合物

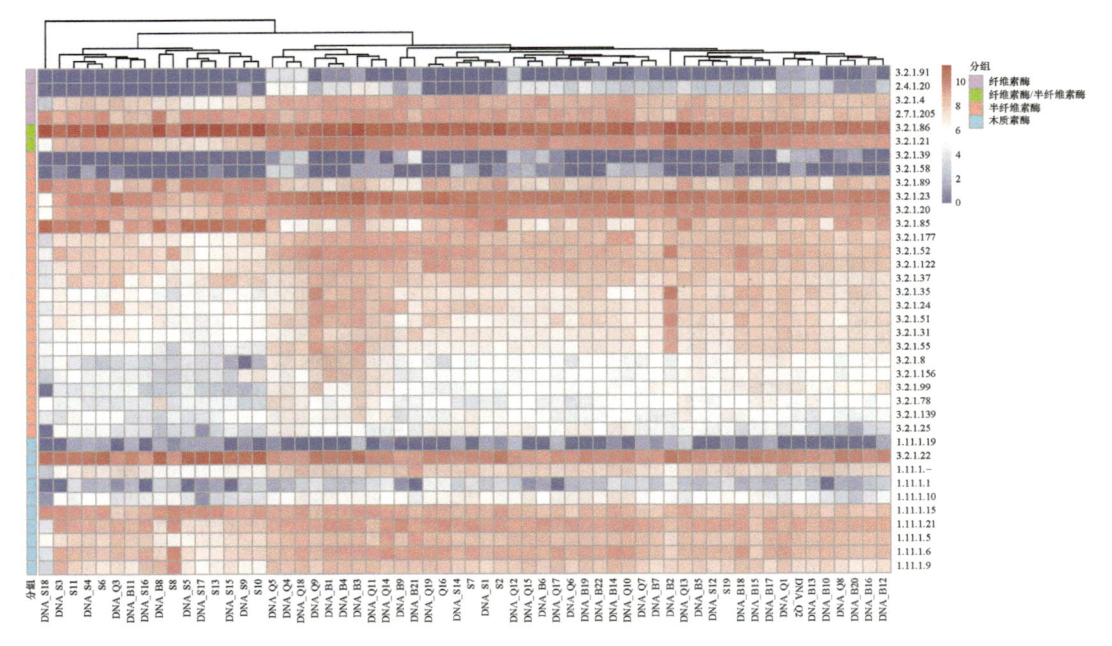

图 6-5　基于宏基因组的纤维素、半纤维素和木质素降解酶

活性酶的基因（图 6-6A）。所有属均可编码 6-磷酸-β-葡萄糖苷酶（EC3.2.1.86），相对丰度前三的细菌属为链球菌属（*Streptococcus*）、埃希氏杆菌属（*Escherichia*）和梭菌属（*Clostridium*）可编码不同的纤维素、半纤维素和木质素降解酶（图 6-6B），其中 β-葡萄糖苷酶（EC3.2.1.21）是链球菌属（*Streptococcus*）、埃希氏杆菌属（*Escherichia*）和梭菌属（*Clostridium*）中可编码的相对丰度最高的酶。链球菌属（*Streptococcus*）中不含编码 β-葡萄糖苷酶的基因，而梭菌属（*Clostridium*）中不含编码过氧化物酶（peroxidase，POD，EC1.11.1.7）的基因。本研究结果与早期大熊猫肠道宏基因组功能研究结果一致，均发现大熊猫肠道微生物可编码纤维素、半纤维素和木质素降解酶（Zhu et al.，2011）。

二、基于宏基因组组装基因组（MAG）的功能注释分析

将 60 个大熊猫粪便样品测得的高质量序列，通过宏基因 binning 组装后共得到了 449 个 MAG，根据完整度≥70% 且污染度≤10% 的标准进行筛选后得到 22 个 MAG（表 6-3）。对 MAG 进行物种分类学注释，19 个 MAG 分别注释到链球菌属（*Streptococcus*）、罗伊氏乳杆菌（*Lactobacillus reuteri*）、不动杆菌（*Acinetobacter* sp.）、乳酸乳球菌（*Lactococcus lactis*）、乳杆菌（*Lactobacillus* sp.）、乳球菌（*Lactococcus* sp.）、肠球菌（*Enterococcus* sp.）、假单胞菌（*Pseudomonas* sp.）、发酵乳杆菌（*Lactobacillus fermentum*）、土壤杆菌（*Agrobacterium* sp.）、代尔夫特食酸菌（*Delftia acidovorans*）、*Fluviicola taffensis*、肠杆菌科（Enterobacteriaceae）、鞘氨醇单胞菌科（Sphingomonadaceae）、黄单胞菌科（Xanthomonadaceae）、梭杆菌科（Fusobacteriaceae）、γ-变形菌纲（Gammaproteobacteria）和伯克氏菌目（Burkholderiales），3 个 MAG 没有得到注释信息（Unidentified Bacteria），其中 13 个 MAG 注释到属分类水平的 9 个菌属，分别为链球菌属（*Streptococcus*）、乳

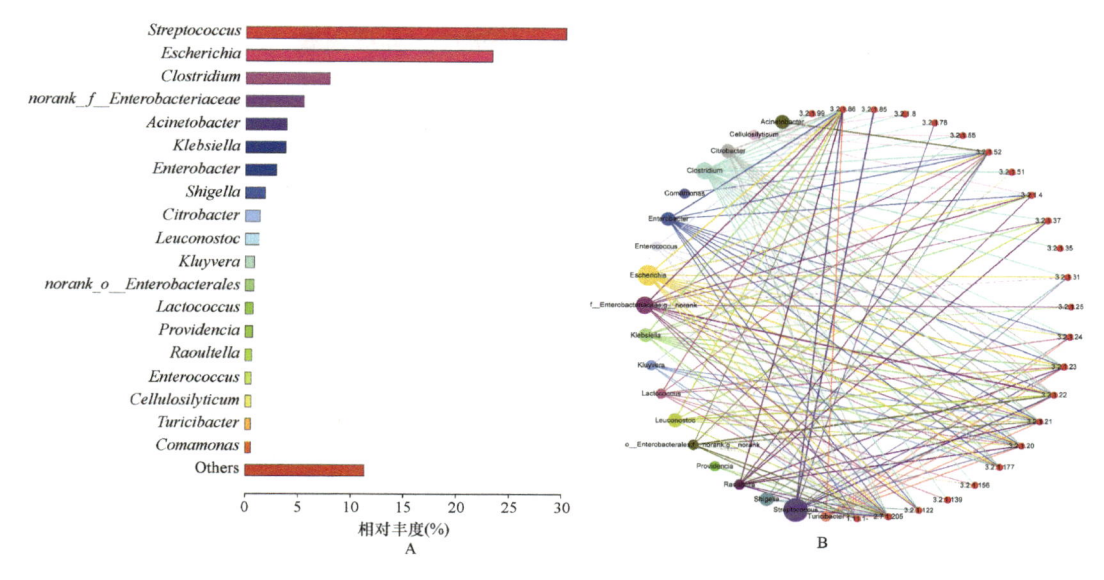

图 6-6 参与纤维素、半纤维素和木质素降解的大熊猫肠道主要微生物及碳水化合物酶基因
A. 相对丰度前 19 的细菌属；B. 前 19 细菌属编码碳水化合物活性酶的基因

表 6-3　22 个 MAG 的注释结果

基因草图	GC	完整度（%）	污染度（%）	分类鉴定
CB1	0.42	92.1	6.21	*Streptococcus* sp.
CB2	0.39	70.6	0.27	*Lactobacillus reuteri*
CB3	0.4	79.4	3.9	*Acinetobacter* sp.
CB4	0.41	80.2	2.51	*Acinetobacter* sp.
CB5	0.35	84.5	0.57	*Lactococcus lactis*
CB6	0.41	99.2	0.26	*Lactobacillus* sp.
CB7	0.38	88.3	0.51	*Lactococcus* sp.
CB8	0.38	98.5	0.47	*Enterococcus* sp.
CB9	0.64	71.7	0.14	*Pseudomonas* sp.
CB10	0.53	98.6	0.00	*Lactobacillus fermentum*
CB11	0.59	97.9	1.86	*Agrobacterium* sp.
CB12	0.67	99.0	0.77	*Delftia acidovorans*
CB13	0.37	82.3	1.35	*Fluviicola taffensis*
CB14	0.6	78.4	2.89	Enterobacteriaceae
CB15	0.62	82.3	2.17	Sphingomonadaceae
CB16	0.67	99.5	1.99	Xanthomonadaceae
CB17	0.31	98.9	0.00	Fusobacteriaceae
CB18	0.47	78.2	3.77	Gammaproteobacteria
CB19	0.71	98.2	7.82	Burkholderiales
CB20	0.34	87.2	0.60	Unidentified Bacteria
CB21	0.37	77.4	2.13	Unidentified Bacteria
CB22	0.38	85.4	1.21	Unidentified Bacteria

杆菌属（Lactobacillus）、不动杆菌属（Acinetobacter）、乳球菌属（Lactococcus）、肠球菌属（Enterococcus）、假单胞菌属（Pseudomonas）、土壤杆菌属（Agrobacterium）、代尔夫特菌属（Delftia）和 Fluviicola。

基于大熊猫引入竹子饮食后其肠道内细菌如链球菌属（Streptococcus）、假单胞菌属（Pseudomonas）、乳杆菌属（Lactobacillus）、梭菌属（Clostridium）、肠球菌属（Enterococcus）、乳球菌属（Lactococcus）、Turicibacter、不动杆菌属（Acinetobacter）、鲸杆菌属（Cetobacterium）、Hafnia-Obesumbacterium 和魏斯氏菌属（Weissella）发生显著变化，进一步对 MAG 注释到的链球菌属（Streptococcus）、假单胞菌属（Pseudomonas）、乳杆菌属（Lactobacillus）、肠球菌属（Enterococcus）、乳球菌属（Lactococcus）和不动杆菌属（Acinetobacter）这 6 个菌属进行后续的功能信息分析（Jin et al.，2021；晋蕾，2020）。

通过与京都基因和基因组数据库（Kyoto Encyclopedia of Genes and Genomes，KEGG，https://www.kegg.jp/）进行比对，在链球菌属（Streptococcus）、假单胞菌属（Pseudomonas）、乳杆菌属（Lactobacillus）、肠球菌属（Enterococcus）、乳球菌属（Lactococcus）和不动杆菌属（Acinetobacter）这 6 个菌属中均发现了编码木质素、半纤维素和纤维素降解酶的基因（图 6-7）。其中编码的木质素降解酶包括：过氧化氢酶-过氧化物酶（catalase-peroxidase，EC1.11.1.21）、邻苯二酚 2,3-双加氧酶（catechol 2,3-dioxygenase，EC1.13.11.2）、NAD(P)H 醌还原酶（NAD(P)H:quinone reductase，EC1.6.5.5）和三酰甘油脂肪酶（triacylglycerol lipase，EC3.1.1.3）；编码的半纤维素降解酶包括：α-葡萄糖醛酸酶（alpha-glucuronidase，EC3.2.1.139）、木聚糖 1,4-β-木糖苷酶（EC3.2.1.37）和内切-1,4-β-木聚糖酶（endo-1,4-beta-xylanase，EC3.2.1.8）；编码的纤维素降解酶包括：纤维素酶（EC3.2.1.4,）、β-葡萄糖苷酶（EC3.2.1.21）、6-磷酸-β-葡萄糖苷酶（EC3.2.1.86）和 protein-Npi-phosphohistidine-cellobiose phosphotransferase（EC2.7.1.205）。

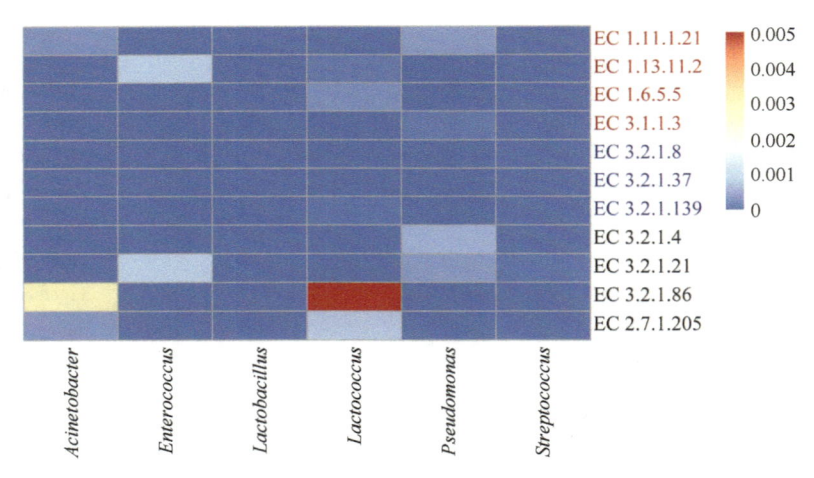

图 6-7 各菌属基于 KEGG 数据库的纤维素、半纤维素和木质素降解酶的种类与分布
红色字体为木质素降解酶；蓝色字体为半纤维素降解酶；黑色字体为纤维素降解酶

进一步对比这 11 个降解酶在 6 个菌属中的分布情况，发现 4 种纤维素降解酶在 6 个菌属中的相对丰度较高，而 3 种半纤维素降解酶的相对丰度较低。4 种纤维素降解酶

的具体情况如下：EC3.2.1.86 和 EC2.7.1.205 的相对丰度在乳球菌属（*Lactococcus*）和不动杆菌属（*Acinetobacter*）中高于其余菌种；EC3.2.1.21 的相对丰度在假单胞杆菌属（*Pseudomonas*）和肠球菌属（*Enterococcus*）中高于其余菌种；EC3.2.1.4 的相对丰度在假单胞杆菌属（*Pseudomonas*）中高于其余菌种。此外 4 种木质素降解酶的具体情况如下：EC1.11.1.21 的相对丰度在假单胞杆菌属（*Pseudomonas*）和不动杆菌属（*Acinetobacter*）中高于其余菌种；EC1.13.11.2 的相对丰度肠球菌属（*Enterococcus*）和乳球菌属（*Lactococcus*）中高于其余菌种；EC1.6.5.5 的相对丰度在乳球菌属（*Lactococcus*）中高于其余菌种；EC3.1.1.3 的相对丰度在假单胞杆菌属（*Pseudomonas*）中高于其余菌种。如图 6-8 所示，EC3.2.1.86、EC2.7.1.205、EC3.2.1.21 和 EC3.2.1.4 这 4 种纤维素降解酶是纤维素降解为葡萄糖代谢通路中的关键酶。纤维素降解的主要通路为利用 EC3.2.1.4 将纤维素降解为纤维糊精，然后通过 EC3.2.1.4 和 1,4-β-葡聚糖酶（1,4-beta-glucanase）（EC3.2.1.74）或 1,4-β-纤维二糖苷酶（1,4-beta-cellobiosidase）（EC3.2.1.91）将纤维糊精降解为纤维二糖。纤维二糖在 EC3.2.1.21 的作用下生成葡萄糖。此外，EC2.7.1.205 和 EC3.2.1.86 共同作用也可以将纤维二糖转化为机体可以利用的葡萄糖。

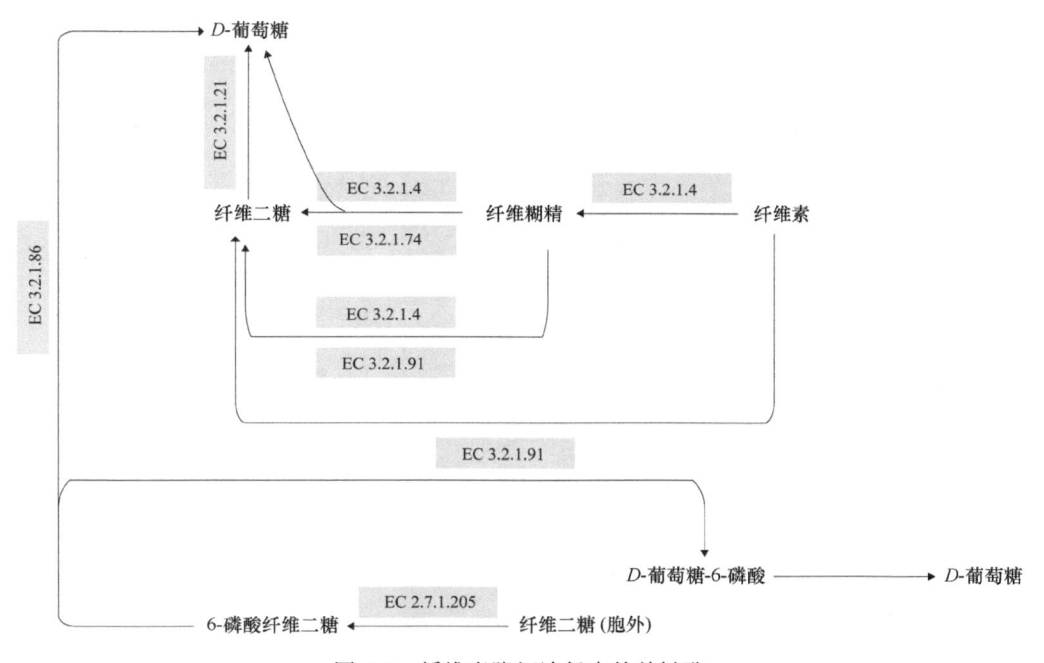

图 6-8 纤维素降解途径中的关键酶

CAZy 数据库对 6 个菌属的纤维素、半纤维素和木质素降解酶编码基因进行注释，共发现 9 个与木质素降解相关的辅助活性（AA）酶类家族，分别为 AA1、AA2、AA3、AA4、AA5、AA6、AA7、AA10 和 AA12（图 6-9）。其中以 AA3、AA4、AA6 和 AA7 为代表的 AA 家族在 6 个菌属中比较丰富。编码这几个 AA 的基因在链球菌属（*Streptococcus*）中的占比最高，占总编码基因数量的 30.7%；在假单胞菌属（*Pseudomonas*）、乳杆菌属（*Lactobacillus*）、肠球菌属（*Enterococcus*）、乳球菌属（*Lactococcus*）和不动杆菌属（*Acinetobacter*）中占总编码基因数量的比例分别为 5.6%、5.6%、4.7%、2.6% 和

0.9%。共观察到 26 个 CAZy 参与了半纤维素消化过程，主要为碳水化合物酯酶（CE）和糖苷水解酶（GH）家族。CE 家族中包括 CE1、CE2、CE3、CE4、CE5、CE6、CE7 和 CE12。GH 家族中包括 GH4、GH9、GH10、GH11、GH16、GH29、GH31、GH35、GH36、GH39、GH42、GH43、GH48、GH74、GH78、GH95、GH113 和 GH120。编码这些 CE 和 GH 家族的基因在不动杆菌属（*Acinetobacter*）中占比最高，占总编码基因数量的 20.4%；在假单胞菌属（*Pseudomonas*）、链球菌属（*Streptococcus*）、肠球菌属（*Enterococcus*）和乳杆菌属（*Lactobacillus*）中占总编码基因数量的比例分别为 14.6%、11.7%、7.2% 和 7.0%。与纤维素消化相关的 GH 包括 GH1、GH2、GH3、GH5 和 GH8。值得注意的是，图 6-9 中参与纤维素降解的 1,4-β-葡聚糖酶（EC3.2.1.74）和 1,4-β-纤维二糖苷酶（EC3.2.1.91）两类纤维素降解酶，属于糖苷水解酶（GH）家族。GH1、GH3 和 GH5 基因在不动杆菌属（*Acinetobacter*）中占比最高，分别占总编码基因数量的 4.4%、2.1% 和 0.3%。GH2 在肠球菌属（*Enterococcus*）中占比最高，占总编码基因数量的 3.1%。GH8 在假单胞菌属（*Pseudomonas*）和不动杆菌属（*Acinetobacter*）中占比最高，占总编码基因数量的比例分别为 0.2% 和 0.1%。

采用宏基因组 binning 技术对 60 个大熊猫肠道细菌菌群宏基因组的数据进行进一步挖掘，拼接成功的 22 个 MAG 中包含了大熊猫引入竹子饮食后肠道内发生显著变化的 6

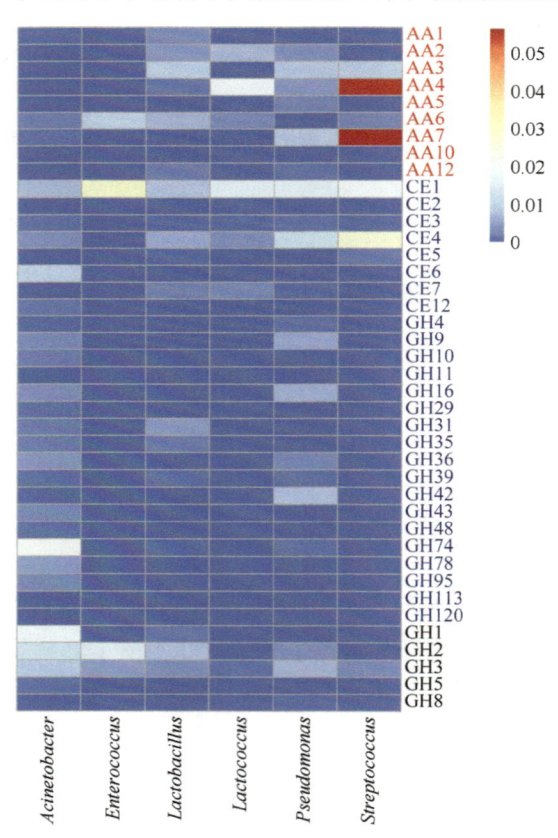

图 6-9　基于 CAZy 数据库的纤维素、半纤维素和木质素降解酶的种类与分布
红色字体为木质素降解酶；蓝色字体为半纤维素降解酶；黑色字体为纤维素降解酶

个细菌菌属：链球菌属（*Streptococcus*）、假单胞菌属（*Pseudomonas*）、乳杆菌属（*Lactobacillus*）、肠球菌属（*Enterococcus*）、乳球菌属（*Lactococcus*）和不动杆菌属（*Acinetobacter*），且通过 KEGG 和 CAZy 数据库对这 6 个细菌菌属的基因进行比对，发现这 6 个细菌菌属的基因均能编码纤维素、半纤维素和木质素降解酶，特别是编码的纤维素降解酶可以构成完整的纤维素到葡萄糖的降解通路。

纤维素可通过降解为纤维二糖，进而生成葡萄糖为机体供能（Zhu et al., 2011）。在对大熊猫食性转换的研究中发现，引入竹子后链球菌属（*Streptococcus*）的相对丰度大幅度升高，由此推测链球菌属（*Streptococcus*）可能参与竹子中高纤维成分的降解。在纤维二糖降解为葡萄糖的降解途径中 EC2.7.1.205 起着重要作用（Lai et al., 1997）。在链球菌属（*Streptococcus*）中发现有编码 EC2.7.1.205 的基因，说明链球菌属（*Streptococcus*）可能具有利用纤维二糖的潜力。早期研究指出，EC3.2.1.86 和 EC3.2.1.21 都参与了纤维素的降解过程（Ghorai et al., 2010；Rytioja et al., 2014）。通过与 KEGG 数据库比对，在链球菌属（*Streptococcus*）中同时发现了编码 EC3.2.1.86 和 EC3.2.1.21 的基因。此外，GH 家族与纤维素和半纤维素降解有着密不可分的联系（Rytioja et al., 2014；Stewart et al., 2018）。Rytioja 等（2014）通过 CAZy 数据库，发现链球菌属（*Streptococcus*）中的基因可以编码 18 个与半纤维素降解有关的 GH，以及 5 个与纤维素降解有关的 GH。值得注意的是，纤维素、半纤维素和木质素是一个交联体，需要破坏木质素结构后才能对纤维素和半纤维素进行降解。相应地，通过与 KEGG 和 CAZy 数据库比对，链球菌属（*Streptococcus*）中的基因可编码木质素降解酶，且编码的 AA 家族的丰度较高（Fang et al., 2012；Zhang et al., 2018）。除上述的纤维素、半纤维素和木质素降解酶外，在假单胞菌属（*Pseudomonas*）、乳杆菌属（*Lactobacillus*）、肠球菌属（*Enterococcus*）、乳球菌属（*Lactococcus*）和不动杆菌属（*Acinetobacter*）中还发现编码 EC3.2.1.4 和 1,4-β-纤维二糖苷酶（EC3.2.1.91）的基因。EC3.2.1.4 和 1,4-β-纤维二糖苷酶（EC3.2.1.91）的共同作用可将纤维素转换为葡萄糖生成的关键中间体纤维二糖（Zhu et al., 2011）。本书第四章的研究发现，链球菌属（*Streptococcus*）、假单胞菌属（*Pseudomonas*）、乳杆菌属（*Lactobacillus*）、肠球菌属（*Enterococcus*）、乳球菌属（*Lactococcus*）和不动杆菌属（*Acinetobacter*）的相对丰度与大熊猫食物中竹子的比例呈正相关。Niu 等（2015）在猪肠道菌群和饮食关系的研究中发现，梭菌属（*Clostridium*）和肠球菌属（*Enterococcus*）与饮食中粗纤维的消化率呈正相关，同时假单胞菌属（*Pseudomonas*）、乳杆菌属（*Lactobacillus*）和肠球菌属（*Enterococcus*）与半纤维素的消化率呈正相关。Jimenez 等（2015）在微生物对小麦秸秆降解的研究中发现，假单胞菌属（*Pseudomonas*）和不动杆菌属（*Acinetobacter*）参与了木质素的降解。

上述研究表明，大熊猫肠道菌群中的链球菌属（*Streptococcus*）、假单胞菌属（*Pseudomonas*）、乳杆菌属（*Lactobacillus*）、肠球菌属（*Enterococcus*）、乳球菌属（*Lactococcus*）和不动杆菌属（*Acinetobacter*）可能有助于机体利用吸收竹子中的纤维素和半纤维素，从而为宿主提供能量和营养。通过宏基因组 binning 技术组装 MAG 并进行分析，可为挖掘高效木质素、纤维素和半纤维素降解菌提供基础数据。同时对单个菌种的功能基因进行分析，可以挖掘其生物学功能，从而为大熊猫有益微生物的筛选和利用提供材料。

第三节 基于宏转录组学的微生物功能解析

以往对大熊猫肠道微生物的研究以传统分离鉴定法和宏基因组测序技术为主。由于大量微生物不可培养,通过分离培养方法获得的微生物在种类、数量和功能上无法反映自然状态下微生物群落的真实情况。宏基因组学研究包括系统进化分子标记测序和宏基因组 DNA 测序,基于 16S rRNA 和 ITS 测序的微生物组分析由于快速、简单、样品制备和分析成本低、数据库容量大等特点,得到了广泛应用(Amend et al.,2010; Eckburg et al.,2005; Klindworth et al.,2013)。但该方法也存在一定的缺陷,如无法同时对细菌与真菌进行定量,不能将微生物与其功能联系起来。宏基因组 DNA 测序以特定环境下整个微生物群落作为研究对象,通过提取微生物总 DNA 进行研究,可同时获得细菌、真菌及病毒等物种组成和丰度信息,还可进行微生物基因和功能层面的研究(Knight et al.,2018)。

通过宏基因组学获得的微生物信息同时包括活的和死亡微生物,故不能如实反映微生物与其功能的关系。宏转录组兴起于宏基因组之后,相对于宏基因组,宏转录组是原位衡量宏基因组表达的一种方法,是以样品中的全部微生物 RNA 信息为分析对象,从整体水平上研究某一特定环境、特定时间点活性微生物种类,通过测定基因转录来描述基因的活性、分析它们的代谢路径和功能表达等。通过将转录组数据与数据库进行比对分析,可获得基因表达的 RNA 水平有关信息,可揭示基因表达与一些生命现象之间的内在联系(Bashiardes et al.,2016)。

为探究大熊猫肠道内微生物组成及耐药基因和寄生虫的真实情况,本研究采集 6 只健康成年大熊猫的新鲜粪便,利用宏转录组学测序技术分析了大熊猫肠道微生物组成及功能、耐药基因种类、丰度和寄生虫的组成,并探讨了优势细菌与耐药基因的相关性(邓雯文等,2020)。

一、COG、GO 功能注释

同源基因簇(Clusters of Orthologous Gene,COG)数据库是对细菌、藻类和真核生物的 21 个完整基因组的编码蛋白数据库,根据系统进化关系分类构建而成,对于预测单个蛋白质的功能和整个新基因组中蛋白质的功能都很有用(Tatusov et al.,2001)。基因本体论(gene ontology,GO)数据库旨在用于各物种,对基因和蛋白质功能进行限定和描述,并能随着研究的深入而持续更新(du Plessis et al.,2011)。

宏转录组测序使用 NCBI 的 rRNA、tRNA 及 SILVA 数据库进行比对,分离出来宏基因组中 rRNA 序列,剩下的 mRNA 序列则使用拼接软件 Trinity 分别进行从头组装,结果共得 283 377 个 unigene,共有 194 368 个 unigene 被注释到 24 个已知 COG 功能分类中,其中最多的三类为一般基因功能(General function prediction only,20 516 个 unigene)、碳水化合物运输和代谢(Carbohydrate transport and metabolism,15 295 个 unigene)和氨基酸运输和代谢(Amino acid transport and metabolism,14 054 个 unigene)(图 6-10)。

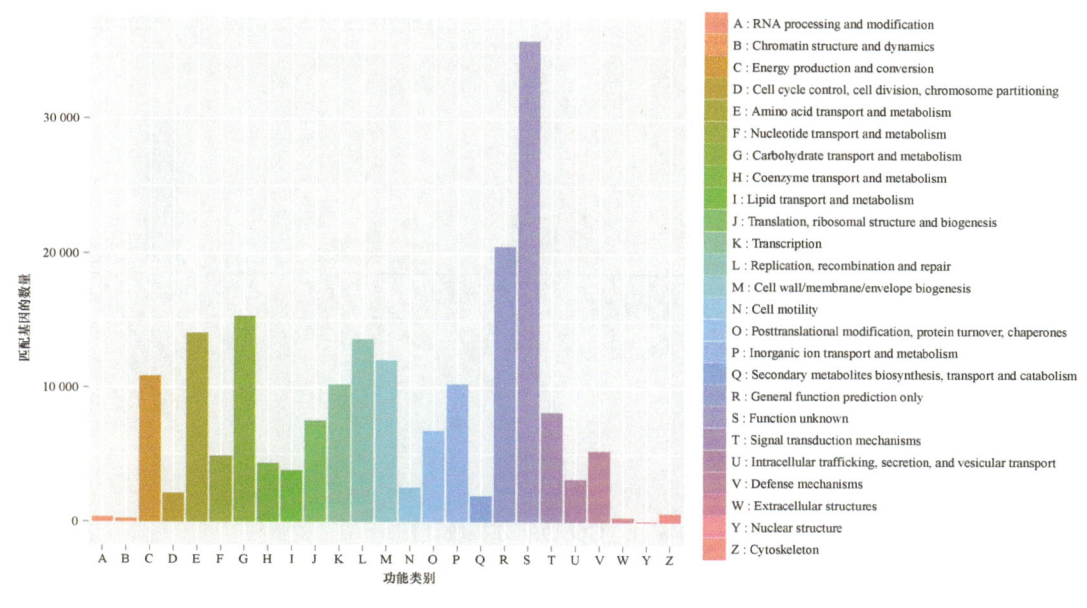

图 6-10　COG 功能分类统计图

GO 中最基本的概念是"标签（term）"，这些 term 用来描述基因和基因产物特性，即 GO 数据库是给每个基因贴上标签，以便研究者能够通过标签快速找到目标基因。通过 GO 功能分类预测，发现生物过程（Biological Process）包含的分支和 unigene 最多，共有 25 个分支和 315 714 个 unigene；细胞合成（Cellular Component）有 20 个分支和 112 497 个 unigene；分子功能（Molecular Function）有 10 个分支和 160 200 个 unigene。在生物过程中，功能注释为代谢过程（metabolic process）、细胞过程（cellular process）和单一组织过程（single-organism process）的 unigene 最多；在细胞合成中细胞（cell）、细胞组分（cell part）和膜（membrane）的 unigene 最多；在分子功能中催化活性（catalytic activity）、连接（binding）和转运活性（transporter activity）的 unigene 最多（图 6-11）。

二、KEGG 功能注释

KEGG 数据库作为整合了基因、酶、化合物及代谢网络信息的综合性数据库，在生物信息学研究中提供了非常重要的平台（Aoki-Kinoshita and Kanehisa, 2007; Kanehisa and Sato, 2020）。KEGG 分析显示，共有 126 725 个 unigene 被注释到 6 个代谢通路大类 40 个亚类中。在 6 个大类中，涉及 unigene 最多的为代谢（Metabolism，83 747 个 unigene），最少的为生物系统（Organismal Systems，3177 个 unigene），遗传信息处理（Genetic Information Processing）、环境信息处理（Environmental Information Processing）、人类疾病（Human Diseases）和细胞过程（Cellular Processes）分别包含 14 470 个、13 491 个、7414 个和 4426 个 unigene。在亚类代谢通路中，涉及基因最多的通路主要有碳水化合物代谢（Carbohydrate metabolism，21 184 个 unigene）、概述（Overview，14 049 个 unigene）、氨基酸代谢（Amino acid metabolism，11 695 个 unigene）（图 6-12）。

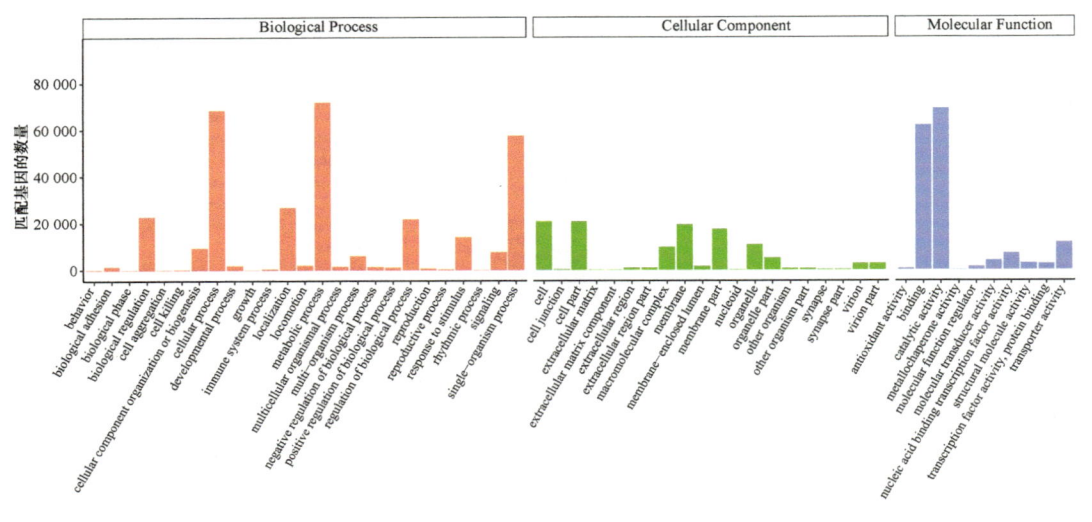

图 6-11　GO 功能分类统计图

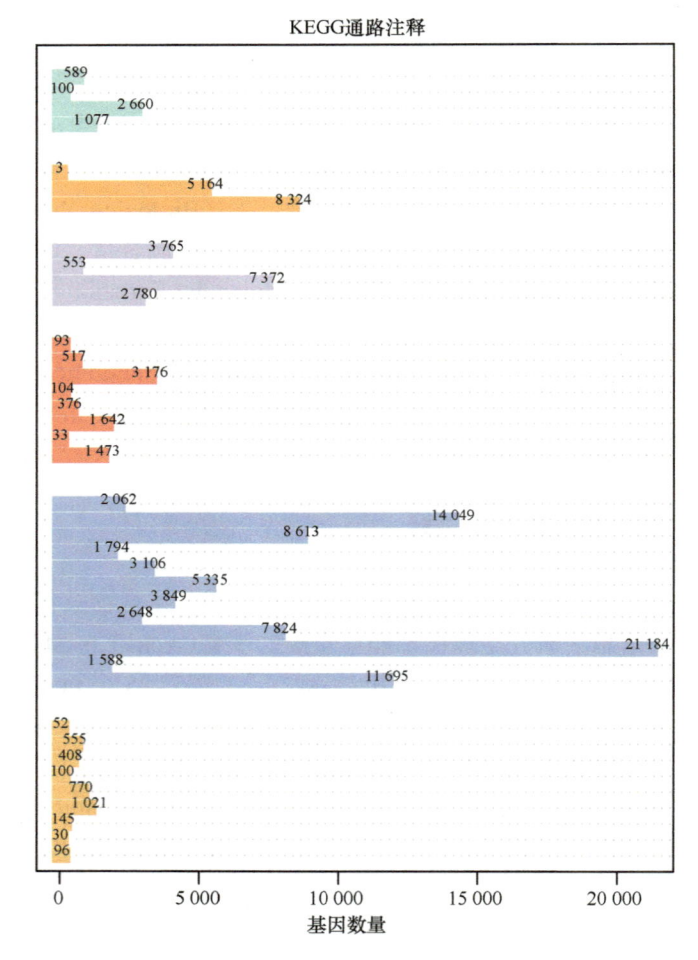

图 6-12　KEGG 代谢通路统计图

三、CAZy 功能注释

碳水化合物活性酶（carbohydrate-active enzyme，CAZy）数据库是一个关于能够合成或分解复杂碳水化合物和糖复合物的酶类的资源，其基于蛋白质结构域中的氨基酸序列相似性，将碳水化合物活性酶类归入不同蛋白质家族（Rosnow et al., 2017）。

通过与 CAZy 数据库的比对，可得到各样品 CAZy 注释图（图 6-13、图 6-14）。结果表明，雌性和雄性大熊猫糖苷水解酶（GH）基因占比最多，糖基转移酶（glycosyl transferase, GT）和碳水化合物结合模块（CBM）基因数次之，碳水化合物酯酶（CE）、

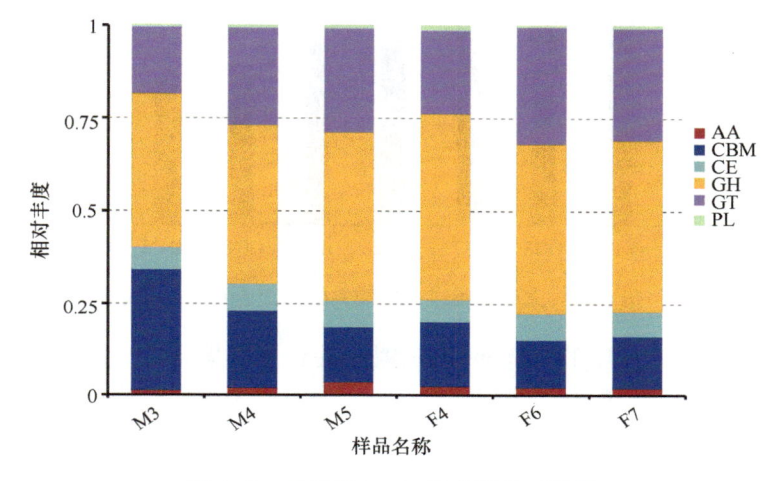

图 6-13　各样品 CAZy 数据库比对结果
M3、M4、M5：雄性大熊猫；F4、F6、F7：雌性大熊猫

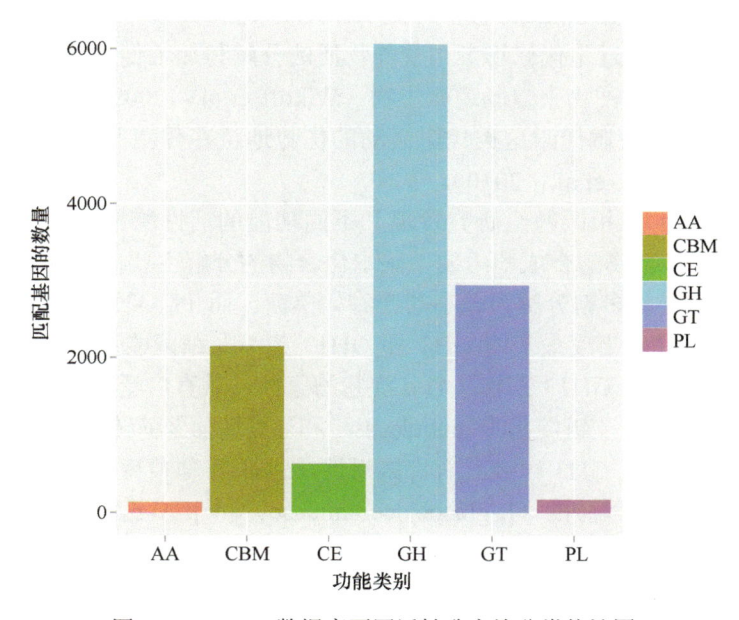

图 6-14　CAZy 数据库不同活性酶家族分类统计图

多糖裂解酶（PL）和辅助活性（AA）酶系基因数较少。表明大熊猫肠道微生物中降解植物纤维素主要的碳水化合物酶类是 GH 和 GT 家族。大熊猫肠道微生物中主要的 GH 基因分布见图 6-15，其中 GH1、GH2、GH3、GH38 和 GH43 家族属于寡糖降解酶。

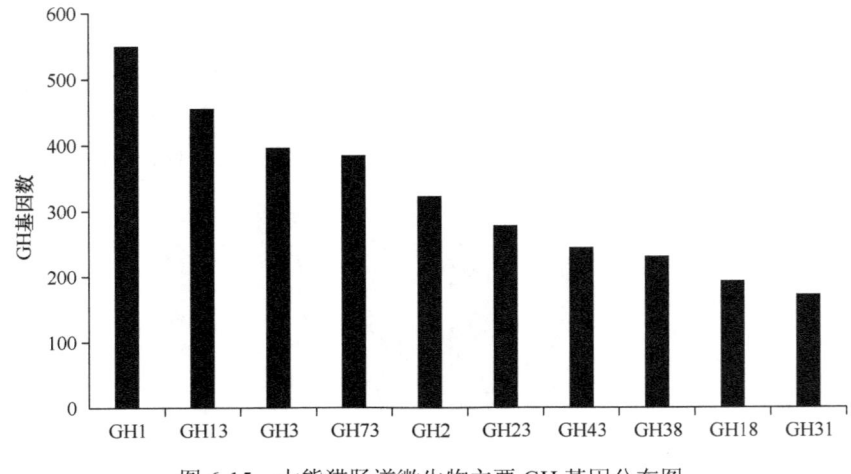

图 6-15　大熊猫肠道微生物主要 GH 基因分布图

通过对宏转录组文库中的 unigene 进行功能注释和富集分析，可从基因层面分析成年大熊猫肠道微生物功能的整体表达特征。分析显示三个数据库结果基本一致，即成年大熊猫肠道微生物的功能主要涉及代谢过程，如 COG 分类中的碳水化合物运输和代谢、氨基酸运输和代谢，GO 功能注释中的代谢过程，以及 KEGG 通路中的碳水化合物代谢和氨基酸代谢等，此结果提示亚成年大熊猫的代谢活动较强。通过富集分析发现少量雄性和雌性大熊猫间的差异 unigene 被注释到 KEGG 代谢相关通路中。相关报道也表明，动物肠道微生物能够通过生化修饰参与营养物质的分解与加工促进宿主营养代谢，哺乳动物血液中 10%的代谢产物来自肠道微生物（Wikoff et al., 2009；李星等，2019），而碳水化合物代谢和蛋白质代谢这类代谢活动的优势地位在仔猪肠道微生物转录组学研究中也被发现（Poroyko et al., 2010）。

四川农业大学邹立扣课题组研究发现，不同功能的活性酶家族注释到的比例不均匀。GT 催化碳水化合物的合成和组装，碳水化合物的分解主要由 GH 和 PL 来完成，GH 通过水解糖苷键将多糖分解为较小的产物如单糖，而 PL 通过消除机制裂解复杂的碳水化合物。本研究中丰度最多的 GH1 和 GH13 为涉及细菌能量产生的核心家族，其中 GH1 主要靶向寡糖，GH13 家族又名 α 淀粉酶家族，具有广泛的酶活性和底物，如 α 淀粉酶（alpha-amylase）、支链淀粉酶（pullulanase）和环糊精葡聚糖转移酶（cyclomaltodextrin glucanotransferase）等。GH3 家族具有许多活性，包括 β-葡萄糖苷酶、木聚糖 1,4-β-木糖苷酶、β-葡萄糖神经酰胺酶（β-glucosylceramidase）和 β-N-乙酰基氨基己糖酶（β-N-acetylhexosaminidase）等。该家族的酶涉及半纤维素降解和抗体修饰等。在 GH 分类中，寡糖降解酶的比例最高，可能是竹子经过纤维素酶、半纤维素酶及果胶酶的协同作用后，竹子细胞壁被降解为大量的低聚寡糖，这些物质进一步降解被大熊猫利用。

第四节 基于宏蛋白质组学的微生物解析功能

大熊猫以食用竹子为生，除了能够消化、吸收竹子细胞内含物质外，只能利用一部分半纤维素，排出竹节外形几乎没有什么变化，这种独一无二的消化营养方式，无论是在食肉动物中还是食草动物中都很难见到，这很可能与大熊猫肠道微生物群落结构特征有关（Lu and Walker，2001；李蓓等，2014）。然而，大熊猫肠道微生物群落作用于纤维素降解的功能仍不确定，一些研究者认为大熊猫以半纤维素为生而不是以纤维素为生（张文平和张志和，2017）。此外，在纤维素降解过程中，对微生物群落之间的相互作用和酶补充物的作用仍然知之甚少（刘艳红等，2015）。因此，有必要通过多组学手段进一步分析大熊猫肠道菌群表达的真实功能。宏蛋白质组学（metaproteomics）是对微生物群落中的蛋白质进行大规模定性和定量，从而在分子水平上揭示微生物表型信息的一项新技术，通过对微生物菌群蛋白质的分析，了解群落中不同成员的功能角色和相互作用，这必将有助于我们深入了解大熊猫肠道菌群的功能特征（Kleiner，2019）。

肠道微生物在营养、代谢等方面与宿主密切相关，对于大熊猫来说也同样重要。大熊猫拥有一个典型食肉动物的消化系统，其基因组中也缺少编码纤维素酶的基因，仅靠本身无法消化竹子的主要成分纤维素。研究表明，肠道菌群可能在大熊猫利用这些物质中发挥了关键的作用（Fang et al.，2012）。然而，之前的研究仅仅停留在基于宏基因组学的菌群结构和潜在功能上，对大熊猫肠道菌群的动态发展及转录活性状态涉及较少。研究大熊猫肠道菌群功能的一个关键阶段是食性转换期，在这个时期（一般为 0.5～2 岁），大熊猫的主要饮食结构由母乳逐渐变化为竹类，对大熊猫适应高纤维食物具有特殊的意义（周紫峣，2017）。周应敏等（2020）发现亚成年大熊猫的纤维素酶活与其肠道优势细菌链球菌丰度的季节变化具有相似的趋势，相关系数为 0.582，是大熊猫分解利用纤维素的重要贡献者。因此，亚成年大熊猫不同季节的肠道微生物结构演变对其纤维素消化具有重要影响。Zhang 等（2018）研究发现，与其他哺乳动物相比，大熊猫的肠道微生物群落 α 淀粉酶家族明显更多，这表明大熊猫比其他哺乳动物更容易消化淀粉，亚成年大熊猫的纤维素酶活性较高，冬季纤维素酶活性约为其他季节的 5 倍。闫拯（2018）发现大熊猫肠道微生物能够帮助宿主适应饮食的变化，并且发现圈养大熊猫在连续饲喂竹茎期间肠道微生物的组成与饲喂竹笋期和饲喂竹叶期明显不同，具有更强的消化纤维素、半纤维素和淀粉的能力，也具有更强的氨基酸生物合成能力。王强（2011）通过在邛崃山系鞍子河自然保护区对白夹竹、冷箭竹、拐棍竹三种大熊猫主食竹种的研究发现，冷箭竹是邛崃山系大熊猫取食的优选竹种，大熊猫倾向于选择单宁含量低而氮元素含量高的竹种和竹子的部位进行取食，并根据氮元素和锌元素的含量决定取食竹子的高度和部位。

四川农业大学邹立扣课题组通过宏蛋白质组学测定，并结合生物信息分析来表征大熊猫肠道菌群的多样性和纤维素降解能力（图 6-16A）。在细菌各分类单元上，该研究共检测到了 4 个门、8 个纲、18 个目、27 个科、56 个属和 121 个种（图 6-16B）。在门水平上，大熊猫群落主要由厚壁菌门（46.2%）和变形菌门（26.2%）组成，同时以链球菌属（44.2%）、埃希氏菌属（22.2%）和梭菌属（4.7%）为主要优势属。以溶血性链球菌（*Streptococcus gallolyticus*）（20.3%）、大肠杆菌（*Escherichia coli*）（22.6%）和 *Streptococcus macedonicus*（2.8%）为优势种（图 6-16B）（赵思越，2021）。同前人宏基因组学研究结果一致，厚壁菌门为主要优势门，链球菌属是优势菌属（Hanreich et al.，2013；He et al.，2019）。

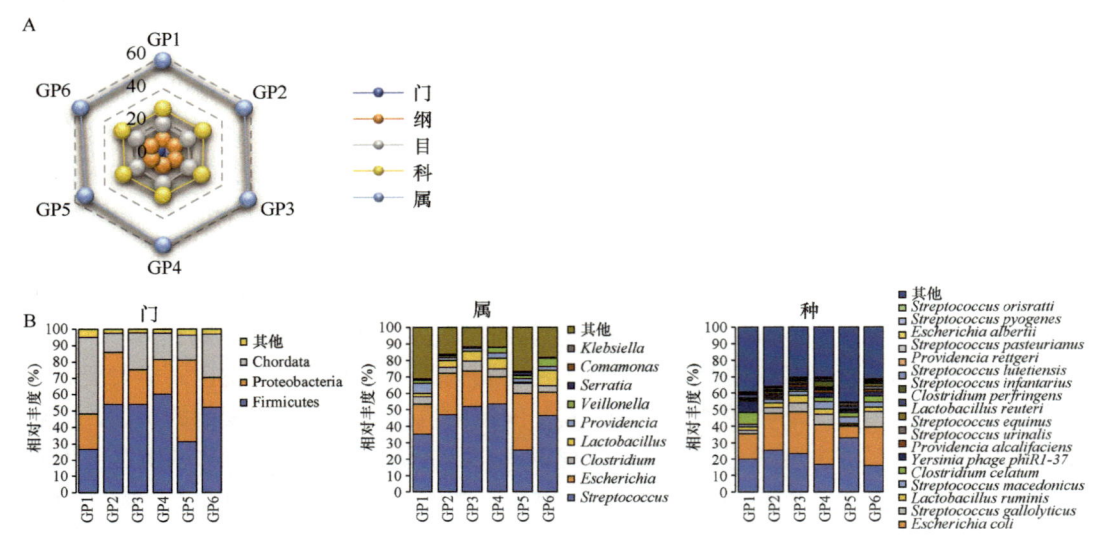

图 6-16 基于宏蛋白质组肠道微生物群的分类群结构
A. 样品中分类门、纲、目、科和属的检出数量统计；B. 优势门、属和种的相对丰度

结合 COG 和 KEGG 数据库，赵思越（2021）运用蛋白质组学方法注释了大熊猫微生物组存在的生物功能，从 COG 数据库中注释了 23 个功能，代谢功能占了较大比重，其中氨基酸运输和代谢（Amino acid transport and metabolism）（43%）和碳水化合物运输和代谢（Carbohydrate transport and metabolism）（31%）为主要生物功能（图 6-17A），而在 KEGG 注释中，代谢（Metabolism）是主导功能（69%）（图 6-17B），碳水化合物代谢（Carbohydrate metabolism）在 KEGG 第二层级上占有较高比重（14%）（图 6-17C）。

碳水化合物活性酶（CAZy）分析结果表明，糖苷水解酶（GH）（55.8%±15.2%）、糖基转移酶（GT）（2.5%±0.8%）、碳水化合物结合模块（CBM）（2.1%±0.5%）和辅助活性（AA）（39.0%±12.3%）占优势（图 6-18A），进一步肠道优势细菌属与相关 CAZy 的 Spearman 相关性分析结果表明，链球菌属（*Streptococcus*）与 GH（$r=0.69$，$P=0.10$）和 GT（$r=0.60$，$P=0.06$）呈正相关，梭菌属（*Clostridium*）与 GT（$r=0.44$，$P=0.09$）和碳水化合物酯酶（CE）（$r=0.54$，$P=0.12$）呈正相关，乳杆菌属（*Lactobacillus*）与 CBM（$r=0.52$，$P=0.26$）呈正相关（图 6-18B）。

此外，在宏蛋白质组的 110 168 个 GH 基因中检测到 1672 个纤维素酶基因（EC3.2.1.4）（相对丰度为 1.5%）、5608 个 β-葡萄糖苷酶基因（EC3.2.1.21）（相对丰度为 5.1%）和 53 个 1,4-β-纤维糖苷酶基因（EC3.2.1.91）（相对丰度为 0.05%），在属水平分析大熊猫肠道菌群对编码相关纤维素降解酶基因的贡献度发现，梭菌属（*Clostridium*）在所有贡献属

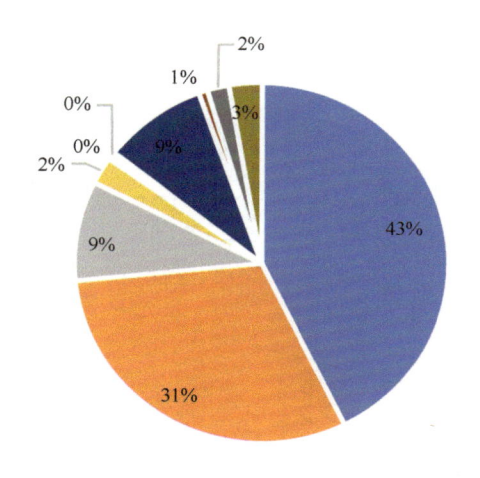

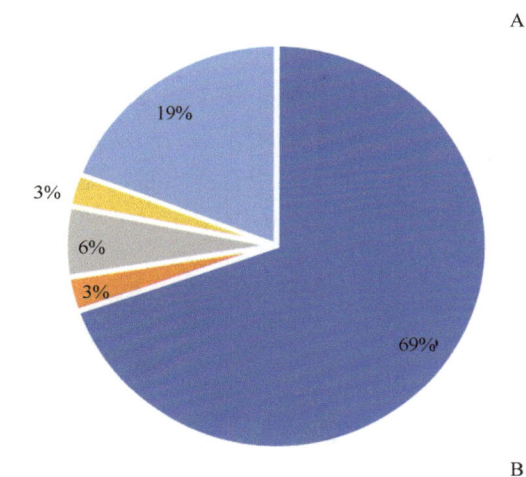

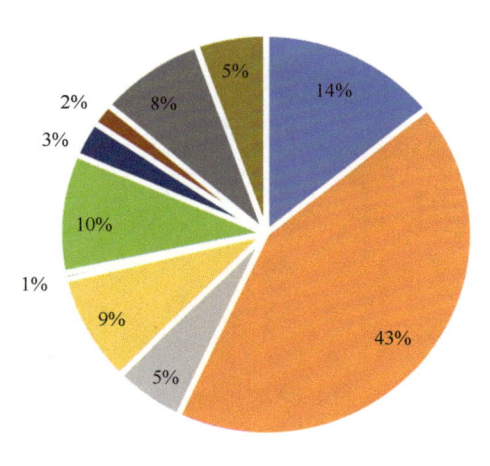

图 6-17　宏蛋白质组 COG 和 KEGG 优势功能的相对丰度
A. COG 各功能相对丰度；B. KEGG 第一层级各功能相对丰度；C. KEGG 第二层级各功能相对丰度

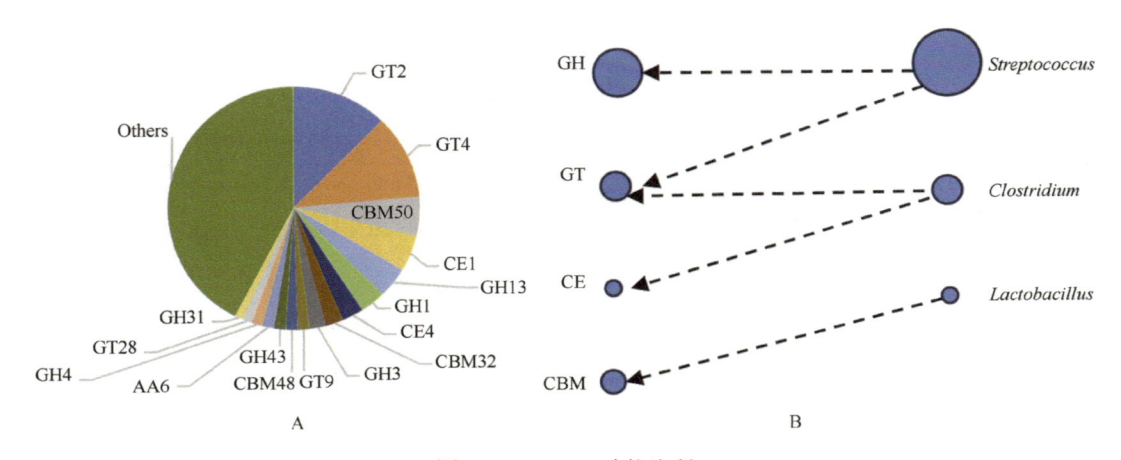

图 6-18 CAZy 功能注释

A. 各个组学组中每个 CAZy 亚家族的相对丰度；B. 细菌属与三个组学组间检测功能的相关性
只有相关系数大于 0.5 的值才用于网络构建，蓝色的圆形代表细菌属

中所占比例较高，在纤维素酶（EC3.2.1.4）和 β-葡萄糖苷酶（EC3.2.1.21）这两个组分中分别占 10%和 22%。链球菌属（*Streptococcus*）和埃希氏菌属（*Escherichia*）同样在纤维素酶（EC3.2.1.4）和 β-葡萄糖苷酶（EC3.2.1.21）的表达中有所贡献，说明链球菌、梭菌及大肠杆菌对纤维素降解关键酶的编码起到了作用（图 6-19）。

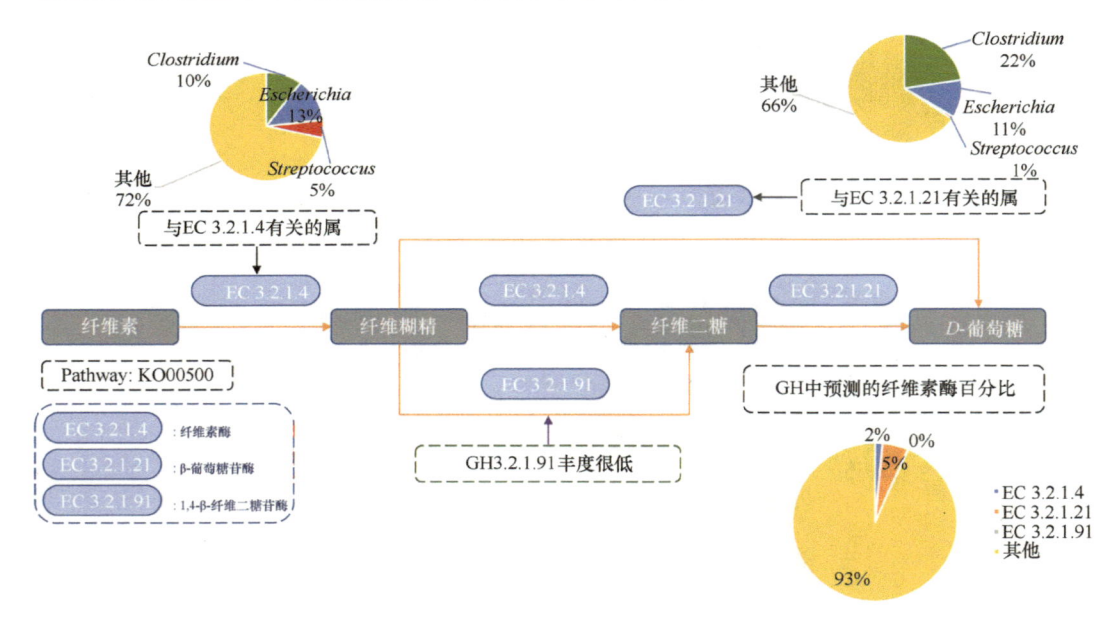

图 6-19 纤维素酶（EC3.2.1.4）、β-葡萄糖苷酶（EC3.2.1.21）和 1,4-β-纤维糖苷酶（EC3.2.1.91）及其贡献属在宏蛋白质组学中的基因分布

第五节 基于代谢组学的微生物功能解析

代谢物是生物生理代谢过程中产生的小分子化合物，可以作为生物生理代谢的重要

指标。研究表明，肠道微生物主要通过自身代谢物来调节宿主的代谢途径，从而直接或间接地影响宿主的生理代谢（Smirnov et al., 2016; Tremaroli and Backhed, 2012; Wikoff et al., 2009）。为了系统研究疾病、饮食和环境对动物生理造成的影响，代谢组学渐渐走入了人们的视野。

代谢组学是一种可以定性和定量分析构成生物体液中的小分子代谢产物的技术手段，是对样品中所有或部分代谢物的整体分析，可以预测疾病或生理变化（Emwas et al., 2013; Peng et al., 2015; Wu and Gao, 2015）。对动物进行代谢组学研究被认为是继基因组学、转录组学和蛋白质组学之后对动物表型特征的最佳诠释，有助于更直观地探究动物对于环境变化的机体反应、野生动物对于季节或人工饲养的饮食转换的机体调节反应。经济动物代谢组学研究表明，构建健康动物代谢组学标准数据库，对于进一步开展与疾病、饮食或环境有关代谢组学的研究具有重要意义（Escalona et al., 2015; Lindon et al., 2004）。而相比于血液或血清代谢组，粪便更容易收集，因此粪便代谢组学被认为是研究哺乳动物代谢产物的重要方法（Karu et al., 2018; Wang et al., 2018）。

一、基于非靶向代谢组学的功能解析

为了研究大熊猫年龄、性别与粪便代谢物的关系，本研究从中国大熊猫保护研究中心采集了31只雌性和29只雄性共60只大熊猫的新鲜粪便，其中包括22只亚成年大熊猫（2~6岁）、30只成年大熊猫（6~17岁）和8只老年大熊猫（17岁以上），使用非靶向代谢组学技术测定大熊猫粪便中的代谢物含量，共检测到955种已知的代谢物，其中339种粪便代谢物主要来自脂肪酸和脂质（fatty acids and lipid）、糖类（saccharide）、神经递质类（neurotransmitter）、氨基酸（amino acid）、维生素（vitamin）、有机酸（organic acid）和胆汁酸（bile acid）。这些代谢物大部分属于脂肪酸和脂质，其次是氨基酸、维生素和有机酸（表6-4），其中186种粪便代谢物在KEGG中能够被注释到，主要来自164个KEGG途径，甘油磷脂代谢和胆碱代谢是最丰富的KEGG途径。

表6-4 粪便中代谢物的分类

分类	数量
脂肪酸和脂质（fatty acids and lipid）	220
糖类（saccharide）	3
神经递质类（neurotransmitter）	1
氨基酸（amino acid）	47
维生素（vitamin）	20
有机酸（organic acid）	45
胆汁酸（bile acid）	3
其他或未鉴定	616

使用正交偏最小二乘判别分析（OPLS-DA）来分析粪便代谢物与年龄和性别的关系。OPLS-DA显示，在来自不同年龄或性别的大熊猫的粪便代谢物中，存在部分重叠的区域，表明了不论年龄还是性别对大熊猫粪便代谢产物的影响较弱（图6-20）。

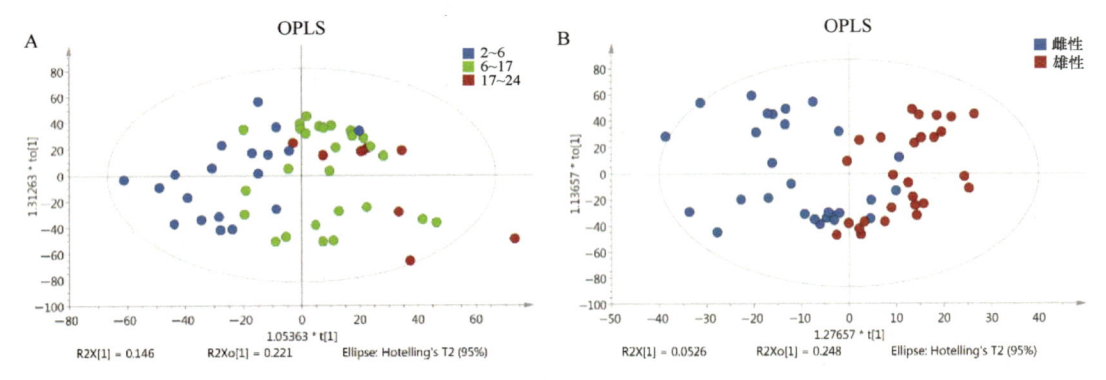

图 6-20 不同年龄和性别大熊猫的粪便代谢物的比较
A. 年龄；B. 性别

通过对粪便样品中大熊猫肠道细菌丰度及其代谢物中氨基酸、胆汁酸、脂肪酸、脂质、有机酸、维生素浓度的相关性分析，共筛选出 1216 个相关系数 r 大于 0.7 或小于 –0.7 且 $P<0.01$ 的相互关系，许多氨基酸、脂肪酸、脂质的浓度与大多数细菌丰度相关（图 6-21）；两种磷脂酰乙醇胺（phosphatidylethanolamine，PE）PE（12:0/0:0）和 PE（16:0/12:0）、二氢咖啡酸 3-O-葡萄糖醛酸（dihydrocaffeic acid 3-O-glucuronide）、十六烷二酸（hexadecanedioic acid）、3-正癸基丙烯酸（3-n-decyl acrylic acid）、烯酸（enoic acid）、天冬氨酰-色氨酸（aspartyl-tryptophan）、磷脂酰胆碱（phosphatidylcholine，PC）PC（6:2 (2E, 4E)/6:2(2E, 4E)）、苏氨酸-脯氨酸（threoninyl-proline）和两种磷脂酰丝氨酸

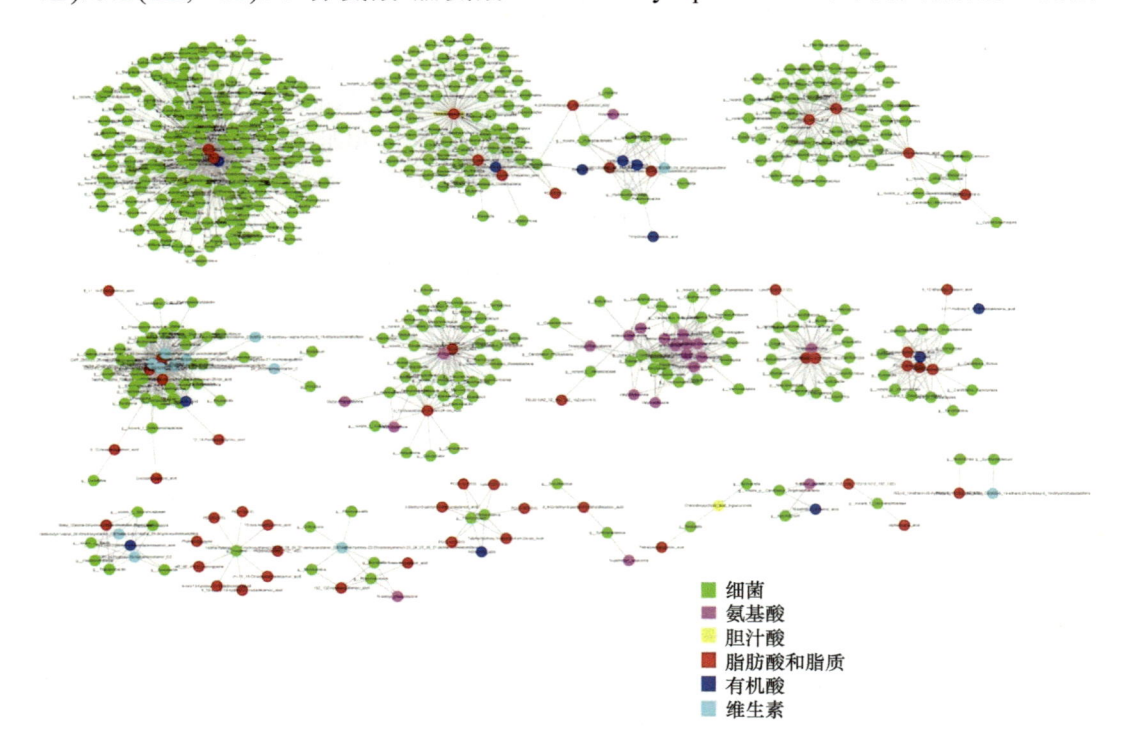

图 6-21 大熊猫肠道微生物和代谢物的相关性

（phosphatidylserine，PS）PS（18:1(9Z)/0:0）和 PS（20:1(11Z)/0:0）与大量细菌的丰度存在显著相关性。这些结果表明，大熊猫肠道细菌可能和粪便代谢物存在密切相关性，证实了大熊猫肠道细菌可能在粪便代谢物产生中扮演着重要的角色。

二、基于靶向代谢组学的功能解析

本研究通过基于靶向代谢组学的大熊猫粪便厌氧孵育实验，分析了大熊猫肠道微生物半纤维素及木质素的降解能力。将新鲜粪便样品放入装有厌氧包的矩形罐（2.5L）中，置于37℃培养箱培养12h后，对厌氧孵育后的大熊猫粪便进行糖类物质的靶向代谢组学测定。结果显示，半纤维素的水解产物木糖、甘露糖、半乳糖和葡萄糖醛酸的浓度均高于对照（$P<0.001$），提示肠道微生物对半纤维素具有分解活性，该结果对大熊猫肠道菌群可降解半纤维素提供支撑。此外，木质素的芳香分解产物香草酸和丁香酸在粪便孵育后的浓度较对照升高（$P<0.001$），说明肠道菌群能够消化木质素，为大熊猫肠道菌群能够消化木质素提供了直接证据（表6-5）（赵思越，2021）。

表 6-5　厌氧孵育前后大熊猫粪便中糖类物质的变化（μg/g）

处理	木糖	甘露糖	半乳糖	葡萄糖醛酸	香草酸	丁香酸	葡萄糖	蔗糖
不孵育	0.84±0.02	4.51±0.14	15.89±0.15	12.59±0.25	10.03±0.06	32.57±5.34	264.58±2.33	6.32±0.21
孵育	2.07±0.04	8.05±0.22	56.51±0.77	32.91±0.44	20.15±0.19	87.15±1.34	185.99±2.78	2.05±0.01
变化趋势	↑	↑	↑	↑	↑	↑	↓	↓
P 值	***	***	***	***	***	***	***	***

注："***"代表$P<0.001$；"↑"表示该糖类含量在处理组中升高；"↓"表示该糖类含量在处理组中下降

三、基于核磁共振代谢组学的功能解析

基于核磁共振技术的代谢组学研究，是近几年发展起来的一种新的"组学"技术。氢谱核磁共振（^{1}H-NMR）光谱检测结果具有很高的可重复性（Bharti and Roy，2012），目前已成为与GC-MS和LC-MS并列的最为常见的检测手段之一（Marshall and Powers，2017）。本研究基于^{1}H-NMR的代谢组学技术，对大熊猫粪便、尿液、血清和唾液样品进行了分析（图6-22A～D），共检测出107种代谢产物，其中从粪便样品中检测出61个分子，在尿液样品中检测出66个分子，在血清样品中检测出34个分子，在唾液样品中检测出31个分子（表6-6）（Zhu et al.，2020）。

在粪便、尿液、血清和唾液样品中，能够识别定性的分子信号区域平均分别占总光谱区域的83.09%、70.42%、63.37%和72.21%；在定量的107种分子中，仅有12种代谢产物为4种样品中所共有（图6-23），在粪便和唾液样品中检测到的大多数分子属于有机酸及其衍生物类，分别占比70.83%和37.94%；而氨基酸、肽及类似物主要在血清和尿液样品中被检测出来，分别占比61.01%和39.41%（图6-24）。本研究对大熊猫粪便、尿液、血清和唾液样品中的107种代谢产物进行的定性定量分析，对于研究大熊猫饮食、蛋白质代谢、能量代谢和肠道微生物代谢提供了宝贵的信息（Zhu et al.，2020）。

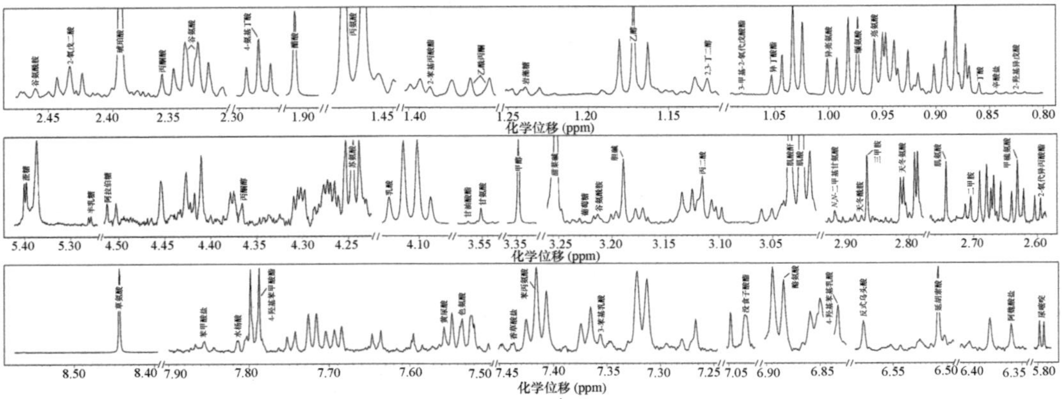
化学位移 (ppm)

A

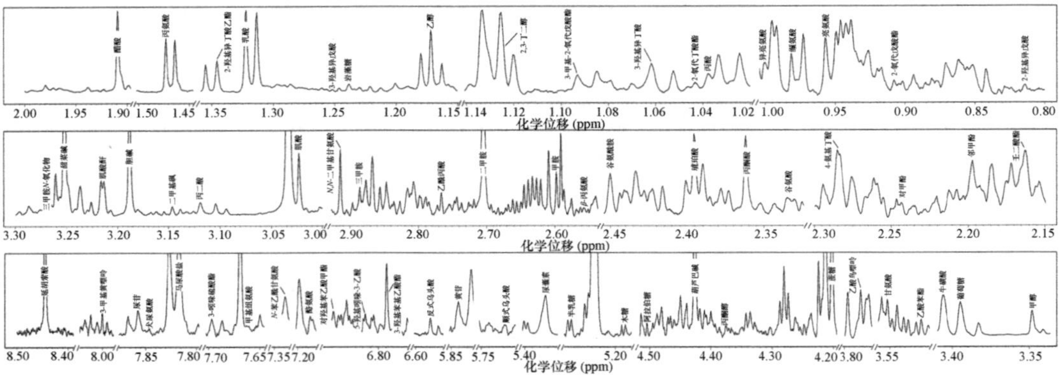
化学位移 (ppm)

B

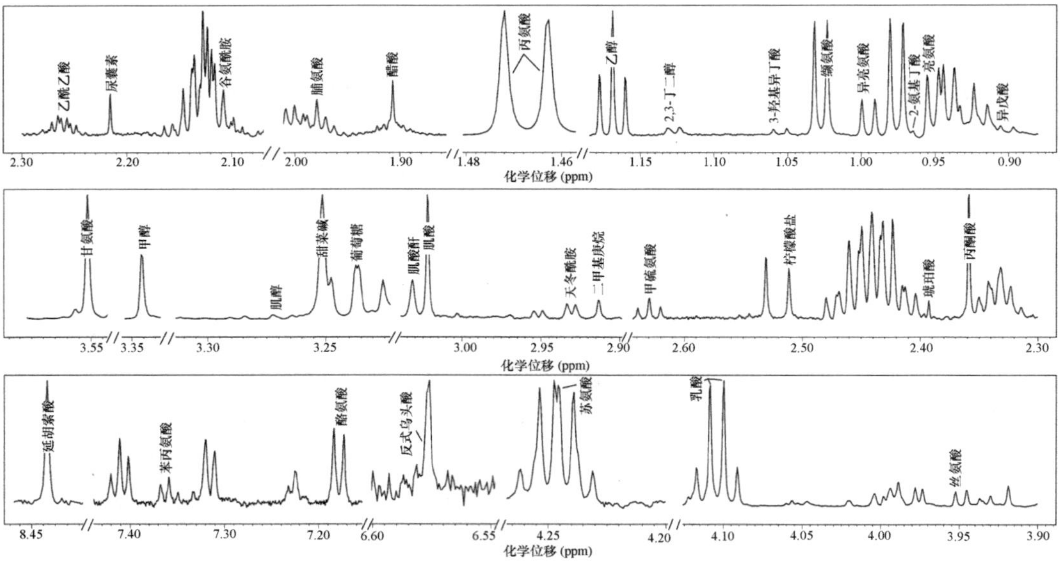
乙酰乙酸
尿囊素
谷氨酰胺
脯氨酸
醋酸
丙氨酸
乙醇
2,3-丁二醇
3-羟基异丁酸
缬氨酸
异亮氨酸
2-氨基丁酸
亮氨酸
异戊酸
化学位移 (ppm)
甘氨酸
甲醇
肌醇
甜菜碱
葡萄糖
肌酸酐
肌酸
天冬酰胺
二甲基庚烷
甲硫氨酸
柠檬酸盐
琥珀酸
丙酮酸
化学位移 (ppm)
延胡索酸
苯丙氨酸
酪氨酸
反式乌头酸
苏氨酸
乳酸
丝氨酸
化学位移 (ppm)

C

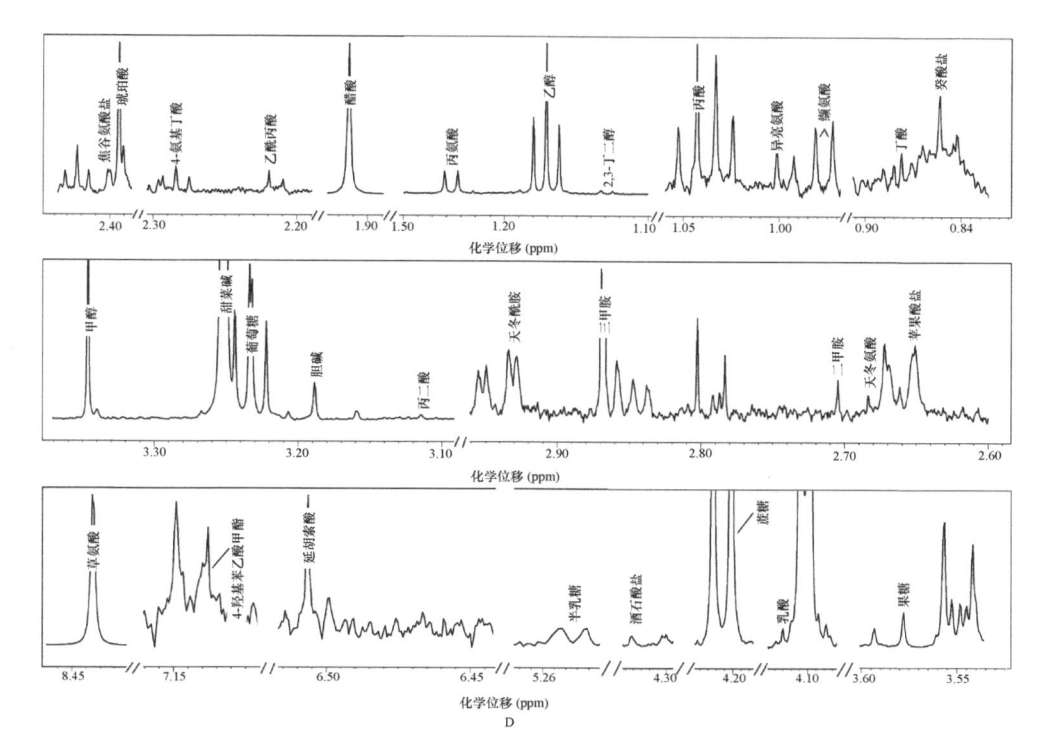

图 6-22 大熊猫粪便、尿液、血清和唾液样品典型 ^{1}H-NMR 波谱

A. 粪便；B. 尿液；C. 血清；D. 唾液。峰上方的分子名称显示用于该分子定量分析所使用的峰，为了便于读者查验，每一部分都对峰噪比进行了调整

表 6-6 ^{1}H-NMR 能够定量的大熊猫粪便、尿液、血清和唾液样品中的分子列表

区域	分子名称	化学位移	化学基团	峰型	分子主要来源
	2-氧戊二酸	2.4291	CH_2-4	t	P
	2-氧代异丙酸酯	2.6038	CH_2	d	P
	2-苯基丙酸酯	1.3905	CH_3	d	P
	3-甲基-2-氧代戊酸酯	1.1042	CH_3-9	d	P
	3-苯基乳酸	7.3557	CH-3	t	P
	4-羟基苯甲酸酯	7.7872	CH-3	d	P
	4-羟基苯基乳酸	6.8351	CH-2	d	P
	乙酰丙酮	1.3583	CH_3-3	d	E
	辛酸盐	0.8439	CH_3	t	E
1	阿魏酸盐	6.3594	CH-7	d	D
	没食子酸酯	7.0339	CH	ss	D
	甘油酸酯	3.5664	CH_2	dd	E
	异丁酸酯	1.0473	CH_3	d	M
	水杨酸	7.8156	CH-3	dd	D
	肌氨酸	2.7262	CH_3	s	P
	色氨酸	7.5374	CH-6	d	P
	尿嘧啶	5.7903	CH-5	d	P
	香草酸盐	7.4384	CH-4	dd	D
	黄尿酸	7.5574	CH-8	d	P

续表

区域	分子名称	化学位移	化学基团	峰型	分子主要来源
2	2-氨基丁酸	0.9648	CH$_3$	t	P
	乙酰乙酸	2.2688	CH$_3$	s	E
	丙酮	2.2178	CH$_3$	s	E
	柠檬酸盐	2.5093	CH$_2$	d	P
	二甲基庚烷	2.9124	CH$_3$	s	E、P
	异戊酸	0.9030	CH$_3$	d	P
	肌醇	4.0585	CH-2	t	E
	脯氨酸	1.9998	CH$_2$-3	m	P
	丝氨酸	3.9555	CH$_2$	dd	P
3	对羟基苯乙酸甲酯	7.1394	CH-3	d	D
	癸酸盐	0.8608	CH$_3$	t	E
	果糖	3.5784	CH$_2$	m	D、E
	苹果酸盐	2.6496	CH$_2$	dd	D
	焦谷氨酸盐	2.4010	CH$_2$-3	m	P
	酒石酸盐	4.3311	CH	s	D
4	2-羟基异丁酸乙酯	1.3478	CH$_3$	s	D
	2-氧代丁酸酯	1.0438	CH$_3$	t	P
	2-氧代戊酸酯	0.9095	CH$_3$	d	P
	3-羟基异戊酸	1.2585	CH$_3$	s	P
	3-羟基苯基乙酸酯	3.4718	CH$_2$	s	P
	3-吲哚硫酸酯	7.6894	CH-6	d	D、P
	3-甲基黄嘌呤	8.0006	CH	s	P
	5-羟基吲哚-3-乙酸	6.8163	CH-7	dd	P
	尿囊素	5.3643	CH	s	P、M
	壬二酸酯	2.1635	CH$_2$-4	t	D
	β-丙氨酸	2.5558	CH$_2$-4	t	P
	顺式乌头酸	3.1089	CH$_2$	d	E
	二甲基砜	3.1391	CH$_3$	s	D、M
	乙酸鸟嘌呤	3.7782	CH$_2$	s	P
	马尿酸盐	3.9607	CH$_2$	d	P
	犬尿氨酸	7.8432	CH-3	d	P
	甲胺	2.5878	CH$_3$	s	D
	琥珀酸甲酯	1.0712	CH$_3$	d	P
	N-苯乙酰甘氨酸	3.6605	CH$_2$-11	s	P
	邻甲酚	2.1972	CH$_3$	s	P
	对甲酚	6.8170	CH-2	d	P
	乙酸苯酯	7.2826	CH-4	m	P
	牛磺酸	3.2368	CH$_2$-6	t	P
	甲基组氨酸	7.6600	CH-2	s	P
	葫芦巴碱	4.4165	CH$_3$	s	D

续表

区域	分子名称	化学位移	化学基团	峰型	分子主要来源
4	三甲胺 N-氧化物	3.2589	CH_3	s	D
	黄苷	5.8460	CH-2	d	P
	木糖	4.5781	CH-2	d	E
5	甲硫氨酸	2.6178	CH_2-3	t	P
	苯丙氨酸	7.3669	CH-4	t	P
	苏氨酸	3.5838	CH-4	d	P
7	乙酰丙酸	2.7660	CH_2-5	t	D
	丙酸	1.0292	CH_3	t	P
8	天冬酰胺	2.9282	CH_2	dd	P
10	天冬氨酸	2.7842	CH_2	dd	P
	丁酸	0.8818	CH_3	t	E
	延胡索酸	6.5090	CH-5	s	E
11	乙酸	1.9071	CH_3	s	P
	丙氨酸	1.4675	CH_3	d	P
	甜菜碱	3.8894	CH_2	s	P
	乙醇	1.1699	CH_3	t	E、M
	草氨酸	8.4446	CH	s	E
	葡萄糖	3.2233	CH-2	dd	D、E
	异亮氨酸	1.0020	CH_3-9	d	P
	乳酸	4.1059	CH	dd	E
	甲醇	3.3481	CH_3	s	E
	2,3-丁二醇	1.1227	CH_3	d	E
	琥珀酸	2.3933	CH_2	s	P、E
	缬氨酸	1.0206	CH_3-7	d	P
12	3-羟基异丁酸	1.0503	CH_3	d	P
13	4-氨基丁酸	2.2854	CH_2-4	t	P
	胆碱	3.1888	CH_3	s	E、P
	二甲胺	2.7117	CH_3	s	P
	半乳糖	4.5825	CH-2	d	E
	丙二酸	3.1199	CH_2	s	D、E
	蔗糖	5.3985	CH-7	d	E
	三甲胺	2.8226	CH_3	s	D
14	肌酸	3.0222	CH_2	s	P
	肌酸酐	3.0325	CH_3	s	P
	谷氨酰胺	2.4430	CH	m	P
	甘氨酸	3.5533	CH_2	s	P
	亮氨酸	0.9356	CH_3-9	d	P
	丙酮酸	2.3573	CH_3	s	E
	反式乌头酸	6.5814	CH	s	E
	酪氨酸	7.1776	CH-3	d	P

续表

区域	分子名称	化学位移	化学基团	峰型	分子主要来源
15	2-羟基异戊酸	0.8244	CH_3	d	P
	阿拉伯糖	4.5038	CH-2	d	M、E
	肉碱	3.2208	CH_3	s	E
	岩藻糖	1.2024	CH_3	d	E
	谷氨酸	2.0606	CH_2-6	m	P
	丙酮醇	4.3657	CH_2	s	P
	N,N-二甲基甘氨酸	2.9153	CH_3	s	P
	尿苷	5.9079	CH-2	d	P

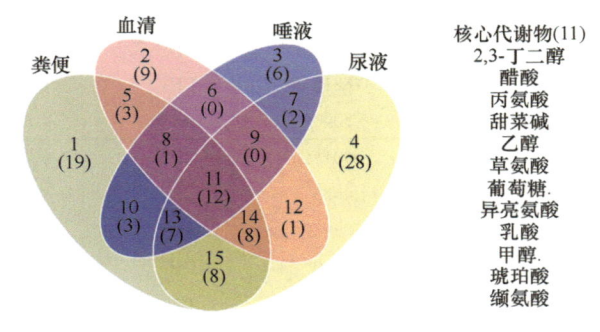

图6-23 大熊猫粪便、尿液、血清和唾液样品中所检测出分子的Venn图

每一个部分的数字显示区域编号，下方括号中的数字显示区域中所包含的分子数量；4种样品中同时检测出的分子名称（区域11）标示在了图的右侧

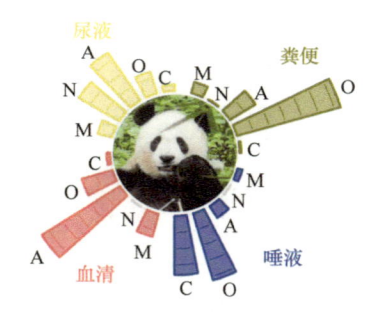

核心代谢物(11)
2,3-丁二醇
醋酸
丙氨酸
甜菜碱
乙醇
草氨酸
葡萄糖
异亮氨酸
乳酸
甲醇
琥珀酸
缬氨酸

图6-24 大熊猫粪便、尿液、血清和唾液样品中所检测出的分子相对含量分布图

每一小格的扇形区域代表10%；C代表碳水化合物及其衍生物；O代表有机酸及其衍生物；A代表氨基酸、肽类及其衍生物；N代表核苷、核苷酸及类似物；M代表其他

研究发现，性别对代谢物质存在影响，雌性和雄性大熊猫粪便中二甲胺的浓度存在显著性差异（$P<0.05$），分别为5.39×10^{-6}mmol/g和4.22×10^{-6}mmol/g，但目前关于大熊猫不同性别之间的代谢组学差异的研究文献还非常很有限。Hagey和MacDonald（2003）研究发现，雌性和雄性大熊猫排出的气味标记物中，有5个短链脂肪酸的浓度具有差异，即乙酸、丙酸、异丁酸、丁酸和异戊酸。通过近红外光谱法对粪便样品进行检测发现，动物消耗的部分竹子可能会成为粪便中性别识别的混杂因素，雌性动物的粪便中二甲胺的浓度明显升高，尿液中4-氨基丁酸酯和二甲基砜的浓度与雄性动物相比也表现出显著

性增高，推测粪便中二甲胺的差异可能主要与饮食中胆碱的微生物降解有关。Hansen 等（2010）研究表明，雌性大熊猫粪便样品中的胆碱含量相较雄性大熊猫有增高的趋势，这可能与雌性和雄性大熊猫偏爱食用不同部位的竹子有关，雌性大熊猫偏爱食用竹叶部分而雄性大熊猫偏爱食用茎秆部分，进一步对竹叶和竹茎样品的 ^{1}H-NMR 分析结果也证实了胆碱在竹叶中的浓度明显高于竹茎秆中的含量（$P<0.05$）。在雌性大熊猫中，较高的 4-氨基丁酸尿流失可能反映了 TCA 循环中 α-酮戊二酸（AKG）酶和谷氨酸酶的活性较高。本研究也发现 4-氨基丁酸和谷氨酸的浓度呈负相关，虽然谷氨酸的浓度在性别上未发现统计学上的差异。与粪便中的二甲胺浓度差异原因相似，雌性尿液中较高浓度的二甲基砜也可能与它们对不同部位竹子的偏好有关，与竹茎秆相比叶片中的二甲基砜浓度明显更高，此外叶片中的其他含硫化合物的浓度也更高，如游离甲硫氨酸（Zhu et al.，2020）。

　　研究还发现年龄对大熊猫代谢组学的影响。依照 Wei 和 Hu（1994）的大熊猫年龄分类方式，可以将大熊猫分为青年组（4～7 岁）、成年组（8～13 岁）和老年组（17～24 岁）三类。通过对不同年龄大熊猫粪便代谢组学数据分析发现，其粪便中有 9 种定量的分子在不同的年龄组别中呈现了显著性差异（表 6-7）。其中，肌酸酐、甲醇、4-羟基苯甲酸酯和尿刊酸在青年组和老年组粪便样品之间具有显著性差异，并且都随着年龄的增长而降低。为了确定这些差异趋势是否在整个生命中都有所表现，以这 4 个分子为基础进行了稳健主成分分析（robust principal component analysis，RPCA）模型的建立，结果显示，青年组和成年组的粪便代谢组之间总体相似，但与老年大熊猫粪便样品具有的显著差异（图 6-25）。该结果与不同年龄阶段大熊猫肠道菌群的研究结果相似，Tun 等（2014）在圈养大熊猫中发现，青年组和成年组表现出相似的乳杆菌菌群丰度和微生物多样性，但在老年大熊猫中均呈显著降低的趋势，这可能与老年大熊猫咀嚼功能受损有关。Zhu 等（2020）在粪便样品中发现的与衰老显著相关的分子中，老年组中浓度较低的 4-羟基苯甲酸酯可能是由于其咀嚼能力较低而引起的，从而降低了从竹子中释放养分的可能性，同时利用 ^{1}H-NMR 在竹子中检测到了 4-羟基苯甲酸酯，该结果与 Park 和 Jhon（2010）之前的报道一致。此外，本研究还发现其他几种与食物有关的分子即使没有统

表 6-7　不同年龄段大熊猫粪便中具有显著差异的分子浓度（mmol/g）

组分	青年组	成年组	老年组
4-羟基苯甲酸酯	4.93×10^{-5}（1.77×10^{-5}）a	4.28×10^{-5}（5.42×10^{-5}）a	1.16×10^{-5}（2.47×10^{-6}）b
肌酸酐	2.58×10^{-4}（9.78×10^{-4}）a	9.40×10^{-5}（1.17×10^{-4}）ab	7.16×10^{-5}（1.33×10^{-4}）b
岩藻糖	1.28×10^{-4}（7.94×10^{-5}）ab	2.25×10^{-4}（1.23×10^{-4}）a	7.90×10^{-5}（2.88×10^{-5}）b
延胡索酸	2.58×10^{-5}（4.07×10^{-5}）b	8.79×10^{-5}（1.45×10^{-4}）a	2.88×10^{-5}（3.11×10^{-5}）b
没食子酸酯	2.01×10^{-5}（5.29×10^{-5}）ab	2.61×10^{-5}（6.90×10^{-5}）a	5.67×10^{-6}（5.30×10^{-6}）b
甲醇	7.73×10^{-4}（6.28×10^{-4}）a	3.35×10^{-4}（9.12×10^{-4}）a	1.99×10^{-4}（4.78×10^{-4}）b
水杨酸	2.78×10^{-5}（6.21×10^{-6}）a	3.75×10^{-5}（1.26×10^{-5}）a	1.49×10^{-5}（3.30×10^{-6}）b
尿刊酸	4.01×10^{-5}（1.52×10^{-5}）a	1.95×10^{-5}（5.01×10^{-6}）ab	1.35×10^{-5}（5.21×10^{-6}）b
黄尿酸	3.01×10^{-5}（3.00×10^{-5}）ab	6.72×10^{-5}（2.96×10^{-5}）a	2.14×10^{-5}（1.04×10^{-5}）b

注：同列不同小写字母表示同一指标在不同处理间差异显著（$P<0.05$）。表中数据表示方法为中值（四分位距）

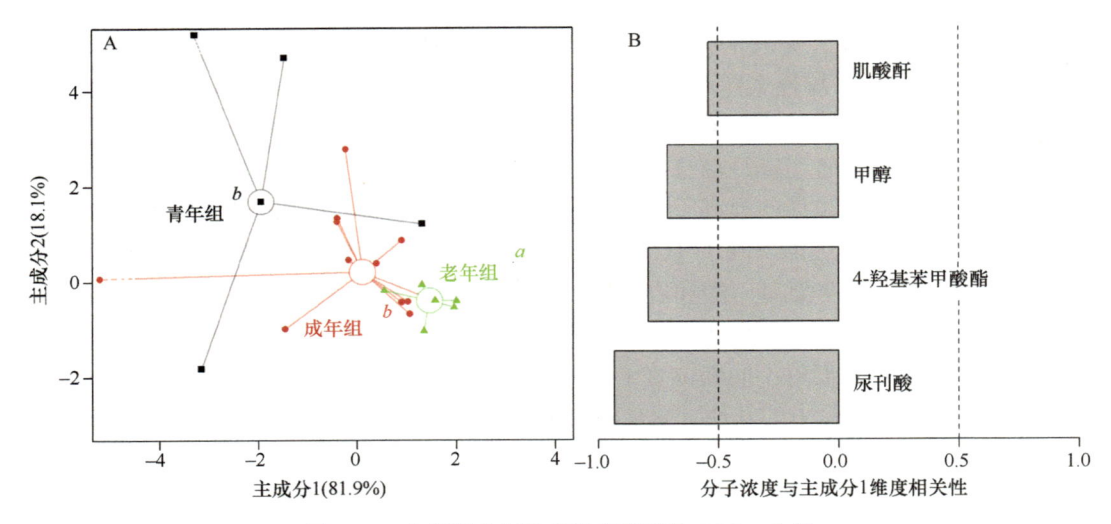

图 6-25　大熊猫各年龄组粪便代谢物 RPCA 分析

A. 三组样品分别用正方形、圆形和三角形表示，每组中心的圆圈代表不同组别样品的中值；B. 各代谢物的浓度与其在 PC1 维度上的显著相关性（$P<0.05$）；PC1 维度代表样品 81.9% 的数据趋势，显示了青年组和老年组的粪便样品的显著性差异（$P<0.05$）

计学意义上的显著差异，但也遵循相同的趋势，如水杨酸盐、香草酸盐、没食子酸盐和阿魏酸盐。

由于尿液样品采集存在难度，本研究仅采集到了青年组和成年组个体的尿液样品进行代谢组学的研究。在青年组和成年组之间，有 12 种定量分子存在统计学上的显著性差异（表 6-8）。依据尿液样品中青年组和成年组具有显著浓度差异的分子建立稳健主成分分析（RPCR）模型，两个组的样品在 PC1 维度上表现出了明显的区分度，说明青年大熊猫尿液与成年大熊猫尿液样品具有显著差异性（$P<0.05$）（图 6-26）（Zhu et al.，2020）。

表 6-8　不同年龄段大熊猫尿液中具有显著差异的分子浓度表（mmol/L）

组分	青年组	成年组	趋势
2-氧代戊酸酯	1.88×10^{-2}（3.49×10^{-3}）	1.56×10^{-2}（7.12×10^{-3}）	↓
3-羟基异丁酸	3.07×10^{-2}（8.95×10^{-3}）	4.33×10^{-2}（3.10×10^{-2}）	↑
丙氨酸	9.22×10^{-2}（5.07×10^{-2}）	1.92×10^{-1}（5.47×10^{-2}）	↑
二甲胺	2.38×10^{-1}（5.94×10^{-2}）	1.76×10^{-1}（4.79×10^{-2}）	↓
草氨酸	8.57×10^{-2}（3.33×10^{-2}）	2.03×10^{-1}（6.50×10^{-2}）	↑
甘氨酸	2.44×10^{-1}（7.74×10^{-2}）	5.81×10^{-1}（6.49×10^{-1}）	↑
乳酸	1.94×10^{-1}（1.56×10^{-1}）	8.86×10^{-1}（4.30×10^{-1}）	↑
N,N-二甲基甘氨酸	5.65×10^{-3}（3.62×10^{-3}）	1.90×10^{-2}（6.49×10^{-2}）	↑
N-苯乙酰甘氨酸	1.88×10^{-1}（3.62×10^{-2}）	1.58×10^{-1}（2.11×10^{-2}）	↓
丙酮酸	5.11×10^{-2}（3.80×10^{-2}）	1.20×10^{-1}（3.79×10^{-2}）	↑
葫芦巴碱	9.42×10^{-2}（4.99×10^{-2}）	1.18×10^{-1}（7.51×10^{-2}）	↑
缬氨酸	1.26×10^{-2}（7.43×10^{-3}）	2.24×10^{-2}（6.09×10^{-3}）	↑

注：尿液中各组分浓度存在显著差异（$P<0.05$）。"↑"表示增加；"↓"表示减少

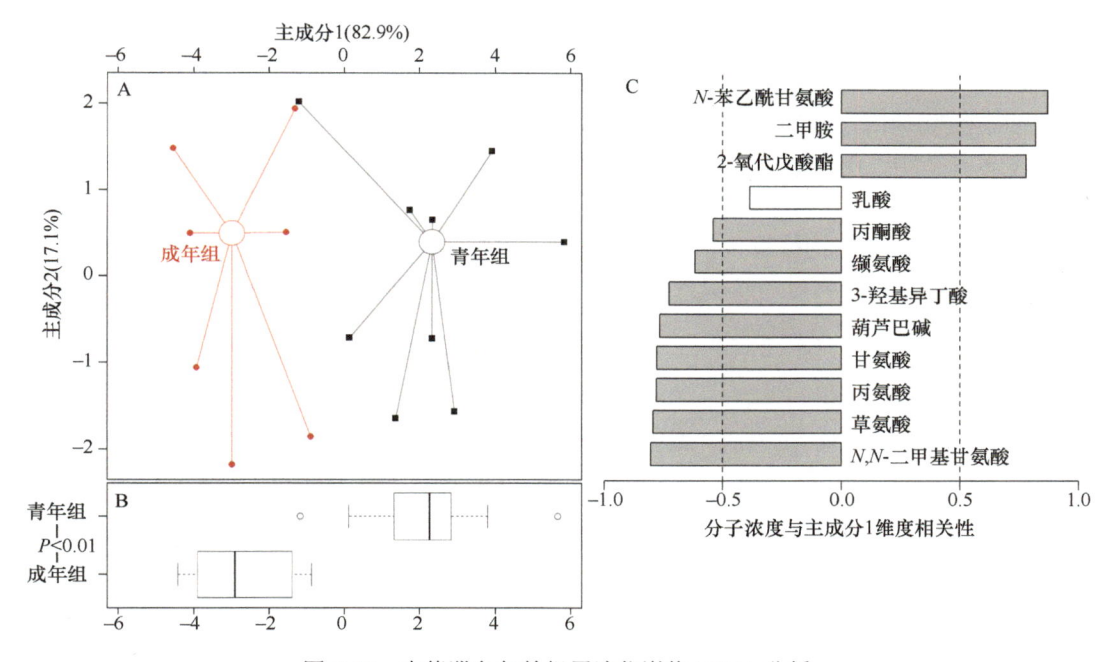

图 6-26　大熊猫各年龄组尿液代谢物 RPCA 分析

A. 两组样品分别用正方形和圆形表示，每组中心的圆圈代表了不同组别样品的中值；B. 利用箱线图展示了两组样品在 PC1 维度的分布情况；C. 各代谢物的浓度与其在 PC1 维度上的显著相关性（$P<0.05$）

N-苯乙酰甘氨酸主要集中在尿液代谢组上，是一种肠道微生物的代谢物，衍生分解自苯丙氨酸、缬氨酸、亮氨酸、赖氨酸或鸟氨酸（Mayneris-Perxachs et al.，2016）。有学者在与大熊猫一起开展的对于赛马的研究中也强调了这一趋势，青年组显示出比成年组更高的浓度，也证实了其最近对马的观察（Zhu et al.，2018），这可能与衰老导致细菌多样性降低有关（Dougal et al.，2014）。青年组尿液中的二甲胺浓度较高，以及其前体胆碱、三甲胺和三甲胺 N-氧化物浓度的显著降低，表明青年组中三甲胺 N-氧化物向二甲胺的转化率较低（Zhang et al.，1993）。Suh 等（2016）证实了 N,N-二甲基甘氨酸、松果碱和甘氨酸参与了许多生物反应中的甲基传递过程，这些反应对维持人类健康和身体修复的完整性至关重要。因此，当比较青年组和成年组大熊猫尿液代谢组时，它们的正相关性不足为奇。一碳代谢与其他能量代谢相关，因此阐明了我们在本研究中注意到的分子与乳酸、丙酮酸和甲酸之间的相关性。2-氧代戊酸酯和 3-羟基异丁酸是缬氨酸的分解代谢产物（Letto et al.，1986），因此它们与年龄的反比关系表明大熊猫衰老后缬氨酸降解途径的转换。

近年发表的文献对断奶前的幼崽和断奶后的未成年个体的微生物组进行比较，结果显示，大熊猫肠道主要消化的是半纤维素，而对于纤维素的消化很有限（Zhang et al.，2018）。岩藻糖是半纤维素消化分解形成的主要化合物，因此在随年龄变化的粪便分子中得到了特别的关注。为了更进一步研究肠道微生物与岩藻糖的相关代谢途径，Zhu 等（2018）对来自 9 只大熊猫的粪便样品进行了宏基因组检测，发现粪便中岩藻糖的浓度与两个组成系统相关的元基因组读数相关，其中一条通路与 Pacheco 等（2012）对兔子的研究结果相似，其在兔子中发现 42 种岩藻糖能够通过 FusK 两组分系统调节大肠杆菌的毒。另一条通路为粪便中的岩藻糖浓度与氨基糖和核苷酸糖代谢的元基因组读数相关。这并不意外，因为岩藻糖和半乳糖与氨基葡萄糖和半乳糖胺共占大鼠回肠排泄物中总糖含量的77%（Monsma et al.，1992）。有文献证实大肠中的细菌代谢能够修饰消化道和粪便中的氨基糖，特别是葡萄糖胺和半乳糖胺（Combe et al.，1980）。

在本章节中，我们概述了基于 ^{1}H-NMR 对大熊猫生物样品的代谢组学研究，希望能够从代谢组学角度揭示大熊猫肠道微生物的相关作用。根据目前的研究结果，一些微生物相关代谢标志性产物被发现，如粪便中的二甲胺和岩藻糖，尿液中的二甲基砜和 N-苯乙酰甘氨酸，这必将对后续深入研究大熊猫肠道微生物的相关作用机制和代谢通路提供一定的理论支持和数据参考。

参 考 文 献

邓雯文, 李才武, 晋蕾, 等. 2020. 大熊猫粪便中微生物与寄生虫的宏转录组学分析. 畜牧兽医学报, 51(11): 2812-2824.

樊程, 李双江, 李成磊, 等. 2012. 大熊猫肠道纤维素分解菌的分离鉴定及产酶性质. 微生物学报, 52(9): 1113-1121.

谷武阳. 2014. 大熊猫肠道纤维素分解菌的筛选及 β-葡萄糖苷酶基因的克隆与表达. 四川农业大学硕士学位论文.

蒋芳. 2006. 纤维素酶产生菌的分离鉴定、系统发育分析及发酵条件与酶学性质研究. 四川大学硕士学位论文.

晋蕾. 2020. 食性转换中大熊猫肠道菌群演替规律及基于宏基因组 Binning 的细菌功能研究. 四川农业大学硕士学位论文.

李蓓, 郭莉娟, 龙梅, 等. 2014. 圈养大熊猫肠道微生物分离、鉴定及细菌耐药性研究. 四川动物, 33(2): 161-166.

李进, 钟志军, 苏怀益, 等. 2016. 大熊猫肠道芽孢杆菌的分离鉴定及部分生物学特性. 微生物学通报, 43(2): 351-359.

李星, 曹振辉, 林秋叶, 等. 2019. 肠道微生物及其代谢产物对动物免疫机能的影响. 动物营养学报, 31(2): 553-559.

李玥. 2020. 圈养大熊猫肠道放线菌群落结构及生物活性研究. 四川农业大学硕士学位论文.

刘艳红, 钟志军, 艾生权, 等. 2015. 亚成体大熊猫肠道纤维素降解真菌的分离与鉴定. 中国兽医科学, 45(1): 43-49.

荣华, 邱成书, 胡国全, 等. 2006. 一株大熊猫肠道厌氧纤维素菌的分离鉴定、系统发育分析及生物学特性的研究. 应用与环境生物学报, 12(2): 239-242.

孙永林. 2007. 竹子的化学成分. 生物学教学, 264(12): 9-10.

王强. 2011. 邛崃山系三种大熊猫主食竹种更新对比研究. 北京林业大学硕士学位论文.

王强, 何光昕, 余星明, 等. 1998. 微生态制剂在大熊猫疾病治疗中的临床应用研究. 中国微生态学杂志, 10(6): 349-353.

闫拯. 2018. 饲喂竹子不同部位对圈养大熊猫肠道微生物的影响. 西华师范大学硕士学位论文.

张麓岩, 李燕, 刘先树, 等. 2019. 大熊猫粪便微生物多样性分析及纤维素降解产氢菌的筛选鉴定. 黑龙江大学自然科学学报, 36(1): 68-75+127.

张文平, 张志和. 2017. 大熊猫肠道宏基因组发育分析: 第十三届全国野生动物生态与资源保护学术研讨会暨第六届中国西部动物学学术研讨会. 成都: 四川省动物学会.

张智, 尹文哲, 雅男, 等. 2017. 大熊猫粪便中纤维素降解菌的筛选及其产酶条件的优化. 动物营养学报, 29(8): 2817-2825.

赵珊, 吕雯婷, 刘杰, 等. 2015. 1 株大熊猫肠道纤维素降解菌的分离鉴定及其酶学性质. 微生物学杂志, 35(1): 73-78.

赵思越. 2021. 大熊猫肠道菌群结构及巴黎链球菌 S7 的生物学特征与益生功能研究. 四川农业大学博士学位论文.

周潇潇, 何廷美, 彭广能, 等. 2013. 大熊猫肠道芽孢杆菌的分离鉴定及其抗逆性研究. 中国兽医科学, 43(11): 1115-1121.

周应敏, 詹明晔, 张姝, 等. 2020. 亚成体大熊猫肠道微生物结构的季节差异及其与肠道纤维素酶活性的相关性. 应用与环境生物学报, 26(3): 499-505.

周紫峣. 2017. 食性转换期大熊猫肠道菌群适应高纤维环境变化的研究. 四川农业大学硕士学位论文.

邹立扣, 赵思越, 黄炎, 等. 2022. 一株大熊猫源巴黎链球菌及其应用: 202111473380.7. 2022-07-22.

Amend A S, Seifert K A, Samson R, et al. 2010. Indoor fungal composition is geographically patterned and more diverse in temperate zones than in the tropics. Proc Natl Acad Sci U S A, 107(31): 13748-13753.

Aoki-Kinoshita K F, Kanehisa M. 2007. Gene annotation and pathway mapping in KEGG. Methods Mol Biol, 396: 71-91.

Ball A S, Betts W B, McCarthy A J. 1989. Degradation of lignin-related compounds by actinomycetes. Appl Environ Microbiol, 55(6): 1642-1644.

Bashiardes S, Zilberman-Schapira G, Elinav E. 2016. Use of metatranscriptomics in microbiome research. Bioinform Biol Insights, 10: 19-25.

Benimeli C S, Castro G R, Chaile A P, et al. 2007. Lindane uptake and degradation by aquatic *Streptomyces* sp. strain M7. Int Biodeterior Biodegrad, 59(2): 148-155.

Bharti S K, Roy R. 2012. Quantitative ^{1}H NMR spectroscopy. Trends Anal Chem, 35: 5-26.

Combe E, Patureau-Mirand P, Bayle G, et al. 1980. Effect of diet and microflora on amino sugars in the digestive contents and faeces of rats, lambs and preruminant calves. Reprod Nutr Dev, 20(5B): 1707-1715.

Dougal K, de la Fuente G, Harris P A, et al. 2014. Characterisation of the faecal bacterial community in adult and elderly horses fed a high fibre, high oil or high starch diet using 454 pyrosequencing. PLoS One, 9(2): e87424.

du Plessis L, Skunca N, Dessimoz C. 2011. The what, where, how and why of gene ontology-a primer for bioinformaticians. Brief Bioinform, 12(6): 723-735.

Eckburg P B, Bik E M, Bernstein C N, et al. 2005. Diversity of the human intestinal microbial flora. Science, 308(5728): 1635-1638.

Emwas A H M, Salek R M, Griffin J L, et al. 2013. NMR-based metabolomics in human disease diagnosis: applications, limitations, and recommendations. Metabolomics, 9(5): 1048-1072.

Escalona E E, Leng J, Merrifield A C, et al. 2015. Dominant components of the thoroughbred metabolome characterised by ^{1}H-nuclear magnetic resonance spectroscopy: a metabolite atlas of common biofluids. Equine Vet J, 47(6): 721-730.

Fang W, Fang Z M, Zhou P, et al. 2012. Evidence for lignin oxidation by the giant panda fecal microbiome. PLoS One, 7(11): e50312.

Ghorai S, Chowdhury S, Pal S, et al. 2010. Enhanced activity and stability of cellobiase (beta-glucosidase: EC3.2.1.21) produced in the presence of 2-deoxy-*D*-glucose from the fungus *Termitomyces clypeatus*. Carbohydr Res, 345(8): 1015-1022.

Guo W, Mishra S, Zhao J C, et al. 2018. Metagenomic study suggests that the gut microbiota of the giant panda (*Ailuropoda melanoleuca*) may not be specialized for fiber fermentation. Front Microbiol, 9: 229.

Hagey L, MacDonald E. 2003. Chemical cues identify gender and individuality in giant pandas (*Ailuropoda melanoleuca*). J Chem Ecol, 29(6): 1479-1488.

Hanreich A, Schimpf U, Zakrzewski M, et al. 2013. Metagenome and metaproteome analyses of microbial communities in mesophilic biogas-producing anaerobic batch fermentations indicate concerted plant carbohydrate degradation. Syst Appl Microbiol, 36(5): 330-338.

Hansen R L, Carr M M, Apanavicius C J, et al. 2010. Seasonal shifts in giant panda feeding behavior:

relationships to bamboo plant part consumption. Zoo Biol, 29(4): 470-483.
He B, Jin S W, Cao J W, et al. 2019. Metatranscriptomics of the Hu sheep rumen microbiome reveals novel cellulases. Biotechnol Biofuels, 12: 152.
Hirayama K, Kawamura S, Mitsuoka T, et al. 1989. The faecal flora of the giant panda (*Ailuropoda melanoleuca*). J Appl Bacteriol, 67(4): 411-415.
Jimenez D J, Chaves-Moreno D, van Elsas J D. 2015. Unveiling the metabolic potential of two soil-derived microbial consortia selected on wheat straw. Sci Rep, 5: 13845.
Jin L, Huang Y, Yang S Z, et al. 2021. Diet, habitat environment and lifestyle conversion affect the gut microbiomes of giant pandas. Sci Total Environ, 770: 145316.
Kanehisa M, Sato Y. 2020. KEGG mapper for inferring cellular functions from protein sequences. Protein Sci, 29(1): 28-35.
Karu N, Deng L, Slae M, et al. 2018. A review on human fecal metabolomics: methods, applications and the human fecal metabolome database. Anal Chim Acta, 1030: 1-24.
Kirby R. 2006. Actinomycetes and lignin degradation. Adv Appl Microbiol, 58: 125-168.
Kleiner M. 2019. Metaproteomics: much more than measuring gene expression in microbial communities. mSystems, 4(3): e00115-19.
Klindworth A, Pruesse E, Schweer T, et al. 2013. Evaluation of general 16S ribosomal RNA gene PCR primers for classical and next-generation sequencing-based diversity studies. Nucleic Acids Res, 41(1): e1.
Knight R, Vrbanac A, Taylor B C, et al. 2018. Best practices for analysing microbiomes. Nat Rev Microbiol, 16(7): 410-422.
Lai X, Davis F C, Hespell R B, et al. 1997. Cloning of cellobiose phosphoenolpyruvate-dependent phosphotransferase genes: functional expression in recombinant *Escherichia coli* and identification of a putative binding region for disaccharides. Appl Environ Microbiol, 63(2): 355-363.
Letto J, Brosnan M E, Brosnan J T. 1986. Valine metabolism. gluconeogenesis from 3-hydroxyisobutyrate. Biochem J, 240(3): 909-912.
Lindon J C, Holmes E, Bollard M E, et al. 2004. Metabonomics technologies and their applications in physiological monitoring, drug safety assessment and disease diagnosis. Biomarkers, 9(1): 1-31.
Liu Q, Ni X Q, Wang Q, et al. 2017. *Lactobacillus plantarum* BSGP201683 isolated from giant panda feces attenuated inflammation and improved gut microflora in mice challenged with enterotoxigenic *Escherichia coli*. Front Microbiol, 8: 1885.
Liu Q, Ni X Q, Wang Q, et al. 2019. Investigation of lactic acid bacteria isolated from giant panda feces for potential probiotics in vitro. Probiotics Antimicrob Proteins, 11(1): 85-91.
Lu L, Walker W A. 2001. Pathologic and physiologic interactions of bacteria with the gastrointestinal epithelium. Am J Clin Nutr, 73(6): 1124S-1130S.
Marshall D D, Powers R. 2017. Beyond the paradigm: combining mass spectrometry and nuclear magnetic resonance for metabolomics. Prog Nucl Magn Reson Spectrosc, 100: 1-16.
Mayneris-Perxachs J, Bolick D T, Leng J, et al. 2016. Protein- and zinc-deficient diets modulate the murine microbiome and metabolic phenotype. Am J Clin Nutr, 104(5): 1253-1262.
Monsma D J, Vollendorf N W, Marlett J A. 1992. Determination of fermentable carbohydrate from the upper gastrointestinal tract by using colectomized rats. Appl Environ Microbiol, 58(10): 3330-3336.
Niu Q, Li P H, Hao S S, et al. 2015. Dynamic distribution of the gut microbiota and the relationship with apparent crude fiber digestibility and growth stages in pigs. Sci Rep, 5: 9938.
Pacheco A R, Curtis M M, Ritchie J M, et al. 2012. Fucose sensing regulates bacterial intestinal colonization. Nature, 492(7427): 113-117.
Park E J, Jhon D Y. 2010. The antioxidant, angiotensin converting enzyme inhibition activity, and phenolic compounds of bamboo shoot extracts. LWT Food Sci Technol, 43(4): 655-659.
Peng B, Li H, Peng X X. 2015. Functional metabolomics: from biomarker discovery to metabolome reprogramming. Protein Cell, 6(9): 628-637.
Poroyko V, White J R, Wang M, et al. 2010. Gut microbial gene expression in mother-fed and formula-fed piglets. PLoS One, 5(8): 12459.

Rosnow J J, Anderson L N, Nair R N, et al. 2017. Profiling microbial lignocellulose degradation and utilization by emergent omics technologies. Crit Rev Biotechnol, 37(5): 626-640.

Rytioja J, Hildén K, Yuzon J, et al. 2014. Plant-polysaccharide-degrading enzymes from basidiomycetes. Microbiology and Molecular Biology Reviews, 78(4): 614-649.

Smirnov K S, Maier T V, Walker A, et al. 2016. Challenges of metabolomics in human gut microbiota research. Int J Med Microbiol, 306(5): 266-279.

Stewart R D, Auffret M D, Warr A, et al. 2018. Assembly of 913 microbial genomes from metagenomic sequencing of the cow rumen. Nat Commun, 9(1): 870.

Suh E, Choi S W, Friso S. 2016. One-Carbon Metabolism: An Unsung Hero for Healthy Aging Molecular Basis of Nutrition and Aging. London: Academic Press.

Tatusov R L, Natale D A, Garkavtsev I V, et al. 2001. The COG database: new developments in phylogenetic classification of proteins from complete genomes. Nucleic Acids Res, 29(1): 22-28.

Tien M, Kirk T K. 1983. Lignin-degrading enzyme from the hymenomycete *Phanerochaete chrysosporium* Burds. Science, 221(4611): 661-663.

Tremaroli V, Backhed F. 2012. Functional interactions between the gut microbiota and host metabolism. Nature, 489(7415): 242-249.

Tun H M, Mauroo N F, Yuen C S, et al. 2014. Microbial diversity and evidence of novel homoacetogens in the gut of both geriatric and adult giant pandas (*Ailuropoda melanoleuca*). PLoS One, 9(1): e79902.

Vincent L, Thomas B, Corinne R, et al. 2010. A hierarchical classification of polysaccharide lyases for glycogenomics. Biochem J, 432(3): 437-444.

Wang Z, Zolnik C P, Qiu Y P, et al. 2018. Comparison of fecal collection methods for microbiome and metabolomics studies. Front Cell Infect Microbiol, 8: 301.

Wei F W, Hu J C. 1994. Studies on the reproduction of giant panda in wolong natural reserve. Acta Theriol Sin, 14: 243-248.

Wei F W, Wang X, Wu Q. 2015. The giant panda gut microbiome. Trends Microbiol, 23(8): 450-452.

Wikoff W R, Anfora A T, Liu J, et al. 2009. Metabolomics analysis reveals large effects of gut microflora on mammalian blood metabolites. Proc Natl Acad Sci U S A, 106(10): 3698-3703.

Willem M, Tilg H, Hul M, et al. 2022. Gut microbiome and health: mechanistic insights. Gut, 71(5): 1020-1032.

Wu J Q, Gao Y H. 2015. Physiological conditions can be reflected in human urine proteome and metabolome. Expert Rev Proteomics, 12(6): 623-636.

Xie F, Jin W, Si H Z, et al. 2021. An integrated gene catalog and over 10,000 metagenome-assembled genomes from the gastrointestinal microbiome of ruminants. Microbiome, 9: 137.

Zhang A Q, Mitchell S C, Ayesh R, et al. 1993. Dimethylamine formation in man. Biochem Pharmacol, 45(11): 2185-2188.

Zhang W P, Liu W B, Hou R, et al. 2018. Age-associated microbiome shows the giant panda lives on hemicelluloses, not on cellulose. ISME J, 12(5): 1319-1328.

Zhou Z Y, Zhou X X, Li J, et al. 2015. Transcriptional regulation and adaptation to a high-fiber environment in *Bacillus subtilis* HH2 isolated from feces of the giant panda. PLoS One, 10(2): e0116935.

Zhu C L, Faillace V, Laus F, et al. 2018. Characterization of trotter horses urine metabolome by means of proton nuclear magnetic resonance spectroscopy. Metabolomics, 14(8): 106.

Zhu C L, Laghi L, Zhang Z Z, et al. 2020. First steps toward the giant panda metabolome database: untargeted metabolomics of feces, urine, serum, and saliva by ^{1}H NMR. J Proteome Res, 19(3): 1052-1059.

Zhu C L, Pan X, Li G, et al. 2022. Lipidomics for determining giant panda responses in serum and feces following exposure to different amount of bamboo shoot consumption: a first step towards lipidomic atlas of bamboo, giant panda serum and feces by means of GC-MS and UHPLC-HRMS/MS. Int J Mol Sci, 23(19): 11544.

Zhu L F, Wu Q, Dai J Y, et al. 2011. Evidence of cellulose metabolism by the giant panda gut microbiome. Proc Natl Acad Sci U S A, 108(43): 17714-17719.

第七章　大熊猫肠道微生物与疾病

第一节　大熊猫肠道致病菌及其生物学特性

大熊猫肠道正常微生物群落是维系大熊猫肠道微生态系统平衡稳定的基石，它们与大熊猫正常的生理代谢活动密切相关。肠道疾病被认为是造成大熊猫死亡的重要原因，尤其是圈养大熊猫的肠道疾病发病率明显高于其他疾病。肠道菌群与宿主之间保持着相对稳定的动态平衡，但是这平衡一旦被打破，将可能会引起各种疾病，如免疫、代谢、过敏或炎症性疾病等，情况严重时甚至会导致大熊猫死亡。大肠杆菌、肺炎克雷伯菌、弯曲菌、沙门氏菌、铜绿假单胞菌、耶尔森氏菌及溶血性链球菌等细菌是目前已被报道的大熊猫肠道致病菌，此外大熊猫肠道内也存在毛霉菌、白色念珠菌等条件致病真菌。

一、大肠杆菌

大肠杆菌（*Escherichia coli*）为革兰氏阴性短杆菌，两端呈钝圆形，一般大小为 0.5～0.8μm×1.0～3.0μm，因生长环境不同，个别菌体会出现近似球杆状或长丝状；大肠杆菌多是单一或两个存在，但不会排列成长链形状，大多数大肠杆菌菌株具有荚膜或微荚膜结构和菌毛，但不能形成芽孢（殷泽禄和万虎，2019）。在普通琼脂培养基上为灰白色菌落，而在伊红美蓝琼脂培养基上呈黑心菌落，有绿色金属光泽。大多数大肠杆菌都产气，除了可以发酵葡萄糖产酸外，还可以发酵其他多种碳水化合物。

大肠杆菌是大熊猫肠道内的正常寄居菌，也是常见的条件致病菌，正常情况下维持着大熊猫肠道内的微生态动态平衡，但平衡一旦被打破，其中一部分可引起疾病的大肠杆菌将大量繁殖，从而导致大熊猫感染而引发疾病。1996年，一只 1 岁的大熊猫受大肠杆菌和肺炎克雷伯菌混合感染，引发其患败血症而死亡，这是由于亚成年大熊猫体质较弱，受气候变化或食物变换等因素的影响，大肠杆菌在肠道内大量繁殖，产生肠毒素，引起肠道黏膜炎症并导致腹泻，最终导致大熊猫死亡（熊焰等，1999）。

二、肺炎克雷伯菌

肺炎克雷伯菌（*Klebsiella pneumoniae*）是克雷伯菌属中最为重要的一类菌，与大肠杆菌同属肠杆菌科，革兰氏阴性菌。肺炎克雷伯菌为较短粗的杆菌，大小为 0.5～0.8μm×0.8～2μm，无芽孢，有荚膜，单独、成双或呈短链状排列。在普通琼脂培养基上呈较大的灰白色黏液菌落，挑起时易拉成丝；在选择培养基胆硫乳琼脂平板上，肺炎克雷伯菌菌落呈淡粉红色，大而隆起，光滑湿润，黏液状，相邻菌落容易融合成脓汁样，接种针挑取菌落时呈丝状粘连。

肺炎克雷伯菌也是常见的条件致病菌，近年来该菌在大熊猫肠粪便中的检出率越来越高。1994 年，一只幼年雄性大熊猫由于圈舍转移、条件变化，出现食欲不振、腹泻、排出黏液性粪便，时有便血、尿血、体重增长减缓甚至体重减轻；1995 年 4 月突然出现精神沉郁、蜷缩卧地、不愿活动、腹痛等症状，粪便气味酸臭、呈粉红色，在该大熊猫粪便中分离出强毒力并能致死小白鼠的肺炎克雷伯菌（张成林和陈永林，1997）。近年来，在大熊猫饲养过程中已采取合理的防治措施，尽管肺炎克雷伯菌的检出率依然不减，但是引起感染的病例逐渐减少。

三、空肠弯曲菌

空肠弯曲菌（*Campylobacter jejuni*）属于变形菌纲，革兰氏阴性菌，形态细长，呈弧形、S 形及海鸥展翅状菌体轻度弯曲似逗点状，大小为 1.5～5μm×0.2～0.8μm。菌体一端或两端有鞭毛，运动活泼，在暗视野镜下观察似飞蝇。不形成芽孢，无荚膜。空肠弯曲菌在普通培养基上难以生长，微需氧菌，在大气或厌氧的环境中不生长，在 2.5%～5%氧气、10%二氧化碳或 85%氮气的环境中生长最合适（翟海华等，2014），最适生长温度为 37～42℃。该菌抵抗力弱，易被干燥、直射日光及弱消毒剂所杀灭，对低温敏感，在 30℃以下不繁殖。

空肠弯曲菌是多种动物如牛、羊、狗及禽类的正常寄居菌。空肠弯曲菌的感染范围广，是一种人畜共同感染的病原菌，主要通过动物传播。1995 年，日本一只雄性亚成年大熊猫发生出血性肠炎，通过检验证明病原菌为空肠弯曲菌，推测该菌感染可能与常在运动场活动的鸟类污染了大熊猫运动场有关（王强等，1997）。

四、亚利桑那沙门氏菌

亚利桑那沙门氏菌（*Salmonella arizona*）为沙门氏菌的一种血清型，革兰氏阴性菌，不产生尿素酶，对赖氨酸、精氨酸及鸟氨酸有脱羧作用，能利用丙二酸盐，大多数菌株能发酵乳糖。该菌营养要求不高，在伊红美蓝培养基上为小型的红色透明菌落，表面光滑；在 S-S 培养基上为小型无色或淡红色菌落。亚利桑那沙门氏菌较为少见，可引起肠炎，且严重时可导致死亡。1997 年，一对双胞胎分别发生出血性肠炎，经检验发现与亚利桑那沙门氏菌的侵袭力和内毒素等因素相关（雷蕾和王强，1999）。

五、铜绿假单胞菌

铜绿假单胞菌（*Pseudomonas aeruginosa*）是一种革兰氏阴性菌，无芽孢，能形成荚膜，菌体大小为 1.5～3.0μm×0.5～0.8μm，呈长棒形，单个、成对排列或偶尔呈短链，在肉汤培养基中可以看到长丝状形态。铜绿假单胞菌为需氧菌，培养适宜温度为 35℃，在普通培养基上易于生长，菌落光滑、微隆起、中等大小、边缘整齐波状。由于产生水溶性的绿脓素（蓝绿色）和荧光素（黄绿色），渗入培养基内使培养基变为黄绿色，随时间的推移绿色逐渐变深，菌落表面呈现金属光泽。在普通肉汤培养基内呈黄绿色，液体上部的细菌发育更为旺盛，在培养基的表面形成一层很厚的菌膜。由于铜绿假单胞菌可以产生绿脓酶溶解红细胞，从而使得血平板上的菌落周围出现血环。2000 年，一只大熊猫腹泻，粪便呈浅红色，带黏液和胶冻样，经检验发现是由铜绿假单胞菌感染引起的，该菌对多种抗生素不敏感，对小白鼠有较强的致病力，是引起该大熊猫腹泻的病原菌（陈永林和张成林，2000）。

六、小肠结肠炎耶尔森氏菌

小肠结肠炎耶尔森氏菌（*Yersinia enterocolitica*）为革兰氏阴性杆菌，无芽孢，无荚膜，30℃以下培养条件下可以形成鞭毛，温度较高即丧失。在 S-S 培养基或麦康凯琼脂上，经 24h 培养后菌落细小，至 48h 直径才增大成 0.5～3.0mm，菌落圆整、光滑、湿润、扁平或稍隆起，透明或半透明；在麦康凯琼脂上菌落淡黄色，如若微带红色，则菌落中心的红色常稍深；在肉汤培养基中生长呈均匀混浊，一般不形成菌膜。

小肠结肠炎耶尔森氏菌是一种肠道致病菌，可以引起腹泻、胃肠炎，除此之外，还能引起呼吸道、心血管系统、骨骼、结缔组织和全身疾病，出现败血症时病死率达 30% 以上。人群、动物和外环境均可分离出该病原菌，分布广泛。1994 年一只亚成年大熊猫发生急性肠炎，表现出水泻、呕吐、剧烈腹痛、排黏液、低钾、脱水、白细胞增高等症状，经病原菌检查发现是小肠结肠炎耶尔森氏菌感染所致（叶志勇等，1998）。

七、溶血性链球菌

溶血性链球菌（*Streptococcus hemolyticus*）为革兰氏阳性菌，不形成芽孢，无鞭毛，易被普通的碱性染料着色，该菌老龄培养或被中性粒细胞吞噬后，转为革兰氏阴性；菌体呈圆形或卵圆形，直径为 0.5～1μm，常排列呈链状，链的长短不一，与细菌种类和生长环境有关，具有完全的溶血性，菌落周围可形成一个 2～4mm、界线分明、完全透明的无色溶血环，在液体培养基中易呈长链，在固体培养基中常呈短链。溶血性链球菌多数菌株在血清肉汤培养基中培养 2～4h 易形成透明质酸的荚膜，继续培养后消失。该菌的毒力较强，轻微感染可引起消化道病变而导致腹泻，大熊猫幼仔感染该菌后，主要症状除腹泻外无其他（张志和等，1999）。

八、不动杆菌

不动杆菌（*Acinetobacter* spp.）属于变形菌纲，革兰氏阴性杆菌，菌体大小为 0.9～1.6μm×1.5～2.5μm，多为球杆状，常呈双排列，可单个存在，有时形成丝状和链状，黏液型菌株有荚膜，无芽孢，无鞭毛。该属细菌专性需氧，营养要求不高，最适生长温度为 35℃；在普通培养基和麦康凯培养基上均生长良好，在麦康凯培养基上为无色或粉红色菌落，部分菌株呈黏液状；在血平板上形成圆形、光滑、湿润、边缘整齐的灰白色菌落（溶血性不动杆菌可产生 β 溶血）。陈永林等（2001）报道一只成年大熊猫患病后，身体日益衰弱,出现胸水和腹水,治疗无效死亡。解剖检验后发现,其心、肝、脾、肺、肾和胸水中均分离出纯的醋酸钙不动杆菌,该菌可导致小白鼠死亡,可能是引起大熊猫死亡的致病菌。

九、毛霉菌

毛霉菌（Mucor spp.）又称黑霉、长毛霉。毛霉属是真菌中的一个大属,毛霉菌广泛存在于土壤、空气、粪便、干草、肥料及霉烂的水果蔬菜等环境中,对生存条件要求不高。毛霉菌为腐生性多细胞真菌,菌丝无隔,分枝呈直角,在培养基内外能广泛蔓延,无假根或匍匐菌丝,不产生定形菌落,菌丝体上生长出孢子囊梗,顶端生成球形孢子囊,内含大量的孢囊孢子。毛霉菌既可以以孢囊孢子无性繁殖又可以以接合孢子有性繁殖。毛霉菌代表种有总状毛霉（M. racemosus）、高大毛霉（M. mucedo）、鲁氏毛霉（M. rouxianus）等。一般毛霉菌不使人致病,但是机体免疫力发生改变后,人可因吸入孢子而造成感染。

肠道毛霉菌病多见于回肠末端、盲肠及结肠,亦可累及食道及胃。患者一旦感染毛霉菌,因其生长速度快、繁殖力强,迅速侵犯组织,表现为胃肠道任何部位的多发性溃疡及黏膜缺血性坏死。病变可原发或继发,症状和体征无特异性,有腹泻、腹痛、血样便,偶有呕血,可伴发肠穿孔及腹膜炎等。艾生权等（2014）通过传统培养方法从大熊猫粪便中分离出多枝毛霉（M. ramosissimus）和卷枝毛霉（M. circinelloides）,但目前暂未发现毛霉菌感染大熊猫肠道的临床病例。

十、白色念珠菌

白色念珠菌（Candida albicans）又称白假丝酵母菌、白色念球菌。白色念珠菌细胞呈卵圆形,致病性菌株细胞呈假菌丝。该菌可在血平板上生成灰白色乳酪样菌落,涂片镜检后可看到表层为卵圆形芽生细胞,底层有较多的假菌丝。白色念珠菌耐热性相对较弱,但对干燥、日光、紫外线及化学制剂等抵抗力较强,它广泛存在于自然界,也存在于正常人口腔、上呼吸道、肠道及阴道（欧阳珂珮等,2012）,是一种寄生在人体皮肤黏膜的正常真菌,也是临床上重要的条件致病菌（江文俊等,2014）,其肠源性感染是重要的致病方式。艾生权等（2014）曾通过传统培养方法从大熊猫粪便中分离出 Candida solani。虽然,目前暂未发现有关该菌感染引起的大熊猫肠道疾病的报道,但在大熊猫饲养管理中应尽量避免因肠道菌群失调而引起真菌感染,以便对大熊猫进行更好的保护。

十一、其他肠道致病菌及其生物学特性

志贺菌（Shigella）、沙门氏菌（Salmonella）和金黄色葡萄球菌（Staphylococcus aureus）等也是常见的肠道致病菌。陈希文等（2015）对圈养大熊猫肠道致病菌进行了分离与鉴定,通过致病性实验发现沙门氏菌、志贺菌、克雷伯菌、葡萄球菌和小肠结肠炎耶尔森

氏菌（*Yersinia enterocolitica*）对小白鼠具有致病性。

志贺菌是一类革兰氏阴性短小直杆菌，是人类细菌性痢疾最为常见的病原菌。该菌通称痢疾杆菌，耐寒，在普通营养琼脂平板上培育 24h 后，形成直径达 2mm、半透明的光滑型菌落。此外，志贺菌在麦康凯琼脂培养基上生成紫红色菌落，在伊红美蓝琼脂平板上生成深紫色菌落，并带有绿色荧光，而在 S-S 培养基上呈粉红色。志贺菌无芽孢、荚膜和鞭毛，多数有菌毛。

沙门氏菌是一种常见的致病菌，在大熊猫肠道中相对少见。沙门氏菌同样属于肠杆菌科的革兰氏阴性菌。菌体大小为 0.6～0.9μm×1～3μm，无芽孢，一般无荚膜，除鸡白痢沙门氏菌和鸡伤寒沙门氏菌外，大多数沙门氏菌有周身鞭毛。沙门氏菌在普通琼脂培养基上生长良好，培养 24h 后，形成中等大小、圆形、表面光滑、无色半透明、边缘整齐的菌落，其菌落特征亦与大肠杆菌相似。对热抵抗力不强，在 60℃条件下 15min 即可被杀死。

葡萄球菌为革兰氏阳性菌，因常堆聚成葡萄串状而得名。葡萄球菌是最常见的化脓性球菌，是医院等地交叉感染的重要来源，菌体直径为 0.8～1.0μm，呈小球形或稍呈椭圆形，排列成葡萄状。葡萄球菌无鞭毛，不能运动，且无芽孢。葡萄球菌对营养的要求不高，在普通培养基上生长良好，在含有血液或葡萄糖的培养基中生长更好，需氧或兼性厌氧，少数为专性厌氧。葡萄球菌在液体培养基中单独存在，常常分散，直到 24h 后才混浊；在琼脂平板上形成圆形凸起，边缘整齐，表面光滑，湿润，不透明。不同种葡萄球菌会产生不同的脂溶性色素，如金黄色、白色和柠檬色等。葡萄球菌在血平板上形成的菌落较大，有的菌株菌落周围形成明显的完全透明的溶血环，也有不发生溶血者，而溶血性菌株大多具有致病性。

肠道疾病严重影响着大熊猫对食物的消化和吸收，影响大熊猫的生长发育和正常代谢，机体的抗病能力也会降低，严重威胁着大熊猫的生存，特别是幼年和亚成年大熊猫，一旦疾病发生，难以治愈。应贯彻以预防监测为主、治疗为辅的原则，做到早期诊断，及时治疗。

第二节 大熊猫肠道细菌耐药性

全国第四次大熊猫调查结果显示全国野生大熊猫种群数量达 1864 只（国家林业和草原局，2021），截至 2023 年底，全球大熊猫圈养数量已达到 728 只。圈养大熊猫与其他动物一样，会受到各种疾病的困扰。据报道，长期人工圈养的大熊猫，特别是幼年大熊猫和老年大熊猫，免疫力较低下，抗细菌能力较弱，为了有效防控和治疗，避免不了抗菌药物的大量使用，但这也提高了动物肠道微生物对一些常用抗生素的耐药风险，不仅给临床治疗带来很大困难，也会给大熊猫带来伤害甚至死亡（燕霞等，2023）。目前，大熊猫肠道耐药菌株的研究主要涉及大肠杆菌、克雷伯菌、肠球菌、芽孢杆菌和双歧杆菌等，本章总结了近年来有关大熊猫肠道细菌的耐药机制、耐药表型、耐药基因及耐药性的传播等方面的研究。

一、细菌的耐药机制

细菌对抗生素的耐药性可分为固有耐药性和获得性耐药性。固有耐药性即天然耐药性或通过突变产生的耐药性，是细菌染色体遗传基因介导的耐药性，通过垂直传播，不易改变；获得性耐药性是细菌在抗菌药物选择性压力作用下发生基因突变，或是细菌在生长繁殖过程中通过可移动遗传元件（mobile genetic element），如转座子、整合子、质粒及噬菌体等介导传播而获得，这些遗传元件可造成耐药性在敏感菌中出现和传播。细菌主要通过以下 4 种不同的机制对抗生素产生耐药性。

（一）通过灭活酶或钝化酶修饰，使药物的化学结构改变

细菌可借助自身的耐药因子合成可水解抗生素或使其失去抗菌作用的酶，使药物在尚未发挥效用时即已失效。质粒和染色体均可表达这些酶，产生灭活酶是细菌产生耐药性的最重要因素，可引起临床上抗生素治疗的失败。

酶的失活机制是细菌对 β-内酰胺类、氨基糖苷类和氯霉素类抗生素的重要耐药机制，这些酶通过修饰药物的活性基团，使得药物不能和它的靶位相结合从而失去抗菌活性。众所周知，β-内酰胺酶的失活机制就是细菌对 β-内酰胺类药物耐药的重要机制，该酶可以通过水解来催化 β-内酰胺抗生素的核心基团 β-内酰胺环的 C—N 键，使得其不能和青霉素结合蛋白（penicillin-binding protein，PBP）结合，从而阻断细菌细胞壁合成过程中的肽聚糖的交叉连接。β-内酰胺酶的基因位于细菌染色体或质粒上，能被革兰氏阴性菌分泌进入细胞周质间隙，而被革兰氏阳性菌分泌进入细胞外液。由于革兰氏阴性菌限制它们的 β-内酰胺酶进入外周细胞并且有孔道限制进入细胞，因此在革兰氏阴性菌中，即使有比革兰氏阳性菌更低水平的酶的表达也易使它产生耐药性。

（二）靶位突变或靶位修饰，导致药物和靶位点的亲和力下降

细菌菌体内有许多各种抗生素的结合位点，细菌通过改变抗生素结合部位的靶蛋白，如核糖体或蛋白质发生突变，或者经细菌本身一些酶修饰后使抗生素无法识别，以及 DNA 螺旋酶和 PBP 因结构改变进而与抗生素的亲和力下降，导致抗菌作用失败是耐药性发生的重要机制。靶位改变是革兰氏阳性菌对 β-内酰胺类耐药的第二种耐药机制，当 PBP 的结构改变后它就失去了和药物结合的能力。最典型的就是金黄色葡萄球菌的 *mecA* 基因。细菌对喹诺酮类药物耐药通常会涉及靶位的突变而失去结合力（Webber and Piddock，2003），其靶蛋白 DNA 拓扑异构酶基因 *gyrA*、*gyrB* 的喹诺酮类耐药决定区的突变会导致高水平耐药的出现（Chen et al.，2007）。

（三）外排泵的外排作用

外排泵是介导外排活性的跨膜转运蛋白，在敏感菌和耐药菌中均存在。外排泵的活化是细菌对四环素类、喹诺酮类、大环内酯类药物耐药的重要机制。活化的外排泵系统是一种能量依赖系统，能够使进入菌体的药物迅速排出，导致进入菌体细胞的药物浓度降低。革兰氏阴性菌一般由染色体编码外排泵基因，并且多数菌株携带有多种外排泵的

遗传决定子，建立起对多种药物耐药的一定水平的固有耐药性。有些外排泵对底物的种类和结构有限制要求，如大肠杆菌的 *TetB* 四环素外排泵只是特异性转移四环素，但是多数外排泵对底物的结构没有要求，可以导致多重耐药性（multidrug resistance，MDR)的发生（Webber and Piddock，2003）。

（四）可移动遗传元件传播耐药基因

可移动遗传元件主要包括质粒、转座子和整合子等，细菌可由可移动遗传元件通过基因水平传播的方式获得外源耐药基因，从而使细菌产生耐药性，并可以在同种或不同种细菌间传播，导致细菌耐药性不断增强、耐药谱不断增宽，出现多重耐药现象（翁幸鐾和糜祖煌，2013）。

二、大熊猫肠道细菌的耐药表型与基因型

目前，国外关于大熊猫肠道细菌耐药性的研究较少。Boedeker 等（2010）从一只眼部患严重急性肿胀、右乳膜突出的 10 岁雄性大熊猫的乳膜组织中，分离出嗜麦芽窄食单胞菌和肠球菌，发现培养出的细菌具有广泛的耐药性，根据敏感性结果开始局部和全身抗生素治疗，治疗效果良好。

国内关于大熊猫肠道细菌耐药性的研究开展相对较早。2006 年，张安云等从四川卧龙和碧峰峡大熊猫保护基地的 30 只大熊猫和 16 种野生动物的粪样中分离鉴定出了 83 株肠杆菌。采用 K-B 法对菌株进行药敏试验。结果表明，分离菌对链霉素的耐药率最高（28.91%），其次分别为卡那霉素（12.05%）和庆大霉素（7.29%），对新霉素的耐药率最低，为 6.02%。通过四重 PCR 方法对氨基糖苷类抗生素的 4 种主要修饰酶基因：*aphA3*、*aacC4*、*aadA*、*aacC2* 进行检测，在分离菌中 *aphA3* 基因的检出率最高（25.3%，21/83）。其次为 *aadA* 基因（9.64%，8/83）和 *aacC2* 基因（9.64%，8/83），*aacC4* 基因的检出率最低（2.41%，2/83）。

马清义（2006）采用 26 种抗生素对从大熊猫粪便分离获得的 8 种菌进行药敏试验，筛选出了对大肠杆菌高敏感，对鼠李糖乳杆菌、短乳杆菌、面包乳杆菌、梭菌、棒状杆菌、变形杆菌低敏，以及对双歧杆菌不敏感的药物阿米卡星。

曾瑜虹等于 2008 年从四川卧龙中国大熊猫保护研究中心和雅安碧峰峡野生动物园的圈养大熊猫肠道中分离得到 38 株大肠杆菌，并用 K-B 法对菌株的耐药性进行了研究，发现该菌株耐药率普遍较低，对复方新诺明、磺胺异噁唑的敏感率达 100%，对链霉素（52.6%）、四环素（57.9%）和羧苄青霉素（63.2%）表现出较高的耐药性。

俞道进等（2010）研究表明，熊猫源高水平耐庆大霉素肠球菌（HLGRE）、高水平耐链霉素肠球菌（HLSRE）对氨苄西林、万古霉素均表现为敏感，对红霉素、土霉素耐药，对氯霉素的耐药率分别为 100%、70.0%，对环丙沙星的耐药率分别为 85.6%、10.0%，HLGRE 的主要耐药基因为 *aac(6')-Ie-aph(2')-Ia*，携带耐药基因是导致肠球菌对多种抗菌药物具有较强耐药性的主要原因。

严悦等（2012）在分离自四川卧龙保护区大熊猫肠道的 6 株大肠杆菌中都发现了不

同大小的质粒 DNA，采用高温 SDS 法消除质粒，菌株的抗生素抗性水平降低或抗性完全消失，并通过转化实验获得氨苄西林抗性转化子，表明大熊猫肠道中的大肠杆菌的抗生素抗性与它们含有的质粒有关。

王春花等（2012）从患病大熊猫鼻腔拭子中分离出致病性肺炎双球菌，对万古霉素、青霉素、氨苄西林、红霉素、羧苄青霉素和阿莫西林等高度敏感，对环丙氟哌酸、卡那霉素、四环素等中度敏感，对链霉素、多西环素等有耐药性。

高彤彤等（2015）对分离自成都大熊猫繁育研究基地大熊猫粪便源的 96 株大肠杆菌展开相关耐药性研究，结果显示，96 株大肠杆菌对 β-内酰胺类药物氨苄西林、头孢唑林和非 β-内酰胺类药物四环素类、复方新诺明耐药较严重，菌株对头孢西丁等 13 种药物耐药率较低，25 株菌产超广谱 β-内酰胺酶（ESBL），以 bla_{TEM}、bla_{CTX-M} 和 bla_{OXA} 基因型为主。

郭莉娟等（2014）对大熊猫肠道分离的 88 株大肠杆菌、32 株肺炎克雷伯菌对季铵盐类消毒剂苯扎氯铵（BC）、氯化十六烷吡啶（CPC）、十六烷基三甲基溴化铵（CTAB）及双十烷基二甲基氯化铵（DDAC）的最小抑菌浓度（MIC）值进行测定，并检测了消毒剂的耐药基因。结果表明，肺炎克雷伯菌对季铵盐类消毒剂的 MIC 值要大于大肠杆菌对季铵盐类消毒剂的 MIC 值。大肠杆菌季铵盐类消毒剂的染色体型耐药基因扩增率为 68.18%～98.86%，其中 emrE 最低（$n=60$，68.18%），sugE 最高（$n=87$，98.86%），可移动遗传元件介导的耐药基因检测率则为 0～19.32%，没有检测出 qacE、qacF、qacG，检出率最高的可移动遗传元件介导耐药基因为 qacEΔ1（$n=17$，19.32%）；肺炎克雷伯菌的染色体型耐药基因检出率为 37.5%～78.13%，emrE 最低（$n=12$，37.5%），ydgE 最高（$n=25$，78.13%），可移动遗传元件介导的耐药基因为 0～18.75%，qacEΔ1、qacF、qacG 检出率均为 0，可移动遗传元件介导的基因 sugE(p)检出率最高（$n=6$，18.75%）。大肠杆菌和肺炎克雷伯菌的季铵盐类消毒剂耐药基因检出率不同。大肠杆菌可移动遗传元件介导的耐药基因检出率明显高于肺炎克雷伯菌的检出率。其中，qacF 和 qacG 均没有被检出，但大肠杆菌没有检出 qacE 耐药基因，肺炎克雷伯菌中该基因检出率为 2.27%；肺炎克雷伯菌中没有检测出 qacEΔ1 基因，大肠杆菌该基因检出率则为 19.32%。无论是大肠杆菌还是肺炎克雷伯菌，染色体型耐药基因检出率都明显高于可移动遗传元件介导耐药基因的检出率。同时检测 88 株大肠杆菌对 18 种抗生素的敏感性，46.6%（$n=41$）的菌株都至少对一种抗生素耐药，5.7%（$n=5$）的大肠杆菌都是多重耐药菌株。从抗生素大类比较耐药率依次为：四环素类（35.2%）、磺胺类（8%～14.8%）、β-内酰胺类（1.1%～12.5%）、喹诺酮类（1.1%～4.6%）、β-内酰胺酶抑制剂类（1.1%～2.3%）和氨基糖苷类（1.1%）。大肠杆菌对四环素的耐药率最高，达 35.2%（$n=31$），其次分别为阿莫西林（12.5%，$n=11$）和磺胺类药物（S_3）（10.2%，$n=9$）。此外，所有大肠杆菌均对头孢曲松、亚胺培南和阿卡米星（AK）敏感。耐 β-内酰胺类药物的菌株中检出率最高的 β-内酰胺类耐药基因是 bla_{CTX-M}（88.24%，$n=15$），其次为 bla_{TEM}（64.71%，$n=11$）、bla_{SHV}（5.88%，$n=1$）。耐四环素类药物的菌株中四环素类耐药基因 tetB 基因检出率最高，达 48.39%（$n=15$），其次分别为 tetA（35.48%，$n=11$）、tetE（25.81%，$n=8$）、tetD（19.35%，$n=6$）和 tetF（6.45%，$n=2$）。磺胺类耐药基因 sul1、sul2、sul3 检出率分别为 92.31%（$n=12$）、

38.46%（n=5）和 30.77%（n=4）。然而，氨基糖苷类耐药基因 $aph(3')$-IIa、$aac(3)$-IIa、$aac(6')$-Ib、$ant(3')$-Ia 均未被检出。

李蓓等（2014）对中国大熊猫保护研究中心的 64 只大熊猫进行了肠道细菌耐药性监测，分离出 88 株大肠杆菌和 47 株沙门氏菌，大肠杆菌耐药率从抗生素大类比较依次为：四环素类（35.22%）>青霉素类（12.50%）>磺胺类（6.28%～12.50%）>喹诺酮类（1.14%～4.55%）>头孢类（0～4.55%）>β-内酰胺酶抑制剂类（1.14%～2.27%）>氨基糖苷类（0～1.14%）>碳青霉烯类（0）、单环内酰胺类（0）；大肠杆菌对各抗生素的耐药率为 0～35.22%，其中四环素为 35.22%、阿莫西林为 12.50%、S_3 为 12.50%，大肠杆菌对抗生素未产生耐药性的菌株占 61.36%，耐受 1 种抗生素的菌株占 17.06%，耐受 2 种抗生素的菌株占 12.36%，耐受 3 种及 3 种以上抗生素的菌株占 10.23%，共产生 17 种耐药谱，其中四环素、阿莫西林-四环素谱型占优势。沙门氏菌耐药率从抗生素大类比较依次为：四环素类（42.55%）>青霉素类（40.43%）>磺胺类（12.77%～38.30%）>头孢类（2.13%～4.26%）、β-内酰胺类药物/β-内酰胺酶抑制剂类（2.13%～4.26%）>氨基糖苷类（0～4.26%）>单环内酰胺类（2.13%）>喹诺酮类（1.14%～4.55%）>碳青霉烯类（0）；沙门氏菌对各种抗生素的耐药率为 0～42.55%，其中四环素为 42.55%、阿莫西林为 40.43%、S_3 为 38.30%，沙门氏菌未产生耐药性的菌株占 17.02%，耐受 1 种抗生素的菌株占 36.17%，耐受 2 种抗生素的菌株占 29.78%，耐受 3 种及 3 种以上抗生素的菌株占 17.03%，也产生了 17 种耐药谱，其中阿莫西林和阿莫西林-四环素谱型占优势。

郝中香等（2015）研究了不同生境大熊猫源肠球菌的耐药性，该研究发现大熊猫源肠球菌对大部分抗生素产生了耐药性，耐药性差异主要体现在肠球菌的种类上，大熊猫的生存环境和生存方式等对其影响相对较小。闫国栋（2015）研究了 50 株大熊猫粪源大肠杆菌的耐药性及整合子，结果发现大肠杆菌对氨苄西林、头孢唑林、四环素和复方新诺明表现出较高的耐药性，有 15 株菌含有 1 型整合子，并检测出了介导氨基糖苷类和磺胺-甲氧苄氨嘧啶耐药的 $aadA$ 和 $dfrA$ 基因。杨慧萍等（2015）对大熊猫肠道中的"益生菌"双歧杆菌进行了耐药性分析，发现双歧杆菌大熊猫分离株不是广谱的耐药菌株，对红霉素、氯霉素等表现为敏感，而对青霉素等产生耐药性。

刘晓强等（2017）以大熊猫源对喹诺酮类药物敏感的大肠杆菌菌株为研究对象，分析了诱导耐药菌株的靶位基因 $gyrA$ 和 $parC$ 耐药决定区的基因突变情况，并通过外排泵抑制剂苯丙氨酸-精氨酸-β-萘酰胺和实时荧光定量 PCR 方法，发现靶基因的点突变和外排泵基因的过量表达是普多沙星引起的大熊猫致病性大肠杆菌多重耐药性的主要原因。Ren 等（2017）分析了大熊猫粪便中志贺菌的耐药情况，结合 K-B 法测定了志贺菌菌株的药物敏感性，研究表明，成簇规律间隔短回文重复序列（clustered regularly interspaced short palindromic repeat，CRISPR）系统广泛存在于志贺菌中，并与大肠杆菌具有同源性，$cas1$ 和 $cas2$ 突变有助于提升其耐药性。

覃振斌等（2018）采用双纸片法和 K-B 法对分离自圈养大熊猫粪便（96 株）和生活环境（29 株）的大肠杆菌菌株，进行了产 ESBL 菌株筛选和耐药性检测，并采用 PCR 及测序法检测菌株 ESBL 耐药基因型，对 ESBL 及其相关耐药基因在大熊猫粪便源和环境源大肠杆菌的流行状况进行了分析。研究发现，产 ESBL 菌株较广泛地存在于大熊猫粪便源和环境源大肠杆菌中，这些菌株具有更严重和复杂的耐药表型，其 ESBL 基因型主要为 bla_{TEM} 和 $bla_{\text{CTX-M}}$。

邓雯文等（2019）从一只泌尿生殖道感染出现潜血的大熊猫尿液中分离出大肠杆菌 CCHTP，并进行全基因组测序，通过组装获得一个长度为 5 106 047bp 的环状染色体序列（图 7-1），同时检测了其中耐药基因和毒力因子的情况，并对基因岛上耐药和毒力基因及其基因环境进行研究。大肠杆菌 CCHTP 对阿莫西林、氨苄西林、阿莫西林/克拉维酸、头孢克洛、头孢曲松、头孢噻肟、庆大霉素、红霉素、阿奇霉素、氧氟沙星、诺氟沙星、恩诺沙星和四环素耐药，对氨曲南和卡那霉素敏感。通过对染色体基因序列进行比对，发现大肠杆菌携带了多种类型的抗生素耐药基因，包括 14 大类 161 个抗生素耐药基因（表 7-1）。外排泵系统基因数量最多，主要包括 $macB$（13 个）、$adeL$（6 个）、$patA$（6 个）、$evgS$（5 个）等 115 个耐药基因，表明外排泵系统可能为大肠杆菌 CCHTP 产生耐药性的主要因素。此外，该研究还发现 $mdfA$、$emrE$、$mdtK$ 和 $hmrM$ 等多重耐药外排泵系统基因。目前已有大量研究表明多重耐药外排泵能够介导对抗生素、消毒剂、

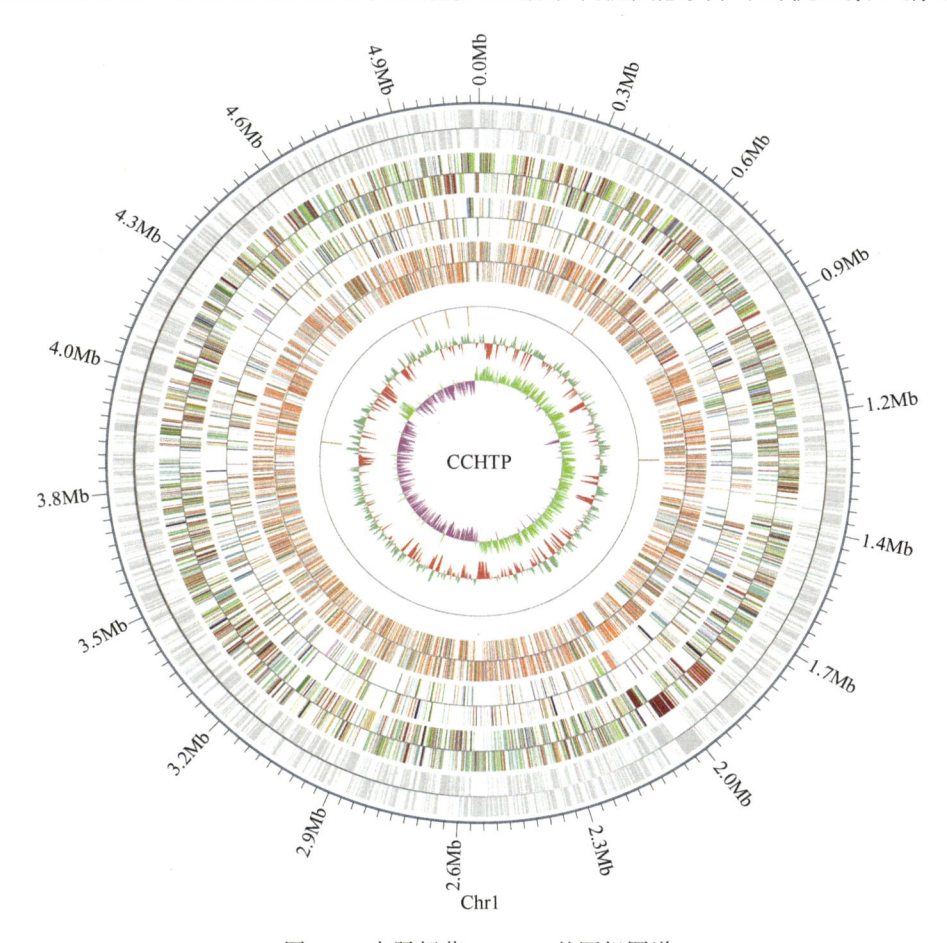

图 7-1　大肠杆菌 CCHTP 基因组图谱

从外圈至内圈：1、2 圈为编码基因；3、4 圈为 EggNOG；5、6 圈为 KEGG；7、8 圈为 GO；9、10 圈为 ncRNA；11、12 圈为基因组 GC 含量；13、14 圈为基因组 GC skew 值分布

表 7-1　大肠杆菌 CCHTP 中耐药基因分析结果

耐抗生素大类	耐药基因
外排泵	*macB*、*adeL*、*patA*、*evgS*、*mdtF*、*patB*、*sav1866*、*TaeA* 等
糖肽类	*vanTG*、*vanTC*、*vanRI*、*vanRF*、*vanRE*、*vanRB*、*vanHD*、*vanG*、*baeS*、*baeR*
多肽类	*pmrF*、*pmrE*、*pmrC*、*mcr-3*、*basS*、*arnA*、*arlS*
四环素类	*tetT*、*tetB*(60)、*tetA*(48)、*tet34*
喹诺酮类	*gyrB*、*gyrA*、*mfd*
抗结核药	*ndh*、*katG*、*kasA*
磺胺类	*sul3*、*leuO*
β-内酰胺类	*mecC*、*bla*$_{CMY-63}$
多磷类	*glpT*、*murA*
大环内酯类	*chrB*
环脂肽类	*cls*
肽类抗生素	*bacA*
林可酰胺类	*clbB*
利福霉素类	*rphB*

洗涤剂和染料等有毒化合物的内在抗性（Sulavik et al., 2001），阻止药物在细菌体内积聚，是细菌多重耐药性产生的主要机制之一（薛原等, 2009）。进一步对染色体序列的分析发现，大肠杆菌 CCHTP 19 个基因岛，总长在 5187~74 031bp，并发现大量抗生素耐药及毒力基因两侧存在插入序列（图 7-2），已有的研究表明插入序列是染色体特殊组成部分，可携带耐药基因转移，同时插入序列可通过自身携带的转座子提高耐药基因表达量从而提高细菌耐药程度（Mojica et al., 2005; Wang et al., 2014）。因此，研究结果提示大肠杆菌中耐药或毒力基因可能通过可移动遗传元件介导传播。

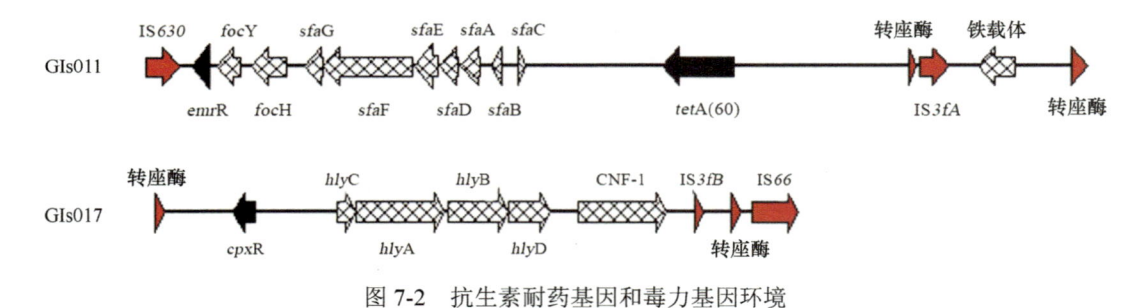

图 7-2　抗生素耐药基因和毒力基因环境

Zhu 等（2020）对成都大熊猫繁育研究基地的 84 只大熊猫粪便中大肠杆菌分离株的耐药性及耐药传播中的可移动遗传元件的分析发现，大熊猫肠道大肠杆菌存在严重的多重耐药性，42.86%（36/84）的菌株表现出多重耐药，其中对阿莫西林/克拉维酸（80.95%，68/84）、氨苄西林（69.05%，58/84）、多西环素（61.90%，52/84）、四环素（48.81%，41/84）存在严重耐药性；对耐药相关的 21 种可移动遗传元件进行分析，共检测出 11 种耐药相关的可移动遗传元件，其中 *merA*（64.29%，54/84）检出率最高，并在 27 株 1 型整合子阳性分离株中鉴定出 6 个基因盒型（*dfrA*17+*aadA*5、*aadA*2、*dfrA*12+*aadA*2、 *dfrA*1+*aadA*1、*dfrA*1 和 *aadA*1），揭示了大熊猫源大肠杆菌多重耐药的普遍性和可移动遗传元件的多样性。

李才武和邹立扣（2020）对来自国内不同动物园的 176 只圈养大熊猫消化道的细菌进行分离、鉴定，调查其对抗生素的耐药情况，并建立圈养大熊猫抗生素耐药情况个体档案，制作大熊猫耐药谱手册，有助于合理、科学地使用抗生素，制定圈养大熊猫抗生素使用规则，防控圈养大熊猫消化道细菌感染性疾病。在此基础上，Wang 等（2022）分析了分离自 166 只大熊猫粪便的大肠杆菌（166 株）、肠杆菌（68 株）、肺炎克雷伯菌（116 株）和肠球菌（117 株）对 18 种抗生素的耐药性，其中大肠杆菌耐药性结果见表 7-2，166 株大肠杆菌对 17 种抗生素表现出不同程度的耐药性。大肠杆菌对磺胺嘧啶（SD）的耐药率最高，达 72.29%，其次为四环素（TET）（37.95%）、阿莫西林（AML）（23.49%）、氨苄西林（AMP）（22.89%），对其他抗生素耐药率相对较低，为 1.20%~11.45%，其中，所有大肠杆菌对亚胺培南（IPM）表现为敏感。各菌株对同大类抗生素的耐药情况也有一定的差异，如磺胺类中磺胺嘧啶（72.29%）的耐药率远远高于甲氧苄氨嘧啶（TMP）（11.45%）；β-内酰胺类抗生素中，对青霉素类氨苄西林（AMP）、阿莫西林（AML）耐药率较高，其次为第三代头孢菌素头孢曲松（CRO）、头孢克肟（CFX），也发现了对单环 β-内酰胺类氨曲南（ATM）有一定的耐药性，而对碳青霉烯类 IPM 敏感。各类抗生素耐药率由高到低依次为磺胺类＞四环素类＞β-内酰胺类＞喹诺酮类＞大环内酯类＞氨基糖苷类。所有大肠杆菌对 IPM 敏感度最高，为 100.00%；其次为卡那霉

表 7-2 大肠杆菌耐药性

类别	抗生素	菌株数（占比）		
		敏感（S）	中介（I）	耐药（R）
氨基糖苷类	卡那霉素 KAN	162（97.59%）	0（0）	4（2.41%）
	庆大霉素 GEN	161（96.99%）	1（0.60%）	4（2.41%）
大环内酯类	阿奇霉素 AZM	161（96.99%）	0（0）	5（3.01%）
喹诺酮类	诺氟沙星 NOR	162（97.59%）	0（0）	4（2.41%）
	氧氟沙星 OFX	162（97.59%）	2（1.20%）	2（1.20%）
	环丙沙星 CIP	147（88.55%）	16（9.64%）	3（1.81%）
	洛美沙星 LOM	161（96.99%）	1（0.60%）	4（2.41%）
	左氧氟沙星 LEV	159（95.78%）	0（0）	7（4.22%）
磺胺类	磺胺嘧啶 SD	46（27.71%）	0（0）	120（72.29%）
	甲氧苄氨嘧啶 TMP	147（88.55%）	0（0）	19（11.45%）
β-内酰胺类	头孢曲松 CRO	160（96.39%）	1（0.60%）	5（3.01%）
	头孢克肟 CFX	159（95.78%）	3（1.81%）	4（2.41%）
	氨苄西林 AMP	124（74.70%）	4（2.41%）	38（22.89%）
	阿莫西林 AML	118（71.08%）	9（5.42%）	39（23.49%）
	氨曲南 ATM	161（96.99%）	2（1.20%）	3（1.81%）
	亚胺培南 IPM	166（100.00%）	0（0）	0（0）
四环素类	四环素 TET	103（62.05%）	0（0）	63（37.95%）

素（KAN）、诺氟沙星（NOR）、氧氟沙星（OFX）、庆大霉素（GEN）、阿奇霉素（AZM）、洛美沙星（LOM）、ATM、CRO、左氧氟沙星（LEV）、CFX，敏感率均大于95.00%；环丙沙星（CIP）、TMP、AMP、AML、TET相对较低，敏感率在60.00%～90.00%，SD的敏感率最低，仅27.71%。其中，本次实验中CIP的中介率最高9.64%，存在耐药率上升的趋势。

由图7-3、表7-3可知，在166株大熊猫源大肠杆菌中有144株耐药，多重耐药（即对三类或大于三类以上的抗生素耐药）率达16.87%（n=28）。一共产生28种耐药谱型，前4种优势耐药谱型分别为SD（n=58，40.28%）、SD-TET（n=22，15.28%）、SD-AMP-AML-TET和TET（n=10，6.94%）。耐药种类为1～12耐，其中102株（70.83%）为一至二重耐药，13株（9.03%）为三重耐药，19株（13.19%）为四重耐药，3株（2.08%）

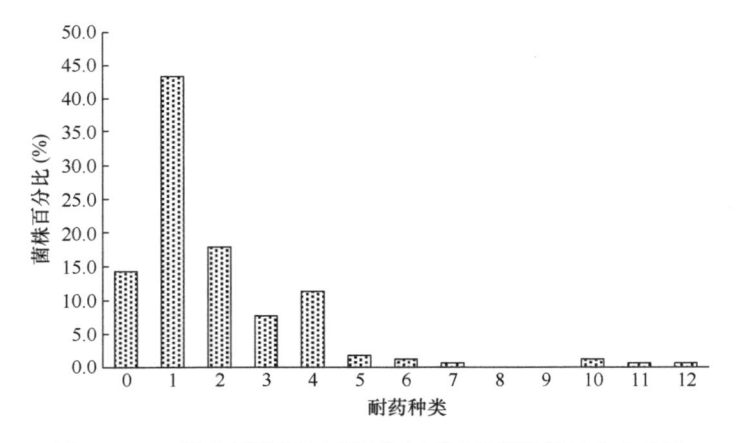

图7-3　166株大熊猫源大肠杆菌在不同耐药种类的分布情况

0为不耐药；1～12分别对应耐1～12种抗生素

表7-3　大肠杆菌耐药谱

耐药谱	菌株 n	耐药谱	菌株 n
AML	3	NOR-OFX-CIP-LOM-LEV-SD-TMP-AMP-AML-TET	2
AMP	1	SD	58
AMP-AML	6	SD-AMP-AML	5
AZM-SD	1	SD-AMP-AML-TET	10
AZM-SD-AML-TET	1	SD-CRO-AMP-AML	1
AZM-SD-AMP-AML	1	SD-TET	22
CIP-SD	1	SD-TMP-AML-TET	2
GEN-CRO-CFX-AMP-AML-ATM-TET	1	SD-TMP-AMP	1
KAN-GEN-AZM-LEV-SD-CRO-CFX-AMP-AML-ATM-TET	1	SD-TMP-AMP-AML-TET	2
KAN-GEN-AZM-LEV-SD-TMP-CRO-CFX-AMP-AML-ATM-TET	1	SD-TMP-AMP-TET	3
KAN-GEN-SD-TET	1	SD-TMP-CRO-CFX-TET	1
KAN-SD-TMP-AMP-AML-TET	1	SD-TMP-TET	4
LEV-SD-TMP-AMP-AML-TET	1	TET	10
NOR-LOM-LEV	2	TMP-AMP-AML	1

为五重耐药，2 株（1.39%）为六重耐药，1 株（0.69%）为七重耐药，2 株（1.39%）为十重耐药，1 株（0.69%）为十一重耐药，1 株（0.69%）为十二重耐药。

除此之外，本研究分析了 116 株肺炎克雷伯菌的耐药性，发现其对 AML 的耐药率最高，达 85.34%，其次为 AMP（73.28%）、SD（46.55%）；对其他抗生素的耐药率为 0.86%～11.21%（表 7-4）。此外，所有肺炎克雷伯菌对 IPM 和 ATM 敏感。94.83%（n=110）的肺炎克雷伯菌至少对一种抗生素具有耐药性，由图 7-4 可见，大熊猫源肺炎克雷伯菌

表 7-4　肺炎克雷伯菌耐药性

类别	抗生素	菌株数（占比）		
		敏感（S）	中介（I）	耐药（R）
氨基糖苷类	KAN	106（91.38%）	9（7.76%）	1（0.86%）
	GEN	115（99.14%）	0（0）	1（0.86%）
大环内酯类	AZM	114（98.28%）	0（0）	2（1.72%）
喹诺酮类	NOR	114（98.28%）	0（0）	2（1.72%）
	OFX	114（98.28%）	0（0）	2（1.72%）
	CIP	105（90.52%）	8（6.90%）	3（2.59%）
	LOM	112（96.55%）	1（0.86%）	3（2.59%）
	LEV	110（94.83%）	4（3.45%）	2（1.72%）
磺胺类	SD	62（53.45%）	0（0）	54（46.55%）
	TMP	105（90.52%）	0（0）	11（9.48%）
β-内酰胺类	CRO	113（97.41%）	0（0）	3（2.59%）
	CFX	113（97.41%）	2（1.72%）	1（0.86%）
	AMP	6（5.17%）	25（21.55%）	85（73.28%）
	AML	5（4.31%）	12（10.34%）	99（85.34%）
	ATM	116（100.00%）	0（0）	0（0）
	IPM	116（100.00%）	0（0）	0（0）
四环素类	TET	103（88.79%）	0（0）	13（11.21%）

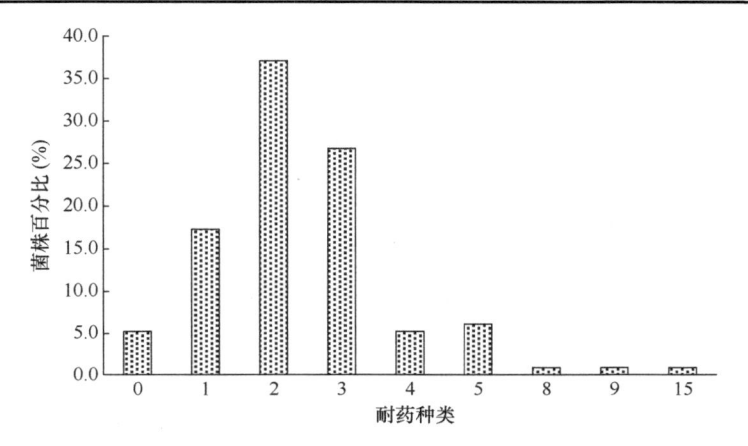

图 7-4　116 株大熊猫源肺炎克雷伯菌在不同耐药种类的分布情况
0：不耐药；1：耐 1 种抗生素；2：耐 2 种抗生素；3：耐 3 种抗生素；4：耐 4 种抗生素；5：耐 5 种抗生素；8：耐 8 种抗生素；9：耐 9 种抗生素；15：耐 15 种抗生素

耐药种类主要为1~15耐，20株为一重耐药（17.24%），43株为二重耐药（37.07%），31株三重耐药（26.72%），6株为四重耐药（5.17%），7株为五重耐药（6.03%），1株为八重耐药（0.86%），1株为九重耐药（0.86%），1株为十五重耐药（0.86%），多重耐药率为15.52%（n=18）。在110株耐药菌中，耐药谱以AMP-AML（36.36%，n=40）、SD-AMP-AML（22.73%，n=25）、AML（10.00%，n=11）为主（表7-5）。

表7-5 肺炎克雷伯菌耐药谱

耐药谱	菌株 n	耐药谱	菌株 n
AML	11	NOR-OFX-CIP-LOM-LEV-SD-AMP-AML	1
AML-TET	1	SD	9
AMP-AML	40	SD-AML	1
AMP-AML-ATM	1	SD-AML-TET	1
AMP-AML-TET	2	SD-AMP-AML	25
AZM-CIP-LOM-SD-TMP-CRO-AMP-AML-TET	1	SD-AMP-AML-TET	6
CRO-AMP-AML	1	SD-TMP-AMP-AML-TET	7
KAN-GEN-AZM-NOR-OFX-CIP-LOM-LEV-SD-TMP-CRO-CFX-AMP-AML-TET	1	SD-TMP-TET	2

大肠杆菌和肺炎克雷伯菌对抗生素的耐药程度有所不同，如图7-5所示，肺炎克雷伯菌对AML和AMP的耐药率均显著高于大肠杆菌（$P<0.05$）；大肠杆菌对SD和TET的耐药性显著高于肺炎克雷伯菌（$P<0.05$）。总体来看，大肠杆菌和肺炎克雷伯菌对SD、AML、AMP及TET的耐药性较高，均对IPM敏感。

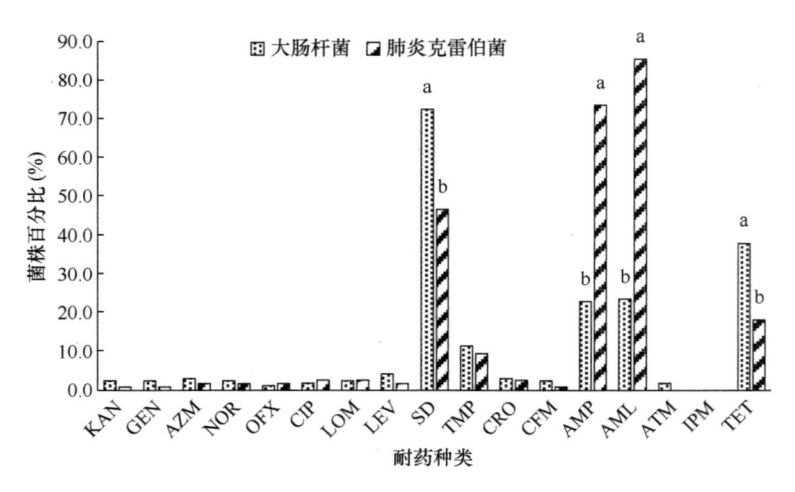

图7-5 大熊猫源大肠杆菌和肺炎克雷伯菌对抗生素的耐药率
不同小写字母表示差异显著（$P<0.05$）

在耐药大肠杆菌中检测到12种耐药基因，即 $aac(3)$-IIa、$ant(3'')$-Ia、$qnrB$、$sul1$、$sul2$、$sul3$、bla_{TEM}、bla_{SHV}、bla_{CTX-M}、$tetA$、$tetB$ 和 $tetC$（表7-6），未检测到 $aph(3')$-IIa、$aac(6')$-Ib、$qnrA$、bla_{VIM} 和 bla_{IPM}。在耐药肺炎克雷伯菌中检测到11种耐药基因，即 $aac(6')$-Ib、$qnrB$、$sul1$、$sul2$、$sul3$、bla_{TEM}、bla_{VIM}、bla_{SHV}、bla_{CTX-M}、$tetA$ 和 $tetC$，未

检测到 aac(3)-IIa、aph(3')-Iia、ant(3")-Ia、qnrA、bla$_{IPM}$ 和 tetB。大肠杆菌和肺炎克雷伯菌中检出的氨基糖苷类耐药基因类型和比例有差异。大肠杆菌和肺炎克雷伯菌均未检出 aph(3')-Iia，大肠杆菌 aac(3)-IIa 和 ant(3")-Ia 的检出率均为 20.00%，而在肺炎克雷伯菌中均未检出 aac(3)-IIa 和 ant(3")-Ia 这两种基因。肺炎克雷伯菌中耐氨基糖苷类耐药基因 aac(6')-Ib 的检出率为 100.00%，而大肠杆菌中未发现耐氨基糖苷类基因。共检测了 2 种喹诺酮类耐药基因，其中耐喹诺酮类大肠杆菌和肺炎克雷伯菌中均未检测出 qnrA，而仅 1 株耐喹诺酮类大肠杆菌和 1 株耐喹诺酮类肺炎克雷伯菌检出 qnrB。耐磺胺类大肠杆菌 sul3 检出率最高（9.09%），其次为 sul2（7.44%），sul1 检出率较低（0.83%）。与之相反，耐磺胺类肺炎克雷伯菌 sul1 检出率最高（12.96%），sul2（7.41%）次之，sul3 检出率最低（5.56%）。大肠杆菌和肺炎克雷伯菌中检出的 β-内酰胺类耐药基因的检出类型和比例有差异。耐 β-内酰胺类大肠杆菌 bla$_{TEM}$ 检出率最高（35.56%），其次为 bla$_{CTX-M}$（17.78%），bla$_{SHV}$ 的检出率最低（2.22%）。与之相反的是耐 β-内酰胺类肺炎克雷伯菌中 bla$_{SHV}$ 的检出率最高，达 82.83%，其次为 bla$_{CTX-M}$（8.08%%），bla$_{TEM}$（7.07%）。耐 β-内酰胺类肺炎克雷伯菌中 bla$_{VIM}$（2.02%）检出率最低，而在耐 β-内酰胺类大肠杆菌中未检出该基因。大肠杆菌和肺炎克雷伯菌中均为检出 bla$_{IPM}$。耐四环素类大肠杆菌和肺炎克雷伯菌中检出率最高的是四环素类耐药基因为 tetA，检出率分别为 66.67% 和 76.19%。大肠杆菌对 tetB 和 tetC 的检出率相同，均为 3.17%；而肺炎克雷伯菌对 tetC 的检出率高于大肠杆菌，为 9.52%，但是肺炎克雷伯菌中并未检出 tetB。

表 7-6 大熊猫源大肠杆菌和肺炎克雷伯菌对抗生素的耐药基因检出情况

抗生素种类	耐药基因	耐药基因检出数量/耐抗生素细菌数量	
		大肠杆菌	肺炎克雷伯菌
氨基糖苷类	aac(3)-IIa	1/5	—
	aph(3')-Iia	—	—
	aac(6')-Ib	—	1/1
	ant(3")-Ia	1/5	—
喹诺酮类	qnrA	—	—
	qnrB	1/8	1/3
磺胺类	sul1	1/121	7/54
	sul2	9/121	4/54
	sul3	11/121	3/54
β-内酰胺类	bla$_{TEM}$	16/45	7/99
	bla$_{VIM}$	—	2/99
	bla$_{SHV}$	1/45	82/99
	bla$_{CTX-M}$	8/45	8/99
	bla$_{IPM}$	—	—
四环素类	tetA	42/63	16/21
	tetB	2/63	—
	tetC	2/63	2/21

注："—"表示没有菌株对此种抗生素耐药

目前，治疗细菌感染引起的大熊猫肠道疾病时，不可避免地需要使用到抗生素，这使得大熊猫肠道菌群对抗生素产生了不同程度的耐药性。大肠杆菌和肺炎克雷伯菌对抗生素耐药性依然普遍存在，但是耐药率及多重耐药率低于近几年其他研究从大熊猫中分离的大肠杆菌的耐药率及多重耐药率（Zhu et al.，2020；Zou et al.，2018）。研究表明，大熊猫肠道大肠杆菌对常用抗生素均产生了不同程度的抗性，而且在不同时期、不同圈养地点大肠杆菌耐药种类或程度都具有一定的差异。2020 年，Zhu 等对成都大熊猫繁育研究基地大熊猫肠道大肠杆菌的耐药性进行检测，发现大肠杆菌对 ATM 的耐药率最高，达 86.9%，然而在此前的研究中未发现针对 ATM 有如此高的耐药率，此外对阿莫西林/克拉维酸（AMC）也表现出了较高的耐药率，这可能与 β-内酰胺类的使用及饲料和不同喂养环境相关。

对大熊猫源肺炎克雷伯菌的耐药性研究较少，杨帆等（2017）研究不同宿主来源的肺炎克雷伯菌耐药性，发现动物源肺炎克雷伯菌菌株耐药率显著低于医源，而动物源中，由于不同的细菌抗生素选择性压力，兔源和犬源菌株的耐药率显著低于鸡源和猪源菌株。β-内酰胺类抗生素具有杀菌活性强、毒性低、适应证广等优势，被用来治疗细菌感染引起的大熊猫疾病，在抗生素的作用下肺炎克雷伯菌对 AML 和 AMP 等 β-内酰胺类抗生素具有较高的耐药率，已有的研究表明肺炎克雷伯菌对某些 β-内酰胺类抗生素的抗性是天然的，如由于存在于染色体上的耐药基因 bla_{SHV} 的作用，使得肺炎克雷伯菌对 AMP 具有抗性（罗可人和唐军，2020）。大熊猫源肺炎克雷伯菌对 IPM 和 ATM 均敏感，但是在其他来源的肺炎克雷伯菌已有学者检测到了对 IPM 这类碳青霉烯类抗生素耐药的分离株（杨帆等，2017）。因此，应当警惕耐药性在细菌间传播，为应对细菌耐药性的挑战，规范抗菌药物的使用及找到代替抗生素治疗的其他方式已迫在眉睫。

三、大熊猫细菌耐药性的控制策略

1）控制并减少抗生素的使用，从源头上遏制细菌耐药性的产生。过度依赖及滥用抗生素加速了细菌耐药性出现。因此，应当加强兽药审批管理，强化细菌耐药性管理和检测数据分享。

2）加强大熊猫细菌耐药性的检测，监测数据具有重要参考意义。

3）积极应用创新技术，针对耐药靶标开发新型药物。开发新型抗生素的难度、时间和成本越来越大，重新应用老抗生素或寻找临床试验中治疗其他疾病的药物来应对细菌感染。

圈养大熊猫肠道内耐药菌株的不断出现及耐药率的不断提高，使得定期监测大熊猫肠道细菌耐药性十分必要。通过监测大熊猫肠道细菌耐药情况，调整用药的种类、数量及给药途径等，临床用药时勿滥用药物，特别是不要长期连续使用同类药物。同时，通过监测肠道细菌中的耐药基因、耐药谱、毒力因子及相关毒力基因等重要致病特性，研究耐药机制、耐药性传播机制（如传播性、传播条件和传播方式等）等，寻找可替代抗生素治疗的药物或从分子层面上寻找更多的方法科学治疗大熊猫相关疾病。

第三节　大熊猫肠道细菌毒力与耐药基因

一、基于宏基因组的毒力基因注释

毒力因子是由细菌、真菌、原生动物与病毒产生和释放的特定分子，主要由位于染色体上的特定基因或细菌病原体中的可移动遗传元件（如质粒或转座子）编码，是病原菌具有的能够使其在宿主环境中定植、繁殖和致病的基因产物（Pakbin et al.，2021；Wu et al.，2008）。近年来随着基因组学的飞速发展，可从分子水平对毒力因子进行研究，从而揭示病原菌致病机理。经毒力因子数据库（Virulence Factor Database，VFDB）比对，发现大熊猫宏基因组测序数据中包含大量毒力因子，如黏附与侵袭类、分泌系统类、铁转运类和细菌毒素类，这些毒力因子主要由一些特定细菌的染色体编码，如空肠弯曲菌（*Campylobacter jejuni*）、粪肠球菌（*Enterococcus faecalis*）、大肠杆菌（*Escherichia coli*）、铜绿假单胞菌（*Pseudomonas aeruginosa*）、沙门氏菌（*Salmonella*）、鲍氏志贺菌（*Shigella boydii*）、无乳链球菌（*Streptococcus agalactiae*）、肺炎链球菌（*Streptococcus pneumoniae*）等。

依据宏基因组的注释结果，相对丰度前 50 的毒力基因如图 7-6 所示，其相对丰度范围为 0.04%~1.10%，主要毒力基因包括 *tnpH*（1.10%）、*Z5088*（0.19%）、*entE*（0.16%）*entA*（0.16%）和 *orf48*（0.13%）等，这些毒力基因主要与志贺菌、大肠杆菌相关。对样品进行分组（圈养、野化培训、野生大熊猫）分析，结果显示圈养大熊猫粪便微生物中毒力基因的相对丰度和多样性最高，其次为野化培训大熊猫，野生大熊猫最低。在圈

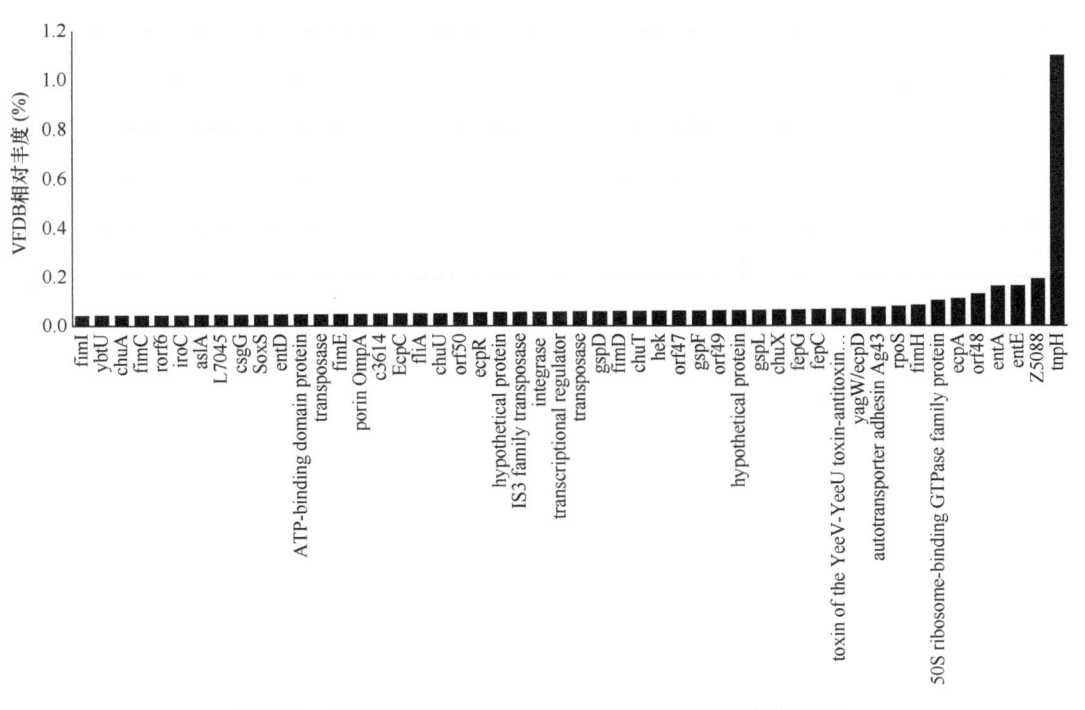

图 7-6　大熊猫粪便微生物组中相对丰度前 50 的毒力基因

养大熊猫粪便微生物中，毒力基因 *tnpH* 相对丰度（0.97%）最高，其次为 Z5088（0.42%）、*entE*（0.37%）、*entA*（0.36%）和 *ecpA*（0.25%）（图 7-7）。

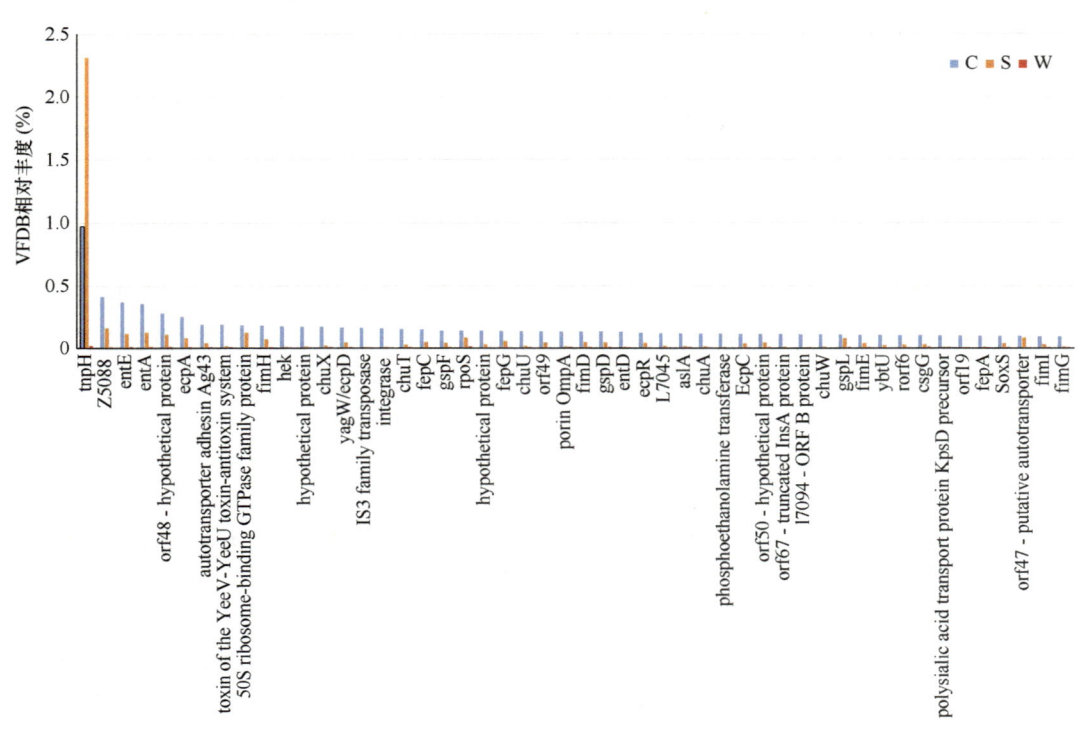

图 7-7　圈养（C）、野化培训（S）及野生大熊猫（W）粪便微生物组中相对丰度前 10 的毒力基因比较

随着人们对于各种毒力因子的逐步了解，通过宏基因组学技术，有一些与微生物致病性密切相关，但相对丰度较低的毒力基因也能被检测出，如与幽门螺杆菌 26695（*Helicobacter pylori* 26695）致病性相关的毒力基因 *ureB*、*ureG*、*cag3*、*cag8*、*cag11* 和 *cag12* 等，与结核分枝杆菌 H37Rv（*Mycobacterium tuberculosis* H37Rv）致病性相关的毒力基因 *plcB* 和 *sigH*。对低丰度物种的准确检测也同样重要，因为这些稀有菌种在各种生物过程中仍可能发挥重要作用。

二、基于宏转录组和宏基因组的耐药基因注释

圈养大熊猫疾病治疗过程中抗生素的使用及其与人类的接触等，增加了抗生素的选择压力，促进了耐药菌株的丰度水平、垂直传播，加速了耐药性的产生，导致大熊猫肠道微生物已成为重要的耐药基因储存库，这增大了许多细菌性疾病的救治难度（Zou et al.，2018）。

（一）基于宏转录组的耐药基因注释

邓雯文等（2020）将成年大熊猫粪便的宏转录组测序数据与抗生素耐药基因数据库

(the Comprehensive Antibiotic Research Database，CARD）进行比对，共发现 304 种抗生素耐药基因，其中有 217 种耐药基因为所有样品共有。分析发现大熊猫肠道内耐药基因的耐药种类多样，可分为 25 大类，耐药基因种类较多的为外排泵类（n=125）、糖肽类（n=38）、四环素类（n=23）、β-内酰胺类（n=18）和喹诺酮类（n=17）。

相对丰度排名前 10 的耐药基因大类如表 7-7 所示，各样品均显示外排泵类耐药基因相对丰度最高（77 860~196 768ppm[①]），此外多肽类（10 233~34 651ppm）、elfamycin 类（9848~29 535ppm）、β-内酰胺类（6888~27 915ppm）和喹诺酮类（7755~18 783ppm）耐药基因在样品中的相对丰度也较高。

表 7-7　大熊猫肠道内抗生素耐药基因类型分布情况（ppm）

耐药基因大类	样品相对丰度					
	M1	M2	M3	F1	F2	F3
外排泵	77 860	166 484	138 240	114 349	146 907	196 768
elfamycin 类	18 453	20 652	9 848	19 372	17 957	29 535
β-内酰胺类	6 888	24 044	17 653	19 622	27 915	11 696
多肽类	10 233	23 743	10 914	11 304	34 651	16 684
喹诺酮类	7 755	12 577	12 851	11 249	16 263	18 783
四环素类	9 199	14 789	12 523	10 455	13 112	17 653
糖肽类	8 156	11 195	11 627	8 657	12 430	16 223
利福霉素类	4 401	12 747	5 970	8 247	7 472	10 124
磺胺类	4 196	7 897	6 924	6 131	12 379	9 567
大环内酯类	2 804	13 713	7 197	8 073	5 473	7 419

注：耐药基因在各样品所有基因中的相对丰度，数值为原始相对丰度数据放大 10^6 倍。编号 M1~M3 分别代表 3 只健康雄性大熊猫（分别为 6 岁、9 岁、11 岁）；编号 F1~F3 分别代表 3 只健康雌性大熊猫（分别为 6 岁、8 岁、9 岁）。

图 7-8 为相对丰度前 10 的耐药基因，在这些耐药基因中有 5 个属于外排泵类（*patA*、*macB*、*evgA*、*bcr-1* 和 *mdtF*）、1 个属于 elfamycin 类（*Streptomyces_cinnamoneus_EF-Tu*）、1 个属于多肽类（*pmrF*）、1 个属于 β-内酰胺类（*nmcR*）、1 个属于大环内酯类（*chrB*）、1 个属于利福霉素类（*rphB*），其中 *Streptomyces_cinnamoneus_EF-Tu*（115,744ppm）在各个样品中的相对丰度之和最高，其次为 *patA*（78 557ppm）和 *nmcR*（75 543ppm）。

（二）基于宏基因组的耐药基因注释

四川农业大学邹立扣课题组将 60 只大熊猫粪便的宏基因组测序数据与 CARD 数据库进行比对，共发现 667 种抗生素耐药基因（Mustafa et al.，2021）。对所有样品的分析发现，大熊猫肠道内耐药基因的耐药种类多样，共有 23 种耐药基因大类的相对丰度大于 1%，其中外排泵类耐药基因的总相对丰度最高（42%），其次为喹诺酮类（13%）、多肽类（12%）、氨基香豆素类（7%）、磷霉素类（5%）、糖肽类（4%）、林可酰胺类（4%）和 β-内酰胺类（4%）等（图 7-9）。此外，在所有样品中，均含有较高丰度的多重耐药基因 *efrB*、*efrA*、*msbA* 和 *macB*。对不同年龄组（亚成年、成年和老年）大熊猫

[①] 1ppm=10^{-6}

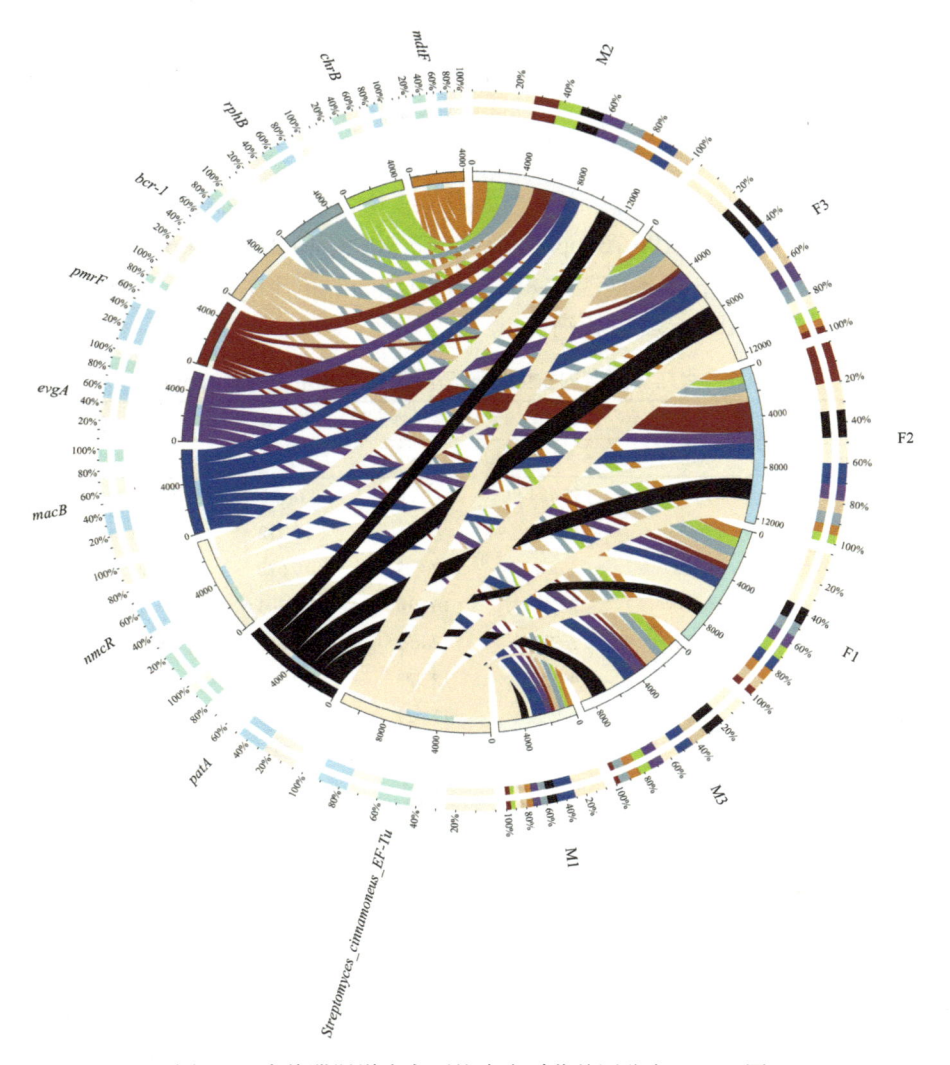

图 7-8　大熊猫肠道内主要抗生素耐药基因分布 Circos 图

圈图分为两个部分，右侧为样品，左侧为抗生素耐药基因（ARG）。内圈不同颜色表示不同的样品和 ARG，左侧为某 ARG 在各个样品中的相对丰度之和，右侧为各 ARG 在某样品中的相对丰度之和；外圈左侧为某 ARG 中各个样品的相对百分含量，外圈右侧为某样品中各 ARG 的相对百分含量

粪便样品中相对丰度排名前 10 的耐药基因进行分析（图 7-10），结果显示各组中喹诺酮耐药基因 *mfd* 相对丰度均最高，且各组中均含有多重耐药基因 *efrB*、*macB* 和 *msbA*。但不同年龄段相对丰度排名前 10 的耐药基因种类有一定差异，如耐药基因 *sav1866* 和 *acrB* 在成年组和老年组的相对丰度较高，而多重耐药基因 *efrA* 在亚成年和成年组的相对丰度较高。

在不同大熊猫肠道内检测出大量的共有耐药基因，提示应重视耐药性的水平传播。在耐药基因大类中，通过宏转录组学和宏基因组学研究，均发现大熊猫肠道微生物外排泵基因的种类最多、相对丰度最高。相似地，邓雯文等（2019）通过全基因组测序发现大熊猫源大肠杆菌中耐药基因以外排泵基因为主，表明外排泵系统可能是大熊猫产生耐

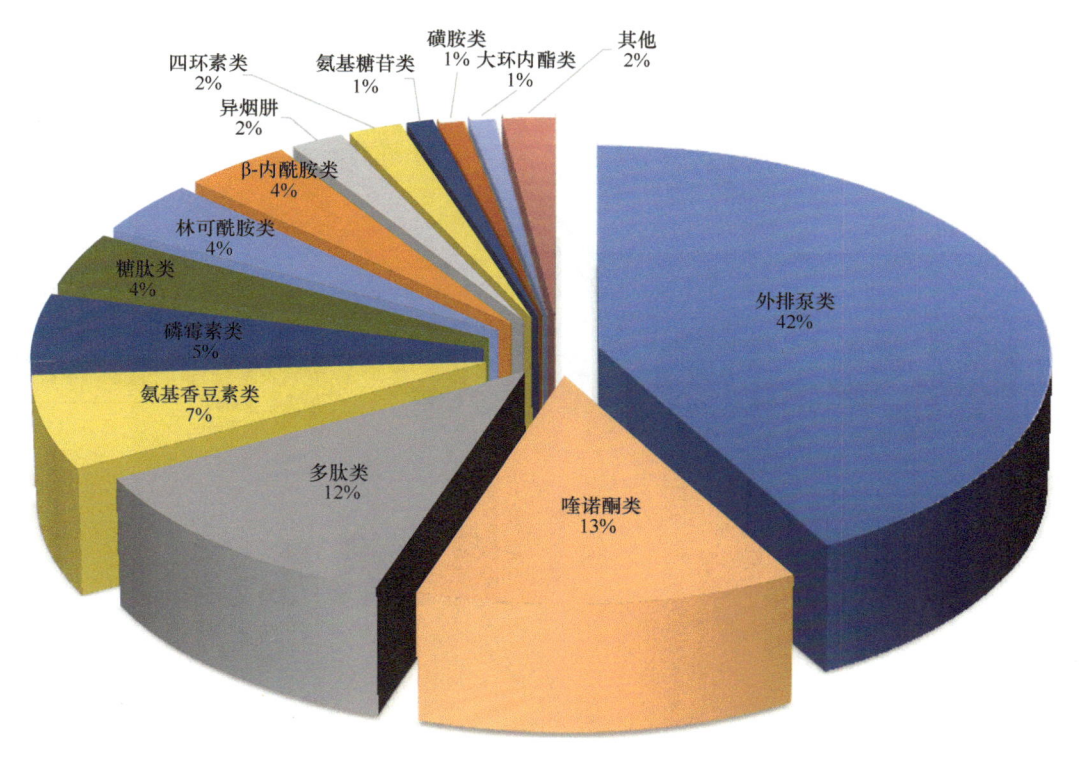

图 7-9　大熊猫肠道内主要抗生素大类

药性的主要因素。多肽类和 elfamycin 类耐药基因也具有较高的相对丰度。其中，多肽类耐药基因 *pmrF* 参与合成并连接氨基阿拉伯糖到革兰氏阴性菌外膜的脂类 A 上，增加外膜的正电荷电量以提高对阳离子抗菌肽的抗性，可导致细菌对多黏菌素耐药性的产生（陈福等，2008）。目前，关于大熊猫肠道中 elfamycin 类耐药基因的研究还较少，elfamycin 类为窄谱抗生素，包括芬尼法霉素（phenelfamycin）、黄色霉素（kirromycin）和粉霉素（pulvomycin）等，这类抗生素通过与蛋白质合成的延伸因子 EF-Tu 结合从而抑制细菌蛋白的合成、阻碍细菌的生长，而耐药基因 *Streptomyces_cinnamoneus_EF-Tu* 在各个样品中的相对丰度之和最高，故可以通过影响延长因子 EF-Tu 而使细菌产生抗生素抗性（Elke et al.，2011；Prezioso et al.，2017）。此外，四环素类、β-内酰胺类和喹诺酮类耐药基因具有较多的种类和较高的相对丰度，其在大熊猫耐药性研究中均有报道，为大熊猫体内常见的耐药基因类型。

通过对耐药基因与物种丰度进行相关性分析，发现耐药基因大类及优势耐药基因与大部分优势菌属呈正相关，提示这些菌属为耐药基因的宿主，对相关抗生素具有一定的耐药性。此外，部分抗生素与链球菌属（*Streptococcus*）、埃希氏杆菌属（*Escherichia*）、肠球菌属（*Enterococcus*）呈显著正相关，已有相关报道指出埃希氏杆菌属的部分种类为大熊猫潜在致病菌（Guo et al.，2018）。在治疗大熊猫相关细菌性疾病时，应选用对病原菌耐药性较低的抗生素进行治疗，同时应合理用量，减少耐药性的增加。

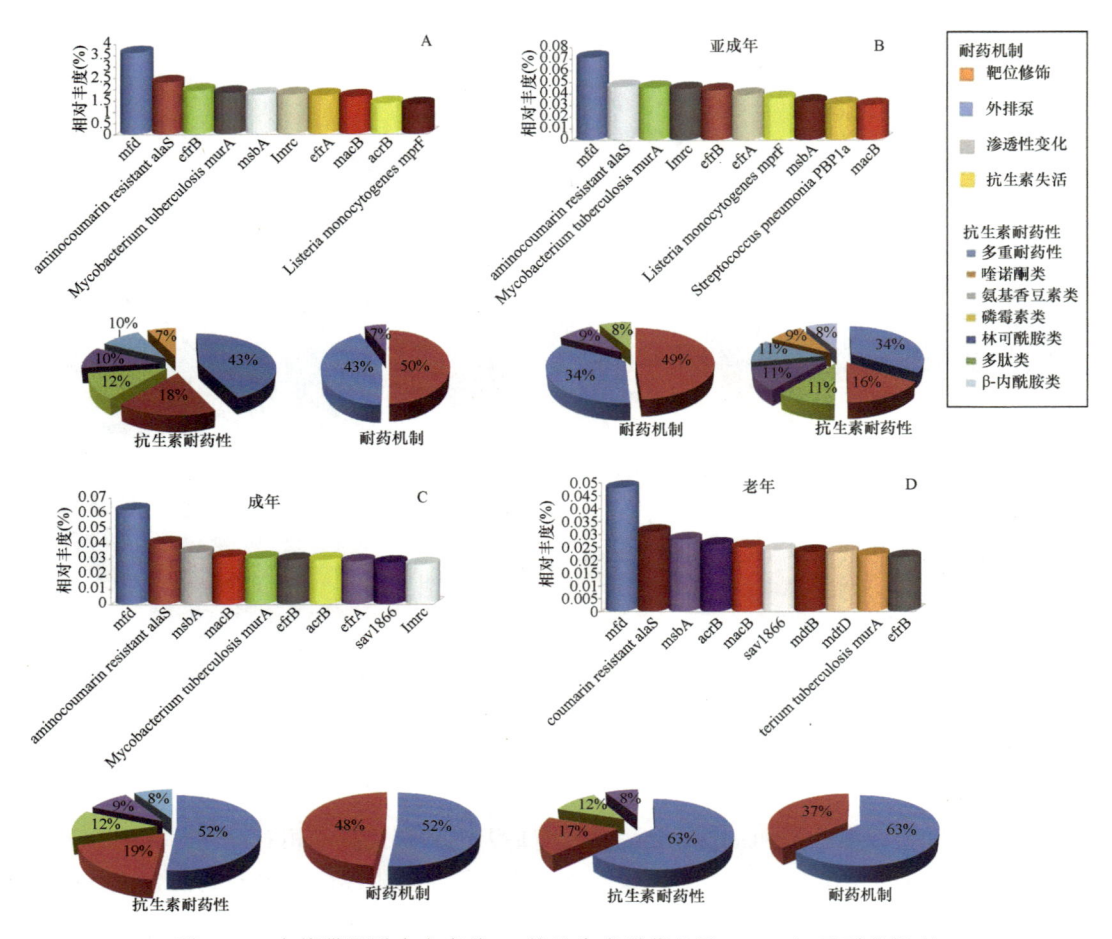

图 7-10　大熊猫肠道内丰度前 10 的抗生素耐药基因（ARG）及耐药机制

三、基于全基因组的耐药基因和毒力基因的注释

近年来，不合理的抗生素使用导致我国的细菌耐药问题越发严重，特别是多重耐药菌株的出现进一步加大了临床治疗的难度。大肠杆菌和肺炎克雷伯菌感染导致的动物疫情时有发生，通过食物链的传播，其携带的耐药基因、毒力因子和耐药质粒等也随之在人和动物之间转移，严重影响着动物和人类的健康。研究表明，大肠杆菌和肺炎克雷伯菌也会引起大熊猫肠道感染（彭广能和熊焰，2000；熊焰等，1999；张成林和陈永林，1997），严重时可能导致其死亡。邹立扣课题组从圈养大熊猫粪便样品中分离获得了大肠杆菌 E101、E102、E172 和肺炎克雷伯菌 K85，其中 E101、E102 和 K85 对 5 类抗生素均有耐药性，而 E172 对氨基糖苷类、β-内酰胺类和四环素类这 3 类抗生素具有耐药性。4 个菌株同为携带耐药基因 bla_{CTX-M} 的多重耐药菌株，此外，在携带 bla_{CTX-M} 基因的各个耐药菌株中，这 4 个菌株对抗生素耐药种类最多。采用二代测序技术对 4 株多重耐药菌株进行全基因组测序，并对测序数据进行生物信息学分析，研究多重耐药菌株耐药基因及毒力因子的情况，分析耐药及毒力相关基因的环境，可为

临床治疗大熊猫大肠杆菌或肺炎克雷伯菌感染提供理论依据（Wang et al.，2022；王鑫，2021）。

（一）基因组概况

通过对所测得序列进行组装，大肠杆菌E101最终获得95个contig、E102最终获得127个contig、E172最终获得50个contig，肺炎克雷伯菌K85最终获得91个contig。E101组装的contig总长度为5 251 864bp，最长的contig长度为731 534bp，N50为185 851bp；E102组装的contig总长度为4 659 421bp，最长的contig长度为375 542bp，N50为86 792bp；E172组装的contig总长度为4 873 930bp，最长的contig长度为384 279bp，N50为197 065bp；K85组装的contig总长度为5 514 535bp，最长的contig长度为368 946bp，N50为160 829bp（表7-8）。

表7-8 大肠杆菌和肺炎克雷伯菌contig组装结果

菌株名称	contig个数（>500bp）	总长度（bp）	N50（bp）	最大的长度（bp）
E101	95	5 251 864	185 851	731 534
E102	127	4 659 421	86 792	375 542
E172	50	4 873 930	197 065	384 279
K85	91	5 514 535	160 829	368 946

在K85基因组中共预测到5349个开放阅读框（ORF），其数量多于E101（5038）、E102（4469）和E172（4598），4株菌编码区总长度均占全基因组的86%以上，详情见表7-9。

表7-9 开放阅读框数据统计

菌株名称	预测到的编码基因个数	所有编码基因的总长度（bp）	编码基因的平均长度（bp）	编码区总长度占全基因组的比例（%）
E101	5 038	4 578 405	909	87.18
E102	4 469	4 047 126	906	86.86
E172	4 598	4 283 541	932	87.89
K85	5 349	4 797 921	897	87

大肠杆菌E101基因组中存在8个前噬菌体，其中5个前噬菌体既无耐药基因也无毒力基因。大肠杆菌E102基因组中的前噬菌体数量较多，共25个，其中19个前噬菌体既不包含耐药基因也不包含毒力基因。大肠杆菌E172基因组中存在11个前噬菌体，其中2个前噬菌体既不包含耐药基因也不包含毒力基因。肺炎克雷伯菌K85基因组中的前噬菌体数量最少，共7个，其中4个前噬菌体既不包含耐药基因也不包含毒力基因。预测的每种前噬菌体详情见表7-10。

大肠杆菌E101基因组中共注释到13个基因岛，长度分布在4201～55 016bp。在13个基因岛上共有1个耐药基因岛和7个毒力基因岛，其中E101GIs005包含8个毒力基因和4个转座酶基因，E101GIs007包含2个毒力基因和1个转座酶。大肠杆菌E102基因组中共注释到8个基因岛，长度分布在4615～24 784bp。在8个基因岛上共有1个

表 7-10　前噬菌体预测结果

编号	长度（bp）	GC（%）	耐药基因	毒力基因
E101Prophage1	4 646	56.41	0	0
E101Prophage2	46 857	51.46	1	2
E101Prophage3	42 814	52.5	0	0
E101Prophage4	14 071	45.92	0	3
E101Prophage5	21 638	42.19	0	0
E101Prophage6	7 626	41.91	0	0
E101Prophage7	38 339	51.33	2	4
E101Prophage8	9 175	56.84	0	0
E102Prophage1	32 482	50.18	0	0
E102Prophage2	1 845	50.24	0	0
E102Prophage3	45 728	50.85	5	4
E102Prophage4	3 309	46.99	0	0
E102Prophage5	4 912	53.34	0	0
E102Prophage6	3 175	54.14	0	0
E102Prophage7	4 323	56.95	1	0
E102Prophage8	2 663	53.21	0	0
E102Prophage9	1 991	47.97	0	0
E102Prophage10	2 646	61.6	1	0
E102Prophage11	2 673	47.81	0	0
E102Prophage12	3 297	45.31	0	0
E102Prophage13	3 574	52.8	2	0
E102Prophage14	3 001	48.32	0	0
E102Prophage15	1 788	48.99	0	0
E102Prophage16	1 263	48.38	0	0
E102Prophage17	2 988	48.56	0	0
E102Prophage18	9 739	43.05	0	0
E102Prophage19	13 670	46.93	1	1
E102Prophage20	591	45.01	0	0
E102Prophage21	26 674	49.62	0	0
E102Prophage22	48 469	51.21	1	1
E102Prophage23	3 315	51.28	1	0
E102Prophage24	33 426	50.64	0	0
E102Prophage25	43 204	50.82	0	0
E172Prophage1	30 133	51.86	1	1
E172Prophage2	37 957	48.27	0	3
E172Prophage3	69 719	50.31	3	11
E172Prophage4	28 761	46.72	0	0
E172Prophage5	19 515	49.04	1	2
E172Prophage6	48 595	48.53	0	5
E172Prophage7	9 046	46.5	0	0

续表

编号	长度（bp）	GC（%）	耐药基因	毒力基因
E172Prophage8	51 920	50.72	2	22
E172Prophage9	43 117	49.71	0	1
E172Prophage10	20 502	53.03	0	4
E172Prophage11	33 176	50.52	2	3
K85Prophage1	34 953	52.14	0	0
K85Prophage2	32 813	54.99	0	0
K85Prophage3	24 957	58.7	2	1
K85Prophage4	25 351	53.02	0	0
K85Prophage5	8 259	50.7	0	0
K85Prophage6	7 410	46.99	1	0
K85Prophage7	40 952	53.44	2	1

耐药基因岛和 2 个毒力基因岛，其中 E102GIs003 包含 3 个毒力基因和 1 个转座酶，E102GIs005 包含 1 个耐药基因和 1 和转座酶。大肠杆菌 E172 基因组中共注释到 10 个基因岛，长度分布在 4615~22 168bp。在 10 个基因岛上共有 2 个耐药基因岛和 4 个毒力基因岛，其中 E172GIs008 包含 2 个耐药基因和 4 个毒力基因，E172GIs002 包含 5 个耐药基因和 3 个转座酶。E172GIs004 和 E172GIs006 并未发现耐药基因和毒力基因，但是分别包含 3 个和 1 个转座酶。肺炎克雷伯菌 K85 基因组中共注释到 9 个基因岛，长度分布在 7,743-24,761bp。在 9 个基因岛上共有 3 个耐药基因岛和 2 个毒力基因岛，其中 K85GIs006 包含 1 个耐药基因和 1 个转座酶，K85GIs001 包含 1 个耐药基因和 3 个毒力基因。K85GIs005 上发现 3 个转座酶和 1 个整合酶基因，但无耐药基因和毒力基因。基因岛详情见表 7-11。

表 7-11 基因岛统计结果

编号	长度（bp）	耐药基因	毒力基因	转座酶基因	整合酶基因
E101GIs001	15 126	1	7	0	0
E101GIs002	7 252	0	1	0	0
E101GIs003	13 635	0	9	0	0
E101GIs004	16 320	0	15	0	0
E101GIs005	55 016	0	8	4	0
E101GIs006	9 609	0	0	0	0
E101GIs007	11 314	0	2	1	0
E101GIs008	9 127	0	0	0	0
E101GIs009	4 201	0	0	0	0
E101GIs010	18 505	0	0	0	0
E101GIs011	8 013	0	0	0	0
E101GIs012	15 049	0	2	0	0
E101GIs013	4 615	0	0	0	0
E102GIs001	6 934	0	0	0	0

续表

编号	长度（bp）	耐药基因	毒力基因	转座酶基因	整合酶基因
E102GIs002	7 186	0	1	0	0
E102GIs003	5 461	0	3	1	0
E102GIs004	24 784	0	0	0	0
E102GIs005	9 112	1	0	1	0
E102GIs006	9 836	0	0	0	0
E102GIs007	9 188	0	0	0	0
E102GIs008	4 615	0	0	0	0
E172GIs001	17 784	0	18	0	0
E172GIs002	11 688	5	0	3	0
E172GIs003	4 615	0	0	0	0
E172GIs004	9 656	0	0	3	0
E172GIs005	10 587	0	1	0	0
E172GIs006	5 573	0	0	1	0
E172GIs007	7 186	0	1	0	0
E172GIs008	12 442	2	4	0	0
E172GIs009	22 168	0	0	0	0
E172GIs010	13 810	0	0	0	0
K85GIs001	12 581	1	3	0	0
K85GIs002	10 415	0	0	0	0
K85GIs003	12 567	0	0	0	0
K85GIs004	11 004	0	0	0	0
K85GIs005	24 761	0	0	3	1
K85GIs006	7 743	1	0	1	0
K85GIs007	13 422	0	0	0	0
K85GIs008	9 840	0	1	0	0
K85GIs009	18 917	1	0	0	0

（二）毒力因子分析

经过 VFDB 数据库对比，发现大肠杆菌 E101、E102、E172 和肺炎克雷伯菌 K85 携带了大量毒力因子，且大肠杆菌和肺炎克雷伯菌携带的毒力因子有较大差异。大肠杆菌 E101 携带了 158 种毒力因子及 451 个相关毒力基因；大肠杆菌 E102 携带了 147 种毒力因子及 357 个相关毒力基因；大肠杆菌 E172 携带了 155 种毒力因子及 435 个相关毒力基因；肺炎克雷伯菌 K85 携带了 140 种毒力因子及 339 个相关毒力基因。

按照四大类毒力因子分类分析，发现 4 株菌的毒力因子及其相关基因数量最多的是黏附与侵袭类，其中 3 株大肠杆菌中毒力基因数量最多的为周生鞭毛（peritrichous flagella），包括 *fliA/B/C/D/L/M/N/X/Y/W*、*flhA/B/E* 等，其次为脂寡糖（LOS）类的毒力基因，包括 *kpsF*、*rfaD/F*、*lpxA/B/C/D* 等，此外在 E101 中发现了数量相对较多的外侧鞭毛（lateral flagella）相关毒力基因，包括 *flgB/C/D* 等 26 个基因；而肺炎克雷伯菌中 LOS 相关的毒力基因数量最多，周生鞭毛相关毒力基因数量相对较少（图 7-11）。

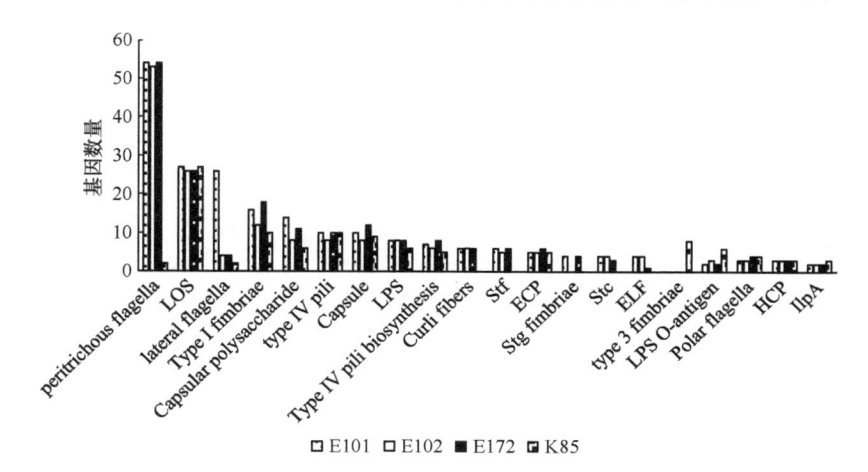

图 7-11 大肠杆菌和肺炎克雷伯菌黏附与侵袭类主要毒力因子

按照铁转运类来看，4 株菌中包含毒力基因数量最多的毒力因子都为血红素生物合成（Heme biosynthesis），且都包含 10 个相关毒力基因，如 *hemA/B/C/D* 等，其次为肠杆菌素（Enterobactin）和肠杆菌素合成（Enterobactin synthesis），此外 K85 中有 7 个血红素摄取系统（Heme uptake system）相关的毒力基因而 E101、E102 和 E172 中该类毒力基因相对较少（图 7-12）。

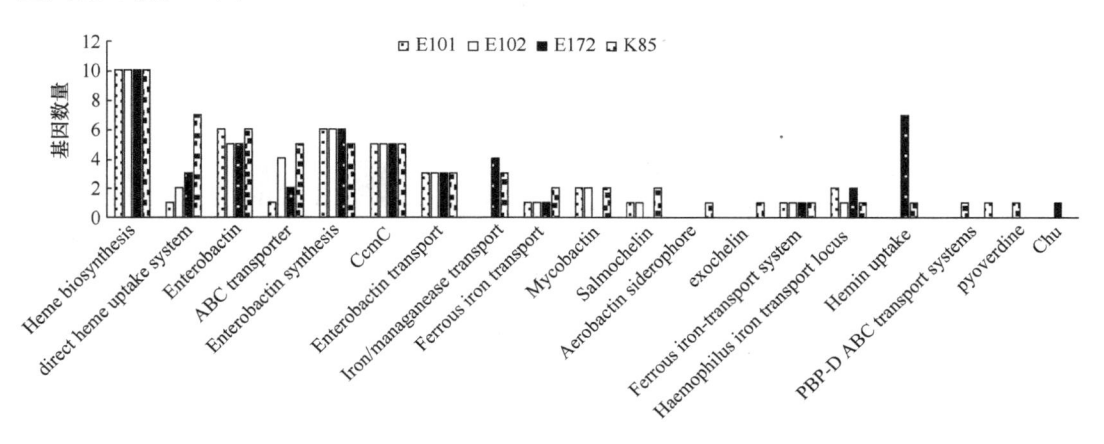

图 7-12 大肠杆菌和肺炎克雷伯菌铁转运类主要毒力因子

各菌株分泌系统的毒力因子及相关毒力基因数量各异，其中 E101 和 E172 中数量最多的毒力因子为 ACE T6SS，其次分别为 gsp 和 Trehalose-recycling ABC transporter；而 E102 中分泌系统的毒力基因数量相对较少，数量最多的毒力因子为 Trehalose-recycling ABC transporter；而 K85 中分泌系统的毒力基因数量相对较多，其中数量最多的毒力因子为 SCI-I T6SS，其次为 Trehalose-recycling ABC transporter 和 pul，无 ACE T6SS 存在（图 7-13）。

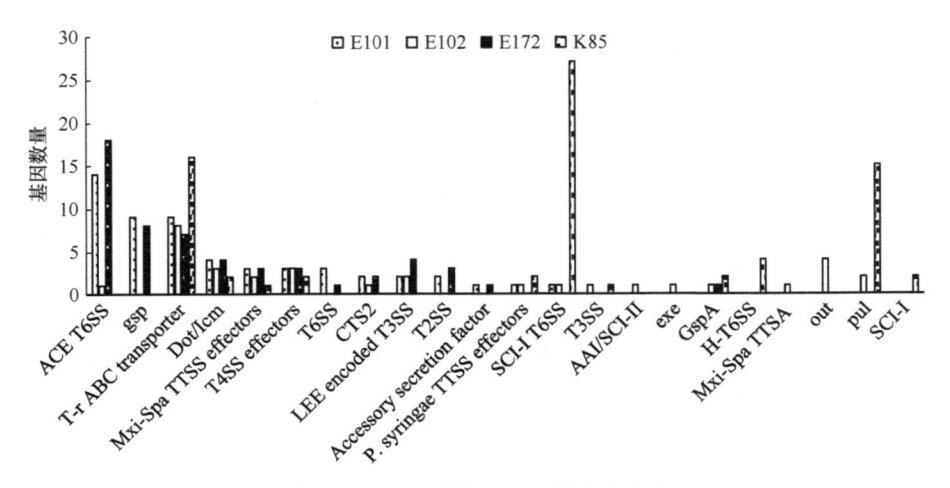

图 7-13 大肠杆菌和肺炎克雷伯菌分泌系统类主要毒力因子

如图 7-14 所示，细菌毒素类毒力因子最少，E101 和 E102 有 5 种细菌毒素类毒力因子，K85 仅 3 种细菌毒素类毒力因子，而 E172 细菌毒素类毒力因子为 7 种，其中 4 株菌共有的细菌毒素类毒力因子为溶血素Ⅲ（hemolysin Ⅲ，H Ⅲ）、植物性毒素菜豆菌毒素（phytotoxin phaseolotoxin，Pp）和 α 溶血素（α-hemolysin，HlyA）。

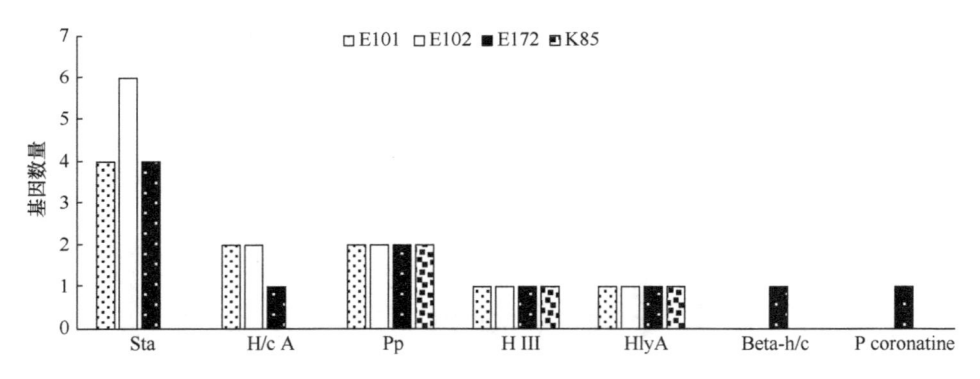

图 7-14 大肠杆菌和肺炎克雷伯菌细菌毒素类主要毒力因子

通过与 VFDB 数据库比对，发现大肠杆菌和肺炎克雷伯菌携带了大量的黏附与侵袭类相关毒力因子及毒力基因。E101、E102 和 E103 中携带数量最多的黏附与侵袭类毒力因子为周生鞭毛，其相关的毒力基因数量也较多。除此之外，本研究发现 4 株菌中都存在Ⅰ型菌毛（typeⅠ fimbriae），研究发现它常与致病性相关（郭志燕等，2014），Ⅰ型菌毛在慢性感染的情况下可以通过产生屏蔽效应而促进细菌细胞对抗生素的抵抗能力（Avalos Vizcarra et al.，2016）。研究者在大肠杆菌的研究中发现，大多数大肠杆菌菌株均可表达Ⅰ型菌毛，而Ⅰ型菌毛的表达通常与菌株的毒力有关（Croxen et al.，2013；Glasser et al.，2001；Iida et al.，2001），研究者在 4 个菌株中都检测到了编码Ⅰ型菌毛的毒力基因 fimA/C/D/E/H，其中 fimC 是菌毛装配的必需因子（郭志燕等，2014），它作为高致病力菌株的"标志基因"普遍存在于致病性大肠杆菌中（刘红玉等，2013），fimD 同时也协调菌毛的装配过程（郭志燕等，2014；刘红玉等，2013）。目前，研究已发现毒力因子和耐药基因之前具有相关性（Da Silva and Mendonça，2012），某些毒力基因（如 *ireA*、*ibeA*、*fyuA*、*cvaC*、*iss*、*iutA*、*iha* 和 *afa*）与 MDR 呈正相关（Johnson et al.，2012）。研究表明，肺炎克雷伯菌最重要的毒力因子是荚膜，荚膜可以帮助提高其存活率还能保证其致病力（Paczosa and Mecsas，2016）。测序结果显示，K85 基因组中部分参与编码荚膜多糖合成的毒力基因 *rmpA*（调节黏液表型）（Hsu et al.，2011）、*rcsA* 和 *rcsB*（荚膜合成调节基因）（Peng et al.，2018；Su et al.，2018）、*magA*（黏液相关基因）和 *wabG* 等均发生了缺失，而检测出的与荚膜相关的 *wzc* 能够判定肺炎克雷伯菌荚膜型（Pan et al.，2013），这部分基因的缺失可能导致该菌株荚膜的缺失并影响菌株的毒性。

（三）耐药基因分析

通过基因序列对比，发现大肠杆菌 E101、E102、E172 和肺炎克雷伯菌 K85 均携带了多种类型的抗生素耐药基因，携带的抗生素基因种类及个数有所差异（表 7-12、表 7-13）。大肠杆菌 E101 携带了 20 大类抗生素耐药基因（193 个），由表 7-12 可知，在所有类型中外排泵系统基因数量最多（113 个），其次为糖肽类抗生素耐药基因（19 个）、多肽类抗生素（多黏菌素）耐药基因（9 个）、四环素类抗生素（四环素）耐药基因（*tetT/B(60)/A(48)/34/(G)/A(60)*）（8 个）。大肠杆菌 E102 携带了 18 大类抗生素耐

表 7-12　大肠杆菌 E101、E102 和 E172 耐药基因分析结果

抗生素大类	大肠杆菌 E101 耐药基因	基因数量	大肠杆菌 E102 耐药基因	基因数量	大肠杆菌 E172 耐药基因	基因数量
氨基糖苷类	*aac(3)-IIc*、*aadA21*、*aph(3')-Ia*、*aph(3")-Ib*、*aph(6)-Id*	5	—	0	*aph(3")-Ib*、*aph(6)-Id*	2
β-内酰胺类	*bla*CMY-63、*bla*CTX-M-55、*bla*TEM-1、*bla*TEM-215、*mecC*、*PBP2* 等	7	*bla*CMY-63、*bla*CTX-M-15、*bla*TEM-1、*mecC* 等	5	*bla*CMY-63、*bla*CTX-M-55、*mecC* 等	4
甲氧苄氨嘧啶	*dfrA14*、*dfrA3*、*dfrE*	3	*dfrA3*、*dfrE*	2	*dfrA3*、*dfrE*	2
林可酰胺类	*linG*、*clbB*	2	*clbB*	1	*clbB*	1
外排泵	*acrB*、*acrE*、*bcr-1*、*bcrA*、*cmlA1*、*emrB*、*emrD* 等	113	*acrB*、*bcr-1*、*bcrA*、*emrB*、*emrD*、*acrA*、*emrE*、*mdfA* 等	112	*bcr-1*、*bcrA*、*emrB*、*emrD*、*emrY*、*floR* 等	109
喹诺酮类	*gyrB*、*gyrA*、*mfd*、*qnrS1* 等	5	*gyrB*、*gyrA*、*mfd*、*qnrS1* 等	5	*gyrB*、*gyrA*、*mfd* 等	4
磺胺类	*sul2*、*sul3* 等	3	*sul2*、*sul3*	2	*sul2*、*sul3*	2
糖肽类	*arlR*、*kdpE*、*smeR*、*vanRI*、*baeR*、*cpxR*、*vanRB* 等	19	*arlR*、*kdpE*、*smeR*、*vanRI*、*cpxR*、*vanRB*、*vanRE* 等	18	*arlR*、*kdpE*、*smeR*、*vanRI*、*baeS*、*cpxR*、*vanRB*、*vanRE* 等	18
多黏菌素类	*arlS*、*arnA*、*basS*、*eptB*、*pmrC*、*pmrE*、*pmrF* 等	9	*arlS*、*arnA*、*basS*、*eptB*、*pmrC*、*pmrE*、*pmrF* 等	8	*arlS*、*arnA*、*basS*、*eptB*、*pmrC*、*pmrE*、*pmrF* 等	10
磺胺类	*sul2*、*sul3*、*leuO* 等	4	*sul2*、*sul3*、*leuO*	3	*sul2*、*sul3*、*leuO*	3
四环素类	*tetT*、*tet34*、*tet(G)*、*tetA(48)*、*tetA(60)*、*tetB(60)* 等	8	*tetT*、*tet34*、*tet(G)*、*tetA(48)*、*tetA(60)*、*tetB(60)* 等	8	*tetT*、*tet34*、*tet(G)*、*tetA(48)*、*tetA(60)*、*tetB(60)* 等	8

注："—"表示未注释到相关基因

表 7-13 肺炎克雷伯菌 K85 耐药基因分析结果

抗生素大类	肺炎克雷伯菌 K85 耐药基因	基因数量
氨基糖苷类	aadA16、aph(3')-Ia、aac(6')-Ib-cr	3
β-内酰胺类	bla$_{CTX-M-3}$、bla$_{SHV-93}$、bla$_{TEM-1}$、mecC 等	8
甲氧苄氨嘧啶	dfrA3、dfrA5、dfrE	3
林可酰胺类	clbB	1
外排泵	bcr-1、bcrA、emrD、floR、hmrM、mdfA 等	160
喹诺酮类	gyrB、gyrA、mfd、qnrB2、qnrS1 等	6
多磷类	fosA5、uhpT、murA	3
糖肽类	vanRF、arlR、baeR、kdpE、vanRI、basR、adeR 等	26
大环内酯类	mphA、mrx、rlmA(II)	3
多黏菌素类	arnA、basS、eptB、pmrC、pmrE、pmrF 等	7
磺胺类	sul1、sul3 等	3
四环素类	tetT、tet34、tet(G)、tetA(48)、tetA(60)、tetB(60)等	11

药基因（176 个），由表 7-12 可知，外排泵系统基因数量最多（112 个），其次为糖肽类抗生素（万古霉素）耐药基因（18 个）、多肽类抗生素（多黏菌素）耐药基因和四环素类抗生素（四环素）耐药基因（8 个）。大肠杆菌 E172 携带了 20 大类抗生素耐药基因（178 个），由表 7-12 可知，外排泵系统基因数量最多（109 个），其次为糖肽类抗生素（万古霉素）耐药基因（18 个）、多肽类抗生素（多黏菌素）耐药基因（10 个）和四环素类抗生素（四环素）耐药的耐药基因（8 个）。

肺炎克雷伯菌 K85 携带的 19 大类抗生素耐药基因总数（251 个）比 E101、E102 和 E172 多，由表 7-13 可知，外排泵系统基因数量最多（160 个），其次为 26 个介导糖肽类抗生素（万古霉素）耐药的耐药基因、11 个介导四环素类抗生素（四环素）耐药的耐药基因、8 个介导 β-内酰胺类抗生素耐药的耐药基因、7 个介导多肽类抗生素（多黏菌素）耐药的耐药基因和 6 个介导喹诺酮类抗生素耐药的耐药基因。

（四）耐药菌中 bla$_{CTX-M}$ 基因环境分析

菌株经过全基因组测序后组装的 scaffold 与数据库比对，结果发现 4 个菌株携带的耐药基因 bla$_{CTX-M}$ 的亚型不同，其中 E101 和 E172 携带 bla$_{CTX-M-55}$，且两菌株一侧均连接 IS$Ecp1$（IS1380 家族）元件（图 7-15A），此外 E101 另一侧还携带了 Tn3 转座子。E102 携带 bla$_{CTX-M-15}$，一侧为插入序列 IS1380。与其他大肠杆菌序列相比，E172 菌株耐药基因 bla$_{CTX-M-55}$ 一侧存在编码色氨酸合成酶 β 亚基类似蛋白（tryptophan synthase subunit beta like protein，TSase β-like）的基因。而 K85 携带了 bla$_{CTX-M-3}$，一侧与 IS$Ecp1$ 元件相连（图 7-15B），另一侧连接着多种由 Tn3 转座子相连的耐药基因（bla$_{TEM-1}$、tet(G) 和 floR）。不同肺炎克雷伯菌序列相比，耐药基因 bla$_{CTX-M}$ 周围存在不同数量和类别的可移动遗传元件，但是大多都与 bla$_{TEM-1}$ 相连。

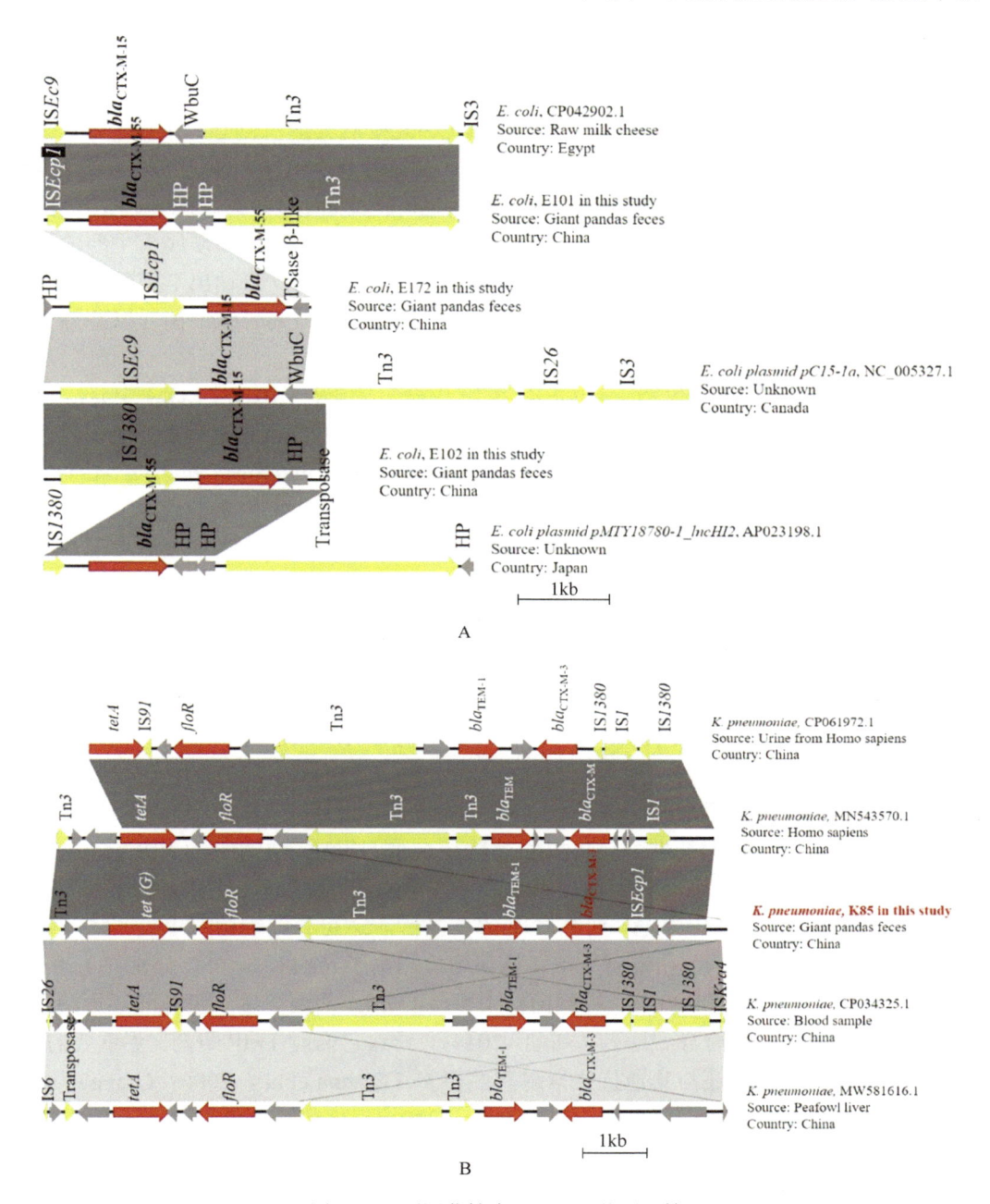

图 7-15 不同菌株中 $bla_{\text{CTX-M}}$ 基因环境

A. 大肠杆菌；B. 肺炎克雷伯菌。灰色区域表示序列相似度超过 100%，红色箭头表示抗生素耐药基因，黄色箭头表示可移动遗传元件，灰色箭头表示其他基因

研究发现，大肠杆菌和肺炎克雷伯菌都携带的数量最多的耐药基因为外排泵基因，如 *emrE* 和 *hmrM* 等，这些多重耐药外排泵基因可导致细菌对抗生素等存在天然耐药性（Sulavik et al., 2001）。根据药敏的实验结果，E101 和 E102 菌株对 KAN 和 GEN 这两种氨基糖苷类抗生素具有耐药，E172 对 GEN 耐药，K85 对 KAN 耐药。E101、E172 和

K85 中发现了修饰酶基因 *aac(3)-IIc*、*aac(6')-Ib-cr*、*aph(3')-Ia*、*aph(3″)-Ib* 和 *aph(6)-Id*，以及 *aadA16*、*aadA21*，这是氨基糖苷类抗生素耐药的主要机制。E102 菌株未携带此类修饰酶基因，但是它对氨基糖苷类抗生素耐药，因此推测其他机制导致 E102 对氨基糖苷类抗生素产生了耐药性。研究发现，大肠杆菌中编码 16S rRNA 的基因发生突变可导致其对氨基糖苷类中的一些抗生素产生耐药性（Miller et al., 1997）。此外，E102 菌株中存在多重耐药外排泵基因 *mdfA*，它编码推定膜蛋白 MdfA，该蛋白质属于主要的易化因子超家族（major facilitator superfamily，MFS）型转运蛋白，可输出卡那霉素和新霉素（Edgar and Bibi, 1997），多种耐药机制共同发挥作用，最终导致细菌对氨基糖苷类抗生素产生了耐药性。

E101 和 E102 对 LEV 耐药，对 OFX、CIP 中介，此外，E101 对 LOM 中介，E172 对所测定的喹诺酮类抗生素敏感，而 K85 对所测定的喹诺酮类抗生素耐药，全基因组测序结果显示 4 株菌均发现了喹诺酮类耐药基因 *gyrA*、*gyrB* 和 *mfd*。*gyrA* 和 *gyrB* 编码 DNA 解旋酶，当这两个基因中任一基因发生突变都会影响喹诺酮类抗生素结合相应靶位，从而导致菌株对其表现出耐药性。在空肠弯曲菌的研究中发现，环丙沙星可诱导耐药基因 *mfd* 的表达，对喹诺酮类抗生素的耐药性发挥了作用，不仅如此 *mfd* 的突变还可影响耐药突变（Han et al., 2008）。在 E101、E102 和 K85 中发现了耐药基因 *qnrS1*，Hata 等（2005）最早在福氏志贺菌中发现了 *qnrS*，*qnrS* 存在多种变种（*qnr*S1~*qnr*S8）（Jacoby et al., 2008）。除此之外 K85 菌株中还发现了 *qnrB2*，尽管 *qnr* 基因介导的氟喹诺酮耐药水平相对较低，但是携带 *qnr* 基因的菌株在外在条件下诱导可产生更高水平的耐药菌株（刘云宁等，2015），*qnr* 基因可由质粒介导（Stephenson and Brown, 2012），这导致了其可以在细菌间传播，增大了耐药性的扩散。K85 菌株中检测到的 *aac(6')-Ib-cr* 不仅可诱导对氨基糖苷类抗生素的耐药性，还可以引起较高水平的氟喹诺酮耐药（Vetting et al., 2008），因此使得 K85 表现出对多种喹诺酮类抗生素耐药。菌株 E101 和 K85 对 TMP 耐药而 E102 和 E172 对 TMP 敏感，研究发现 *dfrA* 基因表达可导致细菌对甲氧苄氨嘧啶耐药（Brolund et al., 2010），在本研究中 4 株菌均检测出了 *dfrA3*，此外，分别在 E101 和 K85 中检测出了 *dfrA14* 和 *dfrA5*，推测菌株中额外的 *dfrA* 基因表达二氢叶酸还原酶，与甲氧苄氨嘧啶靶位酶结合导致耐药（刘灿，2014），导致它们对 TMP 耐药。更重要的是，通常甲氧苄氨嘧啶耐药还与其他抗生素耐药性相关（Blahna et al., 2006；Grape et al., 2005；Kadlec and Schwarz, 2008；White et al., 2001）。值得注意的是，耐药菌中检出 *sul* 基因，*sul* 表达可使得细菌对其他磺胺类药物如磺胺甲噁唑等表现出不同程度的耐药性。

3 株大肠杆菌都对多种 β-内酰胺类抗生素耐药，通过对其 β-内酰胺类相关基因进行研究，发现 E101 主要包括 *bla*$_{CMY-63}$、*bla*$_{CTX-M-55}$、*bla*$_{TEM-1}$、*bla*$_{TEM-215}$、*mecC* 和 *PBP2*；E102 主要包括 *bla*$_{CMY-63}$、*bla*$_{CTX-M-15}$、*bla*$_{TEM-1}$ 和 *mecC*；E172 主要包括 *bla*$_{CMY-63}$、*bla*$_{CTX-M-55}$ 和 *mecC*。4 个菌株中发现了不同亚型的 *bla*$_{CTX-M}$，CTX-M 是一类可以高度水解头孢噻肟的水解酶，CTX-M-3 与 CTX-M-15 相比相差一个氨基酸（第 240 位：甘氨酸→天冬氨酸），与 CTX-M-55 相比相差两个氨基酸（第 77 位：丙氨酸→缬氨酸；第 240 位：甘氨酸→天冬氨酸）（贺小红，2017）。其中世界范围内检出率最高的 CTX-M 亚型为

CTX-M-15，研究发现 IS$Ecp1$ 元件可能可以和 $bla_{\text{CTX-M-15}}$ 作为一个整体在不同种属的细菌间进行转移传播（Gangoue-Pieboji et al.，2005）。近些年来，$bla_{\text{CTX-M}}$ 与其他 β-内酰胺类耐药基因及其他类别耐药基因形成多重耐药区，加大了治疗此类细菌感染的难度，此外，此类耐药基因周围存在插入序列或位于转座子中，增加了耐药性的传播风险。同时，它们与多种毒力因子协同作用加大了耐性菌株引起的疾病的防治难度。

3 株大肠杆菌对氨曲南耐药，而肺炎克雷伯菌对氨曲南敏感。CTX-M-15 可以解氨曲南，但是水平较低（吕月蒙，2015）。此外，在肺炎克雷伯菌 K85 中检测到了 CTX-M-3，它也是 CTX-M 型的一种水解酶，CTX-M-3 可以有效水解青霉素和头孢菌素，但是不能水解头孢他啶和氨曲南（Perilli et al.，2004）。此外，蒋惠莉（2017）发现携带 CTX-M-15 和 CTX-M-55 型的大肠杆菌对头孢他啶和氨曲南的耐药率显著高于 CTX-M-14，由此推测 CTX-M-55 可能可以适度水解氨曲南。通过对耐氨曲南铜绿假单胞菌染色体变化的研究，发现染色体上耐药基因 $ampC$ 具有水解氨曲南的潜力以提高对氨曲南的耐药性（McLean et al.，2019），通过突变过表达（Lister et al.，2009）或改变编码序列（Berrazeg et al.，2015；Jorth et al.，2017）从而改变耐药性，或通过 mexAB-OprM 主动外排系统的过量表达参与耐药（Llanes et al.，2004；Masuda et al.，2000；Quale et al.，2006；李良，2011），以及 $ftsI$ 基因突变或因其突变等导致 PBP3 空间构象及亲和力改变从而导致对氨曲南耐药（Liao and Hancock，1997）。青霉素结合蛋白（PBP）几乎存在于所有细菌中，且其功能和结构因细菌种属不同而有差异但是类似，且其种类和数量也因细菌种属不同而有差异，从而导致对不同类型的 β-内酰胺类药物有不同的亲和力（喻召武，2016）。本研究中，4 株菌中都发现了 $oprM$ 的存在，肺炎克雷伯菌发现 $mexA$，另外 3 株大肠杆菌均未发现，且 4 株菌均未发现 $mexB$。此外，mexAB-OprM 系统的过度表达与 $mexR$、$nalC$ 和 $nalD$ 的突变有关，但是均未发现这 3 种基因，氨曲南耐药可能与其他机制相关。在肺炎克雷伯菌中发现了编码 MexJK 外排泵的基因簇，与 OprM 组成复合体可以协同排出红霉素和三氯生（Chuanchuen et al.，2005，2002）。PBP 广泛存在于革兰氏阴性菌和革兰氏阳性菌的细胞表面，不同 PBP 在细菌中承担不同的功能，如 PBP3 对 β-内酰胺类抗生素具有很高的亲和性，可以与 β-内酰胺类抗生素特异结合，干扰合成细胞壁肽聚糖，抑制细胞壁的合成从而降低细菌抗渗透压的能力，最终导致菌体细胞膨胀破裂死亡（Thegerström et al.，2018）。各 PBP 含量、构象及亲和力等改变均可导致细菌产生耐药性。大肠杆菌、铜绿假单胞菌和肺炎克雷伯菌同是革兰氏阴性菌，尽管是不同属细菌，但是研究者发现这些菌都含有 PBP，而且这些不同类型的 PBP 结构都含有相似的活性位点可与 β-内酰胺类药物共价结合（Bellini et al.，2019；Dean et al.，2018；Powell et al.，2009；Watanabe et al.，2019）。$ftsI$ 基因位于染色体上，编码 PBP3 蛋白。此外，$ftsI$ 基因可以通过突变改变 PBP3 的亲和力及其空间构象，从而导致对抗生素产生不同程度（高、中、低等）的耐药。3 株大肠杆菌中均发现了编码 PBP3 的 $ftsI$ 基因，而在肺炎克雷伯菌中未发现该基因。由此推断 3 株大肠杆菌中 $ftsI$ 基因编码的 PBP3 与氨曲南特异性结合，干扰了其细胞壁的合成导致细胞破裂死亡，从而导致对氨曲南产生耐药性。据报道，IPM、维罗纳整合子编码的金属-β-内酰胺酶（Verona integron-encoded metallo-β-lactamase，VIM）和新德里金属-β-内酰胺酶（New Delhi metallo-β-lactamase，

NDM）等碳青霉烯酶对氨曲南不耐药，但是在同一株内存在时，它们会起到协同作用占据靶位从而使得细菌对氨曲南产生耐药性（罗可人和唐军，2020）。

第四节　大肠杆菌烈性噬菌体分离与生物学特性研究

大肠杆菌是可以感染动物和人类并引起其腹泻、败血症或其他严重疾病的常见肠道条件致病菌，临床上一般采用抗生素进行治疗（Matthew and Christopher，2023）。然而，由于长期使用抗生素，各种致病菌如大肠杆菌产生耐药性，并且耐药谱也不断扩大（Laurent et al.，2018）。因此，除了传统抗生素之外，急需寻找新的治疗策略。

噬菌体可以通过侵染、吸附、复制增殖，最终裂解耐药细菌细胞，是自然界数量最多的细菌捕食者，以噬菌体作为抗菌剂感染细菌，对抗难以治疗的感染，是传统抗生素的一种有希望的替代方法（Oechslin，2018；Salmond and Fineran，2015）。因此，选择大熊猫源多重耐药大肠杆菌作为宿主，从环境中分离裂解该多重耐药大肠杆菌的烈性噬菌体，并研究其生物学特性，可为后续防控大熊猫大肠杆菌感染奠定基础。

一、噬菌体分离纯化

将收集到的养殖淤泥滤液与多重耐药大肠杆菌 E101 混合培养，经 3 次富集过滤提取上清液，采用点滴法成功分离得到大肠杆菌烈性噬菌体 PE101（图 7-16），经离心过滤后与大肠杆菌 E101 混合采用双层平板法培养后，获得直径为 1～2mm、单一均匀、边缘整齐、清晰透亮、形态基本一致的噬菌斑（图 7-17）。

二、噬菌体的透射电镜观察

通过透射电镜观察噬菌体 PE101 的超微结构，发现噬菌体 PE101 由头部和尾部构成，其中头部呈正二十面体结构，直径为 70～75nm；尾部的末端具有短棘和长鞭毛，长为 18nm～22nm×110nm～115nm（图 7-18）。

图 7-16　点滴法验证噬菌体 PE101

图 7-17 噬菌体 PE101 纯化后的噬菌斑

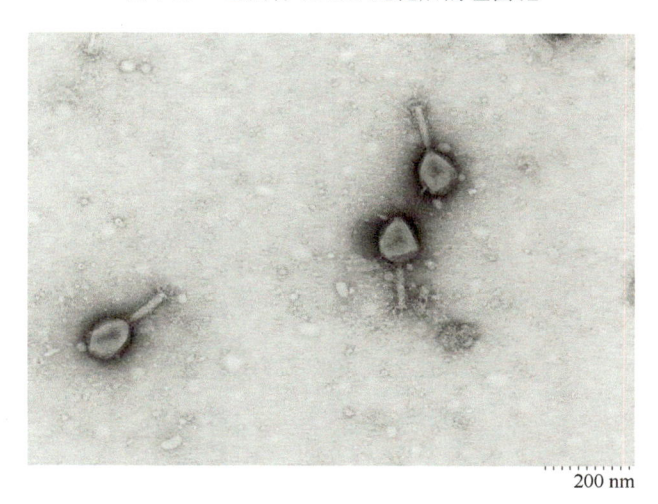

图 7-18 噬菌体 PE101 透射电镜图

三、噬菌体裂解谱测定

裂解谱测定结果表明，噬菌体 PE101 除了裂解宿主细菌 E101，还能裂解 E32、E48 和 E166 三株大肠杆菌（表 7-14），但对其他供试细菌没有裂解作用，说明 PE101 具有很强的特异性，裂解谱较窄，宿主范围很小。

四、噬菌体最佳感染复数测定

不同最佳感染复数（multiplicity of infection，MOI）感染宿主菌株后 PE101 的效价如图 7-19 所示，当 PE101 在 MOI 为 0.1 时增殖，产生更多的后代噬菌体，效价为 $13.58\log_{10}\text{PFU/ml}\pm0.02\log_{10}\text{PFU/ml}$。

表 7-14　噬菌体的裂解谱试验

物种	编号	来源	PE101
大肠杆菌（*Escherichia coli*）	E12	大熊猫粪便	−
E. coli	E16	大熊猫粪便	−
E. coli	E29	大熊猫粪便	−
E. coli	E32	大熊猫粪便	+
E. coli	E45	大熊猫粪便	−
E. coli	E46	大熊猫粪便	−
E. coli	E47	大熊猫粪便	−
E. coli	E58	大熊猫粪便	−
E. coli	E74	大熊猫粪便	−
E. coli	E81	大熊猫粪便	−
E. coli	E84	大熊猫粪便	−
E. coli	E93	大熊猫粪便	−
E. coli	E96	大熊猫粪便	−
E. coli	E102	大熊猫粪便	−
E. coli	E5	大熊猫粪便	−
E. coli	E6	大熊猫粪便	−
E. coli	E48	大熊猫粪便	+
E. coli	E49	大熊猫粪便	−
E. coli	E51	大熊猫粪便	−
E. coli	E110	大熊猫粪便	−
E. coli	E111	大熊猫粪便	−
E. coli	E112	大熊猫粪便	−
E. coli	E127	大熊猫粪便	−
E. coli	E134	大熊猫粪便	−
E. coli	E137	大熊猫粪便	−
E. coli	E138	大熊猫粪便	−
E. coli	E139	大熊猫粪便	−
E. coli	E144	大熊猫粪便	−
E. coli	E105	大熊猫粪便	−
E. coli	E109	大熊猫粪便	−
E. coli	E120	大熊猫粪便	−
E. coli	E126	大熊猫粪便	−
E. coli	E128	大熊猫粪便	−
E. coli	E132	大熊猫粪便	−
E. coli	E135	大熊猫粪便	−
E. coli	E154	大熊猫粪便	−
E. coli	E160	大熊猫粪便	−
E. coli	E161	大熊猫粪便	−
E. coli	E162	大熊猫粪便	−
E. coli	E169	大熊猫粪便	−

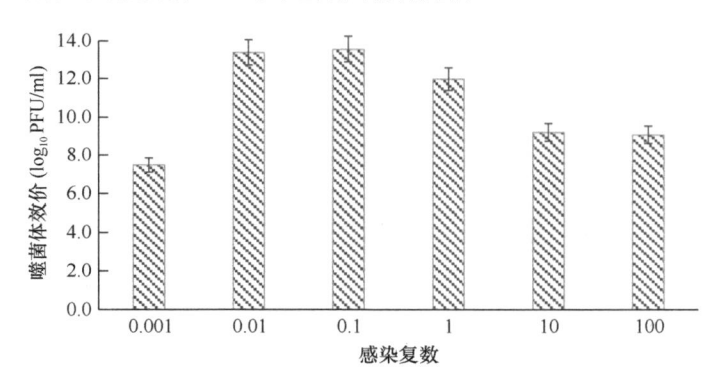

续表

物种	编号	来源	PE101
E. coli	E172	大熊猫粪便	-
E. coli	ATCC 25922	标准菌株	-
E. coli	E145	大熊猫粪便	-
E. coli	E146	大熊猫粪便	-
E. coli	E149	大熊猫粪便	-
E. coli	E150	大熊猫粪便	-
E. coli	E156	大熊猫粪便	-
E. coli	E165	大熊猫粪便	-
E. coli	E166	大熊猫粪便	+
E. coli	E168	大熊猫粪便	-
E. coli	E283	鸡场	-
E. coli	E123	鸡场	-
阴沟肠杆菌（*Enterobacter cloacae*）	EB1	大熊猫粪便	-
液化沙雷氏菌（*Serratia liquefaciens*）	S1	土壤	-
Klebsiella pneumoniae	K85	大熊猫粪便	-
肠炎沙门氏菌（*Salmonella enterica*）	S91	猪肉	-

注："+"表示噬菌体可以裂解菌体；"-"表示噬菌体不能裂解菌体

图 7-19　噬菌体 PE101 感染复数测定

五、噬菌体一步生长曲线测定

以 PE101 噬菌斑的平均数与时间作图，获得该噬菌体的一步生长曲线，如图 7-20 所示，噬菌体 PE101 的潜伏期约为 20min，随后效价急剧增加，然后趋于稳定，平均裂解量为 320PFU/cell。

六、噬菌体温度和 pH 敏感性测定

由图 7-21 可知，噬菌体 PE101 在温度变化过程中在 30℃和 40℃作用下效价基本保持稳定，从 50℃开始到 70℃噬菌体效价逐步下降，80℃时噬菌体效价降为 0。噬菌体

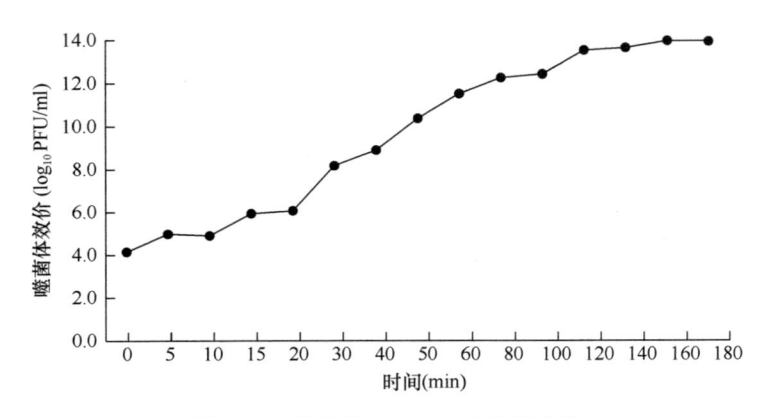

图 7-20　噬菌体 PE101 一步生长曲线

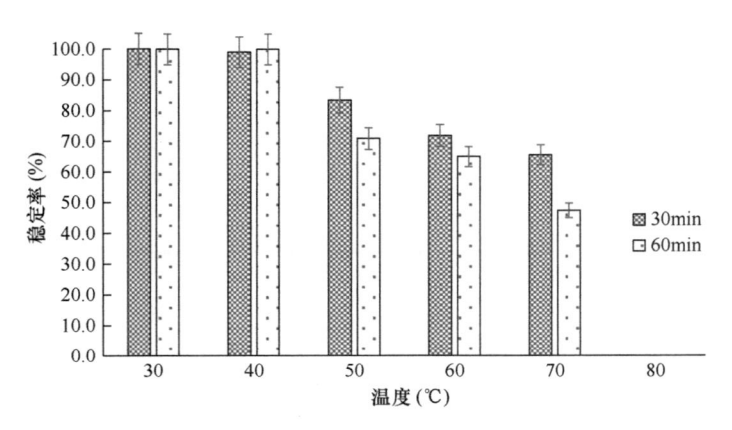

图 7-21　噬菌体 PE101 对温度的耐受性

PE101 在 pH 4.0~10.0 的范围内能够保持较高的稳定性和较高的效价，当 pH 为 2 或 12 时效价为 0（图 7-22）。总体来说，噬菌体 PE101 对温度和 pH 均具有较稳定的耐受性。

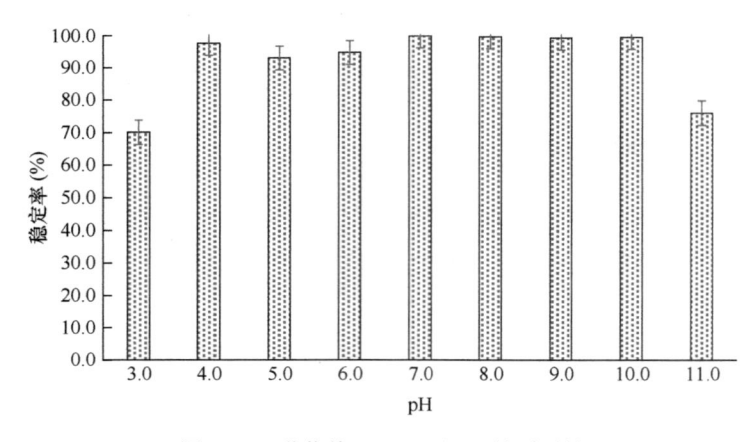

图 7-22　噬菌体 PE101 对 pH 的耐受性

七、噬菌体氯仿敏感性

经氯仿处理后，噬菌体 PE101 的滴度由最初的 $4.8×10^8$PFU/ml 下降到 $1.0×10^8$PFU/ml，滴度没有发生明显的变化，表明噬菌体 PE101 对氯仿不敏感，即外壳无脂质包膜。

八、大肠杆菌噬菌体分析

不同来源的多重耐药大肠杆菌菌株不断被报道（Guo et al.，2015；顾晓晓等，2020；马帅等，2021；孙慧琴等，2021；吴国燕，2015；闫国栋，2015），这一方面与抗生素的滥用密切相关，另一方面可移动遗传元件上的耐药基因通过食物链传递给环境及人类和其他动物。噬菌体相较于传统抗生素有更强的特异性，它能够特异性侵染相应的宿主细菌，吸附在宿主细菌上并在其体内增殖，最终裂解宿主细菌致其死亡，裂解后产生的细菌碎片对动植物不存在毒害性，动植物的自身免疫系统可以将其代谢。尽管在临床治疗中噬菌体治疗已经取得了相当不错的成果，但是噬菌体治疗真正进入临床仍有很长的路要走。近年来，鲍曼不动杆菌（*Acinetobacter baumannii*）、肺炎克雷伯菌（*Klebsiella pneumoniae*）、铜绿假单胞菌（*Pseudomonas aeruginosa*）等临床上多重耐药菌的病例层出不穷（Vincent et al.，2009），这些耐药菌的出现给临床治疗带来了巨大的压力与挑战。但好在人们已经意识到细菌耐药性带来的巨大隐患，也越发积极地寻求新技术、新途径。噬菌体已经成功应用到金黄色葡萄球菌、亚胺培南耐药铜绿假单胞菌、粪肠球菌、大肠杆菌 O25: H4-ST131、鲍曼不动杆菌、副溶血性弧菌等病原菌引起的各种感染疾病中（Jun et al.，2014；Letkiewicz et al.，2009；Pouillot et al.，2012；Shen et al.，2012；Wang et al.，2006）。

研究发现，前噬菌体广泛存在于细菌基因组中，细菌基因组中前噬菌体在耐药性传播中发挥了重要的作用。通常前噬菌体直接整合到宿主染色体上或者以环状或线性的质粒形式存在于宿主细胞中，其自身所携带的外源性遗传物质可改变宿主细菌的生物学性状，并介导耐药性和毒力因子等性状在基因水平上进行转移（Boyd et al.，2000）。部分具有功能活性的前噬菌体可从宿主细菌中诱导出来（顾佶丽等，2020），然而全基因组测序结果显示，实验中使用的宿主细菌株 E101 基因组中存在的前噬菌体中包含毒力基因和耐药基因（王鑫，2021），若诱导后细菌裂解释放可能会增加耐药和毒力污染的风险，因此目前在耐药菌的生物防控中烈性噬菌体仍然具有重要的应用价值。

一般情况下，在有宿主细菌存在的地方比较容易分离出噬菌体，然而在污染程度更高的环境中分离到噬菌体的成功率更高（孙亮，2019），因此，本研究选用污染程度更高的淤泥作为样品对噬菌体进行分离。在分离噬菌体时，宿主细菌的浓度不宜过高，应当处于生长对数期，宿主细菌浓度过高会使宿主细菌在噬菌体最佳释放之前耗尽培养基；反之宿主细菌浓度过低噬菌体将在最佳释放之前导致宿主细菌过早裂解。与噬菌体相互识别的宿主细菌的表面受体特异性较强，导致了本研究中的噬菌体宿主谱窄，仅能裂解宿主细菌本身的 2 株同种受试菌株。除了通过筛选裂解谱更广的噬菌体外，目前还可以通过噬菌体混合制剂提高杀菌的广谱性。此前已有研究表明，部分肠杆菌科噬菌体裂解谱较广且可以跨属感染细菌（Doore et al.，2018；Mahmoud et al.，2018；Parra and

Robeson, 2016), 然而, 动物肠道微生物种群数量庞大、结构复杂, 裂解谱广的噬菌体应用于动物肠道感染后可能会同抗生素一样破坏微生物群从而直接影响其生理状态 (Norman et al., 2015), 其在肠道中可能会发挥更复杂的作用, 更能影响肠道菌群和肠道健康。

已有研究表明, 并非所有噬菌体都具有治疗作用, 且根据噬菌体自身特性疗效也有所不同, 部分噬菌体可以减少对应致病菌的数量, 但减少后数量又有所恢复, 此外, 同种细菌感染引起的不同种动物的疾病, 噬菌体会对某种动物有效而对另外一种动物无效 (Sheng et al., 2006; Stanford et al., 2010; Tanji et al., 2005), 给药途径、给药剂量、给药时间等因素都可能影响噬菌体治疗疗效。噬菌体培养时, 针对不同宿主细菌-噬菌体扩增接种体系, 培养温度和 pH 等也是不同的, 扩增噬菌体时也要一并考虑 (Skaradzińska et al., 2020), 因此, 需要通过研究分离的噬菌体的生物学特性从而帮助我们更进一步了解噬菌体与宿主细菌的关系, 为后续应用奠定基础。

参 考 文 献

艾生权, 夏玉, 钟志军, 等. 2014. 亚成体大熊猫肠道真菌的分离与鉴定. 四川动物, 33(4): 522-527.
陈福, 罗玉萍, 龚熹, 等. 2008. 抗菌肽耐药性研究进展. 微生物学通报, 35(11): 1786-1790.
陈希文, 尹苗, 王雄清, 等. 2015. 圈养大熊猫肠道致病菌的分离与初步鉴定. 绵阳师范学院学报, 34(2): 1-7.
陈永林, 张成林. 2000. 大熊猫铜绿色假单胞菌感染诊断. 中国兽医杂志, 26(5): 26.
陈永林, 张成林, 胥哲. 2001. 大熊猫不动杆菌病的病原鉴定. 中国兽药杂志, 35(4): 35-36.
邓雯文, 李才武, 晋蕾, 等. 2020. 大熊猫粪便中微生物与寄生虫的宏转录组学分析. 畜牧兽医学报, 51(11): 2812-2824.
邓雯文, 李才武, 赵思越, 等. 2019. 大熊猫源致病大肠杆菌CCHTP全基因组测序及耐药和毒力基因分析. 遗传, 41(12): 1138-1147.
高彤彤, 林居纯, 闫国栋, 等. 2015. 大熊猫粪便源大肠杆菌耐药性及超广谱 β-内酰胺酶基因型检测. 中国畜牧兽医学会兽医药理毒理学分会会员代表大会暨学术讨论会与中国毒理学会兽医毒理专业委员会学术研讨会. 长沙: 中国畜牧兽医学会.
顾佶丽, 何涛, 魏瑞成, 等. 2020. 噬菌体在细菌耐药性传播中的作用及分子机制. 畜牧与兽医, 52(11): 139-145.
顾晓晓, 邬琴, 陶乔孝慈, 等. 2020. 羊源大肠杆菌对氨基糖苷类药物耐药表型及耐药基因的检测. 中国兽医学报, 40(8): 1566-1570.
郭莉娟, 何雪梅, 邓雯文, 等. 2014. 大熊猫源大肠杆菌及肺炎克雷伯氏菌对消毒剂耐药性研究. 四川动物, 33(6): 801-807.
郭志燕, 周明旭, 朱国强. 2014. 细菌Ⅰ型菌毛结构及其致病性研究进展. 中国预防兽医学报, 36(7): 577-581.
国家林业和草原局. 2021. 全国第四次大熊猫调查报告. 北京: 科学出版社.
郝中香, 廖红, 刘丹, 等. 2015. 大熊猫源肠球菌分布特点的研究. 中国兽医科学, 45(1): 25-31.
贺小红. 2017. CTX-M-55 型超广谱 β-内酰胺酶的分布、进化及抗药活性研究. 郑州大学硕士学位论文.
江文俊, 姜福全, 崔彦. 2014. 白色念珠菌生物学特性研究进展. 基础医学与临床, 34(4): 550-554.
蒋惠莉. 2017. 青海地区产超广谱 β-内酰胺酶大肠埃希菌 CTX-M 基因型及耐药性研究. 青海医药杂志, 47(1): 4-7.
雷蕾, 王强. 1999. 亚利桑那菌引起的大熊猫出血性肠炎病例报告. 四川动物, 18(4): 182-183.

李蓓, 郭莉娟, 龙梅, 等. 2014. 圈养大熊猫肠道微生物分离、鉴定及细菌耐药性研究. 四川动物, 33(2): 161-166.

李才武, 邹立扣. 2020. 圈养大熊猫肠道细菌耐药性研究. 成都: 四川科学技术出版社.

李良. 2011. 铜绿假单胞菌主动外排系统 MexAB-OprM 与碳青霉烯类药物耐药的关系研究. 山西医科大学硕士学位论文.

刘灿. 2014. 嗜麦芽窄食单胞菌对磺胺类抗菌药物耐药机制的研究进展. 安徽医药, 18(5): 961-963.

刘红玉, 王君玮, 王娟, 等. 2013. 禽大肠杆菌毒力因子的研究进展. 中国动物检疫, 30(10): 25-29.

刘晓强, 李芳娥, 杨鹏超, 等. 2017. 体外诱导大熊猫大肠埃希菌对普多沙星的耐药性及其机制研究. 西北农林科技大学学报(自然科学版), 45(3): 68-74.

刘云宁, 李小凤, 韩旭颖, 等. 2015. 大肠埃希菌对氟喹诺酮类药物耐药机制的研究进展. 河北医药, 37(2): 265-269.

罗可人, 唐军. 2020. 肺炎克雷伯菌抗生素耐药性的研究进展. 中国抗生素杂志, 45(6): 540-544.

吕月蒙. 2015. 耐碳青霉烯类肠杆菌科细菌的分子特征、耐药机制及药物发现. 北京协和医学院硕士学位论文.

马清义. 2006. 大熊猫消化道正常菌群的分离鉴定及药敏性研究. 西北农林科技大学硕士学位论文.

马帅, 于莹, 王聪, 等. 2021. 狐、貉肠外致病性大肠杆菌的分离鉴定及致病性、耐药性研究. 黑龙江畜牧兽医, (1): 90-95+164.

欧阳珂珮, 刘生峰, 肖进文, 等. 2012. 白色念珠菌检测方法的研究进展. 食品工业科技, 33(8): 420-423+427.

彭广能, 熊焰. 2000. 大熊猫肺炎克雷伯氏菌的研究现状. 四川畜牧兽医, 27(113): 86-87.

孙慧琴, 轩慧勇, 买占海, 等. 2021. 猪源大肠杆菌耐药性及相关耐药基因检测. 新疆农业科学, 58(1): 190-196.

孙亮. 2019. 裂解牛源大肠杆菌、链球菌的噬菌体分离鉴定及初步应用. 吉林农业大学硕士学位论文.

覃振斌, 侯蓉, 林居纯, 等. 2018. 圈养大熊猫粪便源和环境源大肠杆菌质粒介导 β-内酰胺类酶耐药基因的检测. 中国农业大学学报, 23(3): 69-74.

王春花, 李德生, 王承东, 等. 2012. 大熊猫源肺炎双球菌的分离鉴定. 黑龙江畜牧兽医, (1): 85-87.

王强, 江华, 中尾建子. 1997. 大熊猫空肠弯曲杆菌感染及治疗. 中国兽医科学, 27(10): 35-36.

王鑫. 2021. 大熊猫肠道 *Escherichia coli* 和 *Klebsiella pneumoniae* 对抗生素耐药性及 *E. coli* 烈性噬菌体生物学特性研究. 四川农业大学硕士学位论文.

翁幸鐾, 糜祖煌. 2013. 可移动遗传元件: 耐药基因的载体. 中国人兽共患病学报, 29(4): 389-397.

吴国燕. 2015. 蛋鸡场环境中大肠杆菌、沙门氏菌的分布及耐药性传播研究. 四川农业大学硕士学位论文.

熊焰, 彭广能, 张贵权, 等. 1999. 用斑点酶免疫结合试验法检测大熊猫大肠埃希氏菌 EL-1 株肠毒素. 中国兽医科学, (5): 28-29.

薛原, 张秀英, 王贵霞, 等. 2009. 大肠杆菌主动外排系统的研究进展. 中国预防兽医学报, 31(6): 493-496.

闫国栋. 2015. 不同源大肠杆菌耐药性及整合子-基因盒研究. 四川农业大学硕士学位论文.

严悦, 余丛, 张义正, 等. 2012. 大熊猫肠道抗生素耐药菌质粒的研究. 四川大学学报(自然科学版), 49(3): 687-692.

燕霞, 苏小艳, 侯蓉, 等. 2023. 大熊猫源细菌耐药性研究进展. 微生物学报, 63(3): 977-992.

杨帆, 邓保国, 魏纪东, 等. 2017. 医源与动物源肺炎克雷伯菌耐药性和分子特性研究. 中国人兽共患病学报, 33(10): 888-892+902.

杨慧萍, 马清义, 高睿. 2015. 大熊猫源双歧杆菌分离株的培养特性及药敏试验. 动物医学进展, 36(6): 171-173.

叶志勇, 吕文其, 刘新华, 等. 1998. 大熊猫小肠结肠炎耶尔森氏菌感染及治疗. 中国兽医杂志, 24(8): 11.

殷泽禄, 万虎. 2019. 大肠杆菌的研究综述. 甘肃畜牧兽医, 49(5): 33-35.

俞道进, 陈玉村, 修云芳, 等. 2010. 熊猫源性高水平耐氨基糖苷类肠球菌耐药表型及基因型研究. 大熊猫繁育技术委员会年会. 福州: 中国动物园协会.

喻召武. 2016. 靶向铜绿假单胞菌粘肽合成酶 PBP3 的抗菌先导化合物的虚拟筛选与活性研究. 浙江工商大学硕士学位论文.

曾瑜虹, 王红宁, 刘立, 等. 2008. 大熊猫源大肠杆菌的分离鉴定和耐药性检测. 中国兽医杂志, 44(3): 30-31.

翟海华, 王娟, 王君玮, 等. 2014. 空肠弯曲杆菌生物学特性及分型技术研究新进展. 中国畜牧兽医, 41(2): 223-228.

张安云, 周万蓉, 吴琦, 等. 2006. 多重 PCR 对大熊猫和野生动物肠道分离菌氨基糖苷类抗生素耐药基因检测研究 中国畜牧兽医学会家畜传染病学分会第六届理事会第二次会议暨教学专业委员会暨第六届代表大会. 大庆: 中国畜牧兽医学会.

张成林, 陈永林. 1997. 克雷伯氏菌对大熊猫的致病性探讨. 中国兽医科学, 27(4): 40-41.

张志和, 侯蓉, 李光汉, 等. 1999. 大熊猫 β-溶血性链球菌病的诊治. 中国兽医科技, 29(9): 34.

Avalos Vizcarra I, Hosseini V, Kollmannsberger P, et al. 2016. How type 1 fimbriae help *Escherichia coli* to evade extracellular antibiotics. Sci Rep, 6: 18109.

Bellini D, Koekemoer L, Newman H, et al. 2019. Novel and improved crystal structures of *H. influenzae*, *E. coli* and *P. aeruginosa* penicillin-binding protein 3 (PBP3) and *N. gonorrhoeae* PBP2: toward a better understanding of beta-lactam target-mediated resistance. J Mol Biol, 431(18): 3501-3519.

Berrazeg M, Jeannot K, Ntsogo Enguéné V Y, et al. 2015. Mutations in β-lactamase *AmpC* increase resistance of *Pseudomonas aeruginosa* isolates to antipseudomonal cephalosporins. Antimicrob Agents Chemother, 59(10): 6248-6255.

Blahna M T, Zalewski C A, Reuer J, et al. 2006. The role of horizontal gene transfer in the spread of trimethoprim-sulfamethoxazole resistance among uropathogenic *Escherichia coli* in Europe and Canada. J Antimicrob Chemother, 57(4): 666-672.

Boedeker N C, Walsh T, Murray S, et al. 2010. Medical and surgical management of severe inflammation of the nictitating membrane in a Giant Panda (*Ailuropoda melanoleuca*). Vet Ophthalmol, 13: 109-115.

Boyd E F, Moyer K E, Shi L, et al. 2000. Infectious CTXPhi and the vibrio pathogenicity island prophage in *Vibrio mimicus*: evidence for recent horizontal transfer between *V. mimicus* and *V. cholerae*. Infect Immun, 68(3): 1507-1513.

Brolund A, Sundqvist M, Kahlmeter G, et al. 2010. Molecular characterisation of trimethoprim resistance in *Escherichia coli* and *Klebsiella pneumoniae* during a two year intervention on trimethoprim use. PLoS One, 5(2): e9233.

Chen S, Cui S, McDermott P F, et al. 2007. Contribution of target gene mutations and efflux to decreased susceptibility of *Salmonella enterica* serovar typhimurium to fluoroquinolones and other antimicrobials. Antimicrob Agents Chemother, 51(2): 535-542.

Chuanchuen R, Gaynor J B, Karkhoff-Schweizer R, et al. 2005. Molecular characterization of MexL, the transcriptional repressor of the *mexJK* multidrug efflux operon in *Pseudomonas aeruginosa*. Antimicrob Agents Chemother, 49(5): 1844-1851.

Chuanchuen R, Narasaki C T, Schweizer H P. 2002. The MexJK efflux pump of *Pseudomonas aeruginosa* requires OprM for antibiotic efflux but not for efflux of triclosan. J Bacteriol, 184(18): 5036-5044.

Croxen M A, Law R J, Scholz R, et al. 2013. Recent advances in understanding enteric pathogenic *Escherichia coli*. Clin Microbiol Rev, 26(4): 822-880.

Da Silva G J, Mendonça N. 2012. Association between antimicrobial resistance and virulence in *Escherichia coli*. Virulence, 3(1): 18-28.

Dean C R, Barkan D T, Bermingham A, et al. 2018. Mode of action of the monobactam LYS228 and mechanisms decreasing *in vitro* susceptibility in *Escherichia coli* and *Klebsiella pneumoniae*. Antimicrob Agents Chemother, 62(10): e01200-01218.

Doore S M, Schrad J R, Dean W F, et al. 2018. *Shigella* phages isolated during a dysentery outbreak reveal uncommon structures and broad species diversity. J Virol, 92(8): e02117-17.

Edgar R, Bibi E. 1997. MdfA, an *Escherichia coli* multidrug resistance protein with an extraordinarily broad spectrum of drug recognition. J Bacteriol, 179(7): 2274-2280.

Elke B, Andreas K, Sabaratnam V, et al. 2011. Phenelfamycins G and H, new elfamycin-type antibiotics produced by *Streptomyces albospinus* Acta 3619. J Antibiot 64(3): 257-266.

Gangoue-Pieboji J, Miriagou V, Vourli S, et al. 2005. Emergence of CTX-M-15-producing enterobacteria in Cameroon and characterization of a $bla_{CTX-M-15}$-carrying element. Antimicrob Agents Chemother, 49(1): 441-443.

Glasser A L, Boudeau J, Barnich N, et al. 2001. Adherent invasive *Escherichia coli* strains from patients with Crohn's disease survive and replicate within macrophages without inducing host cell death. Infect Immun, 69(9): 5529-5537.

Grape M, Farra A, Kronvall G, et al. 2005. Integrons and gene cassettes in clinical isolates of co-trimoxazole-resistant Gram-negative bacteria. Clin Microbiol Infect, 11(3): 185-192.

Guo L J, Long M, Huang Y, et al. 2015. Antimicrobial and disinfectant resistance of *Escherichia coli* isolated from giant pandas. J Appl Microbiol, 119(1): 55-64.

Guo M, Chen J W, Li Q F, et al. 2018. Dynamics of gut microbiome in giant panda cubs reveal transitional microbes and pathways in early life. Front Microbiol, 9: 3138.

Han J, Sahin O, Barton Y W, et al. 2008. Key role of Mfd in the development of fluoroquinolone resistance in *Campylobacter jejuni*. PLoS Pathog, 4(6): e1000083.

Hata M, Suzuki M, Matsumoto M, et al. 2005. Cloning of a novel gene for quinolone resistance from a transferable plasmid in *Shigella flexneri* 2b. Antimicrob Agents Chemother, 49(2): 801-803.

Hsu C R, Lin T L, Chen Y C, et al. 2011. The role of *Klebsiella pneumoniae rmpA* in capsular polysaccharide synthesis and virulence revisited. Microbiology (Reading), 157(Pt 12): 3446-3457.

Iida K, Mizunoe Y, Wai S N, et al. 2001. Type 1 fimbriation and its phase switching in diarrheagenic *Escherichia coli* strains. Clin Diagn Lab Immunol, 8(3): 489-495.

Jacoby G, Cattoir V, Hooper D, et al. 2008. *qnr* Gene nomenclature. Antimicrob Agents Chemother, 52(7): 2297-2299.

Johnson T J, Logue C M, Johnson J R, et al. 2012. Associations between multidrug resistance, plasmid content, and virulence potential among extraintestinal pathogenic and commensal *Escherichia coli* from humans and poultry. Foodborne Pathog Dis, 9(1): 37-46.

Jorth P, McLean K, Ratjen A, et al. 2017. Evolved aztreonam resistance is multifactorial and can produce hypervirulence in *Pseudomonas aeruginosa*. mBio, 8(5): e00517-17.

Jun J W, Shin T H, Kim J H, et al. 2014. Bacteriophage therapy of a *Vibrio parahaemolyticus* infection caused by a multiple-antibiotic-resistant O3:K6 pandemic clinical strain. J Infect Dis, 210(1): 72-78.

Kadlec K, Schwarz S. 2008. Analysis and distribution of class 1 and class 2 integrons and associated gene cassettes among *Escherichia coli* isolates from swine, horses, cats and dogs collected in the BfT-GermVet monitoring study. J Antimicrob Chemother, 62(3): 469-473.

Laurent P, Jean-Yves M, Agnese L, et al. 2018. Antimicrobial resistance in *Escherichia coli*. Microbiol Spectr, 6(4): 1-27.

Letkiewicz S, Miedzybrodzki R, Fortuna W, et al. 2009. Eradication of *Enterococcus faecalis* by phage therapy in chronic bacterial prostatitis—case report. Folia Microbiol (Praha), 54(5): 457-461.

Liao X, Hancock R E. 1997. Susceptibility to beta-lactam antibiotics of *Pseudomonas aeruginosa* overproducing penicillin-binding protein 3. Antimicrob Agents Chemother, 41(5): 1158-1161.

Lister P D, Wolter D J, Hanson N D. 2009. Antibacterial-resistant *Pseudomonas aeruginosa*: clinical impact and complex regulation of chromosomally encoded resistance mechanisms. Clin Microbiol Rev, 22(4): 582-610.

Llanes C, Hocquet D, Vogne C, et al. 2004. Clinical strains of *Pseudomonas aeruginosa* overproducing MexAB-OprM and MexXY efflux pumps simultaneously. Antimicrob Agents Chemother, 48(5): 1797-1802.

Mahmoud M, Askora A, Barakat A B, et al. 2018. Isolation and characterization of polyvalent bacteriophages infecting multi drug resistant *Salmonella serovars* isolated from broilers in Egypt. Int J Food Microbiol, 266: 8-13.

Masuda N, Sakagawa E, Ohya S, et al. 2000. Substrate specificities of MexAB-OprM, MexCD-OprJ, and MexXY-OprM efflux pumps in *Pseudomonas aeruginosa*. Antimicrob Agents Chemother, 44(12): 3322-3327.

Matthew M, Christopher T R. 2023. *Escherichia coli* Infection. Treasure Island: StatPearls Publishing.

McLean K, Lee D, Holmes E A, et al. 2019. Genomic analysis identifies novel *Pseudomonas aeruginosa* resistance genes under selection during inhaled aztreonam therapy *in vivo*. Antimicrob Agents Chemother, 63(9): e00866-00819.

Miller G H, Sabatelli F J, Hare R S, et al. 1997. The most frequent aminoglycoside resistance mechanisms—changes with time and geographic area: a reflection of aminoglycoside usage patterns? Aminoglycoside resistance study groups. Clin Infect Dis, 24 Suppl 1: S46-62.

Mojica F J M, Diez-Villasenor C, Garcia-Martinez J, et al. 2005. Intervening sequences of regularly spaced prokaryotic repeats derive from foreign genetic elements. J Mol Evol, 60(2): 174-182.

Mustafa G R, Li C W, Zhao S Y, et al. 2021. Metagenomic analysis revealed a wide distribution of antibiotic resistance genes and biosynthesis of antibiotics in the gut of giant pandas. BMC Microbiol, 21(1): 15.

Norman J M, Handley S A, Baldridge M T, et al. 2015. Disease-specific alterations in the enteric virome in inflammatory bowel disease. Cell, 160(3): 447-460.

Oechslin F. 2018. Resistance development to bacteriophages occurring during bacteriophage therapy. Viruses, 10(7): 351.

Paczosa M K, Mecsas J. 2016. *Klebsiella pneumoniae*: going on the offense with a strong defense. Microbiol Mol Biol Rev, 80(3): 629-661.

Pakbin B, Bruck W M, Rossen J W A. 2021. Virulence factors of enteric pathogenic *Escherichia coli*: a review. Int J Mol Sci, 22(18): 9922.

Pan Y J, Lin T L, Chen Y H, et al. 2013. Capsular types of *Klebsiella pneumoniae* revisited by *wzc* sequencing. PLoS One, 8(12): e80670.

Parra B, Robeson J. 2016. Selection of polyvalent bacteriophages infecting *Salmonella enterica* serovar Choleraesuis. Electron J Biotechnol, 21: 72-76.

Peng D, Li X, Liu P, et al. 2018. Transcriptional regulation of *galF* by RcsAB affects capsular polysaccharide formation in *Klebsiella pneumoniae* NTUH-K2044. Microbiol Res, 216: 70-78.

Perilli M, Ettorre D, Segatore B, et al. 2004. Overexpression system and biochemical profile of CTX-M-3 extended-spectrum beta-lactamase expressed in *Escherichia coli*. FEMS Microbiol Lett, 241(2): 229-232.

Pouillot F, Chomton M, Blois H, et al. 2012. Efficacy of bacteriophage therapy in experimental sepsis and meningitis caused by a clone O25b:H4-ST131 *Escherichia coli* strain producing CTX-M-15. Antimicrob Agents Chemother, 56(7): 3568-3575.

Powell A J, Tomberg J, Deacon A M, et al. 2009. Crystal structures of penicillin-binding protein 2 from penicillin-susceptible and -resistant strains of *Neisseria gonorrhoeae* reveal an unexpectedly subtle mechanism for antibiotic resistance. J Biol Chem, 284(2): 1202-1212.

Prezioso S M, Brown N E, Goldberg J B. 2017. Elfamycins: inhibitors of elongation factor-Tu. Mol Microbiol, 106(1): 22-34.

Quale J, Bratu S, Gupta J, et al. 2006. Interplay of efflux system, *ampC*, and *oprD* expression in carbapenem resistance of *Pseudomonas aeruginosa* clinical isolates. Antimicrob Agents Chemother, 50(5): 1633-1641.

Ren L, Deng L H, Zhang R P, et al. 2017. Relationship between drug resistance and the clustered, regularly interspaced, short, palindromic repeat-associated protein genes *cas1* and *cas2* in *Shigella* from giant panda dung. Medicine, 96(7): e5922.

Salmond G P C, Fineran P C. 2015. A century of the phage: past, present and future. Nat Rev Microbiol, 13(12): 777-786.

Shen G H, Wang J L, Wen F S, et al. 2012. Isolation and characterization of φkm18p, a novel lytic phage with therapeutic potential against extensively drug resistant *Acinetobacter baumannii*. PLoS One, 7(10): e46537.

Sheng H Q, Knecht H J, Kudva I T, et al. 2006. Application of bacteriophages to control intestinal *Escherichia coli* O157:H7 levels in ruminants. Appl Environ Microbiol, 72(8): 5359-5366.

Skaradzińska A, Ochocka M, Śliwka P, et al. 2020. Bacteriophage amplification—A comparison of selected methods. J Virol Methods, 282: 113856.

Stanford K, McAllister T A, Niu Y D, et al. 2010. Oral delivery systems for encapsulated bacteriophages targeted at *Escherichia coli* O157:H7 in feedlot cattle. J Food Prot, 73(7): 1304-1312.

Stephenson S, Brown P. 2012. Qnr prevalence and associated class Ⅰ integrons among *qnr*-positive fluoroquinolone-resistant *Escherichia coli* in Jamaica. IJID, 16(1): e212.

Su K W, Zhou X P, Luo M, et al. 2018. Genome-wide identification of genes regulated by RcsA, RcsB, and RcsAB phosphorelay regulators in *Klebsiella pneumoniae* NTUH-K2044. Microb Pathog, 123: 36-41.

Sulavik M C, Houseweart C, Cramer C, et al. 2001. Antibiotic susceptibility profiles of *Escherichia coli* strains lacking multidrug efflux pump genes. Antimicrob Agents Chemother, 45(4): 1126-1136.

Tanji Y, Shimada T, Fukudomi H, et al. 2005. Therapeutic use of phage cocktail for controlling *Escherichia coli* O157:H7 in gastrointestinal tract of mice. J Biosci Bioeng, 100(3): 280-287.

Thegerström J, Matuschek E, Su Y C, et al. 2018. A novel PBP3 substitution in *Haemophilus influenzae* confers reduced aminopenicillin susceptibility. BMC Microbiol, 18(1): 48.

Vetting M W, Park C H, Hegde S S, et al. 2008. Mechanistic and structural analysis of aminoglycoside *N*-acetyltransferase AAC(6')-Ib and its bifunctional, fluoroquinolone-active AAC(6')-Ib-cr variant. Biochemistry, 47(37): 9825-9835.

Vincent J L, Rello J, Marshall J, et al. 2009. International study of the prevalence and outcomes of infection in intensive care units. Jama, 302(21): 2323-2329.

Wang J, Hu B, Xu M C, et al. 2006. Use of bacteriophage in the treatment of experimental animal bacteremia from imipenem-resistant *Pseudomonas aeruginosa*. Int J Mol Med, 17(2): 309-317.

Wang T H, Liu N N, Ling B D. 2014. The effect of the insert sequence ISAba1 on the expression of carbapenemase gene in multidrug-resistant *Acinetobacter baumannii*. Chin J Antibiot, 3: 229-233.

Wang X, Zhang Y, Li C W, et al. 2022. Antimicrobial resistance of *Escherichia coli*, *Enterobacter* spp., *Klebsiella pneumoniae* and *Enterococcus* spp. isolated from the feces of giant panda. BMC Microbiol, 22(1): 102.

Watanabe Y, Watanabe S, Itoh Y, et al. 2019. Crystal structure of substrate-bound bifunctional proline racemase/hydroxyproline epimerase from a hyperthermophilic archaeon. Biochem Biophys Res Commun, 511(1): 135-140.

Webber M A, Piddock L J. 2003. The importance of efflux pumps in bacterial antibiotic resistance. J Antimicrob Chemother, 51(1): 9-11.

White P A, McIver C J, Rawlinson W D. 2001. Integrons and gene cassettes in the enterobacteriaceae. Antimicrob Agents Chemother, 45(9): 2658-2661.

Wu H J, Wang A H J, Jennings M P. 2008. Discovery of virulence factors of pathogenic bacteria. Curr Opin Chem Biol, 12(1): 93-101.

Zhu Z Q, Pan S L, Wei B, et al. 2020. High prevalence of multi-drug resistances and diversity of mobile genetic elements in *Escherichia coli* isolates from captive giant pandas. Ecotoxicol Environ Saf, 198: 110681.

Zou W C, Li C W, Yang X, et al. 2018. Frequency of antimicrobial resistance and integron gene cassettes in *Escherichia coli* isolated from giant pandas (*Ailuropoda melanoleuca*) in China. Microb Pathog, 116: 173-179.

第八章　大熊猫肠道寄生虫

第一节　寄生虫分离鉴定及生物学特性

一、大熊猫肠道寄生虫种类

目前分离鉴定出的大熊猫肠道寄生虫包括西氏贝蛔虫（*Baylisascaris schroederi*）、大熊猫钩口线虫（*Ancylostoma ailuropodae*）、仰口线虫（*Bunostomum* sp.）、类圆线虫（*Strongyloides* sp.）、结膜吮吸线虫（*Thelazia callipaeda*）、肺线虫（lungworm）、裂叶吸虫（*Ogmocotyle* spp.）、线中殖孔绦虫（*Mesocestoides lineatus*）、曲子宫绦虫（*Helictometra/Thysaniezia* spp.）、斯泰勒绦虫（*Stilesia* spp.）等蠕虫及安氏隐孢子虫（*Cryptosporidium andersoni*）、贾第鞭毛虫（*Giardia duodenalis*）、毕氏肠微孢子虫（*Enterocytozoon bieneusi*）、艾美耳球虫（*Eimeria* spp.）等原虫；其中以西氏贝蛔虫感染最为普遍，危害也最为严重。

二、西氏贝蛔虫

西氏贝蛔虫（*Baylisascaris schroederi*）属蛔科贝蛔属，成虫寄生于大熊猫肠道内，是危害野生和人工圈养大熊猫的最主要的肠道寄生性线虫。

（一）病原

1939 年由 McIntosh 在中国运往美国纽约的一只幼年大熊猫肠道内发现 9 条蛔虫标本，因该蛔虫在雄虫泄殖孔上方和下方的突起上有特殊的小棘区域而与其他蛔虫不同，被定为一新种西氏蛔虫（*Ascaris schroederi*）。1968 年，Sprent 建立贝蛔属（*Baylisascaris*）后，又将其改隶此属，故西氏蛔虫又改称为西氏贝蛔虫（*Baylisascaris schroederi*）。

西氏贝蛔虫为粗大线虫，白色或灰褐色。头端有 3 片唇：1 个背唇和 2 个亚腹唇。唇内缘有细小的唇齿。头乳突和头感器与猪蛔虫相同。

雄虫：体长 76～100mm，体宽 1.4～1.9mm。尾部向腹面弯曲，有肛前乳突 67～84 对，肛侧乳突 1 对，肛后乳突 5 对，其中有 2 对为双乳突，泄殖孔上方有新月状突起，其上有小棘 8～10 列，而泄殖孔下方有半圆形突起，上有小棘 11～14 列；交合刺一对，等长，长 0.471～0.636mm，末端钝圆不分支。

雌虫：体长 139～189mm，体宽 2.5～4.0mm。阴门位于虫体的前部，距头端 40～53mm，尾长 0.729～1.260mm。

虫卵：卵呈黄色至黄褐色，椭圆形或长椭圆形，基本对称，两端钝圆，虫卵大小为 67.50～83.70μm×54.00～70.70μm，卵壳有 3 层膜，最外层为蛋白质外壳，布满长 5.67～

10.80μm 的棘状突起，这些棘状突起在扫描电镜上呈粗壮的圆锥形，是与其他蛔虫虫卵相区别的特征。虫卵的第二层外膜为较厚的透明几丁质外壳，第三层为薄而透明的内膜。

二期幼虫：西氏贝蛔虫虫卵在体外培养 9～10 天后，卵内可形成二期幼虫。该期幼虫相对细长，头端突起，三瓣唇明显：1 个背唇、2 个侧腹唇。口腔狭窄，食道为柱状，中部相对较细，在食道两端可见粒状的排泄细胞。

三期幼虫：西氏贝蛔虫三期幼虫食道靠近背侧，其前端略呈漏斗状结构，神经环和泄殖孔等明显可见。虫体横截面上可见食道肌束呈放射状分布。在食道与肠交界部略后方，肠的直径最大。肠腔为圆形，腔内有黏液状物依附于肠壁上。此期假体腔已形成，在假体腔两侧可见椭圆形的排泄细胞柱，分布于食道后部及肠的前中部，在排泄细胞柱的中央可见排泄管。生殖原基的形态与二期幼虫相似，其细胞尚未进一步分化。三期幼虫的侧翼膜比二期幼虫的宽，而且边缘锐薄。虫体表皮横纹清晰可见，纹距为 3.86μm±0.21μm。

（二）生活史

西氏贝蛔虫虫卵发育很快，在整个发育过程中经过如下几个发育期：①原胚期，在虫卵内只有一个原生质团；②二球期；③四球期；④八球期；⑤16～64 球期及桑葚期；⑥囊胚期；⑦蝌蚪期；⑧幼虫期，包括一期幼虫期和具感染性的二期幼虫期（图 8-1）。

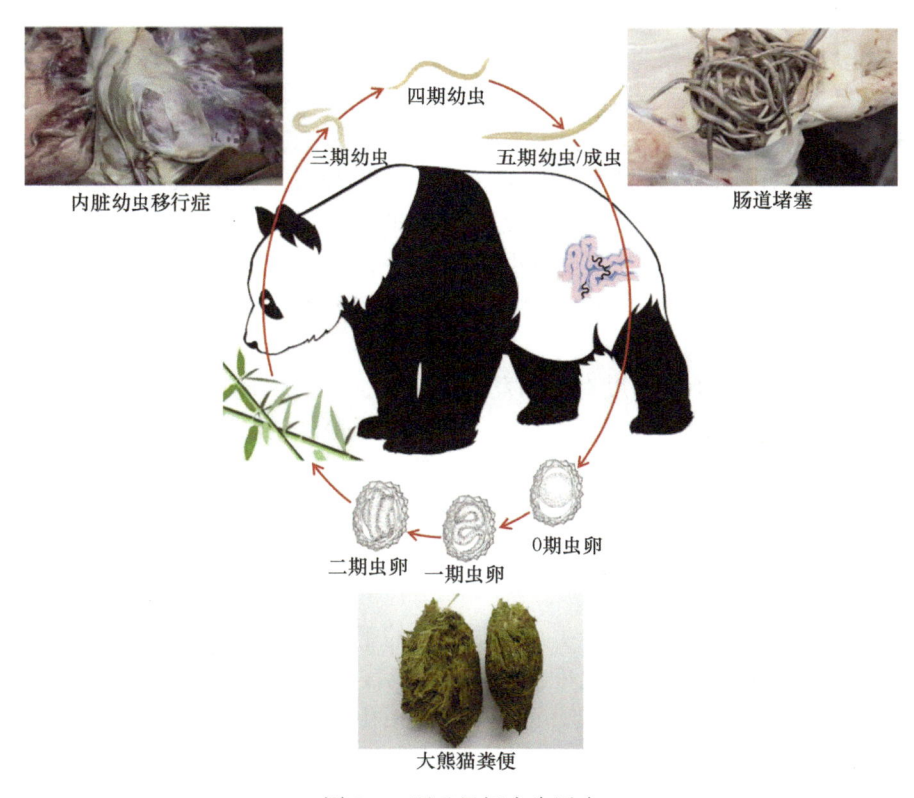

图 8-1 西氏贝蛔虫生活史

在 28℃条件下，西氏贝蛔虫虫卵经 4~5 天形成一期幼虫，9 天形成二期幼虫；在 22℃条件下，5 天发育为一期幼虫，11 天发育为二期幼虫；虫卵在 9℃以下不发育。含二期幼虫的虫卵感染大熊猫后，经 77~93 天（2.5~3 个月以上）蛔虫发育成熟并开始排卵。

（三）生物学特征

西氏贝蛔虫虫卵具有一定的抗寒能力。在 4℃条件下，经 60 天仍有 96.74%的虫卵可发育为感染期幼虫；新排出的虫卵，在-10℃条件下经 30 天仍有 42.85%的虫卵可以发育为二期幼虫；含二期幼虫的虫卵在-12℃条件下，经 30 天死亡率仅为 17%。由于西氏贝蛔虫虫卵在冬季寒冷气候下多不发育，而处于休眠状态，故外界环境中的虫卵密度会随大熊猫继续排卵而不断增加，待来年气候转暖时，发育为感染期虫卵，侵袭其他大熊猫。在高温条件下，70℃热水 1min 可把熊猫蛔虫虫卵杀死。一般认为，大熊猫主要是通过食入被蛔虫虫卵污染的食物或接触被污染的场所（包括被污染的毛和被污染的趾、指等）而感染。

（四）流行病学

大熊猫蛔虫分布广泛，在四川的青川、平武、北川、汶川、宝兴、天全等地，重庆的南坪，陕西的佛坪、太白、洋县、宁陕，以及甘肃的文县等地保护区内都有发现。西氏贝蛔虫在大熊猫体内很常见，野生大熊猫的感染率多在 50%以上，甚至可达 100%，是引起野生大熊猫死亡的主要原发性及继发性病因之一，圈养大熊猫也常有发生。

1977 年，四川省珍贵动物资源调查队在山区随机检查大熊猫粪便，发现蛔虫虫卵阳性率为 69.23%，在死亡大熊猫体内发现感染蛔虫数最高达 2236 条（杨光友，1998）；胡锦矗（1981）报道大熊猫感染蛔虫数最高达 3204 条；冯文和等（1984）报道 13 只死亡大熊猫蛔虫感染率达 100%，发现蛔虫数为 37~1605 条；薛克明和阮世炬（1987）报道秦岭大熊猫蛔虫感染率为 91.7%，蛔虫数为 1~619 条；叶志勇（1989）报道四川大熊猫蛔虫感染率为 100%。

邬捷等（1987）对不同温度对虫卵发育的影响进行了研究，结果表明，高山地区的温度低，虫卵的发育慢或因长期低温而死亡，而低山地区的温度相对较高，更适合虫卵的发育，因而生活在该区的大熊猫易患此病。赖从龙等（1993）对四川、甘肃两省的 28 个县、市和 9 个自然保护区内的野生大熊猫粪便作了调查，发现粪便蛔虫虫卵阳性率为 57.71%（1505/2608），且不同海拔、不同山系和不同年龄组的大熊猫蛔虫感染情况无明显差别。

杨旭煜（1993）报道四川省野生大熊猫蛔虫的平均感染率为 74.3%；岷山、邛崃山、凉山、大相岭和小相岭 4 个山系之间经 χ^2 检验表明，各山系之间大熊猫蛔虫感染率有显著性差异。地理位置较南的大相岭、小相岭、凉山山系大熊猫的蛔虫感染率远低于较北的岷山山系、邛崃山系，尤以邛崃山系最高，大相岭与小相岭最低。这种在不同地区大熊猫的感染率上的差异可能与不同研究人员在采取的研究方法、采样时间、采样地点、不同地区大熊猫自身感染程度、统计分析方法、地理环境及气候等多种因素的影响有关。

但杨旭煜（1993）同样发现，各山系野生大熊猫蛔虫感染率除同其栖息地的海拔无显著关系外，与植被类型、森林的采伐程度、人为影响程度、竹子覆盖率和开花枯死率也无显著关系，各类栖息地内野生大熊猫蛔虫感染率无明显区别；各山系不同年龄组野生大熊猫蛔虫感染率也无显著性差异，这表明野生大熊猫感染蛔虫的最关键时期是从出生到离开母体这段时间，大多数大熊猫个体在离开母体前已感染了蛔虫。Qiu和Mainka（1993）对四川卧龙自然保护区境内"五一棚"大熊猫生态观察站周围野生大熊猫蛔虫感染的季节动态进行了观察，在这一地区，3月、5月、7月、9月、11月大熊猫感染率分别为20%、42%、47%、78%、67%，以9~11月大熊猫蛔虫感染率为最高，达67%以上。

（五）致病机理、临床症状及病理变化

冯文和等（1984）解剖13具野生大熊猫尸体，并对其死亡原因进行了分析，发现野生大熊猫的西氏贝蛔虫感染率为100%，大熊猫感染西氏贝蛔虫的直接、间接死亡率为66.67%。Zhang等（2011）在对1971~2006年野生大熊猫死亡原因的调查中指出，蛔虫感染是引起大熊猫死亡的最主要原因。2001~2005年中，共有12只野生大熊猫由蛔虫感染造成直接或间接死亡，占5年间的野生大熊猫死亡的一半。图8-2、图8-3为在大熊猫粪便和胰腺中发现的西氏贝蛔虫。

图8-2　圈养大熊猫粪便中的西氏贝蛔虫

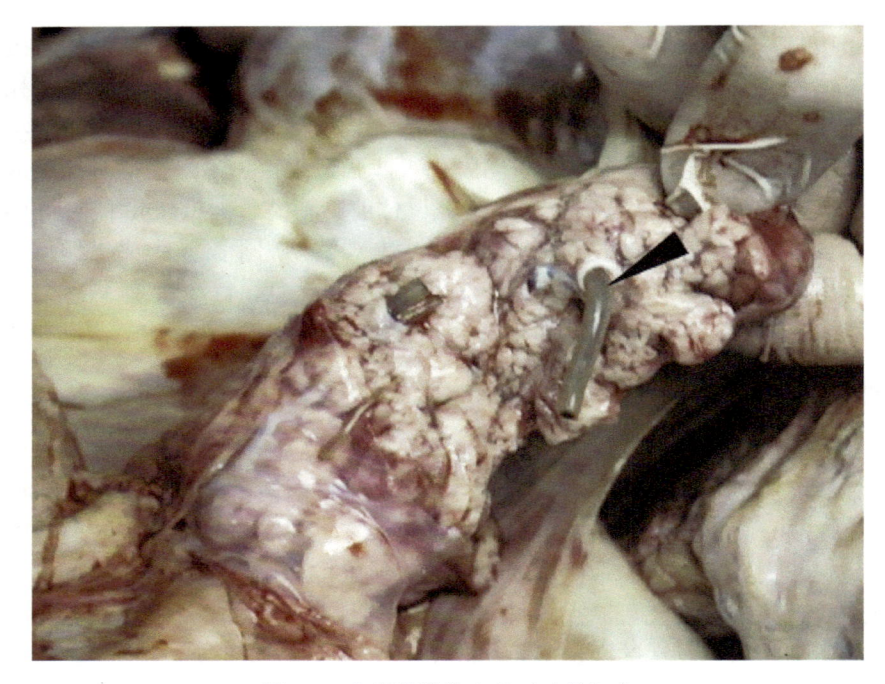

图 8-3　大熊猫胰腺中的西氏贝蛔虫

大熊猫西氏贝蛔虫是大熊猫体内最常见而且危害最为严重的寄生虫。大熊猫蛔虫可在体内存在 1~2 年，受精卵随粪便排出体外，如温度和湿度适合，经 2~3 周可发育成感染性虫卵。感染性虫卵可在水、土壤和粪便等处生活数月，甚至常年存在。感染性虫卵被食入后进入小肠，孵出幼虫，幼虫进入肠系膜经淋巴管、微血管进入静脉，再经肝、下腔静脉、右心达到肺，在肺内蜕皮后穿过肺部微血管经肺泡、支气管、气管至喉部，然后再被吞食经食道、胃到达小肠，在小肠内发育为成虫，周而复始，反复感染。幼虫在体内移动，经过肝脏时可引起轻度炎症，大量蛔虫幼虫到达肺部微血管及肺泡，可以引起肺泡出血、水肿及炎性细胞的浸润，若感染很重，可出现肺实变。成虫通常在大熊猫小肠内寄生，以小肠乳糜液为食，可引起消化功能的紊乱，致使机体营养不良。蛔虫有钻孔的特性，虫体多扭结成团，通常情况下蛔虫处于安静状态，但在食物缺乏、宿主发烧的情况下即处于活跃状态，从而进入胆管、胆囊、肝管、胰腺（图 8-3）及胃等，引起阻塞及炎症，甚至导致死亡。

蛔虫病症状表现不一。轻度感染时，成年动物往往症状不明显，幼年动物表现为停食、消瘦、被毛蓬乱无光泽、呕吐、腹痛、呼吸加快，有时咳呛，烦躁不安，行走时作排粪姿势，粪稀，黏液增多，并有少量蛔虫排出；重度感染者，身体极度消瘦、头似犬头、体呈皮包骨头状，贫血，口腔黏膜苍白，毛干燥脱落，稀疏似生癞。若幼虫移行至脑部，则可出现精神痴呆，反应迟钝，有时甚至可出现癫痫症状。王承东等（2007）报道 1 例野生大熊猫因严重蛔虫感染引起直肠脱出并发直肠套叠而导致死亡。

虽在圈养条件下因大熊猫蛔虫病致死的病例较少见。但野生大熊猫因蛔虫感染致死的病例已有不少报道。典型的病理变化包括胆管、肝管、胰管蛔虫，胃肠道蛔虫，多发性浆膜腔积液，蛔虫阻塞性、急性、出血性胰腺炎，肺充血水肿，心、肝、脾、肺、肾、胃、肠等器官均有变性发生。图 8-4 为典型的大熊猫西氏贝蛔虫造成的肠梗阻。

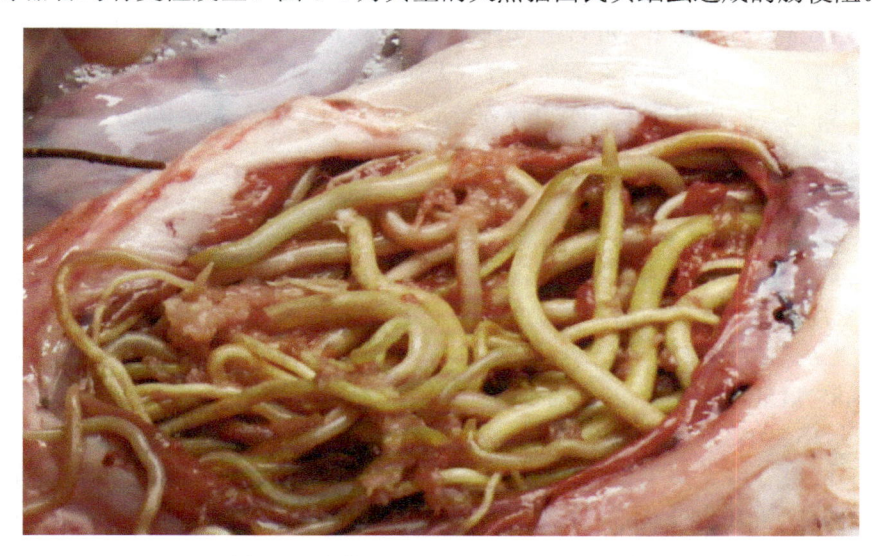

图 8-4　大熊猫西氏贝蛔虫造成的肠梗阻

西氏贝蛔虫不需要中间宿主，感染期虫卵被大熊猫食入后，直接在其体内发育为成虫。该蛔虫在非适宜宿主体内主要经体循环移行，不能经胎盘进行垂直传播；与蛔科的大多数蛔虫幼虫一样，在小鼠体内，肝脏是西氏贝蛔虫生存的相对适宜环境，它在肝脏内可部分发育并长期存活。因此，推测在自然界中，如果其他啮齿动物感染了西氏贝蛔虫，则捕食这些啮齿动物的肉食动物可能会发生内脏幼虫移行症（VLM）。

西氏贝蛔虫虫卵感染小白鼠后，在感染早期，血液中嗜酸性粒细胞和嗜中性粒细胞均有轻度增加。感染后第 2 周，嗜酸性粒细胞比例明显增高，至第 3 周血液中嗜酸性粒细胞升至最高水平（25%），该高峰期持续 3～4 周。至 7～8 周，血液中嗜酸性粒细胞稍降低，维持在 10%～15%。至感染后的 180 天，血液中嗜酸性粒细胞水平仍在 10% 以上。

（六）其他

杨光敏等（1985）对西氏贝蛔虫（*Baylisascaris schroederi*）、熊弓蛔虫（*Toxascaris selenactis*）、狮弓蛔虫（*Toxascaris leonina*）及转移弓蛔虫（*Toxascaris transfuga*）（寄生于小熊猫）四种蛔虫的生化指标进行了比较研究，发现四种蛔虫的乙酰胆碱酯酶活性，无论雌虫、雄虫在各虫种间无明显差异；经药物驱除的和自己排出的蛔虫其活力也未见明显不同。四种蛔虫的乳酸脱氢酶同工酶电泳图谱基本一致，在 1h 内均可出现三条谱带。西氏贝蛔虫反应最强，三条谱带完全出现者占 60%，而其他三种蛔虫的三条谱带完全出现率要低得多，在 35% 以下。四种蛔虫的蛋白质含量无明显差异；用凝胶等电聚焦电泳方法分离蛋白质成分，四种蛔虫谱带总数大体相似，在 20～30 带，但谱带的等电点排列图谱，四种蛔虫有各自的特征，被认为可作为种属鉴定的参考指标。此外，彭雪蓉和杨光友（2007）采用原子吸收光谱法测定了采自大熊猫的西氏贝蛔虫和采自黑熊的转移贝蛔虫（*Baylisascaris transfuga*）成虫体内 Ca、Fe、Zn、Mg、Mn、Cu、Cr 和 Pb 等 8 种无机元素的含量，在所有的虫体样品中均未测出 Pb。转移贝蛔虫虫体的 Ca、Fe 和 Mg 含量较高，而 Cr 和 Mn 含量最低。圈养大熊猫的西氏贝蛔虫虫体的 Ca、Fe 和 Mg 含量较高，而 Cr 和 Mn 含量最低；野生大熊猫西氏贝蛔虫虫体以 Ca 最高，Mg 次之，Mn 最低。野生大熊猫的西氏贝蛔虫体内 Ca、Fe、Zn、Mg、Mn 和 Cr 的含量均高于圈养大熊猫体内的西氏贝蛔虫和黑熊体内的转移贝蛔虫。

（七）功能基因

Wang 等（2008）、He 等（2009，2012）以大熊猫西氏贝蛔虫成虫和二期幼虫的 RNA 为模板，采用 RT-PCR 扩增出了 3 个抗原基因，分别命名为 *Bs-Ag1*、*Bs-Ag2* 和 *Bs-Ag3*。西氏贝蛔虫 *Bs-Ag1* 基因的开放阅读框含有 438 个核苷酸，能编码 146 个氨基酸，其分子量为 15.857kDa，等电点（pI）为 9.61；*Bs-Ag2* 基因开放阅读框共编码 150 个氨基酸，其分子量为 16.391kDa，pI 为 5.23；*Bs-Ag3* 基因开放阅读框长 966bp，共编码 321 个氨基酸，无信号肽，分子量为 35.543kDa，理论 pI 为 4.76。分别用这三个基因表达的重组蛋白经纯化后与弗氏完全佐剂（FCA）混合液接种免疫小鼠，3 次免疫后用西氏贝蛔虫感染性虫卵攻击小鼠，结果免疫小鼠的肝脏和肺脏中合计西氏贝蛔虫幼虫数量比对照组分别减少了 69.26%、65.54% 和 62.91%。

（八）诊断

对发生此病的野生大熊猫，早期发现较困难。生前诊断主要采用循序沉淀法和虫卵漂浮法进行粪样中虫卵的检查，后者以含有等量甘油的饱和硫酸镁溶液作漂浮液，甘油对虫卵有透明作用便于观察。有时，也可根据粪便中排出的虫体或服用药物驱虫排出的虫体进行诊断。

第二节　西氏贝蛔虫基因组与转录组

2021 年，Xie 等借助二代+三代测序技术，结合 Hi-C 染色体构象捕获，组装得到了西氏贝蛔虫染色体水平基因组草图；同时解析了西氏贝蛔虫四个重要发育时期，即虫卵期、虫卵感染期（L2）、肠道幼虫期（L5）和雌性成虫期的基因表达动态谱。通过比较基因组和转录组，系统地分析了西氏贝蛔虫与猪蛔虫、犬弓首蛔虫及马副蛔虫的基因组特征，并推测蛔虫存在"宿主转移"，以及宿主营养高效利用与代谢和寄生适应等现象。这些发现为当前大熊猫蛔虫病的防控提供了新的研究思路及理论指导，丰富和完善了大熊猫保护生物学的内容。

一、西氏贝蛔虫基因组

西氏贝蛔虫基因组大小为 293Mb（组装参数：contig N50 1.9 Mb 和 scaffold N50 11.8Mb），基因组的 GC 含量为 37.6%（图 8-5）。整个基因组包含 12.0% 的重复序列、0.49% 的 DNA 转座子、2.9% 的反转录转座子、5.8% 的散在元件和 2.6% 的简单重复。此外，基因组还包含 6190 个 tRNA 和 978 个 rRNA 基因。

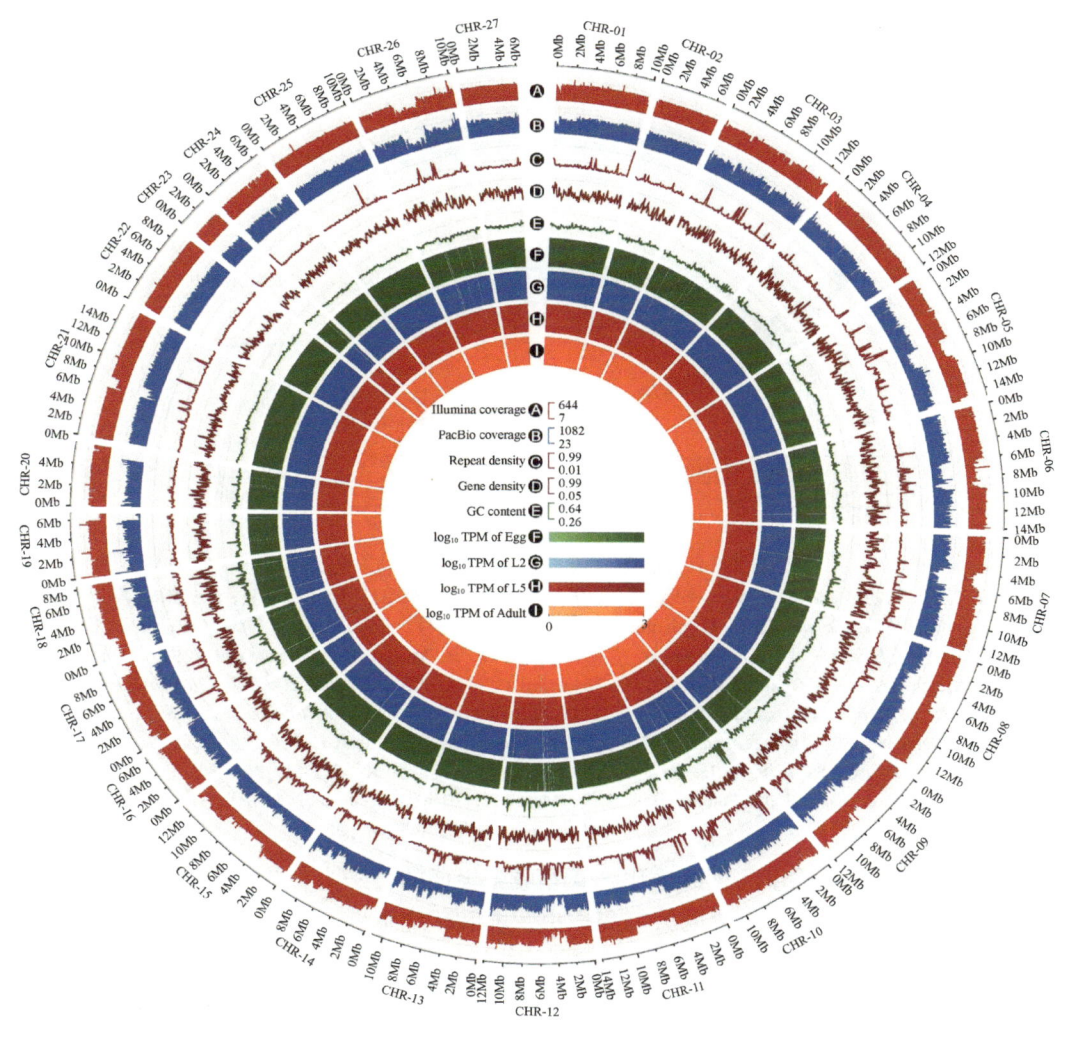

图 8-5　大熊猫西氏贝蛔虫基因组

基于比较基因组学与现有的分子钟和化石证据，本研究对目前已测序的猪蛔虫、犬弓首蛔虫、马副蛔虫和大熊猫蛔虫的进化关系及分类地位进行预测，结果显示，猪蛔虫和大熊猫蛔虫与猪蛔虫和马副蛔虫分化的时间是 2200 万年前，犬弓首蛔虫和大熊猫蛔虫与猪蛔虫和马副蛔虫分化的时间是 5900 万年前，该时间（5900 万年前）与宿主犬和大熊猫分化时间一致，但大熊猫蛔虫与猪蛔虫和马副蛔虫及猪蛔虫与马副蛔虫分化时间却明显晚于它们宿主的分化时间，说明四种蛔虫存在宿主转移事件。在该事件中，四种蛔虫的共同祖先在 6000 万年前随着犬和大熊猫祖先分离而分开，在犬祖先体内的蛔虫进化为犬弓首蛔虫，寄生在猪和马祖先体内的蛔虫则首先定植在大熊猫祖先体内，然后因捕食或食物链进入猪的祖先恐颌猪，进化为现在的猪蛔虫；马的祖先因食物链从猪的祖先获得蛔虫，进化为现在的马副蛔虫（图 8-6）。

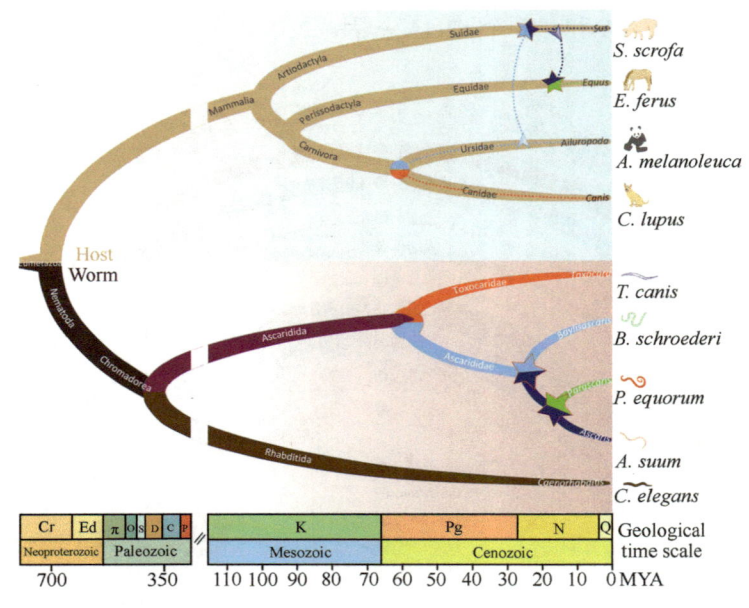

图 8-6　大熊猫西氏贝蛔虫"宿主转移"假说

Eumerazoa: 真后口动物; Host: 宿主; Mammalia: 哺乳动物纲; Artiodactyla: 偶蹄目; Suidae: 猪科; *Sus*: 猪属; Perissodactyla: 奇蹄目; Equidae: 马科; *Equus*: 马属; Carnivora: 食肉目; Ursidae: 熊科; *Ailuropoda*: 熊猫属; Canidae: 犬科; *Canis*: 犬属; *S. scrofa*: 猪; *E. ferus*: 马; *A. melanoleuca*: 大熊猫; *C. lupus*: 狼; Worm: 蠕虫; Nematoda: 线虫门; Chromadorea: 尾感器纲; Ascaridida: 蛔目; Toxocaridae: 弓首科; *Toxocara*: 弓首蛔虫属; Ascarididae: 蛔科; *Baylisascaris*: 贝蛔属; *Parascaris*: 马蛔虫属; *Ascaris*: 蛔虫属; Rhabditida: 小杆亚目; *Caenorhabditis*: 隐杆线虫属; *T. canis*: 犬弓首蛔虫; *B. schroederi*: 西氏贝蛔虫; *P. equorum*: 马副蛔虫; *A. suum*: 猪蛔虫; *C. elegans*: 秀丽隐杆线虫; Cr: 拉伸纪/成冰纪; Ed: 埃迪卡拉纪; π: 前寒武纪; O: 奥陶纪; S: 志留纪; D: 泥盆纪; C: 石炭纪; P: 二叠纪; K: 白垩纪; Pg: 古近纪; N: 新近纪; Q: 第四纪; Neoproterozoic: 新元古代; Paleozoic: 古生代; Mesozoic: 中生代; Cenozoic: 新生代; Geological time scale: 地质时间尺度; MYA: 百万年前

众所周知，大熊猫以高度纤维化、营养成分极低的竹子为食物，但是其肠道蛔虫却能长得像猪蛔虫一样粗大。借助大熊猫蛔虫营养和代谢通路分析发现，大熊猫西氏贝蛔虫糖及 ABC 转运蛋白显著扩张，高效的糖类吸收能力，伴随着强大的糖代谢和糖异生，其中间产物无疑为氨基酸和脂肪合成提供了物种基础。同时，大熊猫西氏贝蛔虫糖原合成、三羧酸循环及氨基酸、脂肪酸合成关键酶出现扩张和受到正选择的现象，加之这些基因在大熊猫西氏贝蛔虫肠道幼虫和成虫阶段的高表达（图 8-7），都解释了大熊猫西氏贝蛔虫虽与大熊猫一样，吃的是竹子，但却仍然可以长得很壮。

与其他线虫类似，大熊猫西氏贝蛔虫角皮也包含表层、上表皮、皮层、中间层和基底层，其成分主要为胶原蛋白和角质蛋白。解剖学结果显示，大熊猫西氏贝蛔虫皮层相较猪蛔虫、马副蛔虫、犬弓首蛔虫及同属的转移贝蛔虫显著增厚。基因组学结合虫体皮层结构显示，大熊猫西氏贝蛔虫包含 158 个编码角皮胶原蛋白的基因拷贝，同时胶原蛋白合成所需肽酰-脯氨酰-顺反式异构酶受到正选择，加上 32 个角质蛋白基因拷贝，以及这些基因和酶在大熊猫西氏贝蛔虫肠道幼虫和成虫阶段的高表达（图 8-8），共同造就了大熊猫西氏贝蛔虫厚厚的角皮，用于抵御熊猫布满锋利竹刺的肠道环境。

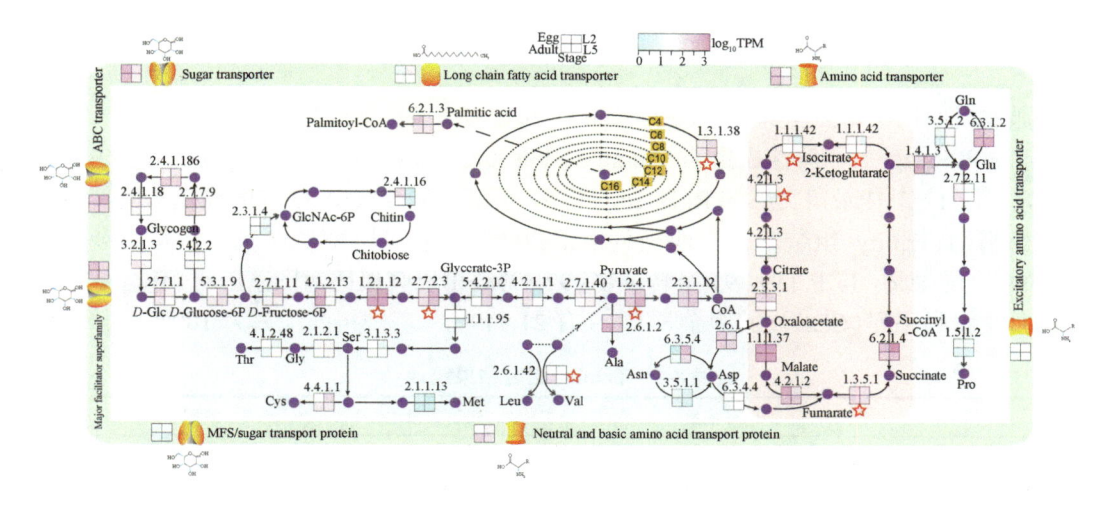

图 8-7　大熊猫西氏贝蛔虫营养转运与代谢通路

ABC transporter：ABC 转运蛋白；Sugar transporter：糖转运蛋白；Long chain fatty acid transporter：长链脂肪酸转运蛋白；Amino acid transporter：氨基酸转运蛋白；Excitatory amino acid transporter：兴奋性氨基酸转运蛋白；Neutral and basic amino acid transport protein：中性和碱性氨基酸转运蛋白；MFS/sugar transport protein：MFS/糖转运蛋白；Major facilitator superfamily：主要协助转运蛋白超家族；Palmitoyl-CoA：棕榈酰辅酶 A；Palmitic acid：棕榈酸；Chitin：壳聚糖；Chitobiose：壳寡糖；Glycogen：糖原；Isocitrate：异柠檬酸盐；Ketoglutarate：酮戊二酸；Succinyl-CoA：琥珀酰辅酶 A；Succinate：琥珀酸；Fumarate：富马酸；Malate：苹果酸；Oxaloacetate：草酰乙酸；Citrate：柠檬酸

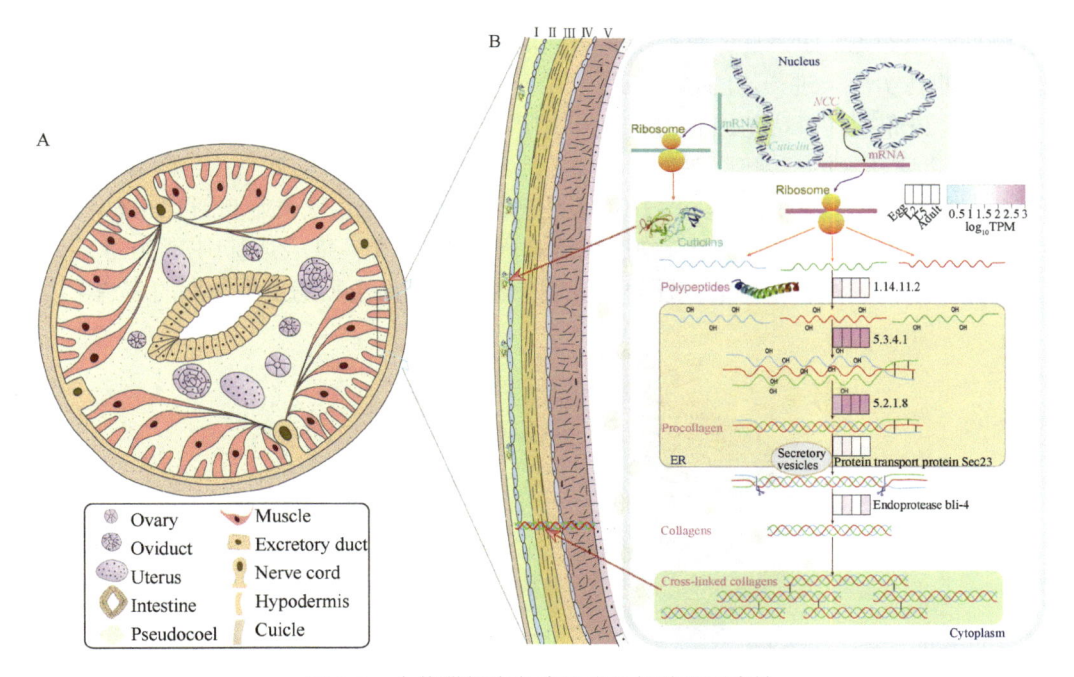

图 8-8　大熊猫蛔虫角皮组成及相关基因表达

Ovary：卵巢；Muscle：肌肉；Oviduct：输卵管；Excretory duct：排泄管；Uterus：子宫；Nerve cord：神经索；Intestine：肠道；Hypodermis：表皮下层；Pseudocoel：假体腔；Cuicle：表皮；Cuticlins：角质素；Nucleus：细胞核；Collagens：胶原蛋白；Ribosome：核糖体；Polypeptides：多肽；Protein disulfide-isomerase：蛋白二硫键异构；Peptidyl-prolyl *cis-trans* isomerase A：肽基脯氨酸顺反异构酶 A；Procollagen：骨胶原；ER：内质网；Secretory vesicles：分泌囊泡；Protein transport protein Sec23：蛋白质转运蛋白 Sec23；Endoprotease bli-4：内切蛋白酶 bli-4；Cross-linked collagens：交联胶原蛋白；Cytoplasm：细胞质

二、西氏贝蛔虫发育转录组

通过对西氏贝蛔虫虫卵期（egg stage）、虫卵 L2 期（egg-L2 stage）、肠道 L5 期（intestine-L5 stage）和雌性成虫期（female adult stage）四个时期，每个时期三次生物学重复，共计 12 个转录组文库的 RNA-seq 测序，本研究累计获得 33.3Gb 高质量的转录组数据。借助 Trinity 组装软件，西氏贝蛔虫四个不同发育时期的转录组从头组装得到 171 599 个转录物，其中 159 397 个转录物（92.89%）可以直接比对回基因组，包含 27 853 个蛋白质编码序列（CDS），其中全长 CDS 有 21 949 个，基因组匹配率为 100%（表 8-1）。

表 8-1　Trinity 组装结果统计

	总数量	映射数量	映射率（%）
转录物	171 599	159 397	92.89
全长 CDS	21 949	21 949	100

FPKM（每千个碱基的转录每百万映射读取的片段）计算值表示四个不同发育时期转录基因的表达水平，西氏贝蛔虫 18 360 个基因集中，至少在一个发育时期表达的基因有 13 755 个，占全部基因数的 74.92%。其中共表达基因有 11 186 个，占全部表达基因的 81.32%（11 186/13 755）；特异表达基因有 2 569 个，占全部表达基因的 18.68%（2 569/13 755）（图 8-9）。四个时期转录基因按表达水平聚类显示，肠道 L5 期与成虫期最相似，其次是与虫卵期和虫卵 L2 期，且各时期生物学重复彼此相聚在一起，印证了本研究基因转录表达水平的真实性。进一步的基因表达水平分析显示（表 8-2），在全部表达的 13 755 个基因中，虫卵期高表达基因有 1561 个，中度表达基因有 6954 个，低表达基因有 4620 个；虫卵 L2 期高表达基因有 1208 个，中度表达基因有 7268 个，低表达基因有 4298 个；肠道 L5 期高表达基因有 1086 个，中度表达基因有 6966 个，低表达基因有 5160 个；雌性成虫期高表达基因有 1236 个，中度表达基因有 7033 个，低表达基因有 4063 个。对各时期高表达基因注释信息的统计分析表明（表 8-3），西氏贝蛔虫虫卵期的表达主要涉

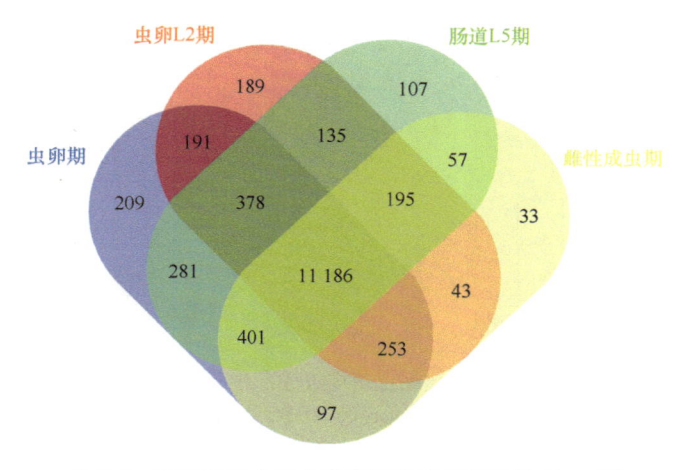

图 8-9　西氏贝蛔虫四个发育时期的基因表达 Venn 图

表 8-2 基因表达水平统计

样品	总基因数	未检测到的基因数	高表达基因数	中度表达基因数	低表达基因数
虫卵期	13 135	5 225	1 561	6 954	4 620
虫卵 L2 期	12 774	5 586	1 208	7 268	4 298
肠道 L5 期	13 212	5 148	1 086	6 966	5 160
雌性成虫期	12 332	6 028	1 236	7 033	4 063

表 8-3 高表达基因及其注释信息（前 10）

基因编号	注释
虫卵期	
Scaffold93_size623068_637_276	Acanthoscurrin-2
scaffold99_size577398_229_183	Putative carbonic anhydrase 5
scaffold102_size567610_331_3787	Ovarian abundant message protein
scaffold4_size3035517_669_4112	Chondroitin proteoglycan 2
scaffold51_size1020102_730_951	NADH-ubiquinone oxidoreductase chain 1
scaffold22_size2674238_844_4818	β-tubulin isotype 1
scaffold511_size59989_50_10509	Metalloproteinase inhibitor
scaffold10_size2304744_625_2176	Macrophage migration inhibitory factor
scaffold60_size1420256_955_3695	Trypsin Inhibitor-like
scaffold35_size1176394_367_8196	Glutamine synthetase
虫卵 L2 期	
scaffold206_size281265_238_321	Polycomb protein Asx
scaffold45_size1121662_774_2656	60S ribosomal protein
scaffold3024_size2596_5_461	Vesicle-associated membrane protein
scaffold27_size1342667_1194_1517	Myosin regulatory light chain 1
scaffold649_size32112_10_2895	Actin-2
scaffold56_size964630_367_4627	Neuroendocrine protein 7B2
scaffold190_size307997_65_3477	Putative elongation factor 1-beta/1-delta 1
scaffold155_size372449_10_40681	Phosphoenolpyruvate carboxykinase
scaffold236_size238665_8_6362	Heat shock protein HSP 90-alpha
scaffold70_size1031761_965_2913	40S ribosomal protein
肠道 L5 期	
scaffold76_size775634_661_2150	Collagen alpha-5(IV) chain
scaffold121_size474538_241_305	Collagen triple helix repeat
scaffold649_size32112_10_2895	Inorganic pyrophosphatase
scaffold25_size1361355_1255_3789	Cuticle collagen dpy-5
scaffold94_size1735759_1093_3362	Nematode cuticle collagen
scaffold26_size1345740_913_3017	Myoglobin
scaffold9_size2316814_1019_4122	Collagen protein 68
scaffold1543_size6625_0_438	Cecropin-p2
scaffold244_size436584_91_9463	Nuclear transport factor 2-like domain
scaffold45_size1121662_774_2656	60S ribosomal protein

续表

基因编号	注释
雌性成虫期	
scaffold93_size623068_637_276	Acanthoscurrin-2
scaffold189_size308383_145_1753	OV-17 antigen (*Onchocerca volvulus*)
scaffold4_size3035517_669_4112	Immunosuppressive ovarian message protein
scaffold3024_size2596_5_461	Vesicle-associated membrane protein
scaffold102_size567610_331_3787	Ovarian abundant message protein
scaffold1543_size6625_0_438	Cecropin-P2
scaffold244_size436584_91_9463	NTF2-like domain
scaffold649_size32112_10_2895	Pyrophosphatase
scaffold4_size3035517_3002_1367	C-type lectin
scaffold45_size1121662_774_2656	Glutathione-S-transferase

及一些与细胞分裂、能量代谢、内环境酸碱平衡调节、解毒及抗菌免疫等相关的生物学过程，虫卵 L2 期的表达主要涉及一些与蛋白质表达调控、核糖体蛋白质合成与转运、动力蛋白合成、细胞信号感知与转导及能量储备等相关的生物学过程，肠道 L5 期的表达主要涉及一些与胶原蛋白和皮层蛋白合成相关的蜕皮及抗菌免疫等生物学过程，而雌性成虫期的表达则主要涉及一些与生殖发育（如受精卵及胚胎形成）及外环境免疫防御等相关的生物学过程。

借助 DESeq 软件，对西氏贝蛔虫四个发育时期的转录组差异表达基因进行鉴定和比较分析后发现，10 256 个基因存在显著差异表达。其中，西氏贝蛔虫虫卵期与虫卵 L2 期相比有 3649 个基因上调表达，3500 个基因下调表达；虫卵期与肠道 L5 期相比有 3714 个基因上调表达，3013 个基因下调表达；虫卵期与成虫期相比有 2364 个基因上调表达，2670 个基因下调表达；虫卵 L2 期与肠道 L5 期相比有 3129 个基因上调表达，2851 个基因下调表达；虫卵 L2 期与成虫期相比有 2973 个基因上调表达，2909 个基因下调表达；肠道 L5 期与成虫期相比有 1847 个基因上调表达，2378 个基因下调表达。另外，考虑到这四个时期分别对应西氏贝蛔虫截然不同的两个生长和发育阶段，即自由生长阶段和寄生阶段，本研究又特别地对虫卵期和虫卵 L2 期与肠道 L5 期和成虫期的基因差异表达进行了统计，发现两个阶段有 853 个上调表达基因，2174 个下调表达基因。对上述差异表达基因进行 GO 的注释及聚类分析（图 8-10），发现从虫卵期到感染虫卵 L2 期因涉及幼虫的发育成型及感染宿主前的抗逆环境准备，其上调表达基因主要与细胞成分（Cellular component）生物合成、生物黏附、生长、运动及免疫系统等生物学过程相关，也有与结合（Binding）和转录调控（Transcription regulator）等分子功能（Molecular function）相关；下调表达基因则主要涉及多生物过程（Multi-organism process）等生物学过程。从感染虫卵 L2 期到肠道 L5 期由于涉及从体外到宿主体内寄生的转变及性成熟前的准备，其上调表达基因主要与代谢（Metabolic process）（包括营养代谢和异源性物质代谢）、信号转导、多生物及繁殖生长等生物学过程相关，并广泛涉及抗氧化（Antioxidant）、酶催化、电子传递、分子结构和翻译调控（Translation regulator）等相关分子功能；下调表达基因则主要涉及运动（Locomotion）等生物学过程。从肠道 L5 期到成虫期由于主要涉及成熟与繁殖行为，因而其上调表达基因主要与生长和生殖等生物学过程相关，同时也与酶调控（Enzyme regulator）、分子转导（Molecular transducer）及转录等分子功能有关；下调表达基因则主要涉及免疫系统过程（Immune system process）。由此可见，西氏贝蛔虫从自由生长阶段到寄生阶段的转变涉及物质代谢、信号转导、生长、多生物及繁殖等众多生物学过程，并伴随着大量抗氧化、酶催化、电子传递、分子转导、结构和翻译调控等分子功能的参与。这些过程和功能在西氏贝蛔虫整个发育过程中的时空性出现，确保了其正常的生长、发育及繁殖；同时这些信息也为我们后续探索其为何能成功地寄生于大熊猫体内提供了来自基因转录水平的数据支持和参考。

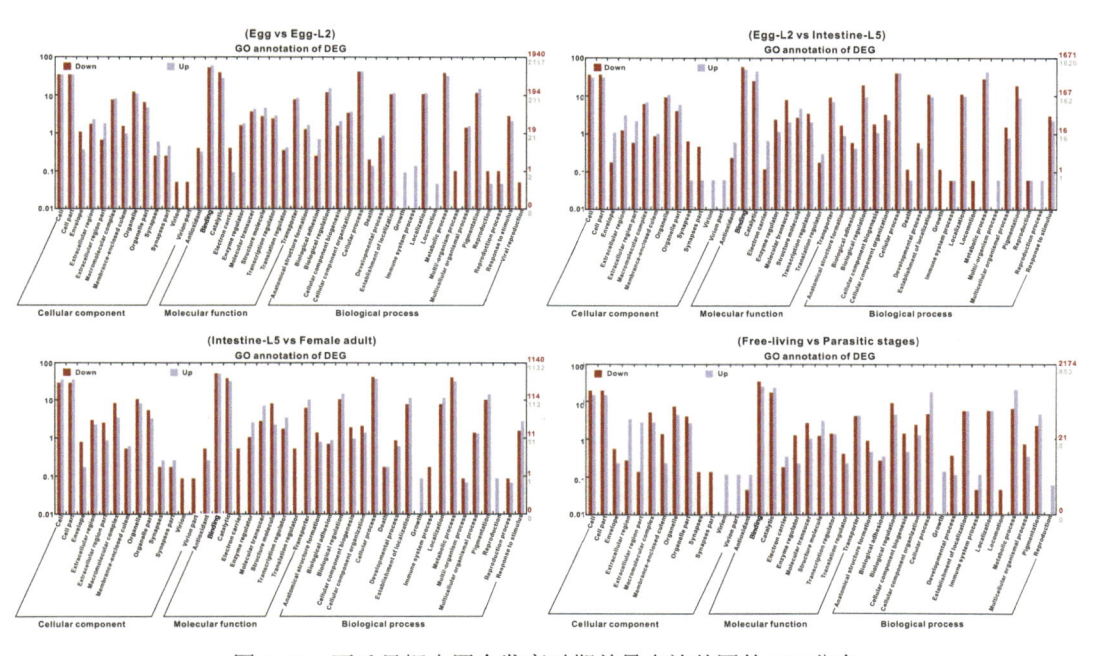

图 8-10　西氏贝蛔虫四个发育时期差异表达基因的 GO 分布

为了验证上述结果和进一步弄清西氏贝蛔虫各时期差异表达基因的表达特征，本研究利用 Mfuzz 软件对上述四个时期共 10 256 个差异表达基因进行了基因表达模式分析，共得到 8 个表达模式 cluster（图 8-11）。这些 cluster 清晰地展示了西氏贝蛔虫四个不同发育时期所特有的高表达差异基因集及它们在整个发育过程中所呈现的动态变化趋势。在 cluster 1 和 cluster 2 中，本研究分别发现有 667 个和 863 个差异基因在虫卵期呈现高表达模式；在 cluster 3、cluster 4 和 cluster 5 中，分别有 913 个、738 个和 2054 个差异基因在虫卵 L2 期呈现高表达模式；在 cluster 6 和 cluster 7 中，分别有 1566 个和 2199 个差异基因在肠道 L5 期呈现高表达模式；在 cluster 8 中，有 939 个差异基因在成虫期呈现高表达模式。值得注意的是，自由生长阶段的虫卵 L2 期似乎比虫卵期含有更多同趋势的高表达基因，同样地，寄生阶段的肠道 L5 期也比成虫期的同趋势高表达基因数量要多得多。结合西氏贝蛔虫生活史及借助 GO 注释信息，本研究结果进一步显示，虫卵期呈现峰值表达的差异基因主要与有丝分裂、细胞及细胞器生物合成、代谢等细胞生物学过程相关，反映了虫卵胚胎发育时所需进行的体细胞数量增加及幼虫基本组织细胞形成过程。较虫卵期，虫卵 L2 期多出的高表达差异基因则涉及增加的细胞及细胞成分合成（如胶原蛋白）、代谢、电子传递、胞间信号转导、信号感知、抗氧化、氧化还原反应及分子结合和转运等生物学过程，反映了虫卵 L2 作为感染期一方面为了适应外界环境而必需的物质和能量代谢，另一方面在感应宿主和等待宿主感染期间对环境的抗逆能力。对于寄生阶段的肠道 L5 期而言，其差异高表达基因涉及的生物学过程与虫卵 L2 期类似，包括大量的细胞及细胞成分合成、酶促反应、能量和物质代谢及抗氧化等过程；但值得注意的是，该时期增加了多生物及繁殖等生物学过程，从而反映了 L5 幼虫在向成虫过渡时除体型的进一步变大以外的性成熟发育过程。最后，相比 L5 幼虫，成虫期的差异高表达基因主要涉及能量和物质代谢及繁殖等生物学过程，进而推测这是导致其高表达差异基因数偏少的主要原因。另外，本研究发现从高表达差异基因数量上来讲，肠道 L5 期总体上稍多于虫卵 L2 期，猜测这可能是虫卵 L2 期与其他线虫的滞育期相对应，因而要维持长时间的存活并保有感染活性，这时期的幼虫会通过自身调节来减少一些不必要的生物学过程，但相关的感知信号通路却正常运行，以确保其实时感知和接受宿主信息，感染宿主。因此，在虫卵 L2 期中，高表达的差异基因涉及电子传递、胞间信号转导、信号感知等过程，而肠道 L5 期却缺少这些过程。

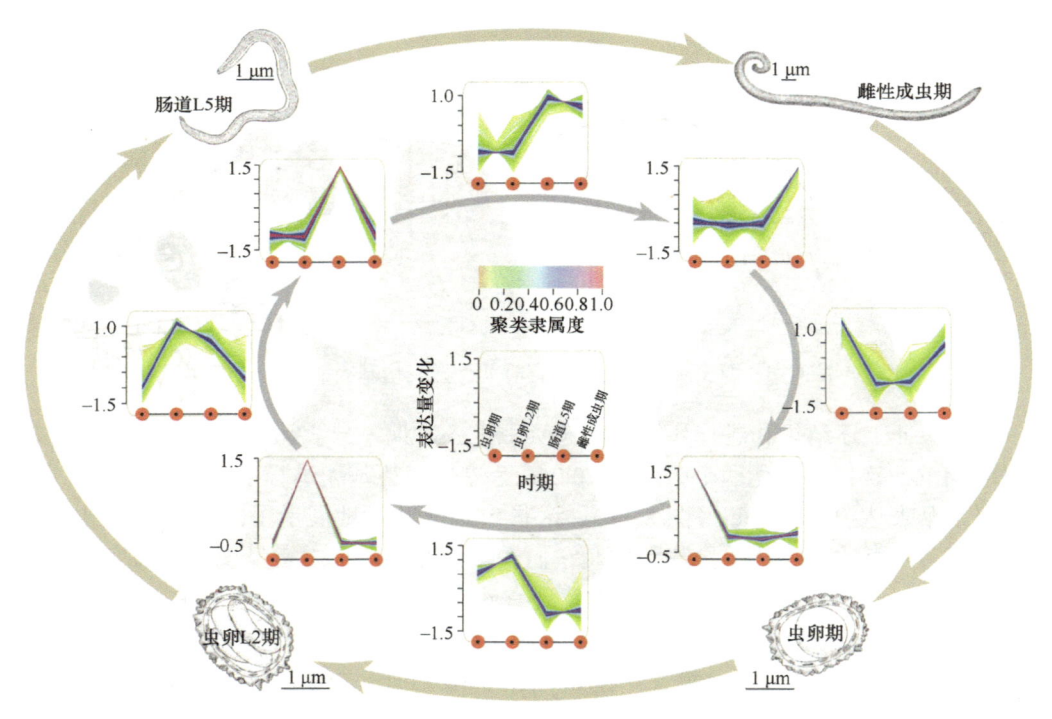

图 8-11　西氏贝蛔虫四个发育时期的基因表达趋势聚类分析

三、西氏贝蛔虫分泌组

通过对非信号肽跨膜结构蛋白、线粒体源蛋白、内质网驻留蛋白及糖基磷脂酰肌醇锚定蛋白等非分泌性的蛋白质的层层过滤，得到西氏贝蛔虫分泌组蛋白共计 1638 个，占总蛋白的 8.9%，其中经典途径分泌蛋白 1568 个，占分泌组蛋白的 95.7%，非经典途径分泌蛋白 70 个，占分泌组蛋白的 4.3%。

InterProScan 注释发现，西氏贝蛔虫有 1113 个分泌蛋白可以注释到 481 个不同结构域，占总分泌组蛋白的 67.9%。如表 8-4 所示，最富集的结构域包括甲状腺素转运蛋白样结构域（Transthyretin-like domain）、ShKT 结构域、透明带结构域（Zona pellucida domain）、C 型凝集素结构域（C-type lectin domain）、富亮氨酸重复结构域（Leucine-rich repeat domain）、虾红素结构域（Peptidase M12A, astacin domain）、免疫球蛋白Ⅰ集结构域（ImmunoglobulinⅠ-set domain）、A 型血管性血友病因子结构域（vWF, type A domain）、胃蛋白酶抑制剂 3 样重复结构域（Pepsin inhibitor-3-like repeated domain）、硫氧还蛋白结构域（Thioredoxin domain）、表皮生长因子样结构域（EGF-like domain）、EF 手形结构域（EF-hand domain）、几丁质结合结构域（Chitin binding domain）、凝血酶原 1 型结构域（Thrombospondin type-1 (TSP1) repeat domain）、丝氨酸蛋白酶、胰蛋白酶结构域（Serine proteases, trypsin domain）、肽酶 A1 结构域（Peptidase family A1 domain）等。该结果与已报道的猪蛔虫和犬弓首蛔虫分泌组组成大体一致，但在富集程度上却存在差异。进一步的功能分析揭示，这些蛋白质主要涉及西氏贝蛔虫神经系统的发育（如运甲状腺素样蛋白）、幼虫期的蜕皮（如透明带、表皮生长因子、几丁质和凝血酶原 1 型）、

表 8-4 西氏贝蛔虫分泌蛋白结构域注释（前 20）

IPR 编号	注释	数量
IPR001534	Transthyretin-like domain	37
IPR003582	ShKT domain	30
IPR001507	Zona pellucida domain	23
IPR001304	C-type lectin domain	19
IPR001611	Leucine-rich repeat domain	17
IPR001506	Peptidase M12A, astacin domain	14
IPR013098	Immunoglobulin I-set domain	14
IPR002035	von Willebrand factor (vWF), type A domain	12
IPR010480	Pepsin inhibitor-3-like repeated domain	12
IPR013766	Thioredoxin domain	12
IPR000742	EGF-like domain	11
IPR002048	EF-hand domain	11
IPR007284	Ground-like domain	11
IPR002223	Pancreatic trypsin inhibitor Kunitz domain	10
IPR002557	Chitin binding domain	10
IPR000884	Thrombospondin type-1 (TSP1) repeat domain	8
IPR001124	Lipid-binding serum glycoprotein, C-terminal domain	8
IPR001254	Serine proteases, trypsin domain	8
IPR002018	Carboxylesterase, type B domain	8
IPR033121	Peptidase family A1 domain	8

组织入侵（如虾红素和 A 型 vWF）、移行（虾红素、丝氨酸蛋白酶和肽酶 A1）及宿主免疫系统的调控与逃避（如 ShKT、C 型凝集素、胃蛋白酶抑制剂 3、免疫球蛋白Ⅰ、硫氧还蛋白和丝氨酸蛋白酶）等生理和致病过程，从而暗示了它们在西氏贝蛔虫生长、发育及寄生期间的重要生物学作用。另外，与猪蛔虫和犬弓首蛔虫类似，一些金属类肽酶、激酶、磷酸酶（包括无机焦磷酸酶）及蛋白酶抑制剂也出现在本研究的分泌组组分中，推测它们可能是蛔虫寄生所必需的一类重要蛋白，不仅具有营养、消化和参与幼虫宿主组织移行等功能，还具有免疫调节功能。除此之外，本研究还从西氏贝蛔虫分泌蛋白组中鉴定到了多个糖基转移酶（glycosyltransferase）、木瓜蛋白酶类半胱氨酸蛋白酶和磷酸酶等蛋白。

GO 注释发现，有 608 个蛋白可能得到 1375 个不同的 GO 注释条目。GO 三级富集分析表明，这些分泌组蛋白显著地富集于结合（binding）[如蛋白质（protein）、碳水化合物（carbohydrate）、核酸（nucleic acid）和离子（ion）的结合]、催化活性（catalytic activity）[如水解酶活性（hydrolase activity）、氧化还原酶活性（oxidoreductase activity）]、酶调节活性（enzyme regulator activity）[如酶抑制剂活性（enzyme inhibitor activity）]、分子转导活性（molecular transducer activity）[如信号转导活性（signal transducer activity）]、抗氧化活性（antioxidant activity）[如过氧化物酶活性（peroxidase activity）]等分子功能（Biological Process）及代谢过程（metabolic process）[如大分子代谢过程（macromolecule metabolic process）、分解代谢过程（catabolic process）与生物合成过程（biosynthetic process）]、细胞过程（cellular process）[如细胞通信（cell communication）、细胞稳态（cellular homeostasis）]、生物调节（biological regulation）、定位形成（establishment of localization）、多细胞生物过程（multicellular organismal process）[如蜕皮周期（molting cycle）]等生物学过程（Biological Process）（表 8-5）。该结果在一定程度上支持了上述结构域的分析结论，并进一步丰富和完善了西氏贝蛔虫分泌组的生物功能及其存在意义。

表 8-5　西氏贝蛔虫分泌蛋白 GO 三级富集分析

GO 编号	标签	数量[占比（%）]
Molecular Function		
GO:0005488	binding	291（47.9）
GO:0005515	protein binding	153（25.2）
GO:0043167	ion binding	105（17.3）
GO:0030246	carbohydrate binding	23（3.8）
GO:0003676	nucleic acid binding	19（3.1）
GO:0003824	catalytic activity	227（37.3）
GO:0016787	hydrolase activity	150（24.7）
GO:0016740	transferase activity	32（5.3）
GO:0016491	oxidoreductase activity	28（4.6）
GO:0030234	enzyme regulator activity	20（3.3）
GO:0004857	enzyme inhibitor activity	18（3.0）
GO:0060089	molecular transducer activity	13（2.1）

续表

GO 编号	标签	数量[占比（%）]
GO:0004871	signal transducer activity	13（2.1）
GO:0016209	antioxidant activity	5（0.8）
GO:0004601	peroxidase activity	5（0.8）
Biological Process		
GO:0008152	metabolic process	229（37.7）
GO:0044238	primary metabolic process	190（31.3）
GO:0043170	macromolecule metabolic process	152（25.0）
GO:0009056	catabolic process	95（15.6）
GO:0009058	biosynthetic process	26（4.3）
GO:0009987	cellular process	130（21.4）
GO:0044237	cellular metabolic process	74（12.2）
GO:0007154	cell communication	24（3.9）
GO:0019725	cellular homeostasis	17（2.8）
GO:0065007	biological regulation	49（8.1）
GO:0050789	regulation of biological process	48（7.9）
GO:0051234	establishment of localization	38（6.3）
GO:0006810	transport	38（6.3）
GO:0032501	multicellular organismal process	10（1.6）
GO:0042303	molting cycle	3（0.5）

为了鉴定潜在的西氏贝蛔虫疫苗和诊断抗原分子，Xie 等（2021）将西氏贝蛔虫分泌组数据库对比秀丽隐杆线虫致死数据库及西氏贝蛔虫关键代谢酶组，最终优化得到了 59 个西氏贝蛔虫特异性疫苗和诊断候选抗原。为了进一步方便后续体内和体外试验验证，研究人员对该 59 个候选蛋白做了基因长度的限制，并最终得到了 10 个基因长度小于 1500bp 的西氏贝蛔虫特异性疫苗和诊断候选抗原。按照转录组 FPKM 值高低，依次排列如表 8-6 所示。其中，5 个候选抗原为西氏贝蛔虫、猪蛔虫和犬弓首蛔虫所共有，分别为天蚕素 P2（Cecropin P2）、ASABF-β 抗菌肽（ASABF-β, antimicrobial peptide）、假定蛋白（Hypothetical protein，基因编号：Scaffold126_size457045_190_629）、运甲状腺素样蛋白（Transthyretin-like protein）和几丁质结合围食膜因子 A 结构域蛋白（Chitin binding peritrophin-A domain protein）；2 个候选抗原为西氏贝蛔虫和猪蛔虫所共有，分别是假定蛋白（Hypothetical protein，基因编号：Scaffold126_size457045_176_652）和假定蛋白（Hypothetical protein，基因编号：Scaffold299_size163647_63_1356）；1 个候选抗原为西氏贝蛔虫和犬弓首蛔虫所共有，为 C 型凝集素蛋白（C-type lectin protein）。值得注意的是，2 个候选抗原因缺乏注释信息，推测为西氏贝蛔虫所特有。鉴于上述这 10 种蛋白质分子均缺少与宿主对应的同系物分子且广泛存在于宿主大熊猫内环境之中（FPKM＞100），本研究推测它们可以有效被免疫系统识别并触发特异性免疫反应，是最佳的疫苗和诊断候选抗原。

表 8-6　西氏贝蛔虫潜在疫苗候选及其与猪蛔虫、犬弓首蛔虫及宿主大熊猫直系同源蛋白比较分析

基因编号	注释	FPKM	基因长度（bp）	蛋白质长度（kDa）	同源匹配 猪蛔虫（*Ascaris suum*）	同源匹配 犬弓首蛔虫（*Toxocara canis*）	同源匹配 宿主大熊猫
Scaffold1543_size6625_0_438	Cecropin P2	9217.00	438	84	GS_13920、GS_14502	KHN71789、KHN86579	NA
Scaffold126_size457045_117_519	ASABF-beta, antimicrobial peptide	5609.87	519	91	GS_10369、GS_08337、GS_02582	KHN71559	NA
Scaffold126_size457045_190_629	Hypothetical protein	1441.18	629	86	GS_02896	KHN84742	NA
Scaffold126_size457045_176_652	Hypothetical protein	1112.78	652	87	GS_05900	NA	NA
Scaffold55_size973001_573_1217	NA	884.75	1217	93	NA	NA	NA
Scaffold55_size973001_589_1244	NA	601.16	1244	78	NA	NA	NA
Scaffold299_size163647_63_1356	Hypothetical protein	589.56	1356	95	GS_20867	NA	NA
Scaffold1033_size12583_7_1342	Transthyretin-like protein	229.58	1341	141	GS_12437	KHN82392	NA
Scaffold257_size209112_120_1272	C-type lectin protein|Hypothetical protein	156.45	1272	132	NA	KHN81902	NA
Scaffold2227_size3905_0_1478	Chitin binding peritrophin-A domain protein	112.35	1478	209	GS_23573	KHN88303	NA

注：NA 表示不详

第三节　基于宏基因组学和宏转录组学的大熊猫肠道寄生虫

Yang 等（2018）从中国大熊猫保护研究中心采集了 10 个大熊猫新鲜粪便，并且在卧龙自然保护区采集 3 个野生大熊猫新鲜粪便，对粪便进行了宏基因组测序分析。为了研究大熊猫肠道中潜在的寄生虫，从 WormBase ParaSite（http://parasite.wormbase.org/ftp.html，WBPS8）下载 94 个线虫及 29 个吸虫的基因组作为寄生虫的数据库。根据寄生虫数据库，从大熊猫肠道中检测出 45 个潜在的寄生虫，全部来自线虫门（Nematoda）及扁形动物门（Platyhelminthes）（图 8-12、表 8-7）。线虫门中以色矛纲（Chromadorea）（70.6%）及刺嘴纲（Enoplea）（24.2%）为主，扁形动物门以吸虫纲（Trematoda）（4.8%）、绦虫纲（Cestoda）（0.3%）为主。这些潜在的寄生虫主要来自 32 个属，最丰富的 10 个属包括隐杆线虫属（*Caenorhabditis*）（35.2%）、毛线虫属（*Trichuris*）（23.7%）、*Pristionchus*（7.5%）、异尖线虫属（*Anisakis*）（5.9%）、斯氏线虫属（*Steinernema*）（4.8%）、支睾吸虫属（*Clonorchis*）（4.3%）、弓首蛔虫属（*Toxocara*）（3.0%）、蛔虫属（*Ascaris*）（2.8%）、孢囊线虫属（*Globodera*）（2.3%）、布鲁格丝虫属（*Brugia*）（1.6%）。从物种水平而言，主要以 *Caenorhabditis angaria*（34.0%）为主，同时也包括毛首鞭形线虫（*Trichuris trichiura*）（23.7%）、和平锉齿线虫（*Pristionchus pacificus*）（7.5%）、简单异尖线虫（*Anisakis simplex*）（5.9%）、华支睾吸虫（*Clonorchis sinensis*）（4.3%）、夜蛾斯氏线虫（*Steinernema feltiae*）（3.4%）、犬弓首蛔虫（*Toxocara canis*）（3.0%）、猪蛔虫（*Ascaris suum*）（2.8%）、马铃薯孢囊线虫（*Globodera pallida*）（2.3%）、马来布鲁线虫（*Brugia timori*）（1.6%）。

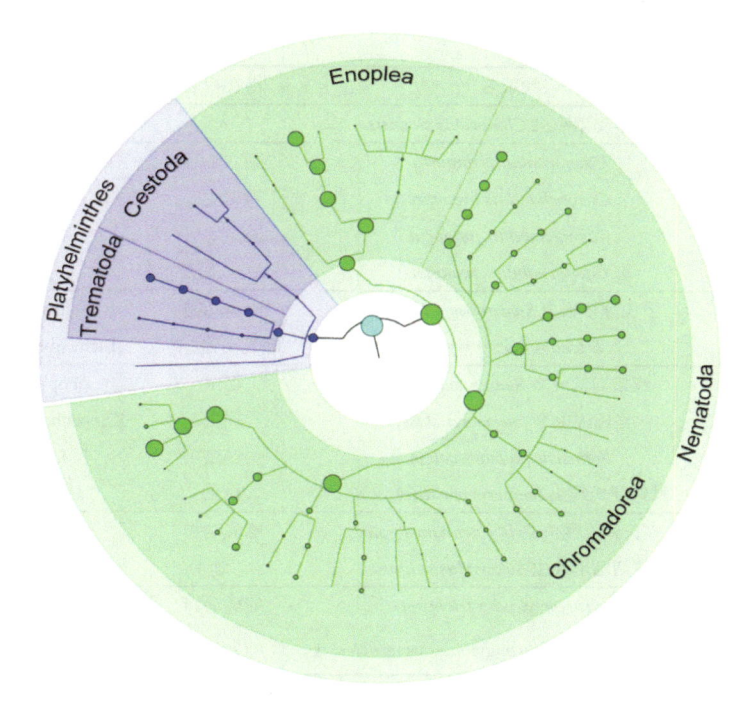

图 8-12 大熊猫肠道寄生虫系统进化树

表 8-7 大熊猫肠道中寄生虫物种

科	拉丁名	潜在宿主	参考文献
Alloionematidae	明杆线虫 *Rhabditophanes* sp. KR3021	独立生活	Willems et al., 2005
Ancylostomatidae	十二指肠钩口线虫 *Ancylostoma duodenale*	人	Chowdhury and Schad, 1972
	美洲钩虫 *Necator americanus*	人	Chow et al., 2000
Anisakidae	简单异尖线虫 *Anisakis simplex*	人	Baeza et al., 2004
Ascarididae	猪蛔虫 *Ascaris suum*	猪	Liu et al., 2012
	马副蛔虫 *Parascaris equorum*	马	Lyons and Tolliver, 2004
Dugesiidae	地中海涡虫 *Schmidtea mediterranea*	独立生活	Egger et al., 2007
Haemonchidae	捻转血矛线虫 *Haemonchus contortus*	反刍动物	Peter and Chandrawathani, 2005
Heteroderidae	马铃薯孢囊线虫 *Globodera pallida*	植物	Williamson and Hussey, 1996
Hymenolepididae	微小膜壳绦虫 *Hymenolepis microstoma*	啮齿动物	Macnish et al., 2003
Meloidogynidae	桃根结线虫 *Meloidogyne floridensis*	植物	Church, 2007
	北方根结线虫 *Meloidogyne hapla*	植物	Opperman et al., 2008
Mermithidae	食蚊罗索线虫 *Romanomermis culicivorax*	昆虫	Powers et al., 1986
Neodiplogasteridae	和平锉齿线虫 *Pristionchus pacificus*	独立生活	Gutierrez and Sommer, 2004
Onchocercidae	布鲁线虫 *Brugia timori*	人	McReynolds et al., 1986
	犬恶丝虫 *Dirofilaria immitis*	狗	Kramer et al., 2005
	Elaeophora elaphi	马鹿	Hofle et al., 2004
	盘尾丝虫 *Onchocerca ochengi*	牛	Trees, 1992
	班氏吴策线虫 *Wuchereria bancrofti*	人	Gnanasekar et al., 2002
Opisthorchiidae	中华支睾吸虫 *Clonorchis sinensis*	人	Wang et al., 2011

续表

科	拉丁名	潜在宿主	参考文献
Opisthorchiidae	中华支睾吸虫 *Clonorchis sinensis*	人	Wang et al., 2011
Rhabditidae	*Caenorhabditis angaria*	独立生活	Gutierrez and Sommer, 2004
	Caenorhabditis brenneri	独立生活	
	Caenorhabditis japonica	独立生活	Diaz et al., 2010
	Caenorhabditis remanei	独立生活	
Schistosomatidae	罗氏分体吸虫 *Schistosoma rodhaini*	啮齿动物	Steinauer et al., 2008
	Trichobilharzia regenti	哺乳动物、鸟	Lichtenbergova et al., 2011
Steinernematidae	夜蛾斯氏线虫 *Steinernema feltiae*	昆虫	Popiel et al., 1989
	格氏线虫 *Steinernema glaseri*	昆虫	Koppenhofer and Kaya, 1995
	Steinernema monticolum	昆虫	Liu et al., 1997
	蝼蛄斯氏线虫 *Steinernema scapterisci*	昆虫	Grewal et al., 1993
Strongylidae	高氏杯冠线虫 *Cylicostephanus goldi*	哺乳动物	Grant et al., 2006
	普通圆形线虫 *Strongylus vulgaris*	马	Nielsen et al., 2008
Strongyloididae	*Parastrongyloides trichosuri*	哺乳动物	Grant et al., 2006
	委内瑞拉类圆线虫 *Strongyloides venezuelensis*	哺乳动物	Sato and Toma, 1990; Zhang et al., 2011

刘晓强等（2017）通过传统的鉴定方式表明，西氏贝蛔虫（*Baylisascaris schroederi*）是大熊猫肠道中最常见的寄生虫。同时，据 Wang 等（2015）、Xie 等（2017）、Zhang 等（2011）的研究表明，隐孢子虫（*Cryptosporidium* spp.）、熊猫钩口线虫（*Ancylostoma ailuropodae*）、鹿槽盘吸虫（*Ogmocotyle sikae*）、*Toxascaris seleactis*、类圆线虫（*Strongyloides* spp.）也会引起大熊猫肠道寄生虫感染。除了先前描述的大熊猫肠道中的寄生虫外，本研究通过宏基因组技术在大熊猫肠道中发现先前未被报道的寄生虫，加强了我们对大熊猫肠道中寄生虫的了解和认识。

本研究利用宏转录组学测序技术分析了大熊猫肠道寄生虫的组成，在大熊猫肠道中共发现 63 属 126 种寄生虫，寄生虫种包括线虫、绦虫和吸虫，其中线虫为肠道内优势虫种。对主要寄生虫属（包含寄生虫种≥3）进行分析（表 8-8），共发现 13 属 67 种寄生虫，其中线虫种类最多，如北方根结线虫（*Meloidogyne hapla*）、蝼蛄斯氏线虫（*Steinernema scapterisci*）、猪蛔虫（*Ascaris suum*）等共 51 种。此外还包括猪带绦虫（*Taenia solium*）、牛带绦虫（*T. saginata*）和细粒刺球绦虫（*Echinococcus granulosus*）等 10 种绦虫及曼氏血吸虫（*Schistosoma mansoni*）和埃及血吸虫（*S. haematobium*）等 6 种吸虫。在属分类水平，毛线虫属（*Trichinella*）中检测到的寄生虫种最多，包括伪旋毛虫（*T. pseudospiralis*）、本地毛形线虫（*T. nativ*）和纳氏旋毛虫（*T. nelsoni*）等 12 种，其次为隐杆线虫属（*Caenorhabditis*），包括秀丽隐杆线虫（*C. elegans*）、双桅隐杆线虫（*C. briggsae*）和 *C.* sp. 34 等 11 种。

活动空间较小、同一生境伴生动物交叉传播、人类介入及食物等影响因素，使圈养大熊猫肠道寄生虫的感染较为普遍，而胃肠道寄生虫病是危害大熊猫的一类常见、多发性疾病。Stoltzfus 等（2012）研究发现，大熊猫肠道中优势虫种为线虫，这些寄生虫可

表 8-8　大熊猫肠道内寄生虫组成

科	属	种名
毛形科 Trichinellidae	毛线虫属 Trichinella	T. pseudospiralis、T. patagoniensis、T. nelsoni、T. nativ、T. t9、T. zimbabwensis、T. piralis、T. papuae、T. murrelli、T. britov、T. sp. t6、T. sp. t8
小杆线虫科 Rhabditidae	隐杆线虫属 Caenorhabditis	C. remanei、C. japonica、C. brenneri、C. angaria、C. tropicalis、C. sinica、C. nigoni、C. latens、C. elegans、C. briggsae、C. sp. 34
裂体科 Schistosomatidae	血吸虫属 Schistosoma	S. rodhaini、S. mattheei、S. margrebowiei、S. mansoni、S. haematobium、S. curassoni
根结线虫科 Meloidogynidae	根结线虫属 Meloidogyne	M. hapla、M. floridensis、M. javanica、M. incognita、M. graminicola、M. arenaria
斯氏线虫科 Steinernematidae	斯氏线虫属 Steinernema	S. scapterisci、S. monticolum、S. glaseri、S. feltiae、S. carpocapsae
蛔虫科 Ascarididae	蛔虫属 Ascaris	A. suum、A. univalens、A. lumbricoides、A. equoru
类圆科 Strongyloididae	类圆线虫属 Strongyloides	S. venezuelensi、S. stercoralis、S. ratti、S. papillosus
带绦虫科 Taeniidae	绦虫属 Taenia	T. solium、T. saginata、T. multiceps、T. asiatica
	棘球属 Echinococcus	E. granulosus、E. canadensis、E. multilocularis
膜壳科 Hymenolepididae	膜壳绦虫属 Hymenolepis	H. microstoma、H. nana、H. diminuta
盘尾科 Onchocercidae	布鲁格丝虫属 Brugia	B. timori、B. pahangi、B. malayi
	盘尾丝虫属 Onchocerca	O. ochengi、O. volvulus、O. flexuosa
钩口科 Ancylastomatidae	钩口线虫属 Ancylostoma	A. duodenale、A. ceylanicum、A. caninum

引起钩虫病、丝虫病和类圆线虫病等多种寄生虫病。其中，Xie等（2017）调查发现钩虫是一种最常见的由土壤传播的寄生虫，可引起哺乳动物严重的缺铁性贫血和蛋白质营养不良症。目前，已有学者在野生大熊猫的肠道内多次发现钩虫属线虫，推测其为寄生于大熊猫肠道的固定虫种（张同富等，2005），类圆线虫病可威胁人类和动物的健康，Varatharajalu和Kakuturu（2016）研究发现，90%的类圆线虫病由粪类圆线虫（*Strongyloides stercoralis*）引起，它可导致机体胃肠道和肺部疾病的发生。林海和杨光友（2016）调查发现，感染乳突类圆线虫（*S. papillosus*）后的动物常出现腹泻、贫血、厌食等症状，严重时可引起麻痹性肠梗阻。蛔虫是大熊猫肠道内一种常见的大型寄生线虫，冯文和和张安居（1991）对野生大熊猫死亡原因进行了分析，发现野生大熊猫蛔虫感染率为100%，大熊猫感染蛔虫的直接、间接死亡率为66.67%，严重危及大熊猫的生存。目前对大熊猫肠道内绦虫和吸虫及其引起的相关疾病报道不多，但由陈启军等（2008）介绍的棘球属绦虫引起的棘球蚴病被列为我国三大人兽共患寄生虫病之一。因此，在圈养大熊猫的饲养和管理过程中，应保证食物、圈舍及周围环境的清洁卫生，及时妥善处理粪便。此外，通过对寄生虫的监测，并根据各种寄生虫的生长发育规律做好驱虫工作，可有效防治大熊猫寄生虫病。尽管唐崇惕（2005）、Yang等（2018）通过序列比对获得了大量寄生虫信息，但部分寄生虫在幼虫期存在于中间宿主如蚂蚁、甲壳虫和其他软体动物中，这些中间宿主在进入大熊猫肠道后可能立即排出，并未定植于大熊猫肠道，因此在下一步研究中可结合离心沉淀法、饱和盐水漂浮法及免疫荧光检测技术等对大熊猫肠道寄生虫种类进行确认。

第四节　寄生虫的防控

各种寄生虫病都有其流行特点，防治措施不尽相同，但都必须具备传染源、易感动物和适宜的传播途径这3个环节。因此，切断这3个环节是防控各种寄生虫病的关键。针对寄生虫传播的全过程，可采取相应的措施，以杀灭外界环境中的寄生虫，阻断寄生虫的发育，减少机体与处于感染阶段的寄生虫接触的机会。

大熊猫驱虫就是用药物杀灭大熊猫体内和体表的寄生虫，驱虫具有双重意义，一是杀灭或驱除大熊猫体内外的寄生虫，使大熊猫得到康复；二是寄生虫的杀灭减少了宿主大熊猫向环境中散布病原体的机会，从而起到预防其他大熊猫感染的作用。驱虫按照目的和对象的不同，可以分为治疗性驱虫和预防性驱虫。

一、治疗性驱虫

针对患病大熊猫采取的紧急措施，主要目的是用抗寄生虫药物治愈患病动物。

二、预防性驱虫

主要针对有寄生虫寄生的大熊猫群体所进行的一种定期性的驱虫措施，不论其发病与否，主要目的是防止寄生虫病的暴发。对圈养大熊猫西氏贝蛔虫最好能采用"成熟前驱虫"，即趁蛔虫在大熊猫体内尚未发育成熟时即用药驱除。这样，就可以把寄生虫消灭在成熟前，从而防止大熊猫排出病原污染环境，而且能阻断病程的发展，有利于保护其他大熊猫的健康。

三、大熊猫粪便的无害化处理

大熊猫寄生虫的虫卵、幼虫、孕节、卵囊和包囊都随大熊猫粪便排到外界环境中，再发育到感染期而感染其他大熊猫。因此，加强粪便管理，防止动物粪便随处散播，收集动物粪便进行无害化处理，杀死其中的病原体后再作肥料或其他用途是防治寄生虫病的重要措施之一。

四、重视和不断改善大熊猫的福利

大熊猫是中国的国宝，是野生动物保护的旗舰动物，必须要重视大熊猫的福利（包括生理福利、环境福利、卫生福利、行为福利和心理福利），不断改善大熊猫的康乐水平，让大熊猫在舒适的环境中健康、快乐地生活。

（一）营养保障

大熊猫有合理的日粮总量，有全价的营养成分，不能缺乏维生素和矿物质，只有获得足够的全价营养，才能增强体质，从而提高机体对寄生虫感染的抵抗力，防止寄生虫病的发生。

（二）食物及饮水卫生

许多寄生虫的感染阶段都是随食物和饮水侵入大熊猫的，因此注意食物卫生，防止被寄生虫污染，在预防寄生虫病的流行方面具有重要意义，应防止粪便污染食物、饮水。

（三）兽舍及环境卫生

每日应及时清除兽舍内和运动场内的粪便。注意兽舍的通风、光照和环境丰容度，保持兽舍清洁、干燥。大熊猫兽舍饲养大熊猫密度不能过高，防止拥挤（主要针对幼年和亚成体大熊猫）。应清除运动场、兽舍周围的杂草、乱石等。这样就大大减少了大熊猫接触病原体的机会，同时也造成不利于寄生虫生存发育的条件。

五、大熊猫寄生虫药物防治

大熊猫寄生虫的防控面临许多挑战，对野生大熊猫寄生虫的防控几乎难以实现，对圈养大熊猫寄生虫的防控主要靠药物。

要定期检查粪便，定期预防驱虫，定期消毒兽舍和用具。采用70℃以上的热水消毒兽舍和用具可以彻底控制大熊猫蛔虫的传播和再感染，每年进行2～4次，能达到良好的预防效果。保持兽舍、用具和食物的清洁卫生。饲养人员和工作人员进出应注意消毒，防止虫卵的散播。新引进的大熊猫，必须隔离消毒和进行预防性驱虫。

对早期发现、体质较好、未患并发症的个体可直接施以驱虫药物进行驱虫治疗。对发现晚、体质差、有并发症的病例应当首先考虑补充营养，增强体质及对症治疗。一方面应加强饲养管理，另一方面可立即通过静脉直接补充体液和营养物质，扩充血容量，加速有毒物质的排除，增强体质；对于伴有感染的病例需同时施以抗感染治疗（如抗生素及维生素C等），对有肺部感染的动物，应注意一次输液量不应太多；在动物的体质有所恢复后再施驱虫治疗。应当注意的是对于蛔虫病的治疗应及早发现、及早治疗。个别由野外抢救回的严重病例，在采取上述常规治疗措施无效的情况下，应当考虑蛔虫引起器官器质性病变或异位寄生引起并发症的可能，做出明确诊断后，可考虑手术治疗器质性病变或去除蛔虫堵塞的可能性。手术前应注意恢复有效血容量，控制休克，补充钙、镁离子，同时使用血管扩张剂，解除血管痉挛，改善局部和全身血循环状态。同时，注意早期使用胰酶抑制剂，采取有力的抗感染措施、静脉输入高营养物质及控制术后感染。驱虫治疗时可选用下列药物：

阿苯达唑（albendazole）按每公斤体重10mg喂服，每天一次，连续服用3天。怀孕大熊猫禁用。

甲苯咪唑（mebendazole）按每公斤体重10mg喂服，每天一次，连续服用3天。怀孕大熊猫禁用。

芬苯达唑（fenbendazole）按每公斤体重10mg喂服，每天一次，连续服用3天。怀孕大熊猫禁用。

左旋咪唑（levamisole）按每公斤体重 8mg 喂服，每天一次，连续服用 2 天。

依维菌素（ivermectin）按每公斤体重 0.3mg 喂服或皮下注射，每天一次，连续使用 2 天。

噻嘧啶（pyrantel）按每公斤体重 10mg 喂服，每天一次，连续服用 3 天。怀孕大熊猫禁用。

参 考 文 献

陈启军, 尹继刚, 刘明远. 2008. 重视人兽共患寄生虫病的研究. 中国基础科学, 10(6): 3-11.
冯文和, 叶志勇, 张安居, 等. 1984. 大熊猫卵巢结构补遗. 四川动物, (4): 42.
冯文和, 张安居. 1991. 大熊猫繁殖与疾病研究. 成都: 四川科学科技出版社: 244-248.
胡锦矗. 1981. 大熊猫的食性研究. 南充师院学报(自然科学版), (3): 17-22.
赖从龙, 邱贤猛, 罗秀芬, 等. 1993. 野外大熊猫内寄生虫病调查. 中国兽医杂志, (5): 10-11.
林海, 杨光友. 2016. 人和动物的类圆线虫病. 中国人兽共患病学报, 32(5): 477-484.
刘晓强, 李芳娥, 杨鹏超, 等. 2017. 体外诱导大熊猫大肠埃希菌对普多沙星的耐药性及其机制研究. 西北农林科技大学学报(自然科学版), 45(3): 68-74.
彭雪蓉, 杨光友. 2007. 大熊猫西氏贝蛔虫与黑熊横走贝蛔虫成虫体内 8 种无机元素的分析. 西华师范大学学报(自然科学版), 97(3): 212-215.
唐崇惕. 2005. 蚂蚁与人类寄生虫病. 中国媒介生物学及控制杂志, 16(3): 165-168.
王承东, 汤纯香, 邓林华, 等. 2007. 野生大熊猫直肠脱出并发直肠套叠病例. 中国兽医杂志, (3): 64-65.
邬捷, 姜永康, 吴国群, 等. 1987. 熊猫蛔虫卵抵抗力的观察. 中国兽医杂志, 13(7): 7-9
薛克明, 阮世炬. 1987. 野外大熊猫的蛔虫病的感染及治疗//中国野生动物保护协会. 大熊猫疾病治疗学术论文选集. 北京: 中国林业出版社: 30-33
杨光敏, 王凤临, 丁伟璜, 等. 1985. 大熊猫等野生动物蛔虫生化指标的观察. 中国兽医科技, (9): 21-25+67.
杨光友. 1998. 大熊猫寄生虫与寄生虫病研究进展. 中国兽医学报, (2): 103-105+55.
杨旭煜. 1993. 野生大熊猫蛔虫感染率与栖息地关系讨论. 四川林业科技, (2): 70-73.
叶志勇. 1989. 50 例野外大熊猫疾病及防治. 中国兽医杂志, (2): 30-31.
张同富, 卢明科, 赖从龙, 等. 2005. 四川动物体内发现的钩口线虫. 四川动物, 24(2).
Baeza M L, Rodriguez A, Matheu V, et al. 2004. Characterization of allergens secreted by *Anisakis* simplex parasite: clinical relevance in comparison with somatic allergens. Clin Exp Allergy, 34(2): 296-302.
Chow S C, Brown A, Pritchard D, et al. 2000. The human hookworm pathogen *Necator americanus* induces apoptosis in T lymphocytes. Parasite Immunol, 22(1): 21-29.
Chowdhury A B, Schad G A. 1972. *Ancylostoma ceylanicum*: a parasite of man in Calcutta and environs. Am J Trop Med Hyg, 21(3): 300-301.
Church G T. 2007. First report of the root-knot nematode *Meloidogyne floridensis* on tomato (*Lycopersicon esculentum*) in Florida. Plant Disease, 89(5): 527.
Cook G C. 1994. *Enterobius vermicularis* infection. Gut, 35(9): 1159-1162.
Diaz S A, Haydon D T, Lindström J, et al. 2010. Sperm-limited fecundity and polyandry-induced mortality in female nematodes *Caenorhabditis remanei*. Biological Journal Of the Linnean Society, 99: 362-369.
Egger B, Gschwentner R, Rieger R, et al. 2007. Free-living flatworms under the knife: past and present. Dev Genes Evol, 217(2): 89-104.
Gnanasekar M, Rao K V, Chen L, et al. 2002. Molecular characterization of a calcium binding translationally controlled tumor protein homologue from the filarial parasites *Brugia malayi* and *Wuchereria bancrofti*. Mol Biochem Parasitol, 121(1): 107-118.

Grant W N, Skinner S J M, Newton-Howes J, et al. 2006. Heritable transgenesis of *Parastrongyloides trichosuri*: a nematode parasite of mammals. Int J Parasitol, 36(4): 475-483.

Grewal P S, Gaugler R, Kaya H K, et al. 1993. Infectivity of the entomopathogenic nematode *Steinernema scapterisci* (Nematoda: Steinernematidae). J Invertebr Pathol, 62: 22-28.

Gutierrez A, Sommer R J. 2004. Evolution of dnmt-2 and mbd-2-like genes in the free-living nematodes *Pristionchus pacificus*, *Caenorhabditis elegans* and *Caenorhabditis briggsae*. Nucleic Acids Res, 32(21): 6388-6396.

He G, Chen S, Wang T, et al. 2012. Sequence analysis of the Bs-Ag1 gene of *Baylisascaris schroederi* from the giant panda and an evaluation of the efficacy of a recombinant *Baylisascaris schroederi* Bs-Ag1 antigen in mice. DNA Cell Biol, 31(7): 1174-1181.

He G, Wang T, Yang G, et al. 2009. Sequence analysis of Bs-Ag2 gene from *Baylisascaris schroederi* of giant panda and evaluation of the efficacy of a recombinant Bs-Ag2 antigen in mice. Vaccine, 27(22): 3007-3011.

Hofle U, Vicente J, Nagore D, et al. 2004. The risks of translocating wildlife. Pathogenic infection with *Theileria* sp. and *Elaeophora elaphi* in an imported red deer. Vet Parasitol, 126(4): 387-395.

Koppenhofer A M, Kaya H K. 1995. Density-dependent effects on *Steinernema glaseri* (Nematoda: Steinernematidae) within an insect host. Journal of Parasitology, 81(5): 797-799.

Kramer L H, Tamarozzi F, Morchón R, et al. 2005. Immune response to and tissue localization of the *Wolbachia* surface protein (WSP) in dogs with natural heartworm (*Dirofilaria immitis*) infection. Vet Immunol Immunopathol, 106(3-4): 303-308.

Lichtenbergova L, Lassmann H, Jones M K, et al. 2011. *Trichobilharzia regenti*: host immune response in the pathogenesis of neuroinfection in mice. Exp Parasitol, 128(4): 328-335.

Liu G H, Wu C Y, Song H Q, et al. 2012. Comparative analyses of the complete mitochondrial genomes of *Ascaris lumbricoides* and *Ascaris suum* from humans and pigs. Gene, 492(1): 110-116.

Liu J, Berry R E, Moldenke A F, et al. 1997. Phylogenetic relationships of entomopathogenic nematodes (Heterorhabditidae and Steinernematidae) inferred from partial 18S rRNA gene sequences. J Invertebr Pathol, 69(3): 246-252.

Lyons E T, Tolliver S C. 2004. Prevalence of parasite eggs (*Strongyloides westeri*, *Parascaris equorum*, and strongyles) and oocysts (*Emeria leuckarti*) in the feces of Thoroughbred foals on 14 farms in central Kentucky in 2003. Parasitol Res, 92(5): 400-404.

Macnish M G, Ryan U M, Behnke J M, et al. 2003. Detection of the rodent tapeworm *Rodentolepis* (=*Hymenolepis*) microstoma in humans. A new zoonosis? Int J Parasitol, 33(10): 1079-1085.

McReynolds L A, DeSimone S M, Williams S A, et al. 1986. Cloning and comparison of repeated DNA sequences from the human filarial parasite *Brugia malayi* and the animal parasite *Brugia pahangi*. Proc Natl Acad Sci U S A, 83(3): 797-801.

Nielsen M K, Peterson D S, Monrad J, et al. 2008. Detection and semi-quantification of *Strongylus vulgaris* DNA in equine faeces by real-time quantitative PCR. Int J Parasitol, 38(3-4): 443-453.

Opperman C H, Bird D M, Williamson V M, et al. 2008. Sequence and genetic map of *Meloidogyne hapla*: a compact nematode genome for plant parasitism. Proc Natl Acad Sci U S A, 105(39): 14802-14807.

Peter J W, Chandrawathani P. 2005. *Haemonchus contortus*: parasite problem No. 1 from tropics—Polar Circle. Problems and prospects for control based on epidemiology. Tropical Biomedicine, 22(2): 131.

Popiel I, Grove D L, Friedman M J, et al. 1989. Infective juvenile formation in the insect parasitic nematode *Steinernema feltiae*. Parasitology, 99: 77-81.

Powers T O, Platzer E G, Hyman B C, et al. 1986. Large mitochondrial genome and mitochondrial DNA size polymorphism in the mosquito parasite, *Romanomermis culicivorax*. Curr Genet, 11(1): 71-77.

Qiu X, Mainka S A. 1993. Review of mortality of the giant panda (*Ailuropoda melanoleuca*). J Zoo Wildl Med, 24(4): 425-429.

Sato Y, Toma H. 1990. *Strongyloides venezuelensis* infections in mice. Int J Parasitol, 20(1): 57-62.

Steinauer M L, Hanelt B, Mwangi I, et al. 2008. Introgressive hybridization of human and rodent schistosome parasites in western Kenya. Mol Ecol, 17(23): 5062-5074.

Stoltzfus J D, Minot S, Berriman M, et al. 2012. RNAseq analysis of the parasitic nematode *Strongyloides stercoralis* reveals divergent regulation of canonical dauer pathways. PLoS Negl Trop Dis, 6(10): e1854.

Trees A J. 1992. *Onchocerca ochengi*: mimic, model or modulator of *O. volvulus*? Parasitol Today, 8(10): 337-339.

Varatharajalu R, Kakuturu R. 2016. *Strongyloides stercoralis*: current perspectives. Rep Parasitol, 5: 23-33.

Wang T, Chen Z, Xie Y, et al. 2015. Prevalence and molecular characterization of *Cryptosporidium* in giant panda (*Ailuropoda melanoleuca*) in Sichuan province, China. Parasites & Vectors, 8: 344

Wang T, He G, Yang G, et al. 2008. Cloning, expression and evaluation of the efficacy of a recombinant *Baylisascaris schroederi* Bs-Ag3 antigen in mice. Vaccine, 26(52): 6919-6924.

Wang X, Chen W, Huang Y, et al. 2011. The draft genome of the carcinogenic human liver fluke *Clonorchis sinensis*. Genome Biol, 12(10): R107.

Willems M, Houthoofd W, Claeys M, et al. 2005. Unusual intestinal lamellae in the nematode *Rhabditophanes* sp. KR3021 (Nematoda: Alloinematidae). J Morphol, 264(2): 223-232.

Williamson V M, Hussey R S. 1996. Nematode pathogenesis and resistance in plants. Plant Cell, 8(10): 1735-1745.

Xie Y, Hoberg E P, Yang Z, et al. 2017. *Ancylostoma ailuropodae* n. sp. (Nematoda: Ancylostomatidae), a new hookworm parasite isolated from wild giant pandas in Southwest China. Parasit Vectors, 10(1): 277.

Xie Y, Wang S, Wu S, et al. 2021. Genome of the giant panda roundworm illuminates its host shift and parasitic adaptation. Genomics Proteomics Bioinformatics, 20(2): 366-381.

Yang S, Gao X, Meng J, et al. 201w8. Metagenomic analysis of bacteria, fungi, bacteriophages, and helminths in the gut of giant pandas. Frontiers Microbiol, 9: 1717.

Zhang L, Yang X, Wu H, et al. 2011. The parasites of giant pandas: individual-based measurement in wild animals. J Wildlife Dis, 47(1): 164-171.

第九章 大熊猫生殖道微生物群落结构与功能

大熊猫是易危、稀有物种，以科学价值和观赏价值高为人们所喜爱。虽然近年来大熊猫人工授精等繁殖技术已取得较大进展，但其由于繁殖能力低，种群数量总体较小，也面临屡配不孕等繁殖困难问题（李若瑜等，2002）。因此，提高大熊猫的繁殖率是当前大熊猫保护策略的重要部分（Peng et al.，2001）。

哺乳动物阴道内的菌群存在于阴道黏膜，具有抵抗外源微生物感染的作用，其菌群组成与抵御生殖道感染能力密切相关（Zambrano-Nava et al.，2011）。流行病学研究已证实，异常的阴道微生物群落与生殖道感染、生殖障碍显著相关（Stumpf et al.，2013）。人类和动物的正常黏膜微生物群被认为有助于抵御病原体，并在其宿主中发挥重要的生理功能，包括免疫、代谢和上皮细胞发育等（Uchihashi et al.，2015）。阴道和子宫微生物群代表了生殖道黏膜微生物群落，基于生殖道微生物菌群对大熊猫繁殖率的影响，大熊猫生殖道微生物菌群的研究已逐渐成为热点（Stumpf et al.，2013；Payne and Bayatibojakhi，2014）。

第一节 基于可培养技术的细菌菌群

到目前为止，已经有许多关于不同动物物种生殖道可培养微生物菌群的报道，如牛、犬、豚鼠和狒狒等，但对大熊猫生殖道可培养微生物菌群知之甚少（Zambrano-Nava et al.，2011；Hutchins et al.，2014；Neuendorf et al.，2015；Uchihashi et al.，2015）。Yang 等（2016）选取在中国大熊猫保护研究中心雅安碧峰峡基地半圈养环境中生长的 24 只 5～15 岁处于发情期的健康雌性大熊猫为研究对象，采集其阴道分泌物开展微生物培养研究，共鉴定出 203 株细菌，分别属于 17 种不同的细菌（表 9-1）。乳杆菌的分离率为 54.2%，为大熊猫阴道可培养菌群的主要组成部分，而在人类和犬中也有类似的发现；其他分离率较高的为表皮葡萄球菌（41.7%）和大肠杆菌（33.3%），在孕妇阴道菌群中也发现了大量的葡萄球菌，而在生殖周期不同阶段的犬阴道内也发现了大肠杆菌（Baba et al.，1983；Stokholm et al.，2012；Walther-António et al.，2014）。

表 9-1 大熊猫阴道细菌分离结果

组	菌株	分离菌株数	$n=24^a$（分离率%）
肠杆菌科 Enterobacteriaceae	大肠杆菌 *Escherichia coli*	41	8（33.3）
	弗格森大肠杆菌 *Escherichia fergusonii*	3	3（12.5）
	肺炎克雷伯菌 *Klebsiella pneumoniae*	4	1（4.2）
	沙门氏菌 *Salmonella* spp.	3	2（8.3）
	奇异变形杆菌 *Proteus mirabilis*	1	1（4.2）

续表

组	菌株	分离菌株数	$n=24^a$（分离率%）
肠球菌科 Enterococcaceae	海氏肠球菌 *Enterococcus hirae*	4	2（8.3）
	粪肠球菌 *Enterococcus faecalis*	17	6（25）
	鸟肠球菌 *Enterococcus avium*	2	1（4.2）
其他	棒状杆菌 *Corynebacterium* spp.	14	5（20.8）
	巨大芽孢杆菌 *Bacillus megaterium*	8	4（16.7）
	表皮葡萄球菌 *Staphylococcus epidermidis*	32	10（41.7）
	链球菌 *Streptococcus* spp.	10	4（16.7）
	吉氏库特菌 *Kurthia gibsonii*	5	3（12.5）
	丛毛单胞菌 *Comamonas* spp.	3	1（4.2）
	沙雷氏菌 *Serratia* spp.	5	2（8.3）
	乳杆菌 *Lactobacillus* spp.	47	13（54.2）
	厌氧消化链球菌 *Peptostreptococcus anaerobius*	4	3（12.5）
总计		203	

a 分离到该种菌的熊猫数量

值得注意的是，Yang 等（2016）在其研究中，除大肠杆菌外，还分离出了其他条件致病菌，如弗格森大肠杆菌（12.5%）、肺炎克雷伯菌（4.2%）和奇异变形杆菌（4.2%），这些菌影响动物和人类阴道的细菌的致病性已经有报道。例如，大肠杆菌被认为是一种与奶牛子宫内膜炎有关的病原体（Sheldon et al.，2002）。胃链球菌可以从健康女性的阴道液中提取，当这些微生物的数量显著增加时，它与人类细菌性阴道病密切相关（Stumpf et al.，2013）。此外，我国一些学者此前对大熊猫的细菌感染进行了调查和报道。例如，肺炎克雷伯菌被认为是导致大熊猫泌尿生殖系统血尿的病原体之一；奇异变形杆菌可能导致大熊猫生殖道感染。

第二节　基于 16S rRNA 高通量测序的细菌种群结构

分子生物学技术在微生物学中的应用使人们全面掌握宿主体内的菌群结构和功能成为可能。其中，高通量测序技术应用最为广泛。16S rRNA 高通量测序用于细菌菌群研究，成为全面了解各生境细菌群落结构与功能的有效工具。

应用 16S rRNA 高通量测序技术研究大熊猫生殖道菌群的报道较少。在 2014 年，马晓平通过 Roche 454 高通量测序技术研究 21 只大熊猫阴道细菌多样性，结果发现，21 只大熊猫阴道样品中共检测到 224 110 条优化序列，分为 6650 个操作分类单元（OTU），23 门 618 属 2147 种，但有 3 门 136 属 184 种无法鉴定。在各个不同分类水平上确定了优势种类。优势的门分别是：厚壁菌门（Firmicutes）（54.44%）、变形菌门（Proteobacteria）（39.13%）、拟杆菌门（Bacteroidetes）（5.70%）、放线菌门（Actinobacteria）（4.07%）、浮霉菌门（Planctomycetes）（0.20%）、蓝藻门（Cyanobacteria）（0.10%）、梭杆菌门（Fusobacteria）（0.08%）、绿菌门（Chlorobi）（0.08%）和绿弯菌门（Chloroflexi）（0.06%）。优势的属分别是链球菌属（*Streptococcus*）（21.14%）、乳球菌属（*Lactococcus*）（13.63%）、

假单胞菌属（*Pseudomonas*）（11.62%）、肠球菌属（*Enterococcus*）（6.64%）和罗尔斯通菌属（*Ralstonia*）（6.27%）。乳球菌属（13.63%）、肠球菌属（6.64%）和乳杆菌属（*Lactobacillus*）（0.01%）是大熊猫阴道主要产乳酸属，其中占优势的是乳球菌属和肠球菌属，乳杆菌属只占 0.01%，不是大熊猫阴道内的优势菌群。

值得注意的是，Yang 等（2017）通过 16S rRNA 基因部分的高通量序列，分析了健康大熊猫阴道和子宫的细菌微生物组成。该研究采集了两种类型的大熊猫样品，即大熊猫阴道（GPV 组）和子宫（GPU 组）分泌物，结果发现，在所有的样品中，共检测到 34 个门，其中 4 个最丰富的门是变形菌门（GPV 59.2%和 GPU 51.4%）、厚壁菌门（GPV 34.4%和 GPU 23.3%）、放线菌门（GPV 5.2%和 GPU 14.0%）和拟杆菌门（GPV 0.3%和 GPU 10.3%）（图 9-1）。4 个最丰富的门（变形菌门、厚壁菌门、放线菌门和拟杆菌门）占总序列的 98%以上，而两组之间差异最大的是拟杆菌门。

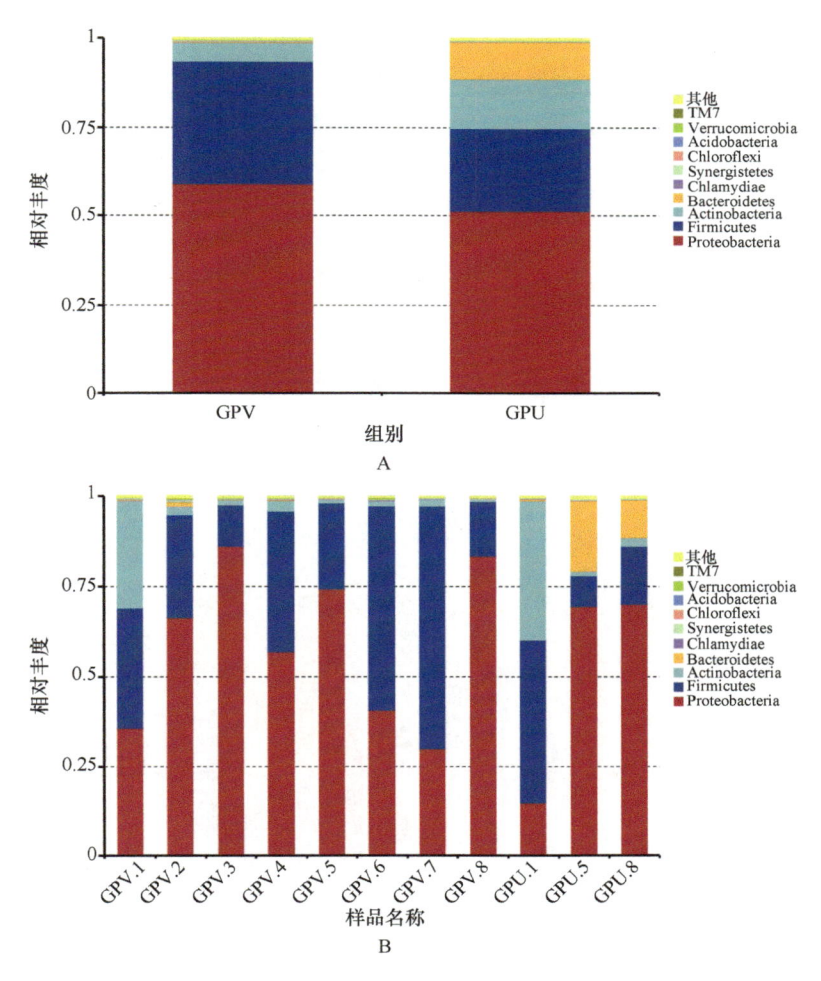

图 9-1 GPV 和 GPU 中的门分类水平相对丰度
A. 两组优势门丰度的差异；B. 所有样品的门分类水平相对丰度

在属分类水平，共鉴定出 314 个属。GPV 中以埃希氏菌属（*Escherichia*）最多

（10.97%），该组中其他已鉴定的属包括明串珠菌属（8.75%）、假单胞菌属（8.00%）、不动杆菌属（7.31%）、链球菌属（6.31%）和乳球菌属（6.01%）。在 GPU 组中，紫色杆菌属的丰度最高（20.20%），而它在 GPV 组中仅占 0.025%（表 9-2、图 9-2）。此外，本研

表 9-2 大熊猫阴道和子宫中占比前 10 的细菌属（%）

	GPV 组优势属占比	GPU 组优势属占比
埃希氏菌属 Escherichia	10.97	7.52
紫色杆菌属 Janthinobacterium	0.025	20.20
链球菌属 Streptococcus	6.31	19.56
棒状杆菌属 Corynebacterium	2.34	13.21
假单胞菌属 Pseudomonas	8.00	0.56
嗜冷杆菌属 Psychrobacter	3.19	9.30
明串珠菌属 Leuconostoc	8.75	0.0003
乳球菌属 Lactococcus	6.01	0.004
拟杆菌属 Bacteroides	0.05	6.16
不动杆菌属 Acinetobacter	7.31	0.21

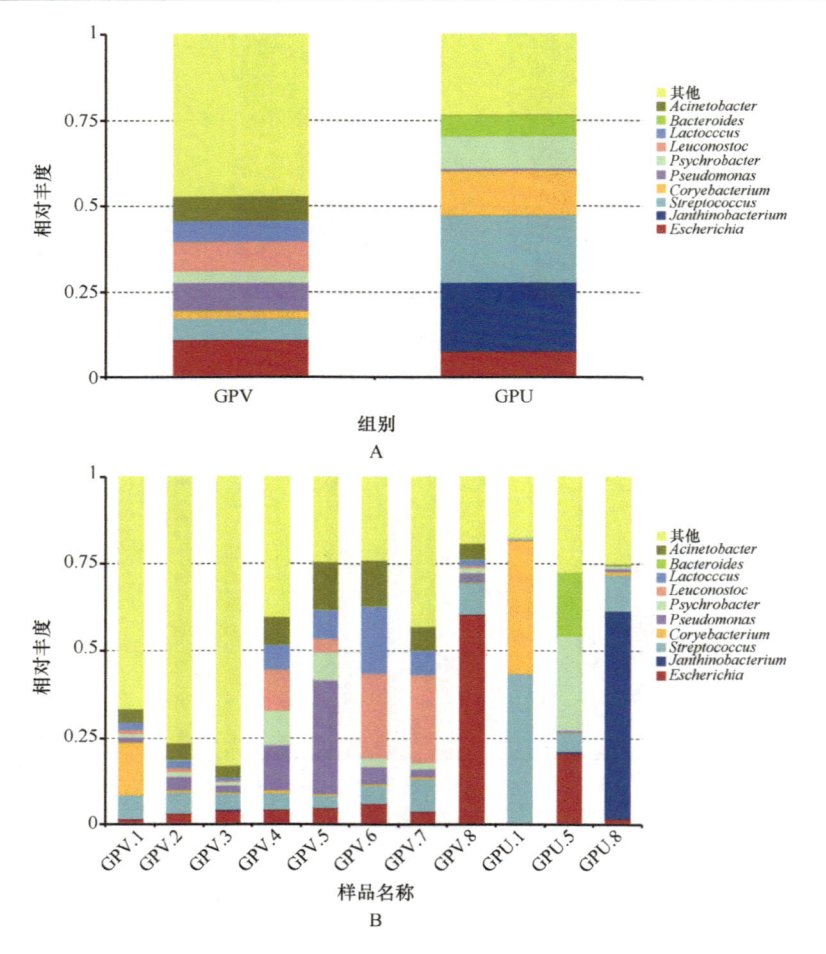

图 9-2 GPV 和 GPU 中的属分类水平相对丰度

A. 两组优势属丰度的差异；B. 所有样品的属分类水平相对丰度

究发现棒状杆菌属在 GPU（13.21%）和 GPV（2.34%）中存在显著差异。链球菌属（19.56%）是 GPU 中另一个占比较大的属，其次是嗜冷杆菌属（9.30%）、埃希氏菌属（7.52%）和拟杆菌属（6.16%）。GPV 中的乳酸生产菌包括链球菌属（6.31%）、明串珠菌属（8.75%）和乳球菌属（6.01%），具有产乳酸的功能，有助于降低阴道 pH，这是确保大熊猫妊娠健康的重要因素。

在相同的测序深度下，Chao1 指数和 ACE 指数均显示 GPV 比 GPU 具有更大的物种丰富度（图 9-3）。此外，Simpson 指数和 Shannon 指数表明 GPU 的细菌多样性较低，这也可以被观察到的物种所证实，GPV 的平均观测物种数为 603，而 GPU 的平均观测物种数仅为 496。此外，通过计算基于 OTU 的未加权 UniFrac 距离（基于系统发育的分析），对阴道和子宫微生物群落结构进行比较分析。结果显示，未加权 UniFrac 距离分析描绘了 8 只采样大熊猫的阴道具有相似的细菌群落组成，这已被在二维 PCoA 和 PCA 图中的紧密聚集所证明。另外，3 只大熊猫的子宫也有类似的细菌组成，表明大熊猫的阴道和子宫有明显的差异（图 9-4）。

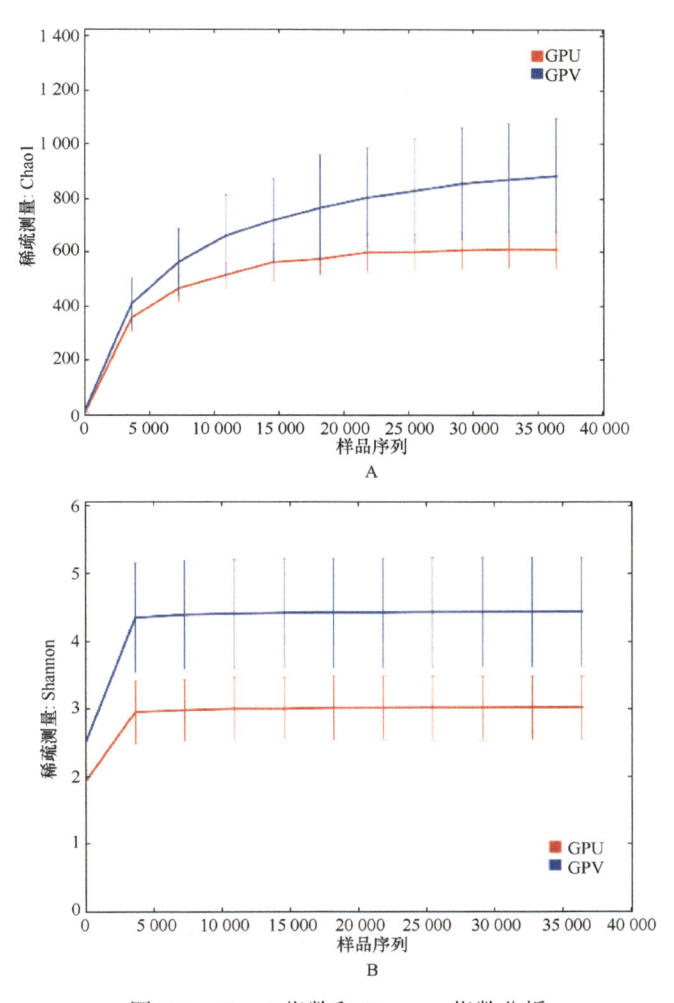

图 9-3　Chao1 指数和 Shannon 指数分析

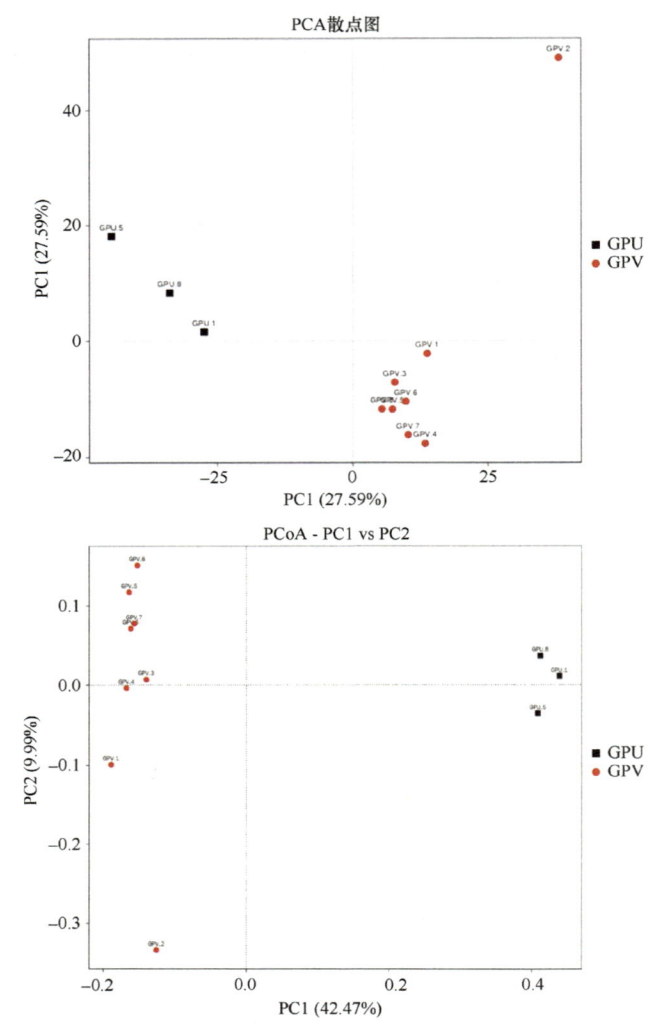

图 9-4 GPV 和 GPU 中不同样品的 PCoA 和 PCA 图

GPV 和 GPU 之间变化明显。通过计算基于 OTU 的未加权 UniFrac 距离分析比较阴道微生物群落结构和子宫微生物群落结构

第三节 基于 ITS 高通量测序的真菌种群结构

真菌对人类和动物的生殖道健康具有重要的影响。例如，白色念珠菌是一种机会性真菌病原体，可引起感染性阴道炎。烟曲霉是导致真菌性流产的主要丝状真菌。因此，增加对不同物种生殖道内正常真菌微生物群的了解有助于分析生殖道感染原因，为该物种的健康繁育提供科学依据。

微生物 18S rRNA 或内转录间隔区（ITS）的高通量测序常用于真菌菌群的研究。Chen 等（2018）采用高通量序列分析 ITS1 区域，以研究大熊猫阴道真菌微生物群的组成。以圈养大熊猫阴道（GPV）13 个样品为基础，分别在卧龙自然保护区（WL）、碧峰峡自然保护区（BFX）、中国大熊猫保护研究中心都江堰基地（DJY）和重庆野生动物园（DC）等 4 个不同地点采集，并根据大熊猫的年龄将样品分为三组：Group1（5～9岁）、Group2（10～15岁）和 Group3（16～22岁）。研究发现，大熊猫阴道真菌组成主要为担子菌门（Basidiomycota）、子囊菌门（Ascomycota）、接合菌门（Zygomycota）、球囊菌门（Glomeromycota）和壶菌门（Chytridiomycota），平均分别占 73.37%、20.04%、5.23%、0.014%和 0.006%（图 9-5）。值得注意的是，不同地域分组中，子囊菌水平差异

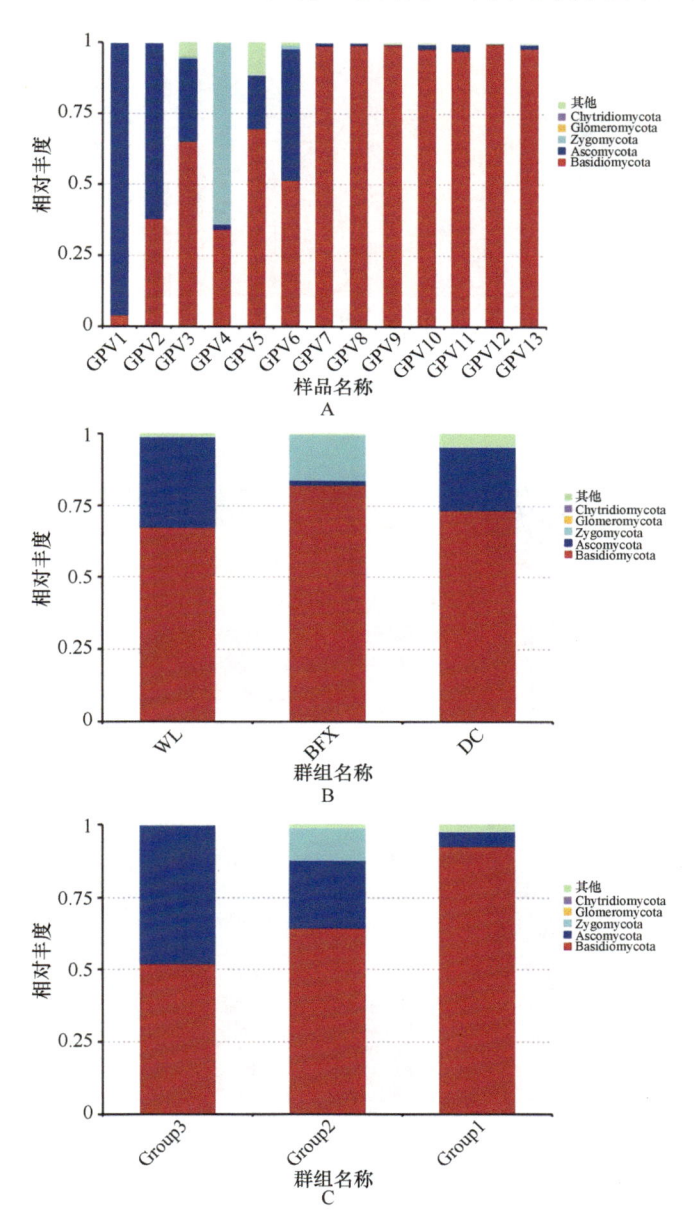

图 9-5　大熊猫阴道真菌门分类水平相对丰度

A. 所有样品的门分类水平相对丰度；B. 不同采样点阴道真菌群落内的门分类水平相对丰度；C. 不同年龄范围的阴道真菌群落中门分类水平相对丰度

最大，WL 组占比为 31.53%，DC 组占比为 21.85%，而 BFX 组占比仅为 1.47%。此外，接合菌门在 BFX 组中较多（16.16%），显著高于 WL 和 DC 组。

在属分类水平，共鉴定出 179 个属。普兰久浩酵母属（*Guehomyces*）占比最大（37.92%），其次是枝孢属（*Cladosporium*）（9.072%）、丝孢酵母属（*Trichosporon*）（6.2%）和毛霉属（*Mucor*）（4.97%）（图 9-6）。三个采样点之间的毛霉属水平不同，BFX 的比

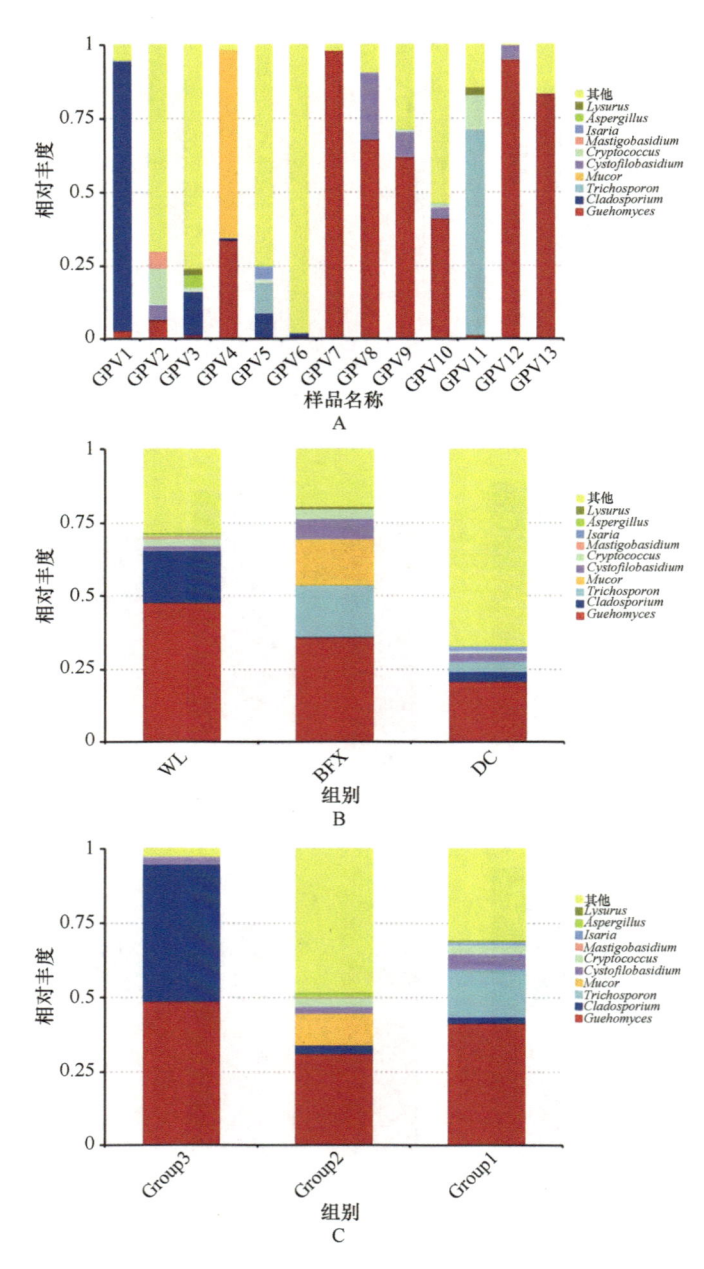

图 9-6　大熊猫阴道前 10 种最丰富真菌物种在属分类水平的相对丰度
A. 所有 13 只大熊猫阴道真菌群落中属分类水平的相对丰度；B.优势属在不同采样点的相对贡献；C.优势属在三个年龄范围内的相对贡献

例达到了 16.03%，而 WL 和 DC 组的水平分别为 0.06%和 0.04%。在不同年龄分组中，普兰久浩酵母属是最大的已鉴定真菌群落，分别占 Group3、Group2 和 Group1 的 48.84%、31.18%和 41.63%。Group3 中的枝孢菌显著多于 Group1 和 Group2。念珠菌属（$Candida$）的平均相对丰度小于 0.23%，念珠菌属是其他物种中最常见的阴道感染病原菌。白色念珠菌少量存在于其中两份样品中。

通过分析 α 多样性指数组之间的差异，比较每个亚组（生活环境和年龄）内的阴道微生物群落结构。WL 和 DC 之间的 Shannon 指数显著不同（$P<0.05$）。此外，还检验了 Group2 和 Group3 之间 Shannon 多样性指数的显著差异（$P<0.05$）（图 9-7）。然而，Chao1 指数在其他群体中的种群结构没有显著差异。Chao1 指数和 Shannon 指数在不同采样点和年龄的比较表明，DC 组的微生物群落丰富度和多样性高于 WL 和 BFX 组，而 Group1 的微生物群落丰富度最高，其次是 Group2 和 Group3。

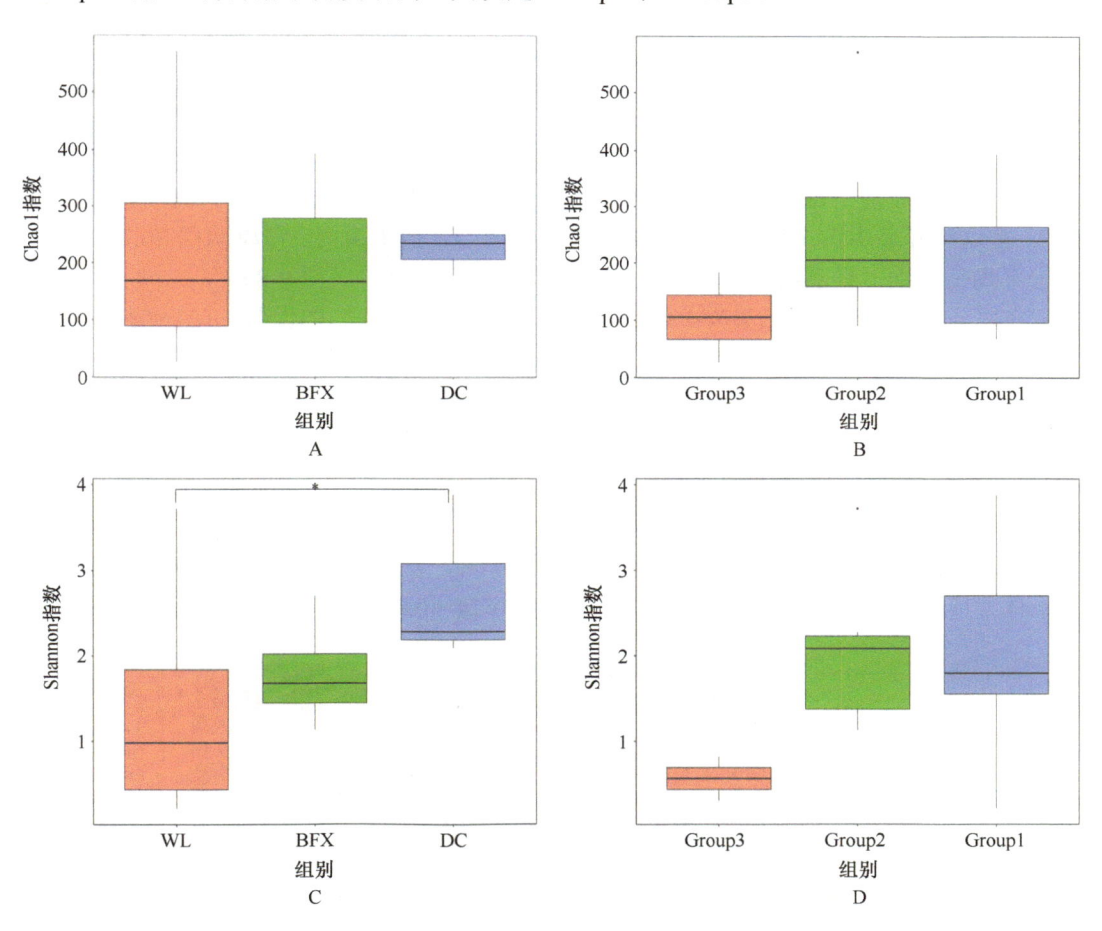

图 9-7　熊猫阴道真菌群落的 Chao1 指数和 Shannon 指数箱线图

第四节　基于宏基因组的种群结构

大熊猫阴道微生物组研究采用了微生物分离、培养和鉴定的传统方法或高通量测序技术。然而，这些方法并不能阐明大熊猫完整的阴道微生物群。大多数阴道微生物具有严格的生长要求，使其体外培养成为一项具有挑战性的任务。阴道微生物相互作用，制约彼此的生长，从而保护大熊猫的生殖效率。而宏基因组测序技术能对样品中所有的微生物多样性、种群结构、进化关系、功能活性等进行全面分析且测序方法高效、准确。Zhang 等（2020）采用宏基因组测序方法对大熊猫阴道微生物组进行研究，并对相关基因进行功能表征，采样信息见表 9-3。

表 9-3　大熊猫阴道分泌物样品分组信息

分组依据	组名	样品编号
5~10 岁	AGE1	GPV1~GPV7
11~16 岁	AGE2	GPV8~GPV12
17~23 岁	AGE3	GPV13~GPV14
卧龙自然保护区	WL	GPV1、GPV2、GPV8、GPV13、GPV14
都江堰基地及宁波动物园	DN	GPV3、GPV6、GPV7
雅安碧峰峡自然保护区	YA	GPV4、GPV5、GPV9、GPV10、GPV11、GPV12

　　研究发现，从所有大熊猫的阴道样品中共鉴定出 33 门 78 纲 184 目 383 科 1000 属。选出不同分类级别中每个样品（组）相对丰度前 10 的门（属），将剩下的物种命名为"其他"。在这些样品中占主导地位的门主要为变形菌门、担子菌门、厚壁菌门和放线菌门，丰度平均值分别占样品的 34.75%、21.53%、5.52% 和 3.29%（图 9-8）。

　　在属分类水平的分析结果为：假单胞菌属（*Pseudomonas*）占比最高（21.90%），其次为链球菌属（*Streptococcus*）（3.47%）、嗜冷杆菌属（*Psychrobacter*）（1.89%）和变形杆菌属（*Proteus*）（1.38%）。优势属在不同地区和年龄组间无明显差异。然而，在丰度相对较高的十大优势微生物中，奈瑟菌属（*Neisseria*）是最占优势的属之一（图 9-9）。WL、DN 和 YA 这 3 个组在属水平存在显著差异，软壁菌门（Tenericutes）中的支原体主要来自 DN 组。在 YA 组中变形菌门、担子菌门和放线菌门丰度较高。WL 组中厚壁菌门丰度较高。此外，大熊猫阴道样品中衣原体的平均相对丰度低于 0.44%，衣原体是阴道感染的最常见原因。衣原体含量最高的是 GPV3（2.63%），其次是 GPV14（0.90%）和 GPV7（0.62%）。

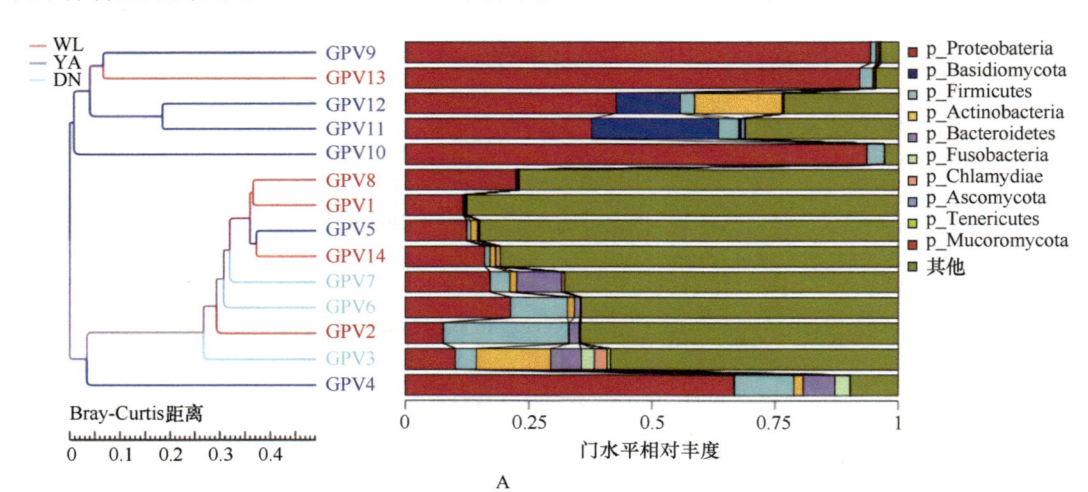

A

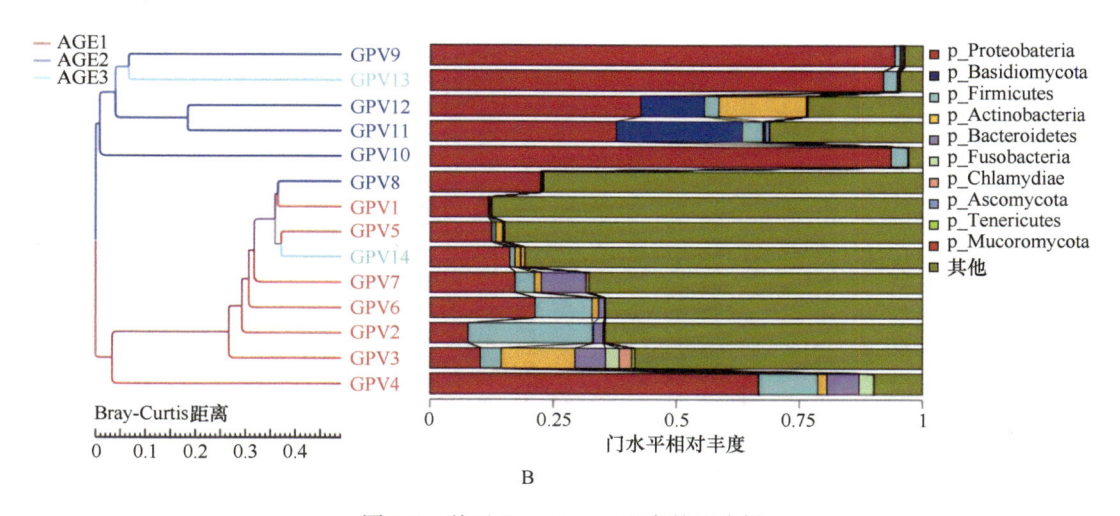

图 9-8　基于 Bray-Curtis 距离的聚类树

A. 基于区域组中 Bray-Curtis 距离的聚类树；B. 基于不同年龄组的 Bray-Curtis 距离的聚类树

无论 PCA 或 NMDS 分析如何，WL 和 DN 组在组内及组间显示出相同的微生物组成，YA 组在组内表现出相对更多样化的微生物组成。根据 PCA 或 NMDS 分析，AGE1 和 AGE3 组中的大多数样品显示出高度相似的微生物组成。然而，AGE2 组中的每个样品都显示出显著不同的微生物组成（图 9-10）。

其后续的 LEfSe 分析显示，LEfSe 测试确定了三组（WL、YA 和 DN）之间微生物群落的差异。来自所有样品的微生物群按门、纲、目、科、属和种水平进行分类，在每个水平上共检测到 43 个差异。在这 43 个差异中，YA 组贡献了 37 个，DN 组贡献了 5 个，WL 组贡献了 1 个。YA 组中富集的大多数微生物属于酵母菌纲（Saccharomycetes）、口蘑科（Tricholomataceae）、伞菌纲（Agaricomycetes）、微球黑粉菌科（Microbotryaceae）、微球黑粉菌目（Microbotryales）、隐球菌科（Cryptococcaceae）和银耳科（Tremellaceae）。此外，DN 组中富集的大多数微生物属于放线菌科（Actinomycetaceae）、微黄奈瑟球菌（*Neisseria subflava*）、鸟类杆菌（*Ornithobacterium*）和猕猴螺杆菌（*Helicobacter macacae*）。WL 组中富集的主要微生物群是莫拉氏菌属（*Moraxella*）（图 9-11）。

对大熊猫生殖道菌群进行功能分析，发现从所有 14 个样品中鉴定了 412 312 个基因的功能表征。在 412 312 个基因中，240 050 个（58.22%）基因在 EggNOG 数据库中，9978 个（2.42%）在 CAZy 数据库中，259 596 个（62.96%）在 KEGG 数据库中，还有 143 757 个（34.87%）基因被查询到 7791 个 KEGG 同源群（KO）（Su et al., 2014）。使用 EggNOG 对基因进行功能分析，除未知功能（Function unknown）类别外，富集了 24 个功能类别，大部分基因富集在如氨基酸转运与代谢（Amino acid transport and metabolism）、碳水化合物转运与代谢（Carbohydrate transport and metabolism）、转录（Transcription）及复制、重组和修复（Replication, recombination and repair）功能类别中。很少有基因在核结构（Nuclear structure）和细胞外结构（Extracellular structure）（≤0.01%）类别中富集。宏基因组测序数据的功能表征表明，氨基酸转运与代谢、碳水化合物转运与代谢是从大熊猫阴道样品中鉴定出的基因的主要功能（图 9-12A）。这些功能也参与微生物的生长和发育。

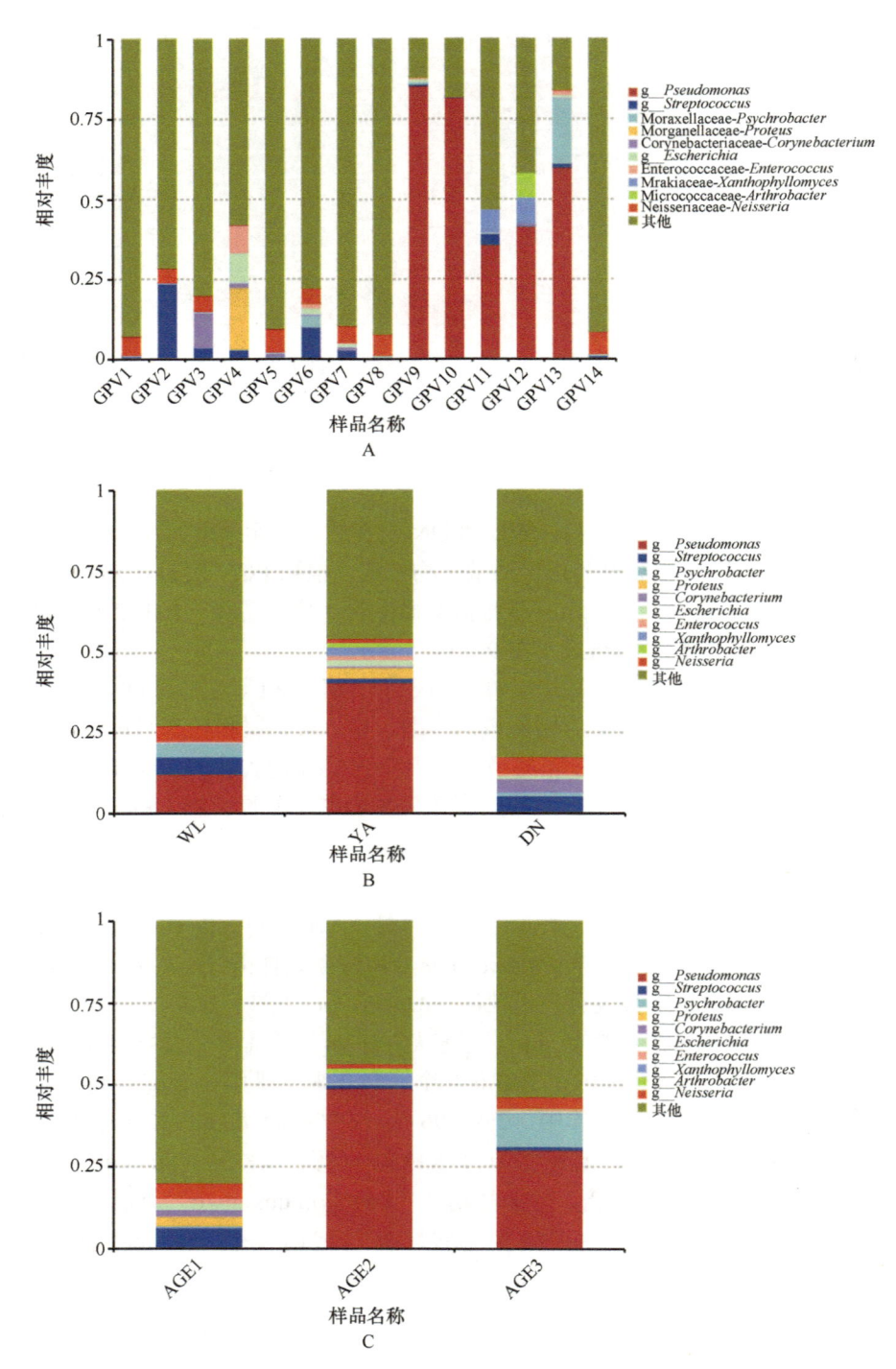

图 9-9 基于属水平的宏基因组测序读数的特征相对丰度
A. 所有样品属水平相对丰度；B. 区域组属水平相对丰度；C. 年龄组属水平的相对丰度

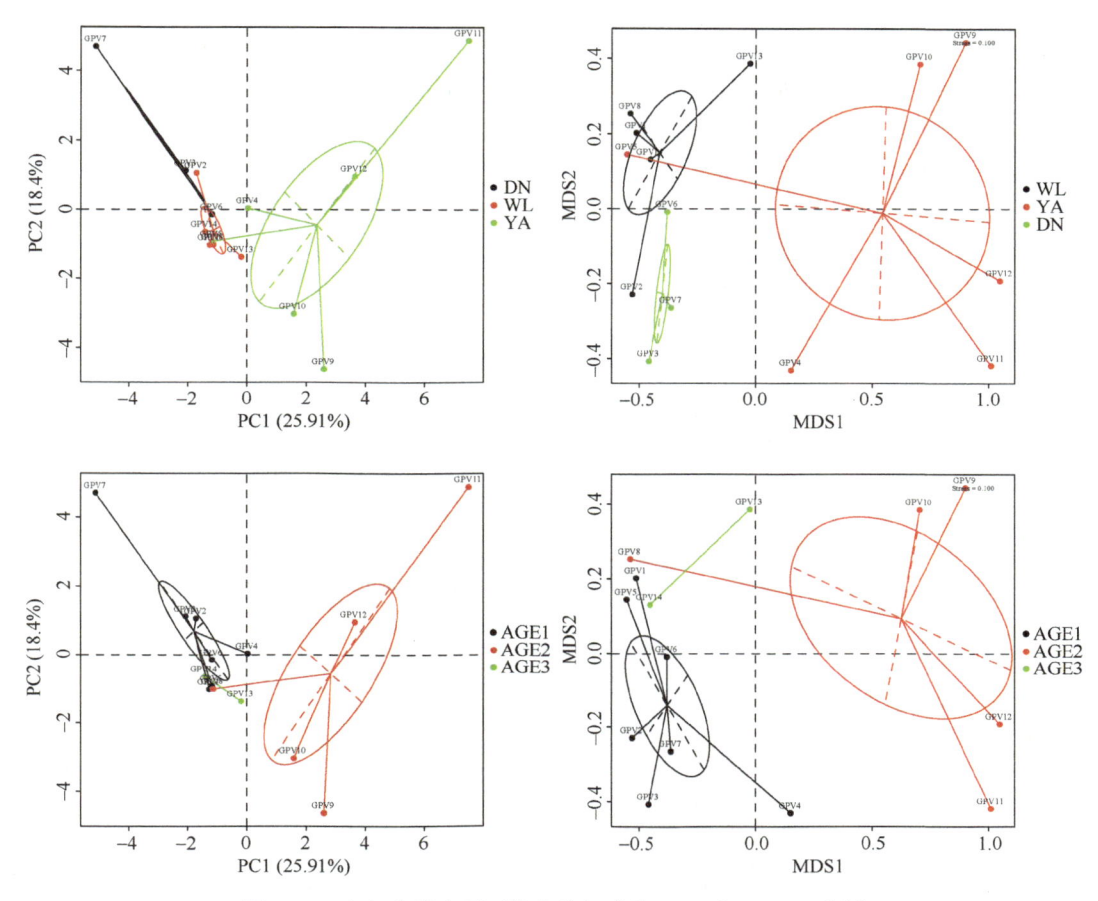

图 9-10 在门分类水平对微生物组成的 PCA 和 NMDS 分析

此外，Su 等（2014）检查了与碳水化合物活性酶基因丰度改变相关的变化。在 CAZy 分析中，丰富的酶按丰度降序排列为糖苷水解酶（GH）、糖基转移酶（GT）、碳水化合物结合模块（CBM）、碳水化合物酯酶（CE）、辅助活性（AA）和多糖裂解酶（PL）。在 CAZy 家族的第二级，使用宏基因组分析鉴定了 252 种碳水化合物活性酶。在所有 14 个阴道样品中，多萜基磷酸 β-D-甘露糖基转移酶（EC2.4.1.83）等被确定为最丰富的碳水化合物活性酶（图 9-12B）。因此，推测糖苷水解酶参与了大熊猫阴道的代谢功能。

除了 EggNOG 和 CAZy 功能分析外，Su 等（2014）还对 14 个样品进行了 KEGG 功能分析。总体而言，丰富的功能谱分为 6 类，最丰富的类别是代谢（Metabolism），其次是环境信息处理（Environmental Information Processing）、遗传信息处理（Genetic Information Processing）、细胞过程（Cellular Processes）、人类疾病（Human Diseases）和生物系统（Organismal Systems）。在 KEGG 二级通路中，碳水化合物代谢（Carbohydrate metabolism）是最丰富的类别，其次是氨基酸代谢（Amino acid metabolism）、膜转运（Membrane transport）、信号转导（Signal transduction）、辅因子和维生素代谢（Metabolism of cofactors and vitamins）、能量代谢（Energy metabolism）、细胞群落-原核生物（Cellular community-prokaryotes)、翻译（Translation）、核苷酸代谢（Nucleotide metabolism）和脂质代谢（Lipid metabolism）等。通过 KO 分析共识别出 392 个功能组。对阴道样品基因的信号通路富集分析表明，这些通路参与代谢、细胞过程、环境和遗传信息处理（图 9-12C）。392 条通路被划分为 612 个功能模块，其中 M00178（核糖体、细菌）和 M00179（核糖体、古细菌）模块是 map03010 通路的一部分，富集度最高。表明大熊猫阴道内的优势微生物主要是细菌和古细菌。

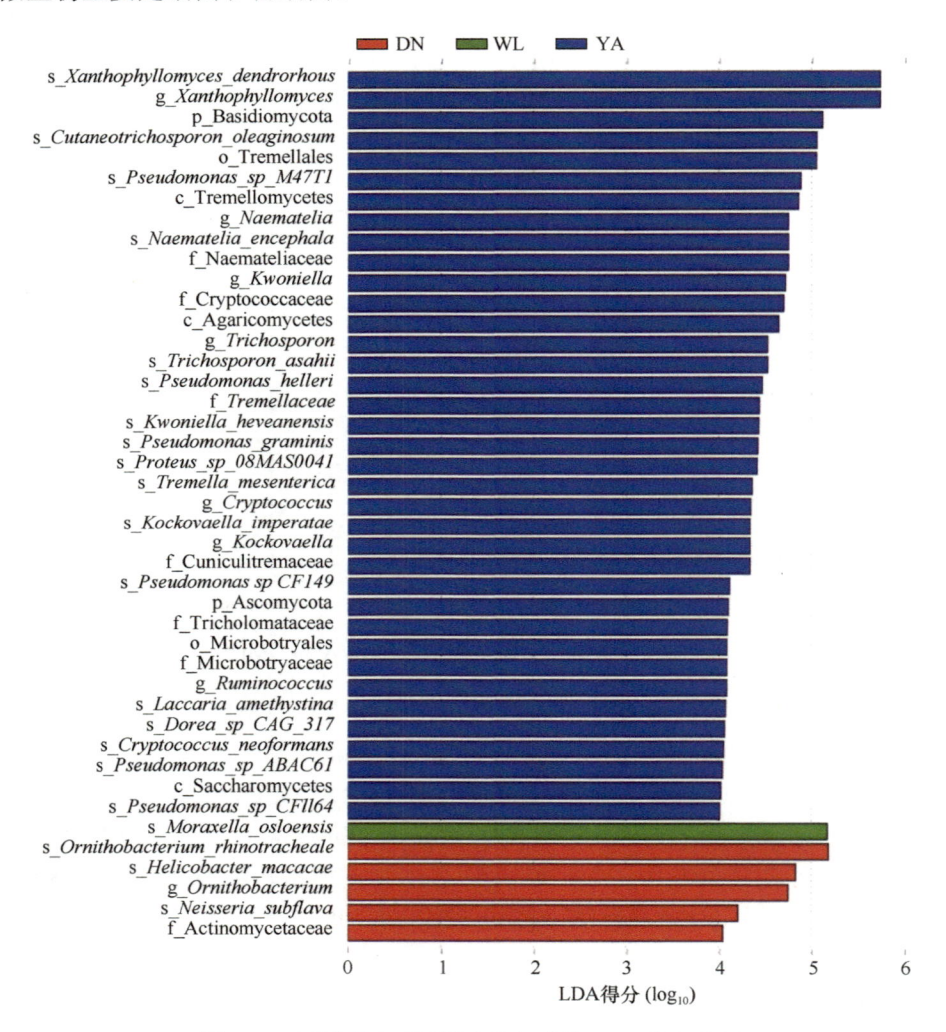

图 9-11 区域群内不同微生物组成的 LDA 值分布图

根据 KEGG 数据库富集分析，ABC 转运蛋白、双组分系统、嘌呤代谢、群体感应、核糖体、嘧啶代谢、细菌分泌系统和磷酸转移酶系统（PTS）是最高度富集的功能类别（图 9-13、图 9-14）。ABC 转运蛋白（路径：ko02010）参与膜运，在大多数阴道样品中富集（Smart and Fleming，1996）。AGE2 和 YA 组被确定为功能最活跃的组。尽管在所有阴道样品中鉴定出的通路的相对丰度没有显著差异，但 AGE2 中磷酸转移酶系统

（PTS）的相对丰度显著低于 AGE1 和 AGE3 组。此外，YA 组中生物膜形成菌株铜绿假单胞菌的丰度显著低于 WL 和 DN 组。这些结果表明，年龄和地区的差异会影响大熊猫阴道中微生物的功能。

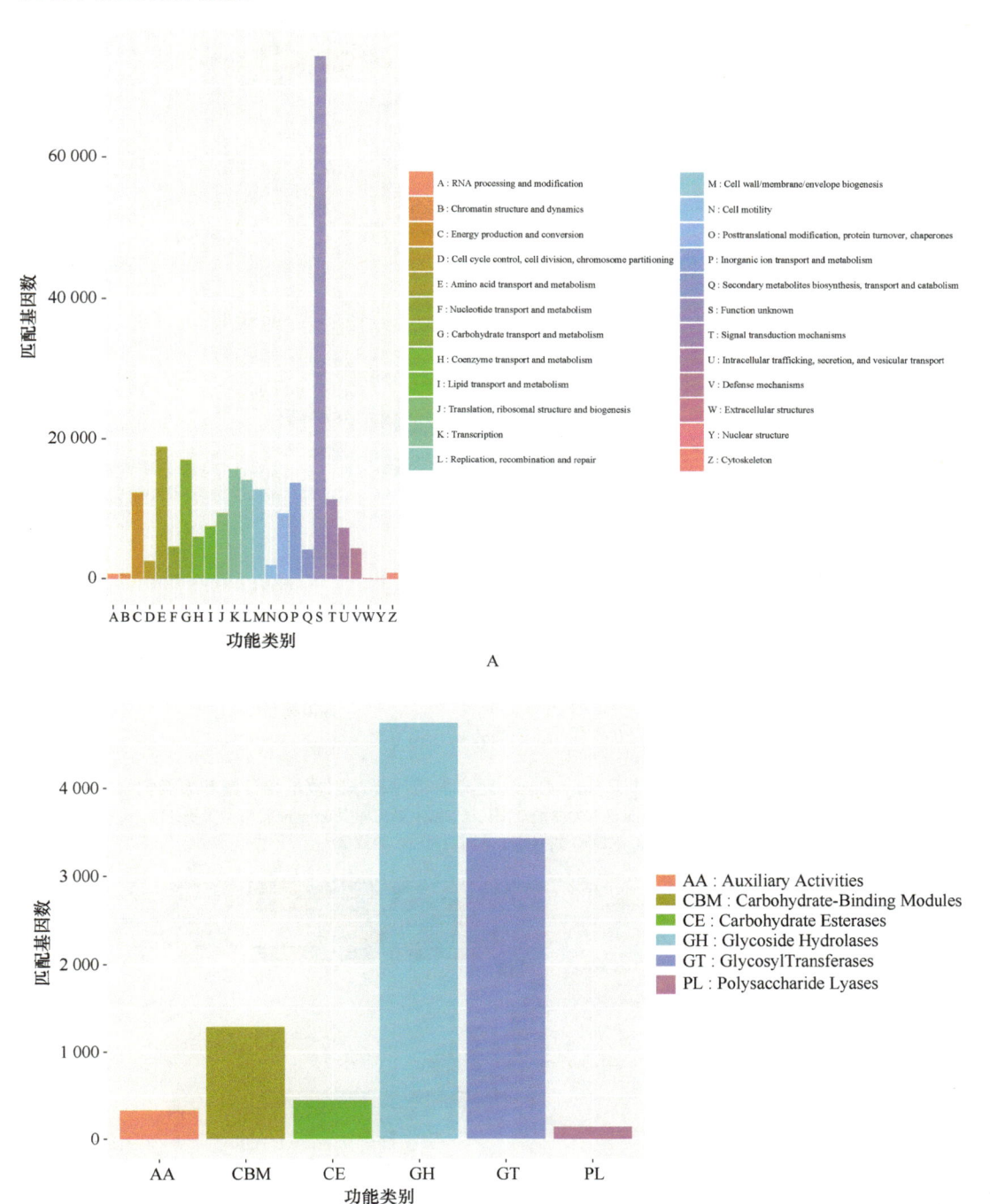

A：RNA processing and modification
B：Chromatin structure and dynamics
C：Energy production and conversion
D：Cell cycle control, cell division, chromosome partitioning
E：Amino acid transport and metabolism
F：Nucleotide transport and metabolism
G：Carbohydrate transport and metabolism
H：Coenzyme transport and metabolism
I：Lipid transport and metabolism
J：Translation, ribosomal structure and biogenesis
K：Transcription
L：Replication, recombination and repair
M：Cell wall/membrane/envelope biogenesis
N：Cell motility
O：Posttranslational modification, protein turnover, chaperones
P：Inorganic ion transport and metabolism
Q：Secondary metabolites biosynthesis, transport and catabolism
S：Function unknown
T：Signal transduction mechanisms
U：Intracellular trafficking, secretion, and vesicular transport
V：Defense mechanisms
W：Extracellular structures
Y：Nuclear structure
Z：Cytoskeleton

A

AA：Auxiliary Activities
CBM：Carbohydrate-Binding Modules
CE：Carbohydrate Esterases
GH：Glycoside Hydrolases
GT：GlycosylTransferases
PL：Polysaccharide Lyases

B

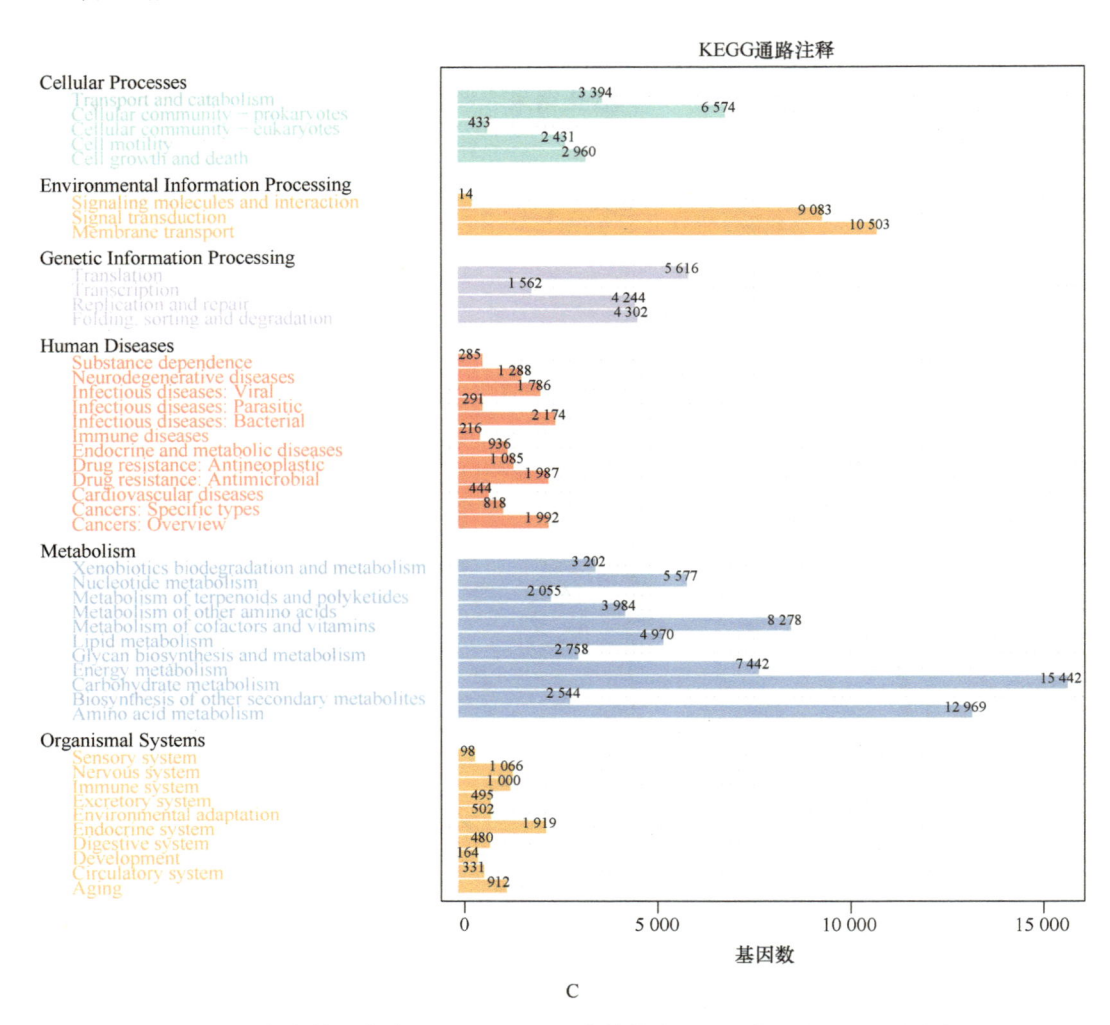

图 9-12　每个数据库基于 Bray-Curtis 距离的带注释基因数量统计图和聚类树
A. EggNOG 数据库中 unigene 注释数量统计图；B. CAZy 数据库中 unigene 注释数量统计图；
C. KEGG 数据库中基因功能注释的数量

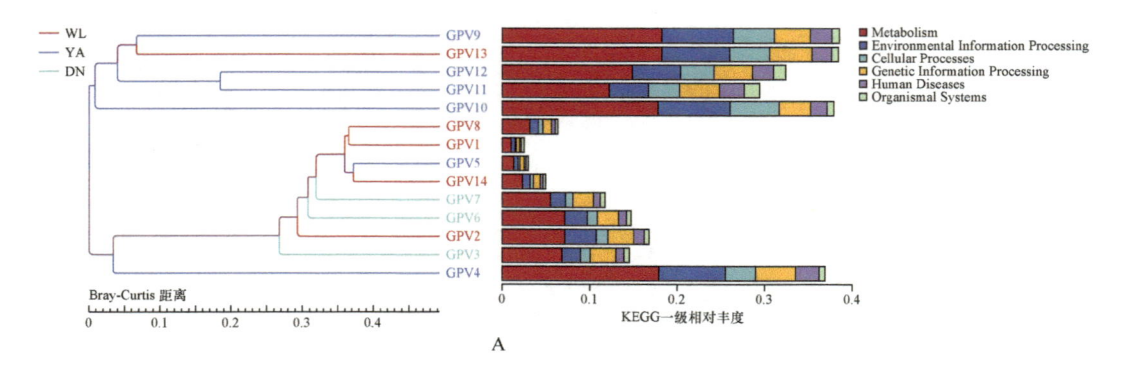

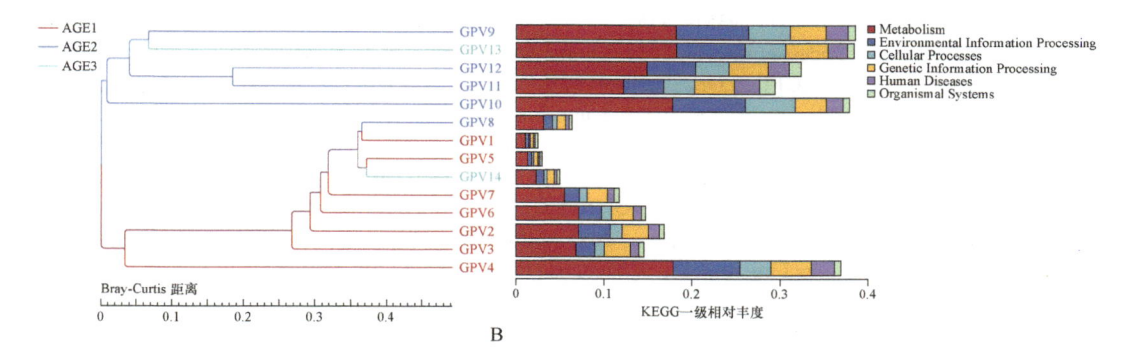

图 9-13　根据 KEGG 数据库的 Bray-Curtis 距离聚类树

A. 基于区域组 Bray-Curtis 距离的聚类树；B. 基于年龄组 Bray-Curtis 距离的聚类树

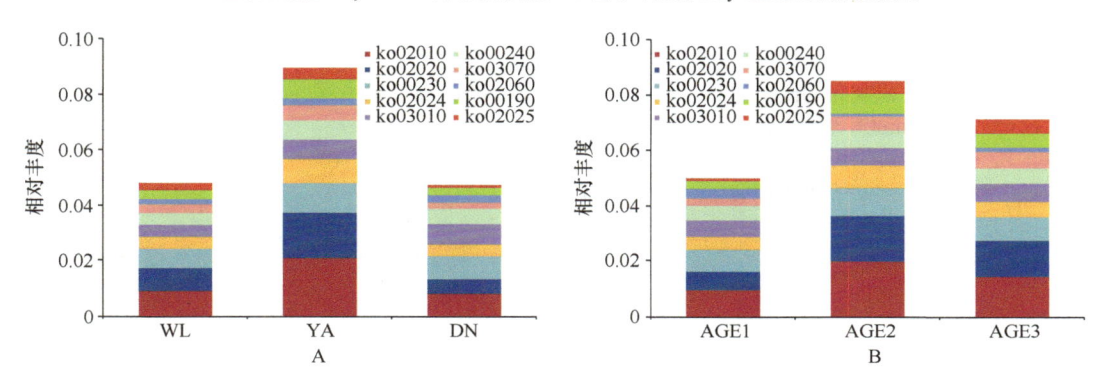

图 9-14　区域组和年龄组前 10 条 KEGG 通路的相对丰度

A. 区域组中前 10 条 KEGG 通路的相对丰度；B. 年龄组中前 10 条 KEGG 通路的相对丰度

参 考 文 献

李若瑜, 李东明, 余进, 等. 2002. 真菌与真菌病研究近况. 北京大学学报(医学版), 34(5): 559-563.

马晓平. 2014. 大熊猫阴道微生物多样性及部分真菌生物学特性研究. 南京农业大学博士学位论文.

Baba E, Hata H, Fukata T, et al. 1983. Vaginal and uterine microflora of adult dogs. Am J Vet Res, 44: 606-609.

Chen D Y, Li C W, Feng L, et al. 2018. Analysis of the influence of living environment and age on vaginal fungal microbiome in giant pandas (*Ailuropoda melanoleuca*) by high throughput sequencing. Microb Pathogenesis, 115: 280-286.

Hutchins R G, Vaden S L, Jacob M E, et al. 2014. Vaginal microbiota of spayed dogs with or without recurrent urinary tract infections. J Vet Intern Med, 28: 300-304.

Neuendorf E, Gajer P, Bowlin A K, et al. 2015. *Chlamydia caviae* infection alters abundance but not composition of the guinea pig vaginal microbiota. Pathog Dis, 73(4): ftv019.

Payne M S, Bayatibojakhi S. 2014. Exploring preterm birth as a polymicrobial disease: an overview of the uterine microbiome. Front Immunol, 5: 1-12.

Peng J J, Jiang Z G, Hu J C. 2001. Status and conservation of giant panda (*Ailuropoda melanoleuca*) : a review. Folia Zool, 50: 81-88.

Sheldon I M, Noakes D E, Rycroft A N, et al. 2002. Effect of postpartum manual examination of the vagina on uterine bacterial contamination in cows. Vet Rec, 151: 531-534.

Smart C C, Fleming A J. 1996. Hormonal and environmental regulation of a plant PDR5-like ABC transporter. J Biol Chem, 271: 19351-19357.

Stokholm J, Schjorring S, Pedersen L, et al. 2012. Living with cat and dog increases vaginal colonization with *E. coli* in pregnant women. PLoS One, 7(9): e46226.

Stumpf R M, Wilson B A, Rivera A, et al. 2013. The primate vaginal microbiome: comparative context and implications for human health and disease. Am J Phys Anthropo, 152: 119-134.

Su J Q, Wei B, Xu C Y, et al. 2014. Functional metagenomic characterization of antibiotic resistance genes in agricultural soils from China. Environ Int, 65: 9-15.

Uchihashi M, Bergin I L, Bassis C M, et al. 2015. Influence of age, reproductive cycling status, and menstruation on the vaginal microbiome in baboons (*Papio anubis*). Am J Primatol, 77: 563-578.

Walther-António M R, Jeraldo P, Berg M E, et al. 2014. Pregnancy's stronghold on the vaginal microbiome. PLoS One, 9: e98514.

Yang X, Cheng G Y, Li C W, et al. 2017. The normal vaginal and uterine bacterial microbiome in giant pandas (*Ailuropoda melanoleuca*). Microbiol Res, 199: 1-9.

Yang X, Yang J, Wang H N, et al. 2016. Normal vaginal bacterial flora of giant pandas (*Ailuropoda Melanoleuca*) and the antimicrobial susceptibility patterns of the isolates. J Zoo Wildlife Med, 47: 374-378.

Zambrano-Nava S, Boscan-Ocando J, Nava J. 2011. Normal bacterial flora from vaginas of Criollo Limonero cows. Trop Anim Health Pro, 43: 291-294.

Zhang L, Li C W, Zhai Y R, et al. 2020. Analysis of the vaginal microbiome of giant pandas using metagenomics sequencing. MicrobiologyOpen, 9(12): e1131.

第十章　大熊猫口腔微生物

口腔温暖、湿润、富含营养的微生态环境为微生物的生长定植提供了良好的条件。口腔微生物群是仅次于肠道微生物的第二大微生物群落，不仅影响口腔的健康和疾病，而且在全身健康中都发挥着重要作用（Kilian et al.，2016；Welch et al.，2020）。大熊猫口腔具有丰富的微生物，包括细菌、真菌和病毒等。在正常情况下，这些微生物处于动态平衡，受遗传、环境、饮食、系统性疾病等多种因素的影响。这种动态平衡一旦被打破，不仅会引起口腔疾病，还与心血管疾病、糖尿病等系统性疾病紧密相关（Jin et al.，2012；唐灿等，2020；王承东等，2023；于菲，2021）。因此，了解大熊猫口腔微生物的组成，并研究这些口腔微生物的动态平衡及影响因素，有利于帮助我们预防和治疗大熊猫的口腔甚至全身性疾病。

第一节　大熊猫口腔微生物群落结构

目前，通过对大熊猫牙菌斑宏基因组测序及对大熊猫唾液细菌分离纯化后的微生物 16S rRNA 基因鉴定发现，大熊猫口腔微生物主要包括细菌（bacteria）、真菌（fungi）和病毒（virus）等（表 10-1）（Jin et al.，2012；Qi et al.，2017；Zhang et al.，2017；冯帆，2019）。

表 10-1　大熊猫口腔微生物种类

类型	科	属	种
革兰氏阳性菌	葡萄球菌科（Staphylococcaceae）	葡萄球菌属（Staphylococcus）	弗氏葡萄球菌（S. fleurettii）、松鼠葡萄球菌（S. sciuri）、马葡萄球菌（S. equorum）、慢葡萄球菌（S. lentus）、腐生葡萄球菌（S. saprophyticus）、科氏葡萄球菌（S. cohnii）、沃氏葡萄球菌（S. warneri）、溶血性葡萄球菌（S. haemolyticus）、假中间葡萄球菌（S. pseudintermedius）、小牛葡萄球菌（S. vitulinus）、木糖葡萄球菌（S. xylosus）、金黄色葡萄球菌（S. aureus）、表皮葡萄球菌（S. epidermidis）
	链球菌科（Streptococcaceae）	链球菌属（Streptococcus）	肺炎链球菌（S. pneumoniae）、变异链球菌（S. mutans）、星群链球菌（S. constellatus）、唾液链球菌（S. salivarius）及缓症链球菌（S. mitis）
	棒状杆菌科（Corynebacteriaceae）	棒状杆菌属（Corynebacterium）	白喉棒状杆菌（C. diphtheriae）
	放线菌科（Actinomycetaceae）	放线菌属（Actinomyces）	衣氏放线菌（A. israelii）、龋齿放线菌（A. odontolyticus）、黏放线菌（A. viscosus）
	芽孢杆菌科（Bacillaceae）	芽孢杆菌属（Bacillus）	蜡样芽孢杆菌（B. cereus）、枯草芽孢杆菌（B. subtilis）
	李斯特氏菌科（Listeriaceae）	李斯特氏菌属（Listeria）	单核增生李斯特氏菌（L. monocytogenes）、无害李斯特氏菌（L. innocua）
	微球菌科（Micrococcaceae）	微球菌属（Micrococcus）	藤黄微球菌（M. luteus）

续表

类型	科	属	种
革兰氏阳性菌	肠球菌科（Enterococcaceae）	肠球菌属（*Enterococcus*）	粪肠球菌（*E. faecalis*）
	丙酸杆菌科（Propionibacteriaceae）	丙酸杆菌属（*Propionibacterium*）	痤疮丙酸杆菌（*P. acnes*）、贪婪丙酸杆菌（*P. avidum*）
	消化链球菌科（Peptostreptococcaceae）	消化链球菌属（*Peptostreptococcus*）	厌氧消化链球菌（*P. anaerobius*）、不解糖消化链球菌（*P. asaccharolyticus*）、微小消化链球菌（*P. micros*）
	双歧杆菌科（Bifidobacteriaceae）	双歧杆菌属（*Bifidobacterium*）	两歧双歧杆菌（*B. bifidum*）、青春双歧杆菌（*B. adolescentis*）
	乳杆菌科（Lactobacillaceae）	乳杆菌属（*Lactobacillus*）	嗜酸乳杆菌（*L. acidophilus*）
	梭菌科（Clostridiaceae）	梭菌属（*Clostridium*）	产气荚膜梭菌（*C. perfringens*）、艰难梭菌（*C. difficile*）、第三梭菌（*C. tertium*）
革兰氏阴性菌	莫拉氏菌科（Moraxellaceae）	莫拉氏菌属（*Moraxella*）	黏膜炎莫拉氏菌（*M. catarrhalis*）、奥斯陆莫拉氏菌（*M. osloensis*）、不液化莫拉氏菌（*M. nonliquefaciens*）
	卟啉单胞菌科（Porphyromonadaceae）	卟啉单胞菌属（*Porphyromonas*）	不解糖卟啉单胞菌（*P. asaccharolytica*）、牙龈卟啉单胞菌（*P. gingivalis*）
	肠杆菌科（Enterobacteriaceae）	埃希氏菌属（*Escherichia*）	大肠杆菌（*E. coli*）
	奈瑟氏菌科（Neisseriaceae）	奈瑟氏球菌属（*Neisseria*）	微黄奈瑟氏球菌（*N. subflava*）、黏液奈瑟氏球菌（*N. mucosa*）
	肠杆菌科（Enterobacteriaceae）	克雷伯菌属（*Klebsiella*）	产酸克雷伯菌（*K. oxytoca*）、肺炎克雷伯菌（*K. pneumoniae*）
	假单胞菌科（Pseudomonadaceae）	假单胞菌属（*Pseudomonas*）	铜绿假单胞菌（*P. aeruginosa*）、荧光假单胞菌（*P. fluorescens*）
	普雷沃氏菌科（Prevotellaceae）	普雷沃氏菌属（*Prevotella*）	洛氏普雷沃氏菌（*P. loescheii*）、口普雷沃氏菌（*P. oralis*）、产黑色素普雷沃氏菌（*P. melaninogenica*）
	梭杆菌科（Fusobacteriaceae）	梭杆菌属（*Fusobacterium*）	具核梭杆菌（*F. nucleatum*）、坏死梭杆菌（*F. necrophorum*）
	韦荣氏球菌科（Veillonellaceae）	韦荣氏球菌属（*Veillonella*）	小韦荣氏球菌（*V. parvula*）
真菌	曲霉科（Aspergillaceae）	青霉属（*Penicillium*）	
	曲霉科（Aspergillaceae）	曲霉属（*Aspergillus*）	
	德巴利酵母科（Debaryomycetaceae）	假丝酵母菌属（*Candida*）	
病毒	乳头瘤病毒科（Papillomaviridae）	Omega 乳头瘤病毒属（*Omegapapillomavirus*）	AmPV1、AmPV2
	乳头瘤病毒科（Papillomaviridae）	Lambda 乳头瘤病毒属（*Lambdapapillomavirus*）	AmPV4
	指环病毒科（Anelloviridae）		
	类双生病毒科（Genomoviridae）	*Gemycircularvirus*	GpGmCV14
	腺病毒科（Adenoviridae）		
	多瘤病毒科（Polyomaviridae）	Delta 多瘤病毒属（*Deltapolyomavirus*）	GPPyV1

一、大熊猫口腔细菌

（一）革兰氏阳性菌

葡萄球菌属（*Staphylococcus*）是一种在人、动物和环境中广泛存在的菌属，一般分为凝固酶阳性葡萄球菌（coagulase-positive staphylococci，CoPS）和凝固酶阴性葡萄球菌（coagulase-negative staphylococci，CoNS）。目前，从大熊猫口腔分离出的葡萄球菌主要是凝固酶阴性葡萄球菌，以弗氏葡萄球菌、松鼠葡萄球菌、马葡萄球菌、慢葡萄球菌及腐生葡萄球菌为主（冯帆，2019）。另外，有研究表明在大熊猫口腔中也能够检测到金黄色葡萄球菌和木糖葡萄球菌（Jin et al.，2012）。

链球菌属（*Streptococcus*）是一类常见的化脓性球菌，根据在血琼脂培养基上的溶血特征可将链球菌分为三种不同类型：甲型（α）溶血性链球菌、乙型（β）溶血性链球菌、丙型（γ）不溶血链球菌。肺炎链球菌、变异链球菌、星群链球菌、唾液链球菌及缓症链球菌等都能在大熊猫口腔中检测到（Jin et al.，2012）。研究发现链球菌属是大熊猫口腔微生物中的优势菌（冯帆，2019）。

棒状杆菌属（*Corynebacterium*）的菌体一端或两端膨大呈棒状，需氧或兼性厌氧，属于化能有机营养型微生物。研究表明白喉棒状杆菌等存在于大熊猫口腔中（Jin et al.，2012）。

放线菌属（*Actinomyces*）广泛分布于自然界，种类繁多，可引起内源性感染。衣氏放线菌、龋齿放线菌、黏放线菌等也能够在大熊猫口腔中检出（Jin et al.，2012）。

此外，芽孢杆菌属（*Bacillus*）、李斯特氏菌属（*Listeria*）、微球菌属（*Micrococcus*）、肠球菌属（*Enterococcus*）、丙酸杆菌属（*Propionibacterium*）、消化链球菌属（*Peptostreptococcus*）、双歧杆菌属（*Bifidobacterium*）、乳杆菌属（*Lactobacillus*）、梭菌属（*Clostridium*）等革兰氏阳性菌也都能够在大熊猫口腔中检出（Jin et al.，2012）。

（二）革兰氏阴性菌

莫拉氏菌属（*Moraxella*）是黏膜表面的常驻菌群，杆菌，短且宽，常接近球状，菌体大小和形状可变，常形成丝状和长链，在缺氧和高于最适温度培养时，可以促进多形态产生。大熊猫口腔革兰氏阴性菌中莫拉氏菌属最为常见，包括黏膜炎莫拉氏菌、奥斯陆莫拉氏菌、不液化莫拉氏菌等。

卟啉单胞菌属（*Porphyromonas*）形态上为短杆，主要的发酵产物是正丁酸和乙酸，次要产物有丙酸、异丁酸、异戊酸和苯乙酸。大熊猫口腔中已鉴定出不解糖卟啉单胞菌和牙龈卟啉单胞菌，其中牙龈卟啉单胞菌是牙周疾病的重要致病菌。

埃希氏菌属（*Escherichia*）为短杆菌，多数有周生鞭毛，能运动，大多数菌株属于动物和人体的常驻菌群。大熊猫口腔中已鉴定出 8 种埃希氏菌菌株（Jin et al.，2012）。

此外，奈瑟氏球菌属（*Neisseria*）、克雷伯菌属（*Klebsiella*）、假单胞菌属（*Pseudomonas*）、普雷沃氏菌属（*Prevotella*）、梭杆菌属（*Fusobacterium*）及韦荣氏球菌属（*Veillonella*）等革兰氏阴性菌也能够在大熊猫口腔中检出。

二、大熊猫口腔真菌

通过宏基因组测序技术发现，大熊猫牙菌斑微生物群落中的真菌主要包括：青霉属（*Penicillium*）、曲霉属（*Aspergillus*）和假丝酵母菌属（*Candida*）。目前，关于大熊猫口腔真菌的研究较少，我们在此对相关真菌在大熊猫其他部位或其他动物中的研究进行简要总结，以期为未来开展大熊猫的口腔真菌研究提供参考。

青霉属属于子囊菌纲，可产生青霉素。青霉属多以腐生方式生活，常见于腐烂的水果、蔬菜、肉类等有机物。青霉菌菌丝体生长在表面或深入内部，由分枝很多的菌丝组成，细胞壁薄，内含一个或多个细胞核。对 1981 年至 1983 年每年的 5 月至 6 月捕获的 37 只灰熊和 17 只黑熊的鼻、直肠及腭部或阴道等拭子标本进行检测，研究人员发现最常检测到的真菌属包括隐球菌属（*Cryptococcus*）、红酵母属（*Rhodotorula*）、枝孢菌属（*Cladosporium*）、青霉属、掷孢酵母属（*Sporobolomyces*）和假丝酵母菌属（Goatcher et al., 1987）。

曲霉属属于曲霉目，营养体是分隔的菌丝。曲霉属在自然界中分布广泛，是引起多种有机物霉腐的主要微生物之一。曲霉可感染人体和动物多个部位，包括口腔（Nihtinen et al., 2010）、鼻腔（Sharman and Mansfield, 2012）、喉部（Subramanya et al., 2018）等。研究发现患有慢性鼻病的犬中，霉菌性鼻炎的发生率为 7%~34%，其中最常分离出的是烟曲霉（*Aspergillus fumigatus*），但也有包括黑曲霉（*Aspergillus niger*）、构巢曲霉（*Aspergillus nidulans*）和黄曲霉（*Aspergillus flavus*），青霉属和其他真菌物种比较罕见（Sharman and Mansfield, 2012）。

假丝酵母菌呈卵圆形，有芽孢及细胞发芽伸长而形成的假菌丝。假丝酵母菌是人体真菌感染的常见致病菌，常导致人体口腔、皮肤、黏膜及内脏感染。研究表明，假丝酵母菌也可感染大熊猫的皮肤、肠道、阴道并导致相应疾病，然而假丝酵母菌在大熊猫口腔中的致病性尚无相关报道（Ma et al., 2017）。

三、大熊猫口腔病毒

目前，关于大熊猫口腔病毒的研究较少，本小节对与口腔相邻的鼻咽部位的病毒研究进行简要总结，以期为未来开展大熊猫的口腔病毒研究提供参考。在大熊猫鼻咽分泌物样本中能够检测到与乳头瘤病毒科（*Papillomaviridae*）、指环病毒科（*Anelloviridae*）、类双生病毒科（*Genomoviridae*）和腺病毒科（*Adenoviridae*）相关的病毒序列。研究发现，10 份健康圈养大熊猫鼻咽分泌物中仅有 2 份呈乳头瘤病毒阳性，序列所占百分比分别为 0.07% 和 0.3%。而患病野生大熊猫的鼻咽分泌物样本含有丰富的乳头瘤病毒序列读数，其序列百分比为 7.07%，远高于健康圈养大熊猫（Zhang et al., 2017）。

乳头瘤病毒（papillomavirus，PV）是一种高度多样化的病毒，具有双链环状 DNA，基因组大小约为 8kb，可感染多种哺乳动物、鸟类和爬行动物。有学者从北极熊的口腔黏膜分离出一株乳头瘤病毒 1 型（*Ursus maritimus* PV type 1，UmPV1），并报道了其完整的基因组序列（Stevens et al., 2008）。也有学者在大熊猫鼻咽处分离出四株乳头瘤病毒（*Ailuropoda melanoleuca* papillomavirus），分别命名为 AmPV1、AmPV2、AmPV3 和 AmPV4。其中 AmPV1 和 AmPV2 来自患病大熊猫，全基因组核苷酸序列相似性为 62.5%。AmPV3 和 AmPV4 来自健康大熊猫，序列相似性小于 55%（Zhang et al.，2017）。AmPV1、AmPV2、AmPV3 和 AmPV4 的基因组大小分别为 7676bp、7582bp、7886bp 和 7996bp，GC 含量分别为 43.5%、45.6%、58.6%和 38.5%。根据 ORF L1 氨基酸序列，AmPV1 和 AmPV2、UmPV1 的序列一致性分别为 73.6%和 73.1%，AmPV2 与 UmPV1 的序列一致性为 91.1%。根据 ORF L1 核苷酸序列，AmPV2 与 UmPV1 的相似度为 80.3%，而 AmPV1 与 AmPV2、UmPV1 的相似度分别为 69.6%和 68.5%。因此，AmPV1、AmPV2 与 UmPV1 同属于 Omega 乳头瘤病毒属（*Omegapapillomavirus*），其中 AmPV1 是一种新的 PV 物种，而 AmPV2 和 UmPV1 属于同一物种内的两种不同类型（Zhang et al.，2017）。AmPV3 与 ZcPV（GenBank 编号 HQ293213）的相似性为 58.3%，是一个新的 PV 属。AmPV4 与 PlPV（GenBank 编号 NC_007150）的序列一致性为 68.1%，属于 Lambda 乳头瘤病毒属（*Lambdapapillomavirus*）。

多瘤病毒（polyomavirus，PyV）是一种小病毒，具有非包膜二十面体衣壳和一个约 5000bp 的环状双链 DNA（Gerits and Moens，2012），可感染多种哺乳动物和禽类宿主，引起无症状感染、急性全身性疾病或肿瘤等疾病。有研究在大熊猫鼻腔处发现了一株多瘤病毒 1（the giant panda polyomavirus 1，GPPyV1）（Qi et al.，2017），它的基因组大小为 5144bp，含有 5 个推测的开放阅读框，分别编码早期区的经典大小 T 抗原和晚期区的 VP1、VP2 和 VP3 衣壳蛋白。基于 GPPyV1 的大 T 抗原进行系统发育分析，发现 GPPyV1 属于 Delta 多瘤病毒属（*Deltapolyomavirus*）中的一个假定新物种，与四个人类多瘤病毒物种聚类在一起。GPPyV1 的 VP1 和 VP2 与 Alpha 多瘤病毒属（*Alphapolyomavirus*）聚类在一起（Qi et al.，2017）。

第二节 大熊猫口腔微生物群落结构的影响因素

口腔环境中生存着大量的微生物。正常情况下微生物与宿主处于动态平衡，以维持宿主的健康和生理功能。微生物群落结构是维持此动态平衡的关键（Zhang et al.，2018）。然而，年龄、性别、饮食、环境和疾病等因素塑造了不同的口腔菌群（Lamont et al.，2018）。大熊猫口腔微生物群落结构复杂多变。

一、年龄因素

在大熊猫的生长发育过程中，微生物群落会随之出现生理性改变。研究发现，大熊猫的阴道微生物群落结构和肠道微生物群落结构与年龄密切相关（李静等，2017；罗亚等，2020）。在口腔微生物方面，虽然成年及幼年大熊猫的口腔细菌总数相近，幼年大熊猫口腔中的埃希氏菌属、链球菌属、假单胞菌属、不动杆菌属及罗斯氏菌属均多于成年大熊猫（冯帆，2019）。这说明幼年大熊猫和成年大熊猫口腔微生物群落结构可能是不同的，但目前这方面研究相对较少，尚需更多研究以支持这一结论。

二、性别因素

雌雄大熊猫在行为模式、生理结构和代谢等方面有着显著的差异。已有研究表明不同性别大熊猫的肠道微生物群落结构之间存在显著差异（杨宏，2019）。除此之外，一项针对北美黑熊口腔厌氧菌群落的研究显示，有4种厌氧菌在雌性和雄性口腔中检出，另有5种厌氧菌仅在雌性口腔中检出，7种厌氧菌仅在雄性口腔中检出（Clarke et al.，2012）。然而，目前关于性别因素对大熊猫口腔微生物菌群结构影响的研究较少。

三、饮食因素

饮食中的营养元素和饮食类型的改变对口腔微生物群落结构有着重要的影响。大熊猫饮食中常见的水果、植物，尤其是竹子中含有类黄酮化合物，这种化合物具有抗氧化作用和抗菌作用。研究表明，类黄酮化合物可能会抑制口腔细菌的致病性并具有抗炎作用（陈艺菲等，2023），提示饮食可能会影响大熊猫的口腔菌群结构。目前探究饮食因素对大熊猫微生物群落结构影响的研究多集中于肠道微生物菌群，口腔微生物菌群相关研究较少。

四、环境因素

不同的环境与季节会影响大熊猫的采食习惯。大熊猫在不同季节以不同种类的竹子和竹子的不同部位为食（Schaller et al.，1985；Wei et al.，2015），而竹子的不同部位中蛋白质、脂肪、糖和纤维含量有明显的差异（Nie et al.，2015；Wei et al.，2015）。有研究发现野生大熊猫的肠道菌群与预放归大熊猫之间存在显著差异，并且季节也会影响大熊猫肠道菌群结构（Williams et al.，2013；Wu et al.，2017；晋蕾等，2019；Yan et al.，2021）。研究发现，来自不同地区和环境的黑熊口腔中厌氧菌株种类存在明显差异（Clarke et al.，2012）。然而，目前尚缺乏关于环境因素对大熊猫口腔微生物群落结构影响的研究。

五、疾病因素

口腔微生物群落结构与宿主的健康和疾病状态密切相关。大熊猫龋齿患病率在哺乳动物中相对较高，这可能与其高糖饮食（水果、竹子等）和口腔微生物群落结构相关。金艺鹏等（2011）从出现龋齿、牙菌斑、牙结石或轻度牙龈炎的8只年龄3~23岁的圈养大熊猫口腔中分离出253株细菌，分属于23属48种。这些细菌主要以革兰氏阳性菌为主，其中链球菌属和丙酸杆菌属为优势菌属，而革兰氏阴性菌则以莫拉氏菌属和卟啉单胞菌属为主，这可能是因为大熊猫口腔环境更适合这些菌株的生长繁殖。这些细菌都可以分解碳水化合物并产生有机酸，具有诱发大熊猫口腔疾病的风险。喻述容等（2001）曾报道在一例患病大熊猫幼仔口腔分泌物中检出成团肠杆菌（*Enterobacter agglomerans*）和微球菌（*Micrococcus*）（Jin et al.，2015）。

第三节 大熊猫口腔微生物与健康

口腔微生物对宿主口腔及全身健康均有重要影响（张程和孙红英，2021）。口腔的常驻微生物群被认为有助于保护宿主免受病原体的侵袭，并在宿主的正常生理功能中发挥重要作用，包括免疫、代谢和上皮细胞发育等（Yang et al.，2017）。口腔微生物群落失调与多种口腔疾病（如龋病、牙髓炎、根尖周炎、牙周病等）及全身疾病（如心血管疾病、消化系统疾病、呼吸系统疾病、神经系统疾病、糖尿病、类风湿性关节炎和不良妊娠结局等）密切相关（张程和孙红英，2021）。

一、大熊猫口腔微生物的致病作用

（一）口腔微生物与口腔疾病

由于食物组成及口腔卫生的特点，口腔疾病在动物中较为常见，大熊猫也不例外。由于大熊猫喜食竹子，这会对牙齿造成不同程度的磨损（Weng et al.，2016）。大熊猫口腔微生物种类繁多，其中不乏一些与口腔疾病直接相关的细菌。大熊猫有不同程度的牙菌斑和牙结石（金艺鹏等，2011）。Jin 等（2012）从大熊猫口腔中分离到 253 株细菌，分属于 23 属 48 种。其中革兰氏阳性需氧菌共 69 株菌，分属于 8 属 18 种。革兰氏阳性厌氧菌和兼性厌氧菌共 90 株菌，分属于 6 属 8 种。丙酸杆菌属（*Propionibacterium*）和链球菌属（*Streptococcus*）为优势菌。丙酸杆菌属有一定的耐酸和耐氧能力，且能够利用葡萄糖和其他碳水化合物产生大量丙酸和乙酸，增加了大熊猫的患龋风险（Liu et al.，2020）。研究发现，变异链球菌有较强的黏附性，容易在大熊猫牙齿表面形成生物膜。这类微生物容易黏附在大熊猫的牙齿表面并产生酸，对其牙齿造成不同程度的损害，进一步增加大熊猫的患龋风险（Savage et al.，2009）。革兰氏阴性好氧及兼性厌氧菌共 48 株菌，分属于 5 属 10 种，以莫拉氏菌属（*Moraxella*）最为常见。革兰氏阴性厌氧菌中则以卟啉单胞菌属（*Porphyromonas*）为优势属。牙龈卟啉单胞菌作为一种严格厌氧菌，具有较强的蛋白质分解特性，与牙周病的发生发展密切相关（Leticia，2021）。近期对一例大熊猫口腔恶性纤维瘤开展的 16S rRNA 基因全长三代测序显示，梭杆菌属、卟啉单胞菌属、弯曲属和奈瑟氏球菌属细菌在肿瘤表面显著富集，提示这些口腔微生物可能与大熊猫口腔肿瘤的发生发展密切相关（Wang et al.，2024）。

（二）口腔微生物与全身疾病

口腔疾病如果不及时治疗，会导致食欲不振、营养不良，影响肠胃健康，严重时会引起心血管疾病等全身疾病，甚至死亡（Stromquist et al.，2009）。口腔作为消化系统的起始器官，口腔微生物进入消化系统可引起胃肠道疾病等（何金枝等，2017）。此外，大熊猫的口腔微生物还可能通过舔舐鼻部或伤口，进入呼吸道甚至是血液中而引起全身相关疾病（Singhal et al.，2011）。

1. 葡萄球菌

冯帆（2019）从 30 只健康大熊猫口腔中共分离出 302 株细菌，分属于 31 属 78 种。其中包括 34 种革兰氏阳性菌，以葡萄球菌属、链球菌属、罗斯氏菌属为主，另有 44 种革兰氏阴性菌，以埃希氏菌属、假单胞菌属、不动杆菌属为主。研究表明，成年及幼年大熊猫的口腔细菌分离总数相近，幼年及成年大熊猫口腔中均以葡萄球菌属的分离株最多（Yamashita and Takeshita，2017）。

葡萄球菌属是一种在人、动物和环境中广泛存在的机会性致病菌。在患有龋病、牙周炎、牙髓炎等的动物唾液中也能分离出大量的葡萄球菌。目前国内外研究发现，能够在患致死性肺炎大熊猫的呼吸道及有牙齿疾病的大熊猫口腔中分离出较多的葡萄球菌。在大熊猫口腔中，还分离出假中间葡萄球菌及溶血性葡萄球菌。虽然只分离出一株，但研究者认为假中间葡萄球菌是一种被公认的机会性致病菌，易感染犬、猫的皮肤、耳朵，也可导致术后细菌感染（张欣等，2021）。溶血性葡萄球菌更是一种重要的病原菌，其生存能力强，可导致眼部、肺部感染等（连双庆等，2011）。

2. 大肠杆菌

研究发现，大熊猫口腔中存在大肠杆菌（冯帆，2019）。大肠杆菌是造成大熊猫肠道疾病最常见的致病菌，其他致病菌还包括克雷伯菌、空肠弯曲菌、铜绿假单胞菌、小肠结肠炎耶尔森氏菌和魏氏梭菌。大肠杆菌可分为共生大肠杆菌、肠道致病性大肠杆菌和肠外致病性大肠杆菌。肠道致病性大肠杆菌菌株通常引起腹泻，而肠道外致病性大肠杆菌菌株可引起尿路感染、败血症、腹部感染、脑膜炎、蜂窝织炎、骨髓炎和伤口感染（Wang et al.，2013）。曾有大熊猫因大肠杆菌感染出现出血性小肠结肠炎、全身性败血症和死亡的病例（李光汉等，1995；汪开毓等，2000）。目前，关于大肠杆菌在大熊猫口腔中的致病作用研究较少。

3. 致病性链球菌

Wan 等（2012）采用 PCR 的方法对分离自中国不同地区大熊猫的 8 株链球菌进行 16S rRNA 基因扩增，鉴定出停乳链球菌（*Streptococcus dysgalactiae*）、多动物链球菌（*Streptococcus pluranimalium*）、非解乳链球菌（*Streptococcus alactolyticus*）、猪链球菌（*Streptococcus suis*）等。其中，停乳链球菌可引起哺乳动物的急性或慢性乳腺炎；多动物链球菌可能引起大熊猫的肺炎；猪链球菌是一种能引起动物和人关节炎及脑膜炎的重要致病菌（吴开开等，2020；张清娟等，2020；王召贺等，2021；张总超等，2021）。

汤纯香（1982）曾发现并治愈一例大熊猫急性口腔炎继发颌下腺炎，经诊断该病是由于大熊猫口腔磨损进而细菌感染所致，但其主要致病菌并未找到。根据 Jin 等（2012）从大熊猫口腔中分离的细菌，并结合人类儿童口腔炎致病菌推测，链球菌和葡萄球菌可能是造成大熊猫急性口腔炎的主要致病菌。

4. 真菌

大熊猫口腔中的真菌包括：青霉菌、曲霉菌和假丝酵母菌。真菌感染可引起口腔疾病如黏膜病等，还有可能导致大熊猫阴道生态失调，从而导致大熊猫不孕和流产（Ma et al.，2017）。

二、大熊猫口腔微生物的益生功能

大熊猫作为一种草食动物，保留了典型的肉食性消化系统，不具备消化纤维素的能力（刘冰，2008）。研究发现，大熊猫消化系统中具有帮助其消化植物纤维和维护肠道健康的微生物（马缨和殷红涛，2017）。Liu 等（2017）从健康的圈养大熊猫的粪便中分离出植物乳杆菌（*Lactobacillus plantarum*）G83。通过小鼠疾病模型发现，该植物乳杆菌能够通过减轻炎症和改善肠道菌群来保护小鼠肠道，对肠毒素大肠杆菌引起的肠道黏膜破坏具有预防作用。Zhang 等（2020）用植物乳杆菌处理口腔常见的致龋菌变异链球菌时发现，植物乳杆菌能够有效抑制变异链球菌的生长和致龋毒力。在大鼠龋病模型实验中，植物乳杆菌具有一定的防龋效果。以上研究提示植物乳杆菌有望应用于大熊猫口腔疾病和肠道疾病的预防与治疗。

枯草芽孢杆菌（*Bacillus subtilis*）HH$_2$ 作为一种肠道益生菌，其对纤维素的利用能力可以帮助大熊猫消化竹子。纤维素分解过程能够产生可被宿主消化的代谢物，如多肽、脂质等。枯草芽孢杆菌 HH$_2$ 在高纤维环境中仍然可以发挥益生功能，包括营养和抗菌作用，此外该菌株还有助于维持宿主肠道菌群的平衡（Zhou et al.，2015）。

然而，目前关于大熊猫口腔微生物益生功能的研究还相对缺乏。因此有必要在研究口腔微生物群落结构和致病特征的基础上，系统研究大熊猫口腔微生物的益生功能，为开发大熊猫口腔疾病防治的新手段和新策略提供理论与技术基础。

参 考 文 献

陈艺菲, 张滨婧, 冯淑琦, 等. 2023. 黄酮类化合物对口腔微生物的影响及其机制. 国际口腔医学杂志, 50(2): 210-216.

冯帆. 2019. 圈养大熊猫口腔源葡萄球菌的分离鉴定及耐药性分析. 四川农业大学硕士学位论文.

何金枝, 徐欣, 周学东. 2017. 口腔微生物与全身健康研究进展. 微生物与感染, 12(3): 139-145.

金艺鹏, 陈思, 林文政, 等. 2011. 圈养大熊猫细菌性牙周病. 中国畜牧兽医学会小动物医学分会学术研讨会暨中国畜牧兽医学会兽医外科学分会学术研讨会. 乌鲁木齐: 中国畜牧兽医学会.

晋蕾, 周应敏, 李才武, 等. 2019. 野化培训与放归, 野生大熊猫肠道菌群的组成和变化. 应用与环境生物学报, 25(2): 344-350.

李光汉, 钟顺隆, 张安居, 等. 1995. 大熊猫出血性肠炎的研究. 畜牧兽医学报, 26(3): 268-275.

李静, 张金羽, 张琪, 等. 2017. 大熊猫肠道放线菌的种群组成及多样性分析. 微生物学通报, 44(5): 1138-1148.

连双庆, 陈愉生, 许能銮, 等. 2011. 重症监护室溶血性葡萄球菌医院感染危险因素病例对照研究. 中国感染控制杂志, 10(5): 357-360.

刘冰. 2008. 秦岭大熊猫主食竹及其特性研究. 西北农林科技大学硕士学位论文.

罗亚, 唐赟, 张丁, 等. 2020. 不同年龄大熊猫肠道菌群及其酶活特征分析. 畜牧兽医学报, 51(4): 763-771.

马缨, 殷红涛. 2017. 大熊猫源纤维素分解菌的分离及产酶条件研究. 黑龙江畜牧兽医, (1): 172-174+294.

汤纯香. 1982. 大熊猫急性口腔炎继发颌下腺炎治疗的探讨. 中国兽医杂志, (11): 20-21.

唐灿, 刘诗雨, 程磊. 2020. 口腔微生物群落结构的影响因素. 口腔疾病防治, 28(6): 390-393.

汪开毓, 熊焰, 耿毅, 等. 2000. 亚成体大熊猫细菌性败血症的病理学观察. 中国兽医科学, 30(1): 28-29.

王承东, 李根, 姜尧章, 等. 2023. 亚成体与老年体圈养大熊猫的口腔菌群多样性及潜在致病菌分析. 湖南农业大学学报(自然科学版), 49(3): 359-365.

王召贺, 陈波, 徐高原, 等. 2021. 两株猪链球菌血清9型菌株的生物特性分析. 安徽农业科学, 49(10): 92-97+121.

吴开开, 张凯, 王磊, 等. 2020. 非解乳糖链球菌FGM对大肠杆菌感染肉鸡肠道健康的影响. 中国兽医科学, 50(5): 631-637.

杨宏. 2019. 不同性别大熊猫肠道微生物群落结构研究. 西华师范大学硕士学位论文.

于菲. 2021. 龋病口腔微生物群落结构与宿主易感基因SNP的关联研究. 兰州大学硕士学位论文.

喻述容, 余建秋, 李光汉, 等. 2001. 大熊猫幼仔口腔分泌物中检出聚团肠杆菌和微球菌. 应用与环境生物学报, 7(3): 286-287.

张程, 孙红英. 2021. 口腔微生物组与全身疾病的相关性. 生理科学进展, 52(2): 128-132.

张清娟, 马炫炫, 滕达, 等. 2020. 抗菌肽NZ2114对奶牛乳房炎源停乳链球菌的杀菌作用研究. 中国畜牧兽医, 47(8): 2603-2614.

张欣, 潘晨浩, 赵瑞利, 等. 2021. 抗菌肽Temprine-La(FS)抑制耐甲氧西林伪中间型葡萄球菌生物被膜形成的研究. 天津农学院学报, 28(1): 24-33.

张总超, 阚威, 林元清, 等. 2021. 岩羊多动物链球菌分离鉴定及药酶试验研究. 现代畜牧兽医, (4): 49-53.

Clarke E O, Stoskopf M K, Minter L J, et al. 2012. Anaerobic oral flora in the north american black bear (*Ursus americanus*) in eastern north Carolina. Anaerobe, 18(3): 289-293.

Gerits N, Moens U. 2012. Agnoprotein of mammalian polyomaviruses. Virology, 432(2): 316-326.

Goatcher L J, Barrett M W, Coleman R N, et al. 1987. A study of predominant aerobic microflora of black bears (*Ursus americanus*) and grizzly bears (*Ursus arctos*) in northwestern Alberta. Can J Microbiol, 33(11): 949-954.

Jin Y P, Chen S, Chao Y Q, et al. 2015. Dental abnormalities of eight wild qinling giant pandas (*Ailuropoda melanoleuca Qinlingensis*), Shaanxi province, China. J Wildl Dis, 51(4): 849-859.

Jin Y, Lin W, Huang S, et al. 2012. Dental abnormalities in eight captive giant pandas (*Ailuropoda melanoleuca*) in China. J Comp Pathol, 146(4): 357-364.

Kilian M, Chapple I L C, Hannig M, et al. 2016. The oral microbiome—an update for oral healthcare professionals. Br Dent J, 221(10): 657-666.

Lamont R J, Koo H, Hajishengallis G. 2018. The oral microbiota: dynamic communities and host interactions. Nat Rev Microbiol, 16(12): 745-759.

Leticia R. 2021. *Porphyromonas gingivalis*. Trends Microbiol, 29(4): 376-377.

Liu G, Wu C, Abrams W R, et al. 2020. Structural and functional characteristics of the microbiome in deep-dentin caries. J Dent Res, 99(6): 713-720.

Liu Q, Ni X Q, Wang Q, et al. 2017. *Lactobacillus plantarum* BSGP201683 isolated from giant panda feces attenuated inflammation and improved gut microflora in mice challenged with enterotoxigenic *Escherichia coli*. Front Microbiol, 8: 1885.

Ma X P, Li C C, Hou J F, et al. 2017. Isolation and identification of culturable fungi from the genitals and semen of healthy giant pandas (*Ailuropoda melanoleuca*). BMC Vet Res, 13(1): 344.

Nie Y, Zhang Z, Raubenheimer D, et al. 2015. Obligate herbivory in an ancestrally carnivorous lineage: the giant panda and bamboo from the perspective of nutritional geometry. Funct Ecol, 29(1): 26-34.

Nihtinen A, Anttila V J, Richardson M, et al. 2010. Invasive *Aspergillus* infections in allo-SCT recipients: environmental sampling, nasal and oral colonization and galactomannan testing. Bone Marrow Transplant, 45(2): 333-338.

Qi D W, Shan T L, Liu Z J, et al. 2017. A novel polyomavirus from the nasal cavity of a giant panda (*Ailuropoda melanoleuca*). Virol J, 14(1): 207.

Savage A, Eaton K A, Moles D R, et al. 2009. A systematic review of definitions of periodontitis and methods that have been used to identify this disease. J Clin Periodontol, 36(6): 458-467.

Schaller G B, Hu J C, Pan W S, et al. 1985. Giant pandas of Wolong: Chicago: University of Chicago Press.

Sharman M J, Mansfield C S. 2012. *Sinonasal aspergillosis* in dogs: a review. J Small Anim Pract, 53(8): 434-444.

Singhal S, Dian D, Keshavarzian A, et al. 2011. The role of oral hygiene in inflammatory bowel disease. Dig Dis Sci, 56(1): 170-175.

Stevens H, Rector A, Bertelsen M F, et al. 2008. Novel papillomavirus isolated from the oral mucosa of a polar bear does not cluster with other papillomaviruses of carnivores. Vet Microbiol, 129(1-2): 108-116.

Stromquist A, Fahlman A, Arnemo J M, et al. 2009. Dental and periodontal health in free-ranging swedish brown bears (*Ursus arctos*). J Comp Pathol, 141(2-3): 170-176.

Subramanya S H, Jillwin J, Rudramurthy S M, et al. 2018. Primary invasive laryngeal mycosis in an immunocompetent patient: a case report and clinico-epidemiological update. BMC Infect Dis. 18(1): 323.

Wan L, Chen S J, Wang C D, et al. 2012. Identification and genotypic analysis of *Streptococcus* spp. isolated from giant pandas in China by PCR-based methods. Afr J Microbiol Res, 6(7): 1380-1386.

Wang X, Jing M, Ma Q, et al. 2024. Oral microbiome sequencing revealed the enrichment of *Fusobacterium* sp., *Porphyromonas* sp., *Campylobacter* sp., and *Neisseria* sp. on the oral malignant fibroma surface of giant panda. Front. Cell. Infect. Microbiol. doi: 10.3389/fcimb.2024.1356907.

Wang X, Yan Q G, Xia X D, et al. 2013. Serotypes, virulence factors, and antimicrobial susceptibilities of vaginal and fecal isolates of *Escherichia coli* from giant pandas. Appl Environ Microbiol, 79(17): 5146-5150.

Wei W, Nie Y G, Zhang Z J, et al. 2015. Hunting bamboo: foraging patch selection and utilization by giant pandas and implications for conservation. Biol Conserv, 186: 260-267.

Welch J L M, Ramirez-Puebla S T, Borisy G G. 2020. Oral microbiome geography: micron-scale habitat and niche. Cell Host Microbe, 28(2): 160-168.

Weng Z Y, Liu Z Q, Ritchie R O, et al. 2016. Giant panda's tooth enamel: structure, mechanical behavior and toughening mechanisms under indentation. J Mech Behav Biomed Mater, 64: 125-138.

Williams C L, Willard S, Kouba A, et al. 2013. Dietary shifts affect the gastrointestinal microflora of the giant panda (*Ailuropoda melanoleuca*). J Anim Physiol Anim Nutr, 97(3): 577-585.

Wu Q, Wang X, Ding Y, et al. 2017. Seasonal variation in nutrient utilization shapes gut microbiome structure and function in wild giant pandas. Proc Biol Sci, 284(1862): 20170955.

Yamashita Y, Takeshita T. 2017. The oral microbiome and human health. J Oral Sci, 59(2): 201-206.

Yan Z, Xu Q, Hsu W H, et al. 2021. Consuming different structural parts of bamboo induce gut microbiome changes in captive giant pandas. Curr Microbiol, 78(8): 2998-3009.

Yang X, Cheng G Y, Li C W, et al. 2017. The normal vaginal and uterine bacterial microbiome in giant pandas (*Ailuropoda melanoleuca*). Microbiol Res, 199: 1-9.

Zhang G J, Lu M, Liu R M, et al. 2020. Inhibition of *Streptococcus mutans* biofilm formation and virulence by *Lactobacillus plantarum* K41 isolated from traditional Sichuan pickles. Front Microbiol, 11: 774.

Zhang W, Yang S X, Shan T L, et al. 2017. Virome comparisons in wild-diseased and healthy captive giant pandas. Microbiome, 5(1): 90.

Zhang Y H, Wang X, Li H X, et al. 2018. Human oral microbiota and its modulation for oral health. Biomed Pharmacother, 99: 883-893.

Zhou Z Y, Zhou X X, Li J, et al. 2015. Transcriptional regulation and adaptation to a high-fiber environment in *Bacillus subtilis* HH$_2$ isolated from feces of the giant panda. PLoS One, 10(2): e0116935.

第十一章 大熊猫体表微生物

第一节 大熊猫体表真菌研究现状

一、大熊猫体表真菌研究概况

自1869年阿尔芒·戴维（Armand David）在四川雅安宝兴发现大熊猫（*Ailuropoda melanoleuca*）以来，国内外对其展开了大量研究，主要集中在大熊猫的形态学、行为生态学、种群特征、遗传多样性、繁殖等方面（胡锦矗和胡杰，2003），然而，对于大熊猫体表真菌及致病性的研究较少。

周永华等（1989）报道了大熊猫因石膏样毛癣菌（*Trichophyton mentagrophytes*）感染的体癣病；陈明芳和李绍兴（1995）报道了一例大熊猫幼仔体表发生红疹的病例，研究表明是由白色念珠菌（*Candida albicans*）引起；黄勉（2000）报道一例真菌和螨虫混合感染导致大熊猫身体多部位大面积皮肤增厚、龟裂、红斑、丘疹、脱毛等症状的皮肤病。徐麟木（1990）报道了由毛霉菌感染所致的大熊猫皮肤脱毛症；袁耀华和凌铭德（2002）报道在一例腹泻大熊猫粪便中检测到大量霉菌孢子体；陈玉村（2005）报道一例真菌继发感染引起患肺炎大熊猫死亡的病例；谭志等（2004）报道大熊猫肠道正常菌群中有酵母菌；雷蕾等（2001）在健康大熊猫阴道中分离出一株白地霉（*Geotrichum candidum*）；马晓平等（2011）从13只患皮肤病大熊猫的体表一共分离到91株真菌，涉及14个属，其中有31株真菌在皮肤癣菌鉴定培养基（DTM）培养呈阳性。张悦天等（2015）通过致病性试验发现大熊猫源石膏样小孢子菌对皮肤致病性强。马晓平等（2013）从大熊猫体表分离得到一株枝孢样枝孢霉（*Cladosporium cladosporioides*）。

二、真菌实验室鉴定方法

由真菌感染而致病的临床病例日益增多，各种复杂的发病情况也随之增加，这也是导致人和动物发病或死亡的主要原因之一，因此对实验室诊断要求也在不断提高，对真菌性疾病病原的准确诊断就显得尤为重要。临床病例中，正确鉴定复杂致病真菌对于疾病的控制和治疗非常重要，仅仅利用形态学检查和培养对新型复杂的真菌感染病例进行诊断已经很难达到确诊。因此，已经发展了真菌DNA中DNA(G+C)mol%含量测定技术、DNA分子杂交技术、限制性片段长度多态性（RFLP）分析、随机扩增多态性DNA（RAPD）、核糖体脱氧核糖核酸序列测定技术等一些切实可行的分子生物学方法，用于特殊菌株分型与鉴定（朱研研等，2010）。因此，综合形态学方法和分子生物学方法才能提高病原菌阳性检出率。

（一）常规方法

1. 显微镜直接镜检

直接进行显微镜检查是对临床标本（人畜样本）最简单也最直接的实验室诊断方法。黎明等（2013）对122例真菌性角膜溃疡患者进行角膜激光扫描共聚焦显微镜检查，对真菌菌丝与角膜内的6种结构进行鉴别。孔玲娜等（2016）通过显微镜等检查对石河子市犬皮肤病发病情况进行了分析，表明该市泰迪犬发病率最高，背腰部为最易发病部位。虽然显微镜直接镜检快速、简便，但是存在假阴性的情况。在荧光显微镜下采用化学发光剂，如钙荧光白检查临床标本中的真菌成分可提高阳性率（林旭聪等，2004）。

2. 培养基筛选

对临床标本中致病真菌进行培养，目的是进一步提高病原体检出率，同时确定致病菌的种类。真菌在不同的培养基中可以产生不同的色素，尤其在一些含有特殊成分的鉴别培养基中，如刺激皮肤癣菌产生色素常用的鉴别培养基有马铃薯培养基和米饭培养基，前者多用于红色毛癣菌（*Trichophyton rubrum*）色素的产生，而后者多用于犬小孢子菌（*Microsporum canis*）色素的产生并刺激其产生大分生孢子（鲁长明等，2004）。

何苏琴等（2004）根据形态特征、生物学特性及致病性，从马铃薯块茎干腐病病薯中鉴定出硫色镰刀菌（*Fusarium sulphureum*）。罗惠波等（2013）采用传统微生物分离手段从浓香型大曲中分离得到真菌69株。相飞和汪立平（2014）通过传统培养方式将甜酒曲中的优势丝状真菌鉴定为4类。

3. 组织病理学检查

余进和李若瑜（2009）为了确定被检菌的致病性，并且在通过培养方法无法判定时，将待测病原菌接种于动物体内，确认其在宿主组织中的反应及寄生形态，取感染组织进行逆培养及病理检查。

张悦天等（2015）通过致病性试验发现大熊猫源石膏样小孢子菌对皮肤致病性强。阎玉彦等（2015）研究表明90%大鼠鼻腔鼻窦组织能被烟曲霉（*Aspergillus fumigatus*）侵袭。张艳梅（2011）研究显示球孢白僵菌（*Beauveria bassiana*）是一种油松毛虫的致病性菌株，可以引起虫体的一系列组织病理变化，导致油松毛虫的死亡。因此，组织病理学检查能够提高真菌病的诊断水平，为临床合理用药提供依据。

（二）分子生物学方法

1. 真菌DNA中DNA（G+C）mol%含量测定技术

真菌的DNA（G+C）mol%含量组成范围具有相对稳定（20%～60%）的特点，真菌物种间的亲缘关系越近，其DNA（G+C）mol%含量差别越小，反之越大。

周志伟和黄河（1991）用此法测定毛霉目（Mucorales）16个属60株真菌DNA（G+C）mol%含量后发现，它们的GC含量可明显分为三组，最高一组GC含量为46.0%～49.8%，最低一组GC含量为28.8%。表明毛霉各属中DNA（G+C）mol%含量高低存在差异。

2. DNA 分子杂交技术

将带有互补的特定核苷酸序列的单链 DNA 或 RNA 混合在一起,具有一定同源性的两条单链,适宜条件下按碱基互补配对原则退火形成双链(张传博和苏晓庆,2006)。

朱研研等(2010)研究表明同种异株的真菌基因组 DNA 序列差异较小,一般认定在 30%以内,不同真菌 DNA 序列是有差异的,杂交时互补程度越高,则代表着越近的亲缘关系,65%~80%提示为同一属的不同种,低于 20%基本可考虑为无关系。DNA 分子杂交技术的准确性高于 G+C(mol%)测定,鉴定的范围可具体到种水平,对于某些亚种、变种也适用(于淑玲,2002)。

3. 限制性片段长度多态性(RFLP)分析技术

当 DNA 序列的差异正好发生在限制性内切酶的识别位点时,或者当 DNA 片段的插入、缺失或重复导致基因组 DNA 经限制性内切酶酶解后,其片段长度的改变可以经凝胶电泳区分时,DNA 多态性就可应用限制性内切酶进行分析,这种多态性被称为限制性片段长度多态性(restriction fragment length polymorphism,RFLP)(方炳良,1991)。

祝明亮和张克勤(2001)利用 PCR-RFLP 方法对捕食线虫真菌隔指孢属进行了系统发育研究,根据 4 种内切酶酶切结果,利用非加权组平均法(UPGMA)法构建的节丛孢属分子系统树,从分子水平证明了隔指孢属形态分类上的合理性。吴吉芹等(2010)采用 PCR-RFLP 技术检测 134 例侵袭性真菌感染患者和 134 例健康对照者 *CYP2C19* 基因 2 个主要单核苷酸多态性位点的基因型,比较了两组各等位基因频率及代谢型的比例。

4. 随机扩增多态性 DNA(RAPD)分析技术

随机扩增多态性 DNA(random amplified polymorphic DNA,RAPD)技术是由 Williams 等(1990)首先提出并定名的。

牛桃香等(2006)采用 RAPD 分析技术对几种常见皮肤癣菌进行了基因鉴定,探讨 DNA 型别与感染来源、传播及感染部位之间的关系。张玉敏等(2015)表明利用 RAPD 技术用于念珠菌种内的分型具有较高的灵敏性与特异性,不同型别的白色假丝酵母和热带假丝酵母耐药性可能与特定基因型有一定相关性。

5. 扩增片段长度多态性(AFLP)分析技术

扩增片段长度多态性(amplified fragment length polymorphism,AFLP)分析是一种有效的分子标识技术。其通过 PCR 选择性扩增全基因组 DNA 内切酶片段,得到一组特异性 DNA 限制片段指纹图谱(Vos et al.,1995)。另外,该技术可用于生物群遗传进化研究和分型鉴定(Keim et al.,1997;Ryu et al.,2005)。与限制性片段长度多态性分析相比,AFLP 具有重复性好、灵敏度高的特点(Radnedge et al.,2003)。

蔡邦平等(2012)以巢式 PCR 的 AFLP 方法研究梅根系丛枝菌根(AM)真菌 DNA 多态性,解决了梅根系共生的 AM 真菌难以应用形态学鉴定的问题。邹先彪等(2003)将 AFLP 技术运用于新生隐球菌,结果表明 AFLP 的分辨率高,说明该技术是能提高对新生隐球菌认识的强有力的流行病学工具。

6. 核糖体脱氧核糖核酸（rDNA）序列测定

真菌的核糖体为 80S，其中编码核糖体的基因组为：28S rDNA、5S rDNA、18S rDNA 和 5.8S rDNA（余仲东和张星耀，2000）。18S rDNA 存在着保守区和可变区，不同的扩增引物可用于分类单元的研究（Whiting et al.，1997）。

真菌 rDNA 内转录间隔区（ITS）在通过 PCR 序列分析中提供了可获得的较长基因序列，选择压力较小，进化速率快，其保守性基本表现为种内一致，种间差异比较明显。因此，ITS 序列常用于属内种间和亚种间的分类鉴定研究，在鉴定真菌种类中具有重大作用（Martin and Rygiewicz，1973）。

崔丽娜等（2011）利用 rDNA 测定技术对采自山东地区主要兔场的皮肤真菌病的 16 株分离菌进行了 PCR 扩增，以及 ITS 的克隆、测序、序列变异及遗传进化关系分析。经与 GenBank 核酸序列数据库数据比对，结果表明 16 株病菌分别为须癣毛癣菌（12/16，75%）、犬小孢子菌（2/16，12.5%）、石膏样小孢子菌（*Microsporum gypseum*）（2/16，12.5%）。

（三）血清学诊断

血清学诊断方法是指应用免疫和生化方法检测血清或其他体液中的真菌抗原、抗体和代谢产物（史利宁等，2010）。金欣等（2009）通过检测 252 例血液病患者血浆血型（blood group，BG）和血清半乳甘露聚糖（galactomannan，GM）水平，比较 BG 检测和 GM 检测的敏感性、特异性、阳性预测值（PPV）、阴性预测值（NPV），结果表明，BG 检测对侵袭性曲霉病（IA）的敏感性为 80.0%，特异性为 75.0%，PPV 为 61.5%，NPV 为 88.2%。GM 检测对 IA 的敏感性为 91.7%，特异性为 89.2%，PPV 为 80.9%，NPV 为 95.5%。史利宁等（2010）对侵袭性真菌感染进行血清学诊断，结果显示抗原和代谢产物检测敏感性高，特异性好，能反映病情的变化。

（四）其他方法

随着仪器分析技术的进步和计算机的广泛应用，微生物菌种鉴定逐渐由传统的形态学观察和人工生理生化实验鉴定发展进入了基于仪器自动化分析的鉴定系统阶段（程池等，2006）。

近年来，相关的酵母菌快速鉴定系统不断面市，如 API 20C、ATB 32C、VITEK YBC 和 API Candid 系统等（Praphailong et al.，1997）。由美国 Biolog 公司研制开发的 Biolog 微生物自动分析系统，可鉴定包括酵母和丝状真菌在内的 2000 余种微生物，几乎涵盖了微生物学不同领域中比较重要的菌种（姚粟等，2006）。

真菌无处不在，并且与人类生活关系密切。大多数真菌对人有益或无害，真菌在人和动物健康与疾病等方面发挥着越来越突出的作用。但是少数真菌具有危害性，可寄生于植物、动物以至人体上而致病。真菌感染的日益增多已成为广大临床医师的共识，这一现状对微生物实验室真菌检查技术也提出了更高的要求。对真菌进行培养是真菌检查的基础，尽管存在敏感度低、耗时长等不足，但其操作简便而易于推广普及，因此临床用得比较多（余进和李若瑜，2009）。形态学观察为真菌的鉴定提供了科学依据，能够进一步确定鉴定结果。通过系统发育分析建立进化树可分析菌株的进化距离，并且可以将大部分菌株鉴定到属或种。真菌对不同药物的敏感性存在差异，因此临床用药中，药物的选择需要理论依据，这也是为减少耐药而不得不考虑的问题。

第二节　基于培养的大熊猫被毛可培养真菌

为了弄清大熊猫体表真菌的分布，开展常规的分离鉴定显得尤为重要。通过传统真菌分离鉴定方法，得到真菌菌落形态及相对应的镜鉴结果，一方面可以检测该菌落是否存在杂菌，为 DNA 提取等后续工作提供条件保障；另一方面还可以为某些常见真菌性疾病的鉴定提供依据，通过直接镜检，找到菌丝和孢子，以供初步诊断，根据菌落的特征和镜下形态、结构以确定菌种。

但传统鉴定方法无法对差异不显著的真菌进行区别，因此存在局限性。利用分子生物学 PCR 扩增真菌 rDNA-ITS 序列的分析方法快速简便，受主观因素影响小；真菌 DNA 的碱基组成遗传稳定，不易受环境影响，而且在生活史任何阶段均可获得（陈剑山和郑服丛，2007）。和晓娜等（2012）就通过 ITS 序列测定鉴定出 4 种未知真菌。对分离到的真菌菌株进行鉴定及系统发育分析，能将多数真菌鉴定到种，部分真菌只能够鉴定到属。ITS 同样不能对所有真菌进行种内鉴定，且分析结果易受到基因库完善程度的影响。在基因库中缺乏存在的、与待检真菌亲缘关系相近的已知真菌序列时 ITS 序列分析的应用能力就会受到一定的限制（仇萌和邹先彪，2011），真菌在不同地理、不同寄生宿主型别的鉴定上也存在困难。

实验方法也会影响分离的微生物类型。氯霉素和放线菌酮分别用于抑制大多数细菌的生长和一些腐生型真菌（李筱芳等，2007）。杨华等（2014）经过试验得出放线菌酮对非致病性真菌具有很好的抑制效果。田亚萍等（2004）用含放线菌酮的改良沙氏培养基分离菌株，鉴定了申克孢子丝菌和暗色真菌。胡晓艳等（2008）研究发现，200mg/L 的质量浓度就能达到与 500mg/L 相同的效果，且分离率较其他几个浓度高，与不加放线菌酮相比，差异有统计学意义。

一、大熊猫体表真菌分离鉴定

中国大熊猫保护研究中心雅安碧峰峡基地大熊猫大多数是圈养和放养相结合，同时该基地全年日照少、湿度大，这种环境易导致真菌型皮肤病的发生。在不同季节（3 月、6 月、9 月、12 月）采集该基地的大熊猫被毛（前脚掌背侧）共计 37 份样品进行分离培养，通过测定真菌的 ITS，最终分离得到 165 株真菌，包括刺盾炱目（Chaetothyriales，n=31）、肉座菌目（Hypocreales，n=20）、散囊菌目（Eurotiales，n=24）、银耳目（Tremellales，n=48）等，其中丝孢酵母属（*Trichosporon*）有 44 株，占总菌株数量的 29%，为本次试验的优势属。指间毛癣菌（*Trichophyton interdigitale*）在总菌株种水平中所占的比例为 6%，杂色曲霉（*Aspergillus versicolor*）、串珠丝孢酵母（*Trichosporon moniliiforme*）所占比例均为 5%，蜡蚧轮枝菌（*Lecanicillium lecanii*）所占比例为 4%，均为本次试验的优势菌种。*Penicillium copticola*、*Exophiala* sp.、星型丝孢酵母（*Trichosporon asteroides*）、辜氏丝孢酵母（*Trichosporon guehoae*）所占比例为 3%。

通过不同季节比较发现，9 月分离得到的菌株数量最多为 50 株，占总菌株数量的 30.3%；3 月、6 月、12 月分离得到的菌株数基本相同，分别为：38 株、38 株、39 株。表明不同时间采集的样品，在相同培养条件下分离得到的菌株数量及真菌种类具有差异性。某些真菌只在某一个季节分离得到，如只在 6 月样品中分离得到指间毛癣菌。某些真菌能从多个季节样品中分离得到，如 *Trichosporon moniliiforme* 从 3 月、9 月、12 月中分离得到。

分离得到的丝孢酵母属是本次试验的优势菌属。杨蓉娅等（2001）第一次发现播散性丝孢酵母病是由阿萨希丝孢酵母所致。该属中还存在大量有过报道的致病真菌，如张如松等（2002）报道了丝孢酵母菌造成人的脓性中耳炎；李长城（2014）提出链状假丝酵母可能对大熊猫健康或繁殖存在威胁；吸入隐球菌孢子对肺部造成感染的报道较常见（陶仲为，2002）。指间毛癣菌是本次分离得到的优势菌种，王晓雯等（2016）报道了由指间毛癣菌引起的人须癣病例。此外，杂色曲霉也是优势菌种，Enoch 等（2006）报道了曲霉菌感染已经上升到了深部真菌感染的第 2 位。另外，实验中分离得到的瓶霉属（*Phialophora*）、枝孢属（*Cladosporium*）也是常见的皮肤致病真菌。周亚彬等（2015）报道了枝孢霉所致囊肿性痤疮样皮肤暗色丝孢霉病。胡素泉等（2011）报道了疣状瓶霉（*Phialophora verrucosa*）引起皮肤暗色丝孢霉病。分离到的真菌究竟对大熊猫和其他动物是否有致病性有待进一步研究。这些研究极大地丰富了对大熊猫被毛可培养真菌种群的认识，为大熊猫体表可培养真菌的研究提供参考。同时，部分真菌只能鉴定到属，表明目前对真菌的鉴定方法还不完善，还需要使用更多的方法用于提高真菌种水平的鉴定。

二、大熊猫体表真菌形态学特征

对分离得到的灰绿犁头霉（*Absidia glauca*）分别进行菌落观察及显微镜观察，并将得到的结果与生物学鉴定结果相对应，图 11-1 和图 11-2 分别为菌落形态特征图和显微镜特征图，均采用棉蓝染色。

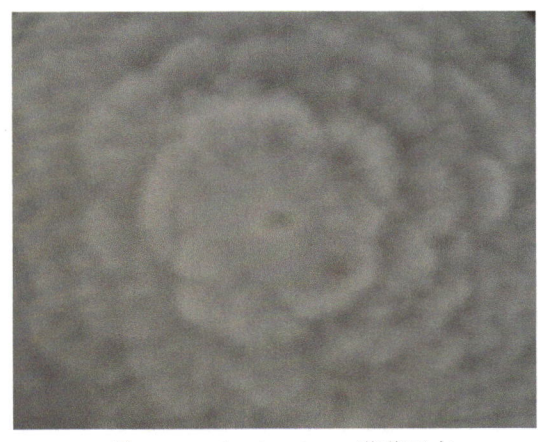

图 11-1　*Absidia glauca* 菌落形态

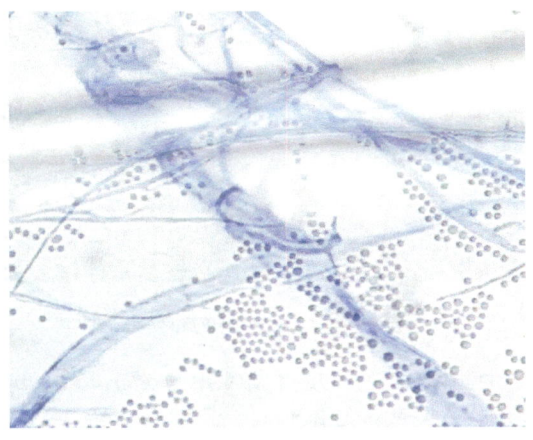

图 11-2　*Absidia glauca* 菌丝及孢子（400×）

菌落生长速度快，呈花瓣形分布，灰白色，细毛状，背面为灰色（图 11-1）。部分菌丝粗壮，多数菌丝细长，孢子丰富并分布于菌丝两侧，孢子呈卵圆形（图 11-2）。

薄状枝顶孢（*Acremonium charticola*）菌落生长速度一般，圆形，边缘乳白不规则，中央凸起呈粉红色（图 11-3）。菌丝分隔，无色。具有假头结构，不产生大分生孢子（图 11-4）。

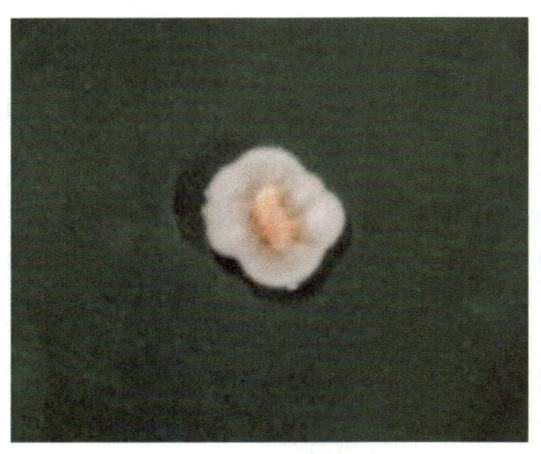

图 11-3　*Acremonium charticola* 菌落形态 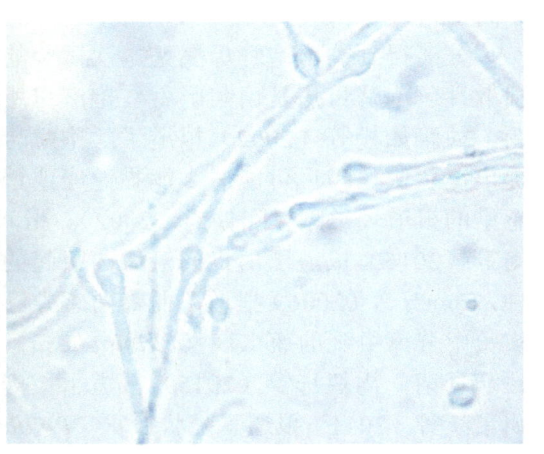　　图 11-4　*Acremonium charticola* 菌丝及孢子（1000×）

克列依节皮菌（*Arthroderma curreyi*）菌落生长速度一般，白色棉花样，边缘形状无规则（图 11-5）。菌丝直径不规则，由分枝性菌丝、关节孢子和厚壁孢子组成，菌丝粗短，多数分隔，小分生孢子缺乏（图 11-6）。

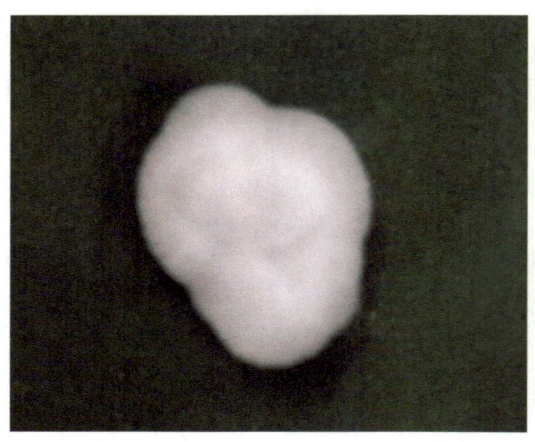

图 11-5　*Arthroderma curreyi* 菌落形态 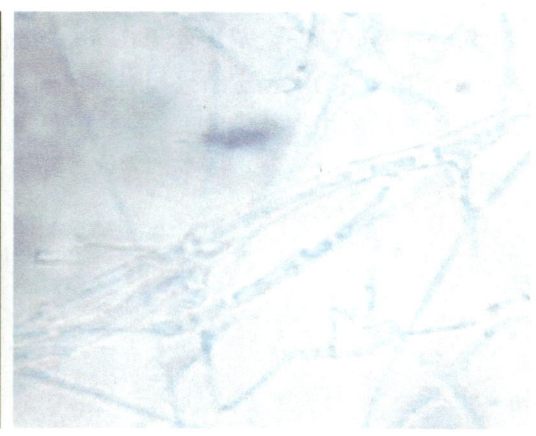　　图 11-6　*Arthroderma curreyi* 菌丝及孢子（1000×）

伊星古拉节皮真菌（*Arthroderma insingulare*）菌落快速生长，毛状，呈同心圆分布，中心为米黄色（图 11-7）。大分生孢子特别丰富，椭圆形到梭形，对称，壁薄，孢子分隔数为 2~5 个，并有细长弯曲的菌丝存在（图 11-8）。

图 11-7 *Arthroderma insingulare* 菌落形态　　图 11-8 *Arthroderma insingulare* 菌丝及孢子（1000×）

杂色曲霉（*Aspergillus versicolor*）菌落中等速度生长，质地绒毛状，颜色呈浅黄色，背面为深黄色（图 11-9）。孢子头疏松放射状；分生孢子梗壁光滑，无色；顶囊半球形，分生孢子球形（图 11-10）。

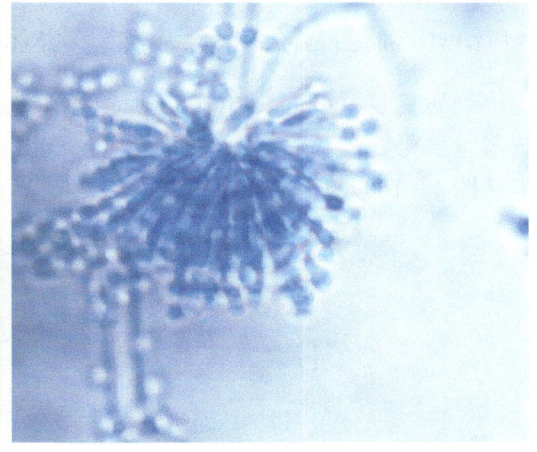

图 11-9 *Aspergillus versicolor* 菌落形态　　图 11-10 *Aspergillus versicolor* 菌丝及孢子（1000×）

猫棒束孢白僵菌（*Beauveria felina*）菌落呈石灰水色，粉状，不规则生长，边缘不整齐，背面为淡黄色（图 11-11）。产孢细胞着生在柄细胞上，产孢细胞呈球形至烧瓶形，基部有时延长，产孢轴较短（图 11-12）。

链状假丝酵母（*Candida catenulata*）菌落生长速度快，颜色呈白色，菌落不规则生长，边缘不整齐，背面为淡黄色（图 11-13）。多数为卵圆形酵母细胞，从细胞的尖端发芽。无假菌丝，偶见芽孢，有时可见酵母细胞连成串，偶有分枝（图 11-14）。

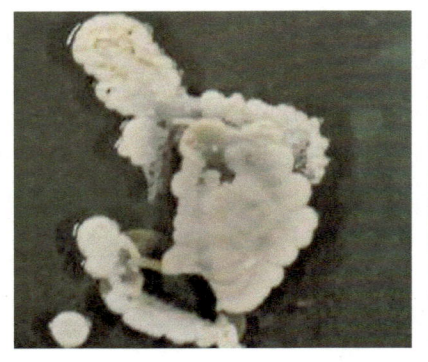

图 11-11　*Beauveria felina* 菌落形态 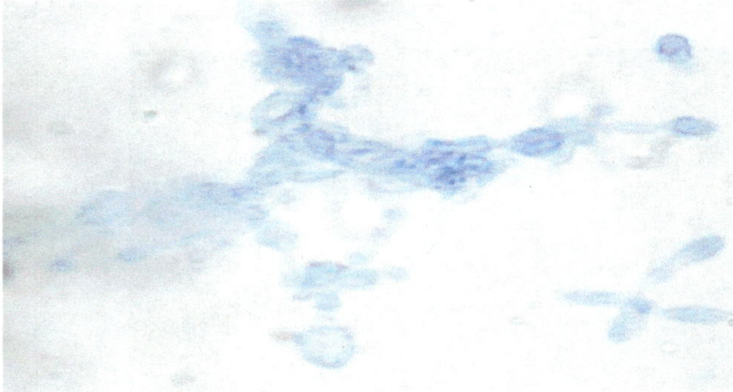　　　图 11-12　*Beauveria felina* 菌丝及孢子（1000×）

图 11-13　*Candida catenulata* 菌落形态 　　图 11-14　*Candida catenulata* 菌丝及孢子（1000×）

刺盾炱目（Chaetothyriales）菌落生长速度慢，中心颜色深，边缘颜色浅，单个菌落呈圆形，气生菌丝，背面为黑色（图 11-15）。菌丝分隔，透明，顶端或侧生芽孢（图 11-16）。

图 11-15　Chaetothyriales 菌落形态 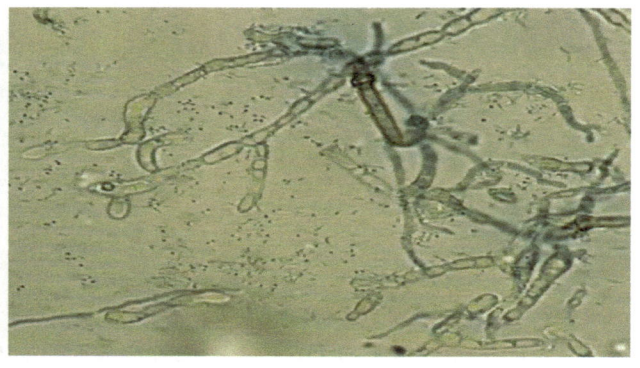　　　图 11-16　Chaetothyriales 菌丝及孢子（1000×）

鞘孢属（*Chalara* sp.）菌落生长速度慢，颜色为奶白色，质地较硬，菌落呈圆形，有褶皱，背面为淡黄色（图 11-17）。菌丝粗壮分隔，呈柱形，顶端或侧生芽孢，壁较薄，透明（图 11-18）。

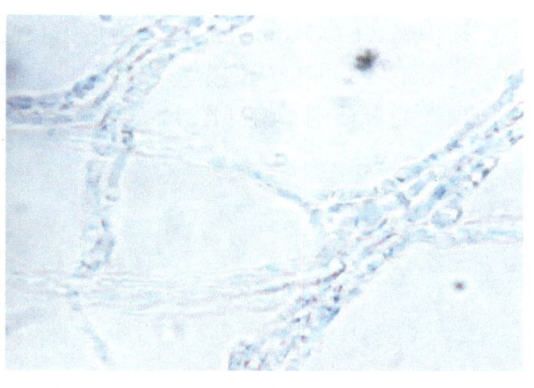

图 11-17 *Chalara* sp.菌落形态　　　　　图 11-18 *Chalara* sp.菌丝及孢子（1000×）

小毛盘菌属（*Cistella* sp.）菌落生长速度慢，颜色为白色，菌落呈圆形，边缘放射状生长，菌落较湿润，且光滑，背面为白色（图 11-19）。菌丝较细且不分隔，大分生孢子呈梭形部分呈葫芦形，较透明，孢子分隔数为 2～5 个（图 11-20）。

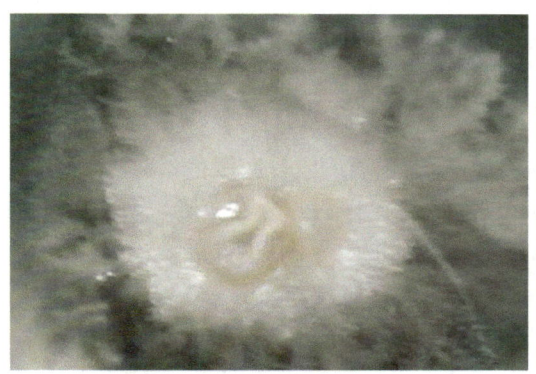

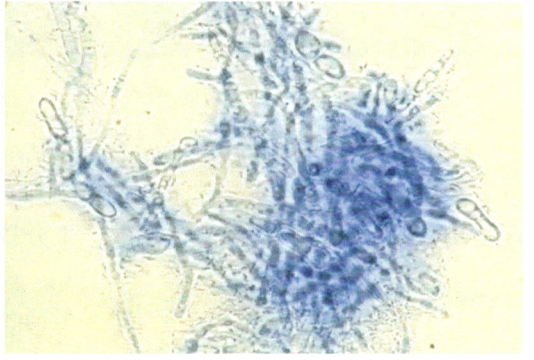

图 11-19 *Cistella* sp.菌落形态　　　　　图 11-20 *Cistella* sp.菌丝及孢子（1000×）

Cladophialophora chaetospira 菌落生长速度快，黑色，表面有灰黑色短而密的气生菌丝，质地较硬，背面为黑色（图 11-21）。分生孢子单细胞性，表面光滑，呈椭圆形，透光性好，菌丝分隔，顶端或侧生芽孢（图 11-22）。

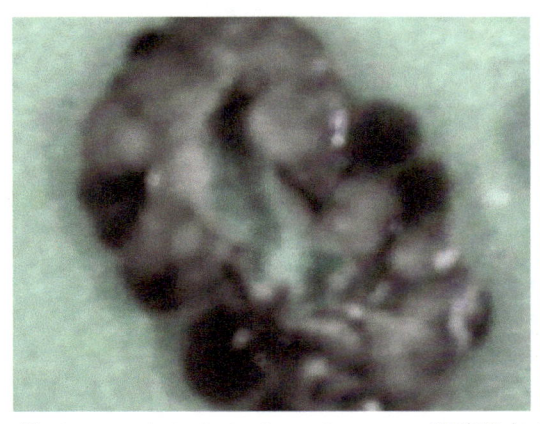

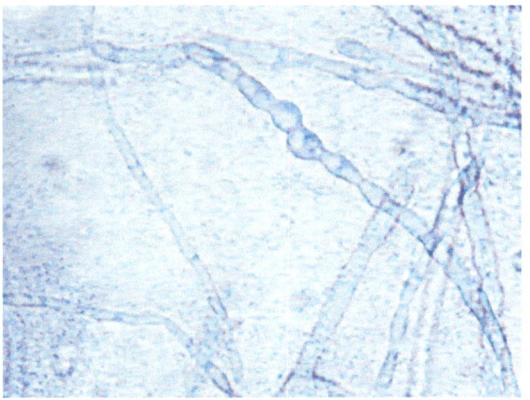

图 11-21 *Cladophialophora chaetospira* 菌落形态　　图 11-22 *Cladophialophora chaetospira* 菌丝及孢子（1000×）

枝孢属（*Cladosporium* sp.）菌落生长慢，初为黑色，后有淡黄色气生菌丝，菌落呈圆形（图 11-23）。分生孢子单细胞性，呈椭圆形，底部有脐，孢子椭圆形至梭形，排列成向顶性的多枝孢子链（图 11-24）。

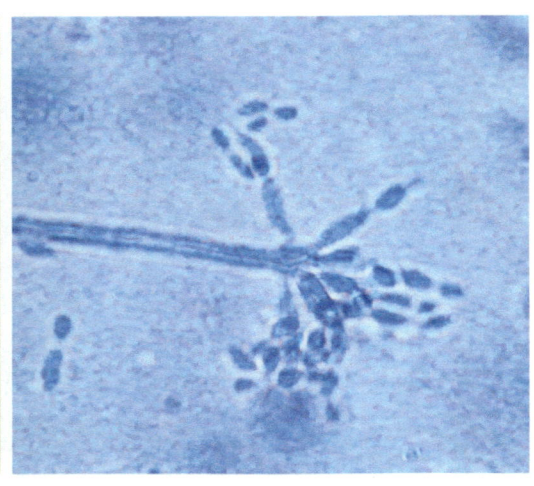

图 11-23　*Cladosporium* sp.菌落形态　　　图 11-24　*Cladosporium* sp.菌丝及孢子（1000×）

球孢枝孢（*Cladosporium sphaerospermum*）菌落生长速度慢，灰黑色，菌落呈圆形，边缘不规则，质地较硬，背面为黑色（图 11-25）。菌丝淡棕色，分枝分隔，分生孢子梗直立或弯曲，淡棕色，光滑；顶端产生分枝向顶性分生孢子（图 11-26）。

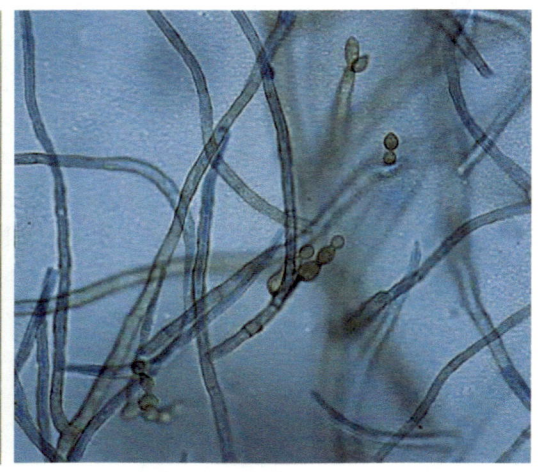

图 11-25　*Cladosporium sphaerospermum* 菌落形态　　　图 11-26　*Cladosporium sphaerospermum* 菌丝及孢子（1000×）

尖孢炭疽菌（*Colletotrichum acutatum*）菌落生长速度快，颜色为雪白色，呈圆形，有白色气生菌丝，边缘光滑，背面为乳白色（图 11-27）。菌丝细长，不分隔，顶端和侧生分生孢子，不分隔，顶端孢子 3 个左右，下部有脐（图 11-28）。

图 11-27　*Colletotrichum acutatum* 菌落形态

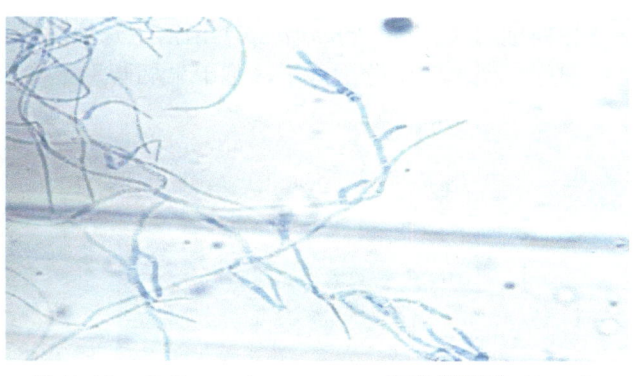

图 11-28　*Colletotrichum acutatum* 菌丝及孢子（400×）

长莓隐球酵母（*Cryptococcus fragicola*）菌落生长速度一般，奶酪样，圆形，脑回状，反光，表面光滑，背面为乳白色（图 11-29）。芽生细胞多，关节孢子柱状至椭圆形（图 11-30）。

图 11-29　*Cryptococcus fragicola* 菌落形态

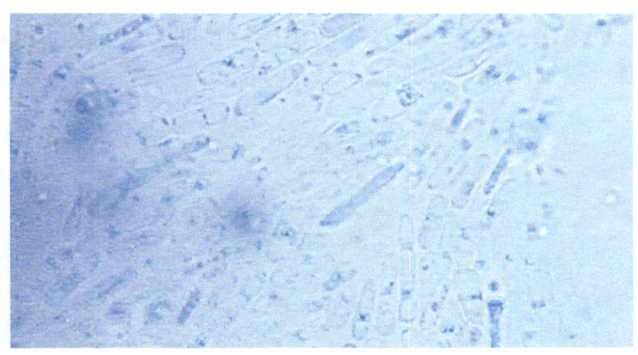

图 11-30　*Cryptococcus fragicola* 菌丝及孢子（400×）

缪斯杯梗孢（*Cyphellophora musae*）菌落生长速度慢，菌落黑色，白色气生菌丝，菌落不规则圆形（图 11-31）。菌丝多且细长，透明；侧生芽孢，呈椭圆形至圆形；顶端孢子膨大，呈椭圆形（图 11-32）。

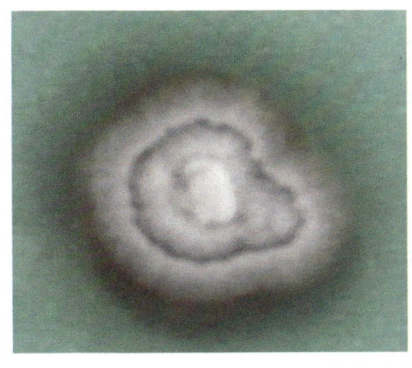

图 11-31　*Cyphellophora musae* 菌落形态

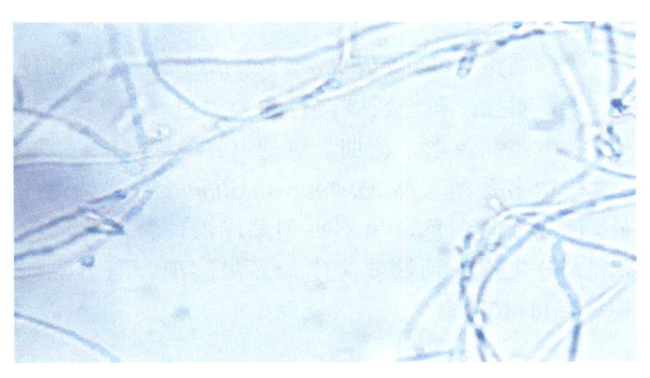

图 11-32　*Cyphellophora musae* 菌丝及孢子（1000×）

杯梗孢属（*Cyphellophora* sp.）菌落生长速度慢，黑色，白色气生菌丝（图 11-33）。芽生细胞，偶见侧生分生孢子，孢子呈椭圆形至梭形，且孢子丰富（图 11-34）。

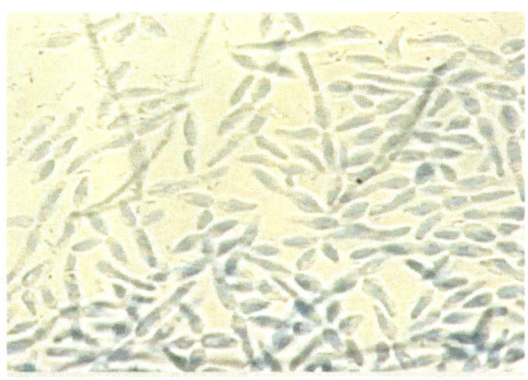

图 11-33　*Cyphellophora* sp.菌落形态　　图 11-34　*Cyphellophora* sp.菌丝及孢子（1000×）

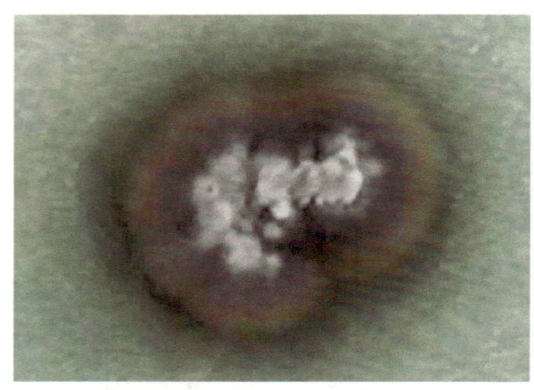

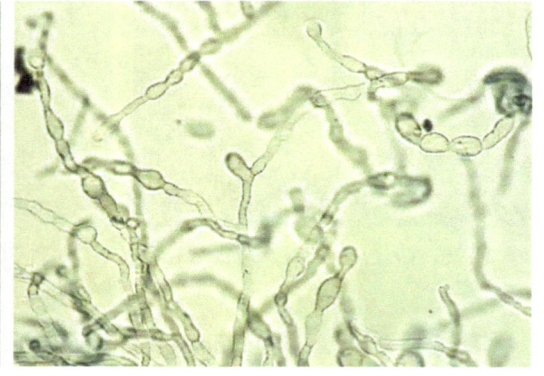

Cyphellophora vermispora 菌落生长速度慢，菌落黑色，边缘颜色较浅，中心有白色气生菌丝，菌落圆形，表面粗糙，背面为黑色（图 11-35）。光镜下颜色较浅，侧生分生孢子单细胞性，连接成串（图 11-36）。

图 11-35　*Cyphellophora vermispora* 菌落形态　　图 11-36　*Cyphellophora vermispora* 菌丝及孢子（1000×）

柄杯梗孢（*Cyphellophora sessilis*）菌落生长速度慢，颜色中央呈黑色，边缘颜色稍浅，分界明显，质地较硬，背面为黑色（图 11-37）。透明，顶端芽生孢子，椭圆形至圆形，成串似葫芦形，弯曲，壁薄（图 11-38）。

柱状多孔菌（*Doratomyces columnaris*）菌落生长速度快，中心颜色较深为灰色，外围较浅为暗白色，呈不规则珊瑚形，背面为黑色，边缘为灰色（图 11-39）。菌丝分隔，大分生孢子顶端或侧生，多呈圆形，有分隔，顶端出芽生孢子，连成串，透明度高（图 11-40）。

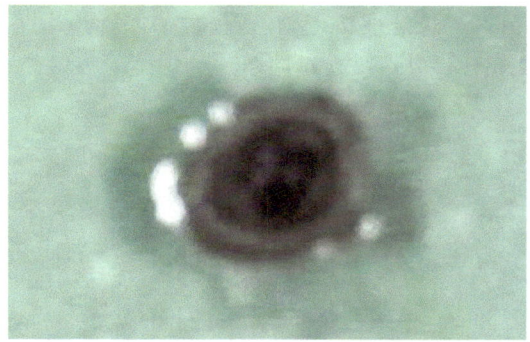

图 11-37　*Cyphellophora sessilis* 菌落形态

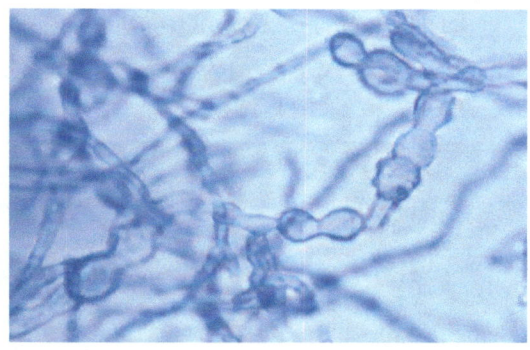

图 11-38　*Cyphellophora sessilis* 菌丝及孢子（1000×）

图 11-39　*Doratomyces columnaris* 菌落形态

图 11-40　*Doratomyces columnaris* 菌丝及孢子（1000×）

具柄矛束霉（*Doratomyces stemonitis*）菌落生长速度快，颜色呈灰色，中央有明显分隔圆圈，菌落呈圆形，边缘整齐，有毛状菌丝，背面为黑色（图 11-41）。菌丝粗细不一，透明度高，分生孢子梗分隔，厚壁，2~5 个成组排列，顶端以合轴方式产生分生孢子，分生孢子多呈圆形（图 11-42）。

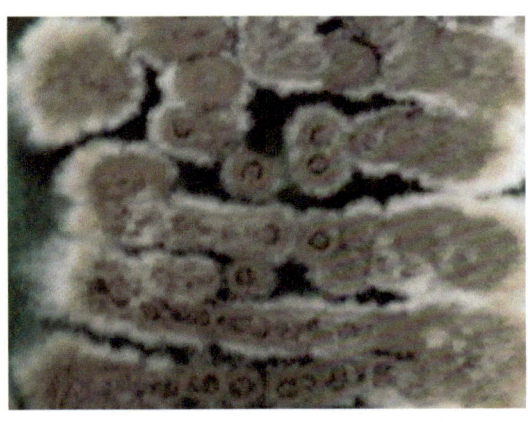

图 11-41　*Doratomyces stemonitis* 菌落形态

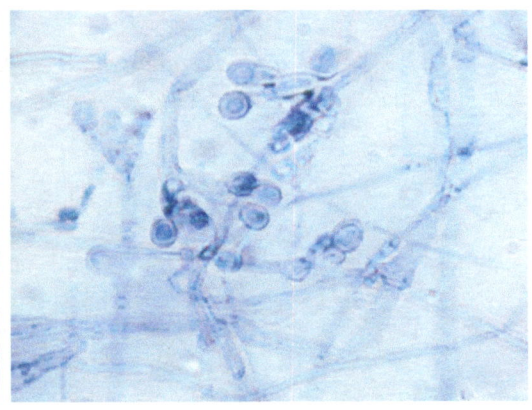

图 11-42　*Doratomyces stemonitis* 菌丝及孢子（1000×）

大团囊虫草种属（*Elaphocordyceps* sp.）菌落生长速度快，颜色雪白，绒毛状，菌落呈圆形，边缘整齐，背面为奶酪色（淡黄色）（图 11-43）。透光性差，分生孢子梗侧生，不分隔，厚壁（图 11-44）。

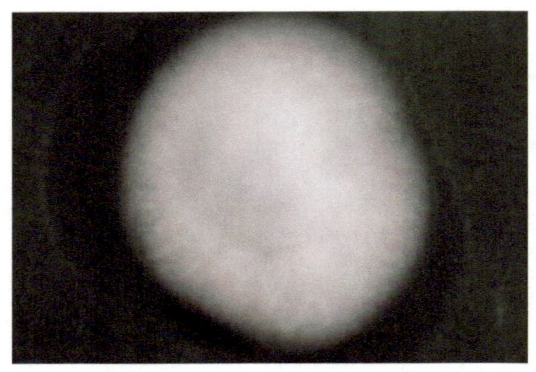

图 11-43　*Elaphocordyceps* sp. 菌落形态 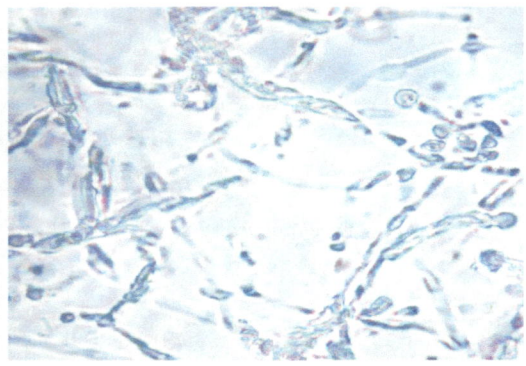　　图 11-44　*Elaphocordyceps* sp. 菌丝及孢子（1000×）

嗜碱外瓶酶（*Exophiala alcalophila*）菌落生长速度一般，黑色，油状，菌落形状不稳定，表面光滑，闪光，背面为黑色（图 11-45）。糊状菌落产生酵母样芽生孢子，呈链状排列，孢子丰富，无菌丝（图 11-46）。

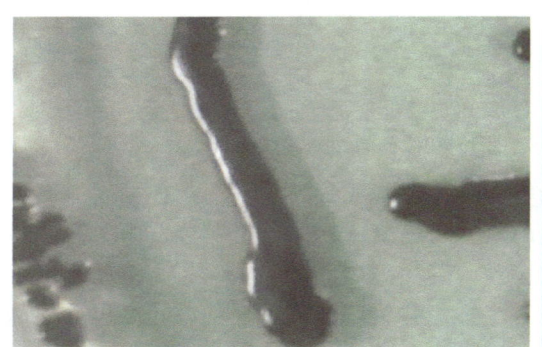

图 11-45　*Exophiala alcalophila* 菌落形态 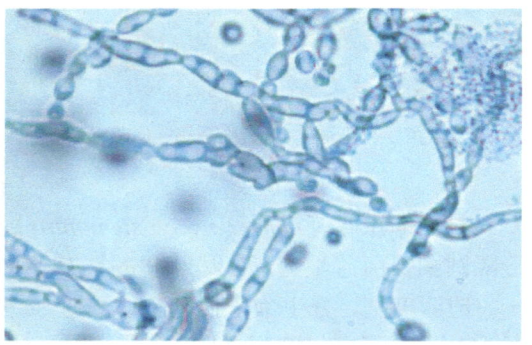　　图 11-46　*Exophiala alcalophila* 菌丝及孢子（1000×）

纤细外瓶霉（*Exophiala attenuata*）菌落生长速度慢，不规则，黑色，气生菌丝，呈灰色，无褶皱（图 11-47）。菌丝透光性较差，呈淡黄色，分生孢子梗分隔，分生孢子分隔，并 1～3 个合于同一轴（图 11-48）。

图 11-47　*Exophiala attenuata* 菌落形态 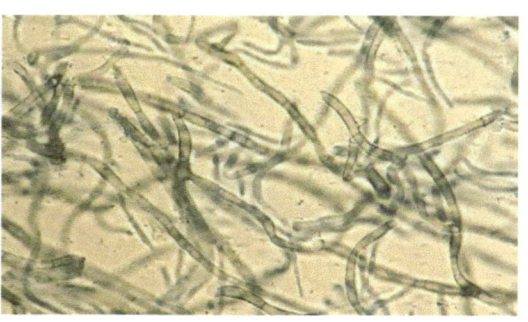　　图 11-48　*Exophiala attenuata* 菌丝及孢子（1000×）

机会外瓶霉（*Exophiala opportunistica*）菌落生长速度快，颜色呈黑色，表面有灰色气生菌丝，菌落呈圆形，质地较硬，闪光，背面为黑色（图11-49）。分生孢子梗顶端或侧生，分隔，厚壁；分生孢子数量不等合轴于同一分生孢子梗，分生孢子分隔，顶端有喙状凸起（图11-50）。

图 11-49 *Exophiala opportunistica* 菌落形态 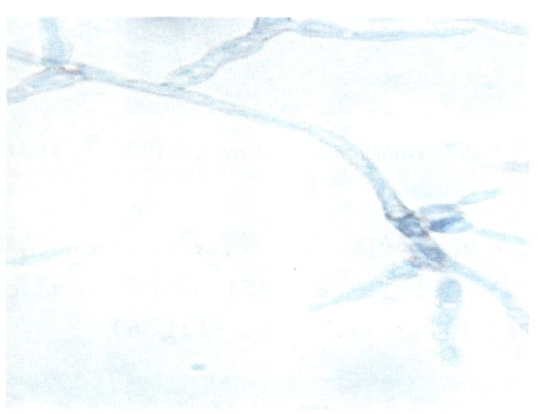　　图 11-50 *Exophiala opportunistica* 菌丝及孢子（1000×）

外瓶霉属（*Exophiala* sp.）菌落生长速度快，黑色，圆形，糊状，中间凸起（图11-51）。菌丝细长，透光良好，链状分生孢子，孢子呈椭圆形（图11-52）。

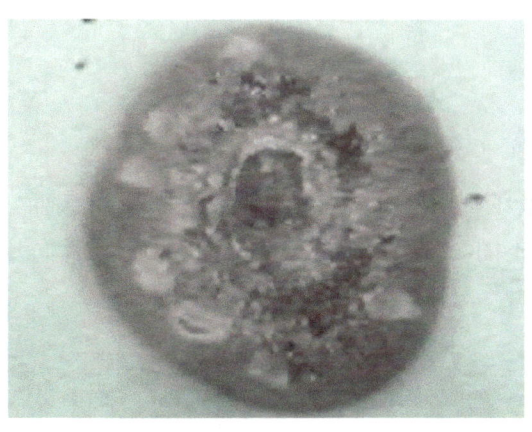

图 11-51 *Exophiala* sp.菌落形态 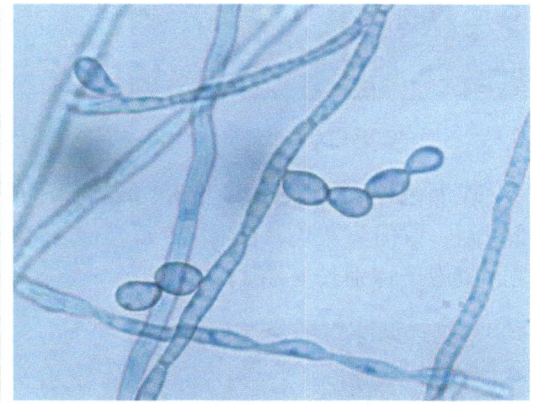　　图 11-52 *Exophiala* sp.菌丝及孢子（1000×）

白地霉（*Galactomyces geotrichum*）菌落生长速度快，白色，膜状，有黏性，菌落呈圆形，无褶皱，背面为米白色（图11-53）。菌丝分裂成关节孢子，孢子大且壁较薄，被染色较深的细胞核可见（图11-54）。

图 11-53 *Galactomyces geotrichum* 菌落形态 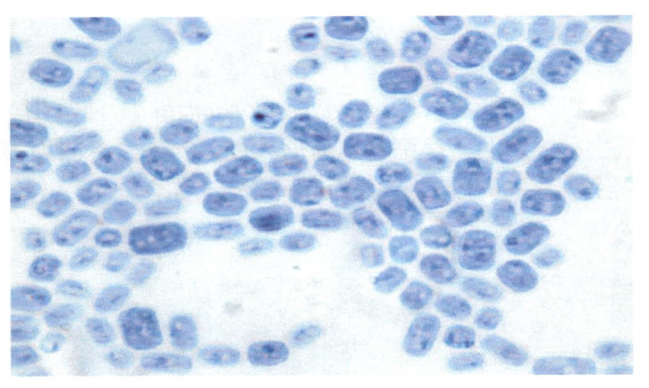　　图 11-54 *Galactomyces geotrichum* 菌丝及孢子（1000×）

毡状金孢霉（*Geomyces pannorum*）菌落生长速度慢，米白色，圆形，较规整，质地偏软，闪光（图 11-55）。菌丝细长，透光性较弱，侧生分生孢子梗，孢子丰富，呈椭圆形至圆形，不易透光（图 11-56）。

图 11-55 *Geomyces pannorum* 菌落形态 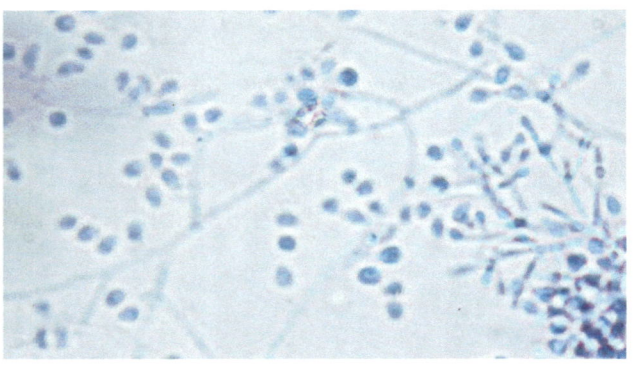　　图 11-56 *Geomyces pannorum* 菌丝及孢子（1000×）

玫烟色棒束孢（*Isaria fumosorosea*）菌落生长速度快，白色，绒毛状，菌落呈圆形，较规则，背面为灰色（图 11-57）。与青霉菌不同，帚状枝少，疏散，且瓶梗较长，向基性，瓶孢子特别长（图 11-58）。

图 11-57 *Isaria fumosorosea* 菌落形态 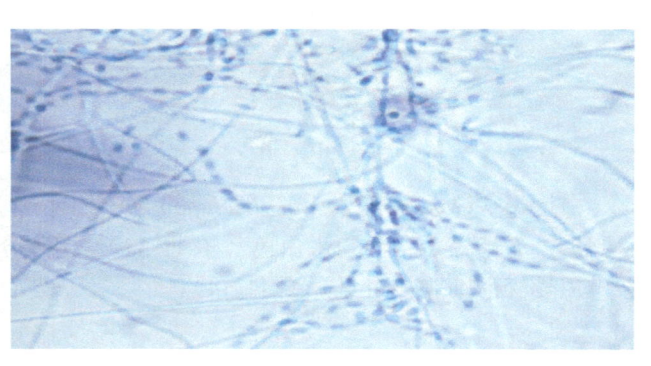　　图 11-58 *Isaria fumosorosea* 菌丝及孢子（1000×）

渐狭蜡蚧菌（*Lecanicillium attenuatum*）菌落生长速度一般，白色，绒毛状，菌落呈圆形，较规整，背面为灰色（图11-59）。菌丝细长，分枝，透明，分生孢子梗从菌丝末端或侧壁产生，较短，产生单细胞的椭圆形至梭形分生孢子（图11-60）。

图11-59 *Lecanicillium attenuatum* 菌落形态 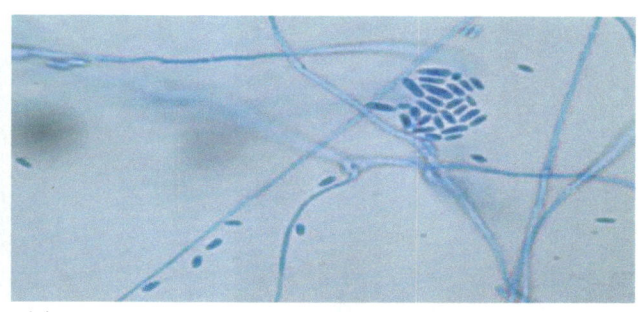　　图11-60 *Lecanicillium attenuatum* 菌丝及孢子（1000×）

毛霉属（*Mucor* sp.）菌落生长速度快，灰色，大量绒毛状菌丝，菌落呈不规则圆形，背面为黄色（图11-61）。菌丝粗壮，透光，孢子丰富，卵圆形（图11-62）。

图11-61 *Mucor* sp.菌落形态 　　图11-62 *Mucor* sp.菌丝及孢子（400×）

Ophiostoma grandicarpum 菌落生长速度快，米白色，中央为白色，粉状，内外有明显界线，菌落呈规整圆形，背面为灰色（图11-63）。菌丝透光，分隔；芽孢顶端或侧生，侧生芽孢成熟后再分生芽孢，呈树枝状（图11-64）。

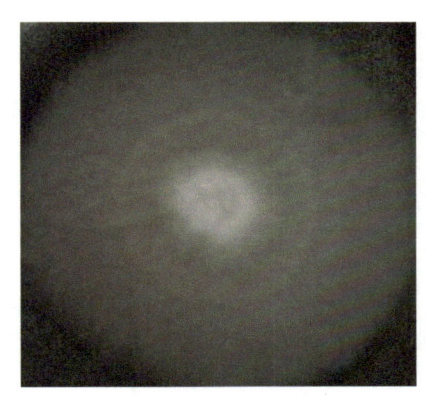

图11-63 *Ophiostoma grandicarpum* 菌落形态 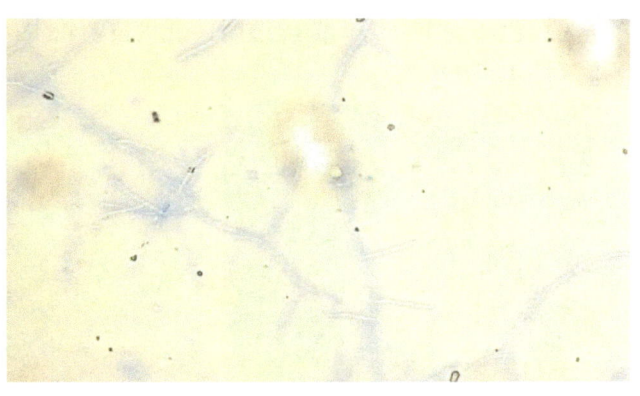　　图11-64 *Ophiostoma grandicarpum* 菌丝及孢子（1000×）

环链拟青霉（*Paecilomyces cateniannulatus*）菌落生长速度快，白色雪状，质地松软，菌落呈不规则圆形，背面为淡黄色（图 11-65）。菌丝分隔，相互缠绕，透光性差；分生孢子梗短，孢子丰富（图 11-66）。

图 11-65　*Paecilomyces cateniannulatus* 菌落形态 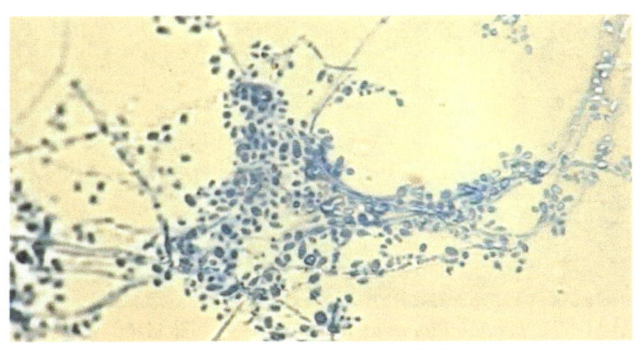　　图 11-66　*Paecilomyces cateniannulatus* 菌丝及孢子（1000×）

盾壳霉与球孢菌（*Paraphaeosphaeria sporulosa*）菌落生长速度快，绒毛状，菌落呈规则圆形，背面为淡黄色（图 11-67）。菌丝粗壮，透光，侧生大分生孢子，且分隔（图 11-68）。

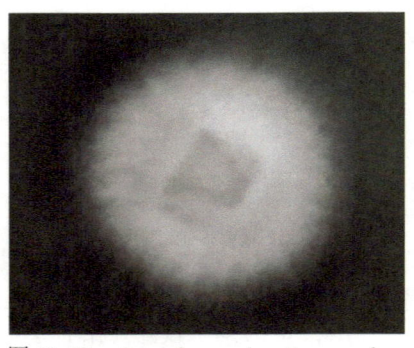

图 11-67　*Paraphaeosphaeria sporulosa* 菌落形态 　　图 11-68　*Paraphaeosphaeria sporulosa* 菌丝及孢子（1000×）

肺炎青霉菌（*Penicillium aeneum*）菌落生长速度慢，白色粉末状，菌落呈发散圆形，背面为黄色（图 11-69）。菌丝透明，帚状枝多轮生，梗基上有多个瓶梗，孢子丰富，呈圆形（图 11-70）。

图 11-69　*Penicillium aeneum* 菌落形态 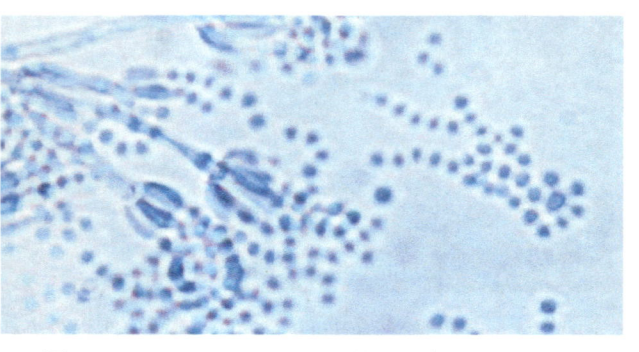　　图 11-70　*Penicillium aeneum* 菌丝及孢子（1000×）

Penicillium copticola 菌落生长速度一般，菌落中心为酒红色，外侧为白色，绒毛状，呈规则圆形，背面为淡黄色（图 11-71）。菌丝透明，帚状枝多轮生，梗基上有多个瓶梗，孢子丰富，呈圆形（图 11-72）。

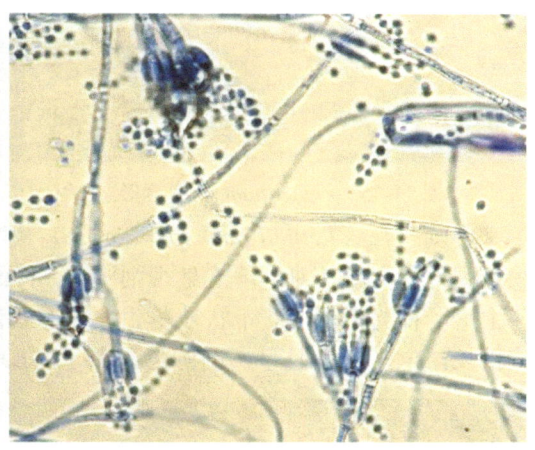

图 11-71　*Penicillium copticola* 菌落形态　　图 11-72　*Penicillium copticola* 菌丝及孢子（1000×）

灰黄青霉（*Penicillium griseofulvum*）菌落生长速度一般，菌落边缘为灰色，内圈为黄色，中心为灰色，菌落呈圆形，边缘不整齐，背面为淡黄色（图 11-73）。无色透明分隔菌丝，分生孢子梗粗壮且粗糙，帚状枝多单轮生，梗基上有多个分隔瓶梗，顶端有多链分生孢子，链较短，孢子呈圆形（图 11-74）。

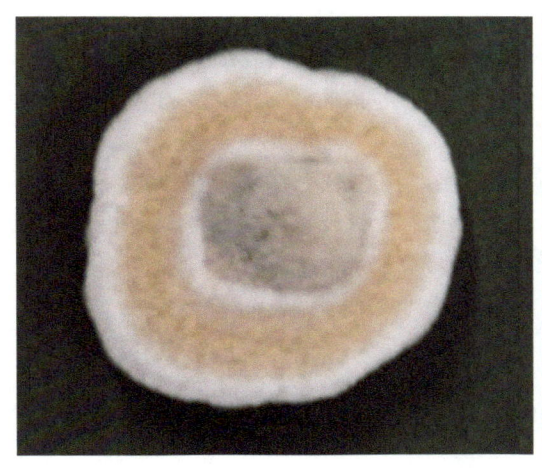

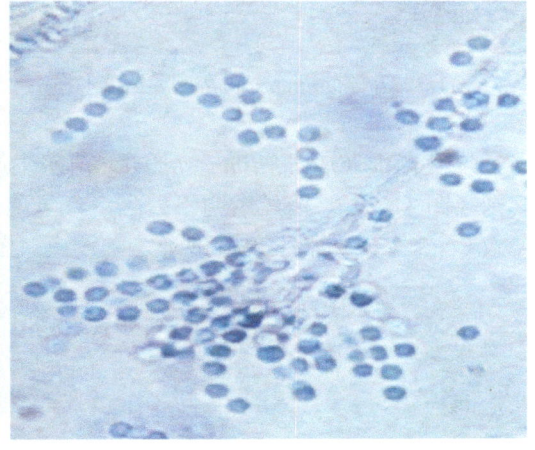

图 11-73　*Penicillium griseofulvum* 菌落形态　　图 11-74　*Penicillium griseofulvum* 菌丝及孢子（1000×）

青霉属（*Penicillium* sp.）菌落生长速度快，边缘为白色，中央为粉红色，棉花状，菌落呈规则圆形，背面为金黄色（图 11-75）。无色透明细长不分隔菌丝，分生孢子梗光滑，帚状枝单生，梗基上有多个瓶梗，不分隔，顶端有单链分生孢子，链较短，孢子透明呈圆形（图 11-76）。

图 11-75　*Penicillium* sp.菌落形态 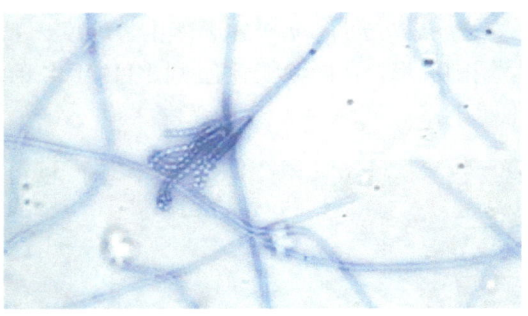　　　　　图 11-76　*Penicillium* sp.菌丝及孢子（400×）

小刺青霉（*Penicillium spinulosum*）菌落生长速度快，边缘为白色绒毛状，与中部灰色绒毛状界线清晰，菌落呈规则圆形，背面为淡黄色（图 11-77）。无色透明分隔菌丝，分生孢子梗光滑粗壮，帚状枝单生，梗基上有多个瓶梗，不分隔，顶端有单链分生孢子，链稍长，孢子较大且呈透明圆形（图 11-78）。

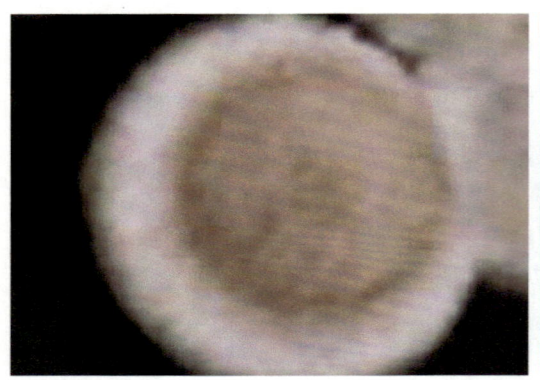

图 11-77　*Penicillium spinulosum* 菌落形态 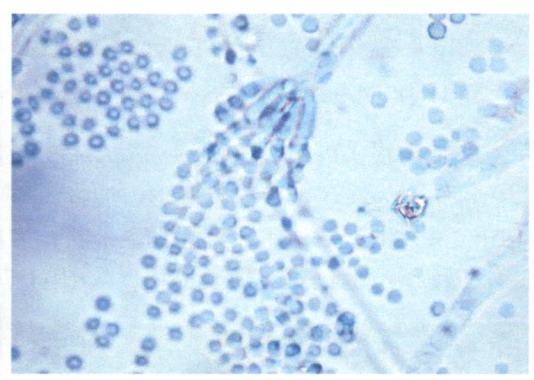　　　　　图 11-78　*Penicillium spinulosum* 菌丝及孢子（1000×）

歧皱青霉（*Penicillium steckii*）菌落生产速度慢，白色绒毛状，中央凸起，边缘不规则（图 11-79）。菌丝透明不分隔，分生孢子梗光滑，帚状枝双轮生，丰富，梗基部瓶梗数 2～5 个，顶端生单链孢子，链较短（图 11-80）。

图 11-79　*Penicillium steckii* 菌落形态 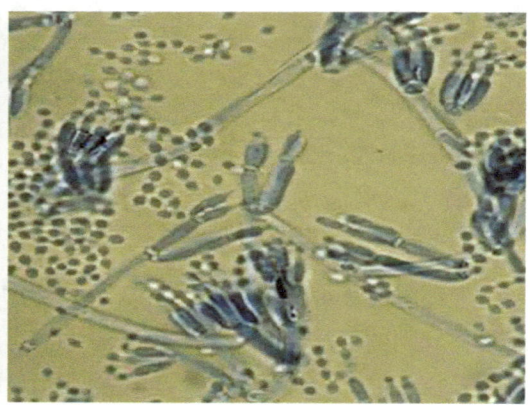　　　　　图 11-80　*Penicillium steckii* 菌丝及孢子（400×）

派伦霉属真菌（*Peyronellaea glomerata*）菌落生长速度快，灰色绒毛状，菌落呈规则圆形，背面为深黄色，边缘为灰色（图 11-81）。菌丝透明分隔，较光滑，顶端或侧生分生孢子梗，顶端芽生孢子，孢子呈椭圆形至圆形（图 11-82）。

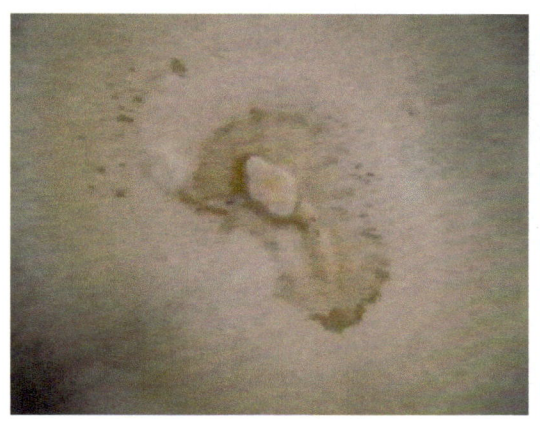

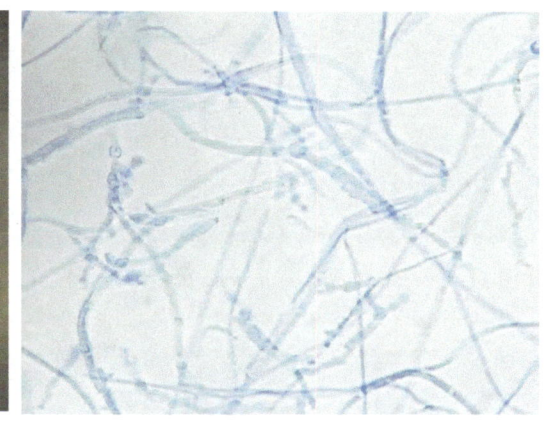

图 11-81　*Peyronellaea glomerata* 菌落形态

图 11-82　*Peyronellaea glomerata* 菌丝及孢子（400×）

利氏瓶霉（*Phialophora livistonae*）菌落生长速度慢，前期中心呈淡灰色，羊毛状，边缘呈淡黄色，中心高起；后期为黑色，有灰色气生菌丝（图 11-83）。菌丝壁厚，淡黄色，弯曲，分枝，孢子侧生或在菌丝末端产生，孢子呈卵圆形或球形，有分隔（图 11-84）。

图 11-83　*Phialophora livistonae* 菌落形态

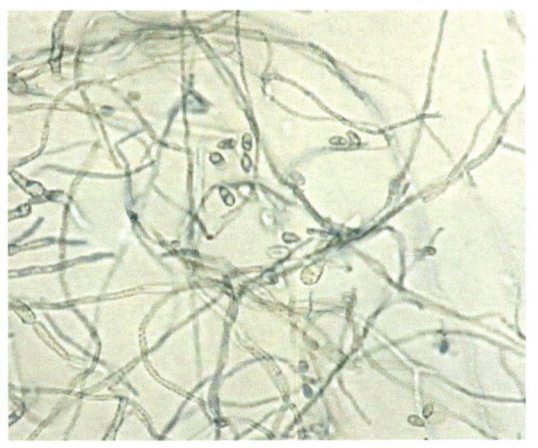

图 11-84　*Phialophora livistonae* 菌丝及孢子（1000×）

橄榄瓶霉（*Phialophora olivacea*）菌落生长速度慢，黑色，中央灰色气生菌丝，菌落呈规则圆形，背面为黑色（图 11-85、图 11-86）。菌丝形状不一，多弯曲，树枝状，侧生芽孢和分生孢子梗，孢子呈圆形（图 11-87、图 11-88）。

图 11-85　*Phialophora olivacea* 菌落形态（1） 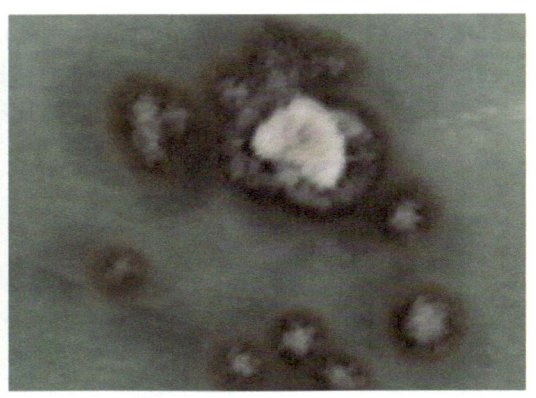　　图 11-86　*Phialophora olivace* 菌落形态（2）

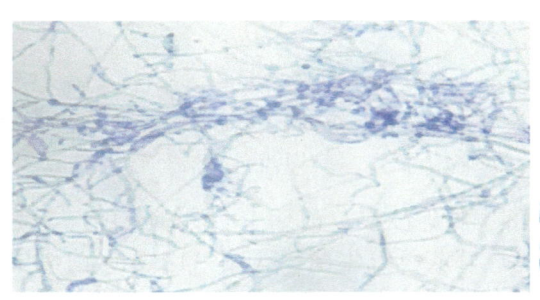

图 11-87　*Phialophora olivacea* 菌丝及孢子　　图 11-88　*Phialophora olivace* 菌丝及孢子
（400×）　　　　　　　　　　　　　　　　　　（1000×）

无柄瓶霉（*Phialophora sessilis*）菌落生长速度快，黑色，质地较硬，表面有灰色粉状物，菌落呈圆形，边缘不整齐，背面为黑色（图 11-89）。菌丝呈淡黄色，不光滑，透明，产孢细胞呈单瓶颈，侧生或在菌丝末端产生，圆筒状或月牙状，分生孢子多呈圆形（图 11-90）。

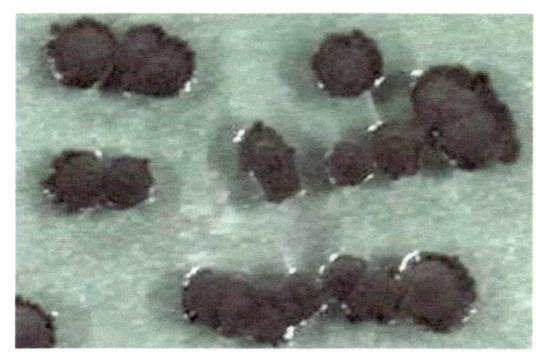

图 11-89　*Phialophora sessilis* 菌落形态 　　图 11-90　*Phialophora sessilis* 菌丝及孢子（1000×）

茎点霉菌（*Phoma bellidis*）菌落生长速度快，灰白色羊毛状，菌落呈规则圆形，背面为黄色（图 11-91）。菌丝暗色厚壁，厚壁孢子丰富，呈链状排列，分生孢子器呈亚球形，无明显颈（图 11-92）。

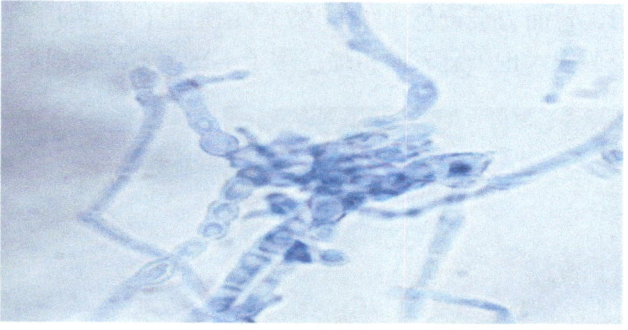

图 11-91　*Phoma bellidis* 菌落形态　　　　图 11-92　*Phoma bellidis* 菌丝及孢子（1000×）

轮枝孢（*Pochonia bulbillosa*）菌落生长速度快，白色绒毛状，菌落呈规则圆形，背面为淡黄色（图 11-93）。菌丝透明分隔，线形，侧生多链孢子，呈线性排列，孢子呈梭形至月牙形（图 11-94）。

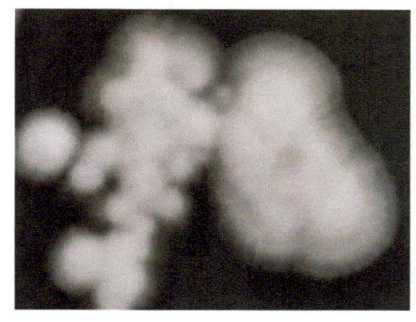

图 11-93　*Pochonia bulbillosa* 菌落形态　　　图 11-94　*Pochonia bulbillosa* 菌丝及孢子（1000×）

秦皮假小尾孢（*Pseudocercosporella fraxini*）菌落生长速度慢，淡黄色，表面有气生菌丝，上有细小水珠，菌落呈规则圆形，背面为暗黄色（图 11-95）。菌丝粗壮透明，或直或弯曲，侧生分枝，透明，末端分生孢子梗细长，侧生分生孢子，孢子呈棒状（图 11-96）。

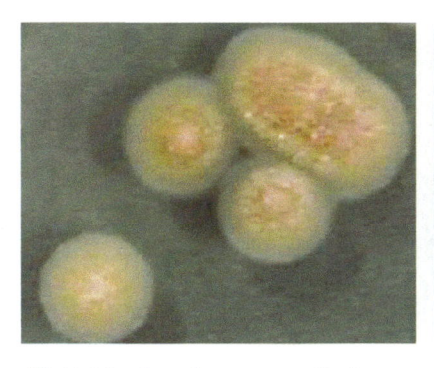

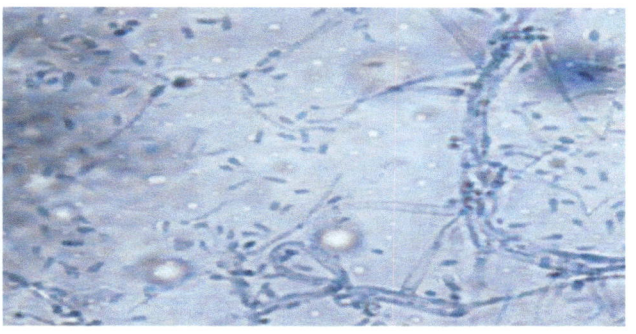

图 11-95　*Pseudocercosporella fraxini* 菌落形态　　图 11-96　*Pseudocercosporella fraxini* 菌丝及孢子（1000×）

多变根毛霉（*Rhizomucor variabilis*）菌落生长速度快，白色羊毛状，菌落呈规则圆形，背面为金黄色（图 11-97）。菌丝粗壮，透明；有大型孢子囊，无囊托，无匍匐菌丝及假根，孢子囊表面粗糙；孢子丰富，多呈椭圆形到圆形（图 11-98）。

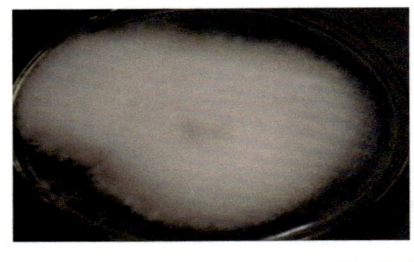

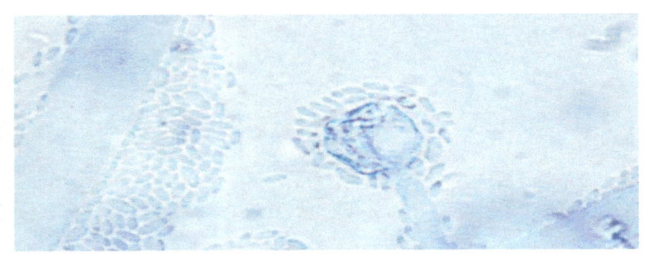

图 11-97　*Rhizomucor variabilis* 菌落形态　　图 11-98　*Rhizomucor variabilis* 菌丝及孢子（1000×）

白色拟青霉（*Simplicillium lanosoniveum*）菌落生长速度快，白色棉花状，菌落呈圆形，边缘较整齐，背面为灰色（图 11-99）。菌丝透明呈深色，不分隔；末端或侧生瓶梗，可见大量孢子链，偶见瓶梗末端膨大单个孢子（图 11-100）。

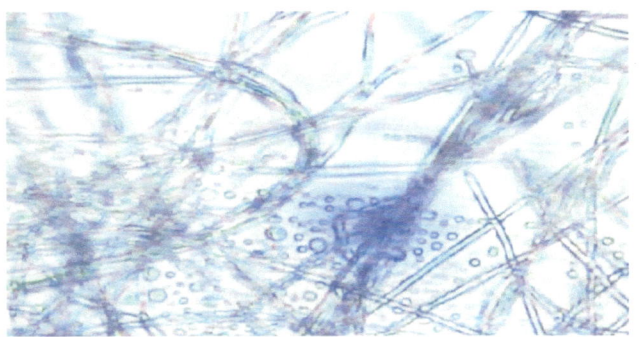

图 11-99　*Simplicillium lanosoniveum* 菌落形态　　图 11-100　*Simplicillium lanosoniveum* 菌丝及孢子（1000×）

小拟青霉（*Simplicillium minatense*）菌落生长速度快，白色棉毛状，菌落呈圆形，背面为淡黄色（图 11-101）。菌丝细长分隔，末端形成蘑菇状顶囊（图 11-102）。

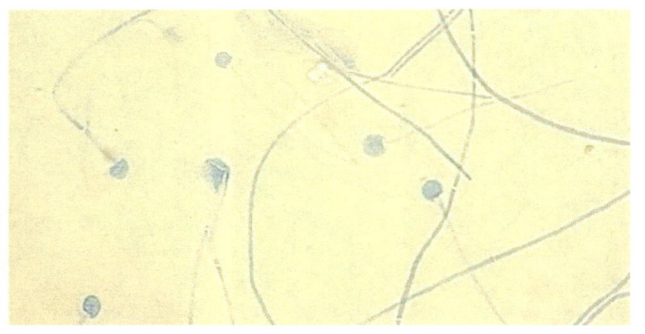

图 11-101　*Simplicillium minatense* 菌落形态　　图 11-102　*Simplicillium minatense* 菌丝及孢子（1000×）

拟青霉属（*Simplicillium* sp.）菌落生长速度快，白色棉毛状，菌落呈圆形，边缘不整齐，背面为棕色（图 11-103）。菌丝光滑分隔，侧生大量分生孢子，呈链状排列，孢子呈梭形（图 11-104）。

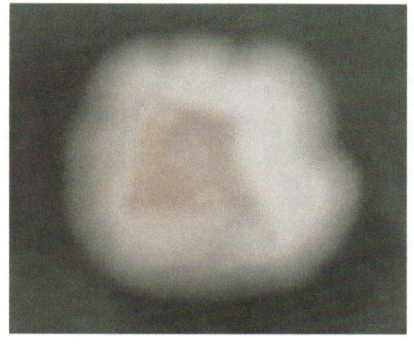

图 11-103　*Simplicillium* sp.菌落形态 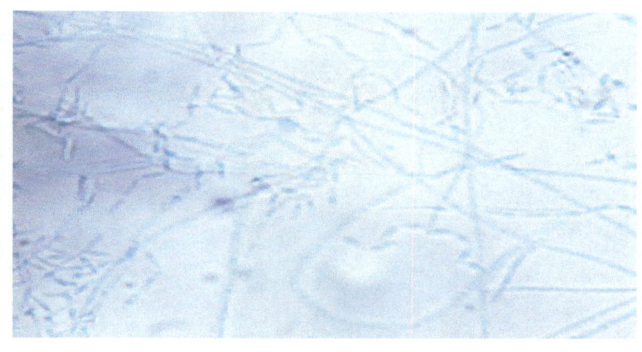　　图 11-104　*Simplicillium* sp.菌丝及孢子（1000×）

皱褶蓝状酶（*Talaromyces rugulosus*）菌落生长速度快，菌落颜色黄灰交替出现，边缘为米白色，菌落呈圆形，背面为深黄色（图 11-105）。菌丝透明光滑，数个帚状枝同轴于主轴，瓶梗分隔，顶端产孢，孢子呈链状排列，长度较短（图 11-106）。

图 11-105　*Talaromyces rugulosus* 菌落形态 　　图 11-106　*Talaromyces rugulosus* 菌丝及孢子（1000×）

山药多臂菌（*Trichomerium dioscoreae*）菌落生长速度快，白色绒毛状，放射状，菌落呈规则圆形；背面中央为深棕色，外侧为淡黄色，有明显界线（图 11-107）。菌丝细长光滑，粗细不一，菌丝两侧侧生小分生孢子，小分生孢子或对称或不对称，排列整齐，孢子易着色（图 11-108）。

图 11-107　*Trichomerium dioscoreae* 菌落形态 　　图 11-108　*Trichomerium dioscoreae* 菌丝及孢子（1000×）

秋吉台丝孢酵母（*Trichosporon akiyoshidainum*）菌落生长速度快，米白色，湿润，菌落中心有泡状凸起，外侧呈线性发散，背面为淡灰色（图 11-109）。芽生细胞多，关节孢子柱状或椭圆形，侧生分生孢子（图 11-110）。

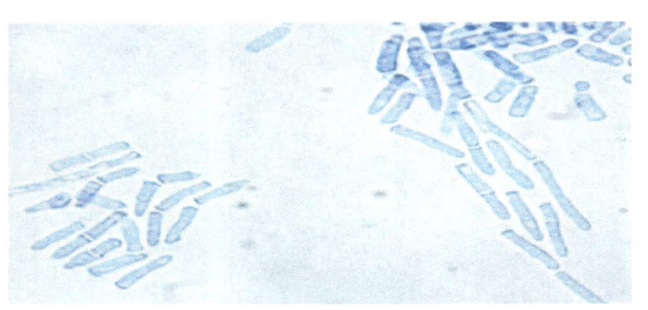

图 11-109　*Trichosporon akiyoshidainum* 菌落形态

图 11-110　*Trichosporon akiyoshidainum* 菌丝及孢子（1000×）

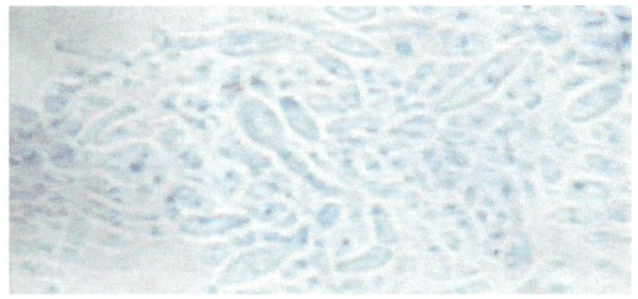

星型丝孢酵母（*Trichosporon asteroides*）菌落生长速度快，米白色，类酵母样，闪光，表面有皱褶，背面为淡黄色（图 11-111）。无明显菌丝，偶见假菌丝，结构复杂，芽生细胞，有侧生分生孢子，透光（图 11-112）。

图 11-111　*Trichosporon asteroides* 菌落形态

图 11-112　*Trichosporon asteroides* 菌丝及孢子（1000×）

昆虫丝孢酵母（*Trichosporon insectorum*）菌落生长速度一般，米白色，干燥，表面有粉状物，还有宽而深的裂隙，背面为淡黄色（图 11-113）。菌丝量多，分隔，呈柱状，芽生细胞多，圆形（图 11-114）。

图 11-113　*Trichosporon insectorum* 菌落形态

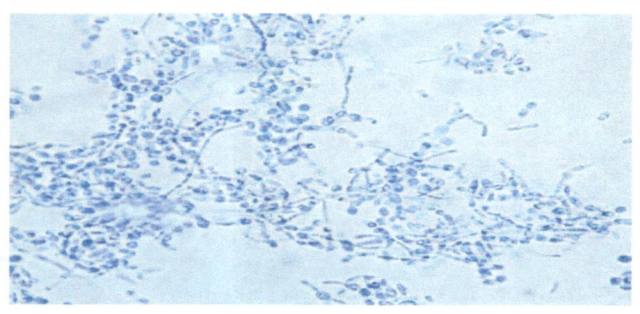

图 11-114　*Trichosporon insectorum* 菌丝及孢子（400×）

米德尔霍文丝孢酵母（*Trichosporon middelhovenii*）菌落生长速度快，奶油色，酵母样，湿润，闪光，边缘不整齐，背面为米白色（图 11-115）。无菌丝，芽生孢子，孢子圆形，厚壁，大小不一，具有染色特征（图 11-116）。

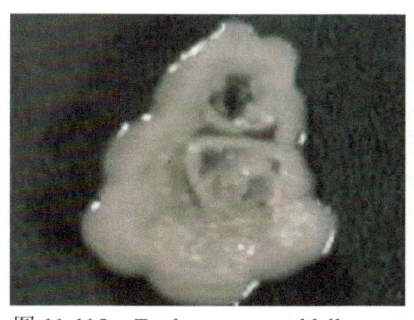

图 11-115　*Trichosporon middelhovenii* 菌落形态

图 11-116　*Trichosporon middelhovenii* 菌丝及孢子（1000×）

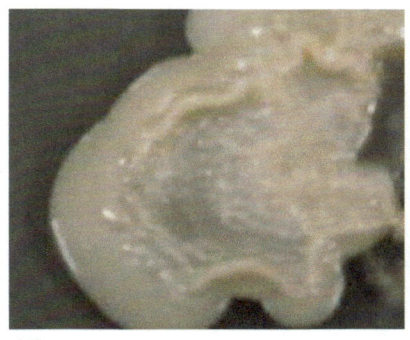

念珠状丝孢酵母（*Trichosporon moniliiforme*）菌落生长速度快，米白色，酵母样，湿润，闪光，脑回状，边缘不整齐，背面为淡黄色（图 11-117）。无菌丝，芽生孢子，孢子圆形，厚壁，大小不一，具有染色特征（图 11-118）。

图 11-117　*Trichosporon moniliiforme* 菌落形态

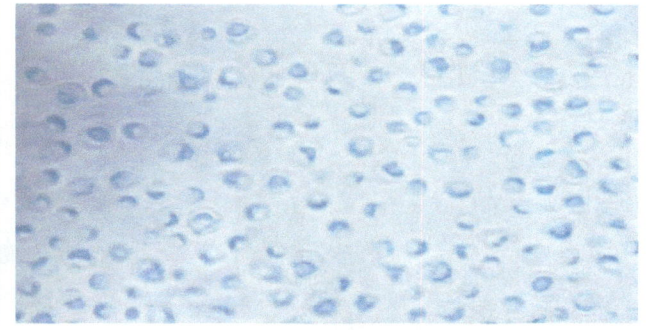

图 11-118　*Trichosporon moniliiforme* 菌丝及孢子（1000×）

Trichosporon montevideense 菌落生长速度快，奶酪样，干燥，闪光，边缘不整齐，有大凹陷，背面为淡黄色（图 11-119）。有假菌丝，芽生孢子，芽颈呈领圈样结构，孢子呈长柱形、卵圆形或球形，透光（图 11-120）。

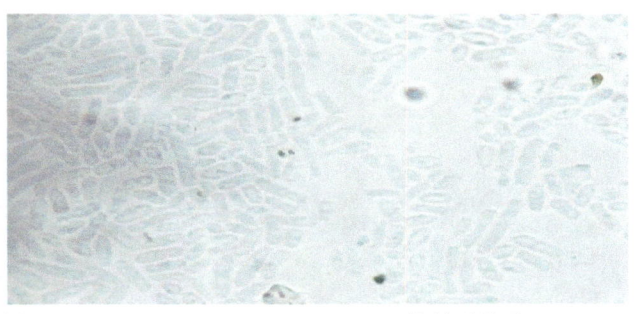

图 11-119　*Trichosporon montevideense* 菌落形态

图 11-120　*Trichosporon montevideense* 菌丝及孢子（1000×）

丝孢酵母属（*Trichosporon* sp.）菌落生长速度快，米白色，菌落圆形，羽毛状，背面为米白色（图 11-121）。侧生分生孢子，芽生细胞多，关节孢子呈柱状或锥子状，芽孢呈球状或滴水状（图 11-122）。

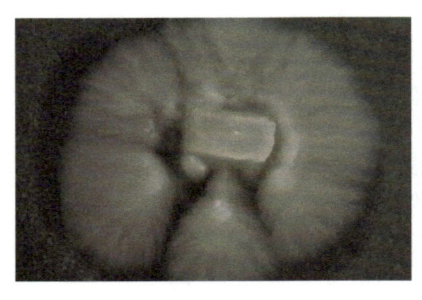

图 11-121　*Trichosporon* sp.菌落形态 　　图 11-122　*Trichosporon* sp.菌丝及孢子（1000×）

瓦氏丝孢酵母（*Trichosporon vadense*）菌落生长速度快，暗白色，菌落呈圆形，中心呈酵母样，外缘呈羊毛状，闪光，背面为淡黄色（图 11-123）。菌丝侧生分生孢子，孢子分隔，基部近端为柱状，远端为锥状，芽生细胞多，关节孢子呈柱状，芽孢呈球状或滴水状（图 11-124）。

图 11-123　*Trichosporon vadense* 菌落形态 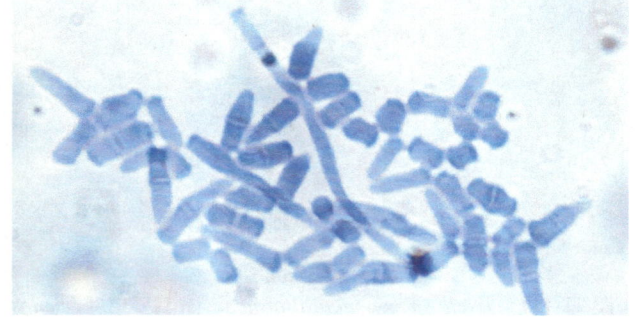　图 11-124　*Trichosporon vadense* 菌丝及孢子（1000×）

山茶维朗那霉（*Veronaea japonica*）菌落生长速度快，初期灰色，后为暗褐色，表面有呈灰色的菌丝，菌落呈圆形，背面为黑色（图 11-125）。菌丝丰富，细长，直或弯曲状，分隔不明显，侧生大分生孢子，大孢子呈叶片形，具有 5 个左右的分隔（图 11-126）。

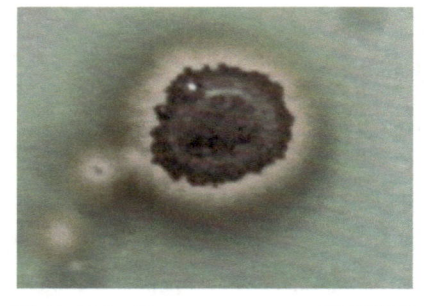

图 11-125　*Veronaea japonica* 菌落形态 　　图 11-126　*Veronaea japonica* 菌丝及孢子（1000×）

轮枝菌属（*Verticillium* sp.）菌落生长速度快，白色绒毛状，表面不光滑，边缘不整齐，背面为棕色（图 11-127）。菌丝较丰富，分枝分隔，分生孢子梗沿菌丝轮生，瓶梗产孢，分生孢子呈长条形（图 11-128）。

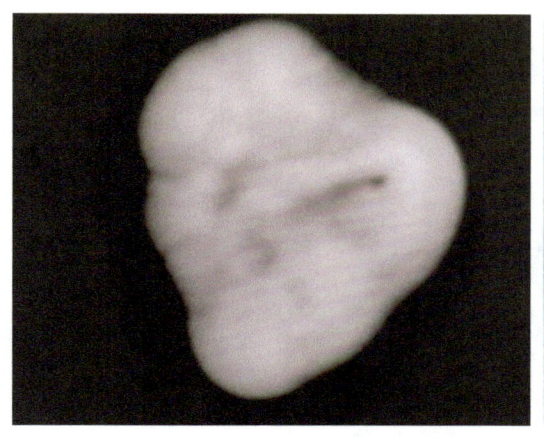

图 11-127　*Verticillium* sp.菌落形态　　　　图 11-128　*Verticillium* sp.菌丝及孢子（1000×）

第三节　基于高通量测序的大熊猫体表微生物菌群多样性研究

一、大熊猫体表细菌种群结构

Ma 等（2021）对中国大熊猫保护研究中心的圈养大熊猫进行跟踪采样，共采集春、夏、秋、冬四个季节的大熊猫皮肤样品，运用 16S rRNA 高通量测序技术对其细菌种群结构进行研究，结果表明，大熊猫体表细菌种群会随着季节变化而发生明显改变（图 11-129），冬季皮肤细菌多样性低于其他季节，而秋季多样性高于其他季节（图 11-130）。春季的高温加上潮湿的环境是细菌生长和繁殖的最佳条件，这可能是造成细菌数量出现差异的原因。冬季寒冷和干燥的条件可能导致了多样性的差异。有趣的是，研究者发现细菌群落的多样性和丰度不仅仅与环境的温度和湿度有关。例如，夏季环境温度较高，但 Shannon 指数表明，夏季采集的样品中细菌多样性并不高于春秋两季。ACE 指数表明，夏季采集的样品中细菌丰度低于其他季节采集的样品。然而，其他研究报道了不同的结果，如对人类皮肤微生物组的研究表明，尽管暴露于外部环境，皮肤中的细菌、真菌和病毒群落在一段时间内基本上是稳定的（Oh et al.，2016）。一项对健康犬皮肤微生物群的研究表明，时间（出生季节和在犬舍度过的时间）影响所有皮肤部位（Cuscó et al.，2017）。随着时间的推移，皮肤微生物群的稳定性似乎因物种而异。皮肤微生物群的变化不仅与环境温度和湿度的变化有关，还与免疫激活状态、宿主遗传易感性、皮肤屏障状态和微生物相互作用有关（Chen et al.，2018）。这可能是因为动物频繁与它们的生活环境相互作用，并不断暴露在土壤、水、植物和污水中。因此，动物的皮肤微生物群容易随季节变化而变化。人类一般生活在相对稳定的环境中，因此皮肤微生物群的变化并不明显。

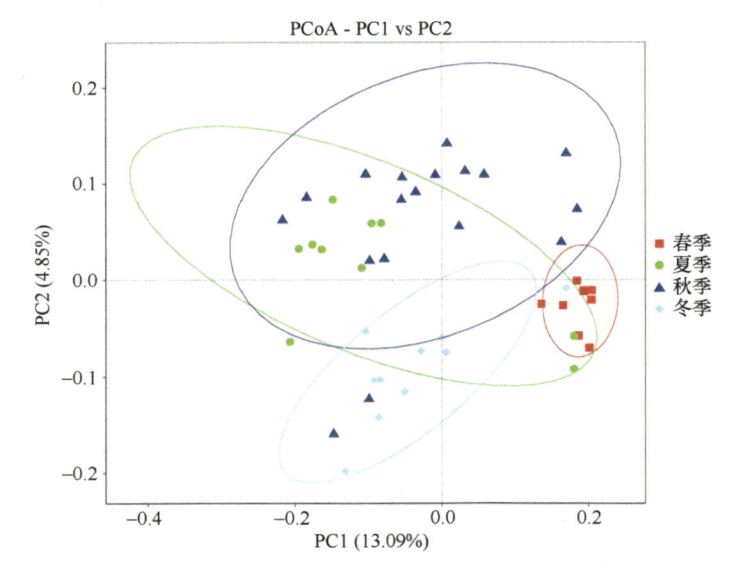

图 11-129 不同季节大熊猫体表细菌群落结构的主坐标分析

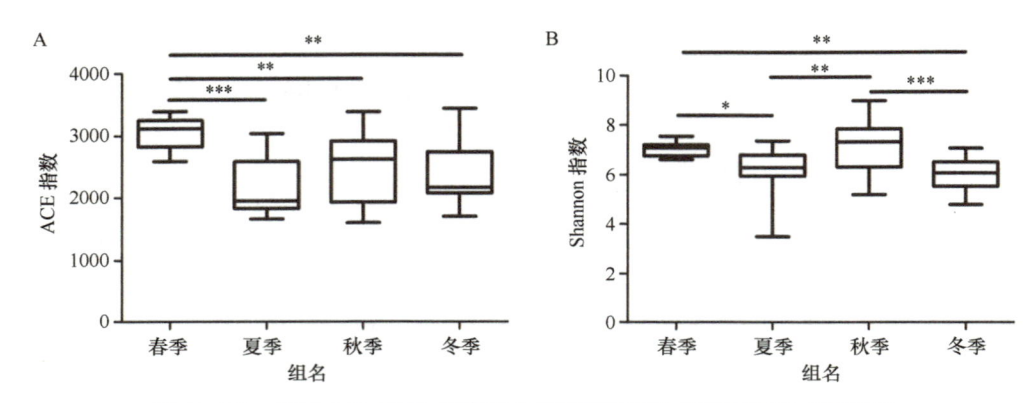

图 11-130 基于 16S rRNA 测序的大熊猫皮肤微生物群落物种丰富度和多样性的季节间 α 多样性比较
*$P<0.05$；**$P<0.01$；***$P<0.001$

从 47 份样品中得到了 53 门 522 属。在门分类水平，变形菌门（Proteobacteria，40.5%）、厚壁菌门（Firmicutes，21.1%）、放线菌门（Actinobacteria，23.1%）和拟杆菌门（Bacteroidetes，9.5%）等是大熊猫皮肤细菌中的优势菌门。在属分类水平，链球菌属（*Streptococcus*，13.9%）、葡萄球菌属（*Staphylococcus*，2.9%）、不动杆菌属（*Acinetobacter*，9.2%）、假单胞菌属（*Pseudomonas*，5.9%）、皮生球菌属（*Dermacoccus*，4.8%）、短状杆菌属（*Brachybacterium*，2.9%）和埃希氏菌属（*Escherichia*，2.7%）等为优势菌属，并且发现大熊猫皮肤中不同细菌的相对丰度会随季节变化而发生改变。

春季圈养大熊猫体表的细菌群落中，优势门以变形菌门（38%）为主，其次为放线菌门（27.1%）、厚壁菌门（18.8%）、拟杆菌门（9.5%）、蓝藻门（Cyanobacteria，2.4%）和酸杆菌门（Acidobacteria，1.4%）（图 11-131A）。夏季优势门为变形菌门（36.3%），其次为放线菌门（29%）、厚壁菌门（22%）、拟杆菌门（6.8%）、栖热菌门（Thermus，2.5%）和蓝藻门（1.3%）。秋季优势门为变形菌门（45.8%），其次为放线菌门（21.5%）、厚壁菌门（14.8%）、拟杆菌门（12.7%）、蓝藻门（1.5%）和栖热菌门（1.3%）。冬季则以变形菌门（37.5%）为主，其次为厚壁菌门（33.5%）、放线菌门（16.7%）、拟杆菌门（6.6%）和蓝藻门（3.6%）。

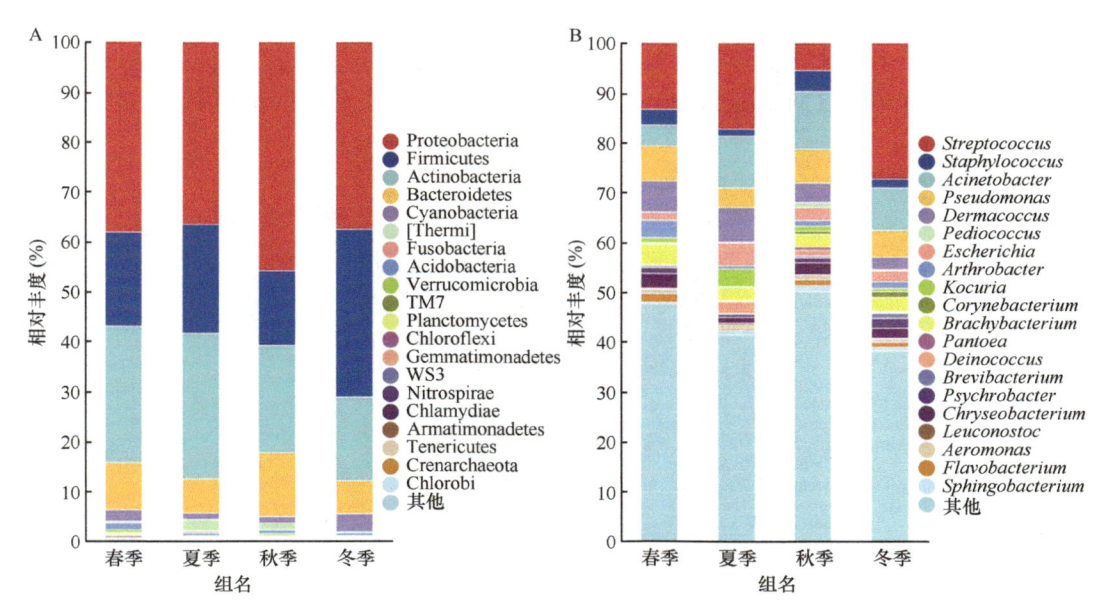

图 11-131　不同季节大熊猫皮肤细菌种群的相对丰度
A. 门分类水平的皮肤细菌菌群组成（前 20）；B. 属分类水平的皮肤细菌菌群组成（前 20）

在属分类水平，春季以链球菌属（13.1%）为主，其次为假单胞菌属（6.9%）、皮生球菌属（6.3%）、不动杆菌属（4.3%）和短状杆菌属（4.1%）等（图 11-131B）。夏季以链球菌属（17.1%）为主，其次为不动杆菌属（10.2%）、皮生球菌属（7%）、埃希氏菌属（4.4%）和假单胞菌属（3.9%）。秋季主要的菌属为不动杆菌属（11.5%）、假单胞菌属（6.7%）、链球菌属（5.3%）、葡萄球菌属（4.2%）和皮生球菌属（4.1%）。冬季则以链球菌属（27.1%）、不动杆菌属（8.6%）、假单胞菌属（5.3%）、短状杆菌属（2.8%）和皮生球菌属（2.7%）等为主。该结果表明，大熊猫的皮肤细菌群落不同于人类和其他动物（犬和猫）。既往研究表明，犬皮肤以梭杆菌和假单胞菌为主，猫皮肤以卟啉单胞菌和葡萄球菌为主，人皮肤以丙酸杆菌和葡萄球菌为主（Grice and Segre，2011；Cuscó et al.，2017；Older et al.，2019）。不同宿主的皮肤微生物群可能受到遗传差异和皮毛特征，以及宿主物种之间不同的卫生习惯和环境暴露的影响。

随后通过线性判别分析（LDA）和效应量分析对季节相关属进行鉴定，结果发现节杆菌属（*Arthrobacter*）与春季相关，考克氏菌属（*Kocuria*）和异常球菌属（*Deinococcus*）与夏季相关，不动杆菌属与秋季相关，链球菌属与冬季相关（图 11-132A）。并且检测了大熊猫皮肤中的皮肤病相关细菌在不同季节的丰度分布，结果发现大熊猫体表存在链球菌属、葡萄球菌属、不动杆菌属、假单胞菌属、节杆菌属和丙酸杆菌属（*Propionibacterium*）等能够导致皮肤病的细菌（图 11-132B）。链球菌是人类皮肤上常见的寄生菌。链球菌是一种非常重要的人类病原体，通常与皮肤或咽喉感染有关，但也可能导致危及生命的情况，包括败血症、链球菌中毒性休克综合征和坏死性筋膜炎（Ibrahim et al.，2016）。冬季链球菌数量的增加可能会增加大熊猫皮肤感染链球菌的可能性。不动杆菌是人类和动物皮肤中常见的一种细菌（Fyhrquist et al.，2014；Mitchell et al.，2018）。这些细菌已经被认为是重要的医院致病菌，在动物的条件致病菌中也越来越受到重视。不动杆菌能够引起多种感染，其中大多数涉及呼吸道，也有引起菌血症和皮肤伤口感染报道（Sebeny et al.，2008；Mihu and Martinez，2011）。目前还没有大熊猫感染不动杆菌引起皮肤病的病例报道。

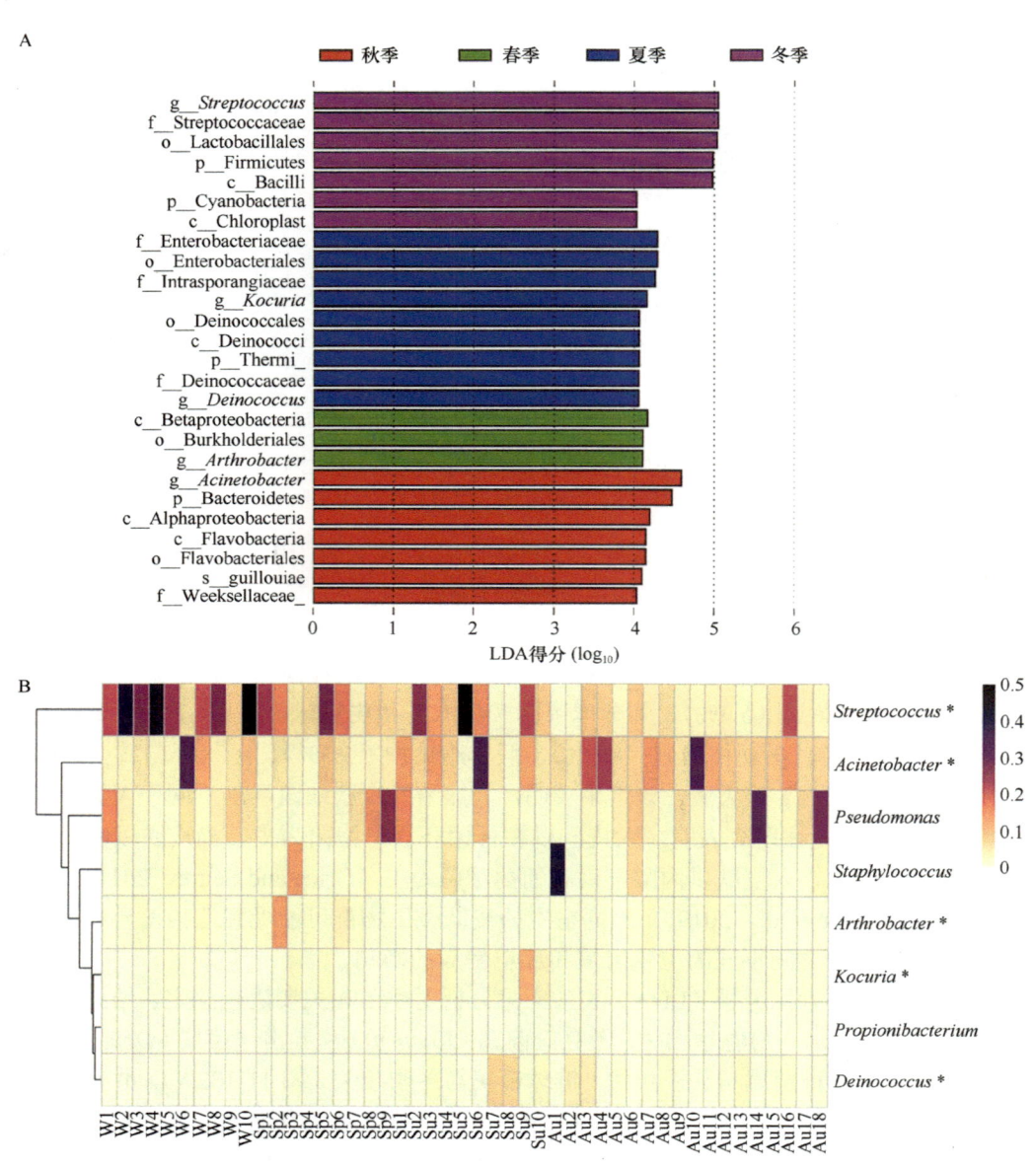

图 11-132　皮肤疾病相关细菌的季节相关属和丰度变化

A. 使用默认参数，通过线性判别分析结合 LEfSe 分析识别与季节相关的皮肤细菌；B. 热图显示与季节有关的属（用 "*" 表示）和与皮肤疾病有关的细菌的相对丰度（仅显示确定属的分类群）

大熊猫的微生物群还携带其他类群，包括葡萄球菌、假单胞菌和丙酸杆菌，已知它们会导致人类和其他动物的细菌性皮肤病。然而，这些类群的丰度随季节变化不大。葡萄球菌虽然通常被认为是共生的，但通常会导致人类皮肤和其他软组织、骨骼、血液和呼吸道的细菌感染（Parlet et al.，2019）。葡萄球菌是大多数细菌性皮肤感染的病原菌，在免疫屏障缺陷或免疫改变的情况下，葡萄球菌可引发或加剧皮肤疾病。据报道，在一个老年大熊猫感染病例中，葡萄球菌造成体表压疮（Wang et al.，2015）。假单胞菌是一种革兰氏阴性菌，而铜绿假单胞菌最常与机会性感染相关，也可以出现在健康的个体中。铜绿假单胞菌感染范围可从局部皮肤感染到危及生命的疾病（Wu et al.，2011）。丙酸杆菌是人类皮肤和黏膜表面正常微生物群的一部分。虽然丙酸杆菌通常与皮肤健康有关，但它也是一种与一系列人类感染和临床条件相关的机会致病菌（Dréno et al.，2018）。

二、大熊猫体表真菌种群结构

皮肤真菌病是大熊猫的第二大发病原因，严重危害大熊猫的健康。以往的观察表明，大熊猫皮肤真菌病的发生在不同季节有所不同。皮肤微生物群是一个复杂的生态系统，但对大熊猫皮肤真菌群落结构和致病潜力的认识仍然有限。Ma 等（2021）对中国大熊猫保护研究中心的圈养大熊猫进行跟踪采样，采集不同季节大熊猫皮肤标本，通过 18S rRNA 基因测序分析真菌菌群。共检出 38 门 375 属，优势门为子囊菌门（Ascomycota）、担子菌门（Basidiomycota）、链型植物门（Streptophyta）和绿藻门（Chlorophyta），优势属为丝孢酵母属、普兰久浩酵母属（*Guehomyces*）、*Davidiella*、小球藻属（*Chlorella*）、*Asterotremella* 和克里藻属（*Klebsormidium*）。与人类和其他动物相比，大熊猫显示了独特的皮肤真菌菌群（图 11-133 和表 11-1、表 11-2）。例如，以前的研究表明，犬类皮肤

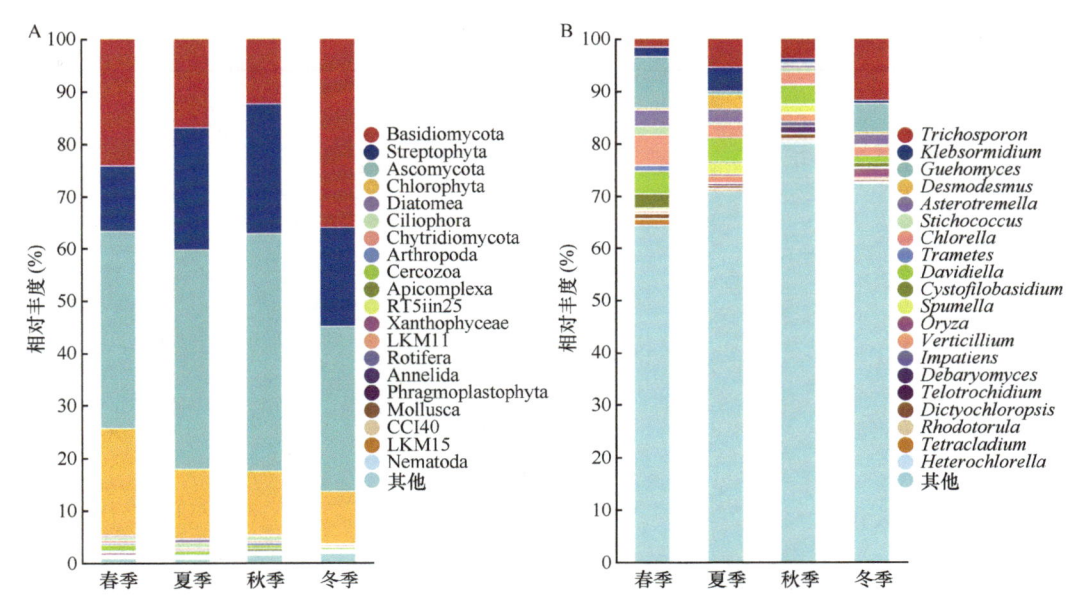

图 11-133 不同季节大熊猫皮肤真菌种群的相对丰度
A. 门分类水平的皮肤真菌菌群组成（前 20）；B. 属分类水平的皮肤真菌菌群组成（前 20）

真菌主要以链格孢属（*Alternaria*）和枝孢属（*Cladosporium*）为主（Meason-Smith et al.，2015）；猫皮肤以枝孢属（*Cladosporium*）和链格孢属为主（Meason-Smith et al.，2017），人皮肤以马拉色菌属（*Malassezia*）为主（Findley et al.，2013）。大熊猫皮肤真菌菌群随季节的变化而变化，春季、秋季和夏季皮肤真菌的多样性和丰度显著高于冬季（图11-134、图 11-135）。不同宿主的皮肤真菌菌群可能受到遗传差异、皮毛特征或宿主物种之间不同的卫生习惯和环境暴露的影响（Meason-Smith et al.，2017）。大熊猫被安置

表 11-1 门分类水平相对丰度在 1%以上的各季节优势皮肤真菌（%）

真菌门	春季	夏季	秋季	冬季
子囊菌门 Ascomycota	35.3	39.2	44.1	30.4
担子菌门 Basidiomycota	22.4	15.7	11.8	34.6
链型植物门 Streptophyta	11.9	21.8	24.2	18.3
绿藻门 Chlorophyta	19.0	12.5	11.7	9.6

表 11-2 属分类水平相对丰度在 1%以上的各季节优势皮肤真菌（%）

春季	夏季	秋季	冬季
普兰久浩酵母属 *Guehomyces*（8.0）	*Trichosporon*（4.5）	*Davidiella*（3.3）	*Trichosporon*（9.9）
小球藻属 *Chlorella*（4.7）	*Davidiella*（3.8）	*Trichosporon*（3.2）	*Guehomyces*（4.7）
Davidiella（3.5）	*Klebsormidium*（3.7）	*Chlorella*（2.2）	*Chlorella*（1.6）
Asterotremella（2.5）	*Asterotremella*（2.2）	*Verticillium*（1.3）	*Asterotremella*（1.6）
双孢菌属 *Cystofilobasidium*（2.2）	锁链藻 *Desmodesmus*（2.2）	色金藻属 *Spumella*（1.3）	
克里藻属 *Klebsormidium*（1.6）	*Chlorella*（2.1）	德巴利酵母属 *Debaryomyces*（1.2）	
裂丝藻属 *Stichococcus*（1.4）	*Spumella*（1.7）		
	轮枝菌属 *Verticillium*（1.1）		
丝孢酵母属 *Trichosporon*（1.1）			

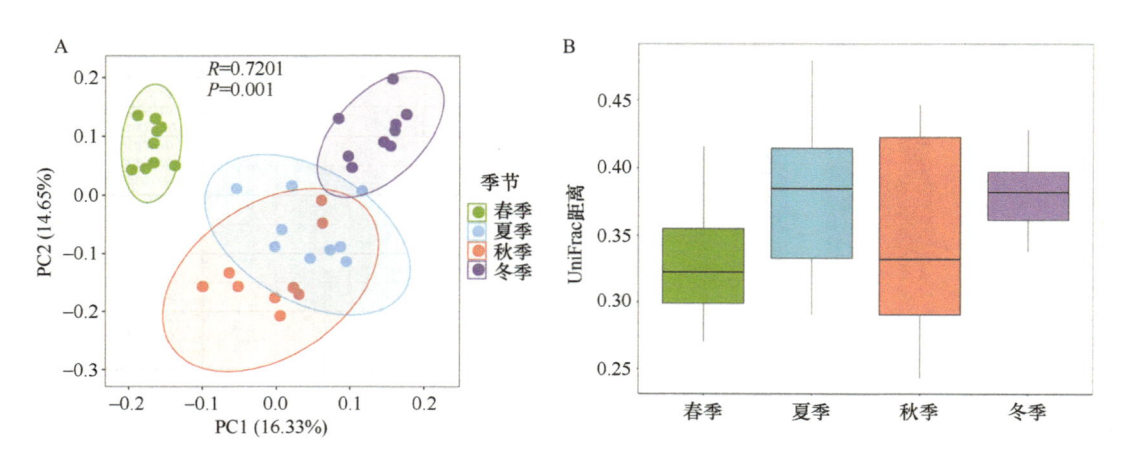

图 11-134 不同季节大熊猫皮肤真菌群落的 β 多样性

A. 基于 unweighted UniFrac metrics 的主坐标分析表明，大熊猫皮肤真菌微生物区系与季节相关；B. 每个季节之间样品 UniFrac 距离的多元方差分析表明，季节之间存在显著差异（$P<0.01$）

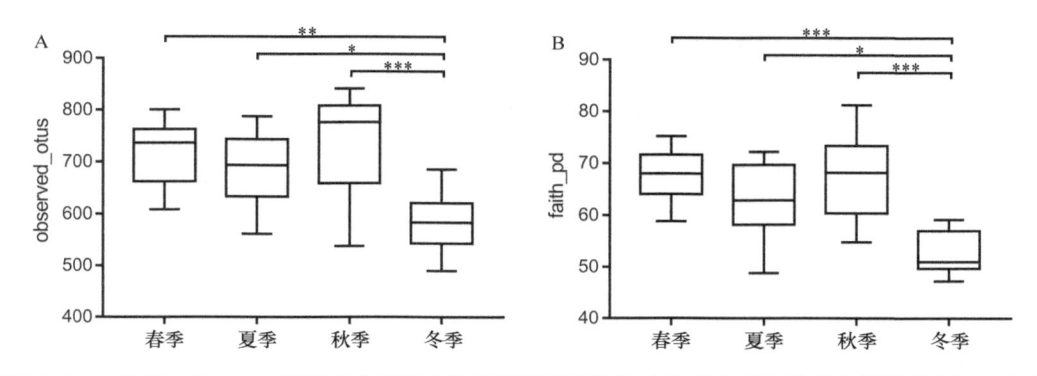

图 11-135　基于 18S rDNA 测序的大熊猫皮肤真菌群落的物种丰富度和系统发育多样性季节间 α 多样性的比较

*$P<0.05$；**$P<0.01$；***$P<0.001$

在半封闭式的圈舍之中，它们经常暴露在土壤、水和植物中，因此其皮肤真菌菌群的发展可能与季节环境有关。中国四川的冬天既冷又干，冬季的低温和干燥环境不利于真菌在环境和大熊猫皮肤上的生长与繁殖，这可能是大熊猫皮肤真菌群落多样性和丰度存在差异的原因。

通过线性判别分析（LDA）和效应量分析对季节相关属进行鉴定，发现普兰久浩酵母属（*Guehomyces*）、*Asterotremella* 和 *Cystofilobasidium* 与春季相关，*Davidiella* 与夏季相关，丝孢酵母属与冬季相关（图 11-136）。但除了丝孢酵母外，没有研究发现它们与动物的皮肤健康有关。丝孢酵母是健康大熊猫体表非常常见的真菌，也是一种机会致病菌（Ma et al., 2019）。在人和动物中，丝孢酵母可引起浅表真菌感染，如足癣、甲真菌病和皮样感染（Han et al., 2010；Ma et al., 2019）。在之前的一项研究中，丝孢酵母被发现与大熊猫的真菌性皮肤病有关，在小鼠模型中也证实了丝孢酵母可引起真菌性皮肤病并发展为全身感染（Ma et al., 2019）。除了丝孢酵母外，在大熊猫体表的真菌菌群中还发现了其他几个类群，包括马拉色菌、念珠菌和毛霉菌，它们的丰度在不同季节没有显著变化。马拉色菌是人类和温血动物的常见皮肤真菌（Yohko et al., 2002）。马拉色菌常侵入皮肤角质层，引起浅表真菌感染，如花斑癣、毛囊马拉色菌炎、脂溢性皮炎、特应性皮炎等。目前还没有发现大熊猫感染马拉色菌的病例。白色念珠菌是一种非常常见的机会致病菌，它广泛存在于人和动物的皮肤、口腔、上呼吸道、肠道和阴道中（Kühbacher et al., 2017）。据报道，一只大熊猫幼崽感染了这种真菌，导致身体表面出现红疹（Chen et al., 1995）。毛霉菌是人类和动物皮肤真菌病的一个重要病原菌，它能够引起皮肤的急性炎症和组织的肿胀，表现为硬结或斑块，化脓，坏死，经常形成焦痂。坏死组织可脱落形成大溃疡，毛霉菌病是继曲霉病和念珠菌病之后的第三大侵袭性真菌感染（Castrejón-Pérez et al., 2017）。在大熊猫病例中，毛霉菌感染可导致其体表毛发脱落（徐麟木，1990）。大熊猫临床皮肤真菌病多见于夏季和秋季。大熊猫皮肤中真菌多样性和丰度的提高可能导致了秋季和夏季更容易发生真菌性皮肤病。皮肤真菌病相关真菌是大熊猫皮肤真菌菌群的正常组成部分，可能有条件地引起皮肤真菌病。当皮肤受到物理损伤或宿主免疫力较弱时，真菌就会侵入皮肤，发展为真菌性皮肤病。

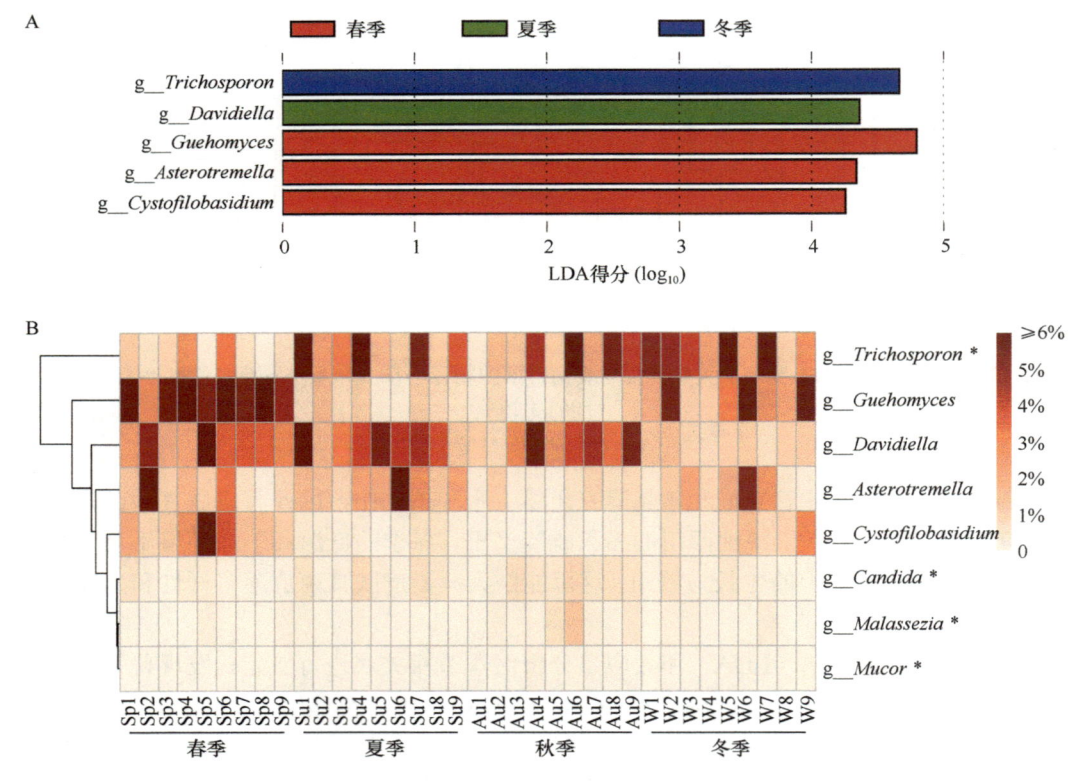

图 11-136　皮肤真菌病相关真菌的季节相关属和丰度变化

A. 使用默认参数，通过线性判别分析结合 LEfSe 分析识别与季节相关的皮肤真菌；B. 热图显示季节相关属和皮肤真菌相关真菌的相对丰度，星号表示的类群是指先前报道的与大熊猫皮肤真菌病相关的类群

参 考 文 献

蔡邦平, 陈俊愉, 张启翔, 等. 2012. 梅根系丛枝菌根真菌 AFLP 分析. 北京林业大学学报, 34(S1): 82-87.

陈剑山, 郑服丛. 2007. ITS 序列分析在真菌分类鉴定中的应用. 安徽农业科学, 35(13): 3785-3786.

陈明芳, 李绍兴. 1995. 大熊猫幼仔念珠菌病一例. 中国人兽共患病杂志, 11(6): 32.

陈玉村. 2005. 大熊猫真菌病和弥散性血管内凝血病例. 中国兽医杂志, 41(1): 60-61.

程池, 杨梅, 李金霞. 2006. Biolog 微生物自动分析系统: 细菌鉴定操作规程的研究. 食品与发酵工业, 32(5): 50-54.

崔丽娜, 高淑霞, 姜文学, 等. 2011. 山东兔场皮肤真菌病病原 rDNA-ITS 区序列测定及分析. 中国兽医学报, 31(12): 1749-1754.

方炳良. 1991. 限制性片段长度多态性分析. 基础医学与临床, 11(6): 376-380.

何苏琴, 金秀琳, 魏周全, 等. 2004. 甘肃省定西地区马铃薯块茎干腐病病原真菌的分离鉴定. 云南农业大学学报, 19(5): 550-552.

和晓娜, 李书兰, 李安利, 等. 2012. 基于 ITS 序列对秦岭 4 种未知真菌进行分子鉴定. 安徽农业科学, 40(3): 1271.

胡锦矗, 胡杰. 2003. 大熊猫研究与进展. 西华师范大学学报(自然科学版), 24(3): 253-257.

胡素泉, 李筱芳, 吕桂霞, 等. 2011. 疣状瓶霉引起皮肤暗色丝孢霉病一例. 中华皮肤科杂志, 44(8): 564-566.

胡晓艳, 席丽艳, 鲁长明, 等. 2008. 土壤中暗色真菌分离方法的研究. 中华皮肤科杂志, 41(8): 515-518.
黄勉. 2000. 大熊猫皮肤病的中西药治疗. 中兽医学杂志, 2: 43.
金欣, 陈建魁, 于农, 等. 2009. 血液病患者深部曲霉菌感染的血清学诊断. 中国卫生检验杂志, (12): 2857-2858.
孔玲娜, 王婧, 张倩, 等. 2016. 石河子市犬皮肤病发病情况调查分析. 畜牧兽医杂志, 35(3): 79-82.
雷蕾, 于星明, 曾蔚. 2001. 大熊猫阴道菌群调查. 中国兽医科技, 31(9): 10-11.
黎明, 姚晓明, 曹端荣, 等. 2013. 共聚焦显微镜下真菌菌丝鉴别分析. 中国实用眼科杂志, 31(11): 1420-1424.
李筱芳, 吕桂霞, 沈永年, 等. 2007. 改良皮肤癣菌试验培养基在甲真菌病诊断中的应用. 中华皮肤科杂志, 40(8): 473-475.
李长城. 2014. 发情期大熊猫阴道真菌的分离鉴定及所含酵母菌的药敏分析. 四川农业大学硕士学位论文.
林旭聪, 郭良洽, 谢增鸿. 2004. 化学发光试剂研究新进展. 世界科技研究与发展, 26(4): 136-143.
鲁长明, 席丽艳, 谢穗生, 等. 2004. BCG-MSG 培养基鉴定几种常见的丝状真菌. 中国皮肤性病学杂志, 18(3): 182-183.
罗惠波, 杨晓东, 杨跃寰, 等. 2013. 浓香型大曲中可培养真菌的分离鉴定与系统发育学分析. 现代食品科技, 29(9): 2047-2052.
马晓平, 古玉, 刘小敏, 等. 2013. 大熊猫源枝孢样枝孢霉的分离鉴定. 中国兽医科学, 43(12): 1217-1223.
马晓平, 王承东, 古玉, 等. 2011. 患皮肤病的大熊猫体表真菌的初步分离培养与鉴定. 中国畜牧兽医学会小动物医学分会第六次学术研讨会暨中国畜牧兽医学会兽医外科学分会第十八次学术研讨会. 乌鲁木齐: 中国畜牧兽医学会.
牛桃香, 骆志成, 武三卯, 等. 2006. 几种常见皮肤癣菌的随机扩增多态性 DNA 分型. 中华皮肤科杂志, 39(8): 472-473.
仇萌, 邹先彪. 2011. rDNA-ITS 序列鉴定深部真菌菌种的研究进展. 中国真菌学杂志, 6(2): 122-125.
史利宁, 邵海枫, 李芳秋. 2010. 侵袭性真菌感染的血清学诊断. 临床检验杂志, 28(2): 94-96.
谭志, 鲍楠, 张和民. 2004. 野外放归大熊猫和圈养大熊猫肠道正常菌群的研究. 四川大学学报(自然科学版), 41(6): 1276-1279.
陶仲为. 2002. 隐球菌感染. 中国医师进修杂志, 25(1): 9-10.
田亚萍, 钟淑霞, 张朝英, 等. 2004. 申克孢子丝菌和暗色真菌的分离. 吉林大学学报:医学版, 30(3): 360-361.
王晓雯, 李亚丽, 王红, 等. 2016. 指(趾)间毛癣菌致须癣 1 例. 中国真菌学杂志, 11(2): 113-116.
吴吉芹, 朱利平, 区雪婷, 等. 2010. 侵袭性真菌感染患者细胞色素 P450 2C19 遗传多态性分析. 中华内科杂志, 49(2): 138-141.
相飞, 汪立平. 2014. 传统甜酒曲的模糊综合评价及优势丝状真菌的分离鉴定. 食品与发酵工业, 40(8): 78-83.
徐麟木. 1990. 大熊猫的皮肤毛霉菌病. 中国兽医科技, 12: 36.
阎玉彦, 赵作涛, 刘红刚. 2015. 急性侵袭性真菌性鼻: 鼻窦炎大鼠模型的建立. 中国真菌学杂志, 10(5): 261-265.
杨华, 徐金柱, 秦长生, 等. 2014. 3 种真菌抗生素对绿僵菌和 6 种非目标真菌的生长影响分析. 广东林业科技, 30(6): 34-39.
杨蓉娅, 敖俊红, 王文岭, 等. 2001. 阿萨希丝孢酵母引起播散性毛孢子菌病国内首例报告. 中华皮肤科杂志, 34(5): 329-332.
姚粟, 程池, 李金霞, 等. 2006. Biolog 微生物自动分析系统: 丝状真菌鉴定操作规程的研究. 食品与发酵工业, 32(7): 63-67.

于淑玲. 2002. 真菌的分子生物学鉴定方法. 邢台师范高专学报, 17(4): 64-65.
余进, 李若瑜. 2009. 医学真菌实验室常规检查方法. 中华检验医学杂志, 32(1): 114-116.
余仲东, 张星耀. 2000. 真菌核糖体基因间隔区研究概况. 西北林学院学报, 15(2): 107-112.
袁耀华, 凌铭德. 2002. 幼年大熊猫霉菌感染报道. 动物科学与动物医学, 19(9): 43-44.
张传博, 苏晓庆. 2006. 几种基于基因组DNA的真菌分类技术研究进展. 贵州师范大学学报(自然科学版), 24(1): 113-118.
张如松, 于东颖, 王向岩. 2002. 阿萨丝酵母菌致化脓性中耳炎1例. 职业与健康, 18(6): 148.
张艳梅. 2011. 油松毛虫受白僵菌感染的组织病理学及菌制剂的研究. 山西大学硕士学位论文.
张玉敏, 陈晖, 马荣芬, 等. 2015. RAPD技术在肺癌患者假丝酵母菌临床分型中的应用. 中国热带医学, 15(1): 19-21.
张悦天, 马晓平, 古玉, 等. 2015. 大熊猫源石膏样小孢子菌的分离鉴定与致病性研究. 中国兽医科学, 45(6): 551-559.
周亚彬, 葛杰, 陈萍, 等. 2015. 枝孢样枝孢霉致囊肿性痤疮样皮肤暗色丝孢霉病1例. 中国真菌学杂志, 10(5): 291-293.
周永华, 朱朝君, 赵观禄. 1989. 大熊猫幼仔皮肤病的病原及防治研究. 重庆医科大学报, 14(2): 134-136.
周志伟, 黄河. 1991. 毛霉目真菌DNA的提取及其GC含量的测定. 微生物学通报, (5): 275-279.
朱研研, 王耀耀, 付美红, 等. 2010. 真菌分类鉴定研究进展. 河北化工, 33(4): 37-39.
祝明亮, 张克勤. 2001. 隔指孢属rDNA ITS区间限制性片断长度多态性(RFLP)分析. 山地农业生物学报, (3): 174-179.
邹先彪, 廖万清, 温海, 等. 2003. 新生隐球菌的AFLP分析. 2003中国中西医结合皮肤性病学术会议论文汇编. 北京: 中国中西医结合学会.
Castrejón-Pérez A D, Welsh E C, Miranda I, et al. 2017. *Cutaneous mucormycosis*. An Bras Dermatol, 92(3): 304-311.
Chen M, Li S, Ye Z. 1995. One case of candidiasis of giant panda cub. Chinese J Zoonoses, (6): 32.
Chen Y E, Fischbach M A, Belkaid Y. 2018. Skin microbiota-host interactions. Nature, 553(7689): 427-436.
Cuscó A, Belanger J M, Gershony L, et al. 2017. Individual signatures and environmental factors shape skin microbiota in healthy dogs. Microbiome, 5(1): 139.
Dréno B, Pécastaings S, Corvec S, et al. 2018. *Cutibacterium acnes* (*Propionibacterium acnes*) and acne vulgaris: a brief look at the latest updates. J Eur Acad Dermatol Venereol, 32 Suppl 2: 5-14.
Enoch D A, Ludlam H A, Brown N M. 2006. Invasive fungal infections: a review of epidemiology and management options. J Med Microbiol, 55(7): 809-818.
Findley K, Oh J, Yang J, et al. 2013. Topographic diversity of fungal and bacterial communities in human skin. Nature, 498(7454): 367-370.
Fyhrquist N, Ruokolainen L, Suomalainen A, et al. 2014. *Acinetobacter* species in the skin microbiota protect against allergic sensitization and inflammation. J Allergy Clin Immunol, 134(6): 1301-1309.
Grice E A, Segre J A. 2011. The skin microbiome. Nat Rev Microbiol, 9(4): 244-253.
Han M H, Choi J H, Sung K J, et al. 2010. Onychomycosis and *Trichosporon beigelii* in Korea. Int J Dermatol, 39(4): 266-269.
Ibrahim J, Eisen J A, Jospin G, et al. 2016. Genome analysis of *Streptococcus pyogenes* associated with pharyngitis and skin infections. PLoS One, 11(12): e0168177.
Keim P, Kalif A, Schupp J, et al. 1997. Molecular evolution and diversity in *Bacillus anthracis* as detected by amplified fragment length polymorphism markers. J Bacteriol, 179(3): 818-824.
Kühbacher A, Burger-Kentischer A, Rupp S. 2017. Interaction of *Candida* species with the skin. Microorganisms, 5(2): 32.
Ma X, Li G, Yang C, et al. 2021. Skin mycobiota of the captive giant panda (*Ailuropoda melanoleuca*) and the distribution of opportunistic dermatomycosis-associated fungi in different seasons. Front Vet Sci, 8:

708077.

Ma X P, Jiang Y Z, Wang C D, et al. 2019. Identification, genotyping, and pathogenicity of *Trichosporon* spp. isolated from giant pandas (*Ailuropoda melanoleuca*). BMC Microbiol, 19(1):113.

Martin K J, Rygiewicz P T. 1973. Fungal-specific PCR primers developed for analysis of the ITS region of environmental DNA extracts. BMC Microbiol, 45(45): 243-272.

Meason-Smith C, Diesel A, Patterson A P, et al. 2015. What is living on your dog's skin? Characterization of the canine cutaneous mycobiota and fungal dysbiosis in canine allergic dermatitis. FEMS Microbiol Ecol, 91(12): fiv139.

Meason-Smith C, Diesel A, Patterson A P, et al. 2017. Characterization of the cutaneous mycobiota in healthy and allergic cats using next generation sequencing. Vet Dermatol, 28(1): 71-e17.

Mihu M R, Martinez L R. 2011. Novel therapies for treatment of multi-drug resistant *Acinetobacter baumannii* skin infections. Virulence, 2(2): 97-102.

Mitchell K E, Turton J F, Lloyd D H. 2018. Isolation and identification of *Acinetobacter* spp. from healthy canine skin. Vet Dermatol, 29(3): 240-e287.

Oh J, Byrd A L, Park M, et al. 2016. Temporal stability of the human skin microbiome. Cell, 165(4): 854-866.

Older C E, Diesel A B, Lawhon S D, et al. 2019. The feline cutaneous and oral microbiota are influenced by breed and environment. PLoS One, 14(7): e0220463.

Parlet C P, Brown M M, Horswill A R. 2019. Commensal staphylococci influence *Staphylococcus aureus* skin colonization and disease. Trends Microbiol, 27(6): 497-507.

Praphailong W, Gestel M V, Fleet G H, et al. 1997. Evaluation of the Biolog system for the identification of food and beverage yeasts. Letters in Applied Microbiology, 24(6): 455-459.

Radnedge L, Agron P G, Hill K K, et al. 2003. Genome differences that distinguish *Bacillus anthracis* from *Bacillus cereus* and *Bacillus thuringiensis*. Appl Environ Microbiol, 69(5): 2755-2764.

Ryu C, Lee K, Hawng H J, et al. 2005. Molecular characterization of Korean *Bacillus anthracis* isolates by amplified fragment length polymorphism analysis and multilocus variable-number tandem repeat analysis. Appl Environ Microbiol, 71(8): 4664-4671.

Sebeny P J, Riddle M S, Petersen K. 2008. *Acinetobacter baumannii* skin and soft-tissue infection associated with war trauma. Clin Infect Dis, 47(4): 444-449.

Vos P, Hogers R, Bleeker M, et al. 1995. AFLP: a new technique for DNA fingerprinting. Nucleic Acids Res, 23(21): 4407-4414.

Wang C, Ma X, Li D, et al. 2015. Laboratory examination and experience of an aged giant panda after death. Anim Husb Vet Med, 47(3): 75-76.

Whiting M F, Carpenter J C, Wheeler Q D, et al. 1997. The Strepsiptera problem: phylogeny of the holometabolous insect orders inferred from 18S and 28S ribosomal DNA sequences and morphology. Sys Biol, 46(1): 1-68.

Williams J G, Kubelik A R, Livak K J, et al. 1990. DNA polymorphisms amplified by arbitrary primers are useful as genetic markers. Nucleic Acids Res, 18(22): 6531-6535.

Wu D C, Chan W W, Metelitsa A I, et al. 2011. *Pseudomonas* skin infection: clinical features, epidemiology, and management. Am J Clin Dermatol, 12(3): 157-169.

Yohko Y, Masako O, Koichi M, et al. 2002. Overview of lipophilic yeast *Malassezia*: the current status of the molecular diagnosis. Jpn J Antibiot, 55(5): 493-499.

第十二章　大熊猫微生物组学研究方法

第一节　肠道微生物的分离培养及鉴定

一、细菌

（一）样品采集

使用一次性无菌手套采集新鲜大熊猫粪便样品装于无菌采样袋中（图 12-1），并储存于冰盒，24h 内送回实验室，在无菌条件下，将粪便外部剥离，取中间粪便进行分装，并于–80℃保存备用。

图 12-1　样品采集

（二）肠道细菌分离

为防止污染样品，需在无菌条件下打开样品包装。每个样品称取 25g 加入 225ml 缓冲蛋白胨水（BPW）或胰酪大豆胨液体培养基（TSB）溶液中（样品与增菌培养液的比例为 1∶9），充分振荡制备 BPW 或 TSB 培养基含菌液。根据《食品安全国家标准　食品微生物学检验　沙门氏菌检验》（GB 4789.4—2016）步骤，含菌液置 37℃、100r/min 条件下培养 18h。

将细菌接种到选择培养基中，通过细菌在不同培养基中的生长状况对分离细菌做出初步鉴定和分类：将 TSB 菌液分别划线接种于伊红美蓝琼脂培养基、麦康凯琼脂培养基和西蒙氏柠檬酸盐培养基等常见鉴别和选择培养基并于 37℃培养 18～24h。最后，分别从鉴别培养基上选择典型的生长良好的菌落划线到胰酪大豆酪蛋白琼脂（TSA）培养基（图 12-2），37℃培养 18～24h，可反复 2～3 次，进行纯化培养。

图 12-2　平板划线示意图

（三）肠道细菌鉴定

1. 革兰氏染色及镜检

挑选形态特征符合选择培养基选择特性的菌株进行革兰氏染色镜检形态观察，进一步确认菌株。

大肠杆菌的鉴定：取含菌培养液于伊红美蓝琼脂培养基划线培养 18h，挑选形态特征符合选择培养基选择特性的菌株（表型为具金属光泽的菌落）进行革兰氏染色镜检形态观察，进一步确认菌株（郭莉娟等，2014）。

沙门氏菌的鉴定：取含菌培养液于沙门氏菌-志贺菌（SS）琼脂培养基划线培养 18h，挑选形态特征符合选择培养基选择特性的菌株（表型为黑色的菌落）进行革兰氏染色镜检形态观察，进一步确认菌株（李蓓等，2014）。

肠球菌的鉴定：取含菌培养液于肠球菌显色琼脂培养基划线培养 18h，挑选特异性菌落，进行革兰氏染色镜检形态观察，进一步确认菌株。

肺炎克雷伯菌的鉴定：取含菌培养液划线至西蒙氏柠檬酸盐培养基中，培养 16~18h 后，挑选形态特征符合选择培养基选择特性的菌株（表型为黄色、圆形、边缘整齐、光滑湿润的黄色菌落）进行革兰氏染色镜检形态观察，进一步确认菌株。

2. 16S rRNA 测序鉴定

分别挑取上述典型菌落，采用引物 27F（5′-AGAGTTTGATCCTGGCTCAG-3′）和 1492R（5′-TACGGATACCTTGTTACGACTT-3′）扩增 16S rRNA 序列。扩增产物经 0.8% 的琼脂糖凝胶电泳后用 BIO-RAD 凝胶成像系统观察并保存，样品送测序。将序列在 GenBank BLAST（http://www.ncbi.nlm.nih.gov/）比对后确认所属细菌种类。

3. 基质辅助激光解吸电离飞行时间质谱（MALDI-TOF-MS）鉴定

除了使用 16S rRNA 测序鉴定，可使用 MALDI-TOF-MS 仪鉴定细菌，对细菌进行质谱采集，应用 BioTyper 和 FlexAnalysis 对图谱进行离子分析和比对鉴定以确定细菌种类（崔学文等，2016）。

（四）细菌保存

挑去纯化后的菌株于 600μl TSB 中振荡培养 16h 后加适量甘油，使菌株储存于含 20%甘油的 TSB 中，-80℃保存备用。

二、放线菌

本研究通过高通量测序技术，对大熊猫肠道放线菌群落结构有了较为全面的认识。

但是要了解这些放线菌的生物学特征并且对其加以利用，则需要获得纯培养菌株。分离方法是研究肠道放线菌的关键因素，在肠道放线菌分离过程中，不同的处理方法会得到不同的分离效果。因此，探索适合粪便放线菌分离的方法，获得尽可能多的纯培养菌株，对进一步研究和利用十分重要。

（一）样品采集与预处理

将样品放入无菌塑料袋中，将样品置于准备好的冰盒中保存，带回实验室 4℃保存，以备分离使用。由于动物粪便样品普遍含水量较高，且具有较多的大肠杆菌和其他一些革兰氏阴性菌，为了减少非放线菌对分离结果的干扰，在正式分离前需要采取以下方法对样品进行预处理（表 12-1）。

表 12-1　样品预处理方法

处理	处理程序
方法一：冷冻处理	取 5g 样品放入无菌的培养皿中封好，于–20℃冷冻处理 7 天后，加入 45ml 无菌水中，室温下于摇床 250r/min 处理 30min
方法二：苯酚处理	取 5g 样品于 45ml 无菌水中，按 0.3%的比例加入苯酚，于 45℃摇床 200r/min 处理 1h
方法三：干热处理	取 5g 样品放入无菌培养皿中于 60℃干热处理 1 天后，加入 45ml 无菌水中，室温下于摇床 250r/min 处理 30min
方法四：对照组（CK）	取 1g 样品于 10ml 无菌水中，室温下于摇床 250r/min 处理 30min

（二）分离培养基

选用不同类型培养基分离圈养大熊猫肠道放线菌，为抑制样品中真菌和细菌的生长，各培养基中都分别加入抑菌剂：重铬酸钾、制霉菌素和萘啶酮酸，其中制霉菌素浓度为 50μg/ml，重铬酸钾和萘啶酮酸浓度为 30μg/ml 和 50μg/ml。所用的分离培养基与纯化保种培养基成分见表 12-2。

表 12-2　分离与纯化保种培养基

	培养基	组分
分离培养基	E2	羧甲基纤维素钠 10g，酵母提取物 1g，K_2HPO_4 1g，$MgSO_4·7H_2O$ 0.2g，琼脂 20g，蒸馏水 1000ml
	海藻糖-脯氨酸（Ma）	海藻糖 5g，脯氨酸 1g，$(NH_4)_2SO_4$ 1g，NaCl 1g，$CaCl_2$ 2g，K_2HPO_4 1g，$MgSO_4·7H_2O$ 1g，复合维生素 1ml，琼脂 20g，蒸馏水 1000ml
	淀粉-酪素（Mb）	可溶性淀粉 10g，酪素 0.3g，KNO_3 2g，K_2HPO_4 2g，$MgSO_4·7H_2O$ 0.05g，NaCl 2g，$CaCO_3$ 0.02g，琼脂 20g，蒸馏水 1000ml
	甘油-天冬酰胺（Mc）	酵母膏 2.5g，甘油 5g，天冬酰胺 0.5g，K_2HPO_4 0.5g，$MgSO_4·7H_2O$ 0.5g，$CaCO_3$ 0.3g，琼脂 20g，蒸馏水 1000ml
	Md	大豆提取物 0.2g，微晶纤维素 1g，Na_2HPO_4 0.5g，KCl 1.7g，$MgSO_4·7H_2O$ 0.05g，$CaCl_2$ 1g，复合维生素 1ml，琼脂 20g，蒸馏水 1000ml
	1/2E2+1/2Mc（Z1）	E2 和 Mc 这两个培养基减半混合
	1/2Ma+1/2Mc（Z2）	Ma 和 Mc 这两个培养基减半混合
	葡萄糖-天冬酰胺（Mp）	葡萄糖 10g，天冬酰胺 0.5g，K_2HPO_4 0.5g，$MgSO_4·7H_2O$ 0.4g，琼脂 20g，蒸馏水 1000ml
	M4	L-天冬酰胺 0.1g，K_2HPO_4 0.5g，$FeSO_4·7H_2O$ 0.001g，$MgSO_4·7H_2O$ 0.1g，蛋白胨 2g，丙酸钠 4g，NaCl 2g，琼脂 20g，蒸馏水 1000ml
纯化保种培养基	无机盐淀粉琼脂培养基 4（ISP$_4$）	淀粉 10g，$(NH_4)_2SO_4$ 4g，$CaCO_3$ 2g，$MgSO_4·7H_2O$ 4.1g，K_2HPO_4 2.62g，琼脂 20g，蒸馏水 1000ml

（三）菌株的分离

对上述经预处理的样品进行 10 倍梯度稀释，得到 10^{-2}、10^{-3}、10^{-4} 三个稀释度，从 3 个稀释度中分别吸取 0.1ml 菌液至平板上进行涂布，每个稀释度重复 3 次，放置于 28℃ 生化培养箱中培养 7 天左右，将分离到的放线菌在 ISP_4 培养基上进行划线纯化，挑取单菌落保种，将保种好的菌株置于 4℃ 冰箱保藏。

菌株的形态及培养特征观察采用 ISP_4 培养基埋片培养法，每 5 天取一张盖玻片在 Zeiss Axio Imager 显微镜下对菌株进行光学显微形态观察；肉眼观察培养特征，如气丝、基丝、产色素及孢子丝吸水等情况（中国科学院微生物研究所放线菌分类组，1975），对分离菌株进行分群。液体培养菌株采用滤纸过滤法获取菌株样本，将滤膜放入 2%戊二醛液体中固定 10~14h。细胞固定完成后，进行乙醇脱水，临界点干燥后喷金，在 Zeiss EVO 18 扫描电镜下观察细菌的形态、大小、排列方式等特征（徐先栋等，2016）。

（四）放线菌 DNA 的提取

用无菌竹签从固体培养基上挑取少量菌体于无菌的 1.5ml 离心管中，采用酶解法小量提取放线菌的基因组总 DNA（熊子君，2014），实验步骤如下：

加入 480μl 1×TE 缓冲液，加入 20μl 终浓度为 2mg/ml 的溶菌酶；

将离心管置于 37℃保温过夜；

加入 50μl 20% SDS 和 5μl 蛋白酶 K（20mg/ml），振荡混匀，放入 60℃保温 2h；

加入 550μl 苯酚：氯仿：异戊醇（25：24：1）进行抽提，12 000r/min 离心 10min，取上清液重复 3 次；

加入 800μl 无水乙醇和 80μl 3mol/L 乙酸钠，置于–20℃沉淀 2h；

12 000r/min 离心 10min，去除上清液；

加入 200μl 70%乙醇清洗 1~2 次，12 000r/min 离心 5min，去除乙醇；

乙醇挥发干后，加入 50μl 1×TE 缓冲液溶解 DNA，于–20℃保存备用。

（五）16S rRNA 基因的扩增及系统发育树构建

采用 20μl 反应体系，使用放线菌 16S rRNA 基因的通用引物（8~27F、1523~1504R）进行 PCR 扩增（袁红莉和王贺祥，2009）。PCR 反应体系为：PCR 预混液 10μl，引物各 0.3μl，DNA 1μl，用无菌 ddH_2O 补足至 20μl。PCR 反应程序为：94℃预变性 3min；94℃变性 1min；55℃退火 1min；72℃延伸 2min；30 个循环；72℃ 7min。PCR 扩增产物使用 0.1%（W/V）的琼脂糖凝胶进行电泳分析，根据电泳结果将产物送往生工生物工程（上海）股份有限公司进行测序。将所测序列通过 BLAST 程序在 GenBank 获取相似度较高的序列，以 ClustralX（Version1.81）进行全序列比对，采用邻接法（neighbor-joining method）在 Mega6.0 中进行系统发育分析，构建系统发育树。

三、真菌

肠道菌群在平衡宿主健康和疾病的过程中起着重要作用，被认为是机体内没有受到关注的"器官"。动物肠道内分布有细菌、真菌、古菌和病毒等大量的微生物，这些微生物在宿主的生长、发育、免疫及营养吸收利用等方面发挥着重要作用，其中真菌是肠道微生物的重要组分，其群落结构组成受食物、品种、药物、疾病等多因素的影响（朱文华和吴本俨，2017）。目前肠道菌群研究的主流方向是阐明肠道细菌与疾病的发生和发展的关系，但在真菌方面的研究甚少，随着研究的不断深入，发现肠道真菌对于生物体的健康与疾病起着不容小觑的作用（Bäckhed et al., 2005；张利龙等，2018），同样也蕴含着大量遗传信息。虽然肠道真菌的含量相对较少，但其作用不容忽视。蓝添等（2014）利用涂布平板法从中华稻蝗肠道中分离得到 6 株真菌，并筛选出 1 株具有较强除草活性的真菌。张珊等（2019）采用传统微生物分离纯培养方法从思茅松毛虫 4 龄幼虫肠道样品中分离肠道真菌，运用 ITS 序列分析鉴定，并对其产酶活性进行初步研究。此外，多样的真菌群落与其他微生物共同存在于肠道中，肠道真菌是肠道微生物群中具有高度免疫反应的组成部分，肠道真菌群落的变化会加重代谢性疾病，越来越多的研究揭示了肠道共生真菌的作用，而不仅仅是它们对宿主免疫反应的直接影响（William et al., 2020）。

周应敏等（2020）通过高通量测序技术分析 4 只亚成体大熊猫肠道细菌和真菌多样性的季节差异，并检测不同季节的肠道纤维素酶活性，发现亚成体大熊猫不同季节的肠道微生物结构演变对其纤维素消化具有重要影响。李果等（2019）采用高通量测序技术分析 4 只圈养老年大熊猫新鲜粪便中的真菌组成，发现在门分类水平，圈养大熊猫粪便真菌主要由子囊菌门（Ascomycota）（46.82%）、担子菌门（Basidiomycota）（2.18%）组成；在属分类水平，真菌主要由腐质霉属（19.35%）、德巴利酵母属（15.82%）、镰刀菌属（2.91%）、曲霉属（1.51%）组成。艾生权（2014）采用形态学和 rRNA-ITS 序列分析方法对亚成体大熊猫肠道真菌进行初步分离与鉴定，经培养获得的真菌主要由 4 种霉菌（半乳糖霉菌 *Galactomyces geotrichum* 占 22.74%、*G. reessii* 占 12.37%、多枝毛霉 *Mucor ramosissimus* 占 18.23%和卷枝毛霉 *M. circinelloides* 占 6.39%）和 2 种酵母菌（丝孢酵母菌 *Trichosporon* 占 19.46%和 *Candida solani* 占 20.81%）组成。晋蕾（2019）等采用高通量测序技术对 3 只幼年大熊猫断奶前后肠道真菌变化情况进行分析，发现肠道真菌由子囊菌门和担子菌门变为以担子菌门和接合菌门（Zygomycota）为主要门；在真菌属水平，*Microidium* 的相对丰度显著下降，但 *Cystofilobasidium*、普兰久浩酵母属（*Guehomyces*）和隐球菌属（*Cryptococcus*）显著上升（$P<0.05$）。

真菌细胞壁比原核生物的壁厚 10 倍左右，使得从粪便中提取真菌 DNA 的难度远大于细菌 DNA（Bartnicki-Garcia，1968）。目前，国内外从粪便中提取真菌 DNA 的方法主要有十六烷基三甲基溴化铵法（CTAB 法）、十二烷基硫酸钠法（SDS 法）、Chelex-100 法及商业试剂盒等（江宇航等，2020），常用检测真菌多样性的方法有：聚合酶链反应（PCR）、随机扩增多态性 DNA（RAPD）、变性梯度凝胶电泳（DGGE）、限制性片段长度多态性（RFLP）、扩增片段长度多态性（AFLP）测定技术及高通量测序技术等（董秀丽，2005）。为掌握大熊猫肠道真菌与宿主的相互作用，菌群通过内部转移和免疫交叉等作用对宿主的健康、病理和寄生肠道菌群产生影响，首先要开展肠道真菌的分离培养及鉴定。传统培养方法过程烦琐，耗时长，有些真菌并不能在培养基上生长，随着分子生物学技术的革新，研究人员可以越发深入地研究肠道微生物，能够快速分离鉴定大量样品，既可以分析不同微生物群落的差异，也可以研究同一个微生物随时间和外部环境压力的变化过程（Muyzer，1999）。高通量测序技术相较于传统培养方法能够完整快速地完成对肠道微生物群落信息的采集与分析，并产生覆盖深度更大的数据量，检测到纯培养和传统非培养技术不能发现的低丰度肠道微生物种类，从而进一步全面真实地反映大熊猫肠道真菌的多样性。

（一）采样

选取黏液明显的新鲜整块粪便于无菌袋，储存于冰盒，6h 内送回实验室，在无菌条件下将粪便外部剥离，取中间粪便进行分装，并将样品尽快置于−80℃冰箱保存备用。

（二）主要仪器与试剂

1. 仪器

超低温冰箱；电冰箱；电热恒温水浴锅；电泳仪；PCR 仪；摇床；超净工作台；恒温培养箱；凝胶成像仪；超纯水仪；酶标仪；台式离心机；微波炉；制冰机；振荡器；高压灭菌锅；电子天平；光学显微镜等。

2. 试剂

Omega Fungal DNA Kit；引物；琼脂糖；普通琼脂糖凝胶 DNA 回收试剂盒；DL2000 Marker；50×TAE 缓冲液；10×Loading Buffer（上样缓冲液）。

3. 主要试剂配制

磷酸盐缓冲液（PBS 缓冲液）：KH_2PO_4 0.24g，Na_2HPO_4 1.44g，NaCl 8g，KCl 0.2g，加去离子水约 800ml 充分搅拌，然后加入浓盐酸调 pH 至 7.4，最后定容到 1L。

马铃薯葡萄糖琼脂（PDA）培养基：马铃薯 200g，葡萄糖 20g，琼脂 15～20g，蒸馏水 1000ml，自然 pH。

察氏培养基：蔗糖 30g，$NaNO_3$ 3g，KH_2PO_4 1g，KCl 0.5g，$MgSO_4·7H_2O$ 0.5g，$FeSO_4$ 0.01g，琼脂 15～20g，蒸馏水 1000ml，自然 pH。

马丁培养基：KH_2PO_4 1g，$MgSO_4·7H_2O$ 0.5g，蛋白胨 5g，葡萄糖 10g，琼脂 15～20g，蒸馏水 1000ml，自然 pH。

豆芽汁葡萄糖培养基：黄豆芽 100g，葡萄糖 50g，琼脂 15～20g，蒸馏水 1000ml，自然 pH。

孟加拉红培养基：蛋白胨 5g，葡萄糖 10g，KH_2PO_4 1g，$MgSO_4·7H_2O$ 0.5g，琼脂 15～20g，孟加拉红 0.03g，蒸馏水 1000ml，自然 pH。

（三）样品总 DNA 的提取

准确称取 50g 粪便样品于离心管中，并加入 300ml 灭菌 PBS 缓冲液（pH 7.4，0.1mol/L），放入摇床室温摇 20min，取上清液分装至 4 个 50ml 灭菌离心管中，分别向离心管加入 40ml PBS 缓冲液，600r/min 离心 10min，用 5 层医用纱布过滤，弃上清液保留沉淀,再用 PBS 缓冲液洗涤沉淀多次（600r/min 离心 5min+12 000r/min 离心 10min），沉淀于 –80℃保存备用。

采用 Omega Fungal DNA Kit 提取真菌 DNA，按照说明书步骤：收集样品于离心管内，加入 600μl FG1 缓冲液和 5μl RNA 酶（20mg/ml），涡旋混匀，静置 1min，加入 10μl β-巯基乙醇，涡旋混匀；65℃水浴 10min，在此期间摇匀 1 次；加 140μl FG2 缓冲液摇晃混匀，10 000g 离心 10min；小心吸取 600μl 上清液到新的离心管中，不要碰到沉淀。加入 0.5 倍体积的 FG3 缓冲液和等体积的无水乙醇，涡旋混匀（如果出现沉淀颗粒，可以用注射器或移液枪吹散）；将 HiBind®DNA 柱套在 2ml 收集管中，转移 800μl 上一步骤中的混合液到柱子中，室温下 10 000g 离心 1min，去滤液；重复上一步骤直至将所有混合液全部过柱；将 HiBind®DNA 柱套入新的 2ml 收集管，加 750μl DNA 洗涤缓冲液（含乙醇），室温 10 000g 离心 1min；重复上一步骤，用 DNA 洗涤缓冲液进行二次洗涤；将 HiBind®DNA 柱套回 2ml 收集管，室温下 10 000g 空柱子离心 2min；将 HiBind®DNA 柱套入新的 1.5ml 离心管，加入 50～100ml 65℃预热的洗脱缓冲液，室温放置 3～5min 溶解 DNA。室温 10 000g 离心 1min 洗脱 DNA；重复上一步骤进行 DNA 二次洗脱（加洗脱液和洗脱前，于 65～70℃放置 5min），即可得到高质量 DNA。最后用酶标仪和 0.8% 琼脂糖凝胶电泳检测 DNA 纯度及质量，将 DNA 于 –80℃下保存。

（四）粪便中真菌 ITS 的 PCR 扩增

以上述提取的 DNA 为模板，所用扩增引物序列 ITS1：5'-TCCGTAGGTGAACC TGCGG-3'，ITS4：5'-TCCTCCGCTTATTGATATGC-3'，PCR 反应体系 50μl：PCR 预混液 25μl、2μl DNA 模板、1μl ITS1、1μl ITS4、21μl ddH$_2$O。PCR 反应程序：94℃预变性 4min；94℃变性 30s，55℃退火 30s，72℃延伸 45s，30 个循环；72℃延伸 7min；4℃保存。PCR 完成后，产物经 1%琼脂糖凝胶电泳检测合格后送生物公司检测。将测序所得序列提交到美国国家生物技术信息中心（NCBI）数据库并进行 BLAST 同源序列比对，鉴定菌株的分类地位，选出相似度较高的有效菌株确定该菌的种类（图 12-3）。

图 12-3　序列比对结果

（五）可培养真菌的分离、纯化和保存

取新鲜粪便样品置于 2ml 无菌离心管中，加入 1ml PBS 缓冲液后摇匀。吸取 1ml

上述匀浆置于 9ml PBS 缓冲液中，稀释成 10^{-1}，采用十倍稀释法依次稀释至 10^{-5}。吸取每浓度稀释液 100μl 分别涂布于 PDA 培养基、察氏培养基、马丁培养基、豆芽汁葡萄糖培养基、孟加拉红培养基，每个梯度稀释液各涂 3 个平行。涂板均匀后将培养平板倒置于 28℃培养箱中培养 2~14 天，待菌落长出后，初步根据菌落形态、大小和颜色等特征选取单菌落，采用菌丝顶端纯化法，用接种铲从菌落边缘挑取少量菌丝至新鲜的 PDA 培养基上，多次纯化直到获得单一培养分离物。

斜面低温保存：将纯化后的菌株接种至斜面培养基上，28℃恒温培养 2~14 天，观察菌落生长情况，确定无污染后，将斜面培养基转移至 4℃冰箱中保存。

甘油长期保存：用接菌环无菌挑取保存液，划线纯化得到的单一菌落分离物于 50ml 马铃薯葡萄糖肉汤（PDB）培养基中，28℃下 120r/min 摇床培养 5~7 天，观察菌落生长情况，确定无污染后，将菌悬培养液吸取 500μl 于 1.5ml 无菌离心管中，再加入 500μl 甘油，每种菌重复 6 次，于-80℃保存，剩余菌悬培养液于 4℃无菌保存备用。

（六）形态学鉴定

真菌的形态学鉴定，参考《真菌鉴定手册》（魏景超，1979）、《真菌分类学》（邵力平等，1984）、《酵母菌的特征与鉴定手册》（巴尼特等，1991），要对一个未知名的菌种性状进行研究，首先看它的全部外貌、生长形态，然后观察它的内部结构，尤其是成熟的（产生孢子的）子实体。借助显微镜观察菌株的内部结构，详细记下菌株的孢子、孢子梗、孢子器等的大小、长短、颜色等。根据菌群的性状、形态特征等的相近或相异程度将它们归并或分开，以便与真菌检索表加以对比（魏景超，1979；邵力平等，1984）。

将斜面菌株转接在 PDA 培养基上培养，待菌丝生长接近培养皿边缘 1cm 左右时打开培养皿，采用经典形态学方法对各菌落的形态特点（颜色、质地、表面特征）进行观察，并对菌落正反面进行拍照记录（图 12-4）。用接种环从平板上挑取少量菌体或使用刮片法从盖玻片刮去部分尖端菌丝，然后滴 1~2 滴乳酸酚棉蓝染色 2min，盖上盖玻片，轻压排出气泡，制成装片，光学显微镜下观察菌丝形态、分生孢子形态、子囊孢子形态、避囊壳形态等特征（图 12-5）。

（七）可培养真菌 DNA 提取

真菌物种的形态特征有限，加之形态滞后和形态可塑性，仅靠外部形态、内部结构及生理生化指标，很难把握真菌的系统亲缘。应用 DNA 测序、基因组测序、比较基因组学及生物信息学技术，可为真菌鉴定提供有力证据（杨祝良，2013）。

菌丝体的培养收集：将分离纯化后的真菌菌丝接种于 PDB 液体培养基中，28℃下 120r/min 摇床培养 5~7 天，离心收集菌丝体，用吸水纸尽量吸干水分，4℃保存备用。

采用改良氯化苄法提取 DNA（潘欣等，2008）：离心收集菌丝体，尽量吸干水分，1g 菌丝体加入 5ml 提取液（100mmol/L Tris-HCl，40mmol/L EDTA，pH 8.0），振荡使之与菌丝体充分混匀，再加入 1ml 10%SDS、3ml 氯化苄，剧烈振荡，使管内混合物呈乳状。在 50℃水浴保温 1h，每隔 10min 振荡混合 1 次。然后加入 3ml 3mol/L NaOAc（pH 5.2）混匀，冰水浴 15min，6000r/min 离心 15min，取上清液，加入等体积的异丙醇室温

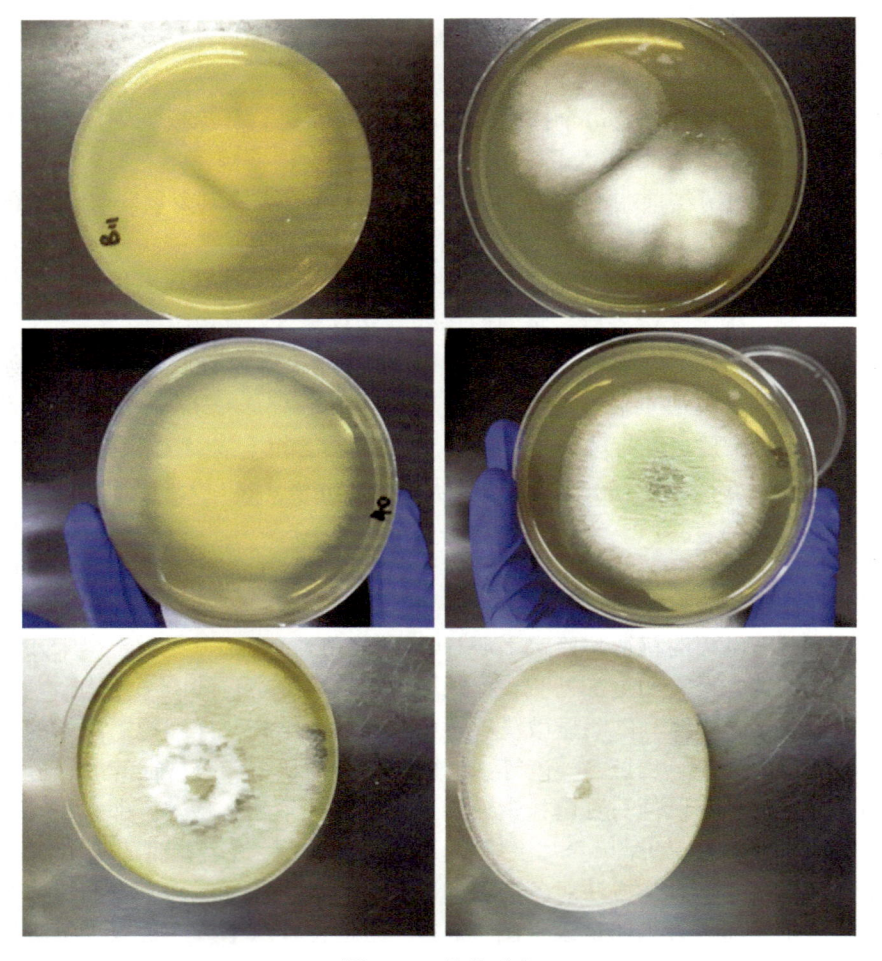

图 12-4　菌落形态

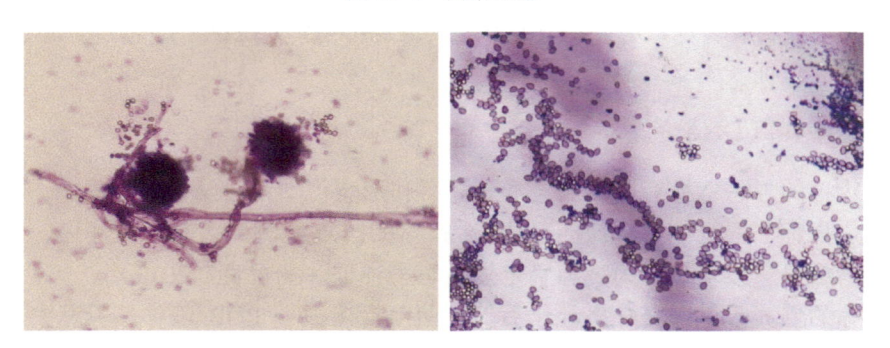

图 12-5　真菌镜检图片

沉淀 20min。10 000r/min 室温离心 15min，沉淀用 70%乙醇洗 1 次，自然干燥或吹干后溶于 TE（10mmol/L Tris-HCl，1mmol/L EDTA，pH 8.0），加 1μl RNA 酶消化后，保存于–20℃冰箱备用。

采用改良二次沉淀法提取 DNA（邹立扣和潘欣，2009）：离心收集菌丝体，用灭菌双蒸水冲洗 2~3 次，尽量吸干水分。将菌丝体转移到冷冻过的研钵里，加入 2~3 次液氮，把冷冻的菌丝体研磨成细粉末，应随时补充液氮以保证低温。将菌丝体粉末迅速转移到 20ml 的离心管中，加入 10ml 缓冲液 A（SDS-EB，pH 8.0），密封后在涡旋振荡器上混合均匀，静置至室温。将混合液置 65~68℃水浴 20min，室温下 10 000r/min 离心 15min。取上清液移至另一离心管，加入 0.5ml 缓冲液 B（8mol/L KOAc，pH 4.2），混匀后冰浴 45min，然后 4℃下 10 000r/min 离心 20min。取上清液至另一离心管，加入等体积异丙醇，小心颠倒混合均匀，可以看到沉淀出现。将离心管静置 5min，轻轻倒掉上清液，用长针将沉淀转移到 1.5ml 的离心管中，用 70%乙醇清洗 1 次，无水乙醇清洗 2 次，然后让沉淀自然干燥。将沉淀溶解于 750μl 超纯水，混匀后可于–20℃冰箱过夜。将上述溶液用等体积的酚-氯仿抽提 2~3 次，氯仿抽提 1 次，再用异丙醇沉淀，自然干燥，溶于 50μl 超纯水中，加 1μl RNA 酶消化后，保存于–20℃冰箱备用。

CTAB 法提取真菌 DNA（张书航等，2020）：刮取真菌菌丝置于无菌研钵中，加入液氮将菌丝快速研磨成粉末状；称取 50mg 于无菌的 1.5ml 的离心管中，加入 600μl 经 65℃预热的 20g/L CTAB 缓冲液，充分混匀后于 65℃水浴 10min，期间颠倒混匀 2 次；加入 600μl 混合液一（苯酚：三氯甲烷：异戊醇=25：24：1），室温孵育 20min，5000r/min 离心 5min，吸取上清液于新的无菌 1.5ml 离心管中；加入与上清等体积的混合液二（三氯甲烷：异戊醇=24：1），室温孵育 20min，5000r/min 离心 5min，吸取上清液于新的无菌 1.5ml 离心管中，重复上两步操作；留取最后一次离心所得上清液于新的 1.5ml 离心管中，加入 30g/L NaAc，加入量为上清体积的 1/10，再加入无水乙醇，加入量为上清体积的 2 倍，4℃下 10 000r/min 离心 10min，弃上清；加入 750ml/L 无水乙醇 200μl，轻轻摇晃，悬浮 DNA；加入无水乙醇 400μl，沉淀 DNA，弃去液体，待液体完全挥发后加入 20μl ddH$_2$O，溶解 DNA。最后保存于–20℃冰箱备用。

（八）真菌的 ITS 区测序鉴定

对大熊猫肠道可培养真菌 ITS 区进行 PCR 扩增，以上述提取的 DNA 为模板，所用扩增引物序列 ITS1：5′-TCCGTAGGTGAACCTGCGG-3′，ITS4：5′-TCCTCCGCTTATTGATATGC-3′，PCR 反应体系 50μl：PCR 预混液 25μl、2μl DNA 模板、1μl ITS1、1μl ITS4、21μl ddH$_2$O。PCR 反应程序：94℃预变性 4min；94℃变性 30s，55℃退火 30s，72℃延伸 45s，30 个循环；72℃延伸 7min；4℃保存。PCR 完成后，产物经 1%琼脂糖凝胶电泳检测合格后送生物公司检测。将测序结果的序列提交到 NCBI 数据库并进行 BLAST 同源序列比对，鉴定菌株的分类地位，选出相似度较高的有效菌株确定该菌的种类。

第二节 多组学方法分析肠道微生物

组学是研究分析大熊猫肠道微生物组成和功能的重要方式，主要包括了扩增子（amplicon）、宏基因组学（metagenomics）、宏转录组学（metatranscriptomics）、宏蛋白质组学（metaproteomics）及全基因组（whole genome）等方法。每一种都有各自的优势和不足，在实际研究中，可根据需要利用多组学方法研究大熊猫肠道微生物的组成、结构和功能。

一、粪便预处理

粪便是研究大熊猫肠道微生物的主要材料，由于大熊猫粪便主要以未完全消化的竹节为主，难以直接使用试剂盒提取粪便 DNA，因此，大熊猫粪便样品需要进行前期处理，富集大熊猫粪便中的微生物。本研究根据经验，总结出以下粪便样品处理方案。

1）粪便尽量在无菌环境中处理，去除粪便的表面污染物，以减少外部环境和宿主污染。

2）每个样品称取 50g，放于无菌的 500ml 锥形瓶中，加入 300ml 无菌 PBS 缓冲液，置于振荡器，以 200~240r/min 速度振荡 30min。

3）将悬浮液倒入无菌离心管，尽量避免将较大的竹纤维倒入，以 8000r/min 离心 8min，去掉上清液。

4）重复步骤 3），直到将悬浮液完全离心。

5）锥形瓶中再次加入 300ml 无菌 PBS 缓冲液，按步骤 3）再次离心，直到将悬浮液完全离心。

6）在离心管加入一定量的无菌 PBS 缓冲液，对离心管进行涡旋，使沉淀全部悬浮。

7）将离心管以 200r/min 离心 5min，将液体倒入新的离心管，避免倒入较大的竹纤维。

8）将新的液体以 8000r/min 离心 10min，去掉上清液，获得最终样品，将样品保存于 -80℃冰箱中保存。

在我们的实践中，此方案能够充分地富集出大熊猫粪便中的主要微生物，能够确保后续数据的准确性和可靠性。根据先前的研究结果，粪便 DNA 提取使用 QIAGEN 粪便 DNA 提取试剂盒（QIAamp DNA Stool Mini Kit）效果良好，能够从新鲜粪便和冷冻粪便中高效提取纯化出细菌等的 DNA。DNA 提取尽可能在无菌条件下进行，将最终提取的 DNA 保存在超低温冰箱中。

由于真菌存在细胞壁，样品需要提前使用液氮反复冻融，并使用专门的粪便真菌 DNA 试剂盒才能够高效地提取出真菌的 DNA。

二、基于扩增子研究微生物多样性

扩增子测序是研究微生物多样性的重要方式。扩增子由于分析简单、价格便宜、无宿主污染，广泛地运用于微生物多样性组成的研究。核糖体 RNA（ribosomal RNA，rRNA）是原核生物核糖体的重要组成部分，根据沉降系数，原核生物的 rRNA 可分为 5S、16S 及 23S 三种。16S rRNA 基因长度约 1500bp，存在 9 个高可变区和 10 个高度保守区域，可变区的变异性和原核生物的进化关系存在正相关关系，同时 16S rRNA 基因的长度适中，因此，通常将 16S rRNA 基因作为原核生物分类鉴定的重要基因。如果使用二代测序，通常选择 1~2 个可变区，在实际研究中，常选择 V3、V4 或 V3~V4 区域作为扩增片段，能够注释到绝大多数微生物的属分类水平。随着三代测序的发展，也可以测定 16S rRNA 的 9 个可变区，能够开展原核生物种分类水平的研究。

针对扩增子测序的分析主要有两种软件即 mothur（https://mothur.org/）（Schloss et al.，2009）和 QIIME2（https://qiime2.org/）（Bolyen et al.，2019）。QIIME2 是 QIIME 的升级版本，由于可重复、可视化强、支持多种用户界面等优点成为更加流行的软件。QIIME2 整合了数据的质控、多样性分析、物种注释等功能。数据分析主要包括数据质控、OTU 聚类、物种注释、多样性分析、功能注释等。

数据质控包括数据根据 barcode 拆分样品、去掉低质量的 reads、去除嵌合体等步骤，然后才能进行 OTU 聚类。OTU 即运算分类单元，在进行微生物多样性研究时，按照一定的阈值将相似的序列归为同一个类群。在目前的研究中，通常将阈值设置为 99%，OTU 聚类能够减少错误序列对后续分析的影响。物种注释是扩增子数据分析的核心，常用的数据库包括 Greengenes、SILVA、UNITE 等。Greengenes 主要提供 16S rRNA 的数据库（McDonald et al.，2012），SILVA 包括 16S rRNA、18S rRNA 等数据库（Quast et al.，2013），而 UNITE 数据库提供真菌 ITS 序列信息（Nilsson et al.，2019）。

微生物多样性分析主要包括 α 多样性和 β 多样性。α 多样性是评价样品中物种的数量，β 多样性是评价不同样本之间共同的物种组成。评价 α 多样性的指数主要有 4 种，评价物种丰富度的 Chao1 指数和 ACE 指数，以及评价物种多样性的 Shannon 指数和 Simpson 指数。Chao1 指数和 ACE 指数越大表示物种越丰富，Shannon 指数和 Simpson 指数越大表示群落多样性越高。而评价 β 多样性的聚类方法主要包括基于 OTU 群落的 Bray-Curtis 距离及基于系统发育树的 UniFrac 距离，通常使用 PCA、PCoA、NMDS 等图进行结果展示。

虽然扩增子测序主要研究肠道微生物的组成，但是一些软件也能够对细菌进行功能预测，如 PICRUSt 和 Tax4Fun。PICRUSt（http://picrust.github.io/picrust/）主要依赖于 Greengenes 数据库进行功能注释（Langille et al.，2013）。而 PICRUSt2（https://github.com/picrust/picrust2/wiki）使用整合微生物基因组（integrated microbial genome，IMG）微生物基因组数据库进行功能注释，从而使获得的功能信息更加丰富（Douglas et al.，2020）。

在真菌多样性研究中，通常选择真菌的内转录间隔区（internal transcribed spacer，ITS）进行扩增，从而进行真菌的物种分类。对于真核生物研究也可以选择 18S rRNA 的 V4 或 V9 区作为扩增区域。

三、基于宏基因组学研究微生物多样性

扩增子测序通常只能研究细菌、古菌或真菌的物种组成和相对丰度情况，不能深入全面地了解肠道微生物的功能。使用宏基因组方法能够弥补这一缺陷，宏基因组可研究样品中所有微生物的基因组信息，包括可培养微生物和不可培养微生物，不仅能了解肠道中细菌、真菌、病毒和古菌等组成，同时能够了解微生物多样性、基因功能、互作关系、代谢网络等。另外，宏基因组分箱技术是从宏基因组数据中组装出完整的基因组序列，可以拓展大熊猫肠道微生物基因组的数据库，同时有助于深入研究肠道微生物的基因表达和物质代谢过程，解析肠道微生物和其宿主之间的关系。数据分析流程主要包括数据质控、物种注释、序列组装、功能注释和基因预测等。

（一）序列质控

序列质控是指评估测序数据质量及去除测序数据中接头、低质量序列及宿主的污染序列，测序数据质量通常采用 FastQC（https://www.bioinformatics.babraham.ac.uk/projects/fastqc/）工具进行评估。FastQC 是一个快速质量评估工具，通过一系列的指标如测序错误、测序片段长度分布、碱基含量分布等评估测序数据的质量。剪切接头和过滤使用的主要工具为 Cutadapt、Trimmomatic 和 Kneaddata。Cutadapt 是一个对测序数据进行识别、剪切及去除接头、引物、poly A 等的工具，是用 Python 编写的，为了提升计算速度，对齐算法采用 C 语言作为 Python 扩展模块，该工具是在 Linux 上开发，但同时也可在 Windows、MacOS 等平台上运行（Martin，2011）。Trimmomatic 是基于 Illumina 测序而设计的质控工具，支持多线程，根据碱基质量值去除接头和低质量序列，并将序列剪切到一定的长度且不干扰下游分析，拥有普通模式（simple mode）和回文模式（palindrome mode），其中普通模式主要处理单端测序的序列，回文模式通过对测序的正向和反向序列比对来去除污染的接头序列，仅提供 Linux 版本（Bolger et al.，2014）。另外，可结合 Bowtie2 去除宿主基因组的污染（Langmead and Salzberg，2012）。Kneaddata（http://huttenhower.sph.harvard.edu/kneaddata）是 Huttenhower 实验室开发的一个综合软件，集成了 FastQC、Trimmomatic 和 Bowtie2 工具，FastQC 用于质控、Trimmomatic 过滤序列、Bowtie2 去除宿主基因组的污染，专用于宏基因组数据的质量控制，可在 Linux 或者 MacOS 上安装使用。

（二）物种注释

物种注释常用的软件包括 MetaPhlAn 和 Kraken，目前两个软件已经分别更新到 MetaPhlAn4（https://huttenhower.sph.harvard.edu/metaphlan/）和 Kraken2（http://ccb.jhu.edu/software/kraken2/）。两种软件采用了不同的注释方式。MetaPhlAn 是对宏基因组数据进行微生物分类分析最常用的工具之一，根据微生物物种基因组的特异标记基因进行物种鉴定和分类，MetaPhlAn4 收集了数百万的微生物基因组和宏基因组组装基因组，在菌种水平的基因组分箱（species-level genome bins）上进行物种鉴定和丰度定量（Segata et al.，2012；Blanco-Míguez et al.，2023）。Kraken2 则是基于 k-mers 进行精确比对，采用最近公共祖先（lowest common ancestor，LCA）分类比对以快速对宏基因组数据进行物种注释（Wood et al.，2019），但 Kraken2 只是注释物种，并不估算其丰度，因此需要结合 Bracken（https://ccb.jhu.edu/software/bracken/），根据 Kraken2 比对的物种分类标签估算每个样本物种的丰度。因此，在实际使用中，MetaPhlAn4 通常能够准确地注释到高丰度的原核生物类群，从而避免了低丰度物种的假阳性。Kraken2 可获得一些低丰度物种的分类信息，同时支持自行构建个性化数据库，如细菌、真菌、动物、植物、病毒等数据库，对多种类群进行分类。但是 Kraken2 标准数据库需要占用大量的储存空间，因而可根据实际情况选择合适的软件进行物种分类注释。

（三）功能注释

基因的功能注释是宏基因组的核心。首先需对宏基因组的高质量 reads 进行组装。

宏基因组的序列组装包括归类和拼接，将 reads 拼接为更长的序列（contig），metaSPAdes（https://github.com/ablab/spades）和 MEGAHIT（https://github.com/voutcn/megahit）被广泛应用于宏基因组序列组装，metaSPAdes 根据 de Bruijn 图算法进行组装，采用多个 k-mer 值，避免单一 k-mer 值出现的问题，因此组装效果更好，但是需要占用大量的计算资源（Nurk et al., 2017），而 MEGAHIT 基于 de Bruijn 图，将宏基因组测序数据分割成较短的序列片段，并构建一个由这些片段组成的图，再通过分析图中的重叠和连接关系，将这些短片段组装成长片段（contig），其优点为组装速度快、占用资源小（Li et al., 2015）。基因预测主要根据原核生物的起始密码子和终止密码子位置预测开放阅读框（open reading frame，ORF），Prodigal（https://github.com/hyattpd/Prodigal）（Hyatt et al., 2010）和 MetaGeneMark（http://exon.gatech.edu/GeneMark/）（Zhu et al., 2010）是专用于宏基因组测序数据的基因预测主流软件。Prodigal 可高度准确地识别短而匿名编码序列中的基因和翻译起始位点，评估每个基因置信度能力，并根据需要输出蛋白质翻译、DNA 序列和有关序列中起始位点的详细信息。MetaGeneMark 是一款基于隐马尔可夫模型的宏基因组基因预测工具，可有效地预测宏基因组中的基因位置和结构。由于预测出的基因集存在大量的冗余，因此需要使用去冗余工具 CD-HIT（http://weizhongli-lab.org/cd-hit/）进行聚类分析和序列去重，构建一个非冗余的基因集合（Fu et al., 2012）。将非冗余基因合集与数据库按照一定参数要求进行比对，获得基因的功能信息。常用的功能注释数据库包括了 CAZy（http://www.cazy.org/）（Cantarel et al., 2009）、KEGG（https://www.kegg.jp/）（Kanehisa et al., 2017）、CARD（https://card.mcmaster.ca/）（Alcock et al., 2020）、VFDB（http://www.mgc.ac.cn/VFs/）（Chen et al., 2005）、PHI（http://www.phi-base.org/）（Urban et al., 2020）、BacMet（http://bacmet.biomedicine.gu.se/）（Pal et al., 2014）等。CAZy 数据库主要包括降解、修饰或形成糖苷键的酶的编码基因，包括糖苷水解酶类（glycoside hydrolases，GHs）、糖苷转移酶类（glycosyl transferases，GTs）、多糖裂解酶类（polysaccharide lyases，PLs）、碳水化合物酯酶类（carbohydrate esterases，CEs）、碳水化合物结合模块（carbohydrate-binding modules，CBMs）、辅助活性类（auxiliary activities，AAs）等六大类。KEGG 是一个整合了系统功能信息、基因组信息、化学信息的数据库，是生物学研究中一个常用数据库。CARD 是一个抗生素耐药基因的综合数据库，包括所有的抗生素耐药基因，并在不断更新。VFDB 是一个重要的毒力因子数据库，包括 set(A) 和 set(B) 两个核心库，set(A) 库为通过实验验证的毒力基因，而 set(B) 还包括预测的毒力基因。PHI 主要是致病菌的致病基因及效应基因的数据库。BacMet 数据库还提供了重金属的抗性基因。

此外，HUMAnN3（https://huttenhower.sph.harvard.edu/humann3）基于宏基因组 reads 进行功能预测，通常与 MetaPhlAn3、Bowtie2、DIAMOND 工具联合使用，主要是在 UniRef 蛋白数据库中，分析蛋白质功能、系统发育等，同时高效、准确地从宏基因组数据中估算微生物基因丰度、代谢途径丰度及通路覆盖度（Franzosa et al., 2018）。MEGAN（https://github.com/husonlab/megan-ce）是一个图形界面、跨平台软件，用于宏基因组物种和功能分析，并进行数据可视化（Huson et al., 2007）。

宏基因组分箱技术可以从宏基因组测序数据中获得不可培养微生物的基因组。虽然动物肠道中存在大量的微生物，绝大多数是未知类群或在实验室条件下不可培养的类群，因此从宏基因组样品中组装出微生物的基因组是一个非常有效的方法。随着宏基因组测序深度的增加及软件的开发，从动物肠道中组装出的细菌或古菌基因组越来越多。基因组组装的基本原理是将宏基因组数据中来自同一物种的序列聚到一起，获得一个较完整的细菌基因组，从而深入地了解微生物的功能。MaxBin（Wu et al.，2016）、CONCOCT（https://github.com/BinPro/CONCOCT）（Alneberg et al.，2014）及 MetaBAT（https://bitbucket.org/berkeleylab/metabat/src/master/）（Kang et al.，2019）是目前主流的组装软件。MaxBin 在 2015 年更新的第二版为 MaxBin2，是采用最大期望（expectation-maximization）算法进行分箱，简而言之，首先计算 contig 的四核苷酸频率和覆盖度，假定 N 个基因组，通过计算基因组内和组间 contig 的欧氏距离，评估 contig 属于某基因组的概率，按照 0.8 的阈值，低于 0.8 则定为不属于该基因组，经过多轮计算后，输出最后的结果（Wu et al.，2015）。CONCOCT 是发布最早的宏基因组分箱算法，通过计算序列 k-mer 的组成和覆盖度，进行高斯混合模型聚类，假定数据分布接近椭圆状，最后计算结果中最接近椭圆的 contig 被划分为同一个基因组（Alneberg et al.，2014）。MetaBAT 工具在 2019 年时发布了第二版 MetaBAT2，基于已知的 1414 个完整的细菌基因组的特征，模拟打断为 2.5kb 到 500kb 的序列，从中随机挑选 10 亿对基因组内、基因组间的 contig pair，基于四核苷酸组成计算欧式距离，基于这 10 亿数据，计算两条序列来自相同或不同基因组的概率（Kang et al.，2019）。以上宏基因组分箱工具，可根据实际需要进行选择。组装后需要进一步筛选出高质量的微生物基因组，可用 dRep 评估基因组的完整度和污染度，识别基本相同的基因组，从冗余的基因组中选择最佳基因组，得到高质量的基因组（Olm et al.，2017）。dRep 采用 MASH 和 FastANI 计算基因组距离和平均核苷酸一致性，从而对基因组进行聚类，主要依赖的软件有 mash、nucmer、checkM、ANIcalculator、prodigal、fastANI 等。对去除冗余的基因组进行物种及其基因功能注释，GTDB-tk 工具基于基因组分类数据库（Genome Taxonomy Database，GTDB）对细菌和古菌基因组进行物种注释和绘制系统进化树的工具，GTDB 是细菌分类领域最权威的数据库之一，是根据相对进化差异（relative evolutionary divergence，RED）和 ANI 值建立分类等级，目前数据库已从 2020 年的 40GB 扩展到 2023 年的近 80GB，另外，使用过程中需注意 GTDB-tk 工具和数据库版本的匹配情况，否则会报错（Chaumeil et al.，2019）。MAGpy（https://github.com/WatsonLab/ MAGpy）不仅可进行物种分类，同时还可注释基因功能，集成了基因预测工具 Prodigal、CheckM 用于评估完整度和污染度、Sourmash 用于比对到 RefSeq 和 GenBank 基因组、DIAMOND 用于比对到 UniProt 蛋白质数据库及 PhyloPhlAn 用于绘制基因组的进化树（Stewart et al.，2019）。宏基因组组装基因组的相对丰度可用 CoverM（https://github.com/ wwood/CoverM）计算，通过读取映射计算相对丰度和覆盖率。同时，宏基因组组装基因组也可通过基因预测工具进行基因预测及使用独立的注释工具获取个性化基因功能信息（Chaumeil et al.，2019）。

四、宏转录组

宏基因组从样品的 DNA 角度分析微生物的组成和功能，然而，并不是所有的

DNA 都能够编码蛋白质，而宏转录组以样品中的全部 RNA 为研究对象，对微生物的转录物进行测序，获得样品中微生物的全部基因的转录情况和转录调控规律。宏转录组不仅具有宏基因组的全部优点，可以检测样品中微生物的组成、功能，还可以研究样品中差异表达基因和差异功能途径，从而在微生物功能方面比宏基因组的结果具有更高的可信度。宏转录组主要研究内容包括物种分类注释、功能分析及基因的表达水平分析。

由于 RNA 极易被降解，故大熊猫新鲜粪便在采得后，需要立即放在干冰中保存，运送到实验室后，保存在 –80℃ 冰箱中。在提取了粪便样品中的 RNA 后，需要检测样品中 RNA 的质量，然后使用试剂去掉样品中的 rRNA，将样品的 RNA 反转录为 cDNA，纯化 cDNA，修复末端，添加接头后，构建文库，在文库合格之后可以上机测序。

与宏基因组类似，得到原始数据后，需要去掉低质量的序列及宿主的污染序列，以保证后续分析的可靠性。Cutadapt 和 Trimmomatic 也能够用于转录组的质控。在完成质控之后的高质量序列，需要比对到数据库去除其中的 rRNA 及转移 RNA（transfer RNA，tRNA）序列，筛选出 mRNA 对应的 cDNA 序列，使用拼接工具 Trinity（https://github.com/trinityrnaseq/trinityrnaseq）进行从头组装（Grabherr et al.，2011），然后使用工具 CD-HIT-EST（http://weizhongli-lab.org/cd-hit/）去冗余构建非冗余基因集。

宏转录组也可获得样品中微生物组成信息。使用 DIAMOND（http://www.diamondsearch.org/）（Buchfink et al.，2015）通过与 NCBI 非冗余蛋白序列数据库（NR 数据库）进行 BLAST 比对（阈值 E 值 $\leq 1\times10^{-5}$），从而得到样品中微生物的注释信息。

宏转录组的重要作用是可以分析基因的表达差异。将拼接得到的非冗余基因集作为参考序列，使用 RSEM（https://github.com/deweylab/RSEM）（Li and Dewey，2011）或 Salmon（https://github.com/COMBINE-lab/salmon）（Patro et al.，2017）将高质量序列与参考序列进行比对，获得每个样品中比对到每个基因的数量，将结果转化为 FPKM，从而获得基因的表达水平。FPKM（reads per kilobase per million）表示是每百万片段中来自某一基因每千碱基长度的片段数目，其同时考虑了测序深度和基因长度对片段计数的影响，是目前最为常用的基因表达水平估算方法。

使用 DEGSeq（Wang et al.，2010）或 DESeq2（Love et al.，2014）对基因表达水平的数据进行差异分析，获得差异表达基因（differential expression gene，DEG）。通过对差异表达基因进行富集分析，获得差异基因的生物学功能或通路，从而获得基因不同条件下表达的功能差异。使用 GOseq 包（Young et al.，2010）将差异表达基因与 GO 数据库进行比对，进行 GO 功能富集分析，获得差异表达基因的功能。通过基于 KEGG Orthology 的注释系统（KO-Based Annotation System，KOBAS）（Xie et al.，2011）将差异表达基因与 KEGG 数据库进行比对，进行 KEGG 通路富集分析，获得差异表达基因参与的最主要生化代谢途径和信号转导途径。

五、宏蛋白质组

蛋白质是生命活动的主要承担者，因此蛋白质是微生物活动代谢的直接作用。宏蛋白质组是对样品中的微生物蛋白质进行大规模定性和定量,从而在分子水平揭示微生物的功能。

蛋白质的高效提取是宏蛋白质组学研究的重要过程。宏蛋白质组提取的主要流程,下文以上海美吉生物医药科技有限公司提取蛋白质为例,主要包括:

1)从粪便样品中提取蛋白质:将样品放入振荡管中,按照1:4的比例加入磷酸化蛋白质(BPP)提取液,使用高通量组织研磨仪振荡40s,重复4次;离心取出上清,移至新的离心管中,加入等体积 Tris-饱和酚,涡旋混匀10min;离心取出酚相至新的离心管中,加入等体积的BPP提取液,涡旋混匀10min;离心取出酚相至新的离心管中,加入5倍体积的0.1mol/L乙酸铵甲醇溶液,−20℃过夜沉淀;离心弃上清,向沉淀中加入90%丙酮清洗沉淀,涡旋混匀后离心,重复3次;4℃下 12 000g 离心20min,弃上清,风干沉淀;沉淀中加入裂解液(8mol/L尿素和1%SDS,含蛋白酶抑制剂)复溶。

2)用 Bradford 法或 BCA 法定量蛋白质浓度:按 BCA 试剂 A:BCA 试剂 B 体积比 50:1 配制适量 BCA 工作液,充分混匀;使用 Thermo Scientific Pierce BCA 试剂盒提供的标准蛋白质,按其说明书配制不同浓度的牛血清清蛋白(BSA),配制浓度包括 0mg/ml、0.125mg/ml、0.25mg/ml、0.5mg/ml、0.75mg/ml、1mg/ml、1.5mg/ml、2mg/ml;吸取 2μl 不同浓度的标准液与18μl水混合,加入200μl BCA 工作液,振荡混匀,37℃下反应30min;采用酶标仪,读取562nm处的吸光度。根据标准曲线和使用的样品体积计算出样品的蛋白质浓度。

3)对蛋白质样品进行 SDS-聚丙烯酰胺凝胶电泳(SDS-PAGE)分析并评估样品质量。

4)对质量达标的蛋白质样品进行还原烷基化处理:取蛋白质样品150mg,用裂解液补充体积到150ml。加入终浓度10mmol/L 三(2-羧乙基)膦盐酸盐(TCEP),在37℃下反应60min;加入终浓度40mmol/L 的碘乙酰胺室温下避光反应40min;每管各加入预冷的丙酮(丙酮:样品体积比为6:1),−20℃沉淀4h;10 000g 离心20min,取沉淀;用100μL 100mmol/L 三乙醇胺溶液(TEAB)充分溶解样品;按照质量比1:50(酶:蛋白)加入胰蛋白酶在37℃下酶解过夜。

5)每个样品取等量蛋白进行胰蛋白酶酶解:使用胰蛋白酶消化后,用真空泵抽干肽段;将酶解抽干后的肽段(蛋白质量约50μg)用2%乙腈(ACN)、0.1%三氟乙酸(TFA)复溶肽段;用 Sep-Pak 进行肽段脱盐后每份样品分装两份,以真空浓缩仪抽干。

6)对已酶解的肽段进行定量:使用 Thermo Fisher Scientific 肽段定量试剂盒进行肽段定量。

7)取等量样本进行液相色谱-质谱/质谱联用(LC-MS/MS)分析:根据肽段定量结果用质谱上样缓冲液溶解浓度为0.5μg/μl的肽段进行质谱分析。肽段测定完成后,需要评估蛋白质测序质量,蛋白质质量指标包括肽段数量分布、肽段长度分布、蛋白质分子量分布、蛋白质覆盖度分布等。

宏蛋白质组数据分析主要包括物种注释、功能分析、差异蛋白分析。在获得蛋白质序列后,将蛋白质序列与 NR 数据库进行比对,从而获得样品的微生物分类,然后使用物种对应的蛋白质丰度总和计算该物种的丰度。将定量得到的全部蛋白质序列与 GO 数据库、KEGG 数据库及 COG 数据库比对获得蛋白质序列的功能分类、蛋白质参与的代谢途径。类似于宏转录组，筛选出样品中具有显著性差异的蛋白质（$P<0.05$），基于 KO 数据库和 KEGG 数据库比对，可对差异蛋白进行功能富集和通路富集。

六、全基因组

全基因组测序（whole genome sequencing，WGS）是指采用高通量测序平台（如 Illumina、Oxford Nanopore、Pacbio 等平台）对不同的个体或群体进行全基因组测序，可通过生物信息学全面挖掘 DNA 水平的遗传变异，为筛选功能基因、研究遗传机制、推断种群进化等提供重要信息。因此，针对大熊猫肠道中某些特定的可培养微生物，如具致病作用和特定降解能力的细菌，可通过传统的微生物培养法得到菌体，提取 DNA，经全基因组测序获得细菌的功能信息，以便更好地了解细菌在宿主肠道中发挥的作用。

经过传统的微生物培养，得到纯化的菌株后，使用液体培养基将菌株进行过夜扩大培养，使用细菌 DNA 试剂盒提取细菌 DNA。将合格的 DNA 打断成构建文库所需大小的目的片段，对 DNA 片段进行损伤修复及末端修复，使用 DNA 连接酶将发卡形接头连接在 DNA 片段两端，对 DNA 片段进行纯化选择，构建文库筛选特定大小的纯化片段，通过定量分析评估构建的文库质量，对质量合格的文库进行上机测序。细菌全基因组的生物信息学分析主要如下。

1）序列质控和过滤：完成测序后，首先需要评估测序质量，通常采用 FastQC（https://www.bioinformatics.babraham.ac.uk/projects/fastqc/）工具进行评估，在 Illumina 平台上获得测序数据，完成质控以后，需剪切接头和过滤低质量的序列，以提高后续数据分析效率，主要使用的工具为 Trimmomatic 和 Cutadapt，在 Pacbio 和 Nanopore 平台上的测序数据，在计算资源充足的情况下，无需质控过滤处理，可直接进行组装。倘若计算资源不足时，则可使用 Filtlong（https://github.com/rrwick/Filtlong）进行过滤剪切，Filtlong 是根据质量过滤读长的工具，可按需选择测序深度参数，从读长的头或尾端截去特定数目的碱基。

2）基因组组装和评估：对二代测序数据完成质控和过滤以后，主要的组装工具为 SPAdes（Bankevich et al.，2012）。SPAdes 主要应用于小型基因组如细菌、真菌等基因组的组装，可自动选择并评估多种 k-mer 下组装的结果从中选择最优值。三代测序数据主要的组装工具有 Canu（Koren et al.，2017）、Flye（Kolmogorov et al.，2019）、Hifiasm（Cheng et al.，2021）等。Canu 利用测序错误率较高的三代测序数据进行基因组组装，首先通过比对测序数据找到序列之间的重叠，采用一致性分析方法校正，截断序列两端或内部覆盖度较低且不能校正的碱基，使用重叠布局一致性（overlap layout consensus，OLC）算法完成组装。Flye 以重复图（repeat graph）为核心数据结构，与 de Bruijn 图相比，可容纳较高的单分子测序的噪声。Hifiasm 是基于环化共有序列（circular consensus sequencing，CCS）数据结构进行组装，通过对测序错误碱基纠错、构建分型字符串图（phased string graph）来完成组装。二、三代数据混装的主要工具为 Unicycler（Wick et al.，2017），Unicycler 首先利用 spades 组装二代数据，再使用三代数据建桥组装成完成图，最后采用 Bowtie2 和 Pilon 对基因组进行矫正，成环（Wick et al., 2017）。在完成组装以后需要对组装的结果进行评估，目前评估的主要工具为 Quast，该工具基于 Python 开发，matplotlib 绘图，通过计算 N50、L50、GC 含量等 contig 的基本信息来评估组装质量（Gurevich et al., 2013）。

3）物种注释和基因预测：基因组组装的物种注释主要采用的工具 GTDB-tk，基因预测的工具主要为 Prodigal 和 GenemarkS，包括对编码基因、非编码 RNA、重复序列、前噬菌体、基因岛、CRISPR 等基因组成分的预测。非编码 RNA（non-coding RNA）是一类本身不能编码蛋白质，但是能够直接在 RNA 水平对生命活动发挥作用的 RNA。微生物的非编码 RNA 主要包括 rRNA、tRNA、小 RNA（small RNA，sRNA）等。可使用 RNAmmer（http://www.cbs.dtu.dk/services/RNAmmer/）预测 rRNA（Lagesen et al., 2007）。通过 tRNAscan-SE（http://lowelab.ucsc.edu/tRNAscan-SE/）对 tRNA 进行预测（Lowe and Eddy，1997）。

重复序列是指基因组中相同或互补性片段，分为散在重复序列、串联重复序列。散在重复序列又分为短散在重复序列和长散在重复序列，其中长散在重复序列常具有转座活性。串联重复序列是指相邻的、重复两次或多次特定核酸序列模式的重复序列，可分为小卫星 DNA（mini satellite DNA）和微卫星 DNA（microsatellite DNA）。串联重复单元可作为物种的遗传性状，进行进化关系的研究。可以通过 Repeat Masker（http://www.repeatmasker.org/）预测序列中的散在重复序列（Tarailo-Graovac and Chen，2009），使用 TRF（https://github.com/Benson-Genomics-Lab/TRF）预测序列中的串联重复序列（Benson，1999）。

基因组岛（genomics islands）是一些细菌、噬菌体或质粒中通过基因水平转移整合到微生物基因组中的一个基因组区段，与病原机理、生物体的适应性等多种生物功能密切相关。可以通过 IslandPath-DIMOB（https://github.com/brinkmanlab/islandpath）预测基因组中的基因组岛（Hsiao et al., 2003）。

前噬菌体（prophage）是整合在宿主基因组上的温和噬菌体的基因，能随宿主细菌 DNA 进行同步复制或分裂传代，对细菌宿主的基因组和表型产生明显影响。前噬菌体序列可能包含一些耐药基因，从而使细菌获得抗生素抗性。可以通过 PhiSpy（https://github.com/linsalrob/PhiSpy/）预测样品基因组上的前噬菌体（Akhter et al., 2012）。

成簇规律间隔短回文重复序列（clustered regularly interspaced short palindromic repeat，CRISPR）序列是与噬菌体或质粒同源的短的重复序列，通过对外来同源的 DNA 作用对噬菌体有抗性，是原核生物免疫系统的一部分。可利用 CRISPRdigger 对样品基因组进行 CRISPR 预测（Ge et al., 2016）。

4）基因功能注释：功能注释是利用生物信息学方法和工具，将预测的基因与不同功能的数据库进行高通量注释，以获得基因结构和功能信息，不同的数据库需要匹配不同的生物信息工具，如 DIAMOND 工具可将数据快速注释到 NR 数据库（O'Leary et al., 2016）、Swiss-Prot 蛋白信息数据库（Bairoch and Apweiler，2000）、UniProt 蛋白信息数据库（UniProt Consortium，2015）、CARD 抗生素耐药基因数据库（McArthur et al., 2013）、BacMet 重金属抗性基因数据库（Pal et al., 2014）、VFDB（Chen et al., 2005）、mobileOG-db

可移动遗传元件数据库（Brown et al.，2022），KofamKOALA 则是专用于 KEGG 数据库注释的工具（Aramaki et al.，2020），dbCAN 是注释 CAZy 数据库的工具（Yin et al.，2012）等。另外，Prokka 是一个原核生物的基因组自动注释工具，能够注释基因组上存在的特征，包括蛋白质编码区域和 RNA 基因，如 tRNA 和 rRNA，先使用 Prodigal 软件识别基因组中的蛋白质编码区域；再通过与多个蛋白质或蛋白质结构域数据库中的蛋白质相似性进行比对，来确定编码蛋白的功能，内置了 3 个数据库，即 ISfinder 转座酶、NCBI 的耐药基因、SwissProt 数据库（Seemann，2014）。关于基因功能的数据库数不胜数，新的数据库在不断涌现，可根据实际研究需求和关注重点，选择合适的数据库进行注释，以获得关键的基因功能信息。

第三节　微生物学特性研究方法

一、木质纤维素降解

（一）木质纤维素降解能力初筛

将分离纯化的菌株在以木质素磺酸钠为唯一碳源的固体平板筛选培养基上进行划线接种，置于 28℃恒温生化培养箱中静置培养，每天观察平板上各菌株的生长情况，初步筛选出具有木质素降解潜力的菌株。

在复筛基础培养基（BM）中加入 0.1g/L 的染料苯胺蓝（Azure-B）、亮蓝（RB），将筛选得到的具有木质素降解潜力的菌株制成菌饼，分别接种于苯胺蓝、亮蓝 BM 上，设置 3 个重复，28℃恒温培养箱中静置培养，每天观察平板情况，以菌饼周围有无脱色圈来定性检测是否产生木质素降解酶。

（二）木质素酶活测定

将初筛菌株接种至 LB 培养基后进行过夜培养，直至培养液在 600nm 处的吸光度（OD_{600}）为 1.2，然后将 1ml 的培养液接种至含有 100ml 液体的固体平板筛选培养基的锥形瓶中，用一瓶未接种菌体的培养基作为空白对照，28℃下置于 150r/min 的摇床中培养。在培养过程中，每隔 24h 取一次样品，空白样品和培养后的样品在 12 000g 下离心 5min 除去悬浮的菌体，将不含菌体细胞的上清液作为粗酶液用来测定漆酶（Lac）、锰过氧化物酶（MnP）活性。

漆酶（Lac）：通过在 420nm 处检测 2,2-联氮-二(3-乙基-苯并噻唑-6-磺酸)二铵盐（ABTS）的氧化来测定（ε_{420}=36 000L/(mol·cm)），3ml 的测量体系中含有 2ml 0.5mmol/L ABTS、1ml 粗酶液来启动反应，在 420nm 处测定 1min 内体系中吸光度的增加值。

锰过氧化物酶（MnP）：通过在 469nm 处检测 2,6-二甲基苯酚（2,6-DMP）被氧化成 3,3′,5,5′-四甲基联对苯醌来测定（ε_{469}=496 000L/(mol·cm)），3ml 的测量体系中含有 2.4ml 50mmol/L、pH 为 4.5 的乙酸-乙酸钠缓冲液，0.1ml 1.6mmol/L $MnSO_4$ 溶液，0.1ml 1.6mmol/L 2,6-DMP 溶液，0.4ml 粗酶液；37℃下加入 0.1ml 的 1.6mmol/L H_2O_2 溶液启动反应，测定最初 3min 内在 469nm 下吸光度的变化。

（三）纤维素酶活性测定

将初筛获得的菌株制成种子悬浮液，按 10%的接种量接种于碳源为 CMC-Na 的复筛培养基的三角瓶中，28℃恒温振荡培养，分别测定 3 天、5 天、7 天、9 天、11 天各菌株的羧甲基纤维素酶（CMCase）活性，设置 3 个重复。

标准曲线的绘制：将无水葡萄糖 80℃下烘干至恒重制成 1mg/ml 标准葡萄糖溶液，取 6 支试管分别加入标准葡萄糖溶液 0ml、0.2ml、0.4ml、0.6ml、0.8ml、1.0ml，补加蒸馏水至 2.0ml，加入 3,5-二硝基水杨酸（DNS）试剂 1.5ml，沸水浴 5min，冷却后定容至 25ml，于分光光度计 540nm 下测定 OD 值，绘制出标准曲线。

粗酶液的制备：配制液体复筛培养基分装于 250ml 的三角瓶中，每瓶 45ml，接入 5ml 的种子菌悬液，置于 28℃的摇床中培养，在 3 天、5 天、7 天、9 天、11 天分别取 1.5ml 发酵液于离心管中，10 000r/min 离心 10min 得粗酶液。

羧甲基纤维素酶（CMCase）：取 0.1ml 粗酶液，加入 1.9ml 质量分数为 1%的 CMC-Na 溶液。在 45℃恒温下水解 20min，加入 1.5ml DNS 显色液进行沸水浴 5min，定容至 25ml，540nm 处比色，测其 OD 值，与标准葡萄糖曲线对照，由 OD 值计算出葡萄糖量（m_1）。另将上清液各 0.1ml，加水 1.9ml，再加 1.5ml DNS，沸水浴 5min，定容至 25ml，540nm 处比色，测得粗酶液的葡萄糖量（m_2）。将 m_1 减去 m_2 得到真正由 CMCase 降解 1% CMC 溶液得到的葡萄糖量，由光密度值计算出葡萄糖量 A，通过公式计算纤维素分解菌在上述条件下的酶活力（单位：μmol/ml）：酶活力=A×10×1000/20。

内切葡聚糖酶（EG）：取经适量稀释的粗酶液 0.5ml，加入含 1% CMC-Na 的乙酸缓冲液（pH=4.8，0.1mol/L）1.5ml，60℃恒温水浴 30min，加入 2ml DNS 显色液，沸水浴中显色 10min 后，快速冷却终止反应，在 540nm 处测定 OD 值，对照标准曲线计算酶活。

β-葡萄糖苷酶（BGL）：取经适量稀释的粗酶液 1ml，加入含 2% Avicel（微晶纤维素）的乙酸缓冲液（pH=4.8，0.1mol/L）1ml，经 60℃恒温水浴 2h，立即按 DNS 法测定还原糖。

外切葡聚糖酶（CBH）：取经适量稀释的粗酶液 0.5ml，加入含 0.5%水杨苷的乙酸缓冲液（pH=4.8，0.1mol/L）2ml，50℃恒温水浴 30min 后，立即按 DNS 法测定还原糖。

（四）滤纸酶（FPase）活性测定

接种 10ml 菌悬液于 90ml 秸秆液体培养基中，28℃下 120r/min 恒温振荡培养 7 天后，取上清制备粗酶液测定其滤纸酶活性。

滤纸酶活性测定：取 0.2ml 酶液，加入 pH 为 4.8 的乙酸钠缓冲液 1.8ml，测定管中加入 1cm×6cm 的滤纸条，充分浸泡与空白管同时置 50℃恒温水浴 60min；然后加入 DNS 显色液 2ml，空白管同时加 1cm×6cm 的滤纸条，沸水浴 10min，冷却后加蒸馏水至 25ml，以空白调零，540nm 处测 OD 值。每个处理设置 3 个重复。

二、益生特性

部分微生物具有定植在生物肠道并且产生对生物体有利影响的功能，这些菌就被称为益生菌。益生菌可带来的益生功能主要有：调节肠道菌群。益生菌通常有抑制病原菌的功能，可以帮助维持健康的肠道菌群环境。产生益生性细胞分泌物。益生菌可产生多糖、酶、抗氧化基团等物质，帮助宿主提高免疫、消化食物、调节肠道上皮屏障功能或中和有毒有害物质。益生菌通过发酵各种食物，起到改善宿主糖、脂肪等代谢的作用。

由于微生物可能具备的益生功能多种多样，对益生菌功能的检测手段可大致分为两个：一是检测细胞能否在肠道中保持活性并定植，通过模拟胃肠环境，观察微生物的耐受能力来判断；二是通过检测细胞是否产生具有积极影响的代谢产物或酶，通过检测相应的产物量或酶活来反映。

（一）耐受能力

消化系统中含有胃酸、胆盐及各种可以破坏细胞的酶，这些环境阻力对益生菌的生存和代谢不利，若益生菌无法耐受这些不利因素，则无法到达肠道部位发挥相应的作用。

耐酸能力检测：待测菌株过夜培养后用 PBS 悬浮，制成 0.5 麦氏比浊度当量菌液，以 2%的接种量接种于 pH 为 1、2、3、4、5 的培养基中，每隔 4h 测一次 600nm 处的吸光度，观察待测菌能否在酸性环境下生长。

耐胆盐能力检测：肠道中的胆盐浓度最高可达 0.3%，若细胞不能耐受胆盐，则不宜在肠道中生存。待测菌株过夜培养后用 PBS 悬浮，制成 0.5Mc 当量菌液，以 5%的接种量分别接种于胆盐含量为 0.3%的 PBS 溶液中，在 37℃静置 0、4h，各取 0.1ml 菌液涂板，观察并计算待测菌存活率。

耐人工胃、肠液能力检测：取待测菌液，分为 2 组，以 2%的接种量分别接种于人工胃液和人工肠液中，参考食物在胃、肠中的停留时间，接种液在 37℃静置 0、4h 后，各取 0.1ml 菌液涂板，观察并计算待测菌在人工胃、肠液中的存活率。人工胃液：取稀盐酸（取盐酸 234ml，加水稀释至 1L）16.4ml，加水约 800ml 与胃蛋白酶 10g，摇匀后，用 3.65g/L 盐酸溶液调 pH 至 1.3，然后加水稀释并定容至 1L。人工肠液：取磷酸二氢钾 6.8g，加水 500ml 溶解，再用 4g/L 的氢氧化钠调 pH 至 6.8，称取胰蛋白酶 10g，加水溶解，将上述溶液混合，加水定容至 1L。

聚集能力检测：菌株的聚集是指同一株菌互相凝聚形成多细胞簇的现象，通过聚集能力可判断菌在肠道中定植能力的强弱，聚集可以形成屏障阻止致病菌的定植和感染。聚集能力的检测可分为三个方面：

1）自聚集能力：将待测菌接种到液体培养基中培养过夜，取部分菌到 PBS 溶液中，在 600nm 处测定吸光度（A_0），在 37℃恒温静置 5h，吸取 200μl 上清液，在 600nm 处测定吸光度（A_1）。细胞自聚集率为 $1-(A_1/A_0)\times100\%$。

2）助聚集能力：取等体积的待测菌与大肠杆菌 ATCC 25922 菌株的 PBS 悬浮液混合，在 600nm 处测定吸光度（A_0），在 37℃恒温静置 5h，吸取 200μl 上清液，在 600nm 处测定吸光度（A_1）。细胞助聚集率为 $1-(A_1/A_0)\times100\%$。

3）疏水性检测：取待测菌培养过夜，4℃下 8000r/min 离心 10min，收集菌体，用 PBS 悬浮，并在 600nm 处测定吸光度（A_0）。将细胞悬浮液分为 4 组，分别加入等体积的二甲苯、十六烷、氯仿和乙酸乙酯，充分混合后静置 30min，待水油分层后取水相，在 600nm 处测定吸光度（A_1）。细胞疏水率为 $1-(A_1/A_0)\times100\%$。

（二）代谢产物和酶活

抗氧化能力：益生菌对一系列自由基的清除能力代表了其抗氧化能力，益生菌的代谢产物可以清除体内过量的自由基，减少它们对细胞的攻击，从而减小组织病变的可能性。常用检测方法有 1,1-二苯基-2-三硝基苯肼（DPPH）法，根据 DPPH 自由基有单电子，在 517nm 处有一强吸收峰，其醇溶液呈紫色的特性，当有抗氧化剂存在时，DPPH 自由基被清除，溶液颜色变淡，其褪色程度与其被清除程度（即吸光度的改变）成定量关系，因而可用分光光度计或酶标仪进行快速的定量分析。实验方法为取待测菌单菌落于 2ml 培养基中 37℃静置培养 48h，8000r/min 离心 5min，得到上清液。取 25μl 上清液与含 175μl DPPH 的乙醇溶液混合，对照为加入 25μl 乙醇与含 175μl DPPH 的乙醇溶液。25℃黑暗静置 30min 后取出，在波长 517nm 处分别测定样品（A_s）和对照（A_0）的吸光度。计算自由基清除率（%）为 $(A_0-A_s)/A_0\times100\%$。但此方法存在一定的局限性，如果检测溶液和乙醇发生反应产生沉淀（如检测溶液中含有多糖），则会影响吸光度结果，应考虑稀释检测液来降低干扰。

产酸能力：益生菌产生的多种有机酸对杀菌、助消化有着积极影响。产酸量可用测定 pH 的方法定量检测。将待测菌接入产酸培养基中，每隔 4h 测一次 pH，共测 48h，可得到待测菌的产酸曲线，用以评估产酸微生物的最大产酸量及最佳产酸时间。此外，微生物对于不同碳源的利用能力不同，可通过更换产酸培养基中糖的类型再测产酸量的方式寻找最适合产酸的碳源。若想测得微生物究竟产生了哪种酸，可使用高效液相色谱测出。

酶活检测：益生菌产生的多种酶可以帮助机体提高消化吸收效率，或通过催化一些机体本身难以进行的反应来获取营养。用于益生性酶活检测的酶的种类繁多，本研究选取几种代表性酶进行说明。

1) β-半乳糖苷酶：用来水解半乳糖和其他有机部分间的 β-糖苷键，一般可催化乳糖分解为一分子的葡萄糖和一分子的半乳糖。用于解决乳糖不耐受患者的乳制品消化问题，或参与低聚半乳糖的生产及在部分产品中发挥提高甜度的作用。在培养基中加入 5-溴-4-氯-3-吲哚 β-D-半乳糖苷（X-Gal）（20mg/ml）和异丙基-β-D-硫代半乳糖苷（IPTG）（24mg/ml），制成平板，再将待测菌划线至其上，若待测菌含有 β-半乳糖苷酶，则菌落呈蓝色。挑取蓝色单菌落于液体培养基中培养 12h，8000r/min 冷冻离心 10min 收集细胞，用等体积 50mmol/L 磷酸缓冲液（pH 6.5）洗涤 3 次，将上述缓冲液配制的 1mg/ml 溶菌酶缓冲液在 37℃下孵育处理 2h，冰浴条件下超声破碎（工作 3s 停 8s、功率 125W、时间 15min），8000r/min 冷冻离心 10min，上清液即粗酶液。取 50μl 粗酶液与 50μl 50mmol/L 磷酸缓冲液（pH 6.5）配制的邻-硝基酚-β-D-半乳糖苷（ONPG）溶液，于一定温度下反应 10min，反应结束后加入 200μl 0.5mol/L 的碳酸钠溶液终止反应，静置 5min 后，肉眼可见显黄色，于 420nm 处测定吸光度，计算酶活大小。酶活定义为：在一定的条件下，1min 水解 ONPG 生成 1μmol 邻硝基苯酚的酶量为 1 个酶活单位（U）。

2) 胆盐水解酶：可帮助水解机体肠道内过量的胆盐，并和肝脏中产生的胆汁酸反应生成游离的初级胆汁酸。将待测菌培养过夜，4℃下 8000r/min 离心 10min，收集细胞，用 PBS 缓冲液洗涤 3 次后，重悬于 PBS 缓冲液中，将细胞悬浮液与 10mmol/L 二硫苏糖醇（DTT）混合后超声破碎 10min，之后 4℃下 8000r/min 离心 10min，获得无细胞上清液。取 10μl 无细胞上清液与 180μl PBS 缓冲液（0.1mol/L，pH 6.0）和 10μl 牛磺胆酸钠（0.1mol/L）混合，在 37℃水浴 30min 后加入 200μl 15%三氯乙酸（TCA）混合，在 4℃下 8000r/min 离心 10min，取 100μl 上清液与 1.9ml 茚三酮溶液混合，随后混合物在水浴中煮沸 15min，再冰浴 3min，于 570nm 处测定吸光度。用甘氨酸标准品配制成 0μmol/ml、0.1μmol/ml、0.2μmol/ml、0.3μmol/ml、0.4μmol/ml 和 0.5μmol/ml 的溶液，按照相同方法绘制标准曲线。酶活定义为：1min 生成 1μg 甘氨酸的酶量为 1 个酶活单位（U）。

产胞外聚合物（EPS）能力：EPS 主要由多糖构成，具有免疫调节活性。待测菌液过夜培养，4℃下 8000r/min 离心 10min，收集上清液。将上清液与 800mg/ml 三氯乙酸混合，使其最终浓度为 40mg/ml，在 4℃下静置一夜。第二天再 4℃下 8000r/min 离心 10min，收集 250μl 上清液与 250μl 6%苯酚溶液和 1ml 浓硫酸混合，室温静置。冷却后，在 490nm 处测定吸光度。用浓度为 3.125mg/L、6.25mg/L、12.5mg/L、25mg/L、50mg/L、100mg/L 的葡萄糖溶液使用上述同种方法制作标准曲线。

三、致病性

溶血性是指血液中的红细胞受到攻击而损伤。哥伦比亚血平板是一种添加了无菌脱纤维羊血的平板培养基，用于检测细胞是否具有溶血性。将待测菌于血平板上划线，培养出单菌落，观察周围是否会生成溶血圈。阳性对照菌株选用铜绿假单胞菌 ATCC 27853 和金色葡萄球菌 ATCC 25923，前者会生成黄绿色的 α-溶血圈，后者会生成透明的 β-溶血圈。

对于应用到人或经济动物身上的微生物，需要在投入生产前进行动物实验来检测微生物的毒性。动物实验通常以小鼠为实验对象，将小鼠分为对照组和实验组，实验组以灌胃的方式将待测菌株送入小鼠体内，对照组以相应的培养基或菌液溶剂灌胃，根据实验的需求喂养小鼠 2~7 周。喂养期间观察记录小鼠的各项生理指标变化（如体重、食欲、精神状态、粪便状态、生病情况等），并及时采集血液和组织样本进行相关化验。实验方案如下。

1）血液：测血常规、血生化，以血液中血细胞的变化和血液中化学物质的变化来反映小鼠服用待测菌后内环境的变化。

2）组织切片：选取需要的组织部位，用 4%多聚甲醛固定，并用石蜡将溶液包埋。切片时将样本切成 5mm 的薄片，用苏木精-伊红染色，再根据相应的检测需要进行免疫组织化学染色，于荧光显微镜下观察细胞形态。

3）粪便：采集新鲜小鼠粪便，稀释后涂板，观察两组小鼠的粪便微生物是否因灌胃待测菌而发生改变。

4）定量聚合酶链反应（qPCR）：从待测组织中提取总 RNA，再根据需要构建引物，通过 PCR 反转录仪合成 cDNA 片段，配制 qPCR 体系，对相关基因表达量进行量化评估。

四、耐药性

抗生素耐药性是指一些微生物亚群体能够在暴露于一种或多种抗生素的条件下得以生存的现象（朱永官等，2015）。其主要机制包括：抗生素失活。通过直接对抗生素的降解或取代活性基团，破坏抗生素的结构，从而使抗生素失去原本的功能。细胞外排泵。通过特异或通用的抗生素外排泵将抗生素排出细胞外，降低胞内抗生素浓度而表现出抗性。药物靶位点修饰。通过对抗生素靶位点的修饰，使抗生素无法与之结合而表现出抗性（王德宁，2014）。

事实上，抗生素耐药性是微生物的一种自然进化过程，但是由于抗生素在医疗及养殖领域的大量使用，甚至滥用，这一进化过程被大大加快，导致抗生素耐药性的不断发展，在人类致病菌、动物致病菌、动物肠道传染病原体及人与动物共生菌中都出现了抗生素耐药性，并由单一耐药性发展到多重耐药性。

控制细菌的耐药性，首先要严格控制与耐药菌出现的有关的抗生素类药物的滥用，应避免无针对性地使用抗菌药物及避免过量使用抗菌药物（崔笑博，2014）。抗微生物药物敏感性试验简称药敏试验，是指在体外测定药物抑菌或杀菌能力的试验。药敏试验可以为控制细菌耐药性提供重要参考，可以给出对应细菌的高敏药物，同时也可选用两种药物协同使用，以减少耐药菌株。耐药性检测方法主要有三种：①琼脂平板稀释法；②纸片扩散法；③肉汤稀释法。

（一）琼脂平板稀释法

试验材料主要为：供试菌株，标准菌株，供试抗生素，MHA 琼脂，TSB 培养基，无菌水，0.9%无菌生理盐水等。

试验主要步骤如下。

1）划线：将纯化的菌株和标准菌株在平板上划线（图 12-6），培养 16h。

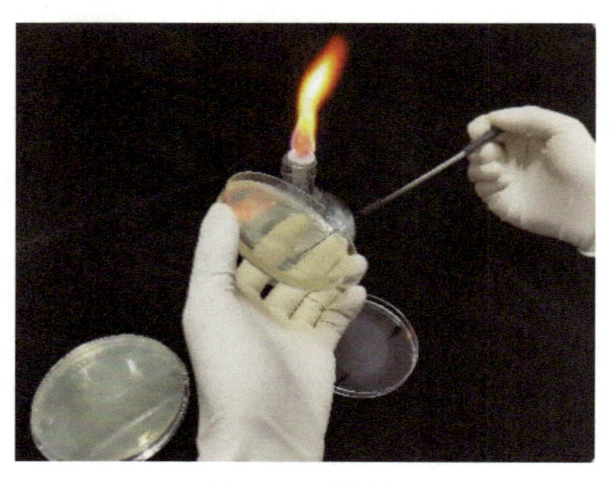

图 12-6　平板划线

2）菌悬液配制：如图 12-7 所示，用无菌棉签蘸取 4~5 个单菌落接种于 0.9%无菌生理盐水中,并用麦氏比浊管校正至 0.5 号麦氏浊度标准管(黄靖宇和吴爱武,2009),此时菌液浓度约为 1.5×10^8CFU/ml。麦氏比浊管配方如表 12-3 所示,再将菌液用无菌生理盐水稀释 10 倍使菌液浓度约为 1.0×10^7CFU/ml(图 12-8)。

图 12-7　菌落蘸取

表 12-3　麦氏比浊管配方

麦氏比浊度	0.5	1	2	3	4
1%BaCl$_2$(ml)	0.05	0.1	0.2	0.3	0.4
1%H$_2$SO$_4$(ml)	9.95	9.9	9.8	9.7	9.6
细菌的近似浓度(×10^{8}CFU/ml)	1.5	3	6	9	12

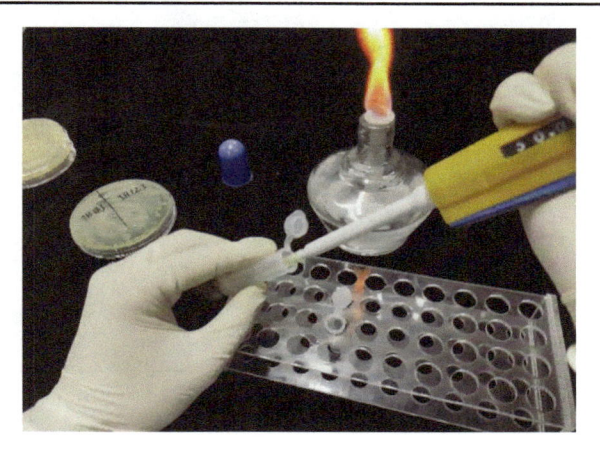

图 12-8　菌液稀释

3)抗生素溶液配制和抗性平板制备:称取相应质量的抗生素,用美国临床和实验室标准协会(CLSI)标准中给出的相应溶剂(无菌水、TSB 等)溶解,并根据试验需要进行倍比稀释。然后将抗生素溶液和 MHA 培养基以 1:9 的比例混合,制备抗性平板。如图 12-9 所示,若需要 1024mg/L、512mg/L 等浓度的抗性平板,则应配制浓度为 10 240mg/L,5120mg/L 的抗生素溶液。抗生素溶液配制完成后,将抗生素溶液与 MHA 培养基以 1:9 的比例混合,即得到浓度为 1024mg/L、512mg/L 的抗性平板。

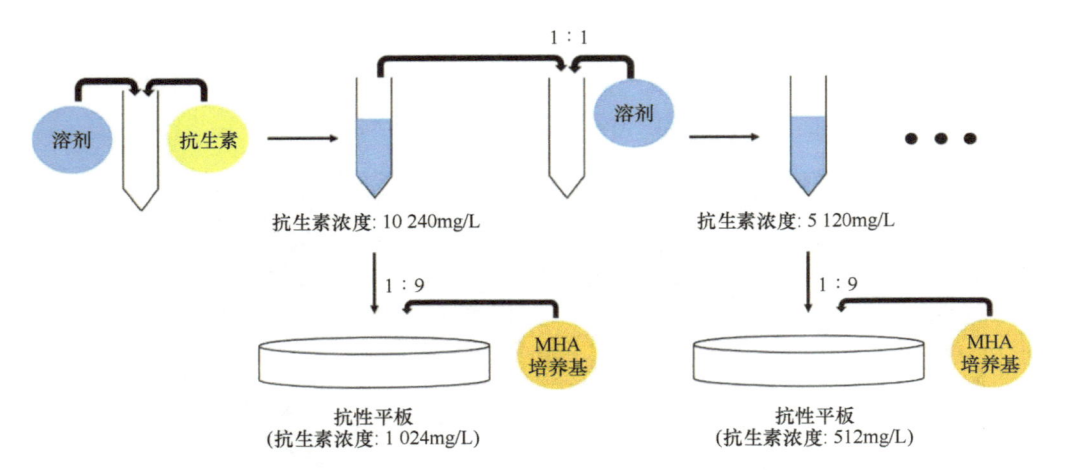

图 12-9　抗生素配制及抗性平板制备

4）加样与点样：如图 12-10 所示，将稀释好的菌液加入 96 孔板中（100~200μl）。加样位置为图 12-11 中黄色格子，黑色格子加入墨水以区分图案方向。

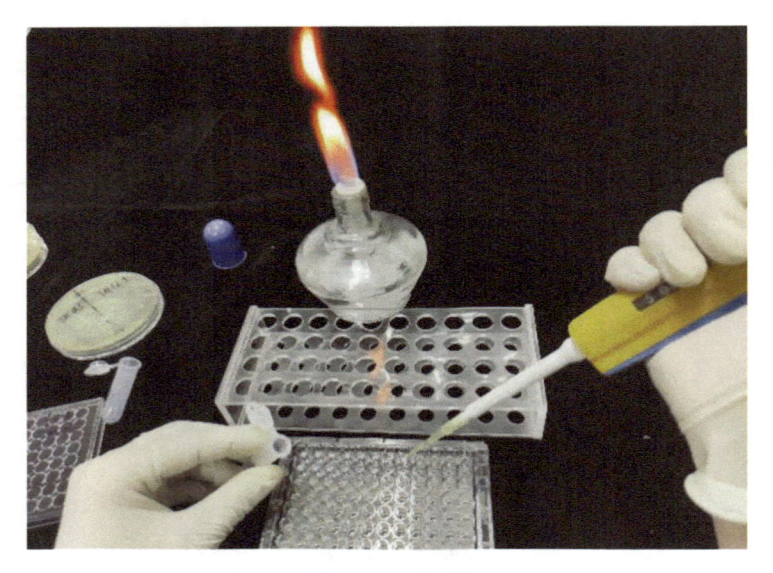

图 12-10　加样

图 12-11　96 孔板菌液及墨水滴加位置图

多点接种仪使用前应消毒，并将接种针灼烧灭菌。接种时，将 96 孔板放置于多点接种仪上相应位置（图 12-12）与接种针对应，然后开启电源进行点样。试验应设置阴性对照，即制备不含药的 MHA 琼脂平板，并进行点样，以确保所有菌均能在 MHA 琼脂平板上生长而不是被最低浓度抑制。点样完成后，平板置于培养箱培养 16～18h。

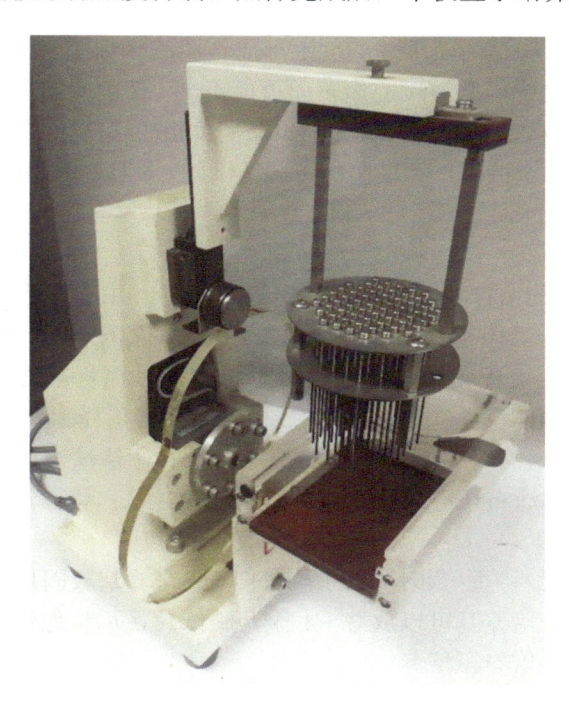

图 12-12　多点接种仪

5）结果观察：首先确认细菌是否在空白 MHA 琼脂平板上生长，若有生长，则进行以下判断。如图 12-13 所示，在抗生素浓度为 128mg/L 的平板上长出了待测菌落，而抗生素浓度为 256mg/L 的平板上相应位置没有长出相应的菌落，则该抗生素对此细菌的最小抑菌浓度（MIC）为 256mg/L。若细菌在该种抗生素浓度最小的平板上都没有生长而空白平板上有生长，则该细菌的 MIC≤试验最低浓度；相反地，若细菌在抗生素浓度最高的平板上都有生长，则该细菌的 MIC＞试验最高浓度。

抗生素浓度：128mg/L　　　　抗生素浓度：256mg/L

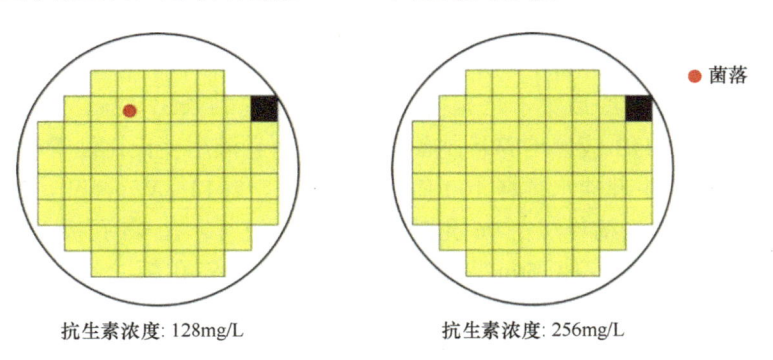

● 菌落

图 12-13　试验结果观察

（二）纸片扩散法

纸片扩散法是将含有定量抗生素药物的滤纸片贴在已接种了测试菌的琼脂表面，纸片中的药物在琼脂中扩散，随着扩散距离的增加，抗菌药物的浓度呈对数减小，从而在纸片的周围形成浓度梯度。同时，纸片周围抑菌浓度范围内的菌株不能生长，而抑菌范围外的菌株则可以生长，从而在纸片的周围形成透明的抑菌圈，不同的抑菌药物的抑菌圈直径因受药物在琼脂中扩散速度的影响而可能不同，抑菌圈的大小可以反映测试菌对药物的敏感程度，并与该药物对测试菌的 MIC 呈负相关（冯大伟和周家春，2010）。

试验主要材料：供试菌株，标准菌株，药敏纸片，MHA 琼脂，0.9%无菌生理盐水，无菌棉签等。

试验步骤主要如下。

1）划线：将纯化的菌株和标准菌株在平板上划线，并过夜培养。

2）菌悬液制备：与琼脂平板稀释法类似，用无菌棉签蘸取 4~5 个菌落接种于 0.9%无菌生理盐水，接着用麦氏比浊管校正至 0.5 号麦氏浊度标准管，此时菌液浓度约为 $1.5×10^8$CFU/ml。菌液可以直接用于下一步接种，无须再稀释 10 倍。

3）菌液接种：菌液接种有两种方式，即涂布法和倾注法。涂布法：菌液用无菌棉签蘸取，然后直接均匀涂布在已凝固的培养基上；倾注法：将菌液与融化的培养基混匀后倾注。

4）药敏纸片放置：待上一步涂布的菌液干燥或培养基凝固后，将药敏纸片用镊子贴于培养基表面。每个培养基可以放 3~4 个药敏纸片，尽量保证互相之间等距。药敏纸片放置完成后，置于培养箱培养。

5）结果测量与判定：用游标卡尺测定抑菌圈直径，并对照 CLSI 标准，判定细菌耐药情况。

（三）肉汤稀释法

肉汤稀释法药敏试验是指将一定浓度的抗菌药物按照指南进行稀释后与肉汤混合制成培养基，再接种受试菌株，经孵育培养后观察细菌生长的情况，进行药敏结果分析。

试验主要步骤如下。

1）药液制备：用 MHB 液体培养基配制 2 倍于试验浓度的药液。例如，试验浓度为 1.6mg/L，则配制浓度为 3.2mg/L。

2）菌悬液的准备：与琼脂平板稀释法类似，将实验菌株和标准菌株（质控菌株）在 TSA 固体培养基上划线后置于培养箱培养 16~18h。待长出单菌落后，挑取 3~5 个菌落置于 3ml 无菌 MHB 液体培养基制备菌悬液，菌悬液用麦氏比浊管校正至 0.5 号麦氏浊度标准管，再用生理盐水稀释 100 倍（Zou et al., 2014；Wu et al., 2015）。

3）接种培养：肉汤稀释法在 96 孔微量滴定板上进行。在 96 孔板上加入 50μl 步骤 1）中配制的药液，并接种 50μl 的菌悬液，使得 96 孔板上菌液最终浓度约为 $1.0×10^5$CFU/ml。用孔板密封膜将 96 孔板密封，防止药液挥发；然后将制备好的 96 孔板置于培养箱中孵育 24h，每个样品设置 3 个重复。

试验应同时设置阳性对照（接种 50μl 菌悬液和 50μl 空白 MHB）和阴性对照（直接接种 100μl 空白 MHB）。每个样品设置 3 个重复。将 MIC 大于标准菌株 MIC 的菌株定义为该菌株具有抗性。

4）耐药性判定：MIC 被记录为抑制 96 孔微量滴定板孔中抑制微生物可见生长的最低消毒剂浓度。将 MIC 大于标准菌株 MIC 的菌株定义为该菌株具有抗性。如图 12-14 所示，细菌 1 在 1.6mg/L 的浓度生长而在 3.2mg/L 的浓度上不生长，说明细菌 1 的 MIC 为 3.2mg/L，同样的细菌 2 的 MIC 为 1.6mg/L。

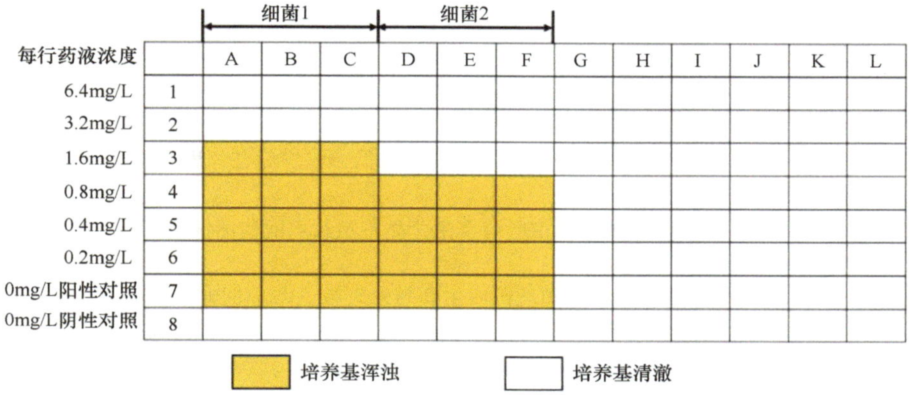

图 12-14　肉汤稀释法药敏试验结果示意图

参 考 文 献

艾生权. 2014. 亚成体大熊猫肠道真菌多样性的初步研究. 四川农业大学硕士学位论文.

巴尼特 J A, 佩恩 R W, 亚罗 D. 1991. 酵母菌的特征与鉴定手册. 胡瑞卿译. 青岛：青岛海洋大学出版社.

崔笑博. 2014. 禽源大肠杆菌的分离鉴定、耐药性分析及联合药敏试验的研究. 山东农业大学硕士学位论文.

崔学文, 罗慧萍, 李增婷, 等. 2016. 基质辅助激光解吸附电离飞行时间质谱在铜绿假单胞菌鉴定中的应用. 现代预防医学, 43: 1862-1867.

董秀丽. 2005. 丛枝菌根真菌的分离鉴定和生物学特性研究及分子探针的设计与应用. 华中农业大学博士学位论文.

冯大伟, 周家春. 2010. 益生乳酸菌的纸片扩散法药敏性试验评价. 微生物学通报, 37: 454-464.

郭莉娟, 何雪梅, 邓雯文, 等. 2014. 大熊猫源大肠杆菌及肺炎克雷伯氏菌对消毒剂耐药性研究. 四川动物, 33: 801-807.

黄靖宇, 吴爱武. 2009. 琼脂稀释法检测 7 种抗生素对临床分离铜绿假单胞菌的抗菌活性. 中国卫生检验杂志, 19: 858-861.

江宇航, 蔡赛波, 李宏伟, 等. 2020. 云南松毛虫肠道真菌的分离鉴定及降解纤维素真菌的筛选. 应用与环境生物学报, 26(6): 1437-1442.

晋蕾, 邓晴, 李才武, 等. 2019. 幼年大熊猫断奶前后肠道微生物与血清生化及代谢物的变化. 应用与环境生物学报, 25: 1477-1485.

蓝添, 陈婷婷, 邵明伟, 等. 2014. 稻蝗肠道真菌的除草活性筛选及菌株 DH03 的鉴定. 植物保护, 40: 82-86.

李蓓, 郭莉娟, 龙梅, 等. 2014. 圈养大熊猫肠道微生物分离、鉴定及细菌耐药性研究. 四川动物, 33: 161-166.

李果, 王鑫, 李才武, 等. 2019. 圈养老年大熊猫肠道内菌群结构研究. 黑龙江畜牧兽医, 16: 160-164+185-186.

潘欣, 邹立扣, 彭培好, 等. 2008. 杜鹃褐斑病病原菌的分离与鉴定. 北方园艺, 189(6): 198-200.

邵力平, 沈瑞祥, 张素轩, 等, 1984. 真菌分类学. 北京: 中国林业出版社.

王德宁. 2014. 鸡源沙门氏菌耐药性、致病性与毒力基因相关性分析. 东北农业大学硕士学位论文.

魏景超. 1979. 真菌鉴定手册. 上海: 上海科学技术出版社.

熊子君. 2014. 雷公藤内生放线菌的多样性. 云南大学硕士学位论文.

徐先栋, 张国庆, 谢珍玉, 等. 2016. 基于滤纸包裹法的细菌扫描电镜样品制备方法改良. 热带生物学报, 7(1): 128-131.

杨祝良. 2013. 基因组学时代的真菌分类学: 机遇与挑战. 菌物学报, 32: 931-946.

袁红莉, 王贺祥. 2009. 农业微生物学及实验教程. 北京: 中国农业大学出版社.

张利龙, 许尧, 胡雨奇, 等. 2018. 基于ITS2高通量测序研究强直性脊柱炎患者肠道真菌特征. 中国微生态学杂志, 30: 125-131.

张珊, 熊忠平, 张俊, 等. 2019. 思茅松毛虫肠道真菌分离鉴定及水解酶活性初步研究. 环境昆虫学报, 41: 413-419.

张书航, 刘欣瑜, 黄恩霞, 等. 2020. 西藏黄花蒿内生真菌分离与鉴定. 动物医学进展, 41: 72-78.

中国科学院微生物研究所放线菌分类组. 1975. 链霉菌鉴定手册. 北京: 科学出版社.

周应敏, 詹明晔, 张姝, 等. 2020. 亚成体大熊猫肠道微生物结构的季节差异及其与肠道纤维素酶活性的相关性. 应用与环境生物学报, 26: 499-505.

朱文华, 吴本俨. 2017. 肠道真菌与消化系统疾病关系研究进展. 中华老年多器官疾病杂志, 16: 152-156.

朱永官, 欧阳纬莹, 吴楠, 等. 2015. 抗生素耐药性的来源与控制对策. 中国科学院院刊, 30: 509-516.

邹立扣, 潘欣. 2009. 粗柄鸡枞菌总DNA提取及ITS区克隆测序研究. 北方园艺, (6): 217-219.

Akhter S, Aziz R K, Edwards R A. 2012. *PhiSpy*: a novel algorithm for finding prophages in bacterial genomes that combines similarity- and composition-based strategies. Nucleic Acids Res, 40(16): e126.

Alcock B P, Raphenya A R, Lau T T Y, et al. 2020. CARD 2020: antibiotic resistome surveillance with the comprehensive antibiotic resistance database. Nucleic Acids Res, 48: D517-D525.

Alneberg J, Bjarnason B S, de Bruijn I, et al. 2014. Binning metagenomic contigs by coverage and composition. Nat Methods, 11: 1144-1146.

Aramaki T, Blanc-Mathieu R, Endo H, et al. 2020. KofamKOALA: KEGG Ortholog assignment based on profile HMM and adaptive score threshold. Bioinformatics, 36(7): 2251-2252.

Bäckhed F, Ley R E, Sonnenburg J L, et al. 2005. Host-bacterial mutualism in the human intestine. Science, 307(5717): 1915-1920.

Bairoch A, Apweiler R. 2000. The SWISS-PROT protein sequence database and its supplement TrEMBL in 2000. Nucleic Acids Res, 28(1): 45-48.

Bankevich A, Nurk S, Antipov D, et al. 2012. SPAdes: a new genome assembly algorithm and its applications to single-cell sequencing. J Comput Biol, 19(5): 455-477.

Bartnicki-Garcia S. 1968. Cell wall chemistry, morphogenesis, and taxonomy of fungi. J Annu Rev Microbiol, 22: 87-108.

Benson G. 1999. Tandem repeats finder: a program to analyze DNA sequences. Nucleic Acids Res, 27: 573-580.

Besemer J, Lomsadze A, Borodovsky M. 2001. GeneMarkS: a self-training method for prediction of gene starts in microbial genomes. Implications for finding sequence motifs in regulatory regions. Nucleic Acids Res, 29: 2607-2618.

Blanco-Míguez A, Beghini F, Cumbo F, et al. 2023. Extending and improving metagenomic taxonomic

profiling with uncharacterized species using MetaPhlAn4. Nat Biotechnol, 41(11): 1633-1644.
Bolger A M, Lohse M, Usadel B. 2014. Trimmomatic: a flexible trimmer for Illumina sequence data. Bioinformatics, 30: 2114-2120.
Bolyen E, Rideout J R, Dillon M R, et al. 2019. Reproducible, interactive, scalable and extensible microbiome data science using QIIME 2. Nat Biotechnol, 37: 852-857.
Brown C L, Mullet J, Hindi F, et al. 2022. mobileOG-db: a manually curated database of protein families mediating the life cycle of bacterial mobile genetic elements. Appl Environ Microbiol, 88(18): e0099122.
Buchfink B, Xie C, Huson D H. 2015. Fast and sensitive protein alignment using DIAMOND. Nat Methods, 12: 59-60.
Cantarel B L, Coutinho P M, Rancurel C, et al. 2009. The Carbohydrate-Active EnZymes database (CAZy): an expert resource for Glycogenomics. Nucleic Acids Res, 37: D233-238.
Chaumeil P, Mussig A J, Hugenholtz P, et al. 2019. GTDB-Tk: a toolkit to classify genomes with the Genome Taxonomy Database. Bioinformatics, 36(6): 1925-1927.
Chen L H, Yang J, Yu J, et al. 2005. VFDB: a reference database for bacterial virulence factors. Nucleic Acids Res, 33: D325-D328.
Cheng H, Concepcion G T, Feng X, et al. 2021. Haplotype-resolved de novo assembly using phased assembly graphs with hifiasm. Nat Methods, 18(2): 170-175.
Cui X F, Lu Z W, Wang S, et al. 2016. CMsearch: simultaneous exploration of protein sequence space and structure space improves not only protein homology detection but also protein structure prediction. Bioinformatics, 32: 332-340.
Douglas G M, Maffei V J, Zaneveld J R, et al. 2020. PICRUSt2 for prediction of metagenome functions. Nat Biotechnol, 38: 685-688.
Franzosa E A, McIver L J, Rahnavard G, et al. 2018. Species-level functional profiling of metagenomes and metatranscriptomes. Nat Methods, 15: 962-968.
Fu L, Niu B, Zhu Z, et al. 2012. CD-HIT: accelerated for clustering the next-generation sequencing data. Bioinformatics, 28: 3150-3152.
Ge R Q, Mai G Q, Wang P, et al. 2016. CRISPRdigger: detecting CRISPRs with better direct repeat annotations. Sci Rep, 6: 32942.
Grabherr M G, Haas B J, Yassour M, et al. 2011. Full-length transcriptome assembly from RNA-seq data without a reference genome. Nat Biotechnol, 29: 644-652.
Gurevich A, Saveliev V, Vyahhi N, et al. 2013. QUAST: quality assessment tool for genome assemblies. Bioinformatics, 29(8): 1072-1075.
Hsiao W, Wan I, Jones S J, et al. 2003. IslandPath: aiding detection of genomic islands in prokaryotes. Bioinformatics, 19: 418-420.
Huson D H, Auch A F, Qi J, et al. 2007. MEGAN analysis of metagenomic data. Genome Res, 17: 377-386.
Hyatt D, Chen G L, Locascio P F, et al. 2010. Prodigal: prokaryotic gene recognition and translation initiation site identification. BMC Bioinformatics, 11: 119.
Kanehisa M, Furumichi M, Tanabe M, et al. 2017. KEGG: new perspectives on genomes, pathways, diseases and drugs. Nucleic Acids Res, 45: D353-D361.
Kang D D, Li F, Kirton E, et al. 2019. MetaBAT 2: an adaptive binning algorithm for robust and efficient genome reconstruction from metagenome assemblies. Peer J, 7: e7359.
Kolmogorov M, Yuan J, Lin Y, et al. 2019. Assembly of long, error-prone reads using repeat graphs. Nat Biotechnol, 37(5): 540-546.
Koren S, Walenz B P, Berlin K, et al. 2017. Canu: scalable and accurate long-read assembly via adaptive k-mer weighting and repeat separation. Genome Res, 27(5): 722-736.
Lagesen K, Hallin P, Rodland E A, et al. 2007. RNAmmer: consistent and rapid annotation of ribosomal RNA genes. Nucleic Acids Res, 35: 3100-3108.
Langille M G I, Zaneveld J, Caporaso J G, et al. 2013. Predictive functional profiling of microbial communities using 16S rRNA marker gene sequences. Nat Biotechnol, 31: 814-821.

Langmead B, Salzberg S L. 2012. Fast gapped-read alignment with Bowtie2. Nat Methods, 9(4): 357-359.

Li B, Dewey C N. 2011. RSEM: accurate transcript quantification from RNA-seq data with or without a reference genome. BMC Bioinformatics, 12: 323.

Li D, Liu C M, Luo R, et al. 2015. MEGAHIT: an ultra-fast single-node solution for large and complex metagenomics assembly via succinct de Bruijn graph. Bioinformatics, 31: 1674-1676.

Love M I, Huber W, Anders S. 2014. Moderated estimation of fold change and dispersion for RNA-seq data with DESeq2. Genome Biol, 15(12): 550.

Lowe T M, Eddy S R. 1997. tRNAscan-SE: A program for improved detection of transfer RNA genes in genomic sequence. Nucleic Acids Res, 25: 955-964.

Martin M. 2011. Cutadapt removes adapter sequences from high-throughput sequencing reads. EMBnet J, 17: 10-12.

McArthur A G, Waglechner N, Nizam F, et al. 2013. The comprehensive antibiotic resistance database. Antimicrob Agents Chemother, 57(7): 3348-3357.

McDonald D, Price M N, Goodrich J, et al. 2012. An improved Greengenes taxonomy with explicit ranks for ecological and evolutionary analyses of bacteria and archaea. ISME J, 6: 610-618.

Muyzer G. 1999. DGGE/TGGE a method for identifying genes from natural ecosystems. Curr Opin Microbiol, 2(3): 317-322.

Nilsson R H, Larsson K H, Taylor A F S, et al. 2019. The UNITE database for molecular identification of fungi: handling dark taxa and parallel taxonomic classifications. Nucleic Acids Res, 47: D259-D264.

Nurk S, Meleshko D, Korobeynikov A, et al. 2017. metaSPAdes: a new versatile metagenomic assembler. Genome Res, 27: 824-834.

O'Leary N A, Wright M W, Brister J R, et al. 2016. Reference sequence (RefSeq) database at NCBI: current status, taxonomic expansion, and functional annotation. Nucleic Acids Res, 44(D1): D733-D745.

Olm M R, Brown C T, Brooks B, et al. 2017. dRep: a tool for fast and accurate genomic comparisons that enables improved genome recovery from metagenomes through de-replication. ISME J, 11(12): 2864-2868.

Pal C, Bengtsson-Palme J, Rensing C, et al. 2014. BacMet: antibacterial biocide and metal resistance genes database. Nucleic Acids Res, 42: D737-D743.

Parks D H, Imelfort M, Skennerton C T, et al. 2015. CheckM: assessing the quality of microbial genomes recovered from isolates, single cells, and metagenomes. Genome Res, 25: 1043-1055.

Patro R, Duggal G, Love M I, et al. 2017. Salmon provides fast and bias-aware quantification of transcript expression. Nat Methods, 14: 417-419.

Quast C, Pruesse E, Yilmaz P, et al. 2013. The SILVA ribosomal RNA gene database project: improved data processing and web-based tools. Nucleic Acids Res, 41: D590-D596.

Schloss P D, Westcott S L, Ryabin T, et al. 2009. Introducing mothur: open-source, platform-independent, community-supported software for describing and comparing microbial communities. Appl Environ Microb, 75: 7537-7541.

Seemann T. 2014. Prokka: rapid prokaryotic genome annotation. Bioinformatics, 30(14): 2068-2069.

Segata N, Waldron L, Ballarini A, et al. 2012. Metagenomic microbial community profiling using unique clade-specific marker genes. Nat Methods, 9: 811-814.

Stewart R D, Auffret M D, Snelling T J, et al. 2019. MAGpy: a reproducible pipeline for the downstream analysis of metagenome-assembled genomes (MAGs). Bioinformatics, 35: 2150-2152.

Tarailo-Graovac M, Chen N. 2009. Using RepeatMasker to identify repetitive elements in genomic sequences. Curr Protoc Bioinformatics, Chapter 4: 4.10.1-4.10.14.

UniProt Consortium. 2015. UniProt: a hub for protein information. Nucleic Acids Res, 43: D204-D212.

Urban M, Cuzick A, Seager J, et al. 2020. PHI-base: the pathogen-host interactions database. Nucleic Acids Res, 48: D613-D620.

Wang L K, Feng Z X, Wang X, et al. 2010. DEGseq: an R package for identifying differentially expressed genes from RNA-seq data. Bioinformatics, 26: 136-138.

Wick R R, Judd L M, Gorrie C L, et al. 2017. Unicycler: Resolving bacterial genome assemblies from short

and long sequencing reads. PLoS Comput Biol, 13(6): e1005595.
William D F, Irina L, Iliyan D I. 2020. From birth and throughout life: fungal microbiota in nutrition and metabolic health. Annu Rev Nutr, 40: 323-343.
Wood D E, Lu J, Langmead B. 2019. Improved metagenomic analysis with Kraken2. Genome Biol, 20(1): 257.
Wu G, Yang Q, Long M, et al. 2015. Evaluation of agar dilution and broth microdilution methods to determine the disinfectant susceptibility. J Antibiot, 68(11): 661-665.
Wu Y W, Simmons B A, Singer S W. 2016. MaxBin2.0: an automated binning algorithm to recover genomes from multiple metagenomic datasets. Bioinformatics, 32: 605-607.
Xie C, Mao X Z, Huang J J, et al. 2011. KOBAS 2.0: a web server for annotation and identification of enriched pathways and diseases. Nucleic Acids Res, 39: W316-W322.
Yin Y, Mao X, Yang J, et al. 2012. dbCAN: a web resource for automated carbohydrate-active enzyme annotation. Nucleic Acids Res, 40: W445-W451.
Young M D, Wakefield M J, Smyth G K, et al. 2010. Gene ontology analysis for RNA-seq: accounting for selection bias. Genome Biol, 11(2): R14.
Zhu W H, Lomsadze A, Borodovsky M. 2010. *Ab initio* gene identification in metagenomic sequences. Nucleic Acids Res, 38(12): e132.
Zou L, Meng J, McDermott P F, et al. 2014. Presence of disinfectant resistance genes in *Escherichia coli* isolated from retail meats in the USA. J Antimicrob Chemoth, 69(10): 2644-2649.